Schmidt

Wasserstofftechnik

Thomas Schmidt

Wasserstofftechnik

Grundlagen, Systeme, Anwendung, Wirtschaft

3., überarbeitete Auflage

Über den Autor:
Prof. Dr.-Ing. Thomas Schmidt, Fachhochschule Münster, Abt. Steinfurt

Print-ISBN: 978-3-446-47912-8
E-Book-ISBN: 978-3-446-48074-2

Bibliografische Information der Deutschen Nationalbibliothek:
Die Deutsche Nationalbibliothek verzeichnet diese Publikation in der Deutschen Nationalbibliografie; detaillierte bibliografische Daten sind im Internet unter http://dnb.d-nb.de abrufbar.

www.hanser-fachbuch.de
Lektorat: Julia Stepp
Herstellung: Der Buchmacher – Arthur Lenner, Windach
Coverkonzept: Marc Müller-Bremer, www.rebranding.de, München
Covergestaltung: Max Kostopoulos
Titelmotiv: © stock.adobe.com/AA+W
Satz: Eberl & Koesel Studio, Kempten
Druck: CPI Books GmbH, Leck
Printed in Germany

Inhalt

Der Verlag und die Autoren haben sich mit der Problematik einer gendergerechten Sprache intensiv beschäftigt. Um eine optimale Lesbarkeit und Verständlichkeit sicherzustellen, wird in diesem Werk auf Gendersternchen und sonstige Varianten verzichtet; diese Entscheidung basiert auf der Empfehlung des Rates für deutsche Rechtschreibung. Grundsätzlich respektieren der Verlag und die Autoren alle Menschen unabhängig von ihrem Geschlecht, ihrer Sexualität, ihrer Hautfarbe, ihrer Herkunft und ihrer nationalen Zugehörigkeit.

Vorwort

Im Zeichen der heutigen politischen und ökologischen Krisen sind zwei Jahre energiepolitisch ein langer Zeitraum. Seit der Veröffentlichung der zweiten Auflage meines Buches im März 2022 sind aus Planspielen über die Bedeutung der Wasserstofftechnologie konkrete Projekte mit grünem Wasserstoff entstanden. Bestehende Gasnetze werden als Kern eines zukünftigen grünen, überregionalen Wasserstoffnetzes umgestellt. Neu errichtete LNG-Terminals werden bereits für den zukünftigen Einsatz mit grünem Wasserstoff und Ammoniak vorbereitet. Elektrolyseanlagen in Deutschland sind Teil konkreter Planungen. Das sind ausreichende Gründe, um eine dritte Auflage zu veröffentlichen. Im Zuge dessen möchte ich auch auf mein zwischenzeitlich erschienenes Buch *Wasserstofftechnik. Aufgaben und Lösungen* (ISBN 978-3-446-47227-3) hinweisen, das eine optimale Ergänzung zum vorliegenden Werk darstellt.

Mein Ziel ist es, ein zusammenfassendes Lehrbuch für die Ausbildung von technischem Fachpersonal zu konzipieren. Ich bin dem Carl Hanser Verlag und insbesondere Frau Julia Stepp für die Unterstützung bei der Umsetzung dieser Idee dankbar.

Die Suche nach der zukünftigen Rolle des Wasserstoffs im Rahmen der Energiewende macht eine umfassende Darstellung notwendig, die einen „roten Faden" durch das umfängliche Thema aus Sicht eines an der industriellen Praxis orientierten Ingenieurwissenschaftlers liefert. Wasserstoff als explosionsfähiges Gas, als Energieträger und als Grundstoff für die industrielle Anwendung hat viele Gemeinsamkeiten zum Methan und damit zum Erdgas. Wir können dabei auch auf die Erfahrungen aus den ersten hundert Jahren der Gaswirtschaft bis zum Beginn des Erdgaszeitalters Mitte der 1960er-Jahre mit dem wasserstoffhaltigen Stadt- und Kokereigas zurückgreifen. Die sachlichen Überschneidungen, die vorhandenen Erfahrungen im Umgang mit Gasen verschiedenster Herkunft und Zusammensetzung, aber auch die Unterschiede in einem überschaubaren Rahmen interessant und nachvollziehbar darzustellen, sind für mich als Autor eine Herausforderung. Auch in dieser dritten Auflage konnte ich diese Aufgabe nur mit der Unterstützung vieler Menschen und Unternehmen, die sich der Verwirklichung der Wasserstoffwirtschaft und einer nachhaltigen Energiewende in Deutschland verschrieben haben, gerecht werden.

Es ist mir ein Bedürfnis, an dieser Stelle die unterstützenden Unternehmen zu nennen, die im Zuge der Weiterentwicklung des Buches neu hinzugekommen sind oder ihre in früheren Auflagen gelieferten Informationen aktualisiert haben. Hierzu zähle ich die Unternehmen und Institutionen Aerzener Maschinenfabrik GmbH, Robert Bosch GmbH, Deutsches Zentrum für Luft- und Raumfahrt (DLR), Emcel GmbH, Enapter S.r.I., Fraunhofer-Institut für Werkzeugmaschinen und Umformtechnik (IWU), Hoeller Elektrolyzer GmbH, Hydrogenious LOHC Technologies GmbH, MAN Energy Solutions SE, McPhy Energy Deutschland GmbH, MTU Aero Engines AG, Nowega GmbH, Sauer & Sohn Maschinenbau GmbH, Siemens Energy Global GmbH & Co. KG, Sunfire GmbH, thyssenkrupp Steel Europe AG, Thyssengas GmbH, Vopak Terminal Europoort (Rotterdam) sowie Wystrach GmbH.

Steinfurt, Mai 2024

Thomas Schmidt

Die Autoren

Thomas Schmidt, Dr.-Ing. (Maschinenbau),
FH Münster, Fachbereich Energie · Gebäude · Umwelt

Maximilian Schmidt, Dr. rer. nat. (Physik),
Abschnitt 1.2, Abschnitt 10.5.1

Andrea Wilkening, M. Sc. (Wirtschaftsingenieurwesen), Abschnitt 10.5.3

1 Einführung

In diesem Kapitel geht es zunächst um die Frage, warum das Thema Wasserstoff von Interesse ist. Was bewegt mich, zu Erzeugung, Transport, Speicherung, Verflüssigung, Anwendung von Wasserstoff und weiteren Sachthemen ein viele Facetten umfassendes Fachbuch zu schreiben, obwohl es bereits Literatur gibt, die sich vornehmlich mit Wasserstoff beschäftigt, und die Anzahl der weltweit in den letzten Jahren erschienenen Studien und Untersuchungen schon unübersichtlich groß ist?

1.1 Das Interesse am Element Wasserstoff

Die Idee, dieses Fachbuch zu schreiben, ist mir im heißen Sommer 2018 gekommen. Da sich die ungewöhnlich lang andauernde Hitze auch im Jahr 2019 und den darauffolgenden Jahren wiederholte, möchte ich mit einer Reminiszenz beginnen. Zwei Jahre hintereinander litt Europa über Wochen unter einem extrem heißen Sommer mit Temperaturen knapp unter vierzig Grad. Der Sommer 2018 mit seinen extremen Wetterverhältnissen war also kein singuläres Ereignis, wie in Bild 1.1 dokumentiert.

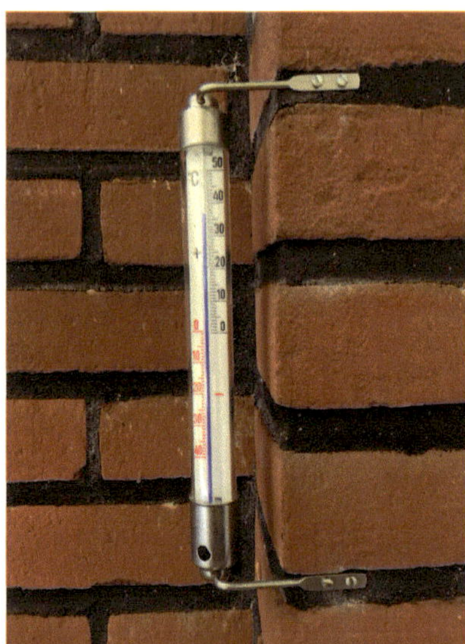

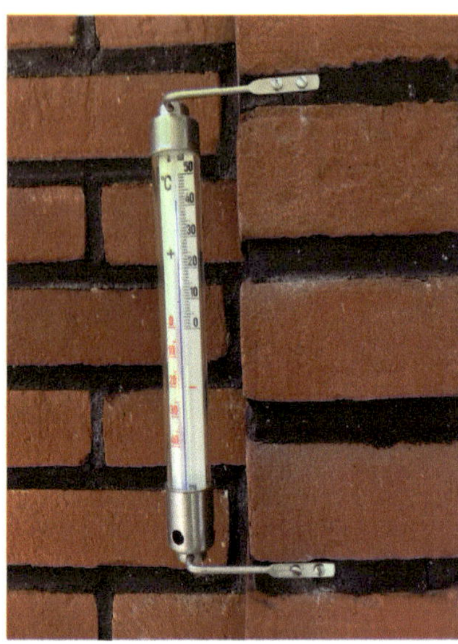

Bild 1.1 Temperaturmessungen in Bad Oeynhausen (Westfalen) am 27. Juli 2018 gegen 17 Uhr (links, 36,5 °C) und am 19. Juli 2022 gegen 16 Uhr (rechts, 41,5 °C)

Bereits drei Jahre zuvor stöhnte der Süden Deutschlands unter Temperaturen bis 40 °C (Kitzingen am Main, 7. August 2015). Die Sommermonate 2018 waren verbunden mit einer bis dahin ungewöhnlichen, sich über Monate erstreckenden Trockenheit. Bild 1.2 lässt dies deutlich am geringen Wasserstand der Weser an der Porta Westfalica mit nur noch knapp 90 cm Anfang September 2018 erkennen. Um diesen Wert einschätzen zu können, sei darauf verwiesen, dass der über Jahrzehnte ermittelte niedrigste Wert der Wasserstände an der Mittelweser etwa um die Hälfte höher war. In den Sommern danach wiederholten sich die extremen Wetterverhältnisse und die über Monate währende Trockenheit bedrohte in Teilen Westdeutschlands neben der Flora auch die Trinkwasserversorgung der Bevölkerung. Zum Jahreswechsel 2023/2024 stellte ich fest, dass die Extremwetterlagen mit Hitze und Starkregen und ihre Folgen wie weit verbreitete Dürre und Flächenbrände, aber auch Zeiten mit extremem Hochwasser in Europa stark zugenommen haben. Die von der Wissenschaft in unzähligen Untersuchungen getroffene Aussage über die von Menschen verursachte Klimaveränderung auf unserer Erde wird unter den geschilderten Umständen zur Gewissheit.

Die Frankfurter Allgemeine Zeitung veröffentlichte am 26. Juni 2019 in ihrer Mittwochsausgabe unter der Rubrik „Natur und Wissenschaft" unter einer beeindruckenden Farbgrafik von Ed Hawkins (2019) folgenden kurzen, aber bestechend zutreffenden Artikel von Müller-Jung (2019, S. N1):

> *„So einfach wie möglich, aber auch nicht einfacher - der Aufruf an die Wissenschaftler, die immer komplexer scheinenden Vorgänge in der Natur verständlich*

und zugleich korrekt zu erklären, wird Albert Einstein zugeschrieben. Und es stimmt ja, heute wie damals: Die Wissenschaft macht es ihrem Publikum nicht immer einfach. Auf den ersten Blick einleuchtend ist sie selten, und sie ist es umso weniger, je abstrakter ein Phänomen daherkommt. Auch die globale Erwärmung ist für viele ein solches Abstraktum. Und wären da nicht die sich häufenden Ausreißer wie die Hitze dieser Tage, die lange als reines Wetterphänomen wahrgenommen wurden, viele würden wohl weiter zweifeln, ob Klimaschutz und Klimapolitik sinnvoll sind.

Dass sich das geändert hat, dass die ökologische Gefahr heute mehrheitlich gesehen wird, wie sie zivilisatorisch gesehen werden muss, nämlich als rasende Bedrohung für Mensch und Natur, das ist auch dem britischen Klimaforscher Ed Hawkins von der University of Reading mit seinen ikonografischen Farbgrafiken zu verdanken. Hawkins visualisiert Jahresdurchschnittstemperaturen in Streifenmustern. Die Daten stammen von Wetterdiensten oder dem Berkeley-Messdatensatz. Dargestellt in blauen oder roten Farbtönen sind die Temperaturabweichungen vom langjährigen Mittel, gemessen zwischen 1970 und 2000. Datenlücken sind weiß. In diesem Jahr nun hat Hawkins die Jahresstreifen aus allen Ländern der Erde seit dem Jahr 1990 zu einem gewaltigen Farbmosaik zusammengestellt. Auf den ersten Blick und für jeden ist die Dramatik der jüngsten Erwärmung erkennbar - mehr als eigentlich: der „Notstand“, das Krisenhafte, das die Klimaaktivisten und Forscher heute gleichermaßen beklagen, sticht sofort ins Auge: Es ist die beispiellose Beschleunigung des Klimawandels in der jüngsten Vergangenheit. Viele Zahlen braucht es nicht, die Farben sprechen hier eine klare Sprache.“

Bild 1.2 Die Weser als Rinnsal am 2. September 2018 mit einem Wasserstand von 90 cm bei Bad Oeynhausen (Westfalen)

„Ein Bild sagt mehr als tausend Worte" wäre die treffende Einführung in die Beschreibung von Bild 1.3, für das als Überschrift auch gelten könnte: „Der Planet glüht".

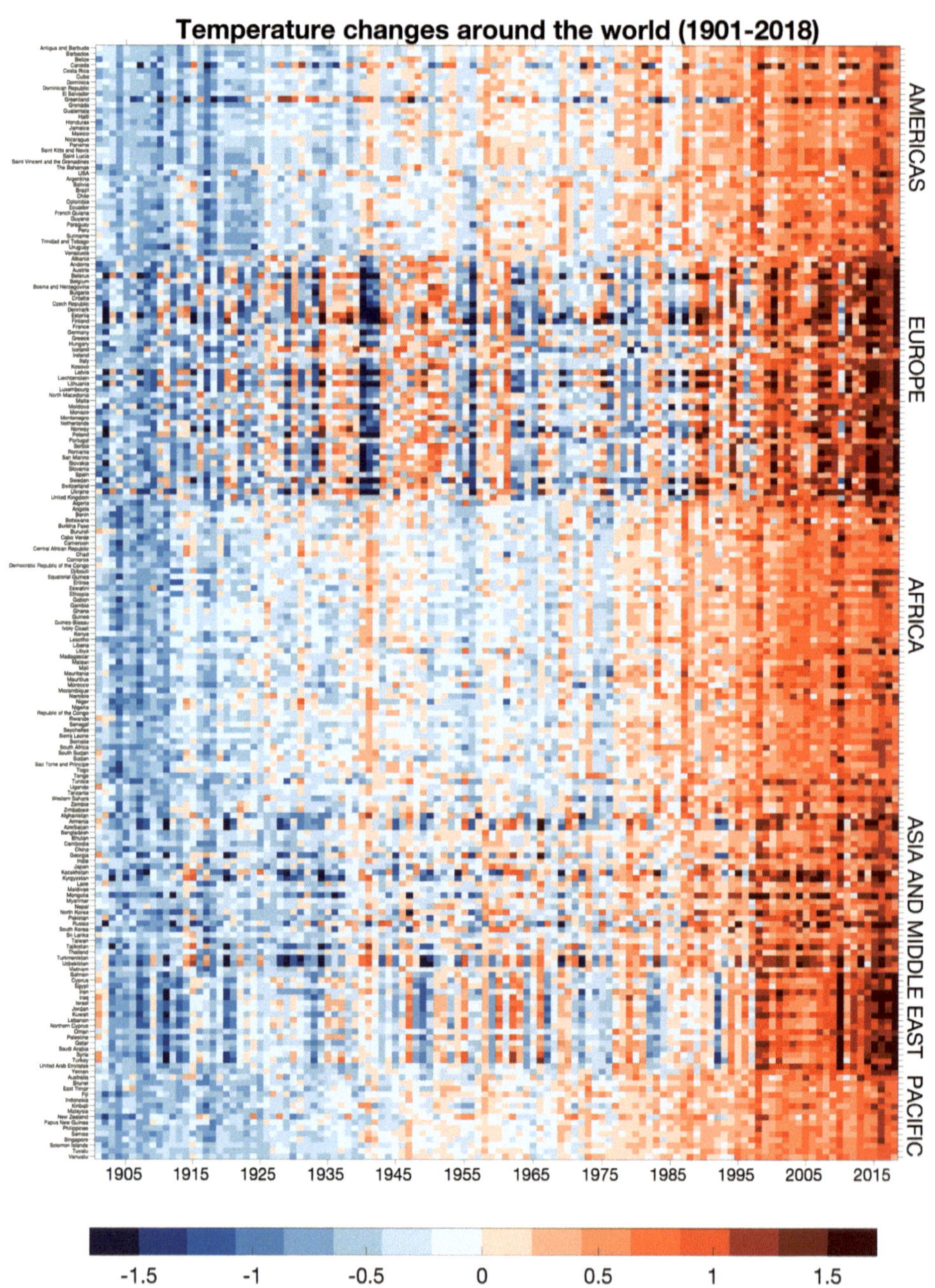

Bild 1.3 Visualisierte Abweichungen der Jahresdurchschnittstemperaturen der Jahre 1901 bis 2018 in der FAZ-Ausgabe vom 20. Juni 2019 (© Ed Hawkins)

1.1.1 Zielvorgaben der Politik

Dieser Einsicht folgend hat sich die Bundesregierung mit der Unterschrift zur Pariser Klimakonferenz verpflichtet, den Ausstoß von klimaschädlichen Gasen (CO_2-äq.) gegenüber dem Stand von 1990 um 95% zu senken. Nach dem Klimaschutzplan 2050 des Umweltbundesamtes (UBA) nach T. Schmeja et al. (2016, S. 7) haben die Beschlüsse der Pariser Klimakonferenz Ende 2015 zur Folge, dass bei konsequenter Umsetzung die gesellschaftliche und wirtschaftliche Zukunft der Weltgemeinschaft kohlenstoffarm und klimaverträglich sein muss. Das Ziel weltweiten Handelns muss sein, maximal 2 °C, besser 1,5 °C Temperaturerhöhung gegenüber dem vorindustriellen Temperaturniveau nicht zu überschreiten. Anderenfalls droht der Gattung Mensch die Unbewohnbarkeit des Planeten.

Bereits nach der 3. Internationalen Klimakonferenz von Kyoto 1997 (COP 3) wurde eine Klimarahmenkonvention mit Begrenzungsverpflichtungen international vereinbart. Seitdem haben sich in Deutschland Politik, Gesellschaft und Wirtschaft aufgemacht, die zuvor genannten Ziele in Umsetzungsvorhaben zu beschreiben.

Um die Ziele aus dem Klimaschutzgesetz 2021 zu erreichen, müssen die einzelnen Sektoren jeweils ihren Beitrag zur Reduzierung der noch weiter zunehmenden schädlichen Treibhausgasemissionen (THG-Emissionen aus Kohlendioxid, Methan und Lachgas) beisteuern, deren ansteigende Konzentration seit Mitte des letzten Jahrhunderts Bild 1.4 zu entnehmen ist. Schaut man auf den Emissionsanteil der einzelnen Sektoren wie Energiewirtschaft, Verkehr, Landwirtschaft etc. in Bild 1.5, sind im Sektor Verkehr keine wirklich signifikanten Reduktionen gegenüber dem Stand von 1990 zu erkennen. Der technische Fortschritt in der Abgas- und Motorentechnik wird durch den Anstieg des Pkw-Verkehrs und Schwerlastverkehrs in den vergangenen 30 Jahren und durch ein verändertes privates Käuferverhalten – steigender Anteil verbrauchsintensiver SUV am Pkw-Bestand – hinsichtlich der Abgasmengen konterkariert. Auch der Rückgang der Treibhausgasemissionen im Gebäudesektor stagniert. Wie in Zukunft die Wohnhäuser und gewerblich genutzten Gebäude mit Wärme versorgt werden sollen, wenn Erdgas und Erdöl nicht mehr zur Verfügung stehen, ist in Deutschland Gegenstand der kommunalen Wärmeplanung. Ein „Weiter so“ – also die Fortschreibung des bisherigen Tempos bei der THG-Reduzierung – wird zu einem Scheitern der deutschen Klimapolitik führen. Nun muss sich also der Blick in die Zukunft und auf die Jahre 2030 und 2045 richten. Spätestens dann will Deutschland über alle Sektoren kohlenstofffrei sein.

Um das in Paris anvisierte 1,5-°C-Ziel zu erreichen, sind zukünftig erhebliche jährliche THG-Reduktionen erforderlich, die die bisher im Zeitraum von 1990 bis 2022 erreichten jährlichen Reduktionen von etwa 16 Mill. t CO_2 um den Faktor 2,1 übertreffen. Die Zahl macht deutlich, welche Anstrengungen in Zukunft notwendig sind.

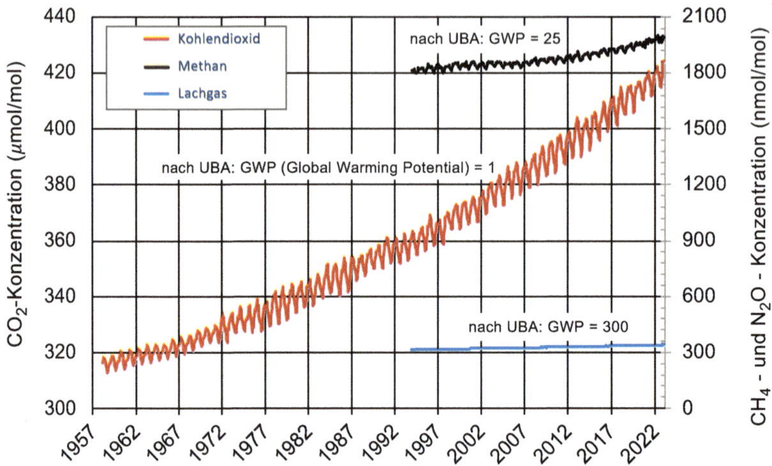

Bild 1.4 Entwicklung der weltweiten Treibhausgasemissionen nach dem Umweltbundesamt

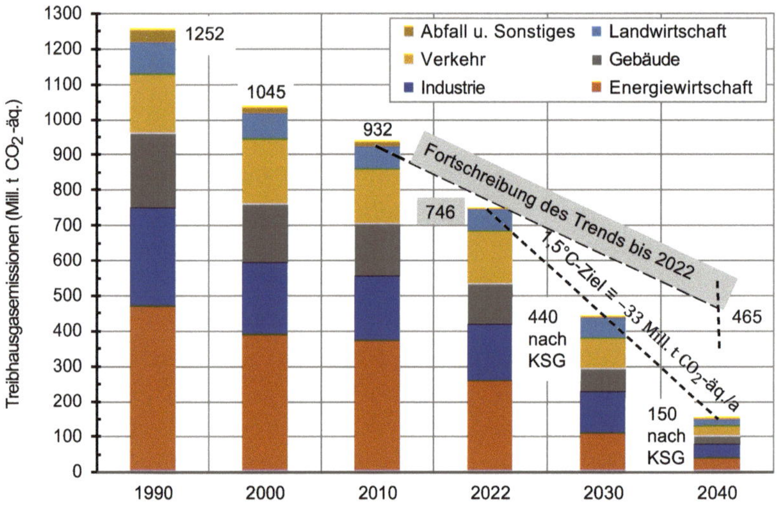

Bild 1.5 Ziele, historische Entwicklung und Trends der deutschen Treibhausgasemissionen nach dem Umweltbundesamt

Bei der Betrachtung der weltweiten THG-Emissionen nach Sektoren nach einer Studie der internationalen Energieagentur für erneuerbare Energien IRENA von R. Mirande et al. (2018, S. 12) in Bild 1.6 wird deutlich, dass insbesondere in den Sektoren Fracht (Schwerlastverkehr) und Personenverkehr Andere (Bus, Bahn auf nicht elektrifizierten Strecken), in den Bereichen Eisen, Stahl und Chemie, Kraft-Wärme-Kopplung (KWK), aber auch teilweise in den Sektoren Heizung und lokale Wärmesysteme die bislang verwendeten fossilen Brenn- und Grundstoffe nicht eins zu eins durch Strom zu ersetzen sind.

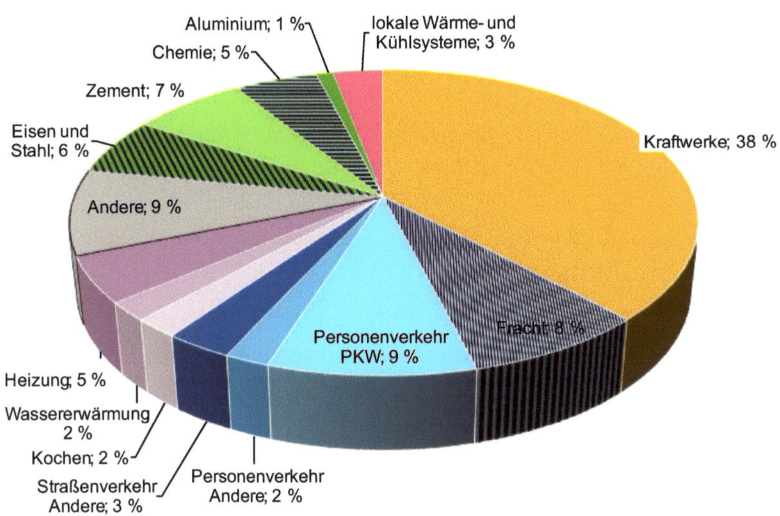

Bild 1.6 Weltweite THG-Emissionen nach Sektoren (2015)

Der durch erneuerbare Energien erzeugte Wasserstoff kann in den genannten Bereichen als Substitut der fossilen Stoffe und darüber hinaus als Bindeglied zwischen dem Strom- und Gasnetz zum Zwecke der Speicherung von regenerativ erzeugtem Strom (PtG) einen wesentlichen Beitrag zum Abbau der weltweiten THG-Emissionen leisten.

Neben dem Aspekt des klimaverträglichen Umbaus der Sektoren spielt das Motiv, vornehmlich für die deutsche Industrie eine größere Unabhängigkeit von Rohstoffimporten zu erreichen, eine nicht unerhebliche Rolle bei der Gestaltung einer zukünftigen Wasserstoffwirtschaft. In der im Jahr 2023 aktualisierten Nationalen Wasserstoffstrategie sollen insbesondere die Sektoren Energie (Kraftwerke) und Industrie (Eisen und Stahl, Chemie) von der Wasserstoffwirtschaft profitieren.

1.1.2 Strategien zur Einführung einer Wasserstoffwirtschaft

In den führenden Industriestaaten hat man die Chancen und Möglichkeiten, die im Element Wasserstoff als Energieträger und Grundstoff stecken, erkannt und erste Strategien zur Implementierung einer nachhaltigen Wasserstoffwirtschaft entwickelt. So ließ eine Nachricht des 9. deutsch-japanischen Umwelt- und Energiedialogforums zu emissionsarmen Transportsystemen und Möglichkeiten zur effektiven Nutzung erneuerbarer Energien im Verkehrssektor (NEDO, Bundesministerium für Umwelt, Naturschutz und nukleare Sicherheit & Bundesministerium für Wirtschaft und Energie 2018, S. 23) aufhorchen. Die japanische Regierung hat im Dezember 2017 die „Basic Hydrogen Strategy“ ins Leben gerufen. Das Ziel der Japaner ist die Schaffung einer Wasserstoffgesellschaft bei gleichzeitiger Reduzierung der Herstellungskosten von Wasserstoff auf dem Niveau der fossilen Energieträger. Japan konzentriert sich auf die Implementierung der Wasserstoffnutzung in Brennstoffzellen (BZ) und im Verkehrsbereich und beabsichtigt, die weltweit führende Nation mit erprobter Wasserstofftechnik zu werden. Die nach einer Studie der NEDO (2015, S. 79) beeindruckende Zahl von über 500 000 BZ-Einheiten im Betrieb im Jahr 2025 - das entspräche etwa 50 % der dann weltweit im Einsatz befindlichen BZ - unterstreicht diese Absicht.

Auch Deutschland verfolgt in der weiteren Entwicklung der Wasserstofftechnik das Ziel, Forschung und Entwicklung zu intensivieren sowie Standardisierung und Regelwerke voranzutreiben, damit Wasserstofftechnologien in Industrie und Gesellschaft eine breite Anwendung finden. In dem im Juli 2023 erfolgten Update der Nationalen Wasserstoffstrategie sollen im Land bis spätestens 2030 Elektrolyse-Kapazitäten von zehn Gigawatt geschaffen werden, was der Leistung von zehn Atomkraftwerksblöcken entspricht. Die damit im Inland herstellbaren Wasserstoffmengen reichen aus, um etwa 30 bis 50 % des Wasserstoffbedarfs zu decken. Der nach dem Energiewirtschaftsgesetz (EnWG) für die Regelwerkssetzung im Gasbereich verantwortliche Deutsche Verein für die Gas- und Wasserversorgung (DVGW) erarbeitet ein neues Regelwerk für die Anlagentechnik mit Wasserstoff. Weltweit werden derzeit auf der Basis fossiler Stoffe je nach Quelle Wasserstoffvolumina in einer Größenordnung von 570 bis 730 Mrd. m^3 im Normzustand produziert. Dieses Volumen entspricht einem Energieinhalt von 2017 TWh bis 2584 TWh bezogen auf den vollständigen Energieinhalt des Gases. Zur besseren Einordnung erfolgt hier der Vergleich mit dem in der Bundesrepublik Deutschland, der nach den USA, China und Japan viertgrößten Volkswirtschaft, festgestellten Primärenergieverbrauch (PEV). Dieser entsprach 2022 nach Auskunft des Umweltbundesamtes einer Größe von ca. 3300 TWh und gibt den Energiegehalt aller im Inland eingesetzten Energieträger wie zum Beispiel Erneuerbare Energien, Braun- und Steinkohle, Mineralöl oder Erdgas, die entweder direkt genutzt oder in sogenannte Sekundärenergieträger wie zum Beispiel Kohlebriketts, Kraftstoffe, Strom oder Fernwärme umgewandelt werden, wieder.

Die skizzenhafte Darstellung in Bild 1.7 beschreibt die verschiedenen Optionen, die mit dem Begriff Wasserstoffwirtschaft verbunden sind. Hier ist zunächst die Verknüpfung der Sektoren Strom und Gas über eine Elektrolyseanlage zu nennen. Windkraft, PV-Anlagen und Wasserkraft sind die Technologien, die das Stromnetz zukünftig fluktuierend speisen. Durch den Umstand, dass der Saldo der Stromeinspeisung und Stromausspeisung in die verschiedenen elektrischen Übertragungsnetze vom Windangebot sowie der Intensität der lokalen Sonneneinstrahlung und auch vom Verbrauchsverhalten der Haushalts-, Industrie- und Gewerbekunden abhängt, ist es zur Aufrechterhaltung der Netzstabilität notwendig, negative und positive Regelleistung vorzuhalten. Elektrolyseanlagen und Anlagen zur Rückverstromung in Verbindung mit elektrischen Speichersystemen können einen wesentlichen Teil dieser Aufgabe erfüllen. Dies gilt gleichermaßen auch für die erforderlichen Regelleistungen in einem Mischgasnetz über die direkte Einspeisung von Wasserstoff bis zu einer festgelegten Beimischungsgrenze des Wasserstoffs oder durch die Injektion von synthetischem Methan nach einem verfahrenstechnischen Prozess unter der Beteiligung von Wasserstoff und Kohlendioxid. Wasserstoff ist also in der Lage, kurzfristig zur Bereitstellung von Regelenergieleistung, aber auch saisonal über einen längeren Zeitraum über vorhandene Gasspeicherelemente die Aufgabe der indirekten Stromspeicherung zu gewährleisten. Somit wird das wiederholt gegen die regenerative Energiewandlung vorgebrachte Argument einer nicht vorhandenen Speicherfähigkeit des Gesamtsystems entkräftet.

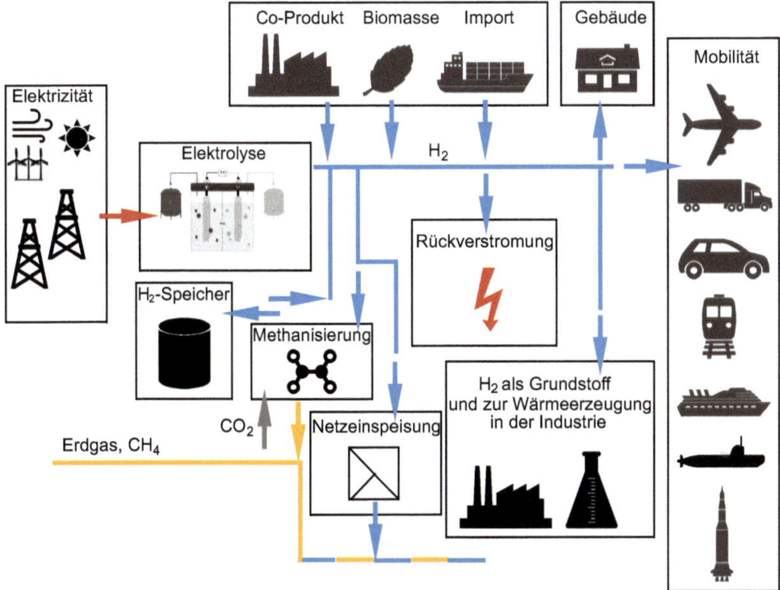

Bild 1.7 Technologiepfade einer Wasserstoffwirtschaft

Wasserstoff ist zukünftig nicht nur in Japan, sondern auch in Europa grundsätzlich in der Lage, über die Brennstoffzelle Antriebsenergie auch für die Mobilität zur Verfügung zu stellen. Im Stuttgarter Werk Feuerbach der Robert Bosch GmbH werden seit über 100 Jahren Teile für die Mobilität gefertigt. 1910 startete die Fertigung von Magnetzündteilen, 1927 war der Fertigungsbeginn von Diesel-Einspritzpumpen für Nutzfahrzeuge. Im Juli 2023 hat hier die Serienfertigung des Brennstoffzellen-Antriebssystems (Fuel-Cell-Power-Module; FCPM), wie in Bild 1.8 zu sehen, auf einer Fläche aktuell fast so groß wie ein halbes Fußballfeld begonnen.

Bild 1.8 Serienfertigung des Brennstoffzellenmoduls FCPM der Robert Bosch GmbH im Stuttgarter Werk Feuerbach (© Robert Bosch GmbH)

Besondere Bedeutung wird Wasserstoff für den Verkehrssektor haben. Vergleichbar lange Wartezeiten für das Auftanken einer Lithiumionen-Batterie im stromangetriebenen Bus (BEV) und die logistische Anstrengung zum Aufbau einer flächendeckenden Ladesäuleninfrastruktur entfallen bei den mit Wasserstoff angetriebenen Fahrzeugen. Kurze Betankungszeiten an Wasserstofftanksäulen und höhere Speicherdichten im Tanksystem sowie eindeutig längere Fahrtstrecken mit einer Tankfüllung gegenüber der Batteriekapazität im BEV sind eindeutige Vorteile der Wasserstofffahrzeuge. Dies ist insbesondere für den öffentlichen Personennahverkehr mit Bussen und Schienenfahrzeugen auf nicht elektrifizierten Strecken von großem Interesse. Seit sechs Jahren fährt das in Bild 1.9 dargestellte Brennstoffzellenzugsystem Coradia iLint des Herstellers Alstom Transport Deutschland GmbH auf der ca. 100 km langen Strecke zwischen Cuxhaven, Bremerhaven, Bremervörde und Buxtehude der Eisenbahnen und Verkehrsbetriebe Weser-Elbe GmbH (EVB). In Norddeutschland - und mit vergleichbarer Technik auch in Japan im Großraum Tokio - haben Brennstoffzellenzüge mittlerweile große Aufmerksamkeit erlangt.

Die deutsche Stahlindustrie leidet unter der Konkurrenz aus Fernost, die zu völlig anderen Bedingungen und Kosten produzieren kann. So hat sich die thyssenkrupp Steel Europe AG aufgemacht, die Stahlproduktion in Duisburg mit einer neuen Strategie bis 2050 klimaneutral zu gestalten. Das Unternehmen bekennt sich ausdrücklich zum Pariser Klimaschutzabkommen von 2015. Als ersten Schritt hat thyssenkrupp Steel sich zum Ziel gesetzt, bis zum Jahr 2030 die Emissionen aus Produktion und Prozessen im eigenen Unternehmen sowie die Emissionen aus dem Bezug von Energie gegenüber dem Referenzjahr 2018 um 30 Prozent zu senken, und sieht im Einsatz von Wasserstoff beispielsweise bei der Direktreduzierung von Eisen mithilfe von Wasserstoff zu Eisenschwamm und dessen Weiterverarbeitung im Hochofen eine der Schlüsseltechnologien. Der hierfür benötigte Wasserstoff wird langfristig über Pipelinesysteme bezogen oder direkt vor Ort elektrolytisch gewonnen. Eine erste Anlage zur Direktreduzierung entsteht bis 2026 auf dem Werksgelände am Duisburger Südhafen zwischen den Stadtteilen Alt-Walsum und Fahrn. Einen Eindruck vom Umfang der Anlage zeigt Bild 1.10.

Bild 1.9 Mit Wasserstoff betriebener Brennstoffzellenzug Coradia iLint der Alstom Transport Deutschland GmbH auf der Strecke Cuxhaven - Buxtehude der EVB (© Alstom Transport Deutschland GmbH)

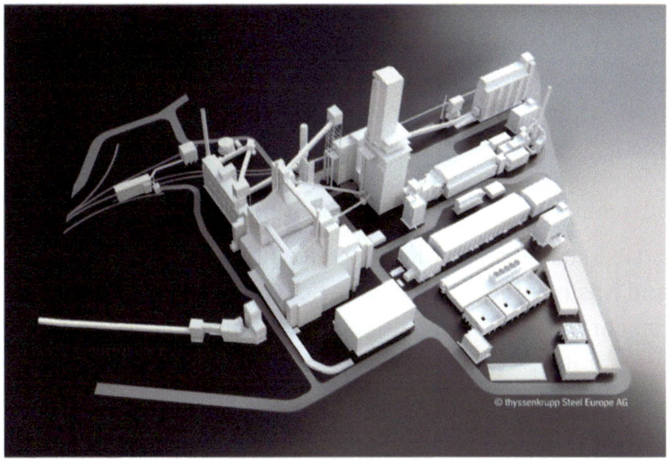

Bild 1.10 Modell der geplanten Duisburger Anlage zur Direktreduzierung mit dem Zweck der Stahlerzeugung mithilfe von Wasserstoff (© thyssenkrupp Steel Europe AG)

Ein vergleichbares Ziel verfolgt die niedersächsische Salzgitter AG beispielsweise in der Glüherei und in Feuerverzinkungsanlagen, in denen Wasserstoff als Schutzgas zum Einsatz kommt. Auch bei der Salzgitter AG wird der mit Wasserstoff angetriebene Direktreduktionsprozess von Eisen vorangetrieben. In diesem Unternehmen setzt man bei der Wasserstoffproduktion auch auf die Hochtemperaturelektrolyse, in der statt mit flüssigem Wasser mit Wasserdampf bei etwa 150 °C, der mittels Abwärme aus der Stahlproduktion erzeugt wird, der elektrolytische Prozess zur Erzeugung von Wasserstoff und Sauerstoff unterstützt wird. Auch der österreichische Technologiekonzern Voestalpine geht mit modernen Elektrolyseanlagen der deutschen Siemens AG diesen Weg.

Die Shell Deutschland Oil GmbH arbeitet in ihrem Werk Wesseling bei Köln an der Verwendung von elektrolytisch hergestelltem „grünen“ Wasserstoff zur Produktion von synthetischen Kraftstoffen und setzt dabei auf die PEM-Technologie von ITM Power. Ziel des Unternehmens ist es, die CO_2-Intensität des Standortes zu reduzieren. Für den Verkehrsraum Köln erwartet Shell den Aufbau einer neuen Wasserstoff-Modellregion, die auf Technologie rund um Tankstellen sowie den Auto- und Buseinsatz setzt.

Wasserstoff wird im Inland erzeugt oder von außen importiert und an anderen Stellen im Land verwertet. Um die verschiedenen Akteure der Wasserstoffwirtschaft zu verbinden, wird innerhalb eines Zeitraums von etwa 20 Jahren ein Transportnetz geknüpft, das als Wasserstoffkernnetz ehemalige Erdgasleitungssysteme und neu errichtete Leitungen sowie für den Import Hafenstrukturen und geeignete Seewege umfasst.

Bei der Energiewandlung und im industriellen Einsatz kann Wasserstoff die Transformation der Industriegesellschaft hin zu einer klimaneutralen Zukunft wirkungsvoll unterstützen. In diesem Buch werden die physikalischen und technischen Grundlagen im Umgang mit Wasserstoff dargestellt, Szenarien und Mengengerüste einer Wasserstoffwirtschaft vorgestellt und die relevanten Technologien der Erzeugung, des Transportes und der Speicherung sowie in der Anwendung behandelt.

1.2 Wasserstoff im öffentlichen Diskurs der ökologischen Transformation

An dieser Stelle wird die Rolle von Wasserstoff in der ökologischen Wende diskutiert. Verschiedene Aspekte der öffentlichen Diskussion um Wasserstoff, insbesondere die skeptische Grundhaltung der Umweltbewegung gegenüber Wasserstoff, werden beleuchtet. Ziel ist es, die verschiedenen Kritikpunkte darzustellen und ihre Hintergründe zu erklären.

Die ökologische Wende, eine Transformation der gegenwärtigen, auf fossilen Brennstoffen basierenden Wirtschaft zu einer nachhaltigen Wirtschaftsform, beinhaltet die Kreislaufwirtschaft (Circular Economy) als Kernkonzept. Die Circular Economy begreift die Wirtschaft als eingebettet in natürliche Kreisläufe, im Gegensatz zur vorherrschenden linearen Form des Wirtschaftens. Eine lineare Wirtschaft funktioniert als Einbahnstraße: Natürliche Ressourcen werden extrahiert, in Produkte umgewandelt, konsumiert und schließlich als Abfall entsorgt. Im Gegensatz dazu will die Circular Economy Stoffkreisläufe schließen, sodass kein Abfall mehr entsteht. Dabei werden Materialien grundsätzlich unterschieden in natürliche, regenerative Materialien und technische, nicht-regenerative Materialien. Zu Letzteren gehören zum Beispiel alle Produkte, die auf Erdölbasis hergestellt werden.

Wie passt Wasserstoff in dieses Konzept? Wasserstoff wird mitunter auch als „das neue Öl“ bezeichnet, womit man sich in erster Linie auf das enorme ökonomische Potenzial bezieht. Doch bei genauerer Betrachtung ist diese Bezeichnung irreführend, denn Wasserstoff als Speichermedium könnte kaum verschiedener von Erdöl sein. Erdöl, wie Erdgas und Kohle, entsteht durch langwierige Prozesse und ist daher, zumindest auf menschlichen Zeitskalen, nicht regenerierbar und zerfällt am Ende der Verwertung in verschiedene Endstoffe. Zudem ist es auf der Erde sehr ungleich verteilt. Wasserstoff hingegen kann aus Wasser, das man überall auf der Erde findet, hergestellt werden und nach seiner Verwertung, das heißt nach der Rückumwandlung in Strom in der Brennstoffzelle, erhält man Wasser zurück. Es handelt sich also um einen Kreislauf. Hinzu kommt, dass es bei Austreten von Wasserstoff zwar zu Verbrennungsprozessen kommen kann, jedoch im Gegensatz zu Erdöl keine giftigen Stoffe die Umwelt verschmutzen. Wasserstoff passt deshalb gut in das Konzept der Circular Economy und kann zur Verdrängung der fossilen Brennstoffe aus der Wirtschaft beitragen.

Doch es gibt auch viele Vorbehalte gegen den großskaligen Einsatz von Wasserstoff. Da wären zum einen die möglichen Anwendungsbereiche von Wasserstoff. Diese sind weit gefächert – vom Einsatz in Industrieanlagen über den Mobilitätsbereich bis zu stationären Großspeichern. Insbesondere der Einsatz im Mobilitätsbereich wird kontrovers diskutiert. Die Ökonomin Claudia Kemfert vom Deutschen Institut für Wirtschaftsforschung hat dabei den Begriff vom Wasserstoff als „Champagner der Energiewende“ geprägt (2020). Damit ist gemeint, dass sein Einsatz in Fahrzeugen aufgrund des geringeren Gesamtwirkungsgrades solchen Fahrzeugtypen vorbehalten sein sollte, in denen der Einsatz von Akkus aufgrund ihrer geringeren Energiedichte nicht plausibel ist, zum Beispiel in Flugzeugen und Schiffen. Auf der anderen Seite steht hier das Argument, dass man mit Wasserstoff-basierten Antrieben die vorhandene Infrastruktur von Tankstellen auch im Individualverkehr nutzt. Dadurch könnten die konventionellen Verbrenner schneller vom Markt verdrängt werden als mit einer Fokussierung auf elektrische Fahrzeuge, für die noch aufwendig eine Infrastruktur von Ladesäulen aufgebaut werden muss.

Ein weiterer Punkt ist die Erzeugung von Wasserstoff. Zwar sind sich alle Beteiligten einig, dass am Ende der Energiewende nur noch grüner, also aus regenerativen Energiequellen erzeugter Wasserstoff zum Einsatz kommen wird. Auf dem Weg dorthin werden jedoch wahrscheinlich Übergangstechnologien, bei denen grauer, blauer oder türkiser Wasserstoff (Abschnitt 5.1) erzeugt wird, zur Anwendung kommen. Diesen Technologien begegnet die Umweltbewegung mit großem Misstrauen. Warum ist das so? Der Verdacht lautet, dass hier die Industrie ihre Geschäftsmodelle bewahren will. So würde durch Investitionen in Übergangstechnologien der eigentliche Übergang zu rein regenerativer Erzeugung letztlich verlangsamt oder sogar verhindert. In den letzten zwanzig Jahren ist der Preis von regenerativer Stromerzeugung durch die Investitionen in die Technologien und ihre breitere Anwendung extrem gefallen. Bild 1.11 nach M. Roser (2024) zeigt dies für den Zeitraum von 2009 bis 2021 für Photovoltaik und Onshore-Windstrom im Vergleich zu fossilen Erzeugungsformen. Diese Dynamik kann durch Übergangstechnologien ausgebremst werden. Das Misstrauen gegenüber der Industrie basiert auf den Erfahrungen der letzten Jahrzehnte, in denen immer wieder Einfluss auf die Politik genommen wurde, um auf fossilen Energieträgern basierende Geschäftsmodelle zu bewahren oder zu fördern.

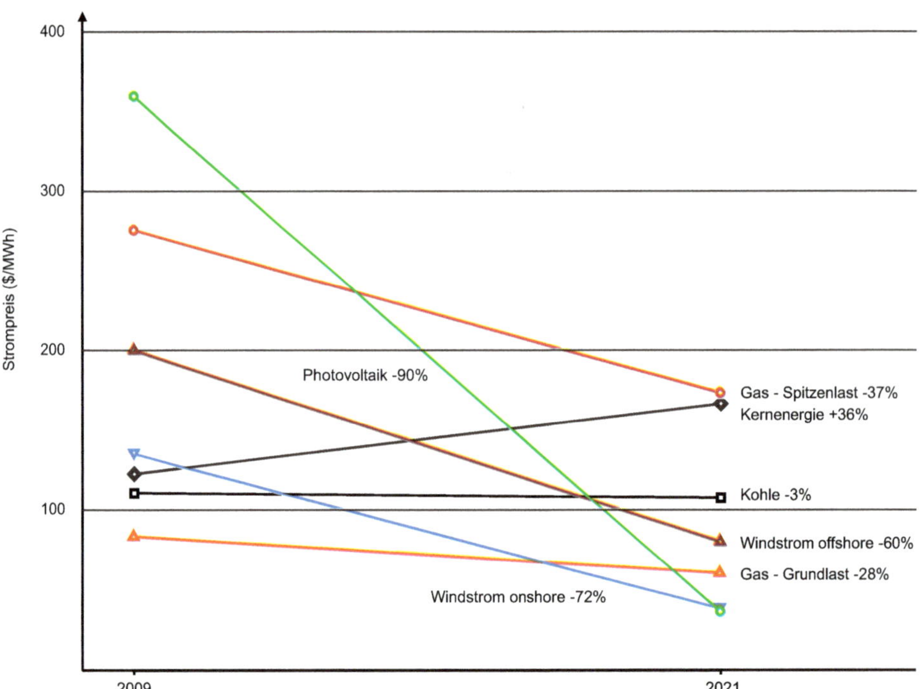

Bild 1.11 Preisentwicklung der Stromerzeugung aus Investitionen und Betriebskosten nach M. Roser (2024)

Auf diesem Misstrauen fußt auch eine grundlegendere Skepsis gegenüber dem Wasserstoff und den mit ihm verbundenen technischen Anlagen. Wasserstoff ist ein hochreaktiver Stoff, dessen Verwendung hohe technische Expertise erfordert. Auf der anderen Seite steht die Energiewende, die viele Menschen nicht nur als technische Transformation, sondern auch als Demokratisierungs- und Dezentralisierungsprozess in der Energieversorgung ansehen. In diesem Prozess soll die Macht über die Energieerzeugung und -versorgung aus den Händen großer Energieunternehmen zu den Nutzern wandern. Dies passiert, indem Endnutzer ihren eigenen Strom mit Photovoltaik erzeugen oder sich in Energiegenossenschaften zusammenschließen, um Windparks zu betreiben. Die Nutzung von Wasserstoff als Energieträger führt jedoch dazu, dass die Expertise der Energieunternehmen weiterhin benötigt wird, und sichert diesen damit weiterhin ein Stück vom Kuchen, wenn ein womöglich auch kleineres als bisher. Man kann dies negativ sehen, als Rückschlag bei der Dezentralisierung der Energieversorgung, oder positiv als sinnvolle Nutzung der Expertise, die es besonders in Deutschland für die Energiewende gibt. Es ist wichtig, beide Sichtweisen zu kennen, um den öffentlichen Diskurs in Deutschland zu verstehen.

Ein weiterer Aspekt sind die politischen Auswirkungen von Wasserstoffimporten. Deutschland wird voraussichtlich einen wesentlichen Teil seines Energiebedarfs in Form von Wasserstoff aus anderen Ländern, die günstigere Voraussetzungen für regenerative Stromerzeugung bieten, importieren müssen. Diese Länder können beispielsweise in Südeuropa, aber auch in Nordafrika liegen. Führt dies zu einer neuen Abhängigkeit gegenüber politisch womöglich instabilen Staaten in Afrika oder dem Nahen Osten? Oder bietet dies womöglich Entwicklungschancen für diese Staaten und damit positive politische Folgen? Die Erfahrung mit Erdöl produzierenden Ländern zeigt, dass derartige Abhängigkeiten problematisch sein können, sowohl für die Produzenten als auch Konsumenten. Allerdings kommt hier unter Umständen ein wesentlicher Unterschied zwischen Wasserstoff und fossilen Energieträgern zum Tragen, denn die wesentlichen „Zutaten“ für die Wasserstoffproduktion, Energie aus Sonne oder Wind und Wasser, sind geografisch gleichmäßiger verteilt als fossile Energieträger. Trotzdem sind die außenpolitischen Herausforderungen des Imports von Wasserstoff nicht zu unterschätzen, wie die zuletzt auftretenden Probleme in der geplanten Kooperation zwischen Deutschland und Marokko nach einem Bericht von N. Zabor von der Frankfurter Allgemeinen Zeitung vom 21. Mai 2021 zeigen.

Zusammenfassend kann man sagen, dass es jenseits technischer Fragestellungen beim Thema Wasserstoff auch eine Reihe politischer Fragen gibt, die den öffentlichen Diskurs und damit auch das Potenzial der Wasserstoffwirtschaft beeinflussen. Diese drehen sich einerseits um das Misstrauen gegenüber großindustriellen Lösungen in der Energiewende. Andererseits gibt es handfeste geopolitische Aspekte, die sich aus der Notwendigkeit von Importen ergeben.

1.3 Der Inhalt dieses Buches

Welchen konkreten Beitrag kann nun der Wasserstoff zur Vermeidung von Treibhausgasemissionen leisten? Um diese Frage beantworten zu können, müssen dem Leser die chemischen und physikalischen Eigenschaften des kleinsten Elementes des Periodensystems bekannt sein. Daher liegt der Schwerpunkt in Kapitel 2 auf den thermodynamischen und strömungstechnischen Eigenschaften des Wasserstoffs. Dabei werden auch Fragen zur Reinheit von Reinststoffen, die Anteile und Konzentrationen von Wasserstoff in Gemischen, die Verträglichkeit mit relevanten Werkstoffen und die Sicherheit im Umgang mit Wasserstoff behandelt.

In Kapitel 3 und Kapitel 4 geht es um die Grundlagen der Wirtschaftlichkeit von Wasserstoffprojekten. Es werden aus heutiger Sicht plausible Technologiepfade zur Einführung einer Wasserstoffwirtschaft erörtert und hinsichtlich ihrer Bedeutung für den Treibhausgasausstoß in die Atmosphäre bewertet.

In Kapitel 5 bis Kapitel 10 werden neben der Wasserstoffverflüssigung die relevanten Verfahren der Erzeugung, des Transportes und der Speicherung behandelt. Abschließend geht es um volkswirtschaftlich und klimapolitisch bedeutsame Anwendungsfelder für Wasserstoff.

In kompakter, nachvollziehbarer Form wird in den einzelnen Kapiteln der Stand der ingenieurwissenschaftlichen Erkenntnisse über das Wesen des Wasserstoffes und der Stand der eingesetzten Technik zur Erzeugung und Verwertung des Gases vermittelt. Außerdem lernen Sie die hierbei erforderlichen Rechenschritte kennen.

In dem ergänzend von mir verfassten Buch *Wasserstofftechnik. Aufgaben und Lösungen* (ISBN 978-3-446-47227-3) wird das Verständnis zum Verhalten des Wasserstoffs durch umfangreiche, zusätzliche praxisbezogene Berechnungsbeispiele vertieft.

1.4 Die Form dieses Buches

Um das Verständnis für die verschiedenen Themen dieses Buches zu vertiefen, kommen Kästen des Typs *Hinweis, Praxistipp, Beispiel, Übung* und *Definition* zum Einsatz.

Icon	Kastentyp	Was finde ich hier?
	Definition	Begriffsbestimmung von wesentlichen, im Abschnitt verwendeten Größen
	Hinweis	Zusammenfassung besonders relevanter Inhalte und Hervorhebung von deren Bedeutung für den Anwender
	Praxistipp	praxisorientierte Empfehlungen, die die Systematik des ingenieurgemäßen Rechnens, des Verständnisses einzelner Sachverhalte und die Umsetzung in den beruflichen Alltag verbessern sollen
	Beispiel	Rechenbeispiele zum besseren Verständnis und als Ergänzung zu den Aufgaben im ebenfalls von mir verfassten Buch *Wasserstofftechnik. Aufgaben und Lösungen*
	Übung	Hinweise auf Übungsmaterial im Buch *Wasserstofftechnik. Aufgaben und Lösungen*

Zur Verdeutlichung der Inhalte werden in Kapitel 2 bis Kapitel 10 Stoffdaten und Zusammenhänge in Tabellenform und Diagrammen sowie weiteren bildlichen Darstellungen präsentiert. Um die aufs Wesentliche konzentrierte Form des Buches beizubehalten und den „roten Faden“ durch das Thema Wasserstoff nicht zu verlassen, muss hier auf die Darstellung des ein oder anderen Zusammenhanges verzichtet werden. Um die sich daraus ergebenden Lücken zu schließen, sind weiterführende Informationen in Anhang A zu finden.

2 Eigenschaften des Wasserstoffs

In diesem Kapitel werden grundlegende physikalische und chemische Eigenschaften des Wasserstoffs behandelt. Wichtige Grundbegriffe werden definiert. Neben den verständnisfördernden Anwendungs- und Berechnungsbeispielen werden Praxistipps für die Umsetzung im beruflichen Alltag gegeben. Zur Wissensvertiefung empfehle ich Ihnen zudem, die im ebenfalls von mir verfassten Buch *Wasserstofftechnik. Aufgaben und Lösungen* gestellten Selbstrechenübungen zu lösen. Die hierfür notwendigen Rechenschritte werden in den Berechnungsbeispielen in Kapitel 2 bis Kapitel 10 bereits eingeübt. Zu ausgesuchten Tabellen in Kapitel 2 bis Kapitel 5 und in Kapitel 8 bis Kapitel 10 werden erweiterte Versionen in Anhang A vorgestellt. ■

Lassen Sie uns zu Beginn unseres Eintauchens in die Welt des Wasserstoffs zunächst einen kleinen Exkurs in die Astrophysik wagen. Eines der großen Rätsel der Physik ist die Frage nach dem Ursprung des Wassers und des Wasserstoffs und damit des Lebens auf unserer Erde. Bis vor einigen Jahren war einhelliger Tenor der einschlägigen Wissenschaftler, dass der Einschlag von Kometen aus unserem Sonnensystem für das Vorhandensein von Wasser und Wasserstoff auf unserem Planeten verantwortlich sei. U. Walter (2016, S. 128 – 131) gibt hierauf heute eine differenzierte Antwort. Dabei spielt das Vorhandensein von Deuterium, ein Isotop des Wasserstoffs, eine entscheidende Rolle. Das Verhältnis von Deuterium (D) zu Wasserstoff (H) auf der Erde beträgt auch nach H. Sicius 150 ppm (2016, S. 16). Auf ein Deuterium-Atom kommen 6700 Wasserstoff-Atome. Die unbemannte Raumfahrt hat in den letzten Jahren belastbare Ergebnisse gebracht, die belegen, dass die Relation von Deuterium zu Wasserstoff auf vielen Kometen in unserem Sonnensystem mit 300 ppm vom irdischen Verhältnis abweicht. Kometen können also nicht der Ursprung des Wasserstoffs auf der Erde allein sein. Der Physiker und Astronaut Walter identifiziert auch Asteroide und den Sonnenwind, die in ihrer Gesamtheit für den Wasserstoff, neben Helium und Sauerstoff eine der drei Hauptkomponenten unseres Universums, auf unserem Heimatplaneten gesorgt haben. Doch der geogene oder natürlich auf der Erde vorkommende Wasserstoff ist selten. Nach Auskunft von D. Franke et al. (2020) kann Wasserstoff durch unterschiedliche Reaktionen in der Erdkruste erzeugt werden. Dazu gehören in der Tiefsee die Umwandlung von Erdmantelgestein bei Wasserkontakt zu Serpentinit und Vorkommen vulkanischen Ursprungs. An Land kann Wasserstoff sich unter anderem in geologisch sehr alten Bereichen aus dem Präkambrium in Kontakt zu Wasser gebildet haben. Insgesamt werden zwar Wasserstoffvorräte in einer Größenordnung von einigen Milliarden Kubikmeter im Erdreich vermutet, allerdings ist ihre technische Gewinnung und wirtschaftliche Nutzung heute noch zu aufwendig. Wasserstoff muss daher bei Bedarf produziert werden. Für die Produktion und die Nutzung sind Kenntnisse über die grundlegenden Eigenschaften des Wasserstoffs notwendig.

Bereits zum Zeitpunkt seiner Entdeckung 1766 durch den britischen Forscher Henry Cavendish und bei weiteren Forschungsarbeiten des französischen Naturwissenschaftlers de Lavoisier wenige Jahre später, der diesem neuen Element den Namen Hydrogen als „Wasser erzeugender Stoff" gab, treten wesentliche Eigenschaften des Wasserstoffs hervor. Er ist äußerst reaktionsfreudig und leicht entzündlich. Hierbei handelt es sich um Umstände, die einerseits Einfluss auf den Ablauf elementarer chemischer Reaktionen mit Wasserstoff nehmen und andererseits besondere Vorkehrungen und Sicherheitsmaßnahmen im technischen Umgang mit ihm erfordern.

Die Erfahrungen bei der Energieversorgung in Deutschland im Umgang mit Wasserstoff in technischen Anlagen und Leitungen beginnen etwa um 1850 mit der Produktion von Leuchtgas und später von Stadt- und Kokereigas mit einem volumetrischen Anteil des Wasserstoffs bis zu 50 %. Dieses Gas wird über hundert Jahre vornehmlich zur Beleuchtung im städtischen Raum, zum Kochen, zur industriellen Nutzung und zur Wärmebereitstellung genutzt. Das jährliche Wasserstoffaufkommen beträgt vor Einführung des Erdgases in die deutsche Energieversorgung ab 1960 etwa 9 Mrd. m^3 im Normzustand. Es liegen keine spezifischen Untersuchungen vor, die sich beispielsweise mit der Verträglichkeit der verwendeten Werkstoffe mit dem wasserstoffreichen Gas oder mit Leckagen aus den seinerzeit eingesetzten Leitungen beschäftigen.

Bei Reduktionsreaktionen in der Metallurgie und bei der Synthese von chemischen Verbindungen ist Wasserstoff auch heute noch ein herausragender Grundstoff. Er wird im Raffineriegeschäft, in der Metallurgie und bei hochwertigen chemischen Produkten verwendet. So ist seit über 100 Jahren die Hansen & Rosenthal Kommanditgesellschaft mit ihrer Ölwerke Schindler GmbH im niedersächsischen Salzbergen weltweiter Anbieter für Qualitätsprodukte in der Spezialchemie und bei chemisch-pharmazeutischen Spezialprodukten auf Rohölbasis wie Weißölen und hydrierten Paraffinen mit unterschiedlichen Fließfähigkeiten (Bild 2.1). Für ihre Herstellung sind in Salzbergen mehrstufige Prozessschritte der Hydrolyse unter Einsatz von Wasserstoffmengen, die ihrerseits aus einer Dampfreformierung auf dem Werksgelände stammen, erforderlich. Derartige Anwendungen haben die Entwicklung moderner Wasserstofftechnologien gefördert und bieten eine Grundlage für zukünftige Nutzungspfade.

Etwa die Hälfte der weltweit vorrätigen Wasserstoffmengen werden jährlich mithilfe der von Carl Bosch vor etwa 100 Jahren als Haber-Bosch-Synthese entwickelten Dampfreformierung von Erdgas oder Methan produziert. Dieses Verfahren und weitere verwandte verfahrenstechnische Erzeugungsmethoden wie auch die partielle Oxidation sind technisch ausgereift. Die Entwicklung und der Einsatz neuer Erzeugungstechnologien, die dann in Zukunft frei von fossilen Einsatzstoffen sind, wie die Hochtemperaturelektrolyse und die Nutzung des erzeugten Wasserstoffs als chemischer Grundstoff (Power-to-Chemicals und Power-to-Plastics) sind Gegenstand von Zukunftsplanungen in der gewerblichen und industriellen Wirtschaft.

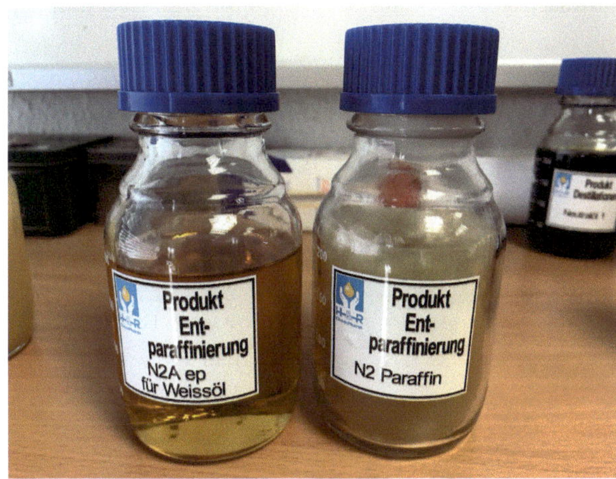

Bild 2.1
Produktion von Weißöl und Paraffin mithilfe der Hydrolyse bei H&R ChemPharm GmbH in Salzbergen (© H&R ChemPharm GmbH)

Im Zusammenhang mit den Fragen zur Verwendung geeigneter Werkstoffe für Wasserstoff sind die Betriebserfahrungen mit reinen Wasserstoffnetzen von besonderer Bedeutung. In Deutschland wird seit Jahrzehnten ein reines Wasserstoffnetz mit einer Gesamtlänge von etwa 380 km in der Rheinruhrschiene zwischen Köln, Düsseldorf und Dortmund sowie im mitteldeutschen Raum Bitterfeld und Leuna betrieben. Auf Industriegelände, beispielsweise im Raffineriebereich, sind darüber hinaus langjährige Erfahrungen mit dem Wasserstofftransport und der Wasserstoffverteilung vorhanden. Innerhalb der EU gibt es ein etwa 1100 km langes Wasserstoffpipelinesystem in Frankreich, Belgien sowie den Niederlanden. Weitere Wasserstoffnetze existieren in den USA, in Kanada und weiteren Ländern mit einer überschaubaren Länge von etwa 3000 km. In Einzelfällen liegen bereits vor Jahrzehnten veröffentlichte Erfahrungen über die verwendeten Werkstoffe vor.

Eine der Grundsatzfragen der Energiewende ist die nach der Bedeutung des Wasserstoffs in einer bis zum Jahr 2050 von CO_2-Emissionen freien Welt. In den dazu angestellten Überlegungen übernimmt Wasserstoff die Aufgabe des Zusammenschlusses der Sektoren Strom und Gas als Power-to-Gas- und Power-to-Power-Technologie sowie zwischen den Sektoren Strom, Gas und Wärme als Power-to-Heat-Technologie. Bild 2.2 zeigt die verschiedenen Schnittstellen der Energiebereitstellung in den nächsten Jahren und Jahrzehnten.

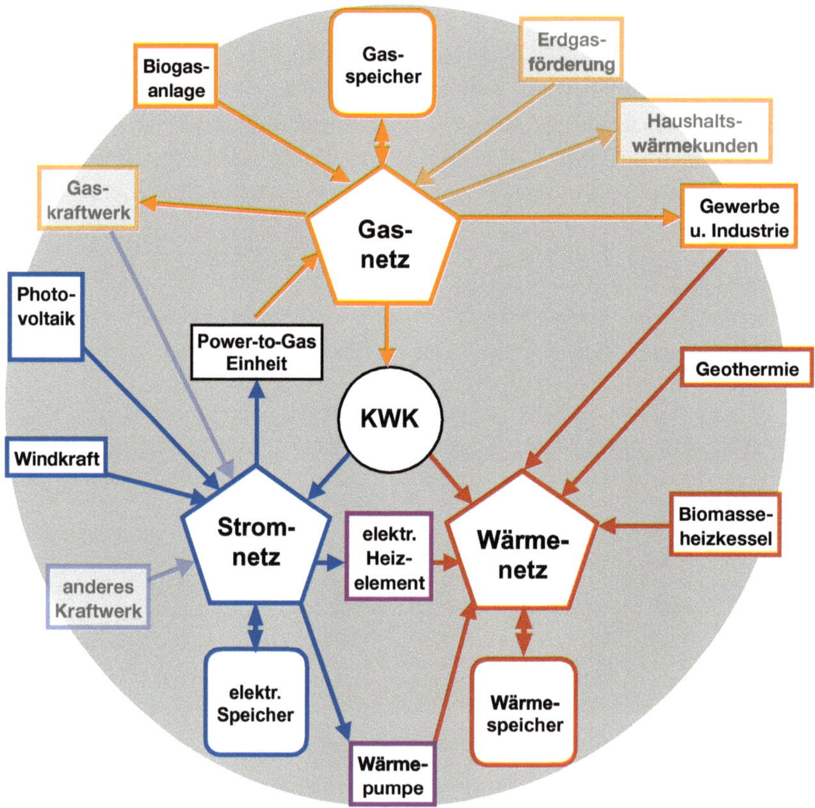

Bild 2.2 Schnittstellen zwischen Strom-, Gas- und Wärmenetz

Elektrolytisch erzeugter Wasserstoff wird bei Power-to-Gas in Zukunft in größeren Mengen in das bestehende Erdgasnetz eingespeist. Das Gasnetz übernimmt die Aufgabe des Energiespeichers. Sollten die vorhandenen Kapazitäten des Gasnetzes hierfür nicht ausreichen, stehen zusätzlich unterirdische Gasspeicher mit ihren Steinsalzkavernen zur Verfügung. Gasmotoren mit Wasserstoff als Brennstoff können in Zukunft im unteren und mittleren Leistungsbereich neben der Rückverstromung als Power-to-Power die Aufgabe einer dezentralen Wärmebereitstellung (Power-to-Heat) erfüllen. Die Weiterentwicklung dieser Technologien, um sie für den Einsatz von Wasserstoff fit zu machen, erfordert Überlegungen zur angepassten Motorsteuerung und zur optimalen Nutzung der anfallenden Abwärme. Diese und weitere Fragen zum Zünd- und Flammenverhalten eines Wasserstoff-(Luft-)Sauerstoff-Gemisches, zur Werkstoffverträglichkeit, zur Lagerung von flüssigem Wasserstoff in Flugzeugen, aber auch zur Dichtheit der verwendeten Systeme gegenüber austretendem Wasserstoff sind weiterhin Gegenstand von Forschungsarbeiten an Universitäten und Hochschulen und müssen zufriedenstellend beantwortet werden.

Die Entwicklung geeigneter Technologien für Transport, Verteilung und Speicherung von Wasserstoff bedarf einer ausreichenden Kenntnis seines thermodynamischen Verhaltens. Die spezifischen Eigenschaften des Gases haben Konsequenzen für den Druckverlust beim leitungsgebundenen Transport sowie für den energetischen Aufwand bei Verdichtung und Druckregelung in transportbegleitenden Anlagen.

Da bis zum Jahr 2030 die niederländische und deutsche L-Gasproduktion vollständig zurückgefahren wird, können im Rahmen von Power-to-Gas vor allem ehemalige L-Gasleitungen auf Wasserstoffbetrieb umgestellt werden. Dies kann Auswirkungen auf die Versprödungsneigung von Werkstoffen in bestehenden Pipelines und Anlagen haben. Darüber hinaus werden bei Bedarf neue Wasserstoffleitungssysteme errichtet. Die Versorgung der Nutzer und Verbraucher von Wasserstoff über die herkömmlichen Transportwege wie Schienen, Straßen und Wasserwege mithilfe geeigneter Behälter wird auch weiterhin erfolgen. Die Entwicklung gasdichter Transportbehälter von geringer Masse, aber aus hochfesten Materialien wird daher auch in Zukunft große Bedeutung für die Nutzung und Verbreitung des Wasserstoffs haben. Zusammengefasst ist die Frage nach geeigneten Werkstoffen im Hinblick auf Gasdichtheit und Werkstoffbeständigkeit von elementarer Bedeutung für die Sicherheit und Wirtschaftlichkeit im Umgang mit dem im Vergleich zu allen anderen Atomen kleinsten und in seiner Verbreitung häufigsten Element auf unserer Erde. Grund genug, sich in den folgenden Abschnitten um die Fragen der Werkstoffverträglichkeit und der Verbrennung von Wasserstoff zu kümmern.

Mischungen aus Wasserstoff und weiteren Stoffen, wie Geruchsstoffen zur Odorierung, erfordern Mischungsregeln für die Berechnung betrieblicher Parameter. Diese Gesetzmäßigkeiten werden in den nachfolgenden Abschnitten behandelt.

Der Einsatz von Wasserstoff im Schienen-, Schiffs- und Fahrzeugverkehr ist mit der Entwicklung geeigneter Brennstoffzellen – der kalten Verbrennung – verbunden. Dies gilt auch für den Einsatz der galvanischen Zellen in privaten oder öffentlichen Liegenschaften zur Strom- und Wärmebereitstellung. Um das Verständnis für diese Technologie zu festigen, ist der Rückgriff auf die Elektrochemie erforderlich.

In diesem Kapitel nimmt das Thema Explosionssicherheit von Wasserstoff einen wichtigen Platz ein. Nur wenn diese Notwendigkeit betrieblich gewährleistet ist, ist die Umsetzung einer zukunftsweisenden Wasserstoffwirtschaft gesichert.

2.1 Grundlegende physikalische und chemische Eigenschaften von Wasserstoff

In unserem Sonnensystem ist der Wasserstoff mit einem Massenanteil von 75 % und einem Anteil von 93 % aller Atome das häufigste chemische Element. Er ist in der Sonne und in den Gasplaneten zu finden. Um in diesem Zusammenhang die Ausbildung von Magnetfeldern im Jupiter und Saturn schlüssig zu erklären, gehen wir heute davon aus, dass der Wasserstoff in beiden Gasriesen in metallischer Form vorliegt.

Auf unserem Planeten Erde sind nach H. Sicius (2016, S. 11) nur 0,12 % der gesamten Erdmasse und nur 2,9 % der Erdkruste, der obersten festen Schicht mit einer maximalen vertikalen Schichtdicke bis zu 50 km, dem flüchtigen Wasserstoff zuzuordnen. Auf der Erde liegt der Wasserstoff nahezu vollständig in chemisch gebundener Form im Meerwasser oder Süßwasser sowie in allen organischen Verbindungen, zu denen auch die Kohlenwasserstoffe des Erdöls oder des Erdgases gehören, vor. Obwohl Wasser nahezu 70 % der Erdoberfläche bedeckt und dabei ein Gesamtvolumen von 1,386 Mrd. km^3 einnimmt, ist der Massenanteil wie vorangehend beschrieben sehr gering. Der Grund ist die äußerst geringe Dichte von gasförmigem Wasserstoff. In der Luft ist gasförmiger Wasserstoff chemisch in dem mit bis zu 4 Vol.-% in der Atmosphäre vorhandenen Wasserdampf gebunden. Geogener Wasserstoff, wie von V. Zgonnik et al (2019) am Beispiel des Oman berichtet, kann nur da angetroffen werden, wo über der Lagerstätte geologisch abdeckende, gasdichte Gesteinsschichten vorhanden sind.

Üblicherweise treffen wir bei allen technischen Anwendungen auf den molekularen zweiatomigen Wasserstoff. Der einatomige atomare Wasserstoff, mit dem wir uns beschäftigen müssen, wenn es um die Verträglichkeit des Wasserstoffs mit Werkstoffen wie Stahl geht, kann mithilfe verschiedener energieintensiver Verfahren gewonnen werden:

- durch Erhitzen des molekularen Wasserstoffes bei extrem hohen Temperaturen von weit über $\vartheta = 1000\ °C$
- durch UV-Licht-Bestrahlung
- durch Mikrowellenbestrahlung
- durch Elektronenbeschuss mit einer Energie von 10 – 20 eV
- für größere Mengen an atomarem Wasserstoff durch elektrische Entladung einer Spannung von $U = 4$ kV zwischen zwei Aluminiumelektroden bei niedrigem Druck unterhalb von $p = 2$ mbar, dem sogenannten Verfahren von Wood oder Langmuir

Der atomare Wasserstoff ist energiereich und bestrebt, innerhalb kurzer Zeit wieder zu molekularem Wasserstoff zu reagieren.

$$H_2 \leftrightarrow 2H \;\rightarrow\; \Delta_R H^{\ominus} = 435\ \mathrm{kJ/mol}$$

$\Delta_R h^{\ominus}$ ist die spezifische Reaktionsenthalpie beim Standardzustand. Das Gleichgewicht liegt auf der linken Seite. Die Reaktion ist stark endotherm (Sicius, 2016, S. 13) und hat einen erheblichen spezifischen Energieaufwand zur Folge.

Der Standardzustand

Der Wert einer thermodynamischen Größe eines Stoffes hängt von der Zusammensetzung oder Reinheit des Stoffes sowie von Druck und Temperatur ab. Physikalisch-chemische Stoffdaten in Tabellen werden gewöhnlich für bestimmte Standardbedingungen - kurz SATP genannt - bei einer ausgewählten Temperatur angegeben. Der Standardzustand kann sich auf jede beliebige Temperatur beziehen. Es ist aber üblich, dass Daten auf einer Temperatur von 298,15 K basieren. Vervollständigt wird diese Angabe noch um die Einbeziehung eines Standarddruckes von 1 bar. Die Standardtemperatur und der Standarddruck werden in diesem Buch mit dem hochgestellten Index $\ominus$ charakterisiert.

Der Wasserstoff hat von allen 118 Elementen des Periodensystems das kleinste Atom und zweiatomig das kleinste Molekül. Bei der zweiatomigen molekularen Form des Wasserstoffs ist die Dichte im Normzustand ($p_n = 1{,}01325$ bar, $T_n = 273{,}15$ K) im Vergleich zur Dichte der Luft um den Faktor 14 geringer. Die sehr geringe Dichte und eine mit anderen Gasen vergleichbar geringe Viskosität hat ein hohes Diffusionsvermögen zur Folge. Dies hat Konsequenzen für alle mit dem Wasserstoff in Verbindung stehenden Werkstoffe. Die geschilderte Einflussnahme macht sich in der von der Werkstoffzusammensetzung abhängigen Neigung zur Versprödung und der Löslichkeit des Gases in Feststoffstrukturen bemerkbar und spielt bei der Speicherung und dem Transport sowie der Verteilung des Wasserstoffes eine gewichtige Rolle. Die besonderen thermodynamischen und werkstofftechnischen Eigenschaften des Wasserstoffs werden in Abschnitt 2.2, Abschnitt 2.4 und Abschnitt 2.5 behandelt.

Auf die atom- und kernphysikalischen Eigenschaften des Wasserstoffs soll an dieser Stelle nur kurz eingegangen werden. Das herkömmliche Wasserstoffatom $^{1}_{1}\mathrm{H}$ enthält ein negativ geladenes Elektron in der Atomhülle und ein einfach positiv geladenes Proton im Kern. Hiervon gibt es Abweichungen. Das bereits erwähnte Wasserstoffisotop Deuterium D - „schwerer" Wasserstoff $^{2}_{1}\mathrm{H}$ - enthält im Kern ein weiteres Neutron. Das äußerst seltene „superschwere" Wasserstoffisotop $^{3}_{1}\mathrm{H}$ Tritium mit einem weiteren Neutron im Kern und einem prozentualen Anteil von 10^{-15} % am gesamten weltweiten Wasserstoffvorkommen ist radioaktiv und erfährt nach einer kurzen Halbwertszeit von ca. 12 Jahren einen Zerfall in das Heliumisotop $^{3}_{2}\mathrm{He}$.

Für die technischen Anwendungen interessant ist der Blick auf den molekularen Zustand des Wasserstoffs. Je nach Druck- und Temperaturbedingungen setzt sich nach H. Sicius der Wasserstoff aus zwei Molekülen zusammen, deren Kernspins jeweils unterschiedlich ausgerichtet sind. Da ist zum einen der ortho-Zustand des Wasserstoffs, der mit $\Delta_R H^\ominus = 0{,}08$ kJ/mol energiereicher als der para-Wasserstoff ist und aus zwei Atomen mit gleichem parallelen Kernspin besteht. Bild 2.3 zeigt diese Form des Wasserstoffs mit einer Spinquantenzahl von $s = +1/2$ und den alternativen Zustand als para-Wasserstoff mit zwei Atomen antiparalleler Ausrichtung des Kernspins mit einer Spinquantenzahl von $s = -1/2$. Unter Standardbedingungen steht der ortho-Wasserstoff (Abkürzung o-Wasserstoff) mit einem maximalen Anteil von 75 % im Gleichgewicht mit 25 % des para-Wasserstoffs (Abkürzung p-Wasserstoff). Diese Mischung wird vereinfacht n-Wasserstoff genannt, die Abkürzung für den normalen Wasserstoff. Im gasförmigen Zustand verkürzt man die Bezeichnung und reduziert sie auf Wasserstoff. Im verflüssigten Zustand ist die o-Form des Wasserstoffs in die energieärmere p-Form übergegangen. Bei der Formänderung wird Wärme freigesetzt. Dieser Übergang sollte beim Verflüssigungsprozess bereits in der Gasphase vor Erreichen der Siedelinie unter Mitwirkung eines Katalysators geschehen, da ansonsten durch die freigesetzte Wärme bereits verflüssigter Wasserstoff wieder verdampft. Hat der Wasserstoff immer gerade die Zusammensetzung, die der Gleichgewichtskonzentration bei der jeweiligen Temperatur entspricht, so spricht man von Gleichgewichts-Wasserstoff (äq-H_2).

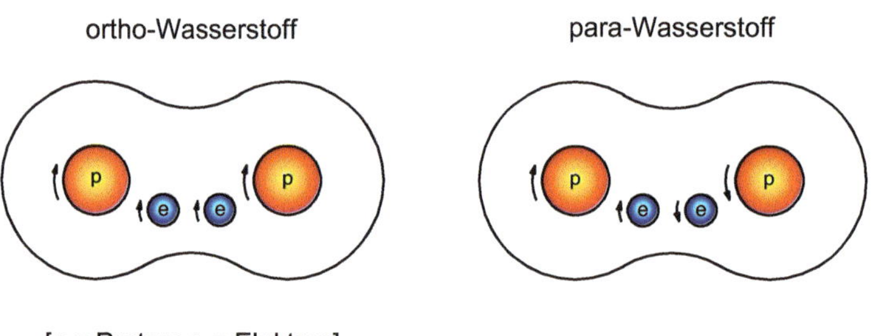

Bild 2.3 Kernspins des ortho- und para-Wasserstoffs

n- und p-Wasserstoff unterscheiden sich bei wichtigen stoffspezifischen Daten, wie Tabelle 2.1 für den kritischen Punkt, den Tripelpunkt und den Siedepunkt beim Druck im Normzustand nach den Angaben von W. Schreckenberg et al. (1989, S. 250 – 265) zeigt. Zum Vergleich sind die spezifischen Eigenschaften von Methan, Sauerstoff, Luft und weiteren Fluiden ebenfalls aufgeführt.

Tabelle 2.1 Physikalische Eigenschaften des Wasserstoffs und anderer Fluide im Vergleich

Stoff	Molare Masse	Kritischer Punkt			Tripelpunkt		Siedepunkt bei 1,013 bar		
	M	T_c	p_c	ϱ_c	T	p	T	ϱ	Δh_v
	kg/kmol	K	bar	kg/l	K	bar	K	kg/l	kJ/kg
Anm.								1)	2)
n-H_2	2,0158	33,190	13,150	0,03012	13,957	0,0720	20,390	0,07079	445,6
p-H_2	2,0158	32,938	12,838	0,03136	13,800	0,070421	20,280	0,07079	445,4
CH_4	16,043	190,555	45,980	0,16283	90,680	0,1174	111,63	0,42260	510,3
C_2H_6	30,069	305,33	48,714	0,207	90,348	0,00001	184,55	0,5441	488,5
C_3H_8	44,096	369,85	42,477	0,22	85,47	$1{,}96\cdot10^{-9}$	280,59	1,4028	246,5
O_2	31,999	154,58	50,43	0,43614	54,361	0,00148	90,19	1,1410	212,5
N_2	28,013	126,26	33,991	0,3141	63,151	0,1246	77,36	0,8085	198,6
CO	28,010	132,85	34,935	0,3039	68,127	0,154	81,638	0,7914	214,84
CO_2	44,010	304,13	73,77	0,4676	216,59	5,185	194,674	- 11)	573,02
NH_3	17,030	405,56	113,63	0,233	195,49	0,063	239.83	0,682	1371,03
Erdgas H	18,258	207,64	59,681	0,1941	94,0	0,12	111,00	0,453	494,9
Luft	28,958	132,83	38,52	0,34461	10)				
	Gaszustand								
	ϱ_n	d_n	ϱ^Θ	$c_{p,n}$	κ	a	λ_n	$10^6\eta_n$	z_n
	kg/m^3	-	kg/m^3	kJ/(kgK)	-	m/s	W/(mK)	kg/(ms)	-
Anm.	3)	3); 4)	5)	3)	3)	3); 7)	3); 6)	3); 8)	3); 9)
n-H_2	0,08989	0,0695	0,08127	14,198	1,4098	1261,10	0,17346	8,377	1,0006
CH_4	0,71750	0,5549	0,64828	2,181	1,3164	430,67	0,0306	10,255	0,997
C_2H_6	1,355	1,0482	1,2221	1,6635	1,2093	299,2	0,0177	8,4903	0,990
C_3H_8	2,0105	1,5553	1,8077	1,5841	1,1504	238,13	0,0156	7,4445	0,9785
O_2	1,429	1,1052	1,2917	0,91671	1,3991	314,81	0,0243	19,143	0,999
N_2	1,2504	0,967	1,1303	1,0414	1,4019	336,97	0,024	16,629	0,999
CO	1,2505	0,967	1,1303	1,0420	1,4021	336,94	0,023	16,596	0,999
CO_2	1,9768	1,929	1,7842	0,8268	1,3083	258,03	0,0147	13,709	0,993
NH_3	0,7715	0,5968	0,6942	2,1783	1,3288	414,49	0.0226	9,198	0.9848
Erdgas H	0,7800	0,6034	0,7168	2,0803	1,3025	410,76	0,02909	10,136	0,997
Luft	1,2927	1	1,1685	1,0059	1,4028	331,49	0,024	17,258	0,999

Anmerkungen: 1) Flüssigkeitsdichte; 2) Verdampfungsenthalpie; 3) Normzustand 273,15 K und 1,01325 bar; 4) Dichteverhältnis zur Luft; 5) Standardzustand 298,15 K und 1 bar; 6) Wärmeleitfähigkeit; 7) Schallgeschwindigkeit; 8) dynamische Viskosität; 9) Realgaszahlen nach der Peng-Robinson-Gleichung; 10) Trockene Luft ist ein Gasgemisch, es existieren daher Tau- und Siedelinie. Auf Angaben zum Dampf/Flüssig-Gleichgewicht wird hier verzichtet. 11) Anmerkung gilt für den Siedepunkt von CO_2: Sublimationstemperatur bzw. Sublimationswärme am Sublimationspunkt

Ingenieurmäßige Plausibilitätsrechnung

Im Alltag ist es für technisches Fach- und Führungspersonal vorteilhaft, Messwerte oder Ergebnisse einer Planung mithilfe einfacher Überlegungen („Kopfrechnung"), die sich auf die Zusammenhänge zwischen physikalischen Größen beziehen, auf Plausibilität oder Nachvollziehbarkeit zu überprüfen.

Hinweis zur vorteilhaften Verknüpfung von Formeln

Bei der Anwendung der Formeln kann es bei geschickter Verknüpfung zu rechentechnischen Vorteilen kommen.

Wo es sinnvoll erscheint, werden in den nachfolgenden Abschnitten bei der Vorstellung der fachlichen Grundlagen der Wasserstofftechnik Plausibilitätsrechnungen und Hinweise zur Verknüpfung von Formeln gegeben. ■

■ 2.2 Das thermodynamische Verhalten von Wasserstoff

Die Eigenschaften des Wasserstoffs zu verstehen, setzt die Einsicht in sein stoffliches Verhalten unter Druck- und Temperatureinwirkung voraus. Von besonderem Interesse sind die Phasenübergänge vom gasförmigen zum flüssigen und schließlich zum festen Zustand. Um belastbare Aussagen über das Verhalten des Wasserstoffs beim rohrleitungsgebundenen Transport und bei der Verteilung von Wasserstoff zu machen, sind Kenntnisse über die Größenordnung spezifischer Werte wie der spezifischen Wärmekapazität, des Joule-Thomson-Koeffizienten oder der Viskosität erforderlich.

Es macht durchaus Sinn, hierbei auch einen Blick auf das thermodynamische Verhalten anderer Stoffe wie der Kohlenwasserstoffe zu werfen. In diesem Kontext ist das Methan heute der Stoff, der als Ausgangsstoff mit Wasserdampf bei der herkömmlichen Produktion von Wasserstoff mit dem Verfahren der Dampfreformierung in großen Mengen eingesetzt wird. Des Weiteren werden durchaus erstaunliche Unterschiede im thermodynamischen Verhalten von Wasserstoff und Methan sichtbar. Ebenfalls in Tabelle 2.1 aufgeführt sind Sauerstoff und Luft. Sauerstoff ist neben dem Wasserstoff ebenfalls Produkt der Wasserelektrolyse und Edukt der Brennstoffzelle. Luft ist der Lieferant des Oxidators Sauerstoff bei der heißen Verbrennung.

2.2.1 Zustandsgrößen und 1. Hauptsatz der Thermodynamik

Die thermischen Zustandsgrößen eines Systems sind der Druck p, die Temperatur T und das Volumen V. Sie sind durch die thermische Zustandsgleichung

$$F(p,V,T)=0 \tag{2.1}$$

miteinander verknüpft.

Für ein thermodynamisches System wird nach DIN 1343 (1990) neben der Mengenangabe m und der Stoffmenge n auch das Normvolumen V_n verwendet. Es ist das Volumen V bei Normdruck ($p_n = 1{,}10325\,\text{bar}$) und bei Normtemperatur ($T_n = 273{,}15\text{ K}$). Unter dem Normzustand reagieren die Gase vereinfacht wie ein ideales Gas.

Ideales Gas

Ein ideales Gas setzt sich aus punktförmigen Teilchen zusammen, die unter dem Einfluss von Energie keinerlei Wechselwirkung untereinander oder mit der Systemgrenze ausüben. ▪

Den mathematischen Zusammenhang zwischen den Einflussgrößen stellt das ideale Gasgesetz mit der Masse m und der speziellen Gaskonstante R her:

$$pV = mRT \tag{2.2}$$

Reales Gas

Bei Drücken und Temperaturen abseits der Normtemperatur T_n und des Normdruckes p_n liegt ein realer Gaszustand vor. Dies umso mehr, je höher der Druck und die Temperatur sind. Dabei wird ein Korrekturfaktor z als Realgaszahl eingeführt, der die rechnerische Abweichung des Realgaszustandes gegenüber der Idealgasvorstellung beschreibt. Die Realgaszahl z ist abhängig von Druck und Temperatur und bei Gasmischungen von deren Zusammensetzung. Für ein ideales Gas wird z als 1 angenommen. ▪

Für das reale Gas geht dann die Idealgasgleichung in das reale Gasgesetz über:

$$pV = zmRT \tag{2.3}$$

Hinweis zur vorteilhaften Verknüpfung von Formeln

Ist in einem thermodynamischen System *p* oder *V* oder *T* zu bestimmen, wird dies mithilfe von Formel 2.3 erfolgen. Dafür müssen Angaben zur Masse *m* und zur speziellen Gaskonstante *R* vorliegen. Wenn die Formel einerseits für den Normzustand

$$p_n V_n = z_n m R T_n$$

und andererseits für den Betriebszustand

$$p_b V_b = z_b m R T_b$$

aufgestellt und dann durch Division beider Formeln verknüpft wird, so kann auf die Einbeziehung der Masse *m*, die möglicherweise auch nicht bekannt ist, und der speziellen Gaskonstante *R* verzichtet werden.

$$\frac{p_n V_n}{p_b V_b} = \frac{z_n T_n}{z_b T_b}$$

Bei der Betrachtung von thermodynamischen Systemen mit Wasserstoff kommt ein physikalisch nicht bewiesener, aber in der alltäglichen Beobachtung unserer Umwelt nicht widerlegter Grundsatz zum Tragen: das Prinzip der Erhaltung der Gesamtenergie eines Systems.

1. Hauptsatz der Thermodynamik

Die Gesamtenergie eines thermodynamischen Systems kann weder erzeugt noch vernichtet werden. Nur eine Energiewandlung von beispielsweise chemisch gebundener Energie in elektrische Energie und Wärmeenergie oder der Energietransport über Systemgrenzen ist möglich.

Die Gesamtenergie *E* setzt sich aus den Anteilen Arbeit *W*, Wärme *Q* und konvektivem Energietransport oder materiellem Energietransport *K* zusammen:

$$E = W + Q + K \tag{2.4}$$

In differenzieller Schreibweise lautet die vorgenannte Gleichung:

$$\mathrm{d}E = \delta W + \delta Q + \delta K \tag{2.5}$$

Der Begriff des thermodynamischen Systems mit Wasserstoff soll an dieser Stelle erklärt werden:

Thermodynamisches System

Ein thermodynamisches System ist als Kontrollraum gegenüber der Umgebung abgegrenzt und besteht aus Wasserstoff oder einem wasserstoffhaltigen Gemisch. Der Kontrollraum ist eine Fläche im Raum, die für Stofftransport und Energietransport in Form von Wärme und Arbeit durchlässig ist. Das thermodynamische System kann unter anderem folgende Eigenschaften aufweisen:

- Es ist adiabat: Kein Wärmeaustausch erfolgt über die Grenzen des Kontrollraumes.
- Es ist isobar: Die Zustandsänderungen verlaufen bei konstantem Druck. Dies bedeutet $\mathrm{d}p = 0$.
- Es ist isotherm: Die Zustandsänderungen verlaufen bei konstanter Temperatur. Dies bedeutet $\mathrm{d}T = 0$.
- Es ist isochor: Die Zustandsänderungen verlaufen bei konstantem Volumen. Dies bedeutet $\mathrm{d}V = 0$.
- Es ist geschlossen: Kein Massenstrom gelangt über die Kontrollraumgrenzen. Dies bedeutet $\mathrm{d}\dot{m} = 0$, oder bezogen auf Formel 2.5 $\delta K = 0$. Prozesse in geschlossenen Systemen sind in der Regel instationärer Natur. Ein Beispiel hierfür ist ein geschlossener Speicherbehälter zum Transport von flüssigem Wasserstoff. In diesem Fall ist je nach Isolationsgrad das System adiabat oder ein Wärmestrom von außen nach innen ist festzustellen.
- Es ist offen: Im Gegensatz zu geschlossenen thermodynamischen Systemen sind die Systemgrenzen stoffdurchlässig. Für den 1. Hauptsatz der Thermodynamik bedeutet dies $(\delta K \neq 0)$. Prozesse in offenen Systemen sind in der Regel stationär. Als Beispiel ist ein Pipelinesystem für den Transport von gasförmigem Wasserstoff zu nennen. In dem Pipelinesystem können Verdichter zur Kompensation von Druckverlusten oder zur Anhebung von Drücken zum Zwecke der Einspeisung des Wasserstoffs in ein nachgeschaltetes Leitungssystem betrieben werden.

Bei der Betrachtung des thermodynamischen Verhaltens von Stoffen wie des Wasserstoffs werden die Zustandsgrößen in extensive, intensive, spezifische und molare Zustandsgrößen eingeteilt.

Extensive, intensive und spezifische Zustandsgrößen

Extensive Zustandsgrößen verhalten sich proportional zur Größe des thermodynamischen Systems. Hierzu zählen die Zustandsgrößen Volumen V und Masse m.

Intensive Zustandsgrößen sind nicht von der Größe des thermodynamischen Systems abhängig. Dies trifft auf die Temperatur T zu.

Spezifische Zustandsgrößen mit kleingeschriebenen Buchstaben für deren Kennzeichnung sind extensive Zustandsgrößen, die auf die Masse m bezogen sind. Hierzu zählt das spezifische Volumen v.

$$v = \frac{V}{m} \tag{2.6}$$

Der Kehrwert von v ist die Dichte ρ.

$$\varrho = \frac{m}{V} \tag{2.7}$$

$$v = \frac{1}{\varrho} \tag{2.8}$$

An dieser Stelle soll das reale Gasgesetz wieder aufgegriffen werden. Mit vorangestellter Formel 2.7 kann Formel 2.3 in eine für die Praxis sehr nützliche Form für das reale Gas überführt werden:

$$\frac{p}{\varrho} = zRT \tag{2.9}$$

Hinweis zur vorteilhaften Verknüpfung von Formeln

Ist in einem thermodynamischen System p oder ϱ oder T zu bestimmen, wird dies mithilfe von Formel 2.9 erfolgen. Wenn die Formel einerseits für den Normzustand

$$\frac{p_n}{\varrho_n} = z_n R T_n$$

und andererseits für den Betriebszustand

$$\frac{p_b}{\varrho_b} = z_b R T_b$$

aufgestellt und dann durch Division beider Formeln verknüpft wird, so kann auf die Einbeziehung der speziellen Gaskonstante verzichtet werden.

$$\frac{p_n \varrho_b}{p_b \varrho_n} = \frac{z_n T_n}{z_b T_b}$$

■

Zur Beschreibung des realen Gasverhaltens hat J.D. van der Waal (vdW) bereits 1873 in seiner Dissertation „Over de continuitet van den gas- en vloestoftoestand“ an der Universität Leiden eine Gleichung vorgeschlagen, die die Wechselwirkung der Moleküle untereinander und die Abhängigkeit der Parameter p, V und T beschreibt. Da die Van-der-Waals-Gleichung das thermodynamische Verhalten für hohe Drücke nur mangelhaft wiedergeben kann, sind verschiedene Varianten, die man in der Thermodynamik auch als kubische Modifikation der vdW-Gleichung bezeichnet, entwickelt worden.

Nach A. Pfennig (2004, S. 91) stellt die von Peng und Robinson vorgeschlagene Gleichung eine auch für hohe Drücke und für den Bereich der Siedelinie gute Lösung dar. Im Bereich des kritischen Druckes weisen allerdings alle gebräuchlichen Gleichungen Abweichungen von Ergebnissen aus Messreihen auf, sodass in diesem

Bereich auf komplexere Modellierungen, wie beispielsweise auf einen Ansatz von Wilson (1975), zurückgegriffen werden muss.

Die Gleichung von Peng und Robinson (PR-Gleichung) kann für den Druck p in wenigen Schritten gelöst werden:

$$\frac{p}{\mathrm{Pa}} = \frac{RT}{v-b} - \frac{a(T)}{v^2 + 2bv - b^2} \tag{2.10}$$

In Verbindung mit Formel 2.3 ist die Realgaszahl z ein Korrekturfaktor des idealen Gasgesetzes:

$$z = \frac{v}{v-b} - \frac{a(T)}{\left(v + 2b - b^2 / v\right)RT} \tag{2.11}$$

Die Parameter $a(T)$ und b werden aus den kritischen Daten T_c und p_c entwickelt

$$\frac{a(T)}{\mathrm{m}^5 / (\mathrm{s}^2\mathrm{kg})} = a_c \alpha(T) \tag{2.12}$$

und zwar mit

$$\alpha(T) = \left[1 + m\left(1 - \sqrt{T_r}\right)\right]^2 \tag{2.13}$$

und der reduzierten Temperatur

$$T_r = \frac{T}{T_c} \tag{2.14}$$

sowie

$$m = 0{,}37464 + 1{,}54226\omega - 0{,}26992\omega^2 \tag{2.15}$$

Die Parameter der PR-Gleichung lassen sich mit

$$\frac{a_c}{\mathrm{m}^5/(\mathrm{s}^2\mathrm{kg})} = 0{,}45724 \frac{R^2 T_c^{\,2}}{p_c} \tag{2.16}$$

und

$$\frac{b}{\mathrm{m}^3/\mathrm{kg}} = 0{,}077796 \frac{RT_c}{p_c} \tag{2.17}$$

ermitteln.

Wendet man die PR-Gleichung für Wasserstoff mit den erforderlichen Stoffwerten nach Tabelle 2.2 an, so ist mit Ausnahme von tiefkalten Temperaturen $z > 1$. Der Verlauf der einschlägigen Kurven für Methan - in Bild 2.4 beispielhaft für $\vartheta = 0\,°\mathrm{C}$ - zeigt generell Realgaszahlen $z < 1$. Beide Stoffe verhalten sich unter Temperatur- und Druckeinfluss sehr unterschiedlich.

Tabelle 2.2 Spezifische Stoffdaten des n-Wasserstoffs und anderer Fluide im Vergleich

Stoff	Kritischer Punkt				Parameter		
	T_c/K	p_c/bar	R/J/(kgK)	ω	m	$a_c/m^5/(s^2kg)$	$b/m^3/kg$
Anm.			1)	2)			
n-H_2	33,190	13,15	4124,5	-0,216	0,0289	6515,92	0,00810
CH_4	190,555	45,98	518,26	0,012	0,3931	969,87	0,00167
O_2	154,58	50,43	259,84	0,0222	0,4087	146,28	0,00062
Luft	132,83	38,52	287,11	0,038	0,4329	172,75	0,00077

Anmerkungen: 1) bezogen auf den Standardzustand; 2) azentrischer Faktor

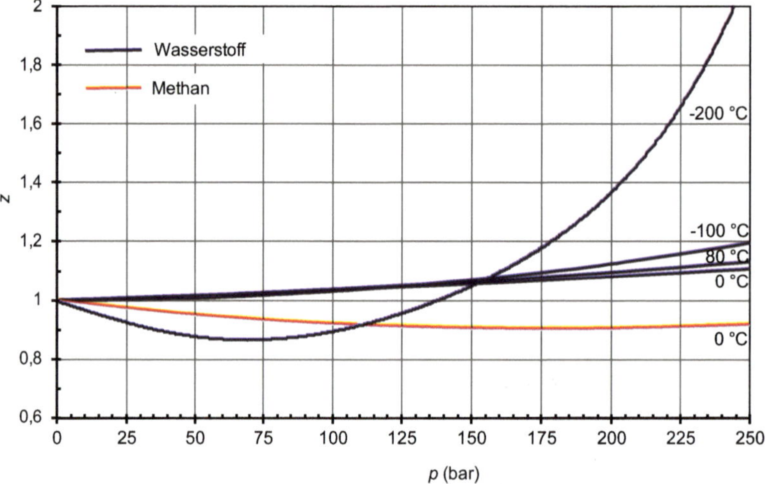

Bild 2.4 Realgaszahlen des n-Wasserstoffs und des Methans nach der PR-Gleichung

In Tabelle A.1 in Anhang A sind für ausgesuchte Stützstellen Realgaszahlen z des n-Wasserstoffs tabellarisch dargestellt.

Eine wichtige Bezugsgröße stellt die Stoffmenge n dar.

Stoffmenge

Die Stoffmenge n ist ein Maß für die Anzahl der Moleküle in einem thermodynamischen System. In einem Mol befinden sich $6{,}022 \cdot 10^{23}$ Teilchen. Diese Teilchenzahl ist als Avogadro-Zahl N_A bekannt. Aus der thermodynamischen Größe wird mit Bezug auf die Stoffmenge eine molare Größe.

Mit der molaren Masse M aus Tabelle 2.1 kann n ermittelt werden:

$$n = \frac{m}{M} \tag{2.18}$$

Das molare Volumen v_m von Wasserstoff ist wie bei allen Gasen generell

$$v_m = \frac{V}{n} \tag{2.19}$$

Systemdruck

Angaben zum Systemdruck in der industriellen Praxis beziehen sich häufig auf den Überdruck $p_{ü}$, der in der industriellen Praxis als Betriebsdruck bezeichnet wird. Dieser muss mit dem Umgebungsdruck p_0 nach Formel 2.20 zusammengeführt werden und als Absolutdruck p in die Berechnungsgleichungen eingesetzt werden (Bild 2.5).

$$\frac{p}{\text{bar}_a} = \frac{p_{ü}}{\text{bar}_{ü}} + \frac{p_0}{\text{bar}} \tag{2.20}$$

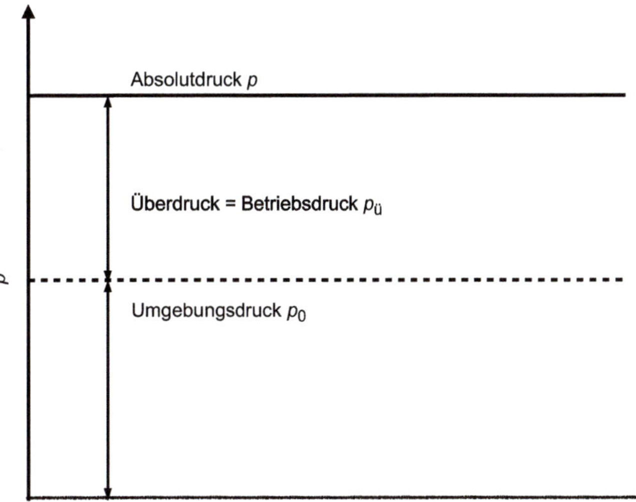

Bild 2.5 Der Zusammenhang zwischen Betriebsdruck, Absolutdruck und Umgebungsdruck

Es empfiehlt sich die Bearbeitung von Aufgabe 1 im Buch *Wasserstofftechnik. Aufgaben und Lösungen*.

Anwendung des realen Gasgesetzes

Eine Wasserstoffmasse *m* nimmt in einem Druckbehälter wie in Bild 2.6 als geschlossenes thermodynamisches System bei einem Überdruck (Betriebsdruck) von $p_{1ü} = 16\ \text{bar}_ü$ und einer Systemtemperatur von $\vartheta_1 = 30\ °\text{C}$ ein Volumen $V_1 = 2\ \text{m}^3$ ein. Der Umgebungsdruck ist $p_0 = 1\ \text{bar}$.

Bild 2.6
Druckbehälter in einer Wasserstofftankstelle der Westfalen AG in Münster/Hiltrup (© Westfalen AG)

Es stellen sich folgende Fragen:

1. Wie groß ist das Volumen V_n im Normzustand?
2. Wie groß ist die Betriebsdichte ρ_1 und die Masse *m*?
3. Es soll zusätzlich die Stoffmenge *n* und das molare Volumen v_{m1} im Betriebszustand bestimmt werden.
4. Welche unter 1. und 2. berechneten Werte ändern sich, wenn der Behälter unter sonst unveränderten Betriebsbedingungen statt mit Wasserstoff mit Methan gefüllt wäre?

Lösung zu 1:

Der absolute Druck p_1 wird nach Formel 2.20 bestimmt:

$$p_1 = p_{1ü} + p_0 = 17\ \text{bar}_\text{a}$$

Alle Zustände i können mit dem Normzustand oder Standardzustand ins Verhältnis gesetzt werden. Die Ableitung folgt aus Formel 2.3:

$$\frac{p_\text{i} V_\text{i}}{z_\text{i} T_\text{i}} = \frac{p_\text{n} V_\text{n}}{z_\text{n} T_\text{n}}$$

Die Realgaszahl z_n wird Tabelle 2.1 entnommen. z_1 wird mithilfe von Formel 2.11 bis Formel 2.17 und mit spezifischen Stoffwerten aus Tabelle 2.2 und das spezifische Volumen v nach Formel 2.2 und Formel 2.6 bestimmt:

$$v_1 = \frac{RT_1}{p_1} = \frac{4124{,}7\ \text{m}^2/(\text{s}^2\text{K}) \cdot 303{,}15\ \text{K}}{1700000\ \text{kg}/\left(\text{ms}^2\right)} = 0{,}74\ \text{m}^3/\text{kg}$$

$$T_r = \frac{T}{T_c} = \frac{303{,}15\ \text{K}}{33{,}19\ \text{K}} = 9{,}13$$

$$\alpha(T) = \left[1 + m\left(1 - \sqrt{T_r}\right)\right]^2 = \left[1 + 0{,}0289\left(1 - \sqrt{9{,}13}\right)\right]^2 = 0{,}8866$$

$$a(T) = a_c\alpha(T) = 6515{,}92\ \text{m}^5/(\text{s}^2\text{kg}) \cdot 0{,}8866 = 5777\ \text{m}^5/(\text{s}^2\text{kg})$$

$$z_1 = \frac{v_1}{v_1 - b} - \frac{a(T_1)}{\left(v_1 + 2b - b^2/v_1\right)RT_1}$$

$$z_1 = \frac{0{,}74\ \text{m}^3/\text{kg}}{(0{,}74 - 0{,}0081)\ \text{m}^3/\text{kg}} - \frac{5777\ \text{m}^5/(\text{s}^2\text{kg})}{0{,}756\ \text{m}^3/\text{kg} \cdot 4124{,}7\ \text{m}^2/(\text{s}^2\text{K}) \cdot 303{,}15\ \text{K}}$$

$$z_1 = 1{,}005$$

Für die Umrechnung vom Betriebszustand in den Normzustand folgt daraus:

$$V_n = V_1 \frac{p_1}{p_n}\frac{T_n}{T_1}\frac{z_n}{z_1} = 2\ \text{m}^3 \frac{17\ \text{bar}_a}{1{,}01325\ \text{bar}_a} \cdot \frac{273{,}15\ \text{K}}{303{,}15\ \text{K}} \cdot \frac{1{,}0006}{1{,}005} = 30{,}10\ \text{m}^3$$

Lösung zu 2:

Die Betriebsdichte ϱ_1 wird mit Formel 2.9 bestimmt:

$$\varrho_1 = \frac{p_1}{z_1RT_1} = \frac{1700000\ \text{kg/ms}^2}{1{,}005 \cdot 4124{,}7\ \text{m}^2/(\text{s}^2\text{K}) \cdot 303{,}15\ \text{K}} = 1{,}35\ \text{kg/m}^3$$

Die Masse m folgt aus Formel 2.7:

$$m = V_1\varrho_1 = 2\ \text{m}^3 \cdot 1{,}35\ \text{kg/m}^3 = 2{,}7\ \text{kg}$$

Lösung zu 3:

Die Stoffmenge n und das molare Volumen v_{m1} werden mithilfe von Formel 2.18 und Formel 2.19 und den spezifischen Daten aus Tabelle 2.1 ermittelt:

$$n = \frac{m}{M} = \frac{2{,}7\ \text{kg}}{2{,}0158\ \text{kg/kmol}} = 1{,}34\ \text{kmol}$$

$$v_{m1} = \frac{V_1}{n} = \frac{2\ \text{m}^3}{1{,}34\ \text{kmol}} = 1{,}49\ \frac{\text{m}^3}{\text{kmol}}$$

Lösung zu 4:

Bei Verwendung von Methan statt Wasserstoff ändern sich die unter 1. und 2. berechneten Werte:

$$v_1 = 0{,}0924\ \text{m}^3/\text{kg};\ T_r = 1{,}59;\ \alpha(T) = 0{,}81;\ a = 780{,}85\ \text{m}^5/(\text{s}^2\text{kg});\ z_1 = 0{,}9665;$$

$$V_n = 31{,}19\ \text{m}^3;\ \varrho_1 = 11{,}19\ \text{kg/m}^3;\ m = 22{,}38\ \text{kg}$$

■

Es empfiehlt sich die Bearbeitung von Aufgabe 2 im Buch *Wasserstofftechnik. Aufgaben und Lösungen*.

Ingenieurmäßige Plausibilitätsrechnung zur gegenseitigen Umrechnung von Betriebs- und Normvolumen

Um bei der Befahrung von Anlagen der Wasserstoffinfrastruktur den betrieblichen Zustand vor Ort einschätzen zu können, ist die Kenntnis der Größenordnung der Wasserstoffvolumina oder Wasserstoffvolumenströme bezogen auf den Normzustand in den Anlagen hilfreich. In diesem Fall sollte über eine betriebliche Messung das Betriebsvolumen oder der Betriebsvolumenstrom bekannt sein:

Die Abschätzung des Volumens $\dot{V}_\mathrm{n}$ oder des Volumenstromes $\dot{V}_\mathrm{n}$ bezogen auf den Normzustand ausgehend vom Volumen V_b oder dem Volumenstrom $\dot{V}_\mathrm{b}$ bezogen auf den Betriebszustand kann mit folgenden Näherungen erfolgen:

$$\dot{V}_\mathrm{n} \approx p\dot{V}_\mathrm{b}$$
$$V_\mathrm{n} \approx pV_\mathrm{b}$$

Exemplarisch sei hier auf das zuvor behandelte Beispiel verwiesen: Eine Wasserstoffmasse m nimmt in einem Druckbehälter bei einem Betriebsdruck $p_{1ü} = 16\,\mathrm{bar_ü}$ ein Volumen $V_1 = 2\,\mathrm{m}^3$ ein.

Welche Größenordnung hat das Volumen V_n im Normzustand? Mit der vorangehend aufgeführten Näherungsgleichung beträgt das Normvolumen etwa (eine Betrachtung der Einheiten macht keinen Sinn!)

$$V_\mathrm{n} \approx 17\left(\mathrm{bar}\right)\cdot 2\left(\mathrm{m}^3\right) = 34\,\mathrm{m}^3$$

Das numerische Ergebnis – wie im Beispiel gezeigt – beträgt für Wasserstoff 30,14 m^3 und für Methan 31,19 m^3.

Ingenieurmäßige Plausibilitätsrechnung zur gegenseitigen Umrechnung von Betriebs- und Normdichten

Auch die Kenntnis der Größenordnung der Wasserstoffdichte bezogen auf den Betriebszustand in den Anlagen ist hilfreich. In diesem Fall ist der Bezugswert für eine Abschätzung die Dichte im Normzustand ϱ_n.

Die Abschätzung der Dichte ϱ_b bezogen auf den Betriebszustand kann mit folgender Näherung erfolgen:

$$\varrho_\mathrm{b} \approx p\varrho_\mathrm{n}$$

Die Normdichte von Wasserstoff ist $\varrho_\mathrm{n} = 0{,}08989\,\mathrm{kg/m^3}$ (Tabelle 2.1). Für eine Abschätzung („Kopfrechnung“) kann dieser Wert auf $\varrho_\mathrm{n} \approx 0{,}09\,\mathrm{kg/m^3}$ verkürzt werden.

$$\varrho_\mathrm{b} \approx 17\left(\mathrm{bar}\right)\cdot 0{,}09\,(\mathrm{kg/m^3}) \approx 1{,}5\,\mathrm{kg/m^3}$$

Die Normdichte von Methan ist $\varrho_n = 0{,}71750\,\text{kg/m}^3$ (Tabelle 2.1). Für eine Abschätzung („Kopfrechnung") kann dieser Wert auf $\varrho_n \approx 0{,}7\,\text{kg/m}^3$ verkürzt werden:

$$\varrho_b \approx 17\,(\text{bar}) \cdot 0{,}7\,(\text{kg/m}^3) \approx 12\,\text{kg/m}^3$$

Das numerische Ergebnis - wie im Beispiel gezeigt - beträgt für Wasserstoff 1,35 kg/m³ und für Methan 11,19 kg/m³.

Fazit: Die vorgestellten ingenieurmäßigen Plausibilitätsrechnungen zum Volumen und zur Dichte bestätigen für jeden Stoff die Größenordnung der jeweils vollständigen Berechnung, deren Ergebnis daher nachvollziehbar ist. ■

Für die Bestimmung von z und vielen weiteren thermischen und kalorischen Zustandsgrößen sind in der Vergangenheit rechnerische Ansätze gefunden worden, die das p,V,T-Verhalten von Stoffen im Vergleich zu experimentellen Daten hinreichend genau wiedergeben. Über Werte für die Reinstkomponenten hinaus werden benötigte Zustandseigenschaften von Gemischen aus Gemisch-Zustandsgleichungen berechnet. Die eingesetzten Zustandsgleichungen müssen dabei große Bereiche von Temperatur, Druck und Zusammensetzung abdecken und zwar für die homogenen Phasen Gas, Flüssigkeit und überkritisches Gebiet sowie für das Phasengleichgewicht Gas-Flüssigkeit.

Es empfiehlt sich die Bearbeitung von Aufgabe 3 im Buch *Wasserstofftechnik. Aufgaben und Lösungen.* ■

2.2.2 Die Phasengrenzen

Die Umsetzung der Daten aus Tabelle 2.1 erfolgt in Bild 2.7 als Phasendiagramm des Wasserstoffs. Neben der Dampfdruckkurve sind die Schmelzdruckkurve, der kritische Punkt, der Tripelpunkt und zum anschaulichen Vergleich auch die Dampfdruckkurve für Methan eingezeichnet.

Unter Normalbedingungen, das heißt bei einem Druck von $p = 1{,}013\,\text{bar}$, ist Wasserstoff gasförmig. Der Siedepunkt liegt nahe beim absoluten Temperaturnullpunkt bei $\vartheta = -252{,}76\,°\text{C}$. Unterhalb dieser Temperatur ist der Wasserstoff flüssig, darüber ist er gasförmig. Der Aggregatzustand ist darüber hinaus vom Druck abhängig. Gase können auch durch Druckerhöhung in den flüssigen Zustand überführt werden. Oberhalb einer kritischen Temperatur ist allerdings das Gas auch durch weitere Druckerhöhung nicht mehr zu verflüssigen. Diese kritische Temperatur ist bei n-Wasserstoff $\vartheta_c = -239{,}97\,°\text{C}$. Ebenso ist das Gas bei Überschreiten eines kritischen Druckes durch weitere Temperaturabsenkung nicht mehr zu verflüssigen. Dieser kritische Druck beträgt bei Wasserstoff $p_c = 13{,}13$ bar.

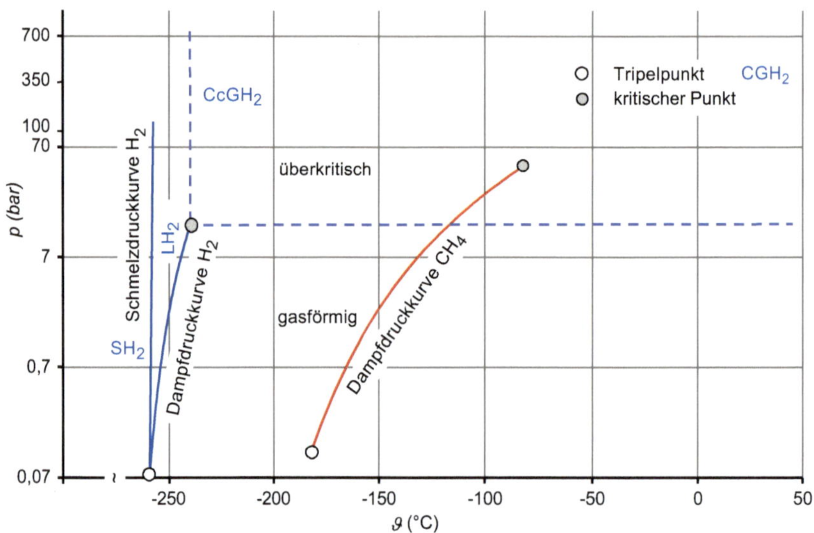

Bild 2.7 Die Dampfdruckkurve des Wasserstoffs; CGH_2 = komprimierter gasförmiger Wasserstoff; $CcGH_2$ = tiefkalt komprimierter gasförmiger Wasserstoff; LH_2 = flüssiger Wasserstoff; SH_2 = Slush-Wasserstoff

Beide kritische Größen kennzeichnen den kritischen Punkt. Oberhalb des kritischen Punktes gehen die flüssige und gasförmige Phase ineinander über. Man gelangt vom flüssigen direkt in den gasförmigen Zustand ohne ein Zweiphasengebiet zu durchlaufen.

Die Schmelztemperatur von Wasserstoff liegt unter Normaldruck bei $\vartheta = -259{,}19\,°C$.

Der Tripelpunkt markiert den Zustand eines Stoffes, bei dem alle drei Aggregatzustände zusammenfallen. Beim Wasserstoff liegt er bei einem Druck von $p = 0{,}077$ bar und bei einer Temperatur von $\vartheta = -259{,}19\,°C$.

Die Dampfdruckkurve ist kurz und verläuft sehr steil über einen begrenzten Druck- und Temperaturbereich. Ein Kohlenwasserstoff wie Methan hat im Vergleich eine bei höheren Temperaturen angesiedelte Dampfdruckkurve. Dies wirkt sich auf die Temperatur bei der Verflüssigung aus, die beispielsweise bei einem methanhaltigen Gas wie Erdgas im Bereich von $\vartheta = -161\,°C$ liegt.

2.2.3 Der 2. Hauptsatz der Thermodynamik

Das T,s-Diagramm ist eine sehr anschauliche Form zur Beschreibung von Zustandspunkten und Zustandsänderungen in einem thermodynamischen System. Die nachfolgend dargestellten Zusammenhänge zwischen Temperatur T, Entropie s, Enthalpie h, Druck p und Dichte ϱ sind mit REFPROP nach E. W. Lemmon et al. (2018) berechnet worden, der international anerkannten Softwarelösung zur Untersuchung von thermodynamischen Eigenschaften industriell genutzter Fluide und Fluidmischungen vom National Institute of Standards and Technology (NIST).

Aufgrund der sehr tiefen Verflüssigungstemperaturen des Wasserstoffs ist es angebracht, in einem Teil-Diagramm (Bild 2.8) den tiefkalten Temperaturbereich von $T = 14$ K bis zu $T = 84$ K und die höheren Temperaturen bis hin zur Umgebungstemperatur in einer zweiten Darstellung (Bild 2.9) zu zeigen.

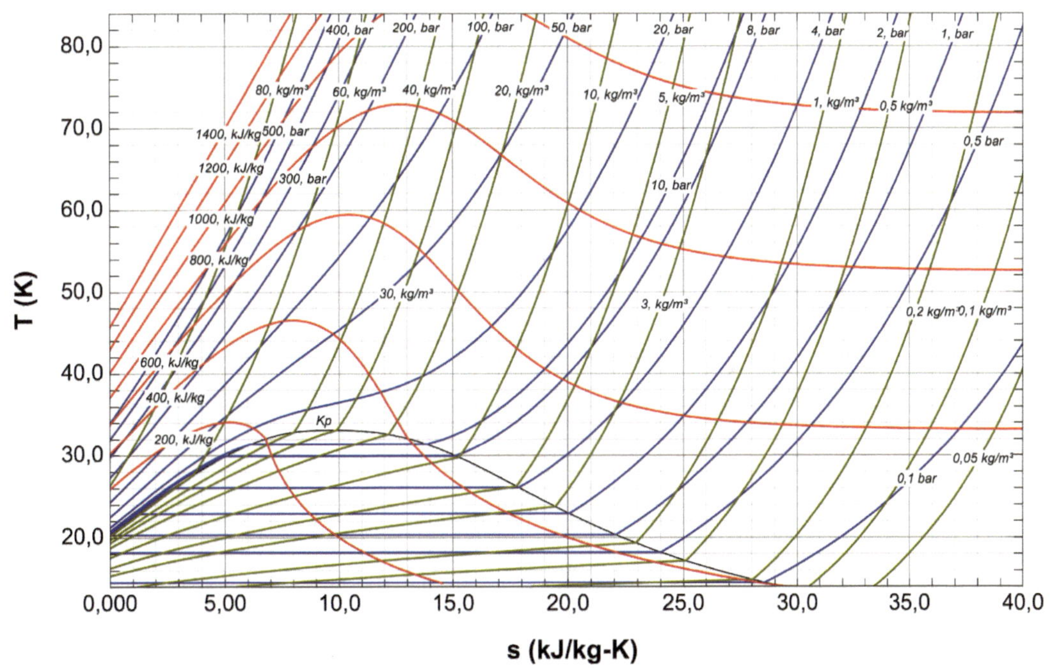

Bild 2.8 T,s-Diagramm des n-Wasserstoffs ($14 \text{ K} \leq T \leq 84 \text{ K}$)

In dem von der Siedelinie links und Taulinie rechts vom kritischen Punkt *Kp* begrenzten Zweiphasengebiet fallen die Isobaren und Isothermen zusammen und verlaufen parallel zur Entropieachse. Im Bereich der flüssigen Phasen links neben der Siedelinie und unterhalb des kritischen Punktes *Kp* liegen die Isobaren dicht gedrängt nebeneinander. Rechts neben der Taulinie und oberhalb des kritischen Punktes verlaufen die Isobaren mit großer Steigung und getrennt von den Isothermen. Außerdem sind im *T*,*s*-Diagramm die Linien gleicher Enthalpie, die sogenannten Isenthalpen, sowie die Linien gleicher Dichte, die Isochoren, enthalten.

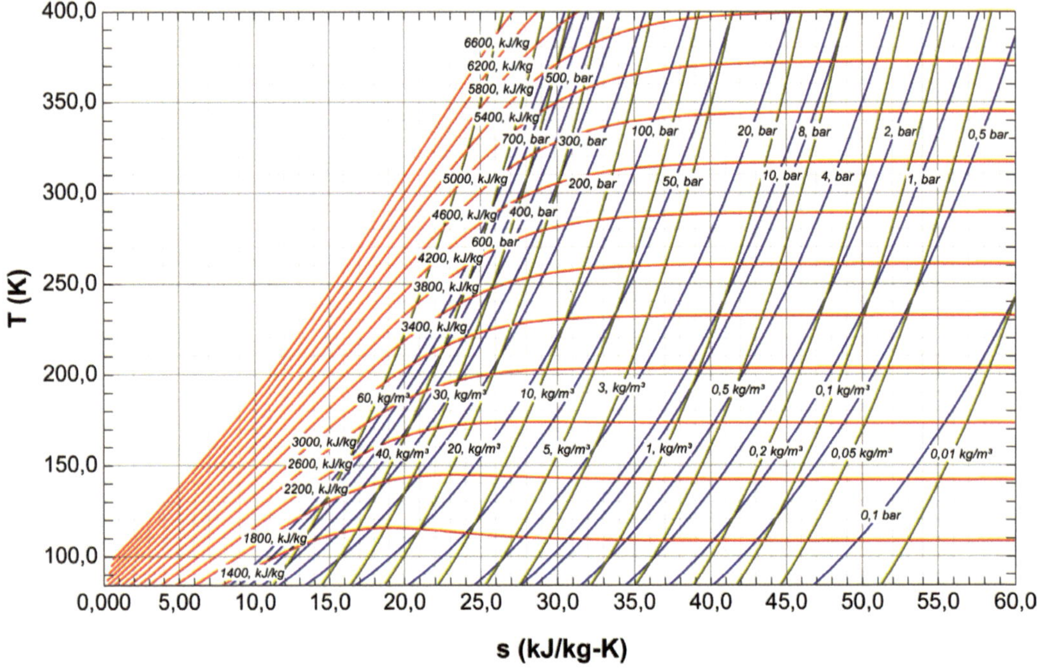

Bild 2.9 *T*,*s*-Diagramm des n-Wasserstoffs ($84\ \mathrm{K} \le T \le 400\ \mathrm{K}$)

Kalorische Zustandsgleichung

Die innere Energie *U* als extensive Größe oder bezogen auf die Masse *m* als spezifische Größe *u* eines Stoffes wie Wasserstoff ist die molekulare, intermolekulare und intramolekular gespeicherte Energie und eine Funktion des spezifischen Volumens *v* und der Temperatur *T*.

$$u = u(v,T) \tag{2.21}$$

Die Differenzialform von Formel 2.21, auch kalorische Zustandsgleichung genannt, führt zur partiellen Ableitung der spezifischen inneren Energie *u* nach den unabhängigen Variablen *v* und *T*:

$$\mathrm{d}u = \left(\frac{\partial u}{\partial v}\right)_\mathrm{T} \mathrm{d}v + \left(\frac{\partial u}{\partial T}\right)_\mathrm{v} \mathrm{d}T \tag{2.22}$$

Die Enthalpie *H* als extensive Größe oder bezogen auf die Masse *m* als spezifische Größe *h* ist zunächst eine Funktion der Temperatur *T* und des Druckes *p* und darüber hinaus eine Kombination aus der inneren Energie *U* und dem Produkt aus Druck *p* und spezifischen Volumen *v*:

$$h = h(T,p) \tag{2.23}$$

$$H = U + pV \tag{2.24}$$

Die spezifische Variante der Enthalpie lautet

$$h = u + pv \tag{2.25}$$

Die Differenzialform von Formel 2.23, ebenfalls kalorische Zustandsgleichung genannt, führt zur partiellen Ableitung der spezifischen Enthalpie *h* nach den unabhängigen Variablen *T* und *p*:

$$\mathrm{d}h = \left(\frac{\partial h}{\partial T}\right)_{\mathrm{p}} \mathrm{d}T + \left(\frac{\partial h}{\partial p}\right)_{\mathrm{T}} \mathrm{d}p \tag{2.26}$$

Entropie und der 2. Hauptsatz der Thermodynamik

Die Entropie *S* ist eine extensive thermodynamische Zustandsgröße oder bezogen auf die Masse *m* eine spezifische thermodynamische Zustandsgröße *s*,

- die zur Bewertung von Energieformen in dem Sinne, dass die Energie mechanisch beispielsweise zum Antrieb eines stromerzeugenden Generators oder thermisch beispielsweise zur Dampferhitzung im Rahmen des Betriebes einer Hochtemperaturelektrolyse genutzt wird,
- die zur Bewertung von thermodynamischen Prozessen im Sinne der Beantwortung der Frage nach der Höhe auftretender Verluste des thermodynamischen Prozesses eingesetzt wird, und
- die zur Beschreibung des thermodynamischen Stoffverhaltens im Sinne von Zustandsgleichungen für einen Stoff wie Wasserstoff verwendet wird.

Der 2. Hauptsatz der Thermodynamik, der wie der 1. Hauptsatz der Thermodynamik nicht bewiesen werden kann, sagt, dass innerhalb eines Kontrollraumes die Entropie *S* durch die realen (irreversiblen) Zustandsänderungen zunehmen wird:

$$\Delta S = \Delta_{\mathrm{rev}} S + \Delta_{\mathrm{irr}} S + \Delta_{\mathrm{K}} S \tag{2.27}$$

$$\Delta_{\mathrm{rev}} S = \frac{Q}{T} \tag{2.28}$$

$$\Delta_{\mathrm{irr}} S \geq 0 \tag{2.29}$$

In Formel 2.27 ist $\Delta_{rev}S$ der reversible Anteil der Entropie, $\Delta_{irr}S$ der bei der realen Zustandsänderung innerhalb des Kontrollraumes produzierte zusätzliche Anteil der Entropie und $\Delta_K S$ der durch Massenstrom über die Systemgrenzen des Kontrollraumes zusätzlich transportierte konvektive oder materielle Entropiezuwachs.

Wenn wir über Zustandsänderungen in einem offenen thermodynamischen System Wasserstoff nachdenken, kommen wir wieder zum 1. Hauptsatz der Thermodynamik zurück. Die Bestandteile der Energiebilanz sind in Bild 2.10 in anschaulicher Form dargestellt.

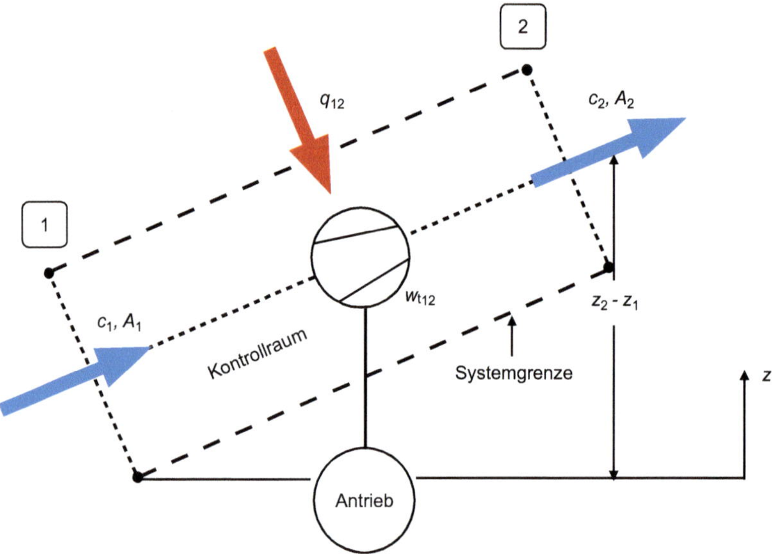

Bild 2.10 Massenstrom in einem offenen thermodynamischen System: Die Indizierung der verwendeten Größen gibt an, dass die Größe eine Änderung zwischen den Kontrollraumkoordinaten 1 und 2 erfährt.

Dabei sind vier unterschiedliche Beobachtungen zu machen:

1. Es tritt Druckverlust im Kontrollraum auf: Ein Fluid wie gasförmiger Wasserstoff tritt mit einer Geschwindigkeit c_1 in den Kontrollraum ein. Der durchströmte Querschnitt ist A_1. Der im Kontrollraum innerhalb der Systemgrenze arbeitende Verdichter ist in der Lage, den auftretenden Druckverlust im Fluidstrom zu kompensieren und wenn nötig, den Druck weiter zu erhöhen. Die hierfür erforderliche spezifische Arbeit w_{t12} wird durch einen Antrieb infolge einer weiteren Energiewandlung bereitgestellt. Das Fluid tritt mit einer Geschwindigkeit c_2 aus dem Kontrollraum aus.

Technische Arbeit

Die technische Arbeit W_t an offenen thermodynamischen Systemen wird durch technische Einrichtungen über bewegliche Bauteile verrichtet, die durch Antriebssysteme wie elektrische Motoren oder Fluidenergiemaschinen angetrieben werden. Bezieht man die technische Arbeit auf die Masse m, folgt hieraus die spezifische technische Arbeit w_t (für Näheres siehe Tabelle 2.4).

2. Je nach Beschaffenheit des Kontrollraumes kann Dissipation Φ und damit verbunden der Verlust an mechanischer Energie auftreten. Dies betrifft den Druckverlust aufgrund von Reibungseffekten in der Strömung sowie hydraulische, mechanische und elektrische Verluste in der Fluidenergiemaschine und ihrem Antrieb.

Dissipation

Dissipation Φ ist ein nicht umkehrbarer Vorgang - eine irreversible Zustandsänderung - in einem thermodynamischen System. Dabei werden die Verluste in innere Energie umgewandelt und stellen immer eine positive Größe dar. Bezieht man die Dissipation auf die Masse m, folgt hieraus die spezifische dissipative Arbeit φ.

3. Die kinetische Energie kann sich aufgrund sich ändernder Strömungsquerschnitte vom Eintrittsort in den Kontrollraum bis zum Austrittsort aus dem Kontrollraum verändern. Dabei wird unterstellt, dass innerhalb des Kontrollraumes der Massenstrom $\dot{m}$ konstant konstant bleibt.
4. Die potenzielle Energie kann sich aufgrund der Höhenlage des Kontrollraumes vom Eintrittsort in den Kontrollraum bis zum Austrittsort aus dem Kontrollraum verändern.

Die Anwendung von Formel 2.4 auf Bild 2.10 führt zu folgendem Ansatz:

$$w_{t12} + q_{12} = h_2 - h_1 + \frac{1}{2}\left(c_2^2 - c_1^2\right) + g\left(z_2 - z_1\right) \tag{2.30}$$

Formel 2.30 kann durch zwei Teilenergiebilanzen ersetzt werden. Es ist einfach zu zeigen, dass deren Summe wieder die Ursprungsformel ergibt:

$$w_{t12} = \int_1^2 v\mathrm{d}p + \varphi_{12} + \frac{1}{2}\left(c_2^2 - c_1^2\right) + g\left(z_2 - z_1\right) \tag{2.31}$$

In Formel 2.31 ist die Änderung der spezifischen technischen Arbeit $\mathrm{d}w_t$ dargestellt, während Formel 2.32 die Änderung der spezifischen Wärme $\mathrm{d}q$ betrachtet.

$$q_{12} = -\int_1^2 v\mathrm{d}p - \varphi_{12} + h_2 - h_1 \tag{2.32}$$

Berücksichtigt man die vollständige Differenzialform $\mathrm{d}(pv) = p\mathrm{d}v + v\mathrm{d}p$, so kann man über Formel 2.25 zu einer wesentlichen Form des 1. Hauptsatzes der Thermodynamik kommen:

$$\mathrm{d}u = \mathrm{d}h + \mathrm{d}\varphi - p\mathrm{d}v \tag{2.33}$$

Volumenänderungsarbeit

In einem geschlossenen thermodynamischen System ist die Volumenänderungsarbeit W_V

$$W_V = -\int p\mathrm{d}V \tag{2.34}$$

Bezieht man die Volumenänderungsarbeit auf die Masse *m*, folgt hieraus die spezifische Volumenänderungsarbeit w_V (für Näheres siehe Tabelle 2.4).

In den Gibbs'schen Fundamentalgleichungen sind darüber hinaus sämtliche Informationen über ein thermodynamisches System enthalten:

$$T\mathrm{d}s = \mathrm{d}u + p\mathrm{d}v \tag{2.35}$$

$$T\mathrm{d}s = \mathrm{d}h - v\mathrm{d}p \tag{2.36}$$

An dieser Stelle ist es zweckmäßig, die anfänglich bereits gegebene Definition eines thermodynamischen Systems durch den Begriff *isentrop* zu ergänzen, da dieser mit der Größe Entropie verbunden ist.

Isentrope, reversible und irreversible Zustandsänderung

Eine Zustandsänderung in einem thermodynamischen System, nach der der ursprüngliche Zustand wieder erreicht wird, ist ein reversibler Prozess. Ist dies nicht möglich, ist die Zustandsänderung irreversibel.

Ist der Prozess reversibel und zugleich adiabat, das heißt ohne Wärmezufluss in das System und Wärmeabfluss aus dem System, so ist die betrachtete Zustandsänderung isentrop im Kontrollraum. Damit beläuft sich die Entropieänderung d*s* auf

$$\mathrm{d}s = 0$$

Im Zusammenhang mit der Betrachtung von Verbrennungsreaktionen in Abschnitt 2.7 und der Wasserstoffelektrolyse in Abschnitt 5.2 wird als Ergänzung der in Formel 2.35 und Formel 2.36 dargestellten Fundamentalgleichung eine weitere Funktion – die freie Enthalpie *G* – eingeführt. Sie verbindet auf sehr nützliche Weise die Größen Enthalpie *H* und Entropie *S*.

Freie Enthalpie

Die freie Enthalpie *G* als extensive Größe oder bezogen auf die Masse *m* als spezifische Größe *g* ist zunächst wie die spezifische Enthalpie *h* eine Funktion der Temperatur *T* und des Druckes *p* und darüber hinaus eine Kombination aus der spezifischen Enthalpie *h* und dem Produkt aus der Temperatur *T* und der Entropie *S*:

$$g = h(T,p) \tag{2.37}$$

Die spezifische Variante der Enthalpie lautet

$$g = h - Ts \tag{2.38}$$

Die Differenzialform von Formel 2.37, ebenfalls kalorische Zustandsgleichung genannt, führt zur partiellen Ableitung der spezifischen freien Enthalpie *g* nach den unabhängigen Variablen *T* und *p*:

$$\mathrm{d}g = \left(\frac{\partial g}{\partial T}\right)_{\mathrm{p}} \mathrm{d}T + \left(\frac{\partial g}{\partial p}\right)_{\mathrm{T}} \mathrm{d}p \tag{2.39}$$

Die Anwendung der spezifischen freien Enthalpie *g*

Wir verwenden Formel 2.38 in abgeleiteter Form und setzen eine isentrope Zustandsänderung voraus:

$$\mathrm{d}g = \mathrm{d}h - T\mathrm{d}s$$

Mit der Änderung der spezifischen Entropie

$$\mathrm{d}s = 0$$

folgt für die Änderung der spezifischen freien Enthalpie:

$$\mathrm{d}g = \mathrm{d}h$$

Als Fazit folgt, dass die spezifische freie Enthalpie die verlustfreie, spezifische Enthalpie ($\varphi = 0$) eines thermodynamischen Systems ist.

2.2.4 Die spezifische Wärmekapazität

Zur Ermittlung grundlegender stoffspezifischer Werte steht mit REFPROP eine kommerzielle Programmlösung nach NIST zur Verfügung. Zum Verständnis der spezifischen Eigenschaften des Wasserstoffs sollen die zu erwartenden Wärmekapazitäten c_{p} und c_{v} aber anschaulich aus dem *T,s*-Diagramm entwickelt werden.

Um die technische Arbeit zum Antrieb eines Verdichters bei der Kompression von Wasserstoff oder die bei seiner Expansion wandelbare thermische Energie zu berechnen, ist die Kenntnis der spezifischen Wärmekapazität als herausragende spezifische Stoffgröße erforderlich. Sie wird beispielsweise auch bei der Untersuchung von Wärmetransportvorgängen benötigt.

Der zweite Term von Formel 2.22 kennzeichnet die spezifische isochore Wärmekapazität c_v.

Spezifische isochore Wärmekapazität

Die spezifische isochore Wärmekapazität c_v beschreibt die Fähigkeit eines Stoffes innere Energie u infolge einer Temperaturerhöhung ohne gleichzeitige Volumenveränderung zu speichern.

$$c_v \mathrm{d}T = \left(\frac{\partial u}{\partial T}\right)_v \mathrm{d}T \tag{2.40}$$

Aus der Fundamentalgleichung (Formel 2.35) mit $\mathrm{d}v = 0$ folgt

$$\frac{c_v}{T} = \left(\frac{\partial s}{\partial T}\right)_v \tag{2.41}$$

Formel 2.41 ist auch als Reziprozitäts- und Maxwell-Beziehung bekannt.

Die Größenordnung der spezifischen isochoren Wärmekapazität c_v kann aus dem stoffspezifischen T,s-Diagramm ermittelt werden.

Ermittlung der spezifischen isochoren Wärmekapazität

Es soll die spezifische Wärmekapazität c_v des n-Wasserstoffs für $T = 273{,}15\,\mathrm{K}$ und für den Absolutdruck mithilfe $p = 50\,\mathrm{bar_a}$ des T,s-Diagramms in Bild 2.11 ermittelt werden.

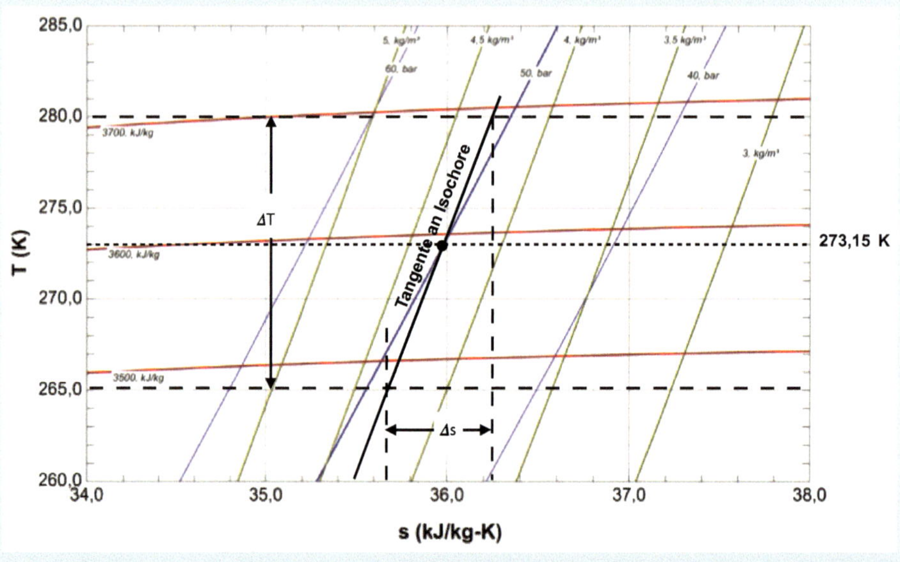

Bild 2.11 Zur Ermittlung der isochoren spezifischen Wärmekapazität

Lösung:

Im Zustandspunkt wird die Tangente an die Isochore angelegt und mit Formel 2.41 über den Differenzenquotient $\Delta s/\Delta T$ die Größenordnung von c_v ermittelt:

$$c_\mathrm{v} = T\left(\frac{\partial s}{\partial T}\right)_\mathrm{v} \cong T\frac{\Delta s}{\Delta T} = 273{,}15\,\mathrm{K}\frac{(36{,}24-35{,}67)\,\mathrm{kJ/(kg\,K)}}{(280-265)\,\mathrm{K}}$$

$$c_\mathrm{v} = 10{,}38\,\mathrm{kJ/(kg\,K)}$$

Es empfiehlt sich die Bearbeitung von Aufgabe 4 im Buch *Wasserstofftechnik. Aufgaben und Lösungen.*

Der erste Term von Formel 2.26 kennzeichnet die spezifische isobare Wärmekapazität.

Spezifische isobare Wärmekapazität

Die spezifische isobare Wärmekapazität c_p beschreibt die Fähigkeit eines Stoffes, Energie infolge einer Temperaturerhöhung ohne gleichzeitige Druckerhöhung zu speichern.

$$c_\mathrm{p}\mathrm{d}T = \left(\frac{\partial h}{\partial T}\right)_\mathrm{p}\mathrm{d}T \tag{2.42}$$

Aus der Fundamentalgleichung Formel 2.36 mit $\mathrm{d}p = 0$ folgt:

$$\frac{c_\mathrm{p}}{T} = \left(\frac{\partial s}{\partial T}\right)_\mathrm{p} \tag{2.43}$$

Die Größenordnung der spezifischen isobaren Wärmekapazität c_p kann analog zur Vorgehensweise bei der isochoren Wärmekapazität auch aus dem stoffspezifischen T,s-Diagramm ermittelt werden.

Ermittlung der spezifischen isobaren Wärmekapazität

Es soll die spezifische Wärmekapazität c_p des n-Wasserstoffs für $T = 273{,}15\,\mathrm{K}$ und für den Absolutdruck mithilfe $p = 50\,\mathrm{bar_a}$ des T,s-Diagramms in Bild 2.12 ermittelt werden.

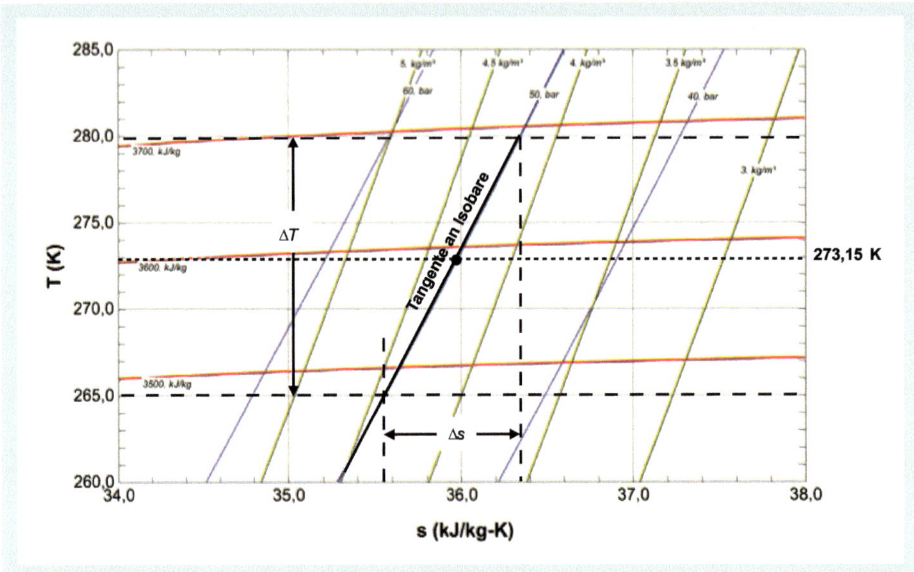

Bild 2.12 Zur Ermittlung der isobaren spezifischen Wärmekapazität

Lösung:

Im Zustandspunkt wird die Tangente an die Isobare angelegt und mit Formel 2.43 über den Differenzenquotient $\Delta s/\Delta T$ die Größenordnung von c_p ermittelt:

$$c_p = T\left(\frac{\partial s}{\partial T}\right)_p \cong T\frac{\Delta s}{\Delta T} = 273{,}15\,\text{K}\frac{(36{,}35-35{,}56)\,\text{kJ}/(\text{kg K})}{(280-265)\,\text{K}}$$

$$c_p = 14{,}39\,\text{kJ}/(\text{kg K})$$

Mit Ausnahme des tiefkalten Temperaturbereiches $T < 250\,\text{K}$ sind über einen Druckbereich bis zu einem Absolutdruck von $p = 900\,\text{bar}_a$ und für Temperaturen bis $T = 400\,\text{K}$ die spezifischen Wärmekapazitäten c_p des n-Wasserstoffs in Bild 2.13 gegenübergestellt. Die Werte sind mit REFPROP nach NIST berechnet. Die spezifischen Wärmekapazitäten c_p weisen im hohen Druckbereich oberhalb von $p = 100\,\text{bar}_a$ im Temperaturbereich von $290\,\text{K} \le T \le 320\,\text{K}$ jeweils ein Maximum auf.

Im Abschnitt „Berechnungsmethoden für Stoffeigenschaften" des VDI-Wärmeatlas (Verein Deutscher Ingenieure et al. 2006, S. Da 16) kann für den Idealgaszustand eine Näherungslösung für die spezifische Wärmekapazität c_p^{id} gefunden werden:

$$c_p^{id} = A + B\frac{T}{K} + C\left(\frac{T}{K}\right)^2 + D\left(\frac{T}{K}\right)^3 + E\left(\frac{T}{K}\right)^{-2} \tag{2.44}$$

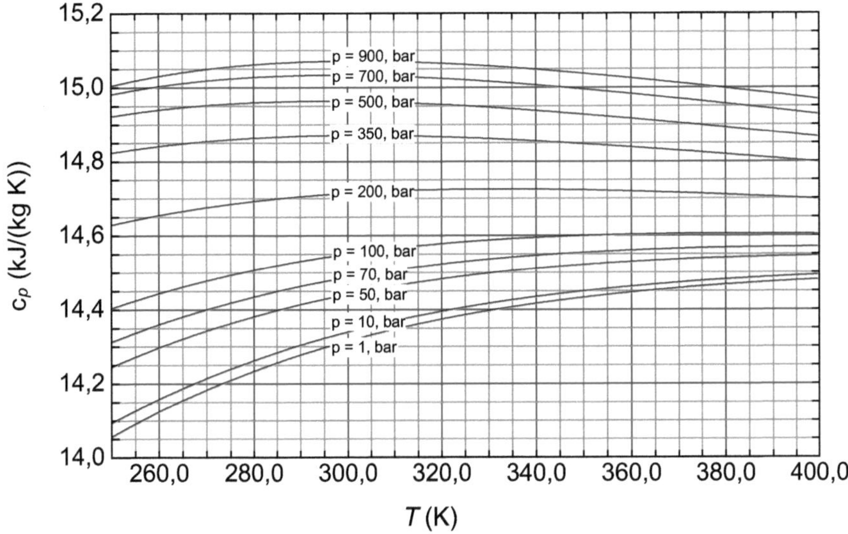

Bild 2.13 Die spezifische isobare Wärmekapazität des n-Wasserstoffs für $250\ \mathrm{K} \leq T \leq 400\ \mathrm{K}$ und $1\ \mathrm{bar_a} \leq p \leq 900\ \mathrm{bar_a}$

Die zur Lösung erforderlichen Parameter sind Tabelle 2.3 zu entnehmen.

Tabelle 2.3 Spezifische Wärmekapazität $c_p/\mathrm{kJ}/(\mathrm{kg\ K})$ und $c_p^{id}/\mathrm{kJ}/(\mathrm{kg\ K})$ des n-Wasserstoffs und im Vergleich dazu des Methans

Stoff	(ideales Gasverhalten)					A	B	10^4C	10^7D	10^7E
T/K	250	273	298	350	400					
n-H_2	14,24	14,26	14,29	14,33	14,38	13.973,4	1,256	-8,92	6,6	-2,29
CH_4	2,058	2,134	2,218	2,395	2,567	1282,5	2,828	13,08	-8,79	-0,74
Stoff	**(reales Gasverhalten)** $p = 1\ \mathrm{bar_a}$					**(reales Gasverhalten)** $p = 10\ \mathrm{bar_a}$				
T/K	250	273	298	350	400	250	273	298	350	400
n-H_2	14,054	14,197	14,306	14,431	14,479	14,091	14,227	14,331	14,448	14,492
CH_4	2,1451	2,1807	2,2313	2,3702	2,5340	2,2340	2,2496	2,2853	2,4056	2,5592
Stoff	**(reales Gasverhalten)** $p = 100\ \mathrm{bar_a}$					**(reales Gasverhalten)** $p = 350\ \mathrm{bar_a}$				
T/K	250	273	298	350	400	250	273	298	350	400
n-H_2	14,401	14,485	14,544	14,598	14,602	14,821	14,855	14,868	14,845	14,797
CH_4	4,1685	3,3735	3,0198	2,8021	2,8187	3,4662	3,4573	3,4105	3,2780	3,2139

Die auf diesem Wege ermittelten und nur von der Systemtemperatur T abhängigen Wärmekapazitäten berücksichtigen nicht die inter- oder intramolekulare Beeinflussung der Moleküle untereinander, also kurz das Realgasverhalten. Dennoch zeigen die Ergebnisse exemplarischer Berechnungen für n-Wasserstoff und im Vergleich auch für Methan in Tabelle 2.3 und die Kurvenverläufe für n-Wasserstoff in Bild 2.13, dass man bis zu einem Absolutdruck von $p = 10\ \text{bar}_a$ unter Einrechnung eines Fehlers von bis zu 1 % vereinfacht Formel 2.44 zur Bestimmung von c_p heranziehen kann.

Bestimmung der spezifischen isobaren Wärmekapazität für den realen Gaszustand

Die Bestimmung der spezifischen isobaren Wärmekapazität für den realen Gaszustand kann unabhängig von einer rechnergestützten Berechnung über eine kubische Zustandsgleichung wie die PR-Gleichung erfolgen. Dies ist allerdings sehr aufwendig. Weitere Hinweise gibt der VDI-Wärmeatlas (Verein Deutscher Ingenieure et al. 2006, S. Da 16). Für die praktische Anwendung ist die Ermittlung über die lineare Inter- oder Extrapolation (Regula falsi) mithilfe der Stützwerte aus Tabelle 2.3 ausreichend. Werte im Druckbereich von $p > 350\ \text{bar}$ sind Tabelle A.2 in Anhang A zu entnehmen.

Bestimmung der realen spezifischen isobaren Wärmekapazität

Für das Wertepaar ($T = 285\ \text{K}$; $p = 50\ \text{bar}_a$) soll die reale spezifische isobare Wärmekapazität c_p bestimmt werden.

Lösung:

Die für die Lösung der Aufgabenstellung erforderlichen Werte sind in Tabelle 2.3 nicht enthalten und müssen zunächst durch lineare Interpolation ergänzt werden:

Temperatur	$p = 10\ \text{bar}_a$	$p = 50\ \text{bar}_a$	$p = 100\ \text{bar}_a$
T/K	c_p/kJ/(kg K)	c_p/kJ/(kg K)	c_p/kJ/(kg K)
273	14,227		14,485
285	*1) 14,277*	*2) 14,382*	*1) 14,513*
298	14,331		14,544

1. Bestimmung der spezifischen isobaren Wärmekapazitäten c_p für die Wertepaare ($T = 285\ \text{K}$; $p = 10\ \text{bar}_a$) und ($T = 285\ \text{K}$; $p = 100\ \text{bar}_a$). Die allgemein angewendete lineare Interpolationsgleichung (Regula falsi) ist

$$c_p^{285\ \text{K}} = c_p^{273\ \text{K}} + \frac{c_p^{298\ \text{K}} - c_p^{273\ \text{K}}}{298\ \text{K} - 273\ \text{K}} (285\ \text{K} - 273\ \text{K})$$

2. Bestimmung der spezifischen isobaren Wärmekapazitäten c_p für das Wertepaar ($T = 285\ \text{K}$; $p = 50\ \text{bar}_a$). Die allgemein angewendete lineare Interpolationsgleichung (Regula falsi) ist

$$c_p^{50\ \text{bar}_a} = c_p^{10\ \text{bar}_a} + \frac{c_p^{100\ \text{bar}_a} - c_p^{10\ \text{bar}_a}}{100\ \text{bar}_a - 10\ \text{bar}_a} (50\ \text{bar}_a - 10\ \text{bar}_a)$$

Die Ergebnisse der beiden Interpolationsschritte sind in der vorangegangenen Tabelle kursiv gesetzt. Der auf diesem Weg gefundene Wert von $c_p = 14{,}382\ \text{kJ}/(\text{kg K})$ weicht um 0,1 % vom rechnergestützten Ergebnis mit REFPROP nach NIST mit $c_p = 14{,}396\ \text{kJ}/(\text{kg K})$ ab.

Bereits in Tabelle 2.2 wird auf die spezielle Gaskonstante R verwiesen. Über diese Größe sind die beiden Wärmekapazitäten miteinander verknüpft:

$$c_{\mathrm{p}} - c_{\mathrm{v}} = R \tag{2.45}$$

Mit der druck- und temperaturunabhängigen speziellen Gaskonstante R kann bei vorliegender isobarer Wärmekapazität c_{p} die isochore Wärmekapazität c_{v} berechnet werden und umgekehrt. Sie kann auch mit der allgemeinen Gaskonstante $R_{\mathrm{m}} = 8{,}314$ J/mol K und der molaren Masse M über $R = R_{\mathrm{m}} / M$ bestimmt werden.

Von großer Bedeutung für die Beschreibung der isentropen Zustandsänderung und der technischen Arbeit bei der Energiewandlung ist der dimensionslose stoffspezifische Isentropenexponent κ. Für das Idealgas gilt:

$$\kappa = \frac{c_{\mathrm{p}}}{c_{\mathrm{v}}} \tag{2.46}$$

Für n-Wasserstoff zeigt Bild 2.14 mit REFPROP nach NIST den Verlauf in Abhängigkeit von Druck und Temperatur.

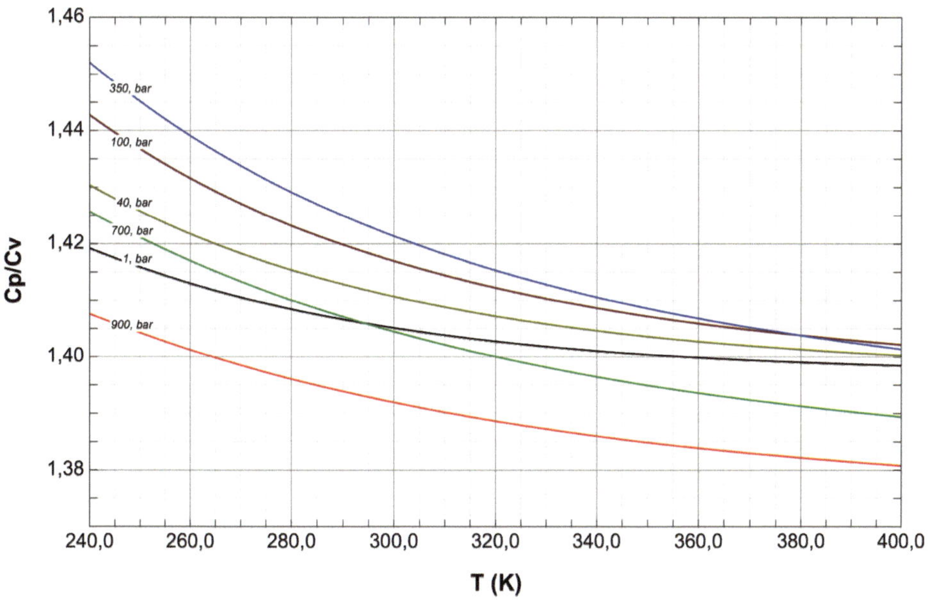

Bild 2.14 Isentropenexponent $\kappa = c_{\mathrm{p}}/c_{\mathrm{v}}$ des n-Wasserstoffs

Der Isentropenexponent κ ist naturgemäß wie die Wärmekapazität temperaturabhängig und fällt mit steigender Temperatur T. Er nimmt darüber hinaus zunächst bei moderatem Hochdruck mit steigendem Druck p zu. Ab einem Hochdruck von $p = 200\ \mathrm{bar_a}$ gehen die Werte mit ansteigendem Druck wieder zurück und unterschreiten im Bereich des bei Wasserstofftankstellen im PKW-Bereich durchaus anzutreffenden Beladungsdrucks von $p = 900\ \mathrm{bar_a}$ die Grenze von 1,4.

Ergänzend sind in Tabelle A.3 in Anhang A Werte für den Isentropenexponenten κ für n-Wasserstoff für einen Druck von $p = 700\ \text{bar}_a$ und $p = 900\ \text{bar}_a$ aufgelistet.

2.2.5 Die polytrope Zustandsänderung

Alle bereits definierten Zustandsänderungen (isobar, isotherm, isochor und isentrop) werden als Sonderfall der polytropen Zustandsänderung verstanden.

Polytrope Zustandsänderung

Eine polytrope Zustandsänderung folgt der Zustandsgleichung

$$pv^{\mathrm{n}} = \text{const} \tag{2.47}$$

Für den Exponenten n der Polytropenbeziehung gilt folgender Zusammenhang:

1. isotherme Zustandsänderung ($T = \text{const}$): $n = 1$
2. isobare Zustandsänderung ($p = \text{const}$): $n = 0$
3. isochore Zustandsänderung ($v = \text{const}$): $n = \infty$
4. isentrope Zustandsänderung ($T = \text{const}$): $n = \kappa$

Bild 2.15 zeigt für Verdichtungs- und Expansionsprozesse den Verlauf der Polytrope. Eingetragen sind die Sonderfälle isentrop bis isotherm. In der Mehrzahl der realen Betriebsfälle ist der Polytropenexponent n

$$0 < n < \kappa$$

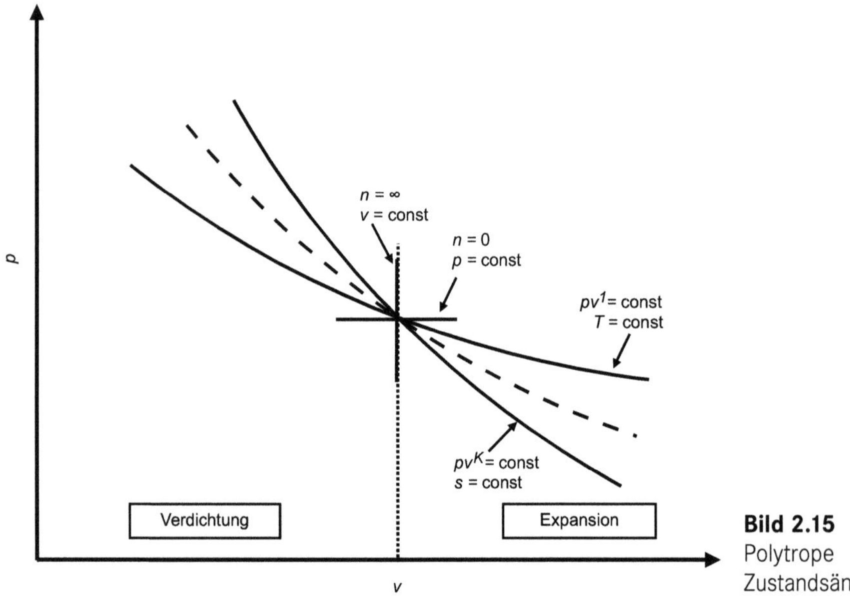

Bild 2.15 Polytrope Zustandsänderung

Nach Herwig und Kautz (2007, S. 68) können für die Grenzfälle der polytropen Zustandsänderung im reversiblen Prozess und für den idealen Gaszustand verschiedene Prozessgrößen in einer sehr übersichtlichen Form dargestellt werden (Tabelle 2.4).

Tabelle 2.4 Polytrope Zustandsänderungen und abgeleitete Prozessgrößen

Prozessgröße	isobar	isotherm	isochor	isentrop
Anmerkungen	1)	1)	1)	1)
	$p = \text{const}$	$T = \text{const}$	$v = \text{const}$	$s = \text{const}$
	$V/T = \text{const}$ $\frac{V_1}{V_2} = \frac{T_1}{T_2}$	$pV = \text{const}$ $\frac{V_1}{V_2} = \frac{p_2}{p_1}$	$p/T = \text{const}$ $\frac{p_1}{p_2} = \frac{T_1}{T_2}$	$pV^{\kappa} = \text{const}$ $\frac{p_1}{p_2} = \left(\frac{T_1}{T_2}\right)^{\frac{\kappa}{\kappa-1}}$ $\frac{p_1}{p_2} = \left(\frac{V_2}{V_1}\right)^{\kappa}$
$W_{v12}^{id} = -\int_1^2 p\mathrm{d}V$ geschlossenes System	$p_1(V_1 - V_2)$ $mR(T_1 - T_2$	$mRT \cdot \ln\frac{V_1}{V_2}$	0	$\frac{p_1V_1}{\kappa-1}\left[\left(\frac{V_1}{V_2}\right)^{\kappa-1} - 1\right]$ $m\overline{c_v^{id}}(T_2 - T_1)$
$w_{t12}^{id} = \int_1^2 v\mathrm{d}p$ offenes System	0	$RT \cdot \ln\frac{p_2}{p_1}$	$v(p_2 - p_{1)}$ $R(T_2 - T_1)$	$\overline{c_p^{id}}(T_2 - T_1)$ $\frac{p_1V_1}{\kappa-1}\left[\left(\frac{p_2}{p_1}\right)^{\frac{\kappa-1}{\kappa}} - 1\right]$ $\overline{c_p^{id}}T_1\left[\left(\frac{p_2}{p_1}\right)^{\frac{\kappa-1}{\kappa}} - 1\right]$
Q_{12}	$m\int_1^2 c_p^{id} dT$ $m\overline{c_p^{id}}(T_2 - T_1)$	$-W_{v12}$	$m\overline{c_v^{id}}(T_2 - T_1)$	0
$S_2 - S_1$	$m\overline{c_p^{id}} \cdot \ln\frac{T_2}{T_1}$	$mR \cdot \ln\frac{V_2}{V_1}$	$m\overline{c_v^{id}} \cdot \ln\frac{T_2}{T_1}$	0

Anmerkungen: 1) idealer Gaszustand

Für den realen Gaszustand wird die Gleichung aus Tabelle 2.4 mit der Realgaszahl z aus Formel 2.11 ergänzt:

$$w_{t12} = z_1 w_{t12}^{id} \tag{2.48}$$

Zustandsgleichungen und Prozessgrößen

Ein Verdichter im Ausgang einer Dampfreformierungsanlage für die Befüllung von Wasserstoff-Trailern ist ein zweistufiger Membranverdichter V1/V2 mit Zwischenkühler (Bild 2.16). Beide Verdichterstufen sind in Reihe geschaltet. Der Weg des Wasserstoffs innerhalb der Verdichteranlage ist Bild 2.17 zu entnehmen. Das Gas wird im Ausgang der ersten und zweiten Verdichterstufe isobar gekühlt.

Bild 2.16 Zweistufiger Membranverdichter MKZ 680-10/460-40 für Wasserstoff (Andreas Hofer Hochdrucktechnik GmbH, © H&R ChemPharm GmbH): Der Verdichter ist Bestandteil einer Befüllungsanlage für Wasserstoff-Trailer im Ausgang einer Dampfreformierungsanlage ($\dot{V}_n = 500\ \mathrm{m^3/h}$).

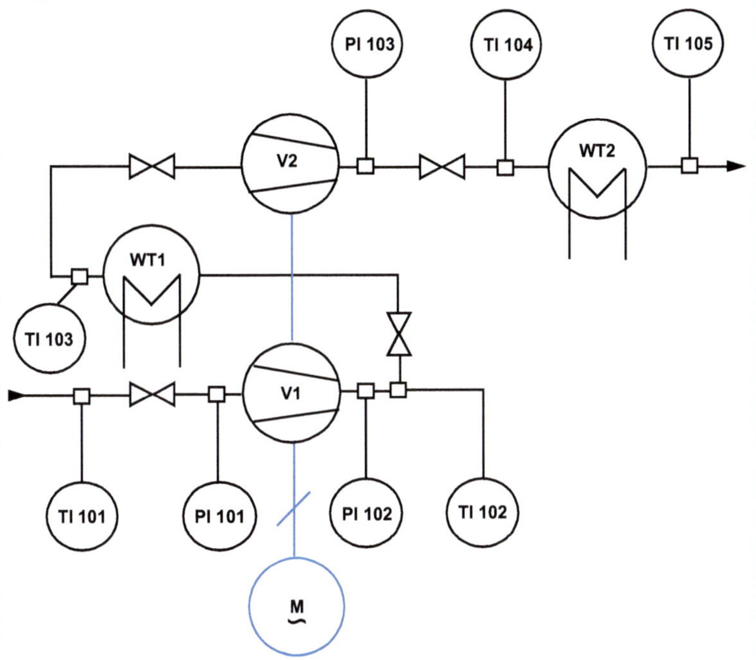

Bild 2.17 Vereinfachtes Fließbild des zweistufigen Membranverdichters

Die Betriebsdaten der Anlage sind folgende:

Bild 2.17	PI 101	PI 102	PI 103	TI 101	TI 102	TI 103	TI 104	TI 105
Größe	p_1/bar$_a$	p_2/bar$_a$	p_3/bar$_a$	T_1/K	T_2/K	T_3/K	T_4/K	T_5/K
	14	59	185	283	434	283	403	300

Es soll die spezifische technische Arbeit des Verdichters w_t und die isobare Kühlenergie q berechnet werden. Dabei wird der Wasserstoff als reales Gas betrachtet und die in Tabelle 2.4 dargestellten Gleichungen werden in Verbindung mit Formel 2.48 entsprechend angepasst. Die Werte der spezifischen Wärmekapazität für die einzelnen Prozessschritte können Bild 2.13 entnommen werden.

$$w_{\mathrm{t}} = w_{\mathrm{t,V1}} + w_{\mathrm{t,V2}}$$

$$w_{\mathrm{t,V_i}} = c_{\mathrm{pij}}\, T_{\mathrm{i}} \left[\left(\frac{p_{\mathrm{j}}}{p_{\mathrm{i}}} \right)^{\frac{\kappa-1}{\kappa}} - 1 \right] z_{\mathrm{i}}$$

$$q_{\mathrm{ij}} = \left| c_{\mathrm{pij}} \left(T_{\mathrm{j}} - T_{\mathrm{i}} \right) \right|$$

Die mittlere spezifische isobare Wärmekapazität $c_{p_{ij}}$ wird für einen mittleren Druck $p_{m_{ij}}$ und für eine mittlere Temperatur $T_{m_{ij}}$ bestimmt:

$$p_{m_{ij}} = \frac{1}{2}\left(p_i + p_j\right)$$

$$T_{m_{ij}} = \frac{1}{2}\left(T_i + T_j\right)$$

Unter Verwendung von Formel 2.45 und Formel 2.46 kann der Isentropenexponent κ zur Bestimmung der spezifischen technischen Arbeit w_t berechnet werden:

$$\kappa = \frac{c_{p_{ij}}}{c_{p_{ij}} - R}$$

Für die einzelnen Prozessschritte werden folgende Werte ermittelt:

T_{m12}/K	T_{m23}/K	T_{m34}/K	T_{m45}/K	p_{m12}/bar$_a$	p_{m23}/bar$_a$	p_{m34}/bar$_a$	p_{m45}/bar$_a$
358,5	358,5	343	351,5	36,5	59	122	185

c_{p12}/kJ/(kg K)	c_{p23}/kJ/(kg K)	c_{p34}/kJ/(kg K)	c_{p45}/kJ/(kg K)	$\kappa(V1)$	$\kappa(V2)$
14,4	14,5	14,6	14,7	1,40	1,39

Als Ergebnis der energetischen Betrachtung bleibt festzuhalten:

$w_{t,V1}$/kJ/kg	$w_{t,V2}$/kJ/kg	w_t/kJ/kg	q_{23}/kJ/kg	q_{45}/kJ/kg
2071,5	1561,9	3633,4	2189,5	1514,1

■

2.2.6 Wirkungs- oder Nutzungsgrade

Die Anhebung des Systemdruckes ist einer der zentralen Verfahrensschritte in einem Wasserstoffsystem, an dessen Ende beispielsweise die Befüllung eines Wasserstofftrailers steht (Bild 2.18). Zu diesem Zweck werden Verdichter unterschiedlicher Bauart mit unterschiedlicher Leistungsgröße eingesetzt. Näheres zu den maschinentechnischen Details finden Sie in Kapitel 7. In diesem Abschnitt steht die Effektivität der Anlagen im Vordergrund.

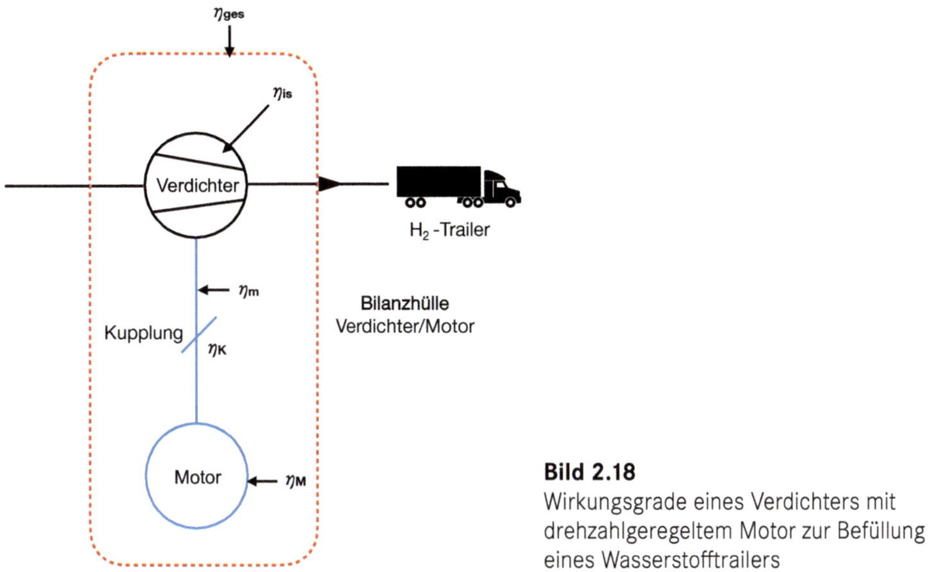

Bild 2.18
Wirkungsgrade eines Verdichters mit drehzahlgeregeltem Motor zur Befüllung eines Wasserstofftrailers

Zustandsänderungen – wie der Verdichtungsprozess von Wasserstoff – lassen sich anschaulich mit dem *h,s*-Diagramm darstellen (Bild 2.19).

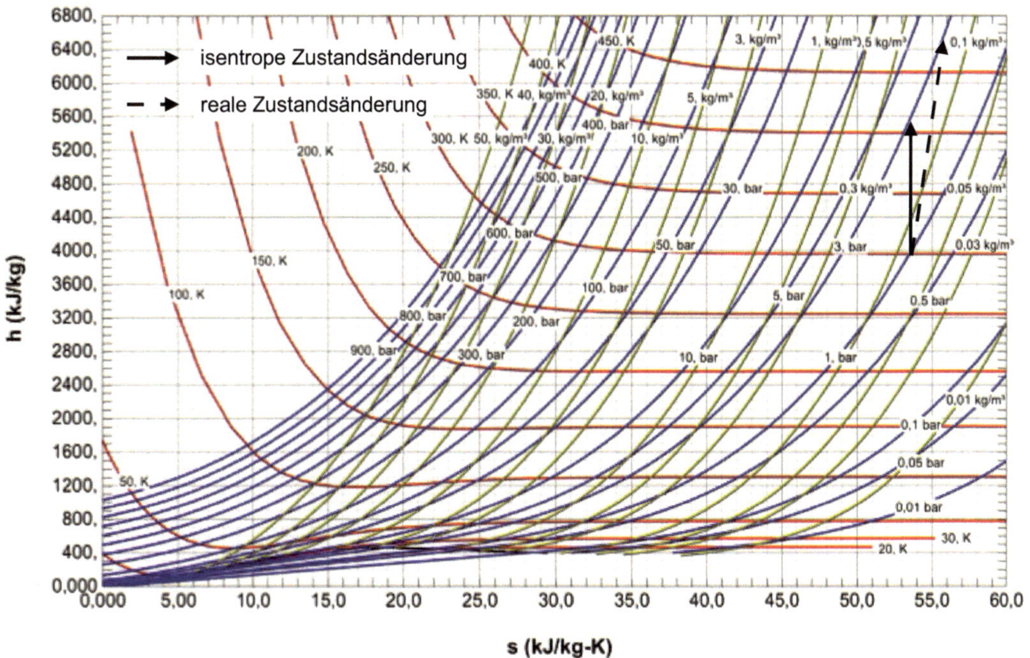

Bild 2.19 *h,s*-Diagramm des n-Wasserstoffs mit isentroper und realer Zustandsänderung eines Verdichtungsprozesses

Die isentrope Kompression ist der Vergleichsprozess für die reale polytrope Zustandsänderung, die den gewünschten Druck im Ausgang des Verdichters p zur Folge hat, aber zu einer höheren Temperatur T führt. Die Abweichungen von der idealen isentropen Zustandsänderung sind beispielsweise bei einem Radialverdichter, einer klassischen Strömungsmaschine, auf hydraulische Verluste und Reibungsverluste innerhalb der Maschine zurückzuführen. Die beobachtete Abweichung vom Idealprozess wird durch die Einführung des isentropen Wirkungsgrades η_{is} rechnerisch berücksichtigt. Bei der Betrachtung des Gesamtwirkungsgrades des Verdichtungsprozesses sind darüber hinaus weitere Verlustquellen zu berücksichtigen.

Das sind mechanische Verluste in Form von Reibung der kraftschlüssigen Verbindungen zwischen einer Kupplung und einem Verdichter. Sonstige Verluste von Nebenaggregaten des Verdichters, wie Schmierölsystem, Sperrgasversorgung und weiterer Nebenanlagen, werden in einem mechanischen Wirkungsgrad η_m zusammengefasst.

Wärmeverluste des Antriebsmotors und mechanische Verluste eines optional eingesetzten Getriebes und der kraftschlüssigen Verbindung zwischen Antriebsmotor und Kupplung sollen in einem Wirkungsgrad η_M berücksichtigt werden. Passen die Drehzahlen des Antriebsaggregates und des Verdichters nicht zueinander, muss ein Getriebe die Drehzahlanpassung vornehmen. Die hierbei auftretenden mechanischen Verluste sollen gleichfalls in dieser Betrachtung in η_M enthalten sein.

Der Wirkungs- und Nutzungsgrad eines Wasserstoffsystems

Der Wirkungs- und Nutzungsgrad eines Wasserstoffsystems setzt sich aus folgenden Anteilen zusammen:

- innerer Wirkungsgrad η_i oder isentroper Wirkungsgrad η_{is} aufgrund von
  - hydraulischen Verlusten und
  - Reibungsverlusten innerhalb des Bilanzraumes sowie von
  - Wärmeverlusten über die Systemgrenze
- mechanischer Wirkungsgrad η_m von Antriebs- oder Abtriebswellen infolge von Reibung innerhalb des Bilanzraumes
- Wirkungsgrad von Antriebssystemen η_M durch
  - Wärmeverluste über die Systemgrenze
  - Einbußen beim Verbrennungsprozess oder
  - infolge von elektrischen Verlusten in elektrisch angetriebenen Motoren
- Nutzungsgrad von Elektrolyse- und galvanischen Systemen als Anlagenwirkungsgrad, bestehend aus den Wirkungsgraden der einzelnen Zellen, die in der Summe Stacks bilden, und den Wirkungsgraden der Nebenaggregate (Abschnitt 5.2.3)

Grundsätzlich gilt für ein Gesamtsystem:

$$\eta_{ges} = \prod_{i=1}^{n} \eta_i \tag{2.49}$$

Der Wirkungsgrad an der Kupplung (Kupplungswirkungsgrad) η_K aus Bild 2.18 wird mithilfe von Formel 2.49 aus dem inneren Wirkungsgrad η_i und dem mechanischen Wirkungsgrad η_m über $\eta_K = \eta_i \eta_m$ berechnet.

Stufenwirkungsgrad eines Verdichters beim Befüllen eines Wasserstofftrailers

Ein mehrstufiger Verdichter mit Zwischenkühlung wird verwendet, um einen Trailer mit Wasserstoff zu befüllen. Exemplarisch soll eine Verdichterstufe mit dem Eingangsdruck $p_1 = 10\ \mathrm{bar_a}$ und dem Ausgangsdruck $p_2 = 30\ \mathrm{bar_a}$ betrachtet werden. Im *h,s*-Diagramm ist der isentrope Vergleichsprozess mit der Zustandsänderung von 1 nach 2 und einer isentropen Ausgangstemperatur hinter der Stufe von $T_2 = 412\ \mathrm{K}$ sowie der reale Verdichtungsprozess mit der Zustandsänderung von 1 nach 3 und einer höheren Ausgangstemperatur von $T_3 = 487\ \mathrm{K}$ dargestellt.

Auf der Ordinate (Bild 2.20) kann die zugehörige Enthalpie bestimmt werden:

$$h_1 = 3960\ \mathrm{kJ/kg};\ h_2 = 5600\ \mathrm{kJ/kg};\ h_3 = 6680\ \mathrm{kJ/kg}$$

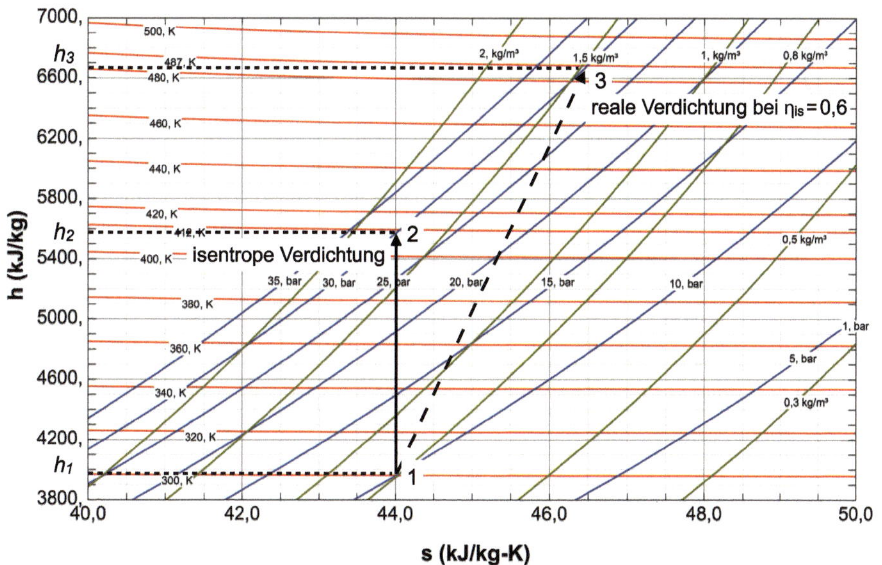

Bild 2.20 *h,s*-Diagramm eines Verdichtungsvorgangs mit Wasserstoff

Der innere oder isentrope Wirkungsgrad der Verdichterstufe ist allgemein

$$\eta_i = \frac{\Delta h_{is}}{\Delta h_{real}} \tag{2.50}$$

Im vorangehend dargestellten Anwendungsfall ist der isentrope Wirkungsgrad

$$\eta_i = \frac{h_2 - h_1}{h_3 - h_1} = 0{,}603$$

■

Es empfiehlt sich die Bearbeitung von Aufgabe 5 im Buch *Wasserstofftechnik. Aufgaben und Lösungen.*

2.2.7 Freiheitsgrade eines Wasserstoffsystems

Die Gibbs'sche Phasenregel beschreibt die Anzahl der Freiheitsgrade eines thermodynamischen Systems und gibt damit auch Auskunft darüber, wann eine gestellte Aufgabe, ein Gleichgewicht zwischen heterogenen Phasen zu berechnen, eindeutig bestimmt ist. Die Anzahl F der Freiheitsgrade – voneinander unabhängige intensive, von der Menge des Stoffes nicht beeinflusste Zustandsgrößen – ergibt sich nach der Gibbs'schen Phasenregel aus der Anzahl der Komponenten N und Phasen π nach

$$F = N + 2 - \pi \tag{2.51}$$

So existieren bei einem Reinstoff wie Wasserstoff in einem homogenen System mit $N = 1$ und $\pi = 1$ zwei voneinander unabhängige intensive Zustandsgrößen Druck p und Temperatur T.

Phasen und Freiheitsgrade von Wasserstoff

Ein Reinstoff wie Wasserstoff wird in der reinen Gasphase abgekühlt und überschreitet die Dampfdrucklinie – Zustand 1 – und erreicht nach weiterem Abkühlen den Tripelpunkt – Zustand 2.

Im Zweiphasengebiet – Zustand 1 – ($\pi = 2$) ist

$$F = N + 2 - \pi = 1 + 2 - 2 = 1$$

Es existiert noch ein Freiheitsgrad: Druck p oder Volumen V oder Temperatur T.

Am Tripelpunkt ($\pi = 3$) ist

$$F = N + 2 - \pi = 1 + 2 - 3 = 0$$

Es existiert am Tripelpunkt kein Freiheitsgrad.

2.2.8 Flüssiger und fester Wasserstoff

Wasserstoff ist im flüssigen Zustand farblos und durchsichtig und aufgrund seiner geringen Zähigkeit sehr beweglich. Tabelle 2.5 enthält für Wasserstoff nach Schreckenberg et al. (1989, S. 185) charakteristische Stoffwerte entlang der Dampfdruckkurve.

Tabelle 2.5 Stoffdaten entlang der Dampfdruckkurve

Temperatur	Druck	Flüssigkeits-dichte	Gasdichte	Verdampfungs-enthalpie
T/K	p/bar	ϱ/kg/m³	ϱ/kg/m³	Δh_v/kJ/kg
Anmerkung	1)			
13,95	0,072	0,07702	0,1254	449,1
22	1,585	0,06872	2,0711	435,2
27	4,800	0,06100	5,9999	371,0
33,18	13,13	0,03142	31,4285	0

1) Sättigungsdruck

Nach Hausen und Linde (1985, S. 539) ist der flüssige Wasserstoff wie der gasförmige sehr leicht und der Übergang vom gasförmigen zum flüssigen Wasserstoff ist bei Erreichen des Siedepunktes nicht einfach zu erkennen.

Das Zweiphasengebiet, der kritische Punkt und die Dampfdruckkurve des Wasserstoffs sind in Bild 2.21 dargestellt. Die Verflüssigung unter isobarer Abkühlung kann auf zweierlei Art durchgeführt werden. Der erste Weg führt im sogenannten Niederdruckverfahren unterhalb des kritischen Druckes von $p = 13$ bar allerdings durch das Zweiphasengebiet. Eine Alternative hierzu bietet der zweite Weg durch isobare Abkühlung oberhalb des kritischen Druckes. Dies setzt allerdings eine zuvor durchgeführte Anhebung des Systemdruckes über den kritischen Druck voraus. Nähere Angaben zum Prozess der Verflüssigung sind in Kapitel 8 zu finden.

Der Tripelpunkt des Wasserstoffs liegt bei $T = 13{,}9$ K. Der Zustand des Tripelpunktes und der Übergang zum festen Wasserstoff wird in der flüssigen Phase durch weitere Druckabsenkung und Verminderung der Temperatur erreicht. Nach Hausen und Linde bildet sich an der Flüssigkeitsoberfläche eine diffuse, lichtstreuende, flockenartige Masse, die in der Flüssigkeit nach unten hin anwächst. Mit sinkender Temperatur verschiebt sich dabei das Gleichgewicht von der Mischung aus ortho- und para-Wasserstoff immer mehr zum para-Wasserstoff. Bei einer Temperatur von $T = 20$ K liegt nach ausreichender Wartezeit nur noch para-Wasserstoff vor.

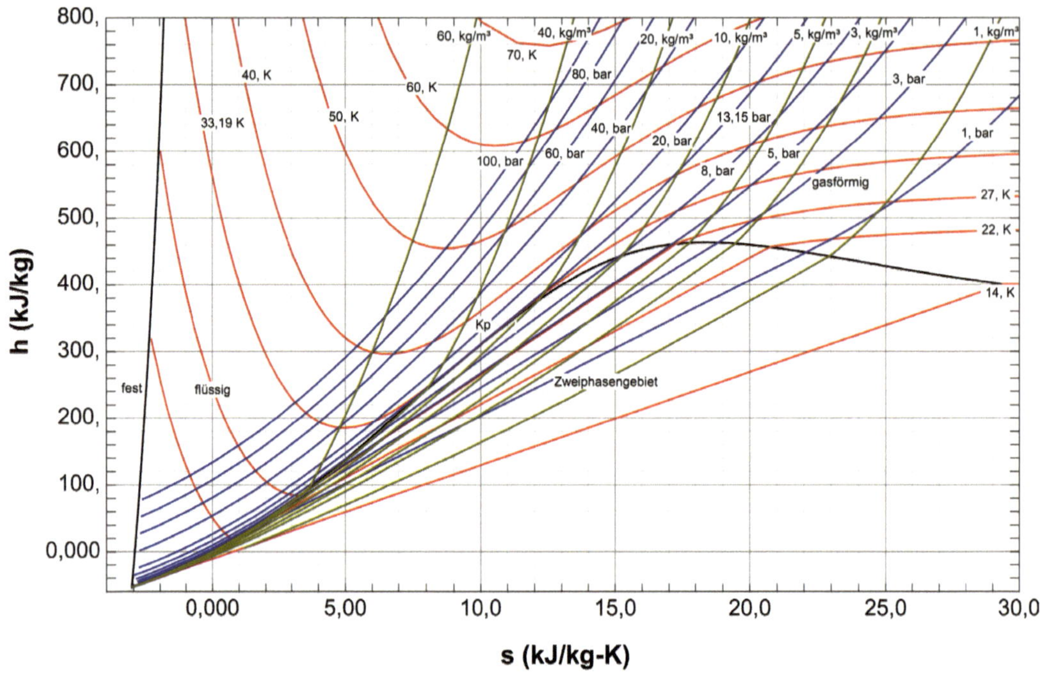

Bild 2.21 *h,s*-Diagramm des Wasserstoffs im Bereich des Zweiphasengebietes

2.2.9 Viskosität des n-Wasserstoffs

Die Zähigkeit oder Viskosität eines Stoffes hat Einfluss auf das Fließverhalten beispielsweise in Rohrleitungen.

Die dynamische Viskosität

Die Viskosität beschreibt das Auftreten von Reibungskräften zwischen Fluidschichten, die sich parallel zueinander mit unterschiedlichen Geschwindigkeiten *c* verschieben. Es gilt das Newton'sche Schubspannungsgesetz:

$$\frac{\mathrm{d}F}{\mathrm{d}A} = -\eta \frac{\mathrm{d}c}{\mathrm{d}x}$$

Die dynamische Viskosität η ist in diesem Zusammenhang ein Proportionalitätsfaktor und eine von der Schubspannung unabhängige Stoffeigenschaft. Bei Gasen nimmt die dynamische Viskosität mit ansteigender Temperatur und ansteigendem Druck zu. Das Gas wird zähflüssiger. Bei Flüssigkeiten steigt die dynamische Viskosität mit ansteigender Temperatur. Hierbei wird das Fluid allerdings dünnflüssiger.

Die in der Definition beschriebene Abhängigkeit der dynamischen Viskosität von Druck und Temperatur ist bei Methan deutlich ausgebildet. Für Wasserstoff ist bei der Bestimmung der strömungstechnischen Größen beim leitungsgebundenen Transport im bedeutsamen Druckbereich ($p \leq 100$ bar) eine Korrelation mit dem Druck vernachlässigbar (Bild 2.22).

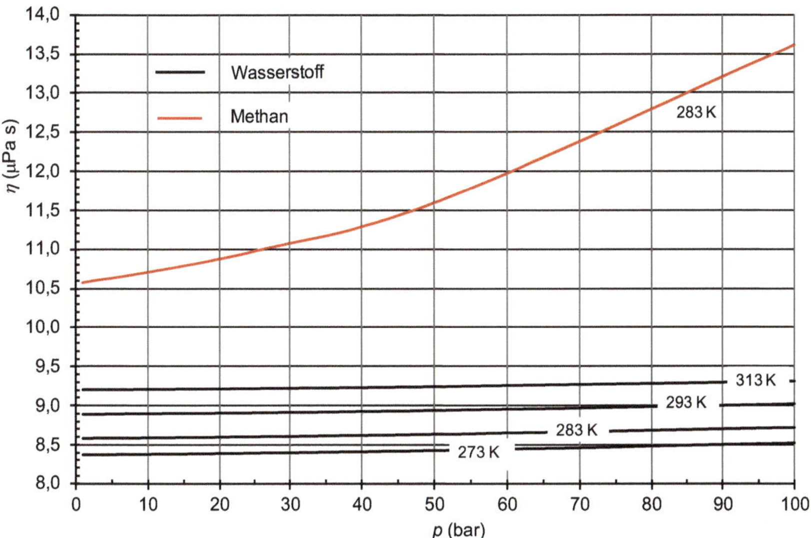

Bild 2.22 Die dynamische Viskosität des n-Wasserstoffs und des Methans

Nach dem Abschnitt zu den Berechnungsmethoden für Stoffeigenschaften des VDI-Wärmeatlas (Verein Deutscher Ingenieure et al. 2006, S. Da 22) kann für den Idealgaszustand eine Näherungslösung für die dynamische Viskosität η^{id} angenommen werden:

$$\eta^{\mathrm{id}} = \mathrm{A} + \mathrm{B}\frac{T}{\mathrm{K}} + \mathrm{C}\left(\frac{T}{\mathrm{K}}\right)^2 + \mathrm{D}\left(\frac{T}{\mathrm{K}}\right)^3 + \mathrm{E}\left(\frac{T}{\mathrm{K}}\right)^4 \tag{2.52}$$

In Tabelle 2.6 sind für Wasserstoff und Methan zum Vergleich für verschiedene Betriebszustände die dynamische Viskosität für das ideale und reale Gasverhalten sowie die Parameter aus Formel 2.52 aufgelistet.

Tabelle 2.6 Dynamische Viskosität η / µPa s und η^{id} / µPas des n-Wasserstoffs und im Vergleich dazu des Methans

Stoff	(ideales Gasverhalten)					10^7A	10^9B	10^{12}C	10^{15}D	10^{18}E
T/K	250	273	298	350	400					
n-H_2	7,85	8,34	8,86	9,91	10,88	18,024	27,174	-13,395	5,85	-1,04
CH_4	9,60	10,37	11,19	12,80	14,27	-7,759	50,484	-43,101	31,18	-9,81
Stoff	**(reales Gasverhalten)** $p = 1\ \mathrm{bar_a}$					**(reales Gasverhalten)** $p = 10\ \mathrm{bar_a}$				
T/K	250	273	298	350	400	250	273	298	350	400
n-H_2	7,879	8,374	8,897	9,945	10,91	7,888	8,381	8,903	9,948	10,91
CH_4	9,471	10,25	11,07	12,70	14,18	9,609	10,38	11,20	12,81	14,28
Stoff	**(reales Gasverhalten)** $p = 100\ \mathrm{bar_a}$					**(reales Gasverhalten)** $p = 350\ \mathrm{bar_a}$				
T/K	250	273	298	350	400	250	273	298	350	400
n-H_2	8,057	8,521	9,018	10,03	10,96	8,968	9,316	9,710	10,56	11,39
CH_4	14,15	13,62	13,73	14,61	15,71	35,03	30,69	27,39	23,66	22,30

Es empfiehlt sich die Bearbeitung von Aufgabe 6 im Buch *Wasserstofftechnik. Aufgaben und Lösungen*.

Die Bestimmung der dynamischen Viskosität

Beim Transport des Wasserstoffs durch einen Kontrollraum (Bild 2.10) mit einem Innendurchmesser d_i wird zur Beantwortung der Frage, ob eine turbulente oder laminare Strömungsform vorliegt, zur Bestimmung der dimensionslosen Reynoldszahl *Re* die dynamische Viskosität η benötigt.

$$Re = \frac{\varrho c d_i}{\eta} \tag{2.53}$$

Da die dynamische Viskosität des n-Wasserstoffs nur schwach vom Druck abhängt, kann sie in dem für leitungsgebundenen Transport und Verteilung bedeutsamen Druckbereich $p \leq 100\ \mathrm{bar}$ mit der Hilfe von Formel 2.52 bestimmt werden.

2.2.10 Der Thomson-Joule-Effekt des Wasserstoffs

Die Temperaturänderung bei der Drosselung eines Fluids unter konstanter Enthalpie wird nach den Entdeckern dieses Effekts Thomson-Joule-Effekt genannt. Beispielsweise führt dieser Vorgang in einem Druckregelgerät (Bild 2.23) bei einem methanreichen Gas wie Erdgas in einem System unter Transportbedingungen ($10\ \mathrm{bar_a} \leq p \leq 70\ \mathrm{bar_a}$; $0\ °\mathrm{C} \leq \vartheta \leq 15\ °\mathrm{C}$) zu einer differenzialen Temperaturabnahme in einer Größenordnung von $\mu \approx 0{,}5\,\mathrm{K/bar}$. Dies hat nach G. Cerbe et al. (2017, S. 249) eine Kondensatbildung und Vereisung außen am Rohrkörper und im Extremfall in Verbindung mit einem feuchten Erdgas eine Methanhydratbildung innen im Rohrkörper zur Folge.

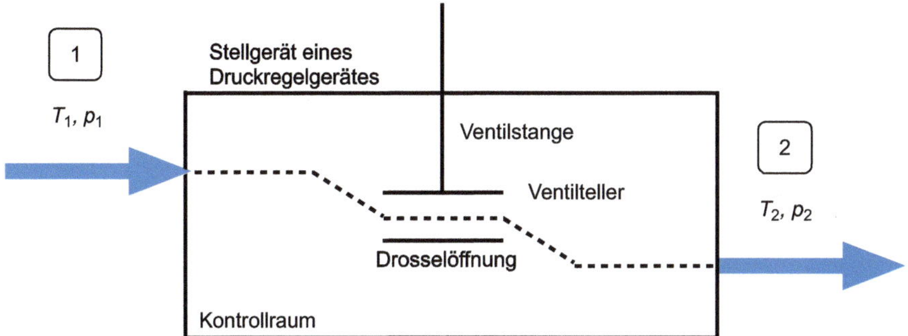

Bild 2.23 Drosselung eines Gasstromes in der Drosselstelle eines Druckregelgerätes

Der Thomson-Joule-Effekt

Der Thomson-Joule-Effekt ist die Auswirkung einer isenthalpen Drosselung auf die Temperatur eines strömenden Fluids durch einen verengten Strömungsquerschnitt. Nach Hauser und Linde ist der integrale Thomson-Joule-Effekt die Temperaturänderung infolge einer isenthalpen Drosselung bei einer beliebigen Druckabsenkung. Bezieht man eine infinitesimale Temperaturänderung bei der isenthalpen Drosselung auf eine sehr kleine Druckabsenkung, so ist das Verhältnis von Temperaturänderung zu Druckänderung der differenziale Thomson-Joule-Effekt. Die daraus abgeleitete Größe ist der Thomson-Joule-Koeffizient μ.

Die Auswirkung der isenthalpen Drosselung auf die Fluidtemperatur kann beispielsweise im h,T-Diagramm (Bild 2.24) abgelesen werden. Die folgende Prüfung gibt Aufschluss darüber, ob es bei isenthalper Drosselung zu einer Abkühlung oder Erwärmung des Gases kommt:

1. Nimmt im h,T-Diagramm die Enthalpie bei isothermem Druckanstieg ab, so kommt es zur Abkühlung.
2. Im umgekehrten Schluss kommt es zur Fluiderwärmung, wenn eine isotherme Druckanhebung eine Zunahme der Enthalpie bewirkt.

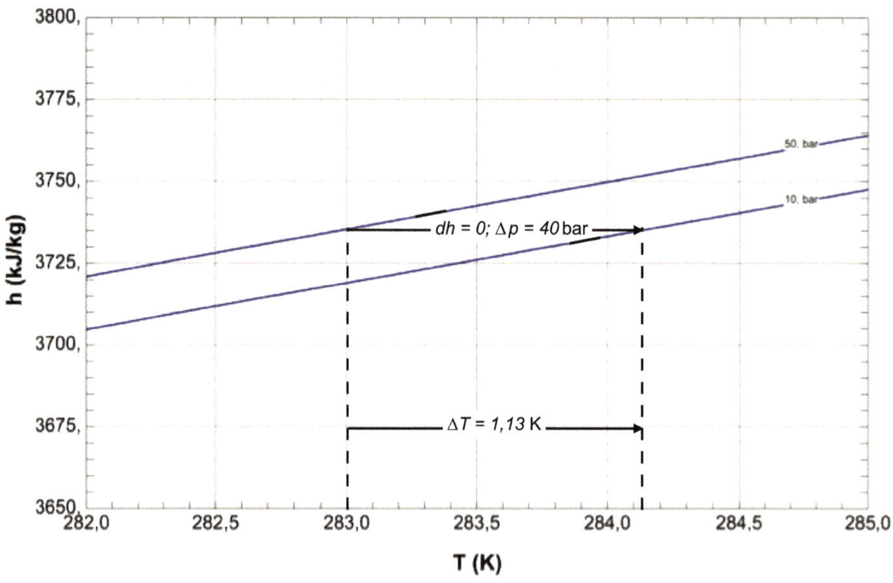

Bild 2.24 Isenthalpe Drosselung des n-Wasserstoffs am Beispiel einer Druckabsenkung von 50 bar_a auf 10 bar_a

Isenthalpe Drosselung unter den Betriebsbedingungen eines Gastransportnetzes

Bild 2.24 zeigt die praxisnahen Druckbedingungen eines leitungsgebundenen Transports von n-Wasserstoff. Bei konstanter Temperatur - in diesem Beispiel bei $T = 283\,\text{K}$ - würde eine Druckerhöhung zu einer Enthalpiezunahme führen. Daher ist im Fall der isenthalpen Drosselung in einem Regelventil mit einer Gaserwärmung zu rechnen:

$$\mu = \frac{\Delta T / \text{K}}{\Delta p / \text{bar}} \tag{2.54}$$

$$\mu = \frac{T_1 - T_2}{p_1 - p_2} = \frac{283\,\text{K} - 284{,}13\,\text{K}}{50\,\text{bar}_\text{a} - 10\,\text{bar}_\text{a}} = -0{,}0282\,\text{K/bar}$$

Betrachtet man den differenzialen Thomson-Joule-Effekt für unterschiedliche Druckbereiche, so erkennt man für Wasserstoff, dass es Druckbereiche gibt, in denen eine isenthalpe Drosselung zu einer Fluiderwärmung und umgekehrt zu einer Fluidabkühlung führt. Diese Beobachtung kann in einer Inversionskurve des n-Wasserstoffs dargestellt werden. Über dem reduzierten Druck $p_\text{r} = p / p_\text{c}$ werden die Zustandspunkte aufgetragen, bei denen der Thomson-Joule-Koeffizient μ sein Vorzeichen ändert (Bild 2.25).

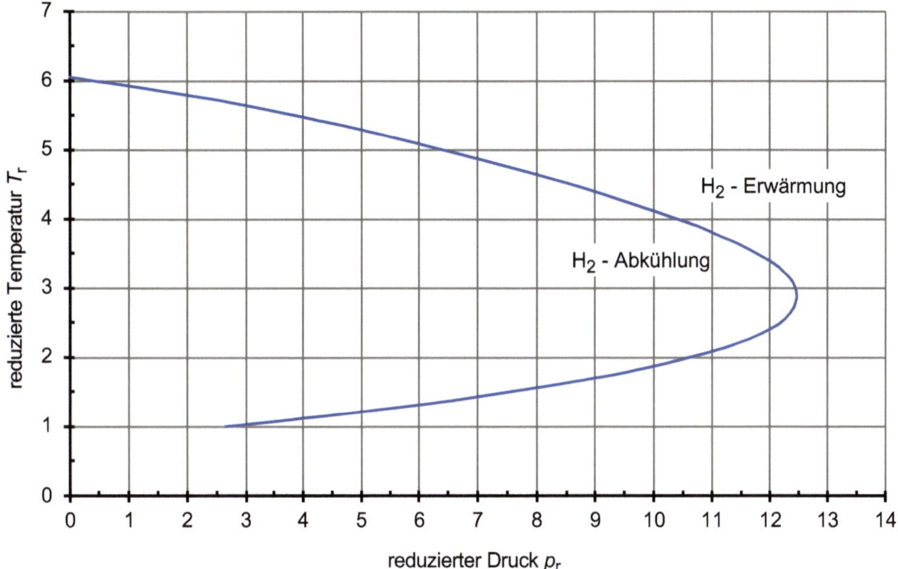

Bild 2.25 Inversionskurve des n-Wasserstoffs

Als Ordinate wird die reduzierte Temperatur $T_r = T / T_c$ gewählt.

Wasserstoff und der Thomson-Joule-Effekt

Aus der Inversionskurve kann der Schluss gezogen werden, dass oberhalb einer kritischen Temperatur von $T_r \approx 6$, das heißt oberhalb einer Temperatur von

$$T > 6T_c = 200\,\text{K}$$

die isenthalpe Drosselung zu einer geringen Erwärmung des Wasserstoffgases führen wird.

Der integrale Thomson-Joule-Effekt des Wasserstoffs ist für einige Betriebszustände im Bereich der leitungsgebundenen Fortleitung und Speicherung von Wasserstoff Tabelle 2.7 zu entnehmen.

Tabelle 2.7 Temperatureinfluss des integralen Thomson-Joule-Effektes des n-Wasserstoffs

Betriebssituation	Leitungstransport	Leitungstransport	Speicherung
	$p_1 = 50\ \text{bar}_a$	$p_1 = 100\ \text{bar}_a$	$p_1 = 180\ \text{bar}_a$
	$p_2 = 20\ \text{bar}_a$	$p_2 = 30\ \text{bar}_a$	$p_2 = 30\ \text{bar}_a$
$T_1\ /\ \text{K}$	$(T_2 - T_1)\ /\ \text{K}$	$(T_2 - T_1)\ /\ \text{K}$	$(T_2 - T_1)\ /\ \text{K}$
283	0,8	2,1	5,0
298	0,9	2,3	5,2
313	1,0	2,4	5,6
150	-0,8	-0,5	-0,9
100	-3,0	-5,0	-7,4

Anmerkung: Bei $(T_2 - T_1) > 0$ kommt es zu einer Erwärmung des Gases.

Beim leitungsgebundenen Transport des Wasserstoffs und bei seiner Speicherung muss der Thomson-Joule-Effekt nicht berücksichtigt werden, da es im betrieblich relevanten Bereich von Temperaturen auf Umgebungsniveau zu einer schwachen Temperaturerhöhung kommt.

Die Verflüssigung des Wasserstoffs findet in der industriellen Praxis bei erhöhtem Druck statt, um eine Durchquerung des Zweiphasengebietes zu umgehen (Bild 2.21, siehe auch Abschnitt 8.2). Die Temperaturabsenkung im Wasserstoffstrom durch den Drosselvorgang kann in diesem Fall erst bei sehr niedrigen Temperaturen erfolgen. Der Zustandspunkt muss hierbei unterhalb der Inversionskurve liegen. ■

2.2.11 Die Wärmeleitfähigkeit

Bei der Berechnung der Wärmeleitung durch Fluidschichten der Dicke d des n-Wasserstoffs nach dem Fourier'schen Gesetz

$$Q = -\lambda \frac{A}{d} \Delta T \tag{2.55}$$

ist die Kenntnis der stoffspezifischen Wärmeleitfähigkeit λ des n-Wasserstoffs erforderlich. Berücksichtigt werden in Formel 2.55 noch die Wärmeaustauschfläche A und die treibende Temperaturdifferenz ΔT.

Wasserstoff und die Wärmeleitfähigkeit

Bei Gasen ist im Druckbereich von $p \leq 10$ bar die Wärmeleitfähigkeit λ nahezu unabhängig vom Druck *p*. Zur Bestimmung von λ kann dann auf ein Polynom zur Bestimmung der temperaturbezogenen Wärmeleitfähigkeit für den idealen Gaszustand (Formel 2.56) zugegriffen werden.

Nach dem Teil zu den Berechnungsmethoden für Stoffeigenschaften des VDI-Wärmeatlas (Verein Deutscher Ingenieure et al. 2006, S. Da 22–Da 25) kann für den Idealgaszustand eine Näherungslösung für die spezifische Wärmeleitfähigkeit λ^{id} gefunden werden:

$$\lambda^{id} = A + B\frac{T}{K} + C\left(\frac{T}{K}\right)^2 + D\left(\frac{T}{K}\right)^3 + E\left(\frac{T}{K}\right)^4 \tag{2.56}$$

Die Parameter aus Formel 2.56 sind Tabelle 2.8 zu entnehmen.

Tabelle 2.8 Die Wärmeleitfähigkeit $\lambda/\text{mW}/(\text{m K})$ und $\lambda^{id}/\text{mW}/(\text{m K})$ des n-Wasserstoffs und des Methans im Vergleich

Stoff	(ideales Gasverhalten)					10^4A	10^4B	10^7C	10^{10}D	10^{13}E
T/K	250	273	298	350	400					
n-H_2	156,8	173,3	180,5	187,6	226,4	6,5	7,67	-6,8705	5,0651	-1,3854
CH_4	27,4	30,4	33,9	41,6	49,5	81,5	0,08	3,5153	-3,3865	1,4092
Stoff	**(reales Gasverhalten)** $p = 1\ \text{bar}_a$					**(reales Gasverhalten)** $p = 10\ \text{bar}_a$				
T/K	250	273	298	350	400	250	273	298	350	400
n-H_2	161,4	174,6	185,7	209,7	231,1	162,7	174,6	186,9	210,7	232,1
CH_4	27,6	30,6	33,9	41,6	49,8	28,4	31,2	34,5	42,1	50,2
Stoff	**(reales Gasverhalten)** $p = 100\ \text{bar}_a$					**(reales Gasverhalten)** $p = 350\ \text{bar}_a$				
T/K	250	273	298	350	400	250	273	298	350	400
n-H_2	171,5	182,9	194,7	217,8	238,7	194,8	203,8	219,4	233,1	251,51
CH_4	46,6	43,9	44,3	48,9	55,6	97,2	88,5	82,2	76,5	76,8

Bei einem Systemdruck von $p > 10$ bar ist der Einfluss des Drucks *p* auf die Höhe der Wärmeleitfähigkeit λ zu berücksichtigen (Bild 2.26). Werte im Druckbereich von $p > 350$ bar sind Tabelle A.4 in Anhang A zu entnehmen.

Es empfiehlt sich die Bearbeitung von Aufgabe 6 im Buch *Wasserstofftechnik. Aufgaben und Lösungen*.

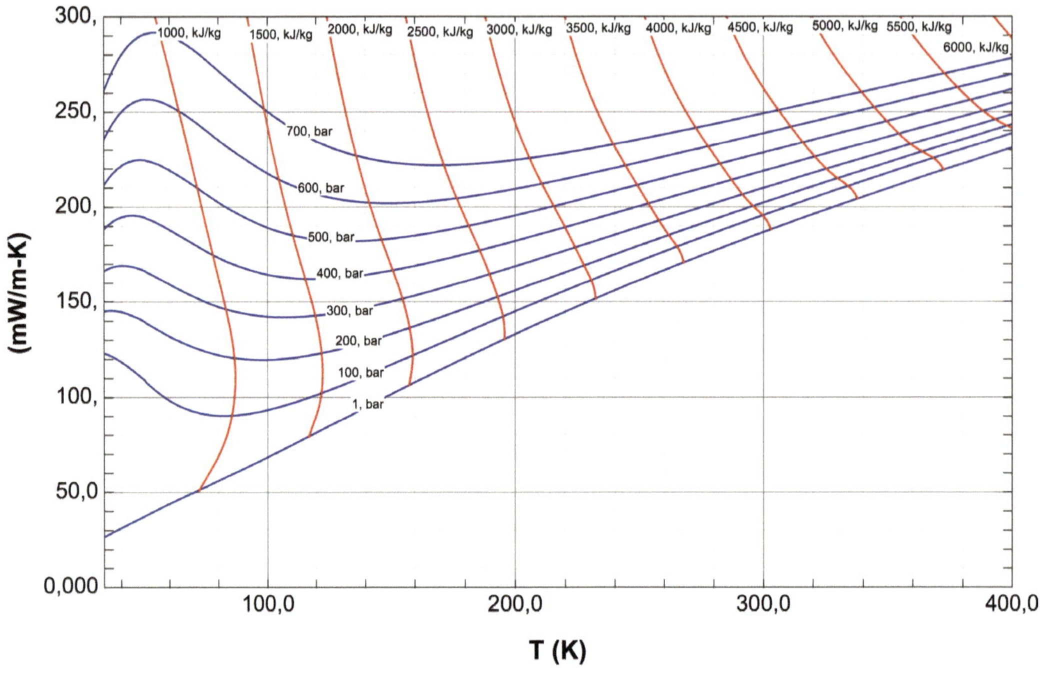

Bild 2.26 Wärmeleitfähigkeit von n-Wasserstoff

2.2.12 Anteile und Konzentrationen von Mischungen

Aus der Zusammensetzung eines Gasgemisches aus i Komponenten kann man für jeden einzelnen Stoff Anteile und Konzentrationen bestimmen. Nach DIN 1310 (1984, S. 1) sind Ausgangsgrößen die Masse *m*, das Volumen *V* und die Stoffmenge *n*. Hierbei sind alle Angaben auf eine Phase, beispielsweise auf die Gasphase, zu beziehen. Wenn das Volumen *V* als Bezugsgröße verwendet wird, muss in der Gasphase der Bezugsdruck *p* und die Bezugstemperatur *T* genannt werden.

Massenanteil, Volumenanteil und Stoffmengenanteil

Der Anteil ist das Verhältnis aus einer Ausgangsgröße für die Komponente und der Summe der Ausgangsgrößen für alle Komponenten des betrachteten Gasgemisches:

Massenanteil:

$$w_\mathrm{i} = \frac{m_\mathrm{i}}{\sum_{\mathrm{j}=1}^{\mathrm{n}} m_\mathrm{j}} \quad (2.57)$$

Volumenanteil:

$$\varphi_i = \frac{V_i}{\sum_{j=1}^{n} V_j} \tag{2.58}$$

Stoffmengenanteil:

$$y_i = \frac{n_i}{\sum_{j=1}^{n} n_j} \tag{2.59}$$

Die Angaben können in unterschiedlicher Form, wie in g/g, mg/g, l/l, l/m³, mol/mol, µmol/mol, % oder ppm erfolgen.

Die Anteile lassen sich ineinander umrechnen (Tabelle 2.9).

Tabelle 2.9 Umrechnung der Massen-, Volumen- und Stoffmengenanteile

Anteil	Massenanteil w_i	Volumenanteil φ_i	Stoffmengenanteil y_i
Massenanteil w_i	$\sum_{j=1}^{n} w_j = 1$	$\varphi_i = \frac{w_i}{\varrho_i \sum_{j=1}^{n} \frac{w_j}{\varrho_j}}$	$y_i = \frac{w_i}{M_i \sum_{j=1}^{n} \frac{w_j}{M_j}}$
Volumenanteil φ_i	$w_i = \frac{\varphi_i \varrho_i}{\sum_{j=1}^{n} \varphi_j \varrho_j}$	$\sum_{j=1}^{n} \varphi_j = 1$	$y_i = \frac{\varphi_i \varrho_i}{M_i \sum_{j=1}^{n} \frac{\varphi_j \varrho_j}{M_j}}$
Stoffmengenanteil y_i	$w_i = \frac{y_i M_i}{\sum_{j=1}^{n} y_j M_j}$	$\varphi_i = \frac{y_i M_i}{\varrho_i \sum_{j=1}^{n} \frac{y_j M_j}{\varrho_j}}$	$\sum_{j=1}^{n} y_j = 1$

Anmerkung: M_i ist die molare Masse der Komponente i. ϱ_i ist die Gasdichte des Stoffes i für den Zustand p,T.

Wenn Volumenanteile beim Zustand p_1,T_1 in die des Zustandes p_2,T_2 umgerechnet werden, so wird nachfolgende Umrechnung vorgenommen:

$$\varphi_i(p_2,T_2) = \frac{\varrho_i(p_1,T_1)}{\varrho_i(p_2,T_2)} \varphi_i(p_1,T_1) \frac{1}{\sum_{j=1}^{n} \frac{\left[\varrho_j(p_1,T_1)\varphi_j(p_1,T_1)\right]}{\varrho_j(p_2,T_2)}} \tag{2.60}$$

Massen-, Volumen- und Stoffmengenanteil einer Wasserstoff-Methan-Mischung

Ein Gasvolumen besteht aus 20 mol-% n-Wasserstoff **(1)** und 80 mol-% Methan **(2)**. Der Betriebsdruck ist $p_{1ü} = 35\,\text{bar}_ü$ und die Betriebstemperatur $\vartheta_1 = 15\,°\text{C}$. Der Umgebungsdruck beträgt $p_0 = 1\,\text{bar}$. Es sollen die Volumen- und Massenanteile durch Einbeziehung von Formel 2.6, Formel 2.9, Formel 2.11, Formel 2.12, Formel 2.13, Formel 2.14, Formel 2.20 und Tabelle 2.1, Tabelle 2.2 sowie Tabelle 2.9 bestimmt werden. Zum Schluss sollen die Volumenanteile vom Zustand p_1,T_1 in die des Normzustandes p_n,T_n umgerechnet werden.

Zur Umrechnung in den Volumen- und Massenanteil werden für die reinen Komponenten für den realen Gaszustand folgende Größen benötigt:

n-Wasserstoff: $M = 2{,}0158$ kg/kmol; $\varrho = 2{,}97$ kg/m^3

Methan: $M = 16{,}043$ kg/kmol; $\varrho = 25{,}91$ kg/m^3

Die Massenanteile berechnen sich zu

$$w_1 = \frac{y_i M_i}{\sum_{j=1}^{n} y_j M_j} = \frac{0{,}2 \cdot 2{,}0158}{0{,}2 \cdot 2{,}0158 + 0{,}8 \cdot 16{,}043} = 0{,}03$$

$$w_2 = 1 - w_1 = 0{,}97$$

Die Volumenanteile ergeben sich zu

$$\varphi_1(p_1,T_1) = \frac{y_i M_i}{\varrho_i \sum_{j=1}^{n} \frac{y_j M_j}{\varrho_j}} = \frac{0{,}2 \cdot 2{,}0158}{2{,}97 \cdot \left(\frac{0{,}2 \cdot 2{,}0158}{2{,}97} + \frac{0{,}8 \cdot 16{,}043}{25{,}91}\right)} = 0{,}215$$

$$\varphi_2(p_1,T_1) = 1 - \varphi_1(p_1,T_1) = 0{,}785$$

Die Umrechnung der Volumenanteile erfolgt mit Formel 2.60:

$$\varphi_1(p_n,T_n) = \frac{2{,}97}{0{,}08989} 0{,}215 \frac{1}{\left(\frac{0{,}215 \cdot 2{,}97}{0{,}08989} + \frac{0{,}785 \cdot 25{,}91}{0{,}7175}\right)} = 0{,}20$$

$$\varphi_2(p_n,T_n) = 1 - \varphi_1(p_n,T_n) = 0{,}80$$

■

Umrechnung von Massen-, Volumen- und Stoffmengenanteil

Es ist zweckmäßig, den Anteil von Wasserstoff in einer Gasmischung oder den Anteil aller Komponenten in einer Mischung als Stoffmengenanteil (Molanteil) oder Massenanteil anzugeben. Die Angabe des Volumenanteils muss strenggenommen immer mit der Dichte verbunden werden. Beim Normzustand oder beim Standardzustand – wie in Abschnitt 2.2.1 festgelegt – ist der Wert der Größe „Volumenanteil“ vergleichbar mit dem Molanteil. In Gasgemischen, deren Bestandteile etwa denselben Wert für die molare Dichte ϱ_i / M_i bzw. für das molare

Volumen v_m haben (Formel 2.19), entspricht der Volumenanteil annähernd dem molaren Anteil. Es ist daher ratsam, mit der Angabe von Volumenanteilen zurückhaltend zu sein.

Es empfiehlt sich die Bearbeitung von Aufgabe 7 im Buch *Wasserstofftechnik. Aufgaben und Lösungen*.

Massenkonzentration, Volumenkonzentration und Stoffmengenkonzentration

Die Konzentration ist das Verhältnis aus der Masse *m*, dem Volumen *V* oder der Stoffmenge *n* und dem Volumen V_G des Gasgemisches:

Massenkonzentration:

$$\beta_i = \frac{m_i}{V_G} \tag{2.61}$$

Volumenkonzentration:

$$\sigma_i = \frac{V_i}{V_G} \tag{2.62}$$

Stoffmengenkonzentration:

$$c_i = \frac{n_i}{V_G} \tag{2.63}$$

Die Angaben können in unterschiedlicher Form, wie in mg/m³, g/m³, l/m³, µmol/m³, mol/m³ oder ppmv erfolgen.

Die Konzentrationsangaben lassen sich ineinander umrechnen (Tabelle 2.10).

Tabelle 2.10 Umrechnung der Massen-, Volumen- und Stoffmengenkonzentrationen

Konzentration	Massenkonzentration β_i	Volumenkonzentration σ_i	Stoffmengenkonzentration c_i
Massenkonzentration β_i		$\sigma_i = \frac{\beta_i}{\varrho_i}$	$c_i = \frac{\beta_i}{M_i}$
Volumenkonzentration σ_i	$\beta_i = \sigma_i \varrho_i$		$c_i = \frac{\sigma_i \varrho_i}{M_i}$
Stoffmengenkonzentration c_i	$\beta_i = c_i M_i$	$\sigma_i = \frac{c_i M_i}{\varrho_i}$	

Anmerkung: M_i ist die molare Masse der Komponente i. ϱ_i ist die Gasdichte des Stoffes i für den Zustand *p*,*T*.

Die Dichte der reinen Komponente ϱ_i muss jeweils für den Zustand p,T eingesetzt werden, für den die Konzentrationsangabe gemacht wird (Formel 2.9).

Wenn Konzentrationen beim Zustand p_1,T_1 in die des Zustandes p_2,T_2 umgerechnet werden, so wird die in Tabelle 2.11 dargestellte Umrechnung vorgenommen.

Tabelle 2.11 Umrechnung von Konzentrationen des Zustandes 1 in den Zustand 2

Konzentration beim Zustand p_1,T_1	Konzentration beim Zustand p_2,T_2
Massenkonzentration $\beta_i(p_1,T_1)$	$\beta_i(p_2,T_2)=\beta_i(p_1,T_1)\frac{\varrho_G(p_2,T_2)}{\varrho_G(p_1,T_1)}=\beta_i(p_1,T_1)\frac{z_G(p_1,T_1)}{z_G(p_2,T_2)}\frac{p_2}{p_1}\frac{T_1}{T_2}$
Volumenkonzentration $\sigma_i(p_1,T_1)$	$\sigma_i(p_2,T_2)=\sigma_i(p_1,T_1)\frac{\varrho_G(p_2,T_2)\,\varrho_i(p_1,T_1)}{\varrho_G(p_1,T_1)\,\varrho_i(p_2,T_2)}$ $\sigma_i(p_2,T_2)=\sigma_i(p_1,T_1)\frac{z_G(p_1,T_1)\,z_i(p_2,T_2)}{z_G(p_2,T_2)\,z_i(p_1,T_1)}$
Stoffmengenkonzentration $c_i(p_1,T_1)$	$c_i(p_2,T_2)=c_i(p_1,T_1)\frac{\varrho_G(p_2,T_2)}{\varrho_G(p_1,T_1)}=c_i(p_1,T_1)\frac{z_G(p_1,T_1)}{z_G(p_2,T_2)}\frac{p_2}{p_1}\frac{T_1}{T_2}$

Anmerkung: ϱ_G ist die Dichte der Gasmischung und ϱ_i ist die Dichte für die reine Komponente i jeweils für den Druck p und die Temperatur T. z_G ist die Realgaszahl für die Gasmischung und z_i ist die Realgaszahl der reinen Komponente i jeweils für den Druck p und die Temperatur T.

Massen-, Volumen- und Stoffmengenkonzentration einer Wasserstoff-Sauerstoff-Mischung

In einem Wasserstoffvolumen ist bei einem Betriebsdruck von $p_{1ü}=30\,\text{bar}_ü$ und einer Betriebstemperatur von $\vartheta_1=14\,°\text{C}$ Sauerstoff in einer Massenkonzentration β_{O_2} von 18 mg je m³ Wasserstoffgas enthalten. Der Umgebungsdruck ist $p_0=1\,\text{bar}$. Die Volumen- und Stoffmengenkonzentration werden nach Tabelle 2.10 bestimmt. Alle Konzentrationen werden danach vom Zustand 1 in den Normzustand p_n,T_n und in den Standardzustand $p^{\ominus},T^{\ominus}$ gemäß Tabelle 2.11 umgerechnet. Für die Dichte ϱ_G wird ϱ des Hauptgases Wasserstoff angenommen.

Es werden folgende Größen benötigt:

Stoff	M/kg/kmol	ϱ_1/kg/m³	ϱ_n/kg/m³	$\varrho^{\ominus}$/kg/m³
n-Wasserstoff	2,0158	2,59	0,08989	0,0813
Sauerstoff	31,999	42,82	1,429	1,292

Beispielhaft ist hier die Berechnung der Stoffmengenkonzentration dargestellt.

$$c_{O_2} = \frac{\beta_{O_2}}{M_{O_2}} = \frac{18 \cdot 10^{-6}\ \text{kg/m}^3}{31{,}999\ \text{kg/kmol}} = 562{,}52\ \mu\text{mol/m}^3$$

$$c_{O_2}(p_n, T_n) = c_{O_2}(p_1, T_1) \frac{\varrho_G(p_n, T_n)}{\varrho_G(p_1, T_1)} = 562{,}52\ \mu\text{mol/m}^3 \frac{0{,}08989}{2{,}59}$$

$$c_{O_2}(p_n, T_n) = 19{,}52\ \mu\text{mol/m}^3$$

Das Gesamtergebnis ist der nachfolgenden Tabelle zu entnehmen.

Konzentrationen	Zustand p_1,T_1	Zustand p_n,T_n	Zustand $p^\ominus$,$T^\ominus$
β_{O_2} / mg / m^3	18	0,62	0,56
C_{O_2} / µmol / m^3	562,52	19,52	17,66
σ_{O_2} / ppmv	0,4203	0,4371	0,4369

Die Umwandlung von Konzentrationen in Anteile kann auf einfache Weise durchgeführt werden, die bei realen Gasen jedoch im Fall der Massenkonzentration und der Volumenkonzentration nur zu Näherungslösungen führt, mit denen man allerdings in der Praxis zurechtkommt.

Umwandlung von Konzentrationsangaben in Anteilsangaben

Der Wert von Volumenkonzentrationen ist für denselben Zustand p,T annähernd identisch mit dem Volumenanteil:

$$\sigma_i \cong \varphi_i \tag{2.64}$$

Die Stoffmengenkonzentration kann mithilfe der molaren Masse und der Dichte in den Molanteil umgerechnet werden. Für ein Hauptgas mit geringen Beimischungen, wie im vorangegangenen Beispiel für Wasserstoff und Sauerstoff, kann die molare Masse M_G als M des Hauptgases (im vorangegangenen Beispiel ist es der Wasserstoff) und die Dichte ϱ_G als ϱ des Hauptgases angenommen werden:

$$y_i = c_i \frac{M_G}{\varrho_G} \tag{2.65}$$

Massenkonzentrationen und Massenanteile lassen sich nur dann direkt ineinander umrechnen, wenn ihr Wert sehr klein ist. Für die Dichte ϱ_G kann ϱ des Hauptgases eingesetzt werden:

$$w_i = \frac{\beta_i}{\varrho_G} \tag{2.66}$$

Umwandlung von Konzentrationsangaben in Anteilsangaben

Die im vorangegangenen Beispiel für den Zustand 1 ($p_1 = 31\,\text{bar}_a$; $T_1 = 287{,}15\,\text{K}$) angegebene Massenkonzentration β_{O_2} und die daraus ermittelten Stoffmengen- und Volumenkonzentrationen c_{O_2} bzw. σ_{O_2} sind in die jeweiligen Anteile mithilfe von Formel 2.64, Formel 2.65 und Formel 2.66 umzuwandeln. Die hierfür erforderlichen spezifischen Größen M_G sind Tabelle 2.1 zu entnehmen bzw. im Fall der Dichte ϱ_G von Wasserstoff für den Zustand 1 zu berechnen.

Das Ergebnis ist in der nachfolgenden Tabelle dargestellt.

Konzentrationen		Anteile		
		w_{O_2} / mg / kg	y_{O_2} / µmol / kmol	φ_{O_2} / ppmv
β_{O_2} / mg / m³	18	6,95		
c_{O_2} / µmol / m³	562,52		437,8	
σ_{O_2} / ppmv	0,4203			0,4203

Anmerkungen: Die Werte beziehen sich auf einen Gaszustand von $p_1 = 31\,\text{bar}_a$ und $T_1 = 287{,}15\,\text{K}$.

Es empfiehlt sich die Bearbeitung von Aufgabe 8 im Buch *Wasserstofftechnik. Aufgaben und Lösungen*.

2.2.13 Mischungsregeln

Nach A. Pfennig (2004) können nach der sogenannten Zwei-Fluid-Theorie thermodynamische Größen direkt aus einzelnen Anteilen aufsummiert werden, die den Beträgen der einzelnen Komponenten in der Mischung entsprechen. Jeder Komponente der Mischung wird ein Beitrag B_i zur betrachteten thermodynamischen Größe B zugewiesen. Aus diesen Beiträgen ergibt sich B zu

$$B = \sum_{i=1}^{n} B_i \tag{2.67}$$

B_i ist dabei von der molekularen Umgebung der Komponenten in der Mischung und damit von der Zusammensetzung abhängig. Folgerichtig muss $\lim_{y_i \to 1} y_i B_i$ wieder dem Reinstoff entsprechen.

Von Bedeutung ist der Partialdruck p_i einer Komponente.

Der Partialdruck

Werden ideale Gase gemischt, so geht man davon aus, dass die Moleküle der Gase keine Wechselwirkungen aufeinander ausüben. Nach dem Gesetz von Dalton $p_i = y_i RT / V$ verhält sich jede Komponente so, als ob sie allein das zur Verfügung gestellte Volumen ausfüllen würde. p_i ist hierbei der Partialdruck der Komponente i. Dieses Gesetz kann man auf das reale Gas übertragen:

$$p_i = y_i p \tag{2.68}$$

Für den Systemdruck kann Folgendes abgeleitet werden:

$$p = \sum_{i=1}^{n} p_i \tag{2.69}$$

Für die Mischungen von reinen Gasen gelten demnach Regeln, die in Tabelle 2.12 zusammengefasst sind.

Tabelle 2.12 Mischungsregeln für thermodynamische Größen

Mischungsgröße	Regel	Anmerkung
molare Masse M	$M = \sum_{i=1}^{n} y_i M_i$ (2.70)	
spezifisches Volumen v	$v = \sum_{i=1}^{n} y_i v_i$ (2.71)	Die Dichte ϱ der Mischung kann über $\varrho = 1/v$ berechnet werden.
spezifische Wärmekapazität c_p	$c_p = \sum_{i=1}^{n} y_i c_{p_i}$ (2.72)	gilt nur für das ideale Gas, für das reale Gas siehe Formel 2.43
spezifische Wärmekapazität c_v	$c_v = \sum_{i=1}^{n} y_i c_v$ (2.73)	gilt nur für das ideale Gas, für das reale Gas siehe Formel 2.41
kinematische Viskosität η	$\eta = \sum_i \frac{y_i \eta_i}{\sum_j y_j F_{ij}}$ (2.74) $F_{ij} = \frac{\left[1 + \sqrt{\frac{\eta_i}{\eta_j}} \sqrt[4]{\frac{M_j}{M_i}}\right]^2}{\sqrt{8\left(1 + \frac{M_i}{M_j}\right)}}$ (2.75)	nach VDI-Wärmeatlas
Wärmeleitfähigkeit λ	$\lambda = \sum_i \frac{y_i \lambda_i}{\sum_j y_j F_{ij}}$ (2.76)	nach VDI-Wärmeatlas

Tabelle 2.12 Mischungsregeln für thermodynamische Größen *(Fortsetzung)*

Mischungsgröße	Regel	Anmerkung
	$$F_{ij}=\frac{\left[1+\sqrt{\frac{\lambda_i}{\lambda_j}}\sqrt[4]{\frac{M_j}{M_i}}\right]^2}{\sqrt{8\left(1+\frac{M_i}{M_j}\right)}}\quad(2.77)$$	

Nach A. Pfennig (2004, S. 77) ist die sogenannte Ein-Fluid-Theorie eine einfache Möglichkeit, Mischungen darzustellen. Die Vorstellung beruht darauf, eine gemischte Komponente einzuführen, deren Eigenschaft von den Anteilen der Reinkomponenten abhängt. Für die kubische Zustandsgleichung von Peng-Robinson hat diese Vorgehensweise zur Folge, dass auf die Parameter *a* und *b* eine lineare (*b*) und eine quadratische Mischungsregel (*a*) angewendet wird (Tabelle 2.13).

Tabelle 2.13 Parameter der Peng-Robinson-Zustandsgleichung für Mischungen

Parameter	Regel	Anmerkung
Parameter $a(T)$	$$a(T)=\sum_{i=1}^{n}\sum_{j=1}^{n}y_i y_j a_{i,j}\quad(2.78)$$ $$a_{i,j}=\sqrt{a_i a_j}\left(1-k_{i,j}\right)\quad(2.79)$$	Nach A. Pfennig (2004) und VDI-Wärmeatlas (Verein Deutscher Ingenieure et al. 2006): Der binäre Parameter $k_{i,j}$ kann zu null gesetzt werden, solange nicht Phasengleichgewichte, sondern Gasvolumina bzw. Realgaszahlen in der Gasphase berechnet werden.
Parameter b	$$b=\sum_{i=1}^{n}y_i b_i\quad(2.80)$$	

Anwendung der Mischungsregeln

Eine Mischung unter dem Systemdruck $p=10\,\text{bar}_a$ und unter der Systemtemperatur $T=298\,\text{K}$ besteht aus 20 mol-% n-Wasserstoff und 80 mol-% Methan. Die nachfolgenden thermodynamischen Gemischgrößen molare Masse M, spezifische Wärmekapazität c_p, dynamische Viskosität η und Wärmeleitfähigkeit λ sowie die Parameter $a(T)$ und b für die PR-Zustandsgleichung sollen bestimmt werden. Die Werte für die einzelnen Größen und Parameter sind Tabelle 2.1 (M), Tabelle 2.2 (m,a_c,b,T_c), Tabelle 2.3 (c_p), Tabelle 2.6 (η) und Tabelle 2.8 (λ) zu entnehmen.

Zur Bestimmung der dynamischen Viskosität η und der Wärmeleitfähigkeit λ müssen die Parameter aus Formel 2.75 und Formel 2.77 und zur Bestimmung des Parameters $a(T)$ der PR-Gleichung muss der Kreuzkoeffizient $a_{i,j}$ nach Formel 2.79 ermittelt werden:

	F_{11}	F_{22}	F_{12}	F_{21}	$a_{1,2}$/m^5/(s^2 kg)
dynamische Viskosität η/µPa s	1	1	2,0786	0,3286	
Wärmeleitfähigkeit λ/mW/(mK)	1	1	8,0316	0,1863	
PR-Zustandsgleichung					2135,49

Anmerkung: $y_{H_2} = 0{,}2$; $y_{CH_4} = 0{,}8$; Berechnungen basieren auf Betriebsdaten von $p_1 = 10\ \text{bar}_a$; $T = 298\ \text{K}$; alle Ergebnisse sind gerundet

Es können folgende Mischungsgrößen bestimmt werden:

Größe/Parameter	n-Wasserstoff	Methan	Mischung
molare Masse M/kg/kmol	2,0158	16,043	13,238
Partialdruc p_i/bar$_a$	2	8	10
spez. Wärmekapazität c_p/kJ/(kJ K)	14,331	2,2853	4,694
dynamische Viskosität η/µPa s	8,903	11,20	11,31
Wärmeleitfähigkeit λ/mW/(mK)	186,9	34,5	38,61
Parameter m	0,0289	0,3931	
Parameter a_c/m^5/(s^{2}kg)	6515,92	969,87	2135,54
Parameter $a(T)$/m^5/(s^{2}kg)	5785,71	788,24	1419,27
Parameter b/m^3/kg	0,0081	0,00167	0,0030
kritische Temperatur T_c/K	33,19	190,555	

Anmerkung: $y_{H_2} = 0{,}2$; $y_{CH_4} = 0{,}8$; Berechnungen basieren auf Betriebsdaten von $p_1 = 10\ \text{bar}_a$; $T = 298\ \text{K}$; alle Ergebnisse sind gerundet

Es empfiehlt sich die Bearbeitung von Aufgabe 9 im Buch *Wasserstofftechnik. Aufgaben und Lösungen.*

2.3 Die Klassifizierung als Produkt

Mit den Erkenntnissen aus Abschnitt 2.2.12 fällt es leichter, den Hinweisen in diesem Abschnitt zu folgen. Numerische Angaben zur Reinheit des Wasserstoffs bei der Erzeugung oder in der Brennstoffzellentechnik sind molare Werte. Welche Größenordnung an Stoffmengenanteil ist für die Verwendung von Wasserstoff erforderlich?

Bei der industriellen Nutzung von erzeugtem Wasserstoff werden Anforderungen an die Reinheit des Produktes Wasserstoff gestellt. Eine Reinheit von 99,900 mol-%

wird beispielsweise bei einem Stoff als rein und bei einem anderen Stoff als „reinst“ bezeichnet. Eine weitere Steigerung des Adjektivs rein ist nicht möglich. Daher wird die Stoffreinheit durch einen Zahlenwert ausgedrückt. Gezählt werden die „Neuner“ in der Gehaltsangabe der Reinheit:

- 99,000 mol-% entspricht der Reinheit 2.0.
- 99,900 mol-% entspricht der Reinheit 3.0.
- 99,995 mol-% entspricht der Reinheit 4.5.
- 99,999 mol-% entspricht der Reinheit 5.0.

Die Reinheit von Wasserstoff ist auch das Ergebnis des gewählten Herstellungsverfahrens und des Nachreinigungsprozesses. Der Wasserstoff aus der Dampfreformierung weist eine Reinheit von 99,900 bis 99,950 mol-% auf und muss für die weitere Nutzung je nach Verwendungszweck gereinigt und auf einen höheren Reinheitsgrad gebracht werden.

Die Anforderungen an die Reinheit eines Stoffes hängen von der Art der Nutzung ab. Die Verwendung von Wasserstoff in einem Wärmekraftprozess ist nicht davon abhängig, dass durchgehend eine hohe Reinheit des Gases vorliegt. Qualitätsschwankungen in beschränktem Umfang können beim Verbrennungsprozess in Gasmotoren verkraftet werden.

Wasserstoff wird mittlerweile in Brennstoffzellen eingesetzt. Im Gegensatz zur Verbrennungsmaschine reagieren PEM-Brennstoffzellen mit Elektroden aus Edelmetall sehr empfindlich auf Verunreinigungen des Brennstoffes und auf unerwünschte Begleitstoffe und erleiden irreversible Leistungseinbußen. Daher fordert die Norm ISO 14687 in diesem Fall eine Wasserstoffreinheit von 3.7.

Der in einer Wasserstofftankstelle an die Kunden abgegebene Wasserstoff soll für den Einsatz in der PKW-Brennstoffzelle eine hohe Reinheit haben. Wenn im Herstellungsverfahren, sei es in der Dampfreformierung oder in einem elektrolytischen Prozess, diese Reinheit nicht erreicht wird, muss sich vor Ort oder an anderer Stelle ein Nachreinigungsverfahren anschließen.

Es ist davon auszugehen, dass im Zuge des Transportes vom Herstellungsort bis zur Verwendungsstelle zusätzliche Fremdstoffe in das Gut Wasserstoff gelangen können. Daher wird der Wasserstoff nach Anlieferung in Wasserstofftankstellen in einer verfahrenstechnischen Reinigungsstufe unter Zuhilfenahme eines Edelmetallkatalysators nachgereinigt.

Das Produkt Wasserstoff wird in Brennstoffzellen und Anlagen der Kraft-Wärme-Kopplung KWK verwendet. Die Norm ISO 14687 (2019) gibt für unterschiedliche Nutzungspfade wertvolle Hinweise auf die erforderliche Reinheit des verwendeten Wasserstoffs in seinen unterschiedlichen Aggregatzuständen und zeigt den Grad der tolerierbaren Verunreinigungen mit anderen Stoffen und chemischen Verbindungen (Tabelle 2.14).

Hierbei ist zu berücksichtigen, dass die technischen Nutzungsoptionen bei Anwendung der normativen Vorgaben bereits für die Verwendung von Wasserstoff ausgelegt sind. Die Verunreinigungen resultieren aus der Wasserstofferzeugung und aus dem Transport. Unter den Begriff Verunreinigung fallen Wasser, Kohlenwasserstoffe wie Methan und Sauerstoff, Edelgase wie Argon und Helium, Kohlendioxid und Kohlenmonoxid, Formaldehyd, Ammoniak sowie Schwefel. Darüber hinaus gehören in der Praxis Feststoffpartikel mit Partikeldurchmessern bis zu 75 µm zu den unerwünschten Begleitstoffen. Wird der Wasserstoff beim Transport oder in der örtlichen Verteilung aus Sicherheitsgründen mit einem Odoriermittel versetzt (siehe Abschnitt 6.7 und Abschnitt 10.5.2), so hat dies Auswirkung auf die Reinheit.

Tabelle 2.14 Verwendung und erforderliche Reinheit von Wasserstoff

Anlage	Nutzung	Zustand	Minimale Wasserstoffreinheit	Maximale Verunreinigung
			mol-%	**mol-%**
PEM-Brennstoffzelle (PEMFC)	Verkehr	gasförmig	99,97	0,03
Verbrennungsmotor	Antrieb Gastransport	gasförmig	98,00	2,00
Wärmeerzeuger	stationär	gasförmig	98,00	2,00
BHKW ohne PEMFC	stationär	gasförmig	99,90	0,10
Luft- u. Raumfahrt	Verkehr	gasförmig	99,995	0,005
PEMFC mit geringer Leistung	stationär	gasförmig	50,00	50,00
PEMFC mit hoher Leistung	stationär	gasförmig	50,00 - 99,90	50,00 - 0,1
Luft- u. Raumfahrt	Verkehr	flüssig	99,995	0,005
Bei Verwendung von Slush Hydrogen (SH_2)			99,995	0,005

2.4 Permeationseigenschaft des Wasserstoffs

Die intensive Nutzung des Wasserstoffs setzt voraus, dass mit ihm gefahrlos umgegangen werden kann. Während des Anlagenbetriebes mit unter Druck stehendem Wasserstoff wird dieser Druck-Wasserstoff aufgrund seiner geringen Atomgröße in Werkstoffe hineindiffundieren und sie durchqueren, um dann auf der Ausgangsseite in die Atmosphäre zu gelangen. In der Gesamtheit bezeichnet man diesen Vorgang als Permeation.

Der Umgang mit explosiven Stoffen wie dem Erdgas lehrt uns seit vielen Jahrzehnten, welche Konzentration an explosivem Stoff in der Atmosphäre toleriert werden kann. Bemessungsgrundlage ist die untere Explosionsgrenze (UEG). Wasserstoff, Methan und Erdgas haben eine UEG von 4 mol-% Anteil in der Atmosphäre. In der Erdgaswirtschaft werden nach dem DVGW-Arbeitsblatt G 600 (DVGW 2018b, S. 24) einerseits 20 % der unteren Explosionsgrenze bei der Berechnung der erforderlichen Beimengungen eines Odorstoffes zur Geruchswahrnehmung von freigesetztem Erdgas als Messgröße genommen. Andererseits sollen nach dem DVGW-Merkblatt G 442 (DVGW 2015b, S. 13) sinngemäß die äußeren Grenzen der explosionsgeschützten Bereiche (Ex-Bereiche) da enden, wo die Gaskonzentration einen Grenzwert von 50 % der UEG unterschreitet. Einen weiteren wichtigen Hinweis auf die Gefahrengrenze eines explosiven Gemisches in einem räumlich begrenzten Bereich bietet das DVGW-Arbeitsblatt G 459-2 (DVGW 2015a, S. 14). Danach sind in Anlagen für den Gasnetzanschluss bei Verwendung bestimmter Gerätetypen für Gasdruckregelung und Sicherheitseinrichtungen Funktionsleitungen zur Atmosphäre nicht erforderlich, wenn im Störungsfall ein möglicher Gasaustritt auf ein Volumen von 30 l/h im Normzustand bezogen auf Luft begrenzt werden kann.

Als Fazit kann aus den vorangehend genannten DVGW-Arbeitsblättern und aus der Praxis der Erdgasversorgung für die Wasserstoffverwendung folgender Analogieschluss gezogen werden: Der Wasserstoffanteil in der Atmosphäre darf zu keinem Zeitpunkt einen molaren Anteil von 50 % der UEG – also 2 mol-% – überschreiten. Andernfalls besteht die Gefahr der Bildung eines explosionsfähigen Gemisches. Aus denselben Gründen soll in begrenzten Arealen um die Anlagen herum durch geeignete konstruktive Maßnahmen das Überschreiten einer Wasserstoff-Leckage von 30 l/h im Normzustand ausgeschlossen sein.

Doch welche Größenordnung an permeiertem Druck-Wasserstoff ist bei der Verwendung metallischer und anderer Werkstoffe zu erwarten? Diese Frage soll im Weiteren behandelt werden.

Die Permeation ist das Durchwandern oder Durchdringen eines gasförmigen oder flüssigen Fluids durch eine poröse Membran oder durch begrenzende Rohr- oder Behälterwände. Stellvertretend für eine Vielzahl von Untersuchungen zu diesem Thema werden im folgenden Abschnitt die Arbeiten von D. Krieg (2012, S. 21 – 26), Ch. Schäfer (2010, S. 41 – 50), C. San Marchi und B. P. Somerday (2012, S. I/4) und M. Pohl (2014) zitiert, in denen der Vorgang der Permeation beschrieben ist, weitere Quellen genannt werden und Ergebnisse experimenteller Untersuchungen als verwertbare Zahlenangaben zu finden sind.

Wasserstoff verhält sich in metallischer Umgebung und bei Kunststoffen unterschiedlich. Zunächst interessiert die Frage, wie der Wasserstoff durch eine metallische Schicht permeiert.

Permeation

Permeation (lateinisch permeare, in der deutschen Übersetzung durchwandern) steht für den Stofftransport eines Fluids durch eine Membran aufgrund eines Konzentrations- und Druckgefälles auf beiden Seiten der Membran. Der Stofftransport ist eine Kombination aus Diffusion und Löslichkeit des Wasserstoffs in der Membran. ■

2.4.1 Permeation durch metallische Werkstoffe

Nach Ch. Schäfer (2010) und M. Pohl (2014) kann dieser Vorgang in sieben Teilschritte unterteilt werden, wobei der vierte und fünfte Teilschritt - die Löslichkeit und die Diffusion durch das Metallgitter - die für die Geschwindigkeit des Gesamtprozesses entscheidenden Vorgänge sind. Doch gehen wir der Reihe nach vor: Der Aufbau der Werkstoffe ist letztendlich neben ihren Festigkeitseigenschaften, auf die in Abschnitt 2.5 eingegangen wird, für das Diffusions- und das Löslichkeitsverhalten innerhalb der Werkstoffstruktur verantwortlich. In diesem Abschnitt stehen vor allem die Eisen-Kohlenstoff-Legierungen im Vordergrund.

Eisen-Kohlenstoff-Legierungen und weitere metallische Werkstoffe

Die in der Wasserstofftechnik eingesetzten Metalle und metallischen Legierungen haben eine kristalline Struktur und ein duktiles Festigkeits-Dehnungs-Verhalten. Stähle sind nach H.-J. Bargel und G. Schulze (2000, S. 139 - 140) Eisen-Kohlenstoff-Legierungen mit einem Massenanteil des Kohlenstoffs von $w_C \leq 0{,}02$ und sind ohne weitere Nachbehandlung schmiedbar und warm bzw. bei niedrigen Kohlenstoffanteilen auch kalt verformbar. Die Festigkeit von Stählen lässt sich durch Wärmebehandlung bei gleichzeitiger Reduzierung der Verformbarkeit anheben. Werkstoffe mit einem Kohlenstoffgehalt von $w_C > 0{,}02$ werden als Gusseisen bezeichnet und sind mit Ausnahme des Graueisens mit Kugelgraphit mit der Abkürzung GJS spröde und nur in geringem Maße verformbar. ■

Die Metallionen verschiedener Metalle fügen sich in unterschiedlicher geometrischer Anordnung zusammen. Sie ordnen sich häufig in der Art, dass die Verbindungen von Ionenmittelpunkt zu Ionenmittelpunkt möglichst dicht angeordnet sind. Die drei existierenden Varianten sind folgende:

1. Das kubisch-raumzentrierte (krz) System: Die maximale Packungsdichte beträgt 68 %. α-Eisen, niedrig legierte Stähle, ferritische Stähle, Wolfram, Mangan, Vanadium, Chrom, Niob und Molybdän bilden einen Würfel mit acht Atomen auf den Ecken und einem zusätzlichen Atom in der Raummitte.

2. Das kubisch-flächenzentrierte (kfz) System: Die maximale Packungsdichte beträgt 74 %. Austenitische. Rostfreie Stähle, Aluminium, Kupfer, Nickel und alle Edelmetalle formen einen Würfel mit acht Atomen auf den Ecken und mit je einem zusätzlichen Atom in den sechs Flächenmitten.
3. Das hexagonale System: Die maximale Packungsdichte beträgt 74 %. Metalle wie Magnesium und Titan haben sechs Atome auf den Ecken der beiden sechseckigen Grundflächen, dort noch jeweils ein Atom auf der Grundflächenmitte und zusätzlich drei Atome in der Systemmitte.

Die zusammenhaltenden Kräfte der Elektronenwolke drängen die Metallionen auf kleinstem Raum zusammen. Der kristalline Aufbau beeinflusst das Verformungsverhalten der Metalle. Sie verformen sich bei geringer Belastung elastisch und bei hoher Belastung zusätzlich plastisch. Gitterplätze, die nicht von einem Atom besetzt sind, heißen Leerstellen (Bild 2.27). Hier bietet sich auch Platz für die Diffusion von Fremdatomen wie dem Wasserstoff. Befindet sich ein Atom zwischen den Gitterplätzen, so liegt ein Zwischenatom vor. Fremdatome sind Fehler im Gitter. Sind sie gegen die Atome des Wirtsgitters ausgetauscht, so heißen sie Substitutionsatome. Befinden sie sich auf Zwischengitterplätzen, so sind es Einlagerungsatome. An diesen Stellen wird der Weg des Wasserstoffs durchs Metallgefüge behindert. Die genannten Gitteranomalien führen auch zu einer Festigkeitserhöhung im Metall, da sie Verformungsvorgänge behindern.

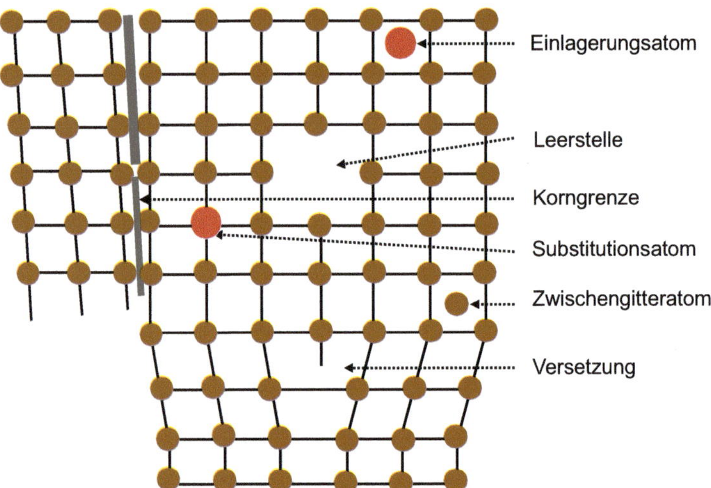

Bild 2.27 Kristalliner Aufbau des Metallgefüges mit Gitterfehlern, Versetzungen und Korngrenzen

Eine andere Art von Fehlern in der Gitterstruktur metallischer Werkstoffe sind Stufen- und Schraubenversetzungen. Der Kraftaufwand zum Bewegen von Versetzungen ist relativ gering. Dieser Umstand ist wesentlich verantwortlich für die gute plastische Verformbarkeit von Metallen. Die Erfahrung zeigt, dass die Metalle sich bei der plastischen Verformung im Laufe der Zeit verfestigen. Dabei werden Bewegungen im Werkstoff durch Hindernisse erschwert oder gar verhindert. Behinderungen sind vor allem die Korngrenzen und Legierungseinschlüsse im Gefüge. Je nach Kohlenstoffgehalt befinden sich Fe_3C-Moleküle auf den Korngrenzen, die die Diffusion von unter Druck stehendem Wasserstoff durch das Gefüge des metallischen Werkstoffes einschränken und als Wasserstofffallen - sogenannte Traps - wirken.

Die Frage ist, wie der Druck-Wasserstoff in das metallische Werkstoffgefüge hineinkommt und dann unter den Bedingungen eines heterogenen Gefügeaufbaus hindurchgelangt. Der Gesamtprozess - die Permeation *P* - wird nach Ch. Schäfer (2010) und M. Pohl (2014) in mehrere Teilschritte aufgeteilt, die in Bild 2.28 dargestellt sind:

- **a → b**

  Antransport des Wasserstoffs auf der Wasserstoffseite zur metallisch blanken Membranoberfläche und Adsorption des Wasserstoffs infolge der Ausbildung von zwischenmolekularen Kräften zwischen dem Wasserstoffmolekül und der Membranoberfläche (Van-der-Waals-Kräfte, sogenannte Physisorption)

- **b → c**

  Chemisorption des Wasserstoffmolekühls

- **c → d**

  Dissoziation der Wasserstoffmoleküle in den atomaren Wasserstoff $H_2 \rightarrow 2H^+$

- **d → e**

  Bei diesem Teilschritt erfolgt die Diffusion des atomaren Wasserstoffs von der Membranoberfläche auf der Wasserstoffseite in die Membran. Dieser Vorgang wird auch als Löslichkeit *S* des Wasserstoffs bezeichnet und beschreibt das Eindringen des Wasserstoffs in das Metallgitter als absorptiven Prozess, bei dem die Werkstoffeigenschaft des Metalls nicht verändert wird. Die Menge des gelösten Wasserstoffs ist nach dem Sievert'schen Gesetz proportional zur Wurzel des Wasserstoffpartialdrucks $\sqrt{p_{H_2}}$ auf der Wasserstoffseite. Nach St. Savakis (1985, S. 5) stellt die Metalloberfläche einen zweidimensionalen Fehler dar. Die Wasserstoffatome sind an der Metalloberfläche nicht symmetrisch von anderen Atomen umgeben, sodass freie Valenzen entstehen, die Anziehungskräfte auf umgebende Atome ausüben können. Der Eindringvorgang wird durch diesen als Chemisorption mit Adsorptionswärmen über 40 kJ/mol und als Physisorption im Bereich der van-der-Waals'schen Anziehungskräfte mit Adsorptionswärmen unter 40 kJ/mol beschriebenen Vorgang angetrieben.

- **e → f**

  Bei diesem Teilschritt erfolgt die Diffusion *D* des atomaren Wasserstoffs durch das Metallgitter. Hierbei wird unterstellt, dass der Wasserstoff aufgrund seines thermischen Energiezustandes die Aktivierungsenergie des Metallgitters überschreitet. Das dadurch in Schwingungen versetzte Gitter befähigt die Wasserstoffatome zur Bewegung durch die Gitterstruktur. Dies kann von Leerstelle zu Leerstelle oder im raschen Wechsel auf Zwischengitteratomplätzen erfolgen. Als letzter Mechanismus ist der ständige Platzwechsel als Substitutionsmolekül denkbar. Bei der Wanderung durch die Werkstoffstruktur sammelt sich der Wasserstoff an den verschiedenen Gitter- und Strukturfehlern, den sogenannten Traps.

- **f → g**

  Diffusion des atomaren Wasserstoffs aus der Membran auf die Membranaußenseite

- **g → h**

  Rekombination des atomaren Wasserstoffs auf der Membranaußenseite zu molekularem Wasserstoff $2H^+ \rightarrow H_2$ und Desorption von der Außenfläche

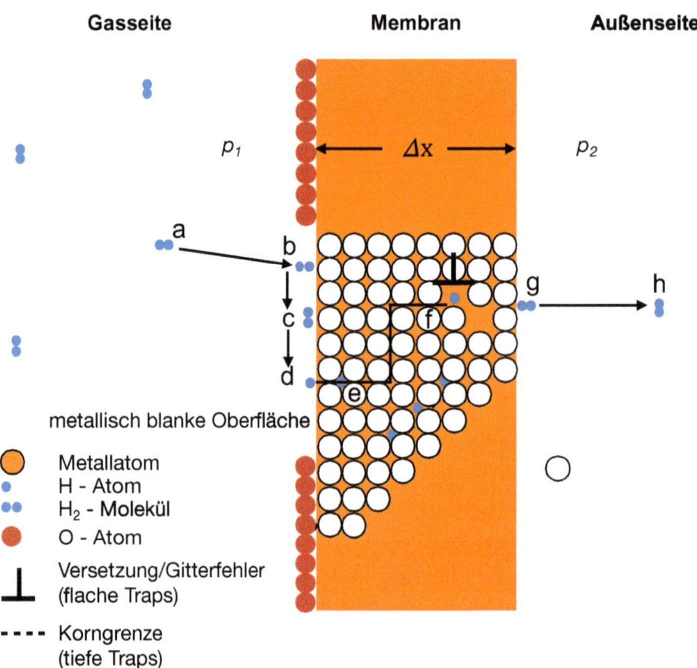

Bild 2.28 Teilschritte der Permeation von Druck-Wasserstoff durch eine metallische Membran

In den Teilschritten d bis g (Bild 2.28) werden das Löslichkeitsverhalten und die Diffusionseigenschaften des Wasserstoffs beschrieben. Beide Eigenschaften bilden zusammen das Permeationsverhalten des Wasserstoffs. Nach Ch. Schäfer (2010) ist der Einfluss der Löslichkeit auf das Permeationsverhalten des Wasserstoffs höher einzuschätzen als die Diffusionseigenschaft. Versetzungen und Korngrenzen wirken nicht nur als Sammelstellen für den im Gefüge gelösten Wasserstoff. Sie können seine Diffusion auch behindern oder verzögern. Dies wird auch bei sonstigen Fehlern im Gefüge wie Mikrorissen, Lunkern und ähnlichen Fehlstellen der Fall sein. D. Krieg (2012) hat mit Bezug auf einschlägige Untersuchungen ausgeführt, dass die Sammelstellen des Wasserstoffs im Metallgefüge in flache, reversible Traps an elastisch aufgeweiteten Zwischengitterplätzen im Umfeld von Versetzungen, Fremdatomen, Legierungselementen sowie Ausscheidungen und in tiefe irreversible Traps im Bereich von Korngrenzen unterschieden werden können.

Bekannte Einflussgrößen auf das Permeationsverhalten des Wasserstoffs in metallischem Gefüge sind Tabelle 2.15 zu entnehmen.

Tabelle 2.15 Einflussgrößen auf das Permeationsverhalten des Wasserstoffs

Einflussgröße	Anmerkung	Löslichkeit S	Diffusion D	Permeation ϕ
krz-System im Vergleich zu kfz- und hexagonalem System	geringere Packungsdichte		Erhöhung	Erhöhung
Stahl im Vergleich zu reinem Eisen				Reduzierung
Zugabe von Legierungselement Vanadium	Erhöhung Anzahl tiefer Traps			Reduzierung um 30 %
Zugabe von Legierungselement Niob				kein nennenswerter Einfluss
Zugabe von Legierungselement Titan	Erhöhung Anzahl tiefer Traps			Reduzierung
Zugabe von Legierungselement Silizium		Reduzierung		Reduzierung
Zugabe von Legierungselement Chrom			Reduzierung	Reduzierung
Zunahme innerer Spannungen im Gefüge				Absenken steigt mit Spannungs-zunahme
Schweißnähte	Wärmeeinflusszonen			Minderung bis ca. 50 %
elastisch aufgeweitete Zwischengitterplätze im Umfeld von Versetzungen, Fremdatomen, Legierungselementen sowie Ausscheidungen	flache Traps	Erhöhung	Reduzierung	Erhöhung
Korngrenzen	tiefe Traps			Reduzierung
Korngröße			Reduzierung	
Kaltverformung	Erhöhung Anzahl der Traps	Erhöhung	Reduzierung	tendenziell Erhöhung

Tabelle 2.15 Einflussgrößen auf das Permeationsverhalten des Wasserstoffs *(Fortsetzung)*

Einflussgröße	Anmerkung	Löslichkeit S	Diffusion D	Permeation ϕ
niedriglegierte Stähle	geringe Anzahl von Traps	Reduzierung	Erhöhung	Reduzierung
steigende Systemtemperatur T	Diffusionskinetik wird angeregt		Erhöhung	Erhöhung
steigende Druckdifferenz zwischen Wasserstoffseite und Membranaußenseite			Erhöhung	Erhöhung
Oxidation	Reduzierung der metallisch blanken Oberfläche	Reduzierung		Reduzierung

Die rechnerische Erfassung des permeierten Wasserstoffmassenstroms erfolgt über die Ermittlung der Permeation ϕ aus Löslichkeit und Diffusion. Einflussgrößen sind die Permeationskonstante ϕ_0, die spezifische Aktivierungsenergie des Werkstoffes E_ϕ, die universelle Gaskonstante R_m und die Systemtemperatur T.

Es gilt das 1. Fick'sche Gesetz:

$$\phi = DS = \phi_0 e^{\frac{-E_\phi}{R_m T}} \tag{2.81}$$

Die Löslichkeit des Wasserstoffs S kann mithilfe der Löslichkeitskonstanten S_0, der Aktivierungsenergie des Werkstoffes E_S, der universellen Gaskonstante R_m und der Systemtemperatur T gebildet werden:

$$S = \frac{\phi}{D} = S_0 e^{\frac{-E_S}{R_m T}} \tag{2.82}$$

Der Diffusionskoeffizient D setzt sich aus der Diffusionskonstanten D_0, der spezifischen Aktivierungsenergie des Werkstoffes E_D, der universellen Gaskonstante R_m und der Systemtemperatur T zusammen:

$$D = \frac{\phi}{S} = D_0 e^{\frac{-E_D}{R_m T}} \tag{2.83}$$

In der Praxis muss die Größenordnung des aus einem Behälter oder einer Rohrleitung über den Vorgang der Permeation entweichenden Wasserstoffmassenstroms $\dot{J}_{H_2}$ aus Formel 2.81 unter Zuhilfenahme der molaren Masse M, der Schichtdicke der metallischen Wandung Δx und der wirksamen Behälter- oder Rohrleitungsoberfläche A sowie der Druckdifferenz Δp aus dem Partialdruck des Wasserstoffs auf der Behälterinnenseite oder im Rohrinneren p_{H_2} und dem Druck des Wasserstoffs auf der Behälter- oder Rohraußenseite p_2 (Bild 2.28) berechnet werden.

Wenn man davon ausgeht, dass sich der permeierte Wasserstoff auf der Außenseite des Behälters oder der Rohrleitung aufgrund seiner sehr geringen relativen

Dichte - siehe Tabelle 2.1 -sofort verflüchtigt, ist der Wasserstoffpartialdruck auf der Außenseite $p_2 = 0$ und für die Druckdifferenz folgt $\Delta p = p_{H_2}$.

$$\dot{j}_{H_2} = \frac{\phi MA}{\Delta x}\sqrt{p_{H_2}} = \frac{\phi_0 e^{\frac{-E_\phi}{R_m T}} MA}{\Delta x}\sqrt{p_{H_2}} \tag{2.84}$$

Die in Formel 2.84 enthaltene Schichtdicke Δx muss bekannt sein.

Bestimmung der Wanddicke eines innendruckbelasteten Rohres

Als mechanische Randbedingung für ein innendruckbelastetes Rohr wird angenommen, dass das Rohr quasistationär beansprucht wird (siehe auch Abschnitt 2.5). Die Kräftebilanz muss in Achs-, in Radial- und in Umfangsrichtung aufgestellt werden (Bild 2.29).

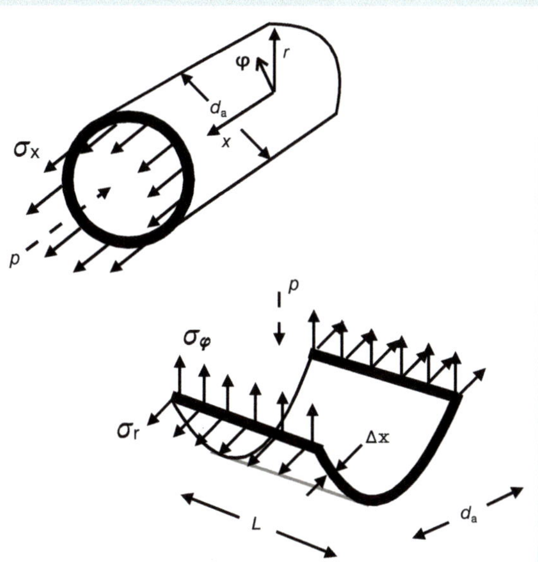

Bild 2.29 Wanddickenbestimmung eines unter Innendruck stehenden dünnwandigen Rohres

In Achsrichtung:

$$\begin{aligned} &\sigma_x \pi d_a \Delta x - p\pi \frac{d_a^2}{4} = 0 \\ &\sigma_x = p\frac{d_a}{4\Delta x} \end{aligned} \tag{2.85}$$

In Umfangs- oder Tangentialrichtung:

$$\sigma_{\Phi} 2L\Delta x - p d_{a} L = 0$$
$$\sigma_{\Phi} = p \frac{d_{a}}{2\Delta x} \tag{2.86}$$

Aus der Gegenüberstellung von Formel 2.85 und Formel 2.86 folgt:

$$\sigma_{\Phi} > \sigma_{x}$$

Zu den Spannungen in Achs- und Umfangsrichtung wirkt noch zusätzlich eine Spannung in radialer Richtung:

$$\sigma_{r} = p \tag{2.87}$$

Die Spannung in Radialrichtung stimmt auf der Innenseite mit dem Druck p überein und auf der Außenseite ist $\sigma_{r} = 0$. Im Fall $r / \Delta x > 10$ ist diese Spannung - folgt man Formel 2.86 - um den Faktor 10 kleiner als die Spannung in Umfangsrichtung.

$$\sigma_{r} \ll \sigma_{v}$$

Um eine in allen drei Richtungen annehmbare Wanddicke Δx zu bestimmen, wird die eindimensionale Vergleichsspannung σ_{v} nach R. Bürgel (2005b, S. 121–124) mithilfe der Schubspannungshypothese aus der größten Spannung $\sigma_{1} = \sigma_{\Phi}$, der mittleren Spannung $\sigma_{2} = \sigma_{x}$ und der kleinsten Spannung $\sigma_{3} = \sigma_{r}$ herangezogen.

$$\sigma_{v} = R_{e} = \sigma_{1} - \sigma_{3} \simeq p \frac{d_{a}}{2\Delta x} \tag{2.88}$$

Hieraus folgt für die notwendige Wanddicke Δx:

$$\Delta x = p \frac{d_{a}}{2\sigma_{v}} \tag{2.89}$$

■

Das Ergebnis des zuvor erläuterten Beispiels wird in der Anwendung für Stahlleitungen als Mindestwandstärke nach der Kesselformel $T_{\min}$ nach DIN EN 12007-3 (2015, S. 20) mit dem Auslegungsdruck DP, dem Außendurchmesser der Leitung d_{a}, dem dimensionslosen Ausnutzungsgrad f_{0}, der Mindeststreckgrenze $R_{t0,5}$ und dem Umrechnungsfaktor 20 für die unterschiedlichen Einheiten wie folgt interpretiert:

$$T_{\min} = \frac{DP\, d_{a}}{20 f_{0} R_{t0,5}} \tag{2.90}$$

Nach C. San Marchi und B. P. Somerday (2012) werden für ausgewählte Werkstoffe experimentelle Daten für ϕ_{0}, E_{ϕ}, S_{0} und E_{S} angegeben, die als Referenzwerte für praxisbezogene Abschätzungen der Permeationsrate des Wasserstoffs herangezogen werden können.

Um für die Praxis Werte für eine ingenieurtechnisch plausible Abschätzung der Wasserstoffpermeation zu gewinnen, sind für den Werkstofftyp Stahl, Edelstahl und für verschiedene Nichteisenmetalle die spezifischen Größen aus Tabelle 2.16 bei ansteigender Temperatur ermittelt und in Bild 2.30 in logarithmischer Skalierung über der Abszisse $1000/T$ aufgetragen.

Tabelle 2.16 Daten zur Abschätzung der Wasserstoffpermeation bei metallischen Werkstoffen

Material	ϕ_0	E_ϕ	S_0	E_S	Anm.
	$\frac{\text{mol}}{\text{m s}\sqrt{\text{MPa}}}$	$\frac{\text{kJ}}{\text{mol}}$	$\frac{\text{mol}}{\text{m}^3\sqrt{\text{MPa}}}$	$\frac{\text{kJ}}{\text{mol}}$	
Eisen Fe	$2{,}515 \cdot 10^{-5}$	31,69	180,1	23,66	
AISI 1020	$3{,}77 \cdot 10^{-5}$	35,07	202,4	24,70	1)
G20 Mn5	$2{,}52 \cdot 10^{-5}$	40	-	-	2)
AISI 4130	$3{,}64 \cdot 10^{-5}$	35,2	102	27,20	3)
A517(F)	$15 \cdot 10^{-5}$	39,3	-	-	4)
29-4-2 (P87)	$0{,}22 \cdot 10^{-5}$	38,4	1,16	4,70	5)
AISI 321	$24{,}4 \cdot 10^{-5}$	62,7	529	8,91	6)
X5CrNi18-10	$2{,}34 \cdot 10^{-4}$	64,0	-	-	7)
INC718	$2{,}22 \cdot 10^{-4}$	60,3	-	-	8)
L415MB	$6{,}91 \cdot 10^{-8}$	32,27	-	-	9)
Al 99,98	$2{,}5 \cdot 10^{-17}$	54,8	-	-	10)
Kupfer	$8{,}21 \cdot 10^{-5}$	71,7	792	38,9	11)
Palladium	$2{,}73 \cdot 10^{-4}$	22,14	-	-	12)
Nickel	$6{,}48 \cdot 10^{-4}$	63,13	-	-	12)
TI Grade 1	$1{,}57 \cdot 10^{-3}$	59,45	-	-	13)

Anmerkungen: 1) AISI 1020 (kurz: 1020) entspricht von der Festigkeit her einem Stahl C22, unlegierter Baustahl im allgemeinen Maschinen- und Fahrzeugbau; 2) niedrig legierter Stahlguss, Einsatz in der Öl- und Gasindustrie, im Maschinenbau, Werte nach A. Yaktiti (2022); 3) Cr-Mo-Stahl, martensitisches Gefüge; 4) Ni-Cr-Mo-Legierung, im Druckbehälterbau unter ASTM A517 geführt; 5) ferritischer Edelstahl; 6) austenitischer Edelstahl mit Cr- und Ni-Anteilen; 7) austenitischer Chrom-Nickel-Stahl, auch unter AISI 304 geführt, Standardwerkstoff in der Chemie- und Lebensmittelchemie, Werte nach H. G. Nelson und E. Stein (1973); 8) hitzebeständige Nickel-Chrom-Legierung, bis zu 700 °C hohe Kriechbruch-, Zug- und Streckeigenschaften, ausgezeichnete Schweißeigenschaften, Einsatzgebiete: Strahltriebwerke, Flugzeugteile, Öl- und Gasindustrie, Seewasserpipeline, Werte nach L. Xu et al. (1994); 9) längsnahtgeschweißtes Stahlrohr, auch unter APL5 X60 geführt, eingesetzt in der Öl- und Gasindustrie, Werte nach P. Castano-Rivera et al. (2013); 10) Reinst-Aluminium, Werte nach H. Saitoh et al. (1994); 11) Kupfer mit geringer Oxidationsbeschichtung an der Oberfläche; 12) nach Ch. Schäfer (2010), untersucht in einem Temperaturbereich, der für die Hochtemperaturelektrolyse T = 273 K bis T = 1173 K eingesetzt wird; 13) hochreines Titan, Werte nach P. Millenbach und M. Givon (1983)

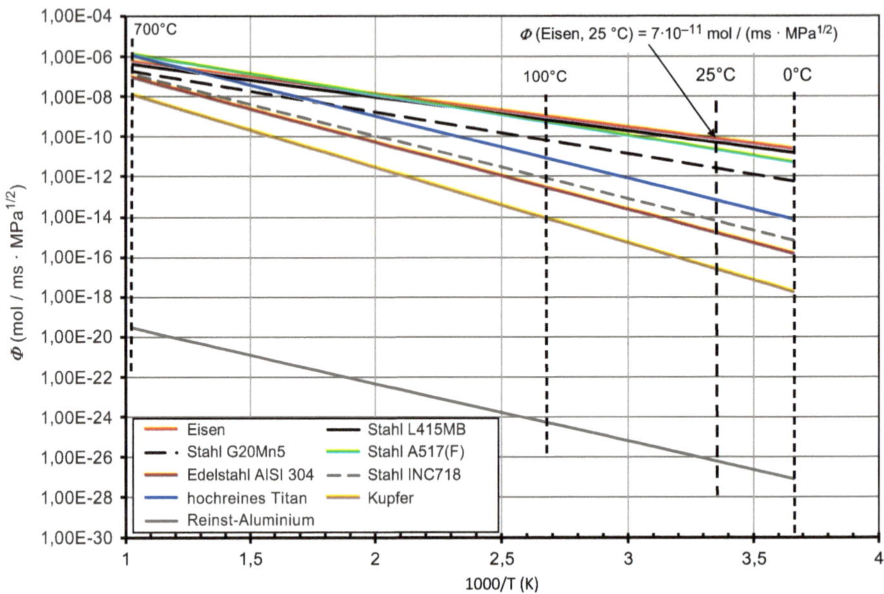

Bild 2.30 Permeation des Wasserstoffs durch Stahl, Edelstahl und Nichteisenmetalle

Zusammengefasst können folgende Schlüsse gezogen werden:

1. Eisen weist die höchste Permeationsrate aller hier betrachteten metallischen Werkstoffe auf. Dies ist auf das Fehlen tiefer Traps zurückzuführen, die in der Regel die Diffusion behindern (Tabelle 2.15).
2. Der im Pipelinebetrieb anzutreffende Leitungsstahl L 415 MB - auch als X60 bekannt - weist als niedrig legierter Stahl nur geringfügig geringere Permeationsraten als reines Eisen auf.
3. Die Permeationsraten von Stahl und Edelstahl unterscheiden sich bei Umgebungsbedingungen um mehrere Zehnerpotenzen. Bei sehr hohen Temperaturen, beispielsweise im Fall der Hochtemperaturelektrolyse, liegt der Unterschied etwa beim Faktor 10. Dies ist von Bedeutung, da anlageninterne Rohrleitungsverbindungen auch aus Edelstahl mit Klemm- oder Schneidringverbindungen bestehen können und für diese Funktionsleitungen die Abschätzung des Wasserstoffverlustes aufgrund von Permeation erforderlich sein kann (Bild 2.31).
4. Die Löslichkeit und Permeabilität von H_2 in reinem Aluminium sind, bedingt durch die häufig auftretende Oxidation der Oberfläche, nach C. San Marchi und B. P. Somerday (2012) sehr gering. Daraus resultierend sind die Permeationsraten ebenfalls sehr niedrig.
5. Kupfer wird für Dichtungen im Anlagenbau eingesetzt. Unter Umgebungsbedingungen und dem Einfluss von Wasserstoff zeigt Kupfer nach C. San Marchi und B. P. Somerday (2012) geringe Permeationsraten. Bei höheren Temperaturen nähern sich die Permeationswerte von Kupfer den Werten von Edelstahl.

Bild 2.31
Edelstahlverrohrung an einem Wasserstoffverdichter (ionischer Verdichter) in einer Wasserstofftankstelle der Westfalen AG in Münster/Hiltrup (© Westfalen AG)

Abschätzung der Wasserstoffpermeation durch metallische Werkstoffe

In der Praxis besteht eine Anlage, wie zum Beispiel eine Rohrleitung zum Transport von Wasserstoff, aus vielen unterschiedlichen Ausrüstungsteilen, wie Rohren, Absperrarmaturen, Flanschen, Entwässerungstöpfen, Dichtungsmaterialien, Isolationskupplungen und Ähnlichem mit jeweils unterschiedlichen Werkstoffen. Die Recherche nach den zugehörigen einzelnen spezifischen Permeationskonstanten und Aktivierungsenergien in einschlägigen Publikationen eröffnet die Möglichkeit, zumindest teilweise die Grundlage für die rechnerische Bestimmung der Wasserstoffpermeation unter den zugehörigen Temperaturbedingungen zu legen. Dies setzt voraus, dass die Werkstoffe hinsichtlich ihres Permeationsverhaltens vollständig untersucht sind. Dies kann nicht in allen Einzelfällen vorausgesetzt werden.

Im Sinne einer vorsichtigen Abschätzung empfiehlt sich alternativ die Anwendung eines konservativen Ansatzes. Auch wenn zu erwarten ist, dass Teile der verwendeten und mit Wasserstoff in Kontakt kommenden Werkstoffe geringere Permeationswerte aufweisen, wird im Sinne einer „Worst case"-Betrachtung der maximale Wert einheitlich für alle Werkstoffklassen verwendet. Für die Standardtemperatur $T^{\ominus}$ empfiehlt sich, einheitlich für alle metallischen Bauteile eine Permeationsrate nach Bild 2.30 von $\phi = 2{,}7 \cdot 10^{-11}\ \mathrm{mol}/\left(\mathrm{m\ s}\sqrt{\mathrm{MPa}}\right)$ anzunehmen.

Es steht dem Anwender natürlich frei, für Funktionsleitungen aus Edelstahl andere Werte zu verwenden, soweit es im Sinne der Anlagensicherheit nachvollziehbar ist.

Für andere Betriebsbedingungen müssen die Permeationsraten angepasst werden.

Ermittlung der Permeation einer Wasserstoffleitung aus Stahl

Ein Rohrleitungsabschnitt aus Stahl in DN 300 mit den Abmessungen Außendurchmesser $d_a = 323{,}9\,\text{mm}$ und Wandstärke $s = 5{,}6\,\text{mm}$ soll nach DIN EN 12007-03 (2015, S. 10) für den Transport von Wasserstoff eingesetzt werden. Für den nach DIN EN ISO 3183 (2018, S. 40) verwendeten Werkstoff X42N sind keine spezifischen Permeationsdaten bekannt. Sie werden abgeschätzt.

Es sollen für $p_ü = 10\,\text{bar}_ü$ und für $T = 285\,\text{K}$ die Permeation ϕ, die Löslichkeit S, die Diffusion D und der resultierende Wasserstoffmassenstrom je Sekunde und Jahr $\dot{J}_{H_2}$ je m Leitungslänge bestimmt werden. Darüber hinaus ist der durch die Permeation freigesetzte stündliche Wasserstoffvolumenstrom im Normzustand je m Leitungslänge $\dot{V}_{H_{2,n}}$ von Interesse.

Nach C. San Marchi und B. P. Somerday (2012, S. 1100/11 - 22) und nach einem Datenblatt der Saarstahl AG (2019, S. 1) sind für den Werkstoff AISI 1020 Angaben zu Permeation und Löslichkeit sowie über dessen Zusammensetzung verfügbar. Die Datenblätter geben zudem Auskunft über die mechanischen Kennwerte beider Materialien. Von Bedeutung ist auch die untere Streckgrenze $R_{t0,5}$. Die qualitativen Aussagen aus Tabelle 2.15 helfen, die Größenordnung der Permeationsrate des Werkstoffs X42N im Verhältnis zum Werkstoff AISI 1020 ϕ_1/ϕ_2 abzuschätzen.

Material	C	Si	Mn	P	S	V+Nb+Ti	$R_{t0,5}$/MPa	Anmerkung
(1) X42N	0,24	0,4	1,20	0,025	0,015	0,15	290	1)
(2) AISI 1020	0,20	-	0,50	0,030	0,050	-	340	2)
Auswirkung der Zusammensetzung auf die Permeation nach Tabelle 2.15								
ϕ_1/ϕ_2	1	< 1	< 1	1	1	< 1	< 1	

1) PSL-2-Rohre nach DIN EN ISO 3183, normalgeglüht; 2) AISI 1020, Kennwerte nach dem Datenblatt der Saarstahl AG (2019)

Nachweisbar führen die höheren Anteile von Legierungselementen wie Silizium, Mangan, Vanadium und Titan zu einer Reduzierung der Permeation beim Werkstoff X42N. Dies erfolgt teilweise aufgrund abnehmender Löslichkeit (Silizium) und zunehmender Anzahl tiefer Traps durch erhöhte Festigkeit und durch die Beigabe von Vanadium.

In der Zusammenfassung wird ingenieurtechnisch konservativ die Permeationsrate des Werkstoffs AISI 1020 auf den Werkstoff X42N übertragen.

Die Berechnung wird für das Wertepaar $p_{ü} = 10\,\text{bar}$, $T = 285\,\text{K}$ mit den Stoffparametern für AISI 1020 nach Tabelle 2.16 mit Formel 2.81 bis Formel 2.84 durchgeführt.

Die Permeation:

$$\phi = \phi_0 e^{\frac{-E_\phi}{R_m T}} = 3{,}77 \cdot 10^{-5}\ \text{mol}/\left(\text{m s}\sqrt{\text{MPa}}\right) \cdot e^{\frac{-35070\ \text{J/mol}}{8{,}3145\ \text{J}/(\text{mol K}) \cdot 285\ \text{K}}}$$

$$\phi = 1{,}409 \cdot 10^{-11}\ \text{mol}/\left(\text{m s}\sqrt{\text{MPa}}\right)$$

Die Löslichkeit:

$$S = S_0 e^{\frac{-E_S}{R_m T}} = 202{,}4\ \text{mol}/\left(\text{m}^3\sqrt{\text{MPa}}\right) \cdot e^{\frac{-24700\ \text{J/mol}}{8{,}3145\ \text{J}/(\text{mol K}) \cdot 285\ \text{K}}}$$

$$S = 6{,}016 \cdot 10^{-3}\ \text{mol}/\left(\text{m}^3\sqrt{\text{MPa}}\right)$$

Die Diffusion:

$$D = \frac{\phi}{S} = \frac{1{,}409 \cdot 10^{-11}\ \text{mol}/\left(\text{m s}\sqrt{\text{MPa}}\right)}{6{,}016 \cdot 10^{-3}\ \text{mol}/\left(\text{m}^3\sqrt{\text{MPa}}\right)} = 2{,}342 \cdot 10^{-9}\ \text{m}^2/\text{s}$$

Der Wasserstoffmassenstrom mit der wirksamen Rohrinnenfläche je m Leitungslänge ($L = 1\,\text{m}$) $A = \frac{\pi d_i L}{L}$ ist auf m Leitungslänge bezogen:

$$\dot{J}_{H_2} = \frac{\phi M A}{\Delta x}\sqrt{p_{H_2}}$$

$$\dot{J}_{H_2} = \frac{1{,}409 \cdot 10^{-11}\ \text{mol}/\left(\text{m s}\sqrt{\text{MPa}}\right) \cdot 2{,}0158 \cdot 10^{-3}\ \text{kg/mol} \cdot 0{,}982\ \text{m}^2/\text{m} \cdot \sqrt{1\ \text{MPa}}}{5{,}6 \cdot 10^{-3}\ \text{m}}$$

$$\dot{J}_{H_2} = 4{,}98 \cdot 10^{-12}\ \text{kg}/(\text{s m})$$

Dies entspricht einem jährlichen Wasserstoffmassenstrom bei Jahresbenutzungsstunden von $b_h = 8760\ \text{h/a}$ je m Leitungslänge:

$$\dot{J}_{H_2} = 4{,}98 \cdot 10^{-12}\ \frac{\text{kg}}{\text{s m}} \cdot 3600\ \frac{\text{s}}{\text{h}} \cdot 8760\ \frac{\text{h}}{\text{a}} = 1{,}57 \cdot 10^{-4}\ \text{kg}/(\text{a m})$$

Dies entspricht einem stündlichen Wasserstoffvolumenstrom aufgrund von Permeation je m Leitungslänge im Normzustand:

$$\dot{V}_{H_{2,n}} = \frac{4{,}98 \cdot 10^{-12}\ \text{kg}/(\text{s m}) \cdot 3600\ \text{s/h}}{0{,}08989 \cdot 10^{-3}\ \text{kg/L}} = 2 \cdot 10^{-4}\ \text{L}/(\text{h m})$$

■

Die im vorangestellten Beispiel für n-Wasserstoff ermittelte niedrige Permeationsrate je m Leitungslänge wird für den Baustahl durch vergleichbare Berechnungen unter anderen Betriebsbedingungen prinzipiell bestätigt (Bild 2.32). Selbst bei einem vergleichbar hohen Druck von $p = 100\,\text{bar}_{ü}$ und einer Temperatur von $\vartheta = 50\,°\text{C}$ sind im lokalen Umfeld eines Druckbehälters oder einer Rohrleitung keine Leckagen zu erwarten, die im Bereich von 30 l/h Wasserstoff liegen. Diese Menge wird bei Erdgas vom DVGW-Arbeitsblatt G 459-2 (DVGW 2015a) im Sinne des Explosionsschutzes bei Gasnetzanschlüssen als tolerierbare Grenze angesehen.

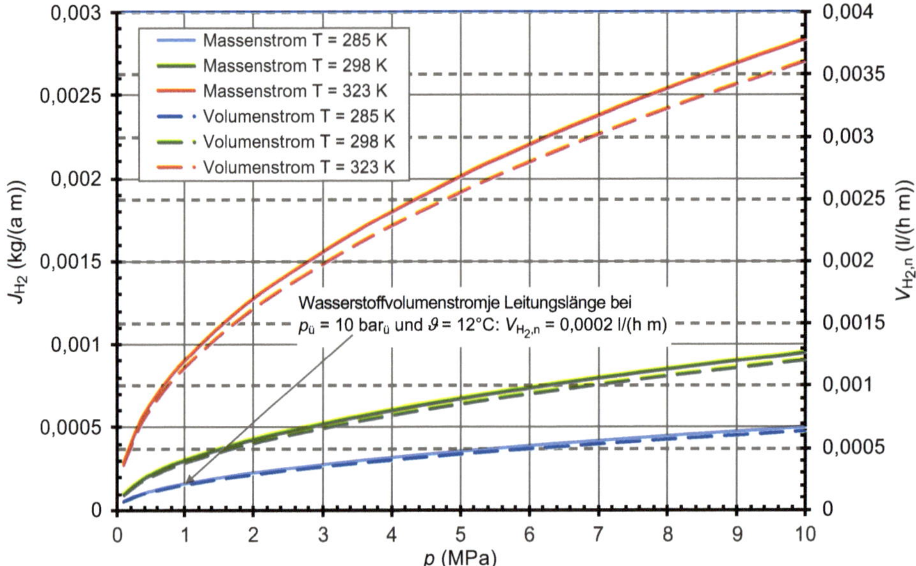

Bild 2.32 Jährlicher Wasserstoffmassenstrom (linke Ordinate) und stündlicher Wasserstoffvolumenstrom im Normzustand (rechte Ordinate) aufgrund von Permeation durch eine metallische Wand (AISI 1020) der Stärke 5,6 mm je m Leitungslänge in Abhängigkeit vom Druck und für drei unterschiedliche Temperaturen

Es empfiehlt sich die Bearbeitung von Aufgabe 10 und Aufgabe 11 im Buch *Wasserstofftechnik. Aufgaben und Lösungen.* ■

Einordnung der Wasserstoffpermeation durch Metalle

In der Regel wird eine Abschätzung der Wasserstoffpermeation durch metallische Werkstoffe zu dem Ergebnis kommen, dass die berechneten Werte für den Wasserstoffmassenstrom und für den Wasserstoffvolumenstrom im Normzustand sehr niedrig sind. Im Analogieschluss zum Erdgas wird eine Begrenzung der volumetrischen Wasserstofffreisetzung für lokal begrenzte Bereiche auf 30 l/h im

Normzustand empfohlen. Hierbei ist außerdem noch zu berücksichtigen, dass die relative Dichte des Wasserstoffs mit $d_n = 0{,}0695$ (Tabelle 2.1) etwa nur ein Zehntel der relativen Dichte des Erdgases mit $d_n = 0{,}605$ nach G. Cerbe et al. (2017, S. 48) beträgt. Daher ist zu erwarten, dass sich der Wasserstoff im Freien sofort verflüchtigt, was die Gefährdung durch permeierten Wasserstoff stark herabsetzt. ■

2.4.2 Permeation des Wasserstoffs durch Polymere

Polymere

Polymere, zu denen so unterschiedliche Materialien wie Plaste, Gummi oder Kleber gehören, bestehen aus organischen, kettenförmigen Makromolekülen, die durch Zusammenschluss (Polymerisation) vieler kleiner Moleküle entstanden sind. Sie haben folgende allgemeine Eigenschaften: geringe Dichte, gute Korrosionsbeständigkeit, ein viskoelastisches Werkstoffverhalten mit gegenüber Metallen zum Teil erheblich geringerer Festigkeit, allerdings auch mit einer begrenzten Eignung für hohe Temperaturen. Eine Veränderung der Festigkeit durch Wärmebehandlung ist ausgeschlossen. Aus der Gruppe der glasfaserverstärkten Kunststoffe - kurz GFK - erreichen bestimmte Werkstoffe Festigkeitseigenschaften, die denen des Stahls entsprechen oder sie sogar überschreiten. Dies ist nach H.-J. Bargel und G. Schulze (2000, S. 330) in erster Linie auf Art und Menge des Fasermaterials zurückzuführen. Polymere zeigen je nach Dichte ein unterschiedliches mechanisches und thermisches Verhalten. Für den betrieblichen Einsatz unter Wasserstoff sind von den genannten Materialien Thermoplasten und Elastomere von besonderem Interesse. ■

Thermoplasten

Es handelt sich um lange Kettenmoleküle, die ein plastisches, duktiles Materialverhalten aufweisen und bei erhöhten Temperaturen erweichen. Zu den Thermoplasten gehören Polyethylen (PE), Polyvinylchlorid (PVC), Polypropylen (PP), Polybuten (PB), Fluorpolymerisate (PVDF, PTFE und andere) und weitere vergleichbare Werkstoffe. Polyethylen ist in Deutschland mit den Varianten PE 100 und PE 80 seit vielen Jahrzehnten der klassische Rohrleitungswerkstoff, der in der regionalen und örtlichen Erdgasverteilung eingesetzt wird. In den Niederlanden kommt mit dem schlagfesten PVC (PVC-HI) ein polymerisierter Vinylchlorid mit einer Beigabe von chloriertem Polyethylen oder Polyacrylat für die lokale Erdgasverteilung zum Einsatz. Es ist zu prüfen, welche Größenordnung an Permeation bei einem Bauteil wie dem häuslichen PE-Gasanschluss mit Gasströmungswächter (Bild 2.33) bei einer Beaufschlagung mit Wasserstoff im Rahmen der Sektorkopplung (Kapitel 4) zu erwarten ist.

Bild 2.33
Hausanschluss mit Gasströmungswächter in einem PE-Gasanschlussrohr

Elastomere

Elastomere sind schwach vernetzte Kettenmoleküle, die aufquellen können und sich bei Raumtemperatur elastisch verformen. Sie werden aufgrund ihres hochelastischen Verhaltens nach dem Kunststoffrohr Handbuch (Ant und Kunststoffrohrverband 2000, S. 49 - 52) vornehmlich als Dichtungswerkstoffe eingesetzt. Zu ihnen zählen unter anderem EPDM (Ethylen-Propylen-Dien-Kautschuk), SBR (Styrol-Butadien-Kautschuk), NR (Naturkautschuk), NBR (Acrylnitril-Butadien-Kautschuk) und FKM (Fluor-Kautschuk). Den zuvor aufgeführten Werkstoffen ist gemein, dass sie in einem eingeschränkten Temperaturbereich einsetzbar sind. So ist die Temperaturbeständigkeit im Betriebseinsatz von PE uneingeschränkt bis $\vartheta = 50\,°C$ gewährleistet. Ein Dichtungswerkstoff wie NBR hat je nach Mischungsrezeptur einen Einsatzbereich von $-30\,°C \leq \vartheta \leq 100\,°C$.

Nach D. Krieg (2012, S. 27) sowie C. San Marchi und B.P. Somerday (2012, S. 8100/2) unterscheidet sich das Permeabilitätsverhalten des Wasserstoffs durch Polymere gegenüber dem durch Metalle durch das fehlende Dissoziieren des molekularen Wasserstoffs auf der Wasserstoffseite der Membran an der Wandoberfläche. Der Teilschritt c → d in Bild 2.28 entfällt. In der Konsequenz dieser wichtigen Erkenntnis findet die Absorption in den Werkstoffverbund nicht mit dem atomaren Wasserstoff, sondern mit dem molekularen Wasserstoff statt, der dann durch die Polymerketten hindurchdiffundiert und auf die Außenseite der Membran gelangt. Die Menge des gelösten Wasserstoffs ist proportional zum Wasserstoffpartialdruck p_{H_2} auf der Wasserstoffseite. Die Rekombination von atomarem Wasserstoff zu molekularem Wasserstoff auf der Außenseite der Membran findet nicht statt. Die Permeation von Wasserstoff durch Polymere f bezieht sich auf den Wasserstoffpartialdruck.

Das bereits in Abschnitt 2.4.1 angesprochene 1. Fick'sche Gesetz $\phi = D / S$ ist auch für Polymere anzuwenden. Aus den vorgenannten Erkenntnissen kann der Wasserstoffmassenstrom $\dot{J}_{H_2}$ berechnet werden:

$$\dot{j}_{H_2} = \frac{\phi MA}{\Delta x} p_{H_2} = \frac{\phi_0 e^{\frac{-h_\phi}{R_m T}} MA}{\Delta x} p_{H_2} \tag{2.91}$$

Tabelle 2.17 Daten zur Abschätzung der Wasserstoffpermeation bei Polymeren

Material	ϑ/°C	ϕ_0/mol/(ms MPa)	h_ϕ/kJ/mol	Anm.
HDPE	25 - 50	$1{,}18 \cdot 10^{-3}$	32,43	1); 13)
PVC	25 - 80	$0{,}651 \cdot 10^{-3}$	34,50	2); 14)
PP	20 - 70	$99{,}9 \cdot 10^{-3}$	38,50	3); 14)
PTFE	20 - 130	$0{,}019 \cdot 10^{-3}$	21,40	4); 14)
BR	25 - 50	$0{,}959 \cdot 10^{-3}$	27,60	5); 14)
Perbunan	25 - 50	$1{,}57 \cdot 10^{-3}$	30,10	6); 14)
Hycar	25 - 50	$6{,}65 \cdot 10^{-3}$	36,80	7); 14)
NBR (Shore 50)	20 - 80	$0{,}554 \cdot 10^{-3}$	30,50	8); 13)
NBR (Shore 60)	20 - 80	$5{,}086 \cdot 10^{-3}$	36,39	13)
NBR (Shore 70)	20 - 80	$0{,}384 \cdot 10^{-3}$	30,44	13)
NR (Shore 66)	20 - 80	$2{,}17 \cdot 10^{-3}$	32,13	9); 13)
EPDM (Shore 68)	20 - 80	$0{,}161 \cdot 10^{-3}$	24,50	10); 13)
FKM (Shore 70)	20 - 80	$3{,}96 \cdot 10^{-3}$	36,02	11); 13)
SBR (Shore 52)	20 - 80	$0{,}354 \cdot 10^{-3}$	28,48	12); 13)

Anmerkungen: 1) Polyethylen hoher Dichte (PE100); 2) Polyvinylchlorid; 3) Polypropylen; 4) Fluorpolymerisate; 5) Polybutadien-Synthesekautschuk; 6) Mischung aus BR/NBR 80/20, Perbunan ist der Handelsname; 7) Mischung aus BR/NBR 61/39, Hycar ist der Handelsname; 8) Acrylnitril-Butadien-Kautschuk mit dem Shore-Härtegrad 50; 9) Naturkautschuk; 10) Ethylen-Propylen-Dien-Kautschuk; 11) Fluor-Kautschuk; 12) Styrol-Butadien-Kautschuk; 13) von mir nach den Angaben von C. San Marchi und B. P. Somerday (2012, S. 8100/4-8100/6) sowie nach D. Krieg (2012, S. 27) ermittelt; 14) nach C. San Marchi und B. P. Somerday (2012, S. 8100/4-8100/6)

Die Wandstärke $s = \Delta x$ des Polymers hat in Formel 2.91 einen wesentlichen Einfluss auf den Wasserstoffmassenstrom $\dot{j}_{H_2}$. Die im DVGW-Arbeitsblatt G 472 (DVGW 2019, S. 7) und in der DIN 8074 (2011, S. 3 - 4) definierten SDR-Reihen geben die Möglichkeit, auf einfache Art die tatsächlich vorhandene Wandstärke s von Rohren aus Polyethylen zu ermitteln:

$$s = \frac{d_a}{SDR} \tag{2.92}$$

Allgemein kann die Mindestwandstärke s_{min} eines Druckrohres mithilfe der Kesselformel bestimmt werden. Die Grundlage bietet die Betrachtung einer unter Innendruck stehenden Leitung in Bild 2.29. Die Schichtdicken von Polymeren sind größer als die bei metallischen Werkstoffen. Nach der Schubspannungshypothese zur Reduzierung des mehrachsigen Spannungszustandes auf die einachsige Vergleichsspannung mit Formel 2.88 folgt hieraus korrekt:

$$\sigma_v = \sigma_1 - \sigma_3 = p \frac{d_a}{2\Delta x} - p \tag{2.93}$$

$$\Delta x = p\frac{d_{\mathrm{a}}}{2\sigma_{\mathrm{v}} + p} \tag{2.94}$$

Nach Anpassung von Formel 2.94 für den viskoelastischen Polymer in Formel 2.95 werden der Außendurchmesser d_a, der Betriebsdruck $p_{ü}$, die Vergleichsspannung σ_v, der dimensionslose Sicherheitsbeiwert S_F, und der Umrechnungsfaktor 20 für die unterschiedlichen Einheiten benötigt:

$$s_{\min} = p_{\ddot{u}}\frac{d_{\mathrm{a}}}{20\frac{\sigma_{\mathrm{v}}}{S_{\mathrm{F}}} + p_{\ddot{u}}} \tag{2.95}$$

Für eine ingenieurtechnisch nachvollziehbare Abschätzung der Wasserstoffpermeation ϕ durch Polymere ist diese für ansteigende Temperaturen mit den spezifischen Werten aus Tabelle 2.17 für eine Auswahl von Materialien ermittelt und in logarithmischer Skalierung über der Abszisse $1000/T$ aufgetragen. Konservative Werte für die Durchlässigkeit zeigt die Kurve von PP (Polypropylen). Die Permeation durch PE 100 – ein klassisches HDPE-Material – liegt etwa eine Zehnerpotenz darunter; ein klassischer Dichtungswerkstoff wie NBR Perbunan hat eine Durchlässigkeit für Wasserstoff zwischen den Werten von PP und HDPE.

Bild 2.34 zeigt Permeationsraten für ausgewählte Polymere. Polypropylen weist die höchsten Permeationswerte auf. Interessant ist der Vergleich von stündlich permeiertem Wasserstoffvolumen $V_{H_2,n}$ im Normzustand bei Kunststoffen und metallischen Werkstoffen. Das folgende Beispiel geht darauf ein.

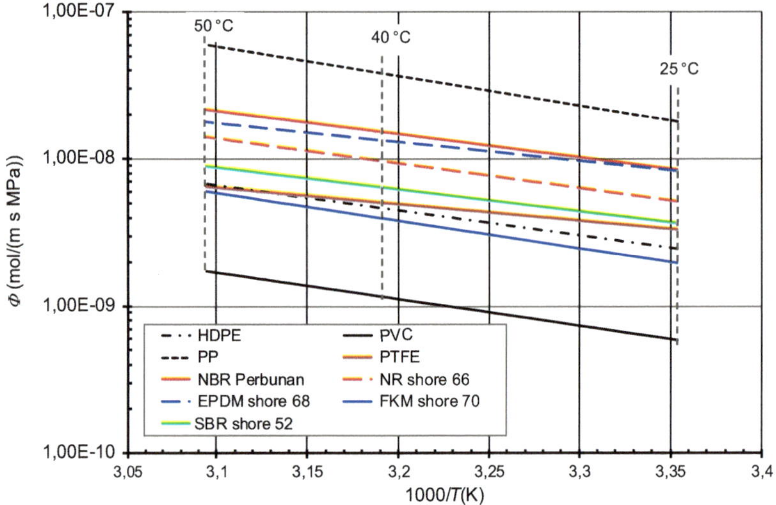

Bild 2.34 Permeation des Wasserstoffs durch Polymere

Ermittlung der Permeation einer Wasserstoffleitung aus PE 100

Ein Rohrleitungsabschnitt aus PE 100 der SDR-Reihe 11 nach dem DVGW-Arbeitsblatt G 472 (DVGW 2019, S. 7) mit einem Außendurchmesser von $d_a = 315\ \text{mm}$ und einer Wandstärke von $s = 28{,}636\ \text{mm}$ soll für den Transport von Wasserstoff eingesetzt werden. Für den verwendeten Werkstoff sind die spezifischen Permeationsdaten aus Tabelle 2.17 bekannt. Der nach dem DVGW-Arbeitsblatt G 472 (DVGW 2019) maximal zulässige Betriebsdruck (maximum operating pressure) des Werkstoffs PE 100 beträgt $p_ü = 10\ \text{bar}_ü$.

Für Betriebsdrücke von $0{,}1\ \text{MPa} \leq p_ü \leq 1\ \text{MPa}$ und für Temperaturen von $T = 298\ \text{K}$ und $T = 323\ \text{K}$ wird jeweils der resultierende Wasserstoffmassenstrom im Jahr $\dot{J}_{H_2}$ je m Leitungslänge und der durch die Permeation freigesetzte stündliche Wasserstoffvolumenstrom je m Leitungslänge $\dot{V}_{H_{2,n}}$ ermittelt.

Angewendet wird Formel 2.91. Die Darstellung in Bild 2.35 zeigt Massenstrom und Volumendurchsatz bezogen auf die normierte Leitungslänge von 1 m durch polymere Wandungen und im Vergleich die Situation für eine Stahlleitung mit etwa dem gleichen Außendurchmesser DN 300. Deutlich wird die um den Faktor 14 größere stündliche Freisetzung von Wasserstoff durch den Polymer. Allerdings ist das freigesetzte stündliche Volumen noch weit entfernt von der in Abschnitt 2.4 genannten kritischen Wasserstoff-Leckagemenge von 30 l/h im Normzustand.

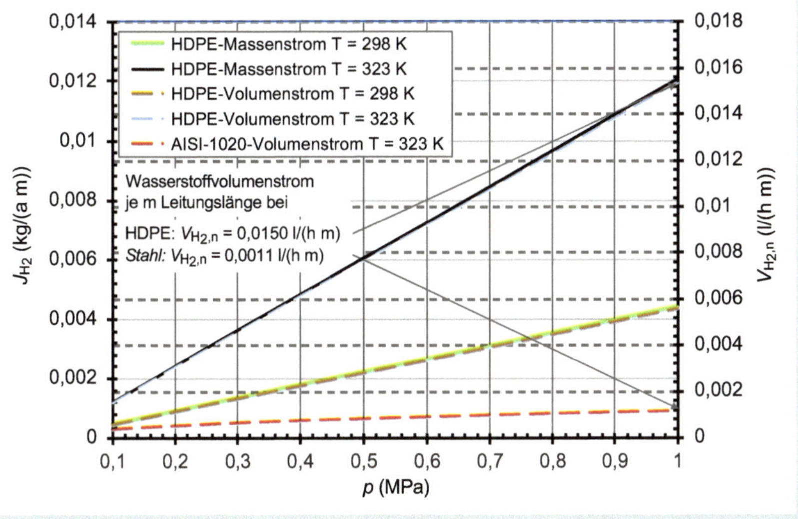

Bild 2.35 Permeation durch Kunststoffe und Stahl

Es empfiehlt sich die Bearbeitung von Aufgabe 12 im Buch *Wasserstofftechnik. Aufgaben und Lösungen.*

Einordnung der Wasserstoffpermeation durch Polymere

Die Wasserstoffpermeation durch Polymere ist im Vergleich weit höher als die durch metallische Wände. Dennoch ist in der Zusammenfassung die hierbei freigesetzte Wasserstoffmenge gering. Wie bereits bei metallischen Werkstoffen gefordert, wird als Sicherheitskriterium im Analogieschluss zum Erdgas eine Begrenzung der volumetrischen Freisetzung von Wasserstoff auf 30 l/h im Normzustand bezogen auf einen begrenzten Raum empfohlen.

2.5 Metallische Werkstoffe unter Wasserstoffeinfluss

Im Zuge der Umstellung bestehender Anlagen auf den Transport und die Speicherung von Wasserstoff und bei der Neuerrichtung von Wasserstoff führenden Anlagen wie Wasserstofftankstellen oder Elektrolyseuren wird sehr häufig im Zusammenhang mit der Gefährdung von Mensch und Umwelt der Begriff „Wasserstoffversprödung“ genannt. Das Wort „Versprödung“ hat allgemein einen unguten Klang, denn es erzeugt Unsicherheit im Umgang mit den Werkstoffen. Wasserstoff ist in der Störfall-Verordnung (12. BImSchV 2017, S. 20) als gefährlicher, weil explosiver Stoff unter „Gefahrenkategorien gemäß Verordnung (EG) Nr. 1272/2008“ genannt. Wie gefährdet sind also Bauteile im Kontakt mit Wasserstoff, welche Gefährdungspotenziale gibt es und welche Möglichkeiten der Gefahrenabwehr oder besser der Vermeidung möglicher Gefährdungen können ergriffen werden? Am Ende einer Kette von Ereignissen steht der Sprödbruch und die plötzliche Freisetzung größerer Mengen an Wasserstoff, was in der Tat verhindert werden muss. Vorweggenommen kann gesagt werden, dass es betriebsbedingte und werkstoffbedingte Indizien in jedem Einzelfall geben kann, die für eine Vernachlässigung oder im Umkehrschluss für eine Erhöhung des Gefährdungspotenzials sprechen. Diese sollen nachfolgend identifiziert werden.

2.5.1 Gefährdungspotenziale für die Wasserstoffversprödung

Wasserstoff kann das Werkstoffverhalten von Metallen und metallischen Legierungen in einer Weise beeinflussen, die zu einem mechanischen Versagen des Materials unter Beanspruchung führt. Diese Erkenntnis ist nicht neu, sondern bereits seit langer Zeit bekannt. Seit Mitte des 20. Jahrhunderts ist im Zuge ansteigender Produktion mit einer Zunahme von Transport, Speicherung und Verbrauch die Wasserstoffverträglichkeit von Werkstoffen immer ein wichtiges Thema gewesen.

Viele Untersuchungen und einschlägige Veröffentlichungen haben sich der Thematik gewidmet. Polymere und andere nichtmetallische Werkstoffe sind von einer Unverträglichkeit mit Wasserstoff nicht betroffen. St. Savakis (1985, S. 1) weist darauf hin, dass sowohl werkstoffspezifische Eigenschaften wie

- die Werkstoffzusammensetzung, also Legierungselemente,
- Festigkeit, Streckgrenze, Zugfestigkeit und Dehnung

als auch betriebliche Einflussgrößen, unter anderem

- die Höhe der Druck- und Zugbeanspruchung und
- die Gaszusammensetzung,

sowie die Belastung des untersuchten Systems wie

- statische Belastung,
- wechselnde Beanspruchung und
- schwellende Beanspruchung

in ihrer Auswirkung auf Schadensereignisse unter dem Einfluss von Wasserstoff untersucht wurden. Weitere Untersuchungsgegenstände sind fertigungstechnische Parameter, unter anderem

- Oberflächengüte und
- Kerben.

H.-J. Bargel und G. Schulze (2000, S. 257) beschreiben eine zuvor angedeutete Beeinträchtigung des Werkstoffverhaltens bei Kontakt mit Wasserstoff am Beispiel des Kupfers mit dem Begriff „Wasserstoffkrankheit“. Sie berichten davon, dass atomarer Wasserstoff in sauerstoffhaltigem Kupfer gelöst ist und in den Werkstoff hineindiffundiert. Dort findet eine chemische Umsetzung zu Wasserdampf statt, die einen Dampfdruck in erheblichem Umfang und damit einhergehende Trennbrüche im Gefüge zur Folge hat. Kupfer verliert dabei seine Festigkeit und Zähigkeit und wird spröde. Es ist notwendig, zunächst den Begriff Versprödung näher zu untersuchen.

Versprödung metallischer Werkstoffe

Nach E. Roos und K. Maile (2005, S. 210 - 211) sind Versprödungsvorgänge in Werkstoffen auf ungünstige Beanspruchungs- und Werkstoffzustände zurückzuführen. Ein sprödes Werkstoffverhalten ist im Gegensatz zum zähen (duktilen) Werkstoffverhalten durch ein geringes Formänderungsvermögen gekennzeichnet. Ein Sprödbruch, der an einer relativ geringen Verformung des zerstörten Werkstückes erkennbar ist (Bild 2.36) sowie an einer zerklüfteten Bruchoberfläche, tritt in der Regel ohne Vorwarnung auf. Dabei sind hohe Rissfortpflanzungsgeschwindigkeiten eine wesentliche Ursache für den Sprödbruch. Im Werkstoff durch Fehler entstandene Risse führen in Verbindung mit dem geringen Verformungsvermögen zusammen mit Eigenspannungen und bei äußerer Beanspruchung häufig unterhalb der eigentlichen Dauerfestigkeit zum plötzlichen Werkstoffversagen.

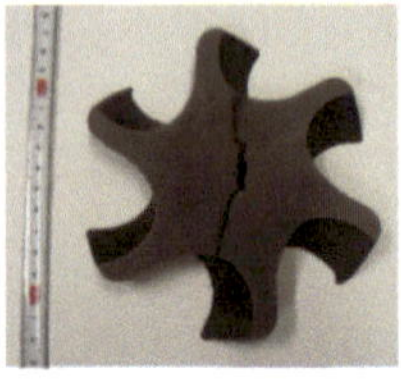

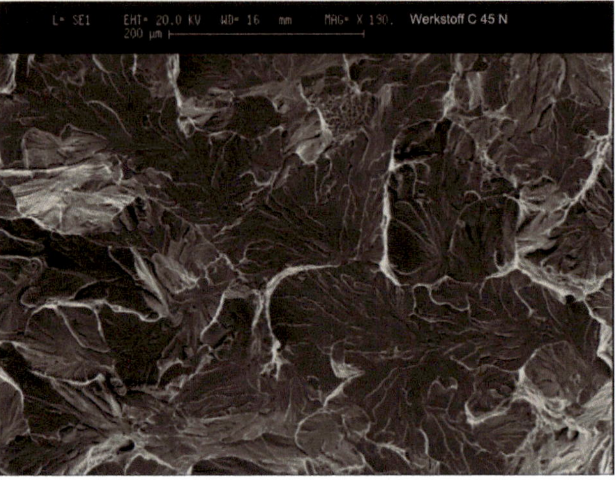

Bild 2.36 REM-Bild eines Sprödbruches in einem Schmiedeteil aus dem unlegierten Vergütungsstahl C 45 N (© MAN ES)

Neben der in Abschnitt 2.4.1 dargestellten Permeation von dissoziiertem atomaren Wasserstoff kann nach M. Pohl (2014) der Wasserstoff auch infolge des Herstellungsprozesses, metallurgisch beim Gießen und Schweißen und im Zuge von galvanischen Arbeiten, in den metallischen Werkstoff gelangen. Schädigungen durch Wasserstoff sind in einem Bereich mittlerer Festigkeit nach Bild 2.37 nicht zu erwarten. Einerseits ist die Festigkeit zu hoch, als dass eine Rekombination von atomarem in molekularen Wasserstoff mit dem verbundenen Raumbedarf und den damit verbundenen Rissen stattfinden kann. Andererseits ist die Festigkeit zu niedrig, als dass die interstitielle Einlagerung von Wasserstoffatomen mit der damit verbundenen Rissbildung gelingen kann.

Bild 2.37 Auswirkungen des Wasserstoffs in melallischen Werkstoffen nach M. Pohl

Eine Ursache ist im Eindringen von molekularem Wasserstoff, der nicht in den Werkstoff diffundieren kann (Abschnitt 2.4.1), in oberflächennahe Poren und Schlackereste zu sehen. Der unter hohem Druck stehende Wasserstoff verändert lokal den dreiachsigen Spannungszustand und erzeugt dort Mikrorisse, die auch als Flocken bezeichnet werden (Drucktheorie). Diese können sich später unter Einwirkung des atomaren Wasserstoffs erweitern. Chrom-Nickel- und Chrom-Mangan-Stähle sind hierfür anfällig. Der molekulare Wasserstoff kann an der Oberfläche auch Blasen bilden. Nicht immer führen diese mit Wasserstoff gefüllten Hohlräume nach H.-J. Bargel und G. Schulze (2000) zur Wasserstoffversprödung, da sie in erster Linie zerplatzen und Oberflächenschäden hervorrufen. Porenbildung durch Volumenverdrängung ist in metallischen Strukturen nach M. Pohl (2014) nur bei niedriger Festigkeit (< 200 MPa) zu finden.

Wenn Wasserstoff sich in der Schmelze oder im Schweißbad ausscheidet, kommt es nach M. Pohl (2014) zur Ausbildung von Fischaugen, was bei der Abkühlung dann zu ringförmigen Rissstrukturen um das Fischauge führen kann. Bei der galvanischen Bearbeitung von metallischen Oberflächen kann im Zuge von Beizen und elektrolytischen Beschichtungen atomarer Wasserstoff in die Oberflächenstruktur gelangen. Dabei ist die kathodische Spannungsrisskorrosion ebenfalls den galvanischen Vorgängen zuzuordnen. Es entstehen Mikrorisse an der Oberfläche, in denen unter Wasserstoffeinfluss die interatomaren Kohäsionskräfte herabgesetzt und darüber hinaus Schubspannungen reduziert und Fließvorgänge hin zu einer sich verstärkenden Rissbildung ausgelöst werden.

Oberhalb einer Festigkeit von $R_m > 800$ MPa und bei geringen Wasserstoffkonzentrationen in einer Größenordnung von 1 ppm ist mit einer Rissbildung zu rechnen. In den Werkstoff eingelagerter und diffundierender Wasserstoff wird insbesondere an inneren Rissen wirksam, indem er dort nach H.-J. Bargel und G. Schulze (2000, S. 149) an chemischen Reaktionen beteiligt ist, wodurch in Folge die zur weiteren Rissbildung erforderliche Energie abnimmt und somit die Kohäsion und damit die Trennfestigkeit des Gefüges schwindet. Dieser Vorgang wird als Kohäsionstheorie der Wasserstoffversprödung bezeichnet. In diesem Zusammenhang berichtet St. Savakis (1985), dass an oxidierten Metalloberflächen der in Abschnitt 2.4.1 beschriebene Adsorptionsprozess (Bild 2.28) nicht stattfindet und die Wasserstoffversprödung an diesen Stellen somit ausfällt. Bereits gebildete Oxidschichten können durch rasche Druckwechsel auf der Wasserstoffseite allerdings auch wieder aufreißen, was wiederum den Dissoziationsprozess anregt.

Wasserstoffinduzierte Kaltrisse sind eine weitere Ursache für die Wasserstoffversprödung. Schweißnähte sind beispielsweise systemische Kerben und an sich Zonen verringerter Trennfestigkeit und damit eine Schwachstelle für vermehrte Rissbildung. Durch die Kerben dringt der unter Druck stehende Wasserstoff in einer Maschine, einem Behälter oder in einer Rohrleitung in das Metallgefüge bereits ein, bevor der dissoziative Prozess der Adsorption stattfinden kann. Der molekulare Wasserstoff wandelt sich nun an der Kerboberfläche in den atomaren Wasserstoff um, diffundiert weiter zu den tiefen Traps, um dort entsprechend der Kohäsionstheorie die Trennfestigkeit des Gefüges weiter zu reduzieren. Die dadurch ausgelöste Rissausbreitung - auch Kaltrissbildung genannt - verläuft zeitlich verzögert (Delayed Fracture).

Bruchverhalten und Rissarten

In der Bruchmechanik wird für ein Bauteil nach E. Roos und K. Maile (2005, S. 116 - 118) die äußere Beanspruchung, seine Geometrie und die Art eines auftretenden Materialfehlers K der Widerstandsfähigkeit des Bauteils gegen Risserweiterung K_R gegenübergestellt. Im Gleichgewichtsfall gilt $K = K_R$. Bei überwiegend sprödem, gering zähem Werkstoffverhalten wird die linear-elastische Bruchmechanik (LEBM) angewendet. Die risstreibende Beanspruchung K kann für den einzelnen Belastungsfall rechnerisch ermittelt werden, während K_R eine materialspezifische Größe ist. Details folgen in Abschnitt 2.5.3. Wenn der Fall $K > K_R$ lokal eintritt, können die Risse entlang der Korngrenzen (interkristallin) oder durch die Körner hindurch (transkristallin) verlaufen (Bild 2.38).

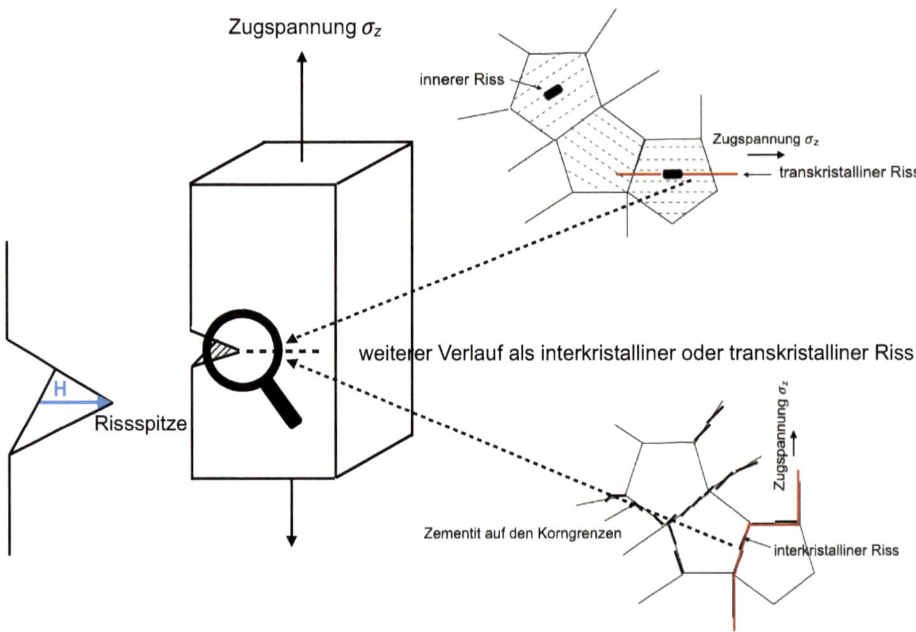

Bild 2.38 Schematische Darstellung von Rissverläufen

Die Schädigung metallischer Werkstoffe infolge der Beanspruchung durch Druck-Wasserstoff ist temperaturabhängig. In Abschnitt 2.4.1 ist die Temperaturabhängigkeit der Wasserstoffpermeation durch metallische Materialien dargestellt. Bei tiefen Temperaturen wird die Permeation teilweise oder ganz ausbleiben. Bei höheren oder hohen Temperaturen steigt die Durchlässigkeit an, sodass der Wasserstoff innerhalb des Werkstoffgefüges an keiner Stelle eine für die geschilderten Prozesse kritische Konzentration erreicht. Wasserstoffversprödung ist ein Vorgang vornehmlich im Bereich der Umgebungstemperaturen ($-30\,°C \leq \vartheta \leq 50\,°C$).

Mit Hinweis auf weitere Quellen beschreibt D. Krieg (2012, S. 36), dass von der Wasserstoffversprödung vor allem kubisch-raumzentrierte Metalle betroffen sind. Hierzu zählen ferritische und martensitische Stähle, die zu den nichtrostenden Edelstählen mit hohem Chromgehalt zählen, sowie feinkörnige, niedriglegierte Stähle mit stabilisierenden Beigaben von Vanadium (V), Niob (Nb) und Titan (Ti).

Eine Reihe von Untersuchungen, die von D. Krieg (2012) zusammengefasst werden, zeigt einerseits, dass es innerhalb der Werkstoffstruktur bei Vorhandensein von hydridbildenden Elementen wie Titan (Ti), Zirkonium (Zr), Vanadium (V) und Magnesium (Mg) mit Wasserstoff nach einer Metall-Wasserstoff-Reaktion zur Metallhydridbildung kommen kann. Bei einer Überschreitung einer kritischen Konzentration scheiden sich Hydride auf den Korngrenzen ab und unterstützen auf diese Weise die Versprödung der metallischen Struktur. Andererseits kann der diffundierende Wasserstoff bei Temperaturen von $\vartheta > 200\,°C$ mit dem im Metallgefüge vorliegenden Eisenkarbid oder Zementit Fe_3C zu Methan reagieren ($Fe_3C + 4H \rightarrow CH_4 + 3Fe$), was zu einer Intensivierung der Rissbildung führt. Kohlenstoffreduzierende Legierungselemente wie Chrom (Cr), Molybdän (Mo), Vanadium (V), Titan (Ti) und Niob (Nb) wirken dem entgegen.

St. Savakis (1985, S. 9 - 11) verweist auf Versuche, die belegen, dass Werkstoffe unter Wasserstoff eine erheblich geringere Bruchlastspielzahl N_B ertragen können als beispielsweise unter einer Stickstoffatmosphäre. Dies deutet darauf hin, dass auch die Reinheit des Wasserstoffgases eine Rolle spielen kann. Kohlendioxid (CO_2) und Schwefelwasserstoff (H_2S) wirken stimulierend auf die Wasserstoffversprödung. Eine bremsende Funktion haben Sauerstoff (O_2), Kohlenmonoxid (CO), Ammoniak (NH_3) und Schwefelsauerstoff (SO_2). Keinen Einfluss haben Methan (CH_4), Stickstoff (N_2) und Argon (Ar).

Auch der Verlauf des Systemdruckes auf der Wasserstoffseite ist für den Grad der Schädigung durch Wasserstoffversprödung verantwortlich.

Bild 2.39 gibt unterschiedliche Verläufe des Betriebsdruckes in einer Anlage wieder. So sind für den Pipeline gestützten Transport des Wasserstoffs unterschiedliche Betriebsfahrweisen denkbar:

1. der quasistationäre Druckverlauf über der Zeit mit einem vergleichbar geringen Unterschied zwischen p_{max} und p_{min}
2. ein schwellender Verlauf des Betriebsdruckes mit $p \geq 0$ und einem Wechsel zwischen einem maximalen Druck p_{max} und einem minimalen Druck p_{min} bei einem rechnerisch mittleren Druck $p_m = 0{,}5(p_{max} + p_{min})$. Die mit dem maximalen und minimalen Druck jeweils korrespondierenden Bauteilspannungen σ_o und σ_u sind auf der rechten Ordinate wiedergegeben.

Daneben kann eine wechselnde Beanspruchung auftreten, bei der der Differenzbetrag zwischen dem Innendruck p_i und dem Außendruck p_a auf das Bauteil von großer Bedeutung ist:

3. Die Beanspruchung des Bauteils wechselt zwischen Zugbeanspruchung ($p_i > p_a$) und Druckbeanspruchung ($p_i < p_a$). Im Zusammenhang mit dem Betrieb einer Wasserstoff führenden Leitung ist dieser Betriebsfall für eine ohne Schutzrohr (Mantelrohr) in größerer Tiefe verlegte Produktenleitung denkbar, bei der der geodätische Druck aufgrund hoher Dichten des die Leitung überlagernden Gesteins temporär größer als der zeitweise innen abgesenkte Betriebsdruck ist.

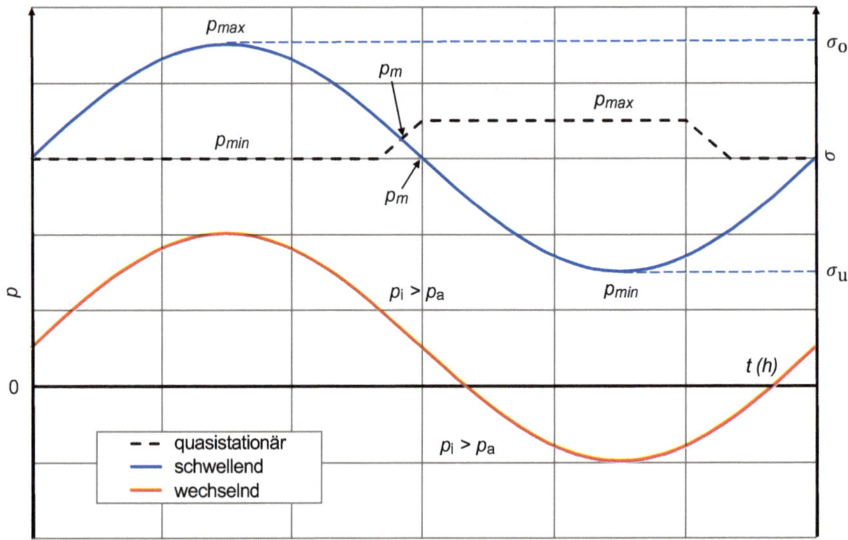

Bild 2.39 Unterschiedliche Betriebsfahrweisen von technischen Anlagen

Charakteristische Betriebsfahrweisen beim Wasserstoffeinsatz

Bei der Erzeugung des Wasserstoffs in einer Dampfreformierungsanlage oder in einem Elektrolyseur herrschen in der Regel stationäre Betriebszustände. Gleiches gilt für den Transport des gasförmigen Wasserstoffs mithilfe von Trailern. Die quasistationäre Betriebsfahrweise ist beispielsweise charakteristisch für Gasnetze, in die Wasserstoff als Zusatzgas eingespeist wird. Der quasistationäre Betrieb ist die Grundlage für die Anwendung von Formel 2.90, bekannt als „Kesselformel".

Bei schwellender Belastung von Bauteilen, beispielsweise bei Wasserstoff verdichtenden Maschinen, oder wechselnder Beanspruchung sind die mechanischen Kennwerte Streckgrenze und Zugfestigkeit, die einen statischen Beanspruchungsverlauf unterstellen, nicht oder nur eingeschränkt verwendbar. Für diese Fälle ist die Dauerschwingfestigkeit bzw. die Wechselfestigkeit mithilfe des Wöhler-Diagrammes zu ermitteln. Näheres ist beispielsweise bei R. Bürgel et al. (2014, S. 92 - 110) zu finden. ■

Wird das Bauteil durch schwellende oder gar wechselnde Druckverläufe beansprucht, können Oberflächenrisse insbesondere im Bereich von Schweißnähten entstehen, die ein Eindringen des Wasserstoffs in das Bauteil und im weiteren Verlauf Wasserstoffversprödung begünstigen.

Nach R. Bürgel et al. (2014, S. 108) ist einerseits die Dauerschwingfestigkeit eines Bauteils bei hohen Temperaturen in hohem Maße von der Belastungsfrequenz sowie den Haltezeiten innerhalb der Belastungszyklen abhängig. Dieser Umstand ist bei der Auslegung von Verdichtern beispielsweise bei Wasserstofftankstellen oder Beladungsstationen von Wasserstofftrailern zu beachten. Bei ansteigenden Temperaturen nimmt die Schwingfestigkeit des Werkstoffs ab. Bei einer Betriebstemperatur von $T > 0{,}4T_{sch}$ ist keine Dauerschwingfestigkeit gegeben, da in diesem Temperaturbereich die metallischen Werkstoffe bei allen Spannungen kriechen und es zu Schädigungen durch Risse kommt. Andererseits übt ein korrosiv wirkendes wässriges Medium einen schwingfestigkeitsreduzierenden Einfluss aus. Die Mikrorissbildung wird in korrosiver Umgebung beschleunigt, sodass Wasserstoff verstärkt in den Werkstoff eindringen kann. Diese Hinweise sind für Auswahl und Gestaltung der Wasserstoffkompression von Bedeutung.

Um vor einer Beaufschlagung mit Wasserstoff das Gefährdungspotenzial abzuschätzen, können Rohrleitungen im Energiebereich oder in Industrieanlagen einer zerstörungsfreien Prüfung mit Betriebsinspektionsmolchen unterzogen werden, um Korrosion und Rissbildung festzustellen. Nach B. Skerra (2000, S. 325 - 336) kommen hierfür besonders Molche nach dem Streuflussprinzip oder dem Ultraschallverfahren in Frage.

In Tabelle 2.18 sind wesentliche Aussagen über Ursachen und Folgen der Wasserstoffversprödung zusammengefasst.

Tabelle 2.18 Ursachen und Folgen der Wasserstoffversprödung metallischer Werkstoffe

Ursache	Folge	wirkt fördernd	wirkt hemmend
Eindringen von molekularem Wasserstoff in oberflächennahe Poren und Schlackereste	lokale Veränderung des Spannungszustandes, dadurch Bildung von Mikrorissen	Chrom-Nickel- und Chrom-Mangan-Stähle (nichtrostende Stähle)	thermomechanische Behandlung von Stählen
Chemisorption durch den diffundierenden atomaren Wasserstoff im Bereich innerer Risse	Reduzierung der inneren Trennfestigkeit des metallischen Gefüges und Erhöhung der Rissfortpflanzungsgeschwindigkeit	Betrieb unter Umgebungstemperatur, hoher Wasserstoffpartialdruck, wenig verformungsfähiger Werkstoff, martensitisches Gefüge, ferritische Stähle und feinkörnige, niedriglegierte Stähle mit stabilisierenden Beigaben von Vanadium (V), Niob (Nb) und Titan (Ti)	oxidierte metallische Oberflächen
Schweißnähte und weitere Kerben an der Oberfläche	Zonen erniedrigter Trennfestigkeit, verzögerte Kaltrissbildung	Kerben und Fehlstellen an der Metalloberfläche	
Bildung von Metallhydriden kritischer Konzentration auf den Korngrenzen	hoher Druck an den Spitzen von inneren Mikrorissen, die sich weiter fortpflanzen	Titan (Ti), Zirkonium (Zr), Vanadium (V) und Magnesium (Mg)	
Reaktion mit dem im Metallgefüge vorliegenden Zementit (Fe_3C) zu Methan	Intensivierung der Rissbildung und Anstieg der Rissfortpflanzungsgeschwindigkeit	hoher Fe_3C-Gehalt, Temperaturen > 200 °C	Chrom (Cr), Molybdän (Mo), Vanadium (V), Titan (Ti) und Niob (Nb)
Rekombination des atomaren Wasserstoffs innerhalb der Gitterstruktur	Aufweitung der Gitterstruktur und innere Rissbildung		
Gaszusammensetzung, Wasserstoffreinheit	Je nach Begleitkomponenten des Wasserstoffs wird die Wasserstoffversprödung beeinflusst; Methan (CH_4), Stickstoff (N_2) und Argon (Ar) wirken inert.	Kohlendioxid (CO_2) und Schwefelwasserstoff (H_2S)	Sauerstoff (O_2), Kohlenmonoxid (CO), Ammoniak (NH_3) und Schwefelsauerstoff (SO_2)

Ursache	Folge	wirkt fördernd	wirkt hemmend
wiederkehrende Druckänderungen im Rahmen zyklischer schwellender oder wechselnder Beanspruchung	Rissbildung und Risswachstum		
hohe Betriebstemperaturen im Rahmen zyklischer schwellender oder wechselnder Beanspruchung	Reduzierung der Dauerschwingfestigkeit und Wechselfestigkeit		Begrenzung hoher Betriebstemperaturen
Feuchtigkeit, wässrige Rückstände in der Anlage	wirkt korrosiv, unterstützt Mikrorissbildung	hohe Betriebsdrücke nach einem Verdichtungsvorgang, da bei der Kompression Feuchtigkeit ausfällt	Trocknung des Wasserstoffgases, Entfernung von Feuchtigkeit aus der Anlage, Beschichtung (Coating) von metallischen Flächen mit Kontakt zur Feuchtigkeit
beim Warmwalzen und Glühen von Aluminium Diffusion von freigesetztem Wasserstoff in den Werkstoff	Entstehen von Beulen an der Oberflächenstruktur		
Grauguss neigt zur Wasserstoffversprödung.	Verstärkung des Sprödbruchverhaltens bei geringem Verformungsvermögen		Vermeidung des Einsatzes von Grauguss

2.5.2 Einschätzung des Gefahrenpotenzials für bestehende Stahlleitungen hinsichtlich Wasserstoffversprödung

Die Umstellung bestehender Erdgas-Leitungssysteme aus Stahl auf den Kontakt mit Wasserstoff setzt voraus, dass eine Einschätzung vorgenommen wird, wie groß das Risiko einer zukünftigen Versprödung des Leitungsmaterials unter den neuen Betriebsbedingungen sein wird. Zur Risikoabschätzung gehört die Sichtung der vorhandenen Dokumentation.

Aus den Datenblättern der Stahlhersteller und des Stahlhandels sind die Zusammensetzung und die charakteristischen mechanischen Werte des betreffenden Stahls wie Streckgrenze und Zugfestigkeit zu entnehmen. Die Neigung des Werkstoffes zur Wasserstoffversprödung trifft nach den qualifizierenden Inhalten von Tabelle 2.18 in erster Linie feinkörnige, niedriglegierte Stähle, ferritische und martensitische nichtrostende Stähle und ausgewiesene Edelstähle als Chrom-Nickel-Stähle und Chrom-Mangan-Stähle.

Gefahrenabschätzung der Wasserstoffversprödung bei Beaufschlagung einer bereits bestehenden Gasleitung mit Wasserstoff

Eine bereits mehrere Jahrzehnte mit Erdgas betriebene Leitungsanlage mit einem Nenndurchmesser von DN 400 aus dem Rohrleitungs-Stahlwerkstoff L290N wird auf die Verträglichkeit mit Wasserstoff geprüft. Für den Betriebsdruck und die Betriebstemperatur der Rohrleitungsanlage wird $p_{ü} \leq 70\ \text{bar}_{ü}$ und $0\ °C \leq \vartheta \leq 20\ °C$ angenommen. Neben der Leitung sind weitere metallische Anlagenteile von der Umstellung betroffen. Dabei wird der Grauguss GJS 500 (frühere Bezeichnung GGG 50) im Bereich der Armaturen, der Druckbehälterstahl P355QH1 für die Aufnahme von Kondensaten (kondensierte Kohlenwasserstoffe, Wasser, Schmierstoffe) und deren Ausschleusung und der Stahl DD13 für Weicheisendichtungen verwendet.

Die nachfolgende Tabelle liefert charakteristische mechanische Eigenschaften der betroffenen Anlagenteile.

Anlagenteil	Werkstoff	Streckgrenze R_{eL}/MPa	Zugfestigkeit R_m/MPa	Bruchdehnung A/%	Anm.
Rohrleitung	L290N	290	450	30	1)
Schließkörper von Armaturen	GJS500	320	500	8	2)
Kondensatsammler und Kondensatausschleusung	P355QH1	≥ 275	470 - 630	≥ 21	3)
Weicheisendichtung	DD13	170 - 310	≤ 400	≥ 33	4)

Anmerkungen: 1) normalgeglühter und beruhigter Stahl – eine alternative Werkstoffbezeichnung ist nach der API 5L X42N; 2) Hierbei handelt es sich um ein Material mit ferritisch-perlitischer Grundmasse, das eine hohe Zugfestigkeit und Dehnungsgrenze, kombiniert mit hoher Festigkeit, besitzt. GJS500 ist gut zu bearbeiten und kann bis zu einer Temperatur von etwa 450 °C verwendet werden. Die alte Werkstoffbezeichnung ist GGG50. 3) Druckbehälterstahl; 4) weicher Stahl

Stahlhersteller bzw. Stahlhandel geben folgende Werkstoffzusammensetzung an:

Werkstoffzusammensetzung *w*/%											
Sorte	C	Si	Mn	Ti	V	Nb	Mo	Cu	Cr	Al	Ni
Grenzwert	-	0,6	1,65	0,05	0,1	0,06	0,08	0,4	0,3	0,3	0,3
L290N	0,17	0,4	1,2	0,04	0,05	0,05	-	-	-	-	-
GJS500	3,85	2,3 - 3,1	0,1 - 0,3	-	-	-	-	-	-	-	-
P355QH1	0,2	0,1 - 0,5	0,9 - 1,65	-	0,1	0,05	0,08	0,2	0,3	0,02 - 0,06	0,3
DD 13	0,08	0,03	0,4	-	-	-	-	-	-	0,07	-

Eine Überprüfung der Kriterien nach Tabelle 2.18 kommt für die vier verschiedenen Sorten aufgrund der Werkstoffzusammensetzung zu folgendem Schluss:

- Der klassische Leitungsstahl L290N mit niedrigem Kohlenstoffgehalt ist tendenziell nicht anfällig für Wasserstoffversprödung. Dies gilt auch für den weichen Stahl DD13.
- Bei dem niedriglegierten Druckbehälterstahl P355QH1 kann grundsätzlich nicht ausgeschlossen werden, dass Chemisorption auftreten kann.
- Der Grauguss GJS500 ist grundsätzlich sprödbruchgefährdet, da aufgrund der geringen Verformungsfähigkeit unter Wasserstoffeinfluss eine Verstärkung des Sprödbruchverhaltens zu erwarten ist.
- Es ist zu untersuchen, welche Betriebsfahrweise (quasistationär oder schwellend) für die betreffende Anlage mit der Beaufschlagung von Wasserstoff verbunden ist.
- Des Weiteren ist zu klären, ob im Zusammenhang mit der Umstellung auf den Wasserstoffbetrieb Feuchtigkeit und/oder wässrige Rückstände in der Anlage zu erwarten sind.
- Gegebenenfalls ist die Leitung vor der Inbetriebnahme mit Wasserstoff einer intelligenten Molchung zu unterziehen, um zu prüfen, ob Korrosion, Fehlstellen und Risse an der metallischen Wandoberfläche existieren, die es dem Wasserstoff gestatten, in die oberflächennahe Gitterstruktur einzudringen. Ein Sensor sendet einen hochfrequenten elektrischen Impuls in die Rohrwand aus, der sich im Werkstoff in ein akustisches Signal verwandelt. An Defekten reflektierte Echos gelangen zum Sensor zurück. So werden Risse ab einer Länge von 25 mm und ab einer Tiefe von 1 mm nach C. Arango (2023) registriert.

■

In Abschnitt 2.5.3.8 wird von einer über den DVGW (2023) nach M. Steiner et al. durchgeführten Überprüfung der Wasserstofftauglichkeit von Stahlwerkstoffen für Gasleitungen und Anlagen berichtet.

2.5.3 Auslegung von Bauteilen gegen Wasserstoff induzierten Sprödbruch

Die übliche Vorgehensweise bei der Festigkeitsauslegung von Bauteilen ist der Ausschluss von plastischer Verformung und unter Einbeziehung eines Sicherheitsfaktors S_F für die Vergleichsspannung σ_v / MPa der Nachweis von $\sigma_v \leq R_{eL} / S_F$. Statt der minimalen Streckgrenze R_{eL} kann auch die Dauerschwingfestigkeit oder Zeitstandfestigkeit oder eine festgelegte Zeitdehngrenze in den Nachweis übernommen werden. Grundlage der herkömmlichen Festigkeitsberechnung ist die Annahme, dass die betrachteten Bauteile keinerlei Vorschädigungen, wie äußere Kerben und innere Mikrorisse, aufweisen. In der Konstruktionstechnik geht man nach R. Bürgel et al. (2014, S. 133) davon aus, dass die eingesetzten Werkstoffe in der Regel Fehler unterhalb der zerstörungsfreien Nachweisgrenze von etwa 1 mm aufweisen. Im Hinblick auf das Zusammenspiel zwischen fehlerbehafteten Werkstoffen und Wasserstoff muss die Frage beantwortet werden, unter welchen Betriebsbedingungen Werkstoffversagen, also Bauteilbrüche, als Folge von Wasserstoffversprödung ausgeschlossen werden kann.

Bruchmechanik

Die Bruchmechanik beschäftigt sich mit der Einbeziehung von Fehlern in der Werkstoffstruktur in einen geeigneten Festigkeitsnachweis, der sicherstellt, dass die verwendeten Bauteile einer Maschine oder einer komplexen Anlage den äußeren Beanspruchungen standhalten.

In der Bruchmechanik geht man allgemein von drei unterschiedlichen Beanspruchungsfällen bei Rissen aus. Nach H. A. Richard (1990, S. 69) unterscheiden sie sich in Mode I bis Mode III (Bild 2.40):

1. Mode I umfasst alle Normalspannungen, die ein Öffnen des Risses bewirken.
2. Mode II schließt alle Schubspannungen ein, die ein entgegengesetztes Gleiten der Rissoberflächen bewirken.
3. Mode III beschreibt den Schubspannungszustand, der ein Gleiten der Rissoberflächen quer zur Rissrichtung bewirkt.

Für die im Zusammenhang mit Wasserstoff untersuchte Gefährdung von Bauteilen durch Sprödbruch wird der Beanspruchungsfall Mode I, also eine Belastung durch Zugkräfte, angenommen. Die linear-elastische Bruchmechanik (LEBM) liefert die anzuwendenden Regeln. Die Berechnungen für die beiden anderen Beanspruchungsfälle Mode II und Mode III sind vor allem für zähe Brüche interessant. Die entsprechenden Berechnungsmethoden werden beispielsweise von T. L. Anderson (1995, S. 51 - 67) beschrieben.

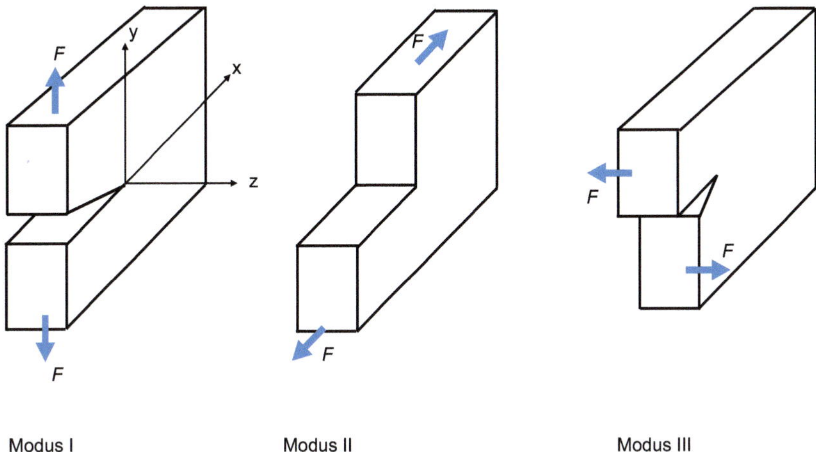

Bild 2.40 Prinzipielle Beanspruchungsfälle von Rissen

An der Rissspitze, wie in Bild 2.41 dargestellt, in der der Wasserstoff die Trennfestigkeit des umgebenden Gefüges herabsetzen kann, sind die mathematischen Zusammenhänge für die Spannungen nach T. L. Anderson (1995, S. 54) in Tabelle 2.19 bereitgestellt.

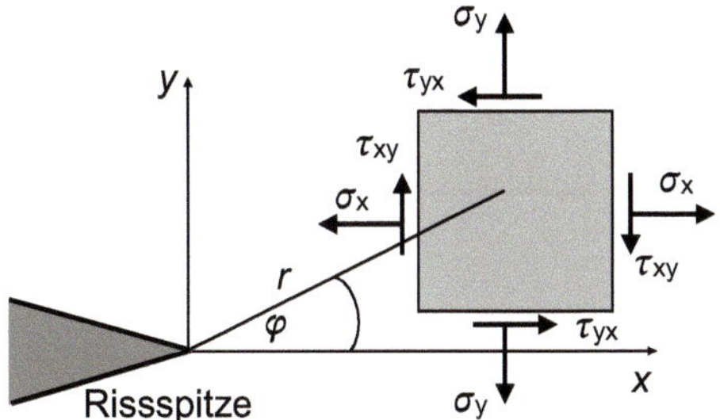

Bild 2.41 Spannungen an der Rissspitze

Tabelle 2.19 Die Spannungen an einer Rissspitze in einem linear-elastischen, isotropen Material für den Belastungsfall Mode I

Spannung	Mode I	Anmerkung
σ_x	$\frac{K_I}{\sqrt{2\pi r}} \cos\frac{\varphi}{2}\left(1-\sin\frac{\varphi}{2}\sin\frac{3\varphi}{2}\right)$ (2.96)	1)
σ_y	$\frac{K_I}{\sqrt{2\pi r}} \cos\frac{\varphi}{2}\left(1+\sin\frac{\varphi}{2}\sin\frac{3\varphi}{2}\right)$ (2.97)	
σ_z	$\mu\left(\sigma_x+\sigma_y\right)(\text{EDZ})$ (2.98) 0 (ESZ)	2); 3); 4)

Tabelle 2.19 Die Spannungen an einer Rissspitze in einem linear-elastischen, isotropen Material für den Belastungsfall Mode I *(Fortsetzung)*

Spannung	Mode I	Anmerkung
τ_{xy}	$\frac{K_I}{\sqrt{2\pi r}}\cos\frac{\varphi}{2}\sin\frac{\varphi}{2}\cos\frac{3\varphi}{2}$ (2.99)	
τ_{xz}, τ_{yz}	0	

Anmerkungen: 1) $K_I \equiv$ Spannungsintensitätsfaktor, siehe Abschnitt 2.5.3.3; 2) $\mu \equiv$ Querkontraktionszahl; 3) EDZ ≡ ebener Dehnungszustand, siehe Abschnitt 2.5.3.1; 4) ESZ ≡ ebener Spannungszustand, siehe Abschnitt 2.5.3.1

2.5.3.1 Spannungs- und Verformungszustände in beanspruchten Bauteilen

Um die Risssituation mechanisch einordnen zu können, sollen zunächst grundsätzlich die verschiedenen Spannungs- und Verformungszustände in Bauteilen beschrieben werden. Der einfachste Belastungszustand eines Bauteils ist die einachsige Zug- oder Druckbelastung. Da nur die Normalspannung hierbei in einer Richtung wirkt, kann er als einachsiger Spannungszustand (ESZ) beschrieben werden (Bild 2.42).

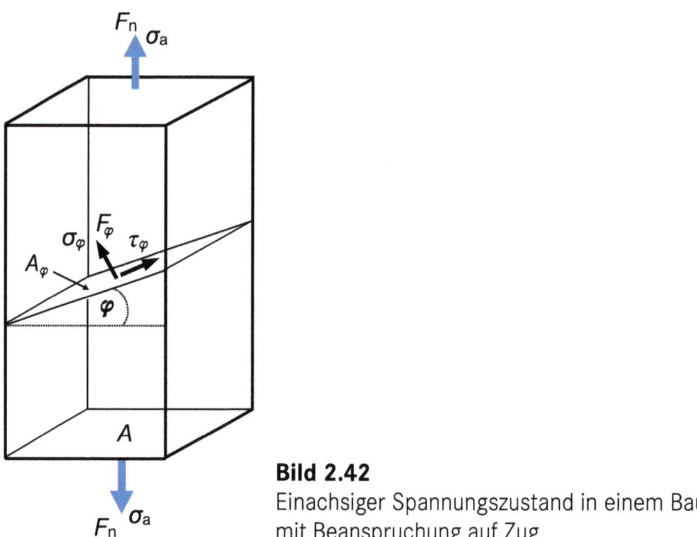

Bild 2.42
Einachsiger Spannungszustand in einem Bauteil mit Beanspruchung auf Zug

In dem betrachteten Baukörper wird nach R. Bürgel (2005a, S. 107) eine gegenüber der beanspruchten Fläche A um den Winkel φ geneigte Schnittfläche A_φ betrachtet. Mit $F_\varphi = F_n \cos\varphi$, $A_\varphi = A / \cos\varphi$ und den trigonometrischen Beziehungen $\cos^2\varphi = 1/2(1+\cos 2\varphi)$ sowie $\sin\varphi\cos\varphi = 1/2\,\sin 2\varphi$ folgt für die Spannungen σ_a, σ_φ und τ_φ:

$$\sigma_a = \frac{F_n}{A} \tag{2.100}$$

$$\sigma_\varphi = \frac{F_\varphi}{A_\varphi} = \frac{F_n}{A}\cos^2\varphi = \sigma_a \cos^2\varphi = \frac{\sigma_a}{2} + \frac{\sigma_a}{2}\cos 2\varphi \quad (2.101)$$

$$\tau_\varphi = \frac{F_n \sin\varphi}{A_\varphi} = \sigma_a \sin\varphi\cos\varphi = \frac{\sigma_a}{2}\sin 2\varphi \quad (2.102)$$

σ_a wird als Hauptnormalspannung σ_1 gleichgesetzt, alle anderen Hauptnormalspannungen verschwinden. Trägt man die Spannungen als Mohr'schen Spannungskreis auf (Bild 2.43), so sind die Hauptspannungen $\sigma_1 = \sigma_a$ sowie $\sigma_2 = \sigma_3 = 0$ auf der Abszisse und sämtliche Spannungen σ_φ und τ_φ durch Abtragen unter einem Winkel von 2φ auf Abszisse und Ordinate ablesbar oder sind nach Formel 2.101 und Formel 2.102 zu berechnen.

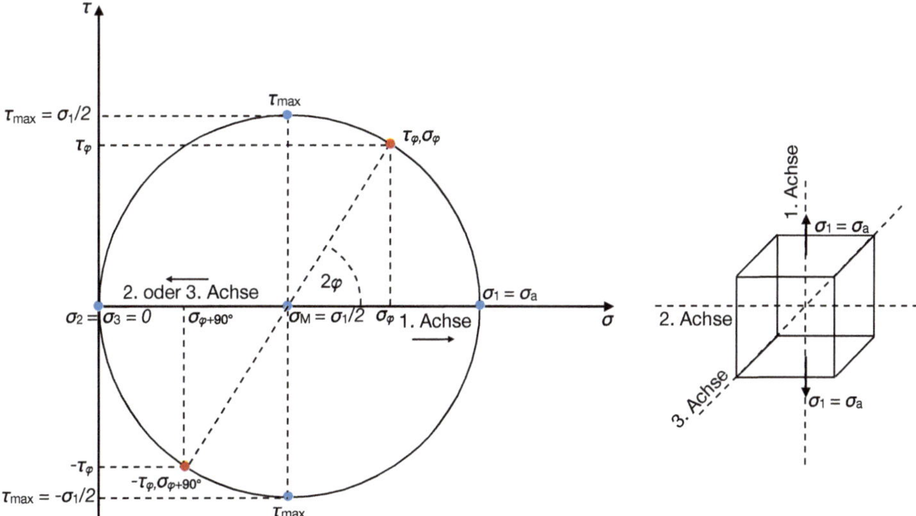

Bild 2.43 Mohr'scher Spannungskreis für den ebenen Spannungszustand (ESZ) eines unter einer Zugkraft stehenden Bauteils, wenn die 2. und 3. Hauptachse spannungsfrei sind

Bild 2.43 kann auch so interpretiert werden, dass sich der Kreisdurchmesser nach Bild 2.42 bei ansteigender Beanspruchung des Bauteils im elastischen Bereich in Richtung der x-Achse vergrößert, der Kreismittelpunkt σ_M weiter nach rechts wandert und dabei der Kreisscheitel auf der linken Seite weiter den Ursprung berührt, bis die Hauptspannung die Streckgrenze erreicht ($\sigma_1 = R_e$). In diesem Spannungsbereich kann unter Wasserstoffeinfluss der Sprödbruch stattfinden. Eine Überschreitung der Streckgrenze in Richtung plastischer Verformung findet beim spröden Bruch nicht statt.

Der zweiachsige ebene Spannungszustand gibt die in Bild 2.29 dargestellte Beanspruchung eines Rohres oder eines zylindrischen Druckbehälters durch den Innendruck beim Wasserstofftransport oder bei der Speicherung des Wasserstoffs wieder (Abschnitt 2.4.1).

Die größte Hauptnormalspannung σ_1 ist die tangentiale Umfangsspannung. Die Axialspannung entspricht der mittleren Hauptnormalspannung σ_2 und die Radialspannung, in diesem Fall auch die kleinste Hauptnormalspannung σ_φ, ist an der Rohraußenwand im Freien null. Die Berechnung der Normalspannung σ_φ und der Schubspannung τ_φ kann nach dem Mohr'schen Spannungskreis (Bild 2.44) oder analytisch mit Formel 2.103 und Formel 2.104 erfolgen:

$$\sigma_\varphi = \frac{\sigma_1 + \sigma_2}{2} + \frac{\sigma_1 - \sigma_2}{2} \cos 2\varphi \tag{2.103}$$

$$\tau_\varphi = \frac{\sigma_1 - \sigma_2}{2} \sin 2\varphi \tag{2.104}$$

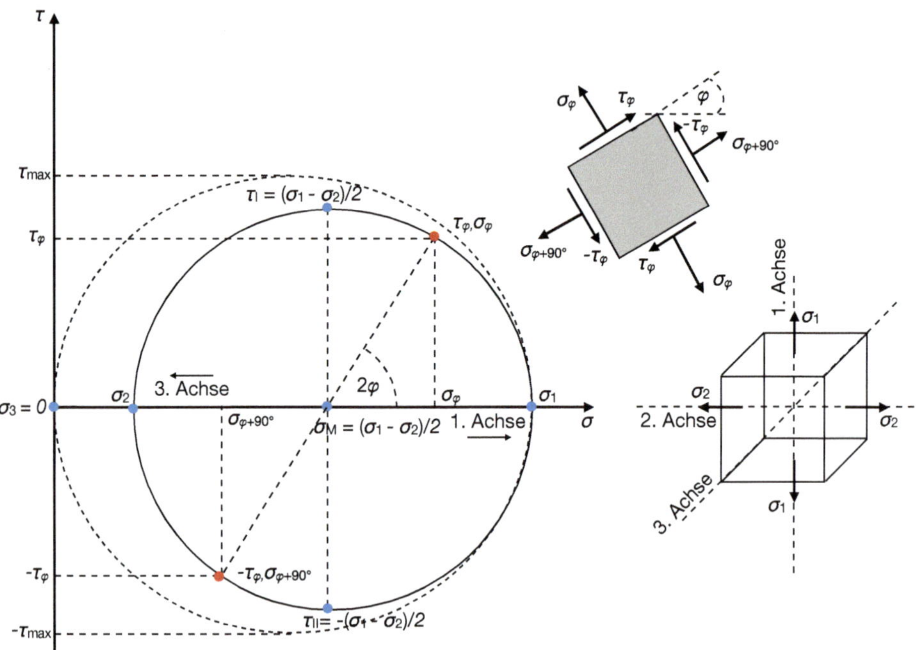

Bild 2.44 Mohr'scher Spannungskreis für den ebenen Spannungszustand (ESZ) eines unter zweiachsiger Zugbeanspruchung stehenden Bauteils, wenn die 3. Hauptachse spannungsfrei ist

Für den zweiachsigen ebenen Spannungszustand ist für die Spannungsanalyse entscheidend, dass der Mohr'sche Spannungskreis für die größte und kleinste Hauptnormalspannung als gestrichelter Kreis in Bild 2.45 mit eingezeichnet wird, da auf ihm der Scheitelwert für die maximale Schubspannung τ_{max} für $\varphi = 45°$ abgelesen werden kann. Rechnerisch folgt für die maximale Schubspannung

$$\tau_{max} = \frac{\sigma_1 - \sigma_3}{2} \quad (2.105)$$

Wird das unter Innendruck stehende Rohr oder der Druckbehälter mit einer Überdeckungshöhe h unterflur verlegt, wirkt an der Rohraußenseite noch der entsprechende petrostatische Erddruck oder Teufendruck $p_T = \varrho g h$ und die dritte Hauptnormalspannung σ_3 ist von null verschieden. Dies ist ein klassisches Beispiel für den räumlichen Spannungszustand (RSZ) (Bild 2.45). Der zwischen σ_1 und σ_3 gebildete Spannungskreis liefert die maximale Schubspannung τ_{max}.

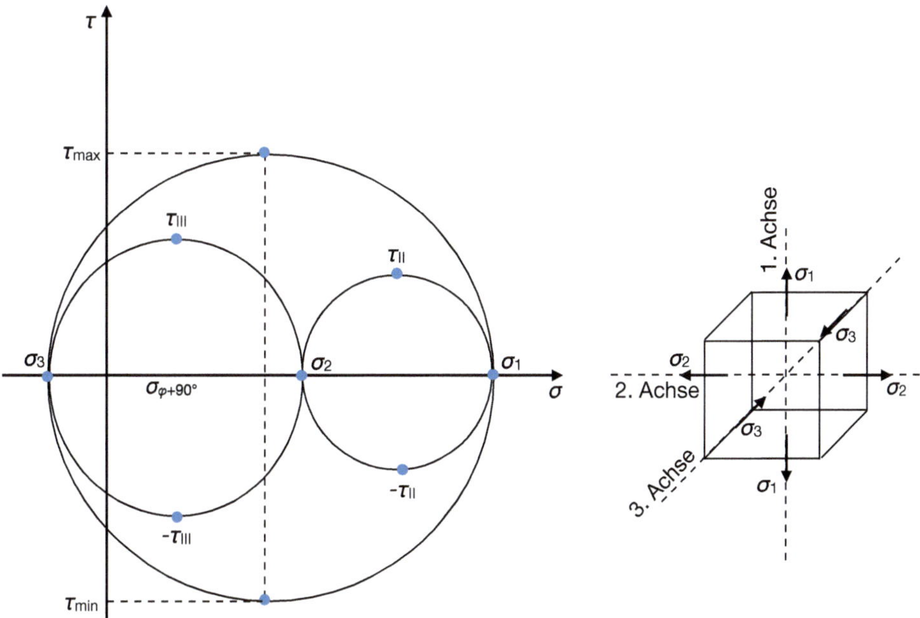

Bild 2.45 Mohr'scher Spannungskreis für den räumlichen Spannungszustand (RSZ) eines unter zweiachsiger Zugbeanspruchung und Druckbeanspruchung in der 3. Hauptachse stehenden Bauteils

Neben den Spannungszuständen sind bei der mechanischen Beurteilung von Bauteilen auch die Verformungszustände zu beachten. Im Zusammenhang mit der Wasserstoffversprödung und den hierdurch induzierten Sprödbrüchen sind die Verzerrungen oder Dehnungen ε/% von Interesse.

Je nach äußerer Beanspruchungsart sind die Bauteile einem ebenen (ESZ) oder räumlichen Spannungszustand (RSZ) zuzuordnen. Die sich einstellenden Verzerrungen wirken in der Regel aber stets in allen Richtungen. Wenn die Verformung keinerlei Behinderungen unterworfen ist, wirkt demnach ein räumlicher Dehnungszustand (RDZ).

Dies gilt beispielsweise auch für den vorangehend behandelten einachsigen ebenen Spannungszustand durch Zugbelastung. Für die elastische Verformung unter dem für eine Eisen-Kohlenstoff-Legierung geltenden Materialgesetz von Hook $\sigma = \varepsilon E$ mit E als Elastizitätsmodul folgt für die Verzerrungen im kartesischen Koordinatensystem

$$\varepsilon_{y_1} = \frac{\sigma_y}{E} \tag{2.106}$$

und mit $\mu = 0{,}3$ als Querkontraktionszahl für Stahl folgt

$$\varepsilon_{x_1} = \varepsilon_{z_1} = -\mu \frac{\sigma_y}{E} \tag{2.107}$$

Beim zweiachsigen Spannungszustand (Bild 2.45) kommt noch eine zusätzliche Beanspruchung σ_x in x-Richtung mit den entsprechenden Verzerrungen hinzu:

$$\varepsilon_{x_2} = \frac{\sigma_x}{E} \tag{2.108}$$

$$\varepsilon_{y_2} = \varepsilon_{z_2} = -\mu \frac{\sigma_x}{E} \tag{2.109}$$

Zur Bestimmung der Gesamtverzerrungen im zweiachsigen ebenen Fall werden die richtungsbezogenen Anteile addiert:

$$\varepsilon_x = \varepsilon_{x_1} + \varepsilon_{x_2} = \frac{\sigma_x - \mu \sigma_y}{E} \tag{2.110}$$

$$\varepsilon_y = \varepsilon_{y_1} + \varepsilon_{y_2} = \frac{\sigma_y - \mu \sigma_x}{E} \tag{2.111}$$

$$\varepsilon_z = \varepsilon_{z_1} + \varepsilon_{z_2} = \frac{-\mu(\sigma_y + \sigma_x)}{E} \tag{2.112}$$

Werden wie beim Sprödbruch an der Rissspitze Querdehnungen senkrecht zur Wand fast vollständig behindert, ist $\varepsilon_x \neq 0$, $\varepsilon_y \neq 0$ sowie $\varepsilon_z = 0$ und es liegt ein ebener Dehnungszustand EDZ vor.

2.5.3.2 Grundregeln zum Betrieb mit rissgefährdeten Bauteilen

Der zuverlässige Betrieb von Anlagen und Bauteilen unterliegt ganz allgemein den nachfolgenden Regeln:

- Es gelten zunächst die bereits vorangehend beschriebenen Voraussetzungen für die Vergleichsspannung, die unterhalb der (unteren) Streckgrenze unter Einbeziehung eines ausreichend großen Sicherheitsfaktors liegt. Dies bedeutet, dass für die unterschiedlichen Betriebszustände nur elastische Verformungen der Bauteile zugelassen sind.

- Bei verschiedenen Metallsorten, wie kubisch-raumzentrierten Stählen, ist bei tiefen Temperaturen die Streckgrenze höher als ihre Trennfestigkeit. In diesen Fällen droht der abrupte Bruch, auch Gewaltbruch genannt. Dies kann bei Kerbschlagbiegeversuchen festgestellt werden, bei denen die Kerbschlagarbeit als Funktion der Temperatur untersucht wird. Der Betrieb von wasserstoffführenden Anlagen ist sicherheitsrelevant und erfordert bei tiefen Temperaturen, wie beispielsweise bei Behältern für die Speicherung von tiefkaltem oder flüssigem Wasserstoff, einen zähen kubisch-flächenzentrierten (kfz) Werkstoff, einen austenitischen Stahl oder einen Werkstoff mit hexagonal dichtester Packung (hdP) (Abschnitt 2.4.1).
- Der Spannungsintensitätsfaktor K im Umfeld von Rissen muss in jedem Beanspruchungszustand kleiner als der kritische Spannungsintensitätsfaktor K_C sein.
- Die Anlage muss konstruktionsbedingt dauerschwingfest sein. Die auftretenden Beanspruchungen dürfen unter Wasserstoffeinfluss nicht dazu führen, dass vorhandene Risse erweitert werden. Im Bedarfsfall müssen die maximalen Beanspruchungen reduziert werden oder die eingesetzten Werkstoffe sind durch Bauteiltausch den Belastungen anzupassen. Um dies zu gewährleisten, sind entsprechende rechnerische Nachweise zu führen.

2.5.3.3 Die Grenztragfähigkeit

In diesem Zusammenhang ist zunächst die Grenztragfähigkeit σ_B, die strenggenommen für duktile und wenig spröde Werkstoffe eingeführt ist, von besonderem Interesse. Ausgangspunkt zur Bestimmung dieser Spannungsgröße ist die maximale Zugkraft F_{max}, die sich auf die Zugfestigkeit R_m des Werkstoffs bezieht und den tragenden Restquerschnitt A_R eines Bauteils berücksichtigt:

$$F_{max} = R_m A_R \tag{2.113}$$

Unter Einbeziehung des rissfreien Querschnitts A ist die Grenztragfähigkeit eines Bauteils von der Zugfestigkeit R_m, der Risslänge a und der Bauteillänge W in Rissrichtung abhängig (Bild 2.46):

$$\sigma_B(a) = \frac{F_{max}}{A} = \frac{R_m A_R}{A} = \frac{R_m (W-a) B}{WB} = R_m \left(1 - \frac{a}{W}\right) \tag{2.114}$$

Generell wird die Länge eines Risses mit einer Spitze als a und eines Risses mit zwei Spitzen mit $2a$ bemessen.

Bei der Analyse von gerissenen Probekörpern und infolge eines durch Bruch zerstörten Bauteils stellt man fest, dass die zur Zerstörung erforderliche Bruchspannung nicht nur die Zugspannung nicht erreicht, sondern auch unterhalb der Streckgrenze R_e oder unterhalb der unteren Streckgrenze R_{eL} liegt. Es ist die Aufgabe der Bruchmechanik, die mechanischen Randbedingungen zu definieren, unter denen die Anlage sicher mit Wasserstoff betrieben werden kann.

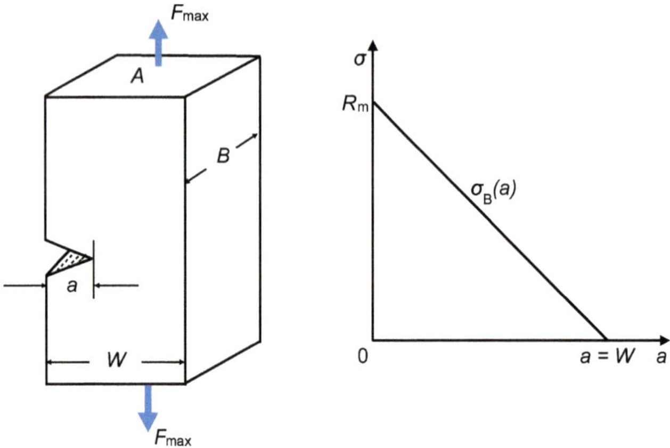

Bild 2.46 Grenztragfähigkeit eines rissbehafteten Bauteils

Bei der Analyse von Kerben und Rissen kommt R. Bürgel (2005b, S. 116 – 132) zu dem Schluss, dass in unmittelbarer Umgebung der Fehlstellen Spannungsüberhöhungen und mehrachsige Spannungszustände vorliegen und die allgemeine Festigkeitsbedingung $\sigma_v \leq R_e / S_F$ durch eine zusätzliche Bedingung ergänzt werden muss. Die zulässige Vergleichsspannung darf ein Niveau nicht überschreiten, wodurch es zu einem Anwachsen vorhandener Risse bis zur Zerstörung des Bauteils kommt.

Spannungsintensitätsfaktor

Die Spannungsintensität, bei der ein Bruch eintritt, bezeichnet man als kritischen Spannungsintensitätsfaktor oder Bruchzähigkeit $K_C / \mathrm{MPa}\sqrt{\mathrm{m}}$. Die Spannungsintensität bei auftretenden Rissen vor dem Bruch für den Beanspruchungsfall Mode I, also infolge einer Belastung durch Zugkräfte (Bild 2.40), wird durch den Spannungsintensitätsfaktor

$$K_\mathrm{I} = \beta\sigma\sqrt{\pi a} \qquad (2.115)$$

ausgedrückt. In Formel 2.115 beschreibt der Geometriefaktor β die genaue Risslage, Rissform und das Verhältnis von a / W.

Die Bruchzähigkeit K_{IC} ist die vom rissbehafteten Bauteil zu ertragende Spannungsintensität bei Erreichen der Bruchspannung

$$K_{IC} = \beta\sigma_B\sqrt{\pi a} \qquad (2.116)$$

und beschreibt einen spröden Bruch unter Normalspannung oder einen Trennbruch unter den Bedingungen eines ebenen Verzerrungszustandes (EDZ).

Der Geometriefaktor β kann für drei charakteristische Bauteile aus Tabelle 2.20 entnommen werden. Weitere Fälle sind den Veröffentlichungen von R. Bürgel (2005b, Bürgel et al. 2014) und T.L. Anderson (1995) und speziell für das durch Innendruck beanspruchte Rohr Tabelle A.5 und Tabelle A.6 in Anhang A zu entnehmen.

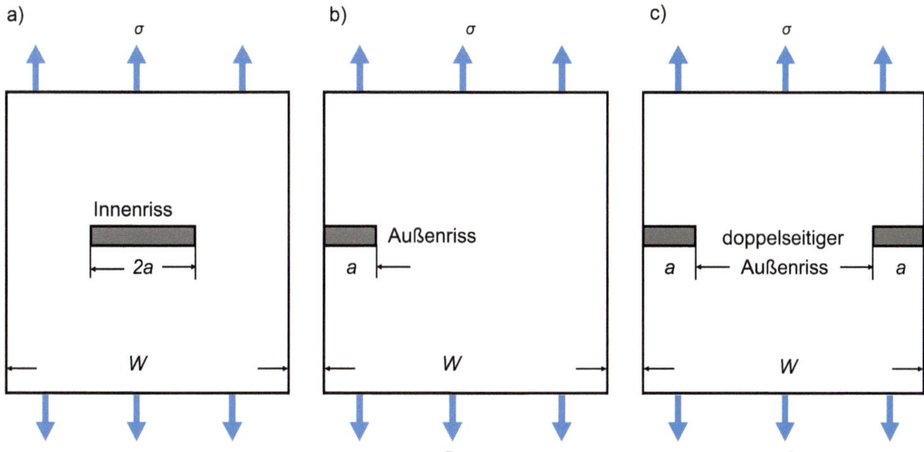

Bild 2.47 Einfache charakteristische Bauteile zur Bestimmung von Geometriefaktoren

Tabelle 2.20 Geometriefaktoren charakteristischer Bauteile nach Bild 2.47

Fall	Geometriefaktor *b*	
a)	$\left(\cos\frac{\pi a}{W}\right)^{-0,5}$ (2.117)	a/W: 0 → β 1; 0,2 → 1,11; 0,4 → 1,80
b)	$1{,}12-0{,}23\frac{a}{W}+10{,}58\left(\frac{a}{W}\right)^2-21{,}74\left(\frac{a}{W}\right)^3+30{,}42\left(\frac{a}{W}\right)^4$ (2.118)	a/W: 0 → β 1,12; 0,2 → 1,37; 0,4 → 2,11
c)	$1{,}12+0{,}43\frac{a}{W}-4{,}79\left(\frac{a}{W}\right)^2+15{,}46\left(\frac{a}{W}\right)^3$ (2.119)	a/W: 0 → β 1,12; 0,2 → 1,14; 0,4 → 1,52

Anmerkung: a) durchgehender Mittenriss, b) einseitiger Außenriss, c) doppelseitiger Außenriss

Durchgehender Innenriss unter Normalspannung

Für einen durchgehenden Innenriss nach Fall a) in Bild 2.47 aufgrund einer äußeren Nennspannung $\sigma = F/WB$ sollen die Spannungen an der Rissspitze eines metallischen Werkstoffs ($\mu = 0{,}3$) für $\varphi = 0°$ und einen Geometriefaktor $\beta = 1$ für den Fall $a \ll W$ in Abhängigkeit vom Verhältnis des Abstandes von der Rissspitze zur halben Risslänge x/a dargestellt werden.

Die Ansätze für die Berechnung des Spannungsfeldes an der Rissspitze nach Bild 2.48 sind in Formel 2.96 bis Formel 2.99 enthalten. In Kombination mit Formel 2.115 führen die Berechnungen zu den Hauptnormalspannungen als Funktion des Winkels φ zu folgenden Ansätzen:

$$\sigma_x = \sigma\sqrt{\frac{a}{2x}}\cos\frac{\varphi}{2}\left(1-\sin\frac{\varphi}{2}\sin\frac{3\varphi}{2}\right)$$

$$\sigma_y = \sigma\sqrt{\frac{a}{2x}}\cos\frac{\varphi}{2}\left(1+\sin\frac{\varphi}{2}\sin\frac{3\varphi}{2}\right)$$

$$\sigma_z = \mu\left(\sigma_x+\sigma_y\right)$$

$$\tau_{xy} = \sigma\sqrt{\frac{a}{2x}}\cos\frac{\varphi}{2}\sin\frac{\varphi}{2}\cos\frac{3\varphi}{2}$$

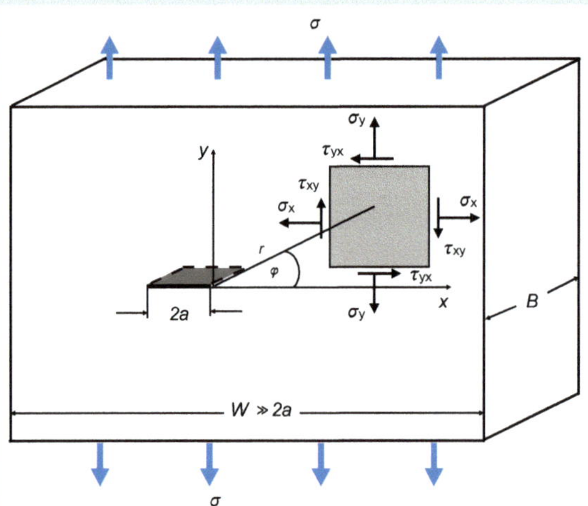

Bild 2.48
Innenriss beim Belastungsmodus I

Unter der Maßgabe des ebenen Dehnungszustandes (EDZ) sind bei $\varphi = 0°$:

$$\sigma_x(\varphi=0°) = \sigma_y(\varphi=0°) = \sigma\sqrt{\frac{a}{2x}} \tag{2.120}$$

$$\sigma_z(\varphi=0°) = 2\mu\sigma\sqrt{\frac{a}{2x}} = 0{,}6\sigma\sqrt{\frac{a}{2x}} \tag{2.121}$$

$$\tau_{xy} = 0 \tag{2.122}$$

In der Rissspitze in Bild 2.49 erreichen die dimensionslosen Spannungen σ_x/σ und σ_y/σ, die mit den dimensionslosen Hauptnormalspannungen σ_1/σ und σ_2/σ gleichzusetzen sind, ihr Maximum. Je weiter man sich vom Riss entfernt, je mehr nähert man sich asymptotisch der Spannungsfreiheit. Die Schubspannung τ_{xy} ist an der Rissspitze null.

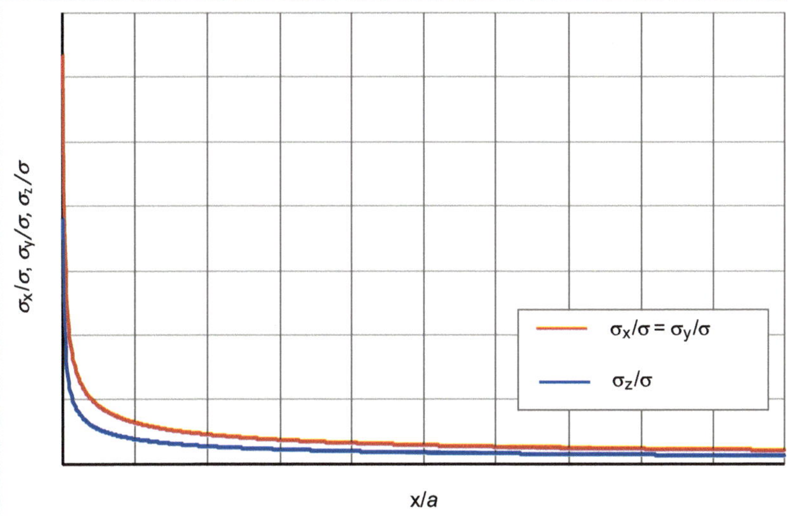

Bild 2.49 Spannungsverlauf an der Rissspitze des durchgehenden Innenrisses

Es empfiehlt sich die Bearbeitung von Aufgabe 13 im Buch *Wasserstofftechnik. Aufgaben und Lösungen*.

2.5.3.4 Die spezifische Riss- oder Bruchenergie

A. A. Griffith (1921, S. 163 – 198) und G. R. Irwin (1958, S. 551 – 590) haben sich mit der Energiebilanz eines Bauteils bei Rissausbreitung und Bruch beschäftigt. In ihren Arbeiten sind sie der Frage nachgegangen, unter welchen Energiebedingungen sich ein Riss ausbreiten kann und wann es letztendlich zum Bruch kommt. Aus diesen Überlegungen kann die spezifische Riss- oder Bruchenergie $\mathcal{G}_C$ abgeleitet werden.

Die spezifische Riss- oder Bruchenergie

Die spezifische Riss- oder Bruchenergie $\mathcal{G}_C$ ist eine materialspezifische Kennzahl und verdeutlicht, wie viel Energie je m^2 Rissfläche aufzubringen ist oder beim Bruch des Werkstückes frei wird. Sie gibt auch den Widerstand $-R$ des Werkstoffes gegen eine Rissausbreitung an.

Zwischen dem kritischen Spannungsintensitätsfaktor oder der Bruchzähigkeit K_{IC} im Belastungsfall Mode I und der spezifischen Riss- oder Bruchenergie $\mathcal{G}_C$ gibt es für den ebenen Dehnungszustand (EDZ) folgenden Zusammenhang:

$$\mathcal{G}_C^{(EDZ)} = -R = -\frac{K_{IC}^2\left(1-\mu^2\right)}{\beta^2 E} \tag{2.123}$$

Für den realistischen Fall, dass die Risslänge im Verhältnis zur Bauteillänge sehr klein ($a \ll W$) und der Geometriefaktor dann in der Größenordnung von 1 ist, sowie unter dem Gesichtspunkt, dass $1/\sqrt{1-\mu^2}$ für $\mu \approx 0{,}3$ (Metall) den Wert 1,048 annimmt, kann der Zusammenhang zwischen der spezifischen Riss- oder Bruchenergie $\mathcal{G}_C$ und der Bruchzähigkeit sehr übersichtlich dargestellt werden. Das negative Vorzeichen wird vernachlässigt und $\mathcal{G}_C$ wird mit R gleichgesetzt:

$$K_{IC} \approx \sqrt{\mathcal{G}_C E} \tag{2.124}$$

Für eine Vielzahl von Werkstoffen gibt es Werte für die Bruchzähigkeit und die Bruchenergie, deren versuchstechnischer Hintergrund auf die in der Norm ASTM E 399 (2017, S. 2) festgelegten Standards zurückzuführen ist. R. Bürgel (2005b, S. 172 - 173) hat für verschiedene Materialien entsprechende Werte veröffentlicht. Tabelle 2.21 gibt hieraus einen Auszug wieder und konzentriert sich auf die für den Kontakt mit Wasserstoff interessanten Werkstoffe. Andere Autoren haben geringfügig abweichende Werte veröffentlicht, allerdings in vergleichbarer Größenordnung. Nach D. Gross und T. Seelig (2016, S. N104) betragen die Bruchzähigkeiten bei hochfesten Stählen $K_{IC} = 25 - 95\,\text{MPa}\sqrt{\text{m}}$ oder bei Gusseisen $K_{IC} = 10 - 120\,\text{MPa}\sqrt{\text{m}}$ und weichen von den in Tabelle 2.21 aufgeführten Werten ab. Werden Messungen unter Wasserstoffatmosphäre durchgeführt, wird der kritische Spannungsintensitätsfaktor auch als K_{IH} angegeben.

Tabelle 2.21 Spezifische Rissenergie und Bruchzähigkeit ausgewählter Werkstoffe

Werkstoff	$\mathcal{G}_C$ /kJ/m^2	K_{IC} /MPa$\sqrt{\text{m}}$
reine zähe Metalle (z. B. Cu, Al, Ni, Ag)	100 - 1000	100 - 350
Rotorstähle (A532, Discalloy)	220 - 240	204 - 214
Druckbehälterstähle (HY 130)	150	170
hochfeste Stähle	15 - 118	50 - 154
niedrig legierte Stähle	100	140
Ti-Legierungen (Ti-6Al-4 V)	26 - 114	55 - 115
GFK	10 - 100	20 - 60
Al-Legierungen (hohe Festigkeit - niedrige Festigkeit)	8 - 30	23 - 45
CFK	5 - 30	32 - 45
Stähle mit mittlerem C-Gehalt	13	51

Werkstoff	$\mathcal{G}_C$/kJ/m²	K_{IC}/MPa$\sqrt{m}$
Polypropylen (PP)	8	3
Polyethylen (HDPE)	6 - 7	2
Gusseisen	0, 2 - 3	6 - 20

Anmerkungen: nach R. Bürgel et al. (2014), alle Werte ermittelt bei Raumtemperatur, allerdings nicht unter Wasserstoffeinfluss

Kritische Riss- oder Bruchenergie

Von C. San Marchi und B. P. Somerday (2012, S. 1100/22) wird für den Leitungsstahl X42 für die Bruchzähigkeit K_{IC} ein Wert von $67\ \text{MPa}\sqrt{\text{m}}$ unter Raumtemperatur und unter dem Einfluss von Wasserstoff angegeben. Der E-Modul des Stahls ist bei Raumtemperatur $E = 210\ \text{GPa}$, die Querkontraktionszahl ist $\mu = 0{,}3$ und der Geometriefaktor ist unter der Annahme eines dickwandigen Bauteils ($a \ll W$) $\beta = 1$. Die Größenordnung der korrespondierenden kritischen Riss- oder Bruchenergie ist dann ohne Berücksichtigung des negativen Vorzeichens nach Formel 2.123

$$\mathcal{G}_C = \frac{K_{IC}^2\left(1-\mu^2\right)}{\beta^2 E} = \frac{\left(67\ \text{MPa}\sqrt{\text{m}}\right)^2\left(1-0{,}3^2\right)}{210\ \text{GPa}} = 0{,}0195\ \text{MPa}\cdot\text{m}$$

Die Umrechnung in kJ/m² erfolgt mithilfe von Anhang B.

$$\mathcal{G}_C = 19{,}5\,\frac{\text{kN}}{\text{m}^2}\text{m} = 19{,}5\,\frac{\text{kJ}}{\text{m}^2}$$

Eine Näherungsformel für die kritische Bruchzähigkeit in $\text{MPa}\sqrt{\text{m}}$ unter der Beeinflussung von Wasserstoff nach M. C. Arango (2020) mit dem Hinweis auf eine Veröffentlichung von J. Capelle (2008) unter Wasserstoffeinfluss ist

$$K_{IH} = 0{,}1463 R_{t0,5} + 25{,}037$$

Schätzt man für einen Leitungsstahl L290 (X42) die kritische Bruchzähigkeit mit der Näherungsformel ab, so kommt man zu dem bereits vorangehend angegebenen Wert von

$$K_{IH} = 0{,}1463\sqrt{\text{m}}\cdot 290\ \text{MPa} + 25{,}037\ \text{MPa}\sqrt{\text{m}} = 67{,}464\ \text{MPa}\sqrt{\text{m}} \simeq 67\ \text{MPa}\sqrt{\text{m}}$$

Bruchzähigkeit

Die kritische Bruchzähigkeit K_{IH} von mit Wasserstoff in Kontakt tretenden Werkstoffen hängt von vielen Einflussgrößen ab - unter anderem vom Gefügeaufbau des Werkstoffes, von einer vorhandenen Vorschädigung des Bauteils und nicht zuletzt vom umgebenden Medium. Tabelle 2.21 gibt für eine erste ingenieurtechnische Einschätzung wichtige Hinweise auf die Größenordnung der Bruchzähigkeit. Werden Bandbreiten angegeben, so ist im Sinne einer konservativen ingenieurtechnischen Einschätzung der jeweils untere Wert zu verwenden.

Um ein nachvollziehbares Ergebnis zu bekommen, ist anzuraten, für diese wichtige Kenngröße möglichst einen angepassten Wert für die jeweilige Betriebsbedingung zu suchen. Der DVGW gibt für Wasserstoffleitungen im DVGW-Merkblatt G 464 (DVGW 2023, S. 9) einen Mindestwert von $K_{IH} = 55\ \text{MPa}\sqrt{\text{m}}$ an. ■

2.5.3.5 Bruchmechanische Bewertung von Bauteilen unter quasistatischer Beanspruchung

Die in den Abschnitten zuvor behandelten Größen wie Streckgrenze, Zugfestigkeit, Bruchzähigkeit und Grenztragfähigkeit werden verwendet, um für den quasistatischen Betrieb von Bauteilen unter dem Einfluss von Wasserstoff den Nachweis zu erbringen, dass entweder ein Wasserstoff induzierter Sprödbruch ausgeschlossen ist oder mit ihm gerechnet werden muss.

Durch Umstellen von Formel 2.116 und mit der Risslänge a kann die Restfestigkeit σ_B dargestellt werden:

$$\sigma_B = \frac{K_{IC}}{\beta\sqrt{\pi}} \frac{1}{\sqrt{a}} \tag{2.125}$$

Mit $C_1 = K_{IC} / \beta\sqrt{\pi}$ als Konstante kann die Restfestigkeit $\sigma_B = C_1 / \sqrt{a}$ über der Risslänge aufgetragen werden. In Bild 2.50 ist die Restfestigkeit in Abhängigkeit von der Risslänge nach Formel 2.125 dargestellt. Bei $a \to 0$ strebt $\sigma_B \to \infty$. Eine unendlich große Restfestigkeit ist keine realistische Größe. Daher wird die Restfestigkeit durch die Grenztragfähigkeit $R_m(1 - a / W)$ nach Formel 2.114 begrenzt und ersetzt.

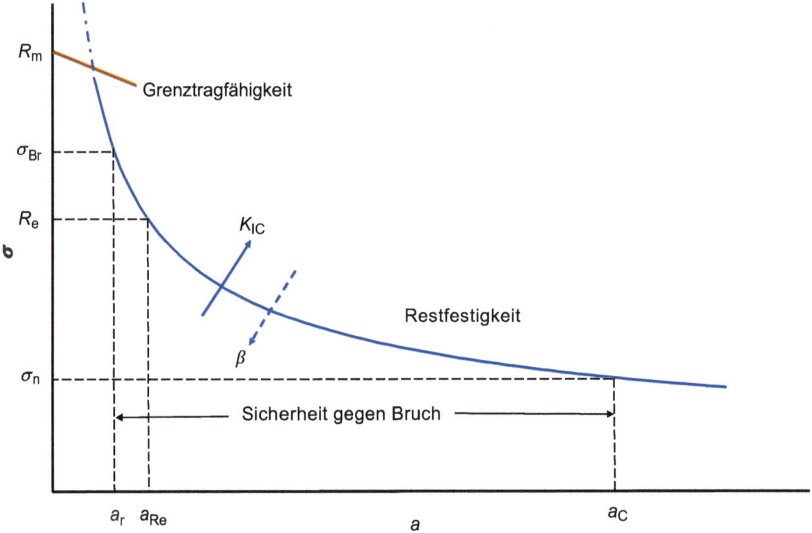

Bild 2.50 Restfestigkeit in Abhängigkeit von der Risslänge

Für den realen Betriebsfall sind σ_{Br} und a_r die reale Restfestigkeit und die reale Risslänge. Die Risslänge a_C ist die im Fall des Sprödbruches eintretende kritische Risslänge. Für einen sicheren Betrieb soll bruchmechanisch Folgendes gelten:

$$\sigma_n < \sigma_B \tag{2.126}$$

Die Nennspannung σ_n ist die Hauptnormalspannung, die für die Rissöffnung maßgeblich ist. Kleine Risse - so die Aussage von H. A. Richard (1990, S. 73 - 74) - ermöglichen noch relativ hohe Bauteilbelastungen, während bei weiterer Rissfortschreitung die maximal mögliche Beanspruchung zurückgeht. Einfluss haben der Geometriefaktor β und die Bruchzähigkeit K_{IC}. Eine Vergrößerung des Geometriefaktors führt in der Konsequenz zu einer Reduzierung der zulässigen Beanspruchung. Eine höhere Bruchzähigkeit vermindert die Gefahr des Bauteilversagens.

Untersuchungen im Rahmen der Bruchmechanik (LEBM) haben nach R. Bürgel et al. (2014, S. 158 - 160) gezeigt, dass an der Rissspitze, wie Bild 2.51 zeigt, trotz des makroskopisch spröden Bruchverhaltens eine schmale plastische Zone existiert.

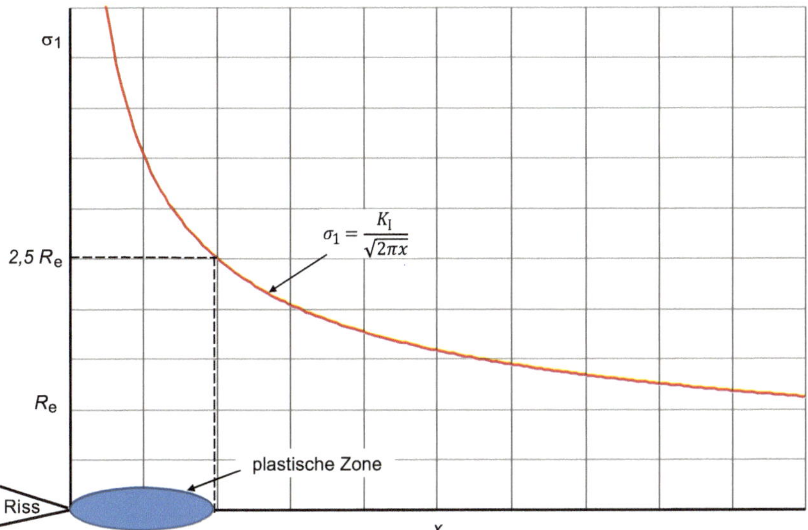

Bild 2.51 Plastische Zone an der Rissspitze im ebenen Dehnungszustand

Für die maximale Ausbreitung x_p/m der plastischen Zone in Richtung der Rissausbreitung kann nach R. Bürgel et al. (2014) Folgendes angesetzt werden:

$$x_P = \frac{1}{6\pi}\left(\frac{K_I}{R_e}\right)^2 \tag{2.127}$$

Berechnung des Spannungsintensitätsfaktors

Für eine mit der Nennspannung $\sigma_n = 5\,\text{MPa}$ beanspruchte rechteckige Gehäusewand der Breite $W = 300\,\text{mm}$ in einem von Wasserstoff durchströmten Drehkolbengaszähler werden für den Belastungsfall Mode I für eine Risslänge von $a \leq 130\,\text{mm}$ und verschiedene Rissformen nach Bild 2.47 und Tabelle 2.20 die jeweiligen Spannungsintensitätsfaktoren K_I bestimmt.

Die Geometriefaktoren β sind Formel 2.117 bis Formel 2.119 zu entnehmen. Für einen unterstellten doppelseitigen Außenriss mit einer Risslänge von 20 mm bedeutet dies Folgendes:

$$\beta = 1{,}12 + 0{,}43\frac{20}{300} - 4{,}79\left(\frac{20}{300}\right)^2 + 15{,}46\left(\frac{20}{300}\right)^3 = 1{,}132$$

Der Spannungsintensitätsfaktor K_I wird mit Formel 2.115 berechnet.

$$K_I = \beta\sigma\sqrt{\pi a} = 1{,}132 \cdot 5\,\text{MPa}\sqrt{\pi \cdot 0{,}02\,\text{m}} = 1{,}42\,\text{MPa}\sqrt{\text{m}}$$

Für alle Risslängen $a \leq 130\,\text{mm}$ und Rissformen sind die Spannungsintensitätsfaktoren Bild 2.52 zu entnehmen.

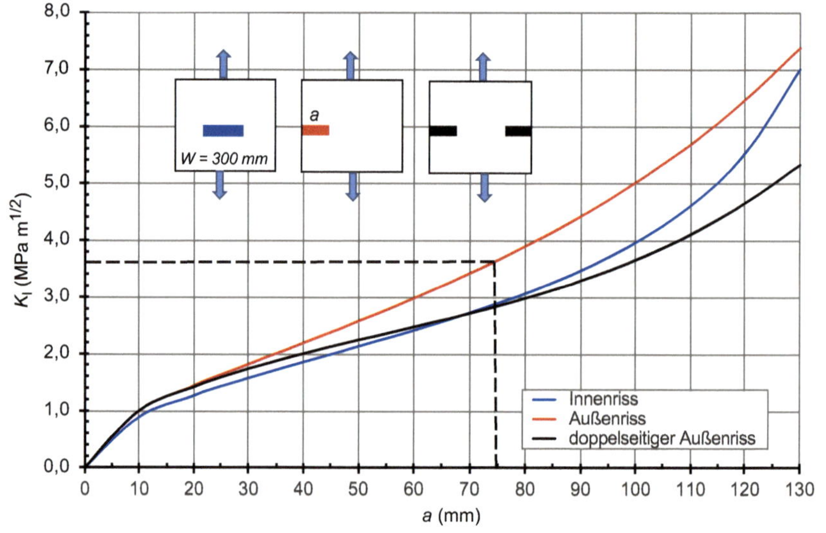

Bild 2.52 Der Spannungsintensitätsfaktor für unterschiedliche Rissformen in Abhängigkeit von der Risslänge

In diesem Beispiel ist der einseitige Außenriss die Rissform mit den höchsten Spannungsintensitätsfaktoren. Würde bei dieser Rissform eine Risslänge von $a = 75\ \mathrm{mm}$ mit einem Rissintensitätsfaktor $K_\mathrm{I} = 3{,}6\ \mathrm{MPa}\sqrt{\mathrm{m}}$ vorliegen (gestrichelte Linien), muss bei einem Druckbehälterstahl P355QH1 mit einer Mindeststreckgrenze von $R_\mathrm{eL} = 275\ \mathrm{MPa}$ mit der axialen Ausbreitung einer plastischen Zone an der Rissspitze von

$$x_\mathrm{P} \le \frac{1}{6\pi}\left(\frac{K_\mathrm{I}}{R_\mathrm{e}}\right)^2 = \frac{1}{6\pi}\left(\frac{3{,}6\ \mathrm{MPa}\sqrt{\mathrm{m}}}{275\ \mathrm{MPa}}\right)^2 = 9\cdot 10^{-6}\ \mathrm{m}$$

gerechnet werden. ■

Es empfiehlt sich die Bearbeitung von Aufgabe 14 im Buch *Wasserstofftechnik. Aufgaben und Lösungen.* ■

Das Leck-vor-Bruch-Kriterium als entscheidendes Beurteilungskriterium für den Betrieb von Druck führenden Anlagen mit rissgefährdeten Bauteilen ist den Ausführungen von R. Bürgel (2005b, S. 138) zu entnehmen.

Leck-vor-Bruch-Kriterium

Bei unter Druck stehenden Leitungen und Behältern muss die rechnerisch ermittelte kritische Risslänge a_C größer als die Wandstärke s sein. Damit tritt vor dem Eintreten eines zerstörenden Bruches eine Leckage auf, die im Inneren des Bauteils den für die Ausbreitung des Risses erforderlichen Betriebsdruck mindert.

$$a_\mathrm{C} > s \tag{2.128}$$

■

Dies bedeutet, dass für den sicheren Betrieb die auftretenden Risslängen a_r immer weit entfernt von der kritischen Risslänge a_C sein sollen.

$$a_\mathrm{r} \ll a_\mathrm{C} \tag{2.129}$$

Es soll darüber hinaus sichergestellt sein, dass die kritische Risslänge a_C, bei deren Erreichen es zu einem katastrophalen Bauteilversagen infolge eines Gewaltbruches durch das Einwirken des Wasserstoffs kommt, aus geometrischen Gründen gar nicht erreicht werden kann. Zuvor würde bei Rissbildung der das Risssystem treibende Innendruck über die Leckage abgebaut werden.

Die kritische Risslänge kann aus Formel 2.125 ermittelt werden:

$$a_\mathrm{C} = \frac{1}{\pi}\left(\frac{K_\mathrm{IC}}{\beta\sigma_\mathrm{n}}\right)^2 \tag{2.130}$$

Leck-vor-Bruch-Kriterium

Da in Formel 2.130 auch die rechte Seite der Gleichung über den Geometriefaktor β von der Risslänge a abhängig ist, muss eine Iteration durchgeführt werden, bis rechte und linke Seite gleich sind. Der in diesem Fall in die Gleichung eingesetzte Wert für a ist die gesuchte kritische Risslänge a_C. Eine nützliche Funktion bietet das Tabellenkalkulationsprogramm Excel von Microsoft mit der Funktion *Zielwertsuche*. In Excel 2016 geht man über die Registerkarte *Daten* auf die *Was-wäre-wenn-Analyse* und dann weiter auf *Zielwertsuche*. In diesem Fall kann der Zielwert

$$K_I(a) - K_{IC} = 0$$

sein. Sollte bei einer bestehenden Anlage das Leck-vor-Bruch-Kriterium nicht eingehalten werden können, so muss die Nennspannung vermindert werden, was in der Praxis eine Reduzierung des Betriebsdruckes bedeutet.

Die kritische Risslänge

Für eine mit der Nennspannung $\sigma_n = 5\ \mathrm{MPa}$ beanspruchte rechteckige Gehäusewand aus einer metallischen Legierung in einem mit Wasserstoff beaufschlagten Kondensatbehälter mit der Wandbreite $W = 300\ \mathrm{mm}$ soll für den Belastungsfall Mode I die kritische Risslänge $a_C\ /\ \mathrm{mm}$ für die Rissformen Außenriss und doppelseitiger Außenriss nach Bild 2.47 und Tabelle 2.20 bestimmt werden. Der konservative Ansatz für die Bruchzähigkeit des Werkstoffes ist $K_{IC} = 6\ \mathrm{MPa}\sqrt{\mathrm{m}}$. Dieser Wert wird umgerechnet in $K_{IC} = 6\ \mathrm{MPa}\sqrt{1000\ \mathrm{mm}} = 189{,}73\ \mathrm{MPa}\sqrt{\mathrm{mm}}$. Über eine Iteration kann die kritische Risslänge bestimmt werden:

Rissform	Flache rechteckige Scheibe mit Außenriss	Flache rechteckige Scheibe mit doppelseitigem Außenriss
Risszähigkeit der metallischen Legierung $K_{IC}\ /\mathrm{MPa}\sqrt{\mathrm{mm}}$	189,73	189,73
Geometriefaktor β	36,29	33,27
kritische Risslänge a_C/mm	348,12	414,18

Das Leck-vor-Bruch-Kriterium $W < a_C$ nach Formel 2.122 ist in beiden Fällen erfüllt.

Es empfiehlt sich die Bearbeitung von Aufgabe 15 im Buch *Wasserstofftechnik. Aufgaben und Lösungen*.

2.5.3.6 Ermüdungsbruch unter Wasserstoffeinfluss

Ist ein Bauteil unter Wasserstoffeinfluss infolge einer Rissausbreitung vorgeschädigt, kann die anschließende schwellende Beanspruchung zunächst für eine stabile Rissausbreitung sorgen, die dann am Ende zu einem instabilen Risswachstum bis zum Bauteilversagen durch Bruch führt. Bruchmechanisch wird dieser zyklische Vorgang unter dem Begriff Ermüdungsbruch oder Zeitbruch eingeordnet. Makroskopisch vorangegangen sind Rissbildungen am Bauteil an der Oberfläche durch Schweißnähte oder sonstige Kerbwirkung und mikroskopisch die bereits in Abschnitt 2.5.1 beschriebenen Vorgänge der Wasserstoffversprödung.

Ermüdung

Die Ermüdung eines Werkstoffes resultiert aus der schädigenden zyklischen Beanspruchung eines Bauteils durch äußere Kräfte.

Wird ein Bauteil durch zeitlich unterschiedliche Spannungshöhen beansprucht, wie in Bild 2.53 dargestellt, so ändern sich Formel 2.97 bis Formel 2.99. Eine quasistationäre Betriebsfahrweise liegt nicht vor. Die Hauptnormalspannungen an der Rissspitze sind in Tabelle 2.22 dargestellt.

Tabelle 2.22 Die sich zeitlich ändernden Spannungen an einer Rissspitze in einem linear-elastischen, isotropen Material für den Belastungsfall Mode I beim zyklischen Betrieb

Spannung	Mode I		Anmerkung
$\sigma_x(t)$	$\frac{K_I(t)}{\sqrt{2\pi r}}\cos\frac{\varphi}{2}\left(1-\sin\frac{\varphi}{2}\sin\frac{3\varphi}{2}\right)$	(2.131)	
$\sigma_y(t)$	$\frac{K_I(t)}{\sqrt{2\pi r}}\cos\frac{\varphi}{2}\left(1+\sin\frac{\varphi}{2}\sin\frac{3\varphi}{2}\right)$	(2.132)	
$\sigma_z(t)$	$\mu\left[\sigma_x(t)+\sigma_y(t)\right](\mathrm{EDZ})$	(2.133)	1); 2)
	0 (ESZ)		3)
$\tau_{xy}(t)$	$\frac{K_I(t)}{\sqrt{2\pi r}}\cos\frac{\varphi}{2}\sin\frac{\varphi}{2}\cos\frac{3\varphi}{2}$	(2.134)	
$\tau_{xz}(t)$	0		
$\tau_{yz}(t)$	0		

Anmerkungen: 1) μ ≡ Querkontraktionszahl; 2) EDZ ≡ ebener Dehnungszustand (siehe Abschnitt 2.5.3.1); 3) ESZ ≡ ebener Spannungszustand (siehe Abschnitt 2.5.3.1)

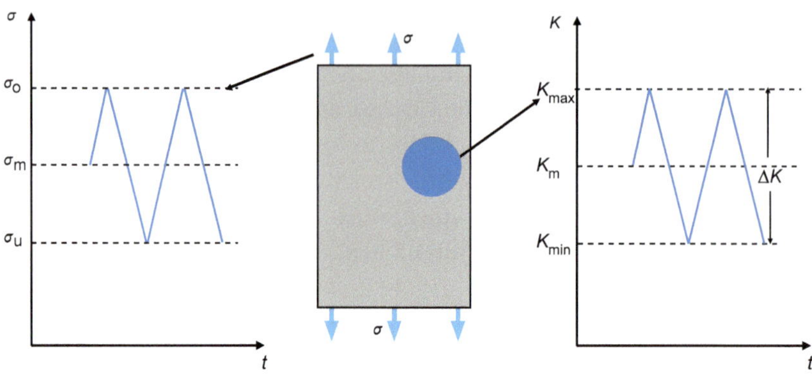

Bild 2.53 Spannungen (links) und Spannungsintensitätsfaktor (rechts) eines Bauteils mit Riss unter zyklischer Beanspruchung mit konstanter Belastungsamplitude

Der Ermüdungsbruch kann verstärkt durch den versprödenden Einfluss von Wasserstoff nach einer bestimmten Anzahl von Lastwechseln N an einem Anriss an einer Oberflächenkerbe beginnen. Dies ist auf die verformungsarme Spannungssituation am Kerbgrund zurückzuführen. Bis zu diesem Zeitpunkt war das Bauteil dauerschwingfest. In einer Phase I beginnt nach Bild 2.54 das Wachstum des Risses in der Regel unter zyklischer Belastung meist transkristallin in das Bauteil hinein. Reißverschlussartig wächst der Riss in einer Phase II unter weiterer zyklischer Belastung. Der Beginn des progressiven Risswachstums kann auch von Traps innerhalb der Werkstoffstruktur ausgehen. Während der Rissausbreitung werden auf der Gefügeoberfläche nach jedem Lastwechsel Schwingstreifen hinterlassen, deren Abstand nach R. Bürgel (2005b, Bürgel et al. 2014) in der Größenordnung von 5 nm bis 0,1 µm liegt.

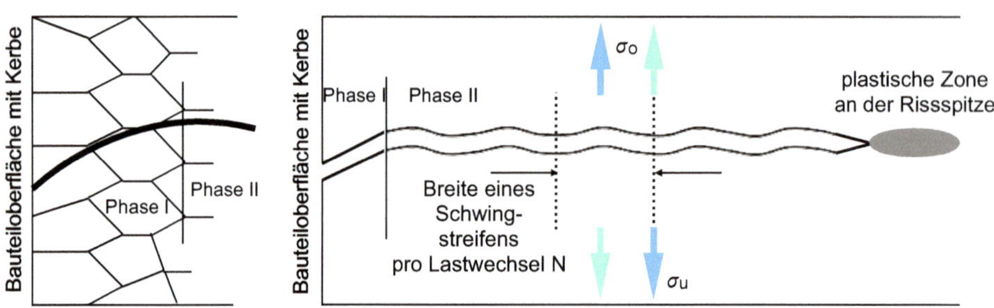

Bild 2.54 Risswachstum eines Ermüdungsbruches

$K_I(t)$ ist der zeitlich veränderliche Spannungsintensitätsfaktor, der je nach Beanspruchungshöhe zwischen einem maximalen und minimalen Wert schwankt. Die Berechnung erfolgt in Tabelle 2.23 analog zu Formel 2.115.

Tabelle 2.23 Die sich ändernden Spannungsintensitätsfaktoren an einer Rissspitze in einem linear-elastischen, isotropen Material für den Belastungsfall Mode I beim zyklischen Betrieb

Spannungsintensitätsfaktor	Mode I	
$K_{I\,max}$	$\sigma_o \beta \sqrt{\pi a}$	(2.135)
$K_{I\,min}$	$\sigma_u \beta \sqrt{\pi a}$	(2.136)
ΔK_I	$K_{I\,max} - K_{I\,min} = (\sigma_o - \sigma_u)\beta\sqrt{\pi a}$	(2.137)
R	$\sigma_u / \sigma_o = K_{I\,min} / K_{I\,max}$	(2.138)

Eine neue Größe R taucht auf. Sie beschreibt als Spannungsverhältnis die Relation von maximaler zu minimaler Beanspruchung und charakterisiert spezifische experimentell gewonnene Werkstoffkurven zur Bestimmung von bruchmechanischen Parametern.

Wenn die Grenzlastzahl für die Dauerschwingfestigkeit überschritten ist, wird sich ein Riss unter zyklischer Beanspruchung mit zunehmender Lastzahl N ausbreiten. Da die Risslänge zunimmt, werden auch die dazugehörenden Spannungsintensitätsfaktoren mit der Zeit größer werden (Bild 2.55).

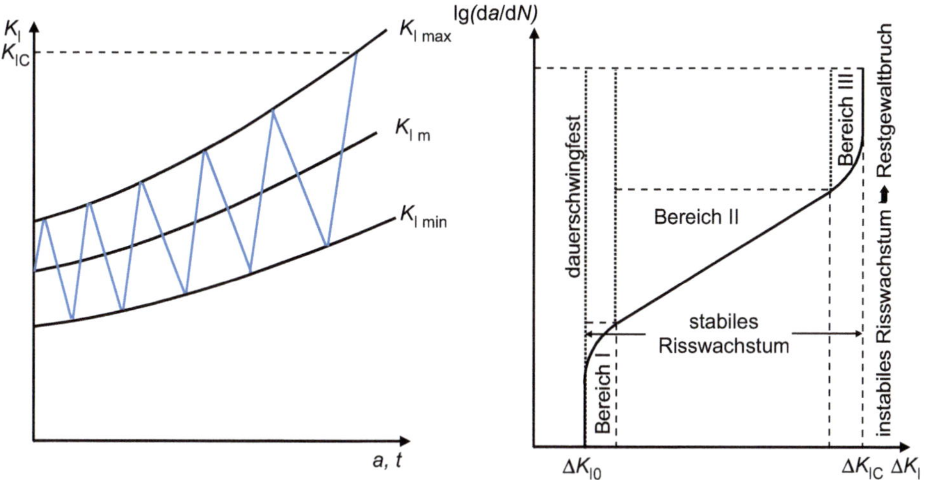

Bild 2.55 Zunahme der Spannungsintensitätsfaktoren als Funktion von Risslänge und Zeit (links) und Rissausbreitungsgeschwindigkeit in Abhängigkeit vom zyklischen Spannungsintensitätsfaktor (rechts)

Wenn der maximale Spannungsintensitätsfaktor $K_{I\,max}(t)$ die Bruchzähigkeit K_{IC} erreicht, geht die bis dahin stabile Rissausbreitungsgeschwindigkeit in eine instabile Rissausbreitungsgeschwindigkeit über, an deren Ende der Ermüdungsbruch steht, der auch als Zeitbruch oder Rissgewaltbruch bezeichnet wird.

Die Rissausbreitungsgeschwindigkeit, die in Bild 2.55 rechts in logarithmischem Maßstab auf der Ordinate dargestellt ist, ist das Verhältnis von inkrementeller Veränderung der Risslänge zum Inkrement der Lastzahl $\mathrm{d}a/\mathrm{d}N$ in mm je Lastwechsel LW.

Die stabile Veränderung der Rissausbreitungsgeschwindigkeit wird hierbei in drei Bereiche aufgeteilt:

- Bereich I: niedrige Rissausbreitungsgeschwindigkeit
- Bereich II: mittlere Rissausbreitungsgeschwindigkeit
- Bereich III: hohe Rissausbreitungsgeschwindigkeit

Im Bereich II kann der Zusammenhang zwischen Rissausbreitungsgeschwindigkeit und Spannungsintensitätsfaktor mit dem Paris-Erdogan-Gesetz beschrieben werden:

$$\frac{\mathrm{d}a}{\mathrm{d}N} = \mathrm{C}\left(\Delta K\right)^{\mathrm{m}} \tag{2.139}$$

Der Exponent m ist eine werkstoffspezifische Größe, die zwischen 2 und 7 liegt, und wird mithilfe von Laborversuchen bestimmt. Die konstante Größe C hängt vom Werkstoff und vom Spannungsverhältnis R ab. Beide Größen sind allerdings auch davon beeinflusst, unter welcher Atmosphäre die Versuche gemacht wurden, wie Bild 2.56 für den Leitungsstahl X42 (L 290) nach H. J. Cialone und J. H. Holbrook (1985, S. 117) zeigt.

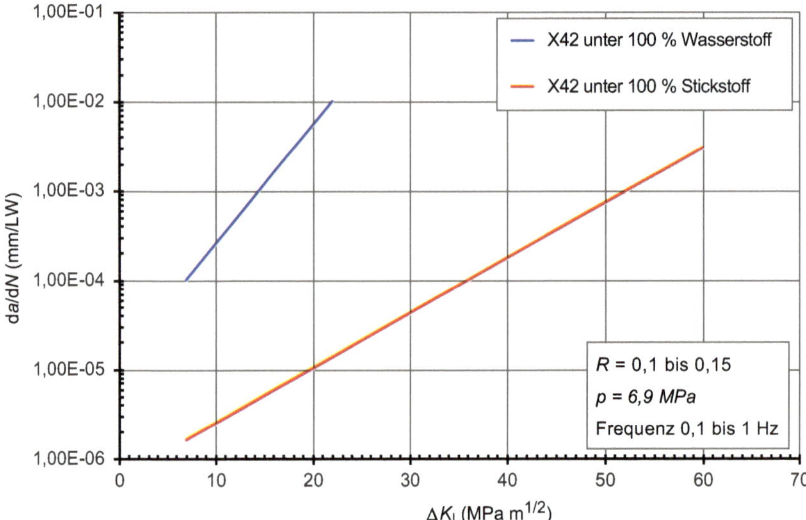

Bild 2.56 Rissausbreitungsgeschwindigkeit in Abhängigkeit vom Spannungsintensitätsfaktor des Leitungsstahls X42 unter Wasserstoff und Stickstoff nach C. San Marchi und B. P. Somerday (2012)

Paris-Erdogan-Gesetz

In Bild 2.56 sind die labortechnischen Versuchsergebnisse zur Rissausbreitungsgeschwindigkeit da/dN in Abhängigkeit vom Spannungsintensitätsfaktor ΔK_I für den Leitungsstahl X42 (L 290) unter Wasserstoff- und Stickstoffatmosphäre dargestellt. Die Versuche wurden mit einem Spannungsverhältnis von $R = 0{,}1 - 0{,}15$ und bei einem maximalen Druck von $p = 69$ bar durchgeführt. Beide Kurven geben in Form einer Regressionsgerade den Bereich II - mittlere Rissausbreitungsgeschwindigkeit - nach Bild 2.55 wieder und können mit dem Paris-Erdogan-Gesetz (Formel 2.139) mathematisch beschrieben werden.

Die Konstanten m und C für beide Versuchsfälle sollen bestimmt werden. Betrachtet werden die Anfangs- [1] und Endpunkte [2] der jeweiligen Regressionsgerade.

$$\mathrm{m} = \frac{\ln \dfrac{(\mathrm{d}a/\mathrm{d}N)_1}{(\mathrm{d}a/\mathrm{d}N)_2}}{\ln \dfrac{(\Delta K_I)_1}{(\Delta K_I)_2}} \tag{2.140}$$

$$\mathrm{C} = \frac{\left(\dfrac{\mathrm{d}a}{\mathrm{d}N}\right)_1}{\left(\Delta K_\mathrm{I}^\mathrm{m}\right)_1} = \frac{\left(\dfrac{\mathrm{d}a}{\mathrm{d}N}\right)_2}{\left(\Delta K_\mathrm{I}^\mathrm{m}\right)_2} \tag{2.141}$$

Wasserstoff	Stickstoff
$\mathrm{m} = \dfrac{\ln\left(\dfrac{0{,}01}{0{,}0001}\right)}{\ln\left(\dfrac{22}{7}\right)} = 4{,}02$	$\mathrm{m} = 3{,}51$
$\mathrm{C} = \dfrac{0{,}01\,\dfrac{\mathrm{mm}}{\mathrm{LW}}}{\left(22\,\mathrm{MPa}\sqrt{\mathrm{m}\cdot 1000\,\dfrac{\mathrm{mm}}{\mathrm{m}}}\right)^{4{,}02}} = 3{,}75\cdot 10^{-14}\,\dfrac{\mathrm{mm}^{1-\mathrm{m}/2}}{\mathrm{LW\ MPa}^\mathrm{m}}$	$\mathrm{C} = 9{,}35\cdot 10^{-15}\,\dfrac{\mathrm{mm}^{1-\mathrm{m}/2}}{\mathrm{LW\ MPa}^\mathrm{m}}$

Anmerkung: $R = 0{,}1$; $p = 6{,}9$ MPa; LW ≡ Lastwechsel

H.J. Cialone und J.H. Holbrook (1985) haben nach ihren Untersuchungen der bruchmechanischen Auswirkungen des Wasserstoffs auf Leitungsstähle die Ergebnisse auch anderer Materialwissenschaftler wie folgt zusammengefasst:

1. Der Kontakt mit Wasserstoff in Relation zum Stickstoff führt zu einer Beschleunigung des Risswachstums bei sonst gleichen mechanischen Randbedingungen.

2. Niedrige Spannungsverhältnisse führen unter dem Einfluss von Wasserstoff im Bereich II (mittleres Risswachstum) ebenfalls zu einer Beschleunigung der Rissausbreitung. Gleichfalls führen höhere Spannungsintensitätswerte ebenfalls zu einem Anstieg der Rissausbreitungsgeschwindigkeit.
3. Höhere Spannungsverhältnisse haben im Bereich II gegenüber niedrigeren *R*-Werten nur einen leichten Anstieg des Risswachstums zur Folge.
4. Es ist davon auszugehen, dass im Verhältnis zu nicht aggressiven Gasen wie beispielsweise dem Stickstoff bei Wasserstoff ein verfrühter Übergang zu den ausgesprochen hohen Risswachstumsraten (Bereich III) auftreten kann.

Es empfiehlt sich die Bearbeitung von Aufgabe 16 im Buch *Wasserstofftechnik. Aufgaben und Lösungen.*

2.5.3.7 Bewertung von zyklischen Belastungen unter Wasserstoffeinfluss

Mit den in Abschnitt 2.5.3.6 beschriebenen Grundsätzen von Ermüdungsbrüchen bei zyklischen Betriebsfällen lassen sich einige Bewertungskriterien für den nicht quasistationären Betrieb ableiten:

- Bestimmung einer kritischen Risslänge a_C, ab der instabiles Risswachstum einsetzt
- Auswahl geeigneter Werkstoffe für den bruchlosen Einsatz unter vorgegebenen dynamischen Beanspruchungen
- Feststellung einer Mindestrisslänge a_0, ab der ein stabiles Risswachstum bei zyklischer Betriebsfahrweise eintreten wird, oder im Umkehrschluss die Ermittlung der Grenze für die Dauerschwingfestigkeit
- Bestimmung einer kritischen Lastwechselzahl N_C (Anzahl der maximal zulässigen Betriebszyklen), ab der mit dem Ermüdungsbruch zu rechnen ist
- Festlegung von Überwachungsintervallen von Bauteilen im Rahmen einer zustandsorientierten oder einer zeitorientierten Überwachungs- und Wartungsstrategie von Anlagen mit Kontakt zum Wasserstoff

Die Mindestrisslänge a_0, bis zu der Dauerschwingfestigkeit besteht oder ab der mit stabilem Risswachstum zu rechnen ist, ergibt sich aus

$$a_0 = \frac{1}{\pi}\left(\frac{\Delta K_{I0}}{\Delta\sigma\beta}\right)^2 \tag{2.142}$$

Die kritische Risslänge analog Formel 2.130 ist

$$a_C = \frac{1}{\pi}\left(\frac{\Delta K_{IC}}{\sigma_0\beta}\right)^2 \tag{2.143}$$

Aus Formel 2.137 und Formel 2.139 kann durch Umformung mit $\Delta\sigma = \sigma_o - \sigma_u$ die kritische Lastzahl N_C dargestellt werden. Für die Ausgangsrisslänge a_a gilt:

$$a_a \geq a_0 \tag{2.144}$$

$$N_C = \int_{a_a}^{a_c} \frac{\mathrm{d}a}{\mathrm{C}(\Delta K_I)^m} = \int_{a_a}^{a_c} \frac{\mathrm{d}a}{\mathrm{C}\left(\Delta\sigma\beta\sqrt{\pi a}\right)^m} \tag{2.145}$$

Unter der Voraussetzung, dass $\Delta\sigma\beta = \text{const}$, folgt für N_C

$$N_C = \frac{2\left(a_C^{1-\frac{m}{2}} - a_a^{1-\frac{m}{2}}\right)}{(2-m)\mathrm{C}\left(\Delta\sigma\beta\sqrt{\pi}\right)^m} \tag{2.146}$$

Mindestrisslänge, kritische Risslänge und kritische Lastzahl unter zyklischer Beanspruchung

Für einen unter Wasserstoff schwellend beanspruchten rechteckigen Probekörper aus Stahl X42 mit der Wandbreite $W = 300\ \text{mm}$ sollen für den Belastungsfall Mode I und das Auftreten eines einfachen Außenrisses die Mindestrisslänge a_0, die kritische Risslänge a_C und für den Fall $a_a = a_0$ die Anzahl der kritischen Lastwechsel N_C für $\Delta\sigma = 1\ \text{MPa};\ 2{,}5\ \text{MPa};\ 5\ \text{MPa}$ bestimmt werden.

Für den Geometriefaktor wird Formel 2.118 in Tabelle 2.20 verwendet.

a_0 und a_C sollen für eine Bandbreite von Spannungen mit $1\ \text{MPa} \leq \Delta\sigma \leq 5\ \text{MPa}$; $\sigma_o \leq 5{,}5\ \text{MPa}$ mit einer festen Untergrenze der Nennspannung von $\sigma_u = 0{,}5\ \text{MPa}$ berechnet werden.

Das Spannungsverhältnis R nach Formel 2.138 schwankt dementsprechend zwischen $0{,}09 \leq R \leq 0{,}33$. Zur Vereinfachung werden die erforderlichen Werkstoffkennwerte als konstant angenommen und die Grenzen der Kurve (X42 unter 100 % Wasserstoff) aus Bild 2.55 zur Bestimmung von ΔK_{I0} und ΔK_{IC} herangezogen: $\Delta K_{I0} = 7\ \text{MPa}\sqrt{\text{m}}$ und $\Delta K_{IC} = 22\ \text{MPa}\sqrt{\text{m}}$.

Da der Geometriefaktor β, der nach Formel 2.118 aus Tabelle 2.20 berechnet wird, von der Risslänge a abhängig ist, muss mathematisch eine Iterationslösung gefunden werden. Das Ergebnis ist grafisch in Bild 2.57 dargestellt. Die Zonen für Dauerschwingfestigkeit, für stabiles Risswachstum und für Ermüdungsbruch in Abhängigkeit von $\Delta\sigma$ sind eingezeichnet und die Anzahl der kritischen Lastwechsel N_C kann für die drei herausgehobenen Belastungsfälle auf der linken Ordinate abgelesen werden.

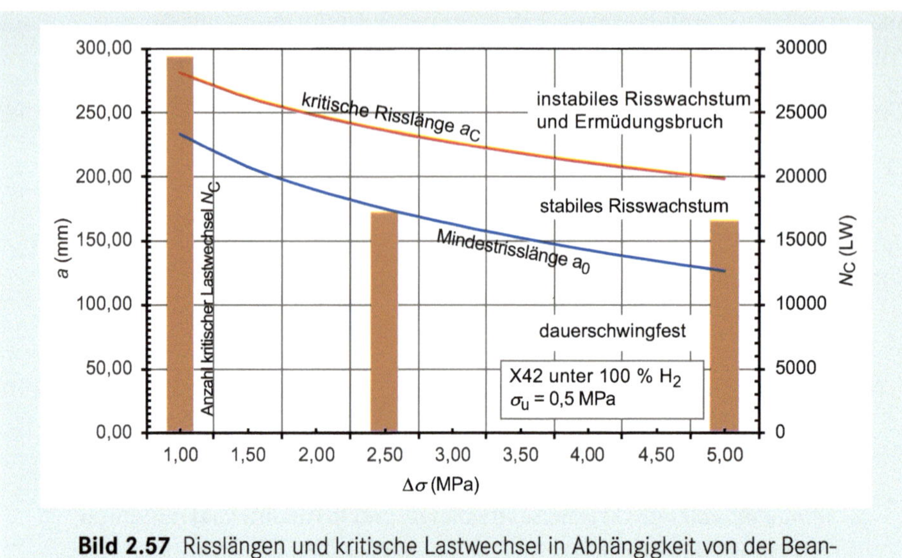

Bild 2.57 Risslängen und kritische Lastwechsel in Abhängigkeit von der Beanspruchungshöhe eines metallischen Probestückes aus dem Leitungsstahl X42

Es empfiehlt sich die Bearbeitung von Aufgabe 17 im Buch *Wasserstofftechnik. Aufgaben und Lösungen*.

2.5.3.8 Dauerfestigkeitsnachweis für Wasserstoff-Pipelinesysteme

Die Nutzung ursprünglicher Erdgasleitungssysteme oder der Neubau von Pipelinesystemen für die Weiterleitung von Wasserstoff erfordert einen Dauerfestigkeitsnachweis. Nach ASME B 31.12 wird ein Polynomansatz in Anlehnung an das Paris-Erdogan-Gesetz in Formel 2.139 verwendet:

$$\frac{da_i}{dN} = A_1 \Delta K^{B_1} + \left[\left(A_2 \Delta K^{B_2} \right)^{-1} + \left(A_3 \Delta K^{B_3} \right)^{-1} \right]^{-1} \quad (2.147)$$

Die Koeffizienten der Gleichung sind Tabelle 2.24 zu entnehmen.

Tabelle 2.24 Koeffizienten zur Berechnung der Rissänderungsrate da_i/dN nach ASME B 31.12

A_1	A_2	A_3	B_1	B_2	B_3
$MPa\sqrt{m}\,\frac{mm}{LW}$; 1)	$MPa\sqrt{m}\,\frac{mm}{LW}$	$MPa\sqrt{m}\,\frac{mm}{LW}$	-	-	-
$4{,}0812 \cdot 10^{-9}$	$4{,}0862 \cdot 10^{-11}$	$4{,}8810 \cdot 10^{-8}$	3,2106	6,4822	3,6147

Anmerkungen: 1) LW bedeutet Lastwechsel

Von der Material- und Prüfanstalt Stuttgart wurden im Auftrag des DVGW in einem Forschungsprojekt an verschiedenen Leitungs- und Armaturenstähle bruchmechanische Prüfungen unter Wasserstoffeinfluss durchgeführt. Die von M. Steiner et al. (2023) vorgestellte Studie empfiehlt für eine Reihe von in Europa in Gastransportsystemen verwendeten Werkstoffen eine Konkretisierung der Formel 2.139:

Für $\Delta K \leq \left(3{,}6667 \cdot 10^{-6} \sqrt{p_{\mathrm{H_2}}}\right)^{-0{,}25}$ MPa$\sqrt{\mathrm{m}}$

$$\frac{\mathrm{d}a}{\mathrm{d}N} = 4{,}4 \cdot 10^{-13} \left(1+3R\right) \Delta K^{7} \sqrt{p_{\mathrm{H_2}}} \tag{2.148}$$

Für $\Delta K > \left(3{,}6667 \cdot 10^{-6} \sqrt{p_{\mathrm{H_2}}}\right)^{-0{,}25}$ MPa$\sqrt{\mathrm{m}}$

$$\frac{\mathrm{d}a}{\mathrm{d}N} = 1{,}2 \cdot 10^{-7} \left(1+3R\right) \Delta K^{3} \tag{2.149}$$

Formel 2.148 und Formel 2.149 gelten für Betriebsdrücke $p_{\ddot{u}} \leq 100\ \mathrm{bar}_{\ddot{u}}$ und berücksichtigen das Spannungsverhältnis als Verhältnis von minimaler zu maximaler Beanspruchung nach Formel 2.138.

Formel 2.147, Formel 2.148 und Formel 2.149 beschreiben für ausgewählte Rohrleitungswerkstoffe die obere Begrenzung für den Verlauf der Rissausbreitungsgeschwindigkeit innerhalb des Bereiches des stabilen Risswachstums. In Bild 2.58 sind die Grenzkurven für einen Wasserstoffdruck von $p_{\ddot{u}} = 100\ \mathrm{bar}_{\ddot{u}}$ und ein Spannungsverhältnis von $R = \sigma_{\mathrm{u}} / \sigma_{\mathrm{o}} = 0{,}5$ dargestellt. Die von M. Steiner et al. (2023) beschriebenen Verläufe zeigen gegenüber den Annahmen der ASME B 31.12 eine Überschreitung des Risswachstums für niedrige Spannungsintensitäten und eine im Vergleich geringfügige Unterschreitung für hohe Spannungsintensitäten.

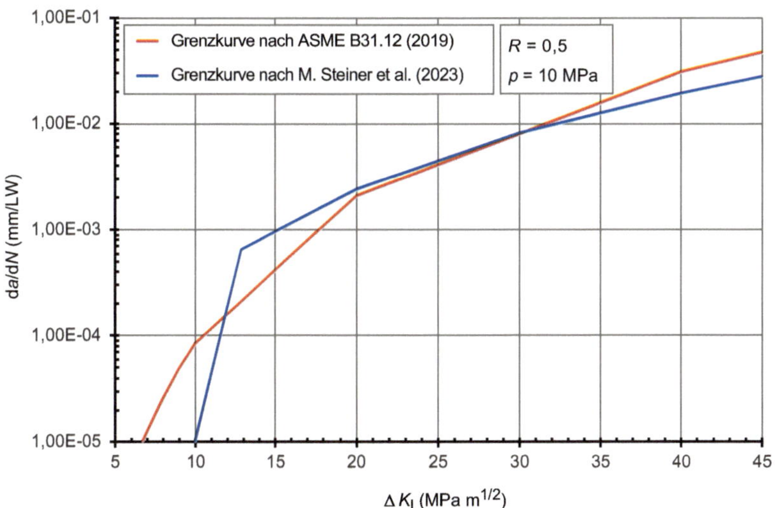

Bild 2.58 Rissausbreitungsgeschwindigkeit von Rohrleitungsstählen nach Vorgaben in der ASME B 31.12 (2019) und nach Untersuchungen von M. Steiner et al. (2023)

In Abschnitt 10.5.1 wird am Beispiel einer Hochdruckleitung aus Stahl in einem lokalen Wasserstoff-Netz eine Berechnung auf Dauerfestigkeit durchgeführt und die Ergebnisse werden bewertet.

Bruchmechanische Bewertung von Leitungen aus Stahl nach DVGW-Arbeitsblatt G 463 und DVGW-Merkblatt G 464

Bei Leitungen aus Stahl für den Betrieb mit Wasserstoff sind nach dem DVGW-Arbeitsblatt G 463 (DVGW 2021a) bruchmechanische Berechnungen nicht erforderlich, wenn folgende Voraussetzungen erfüllt sind:

- Eine quasistationäre Beanspruchung liegt nach Bild 2.39 vor.
- Die minimale Streckgrenze ist $R_{eL} \leq 360\,\mathrm{MPa}$.
- Der Ausnutzungsgrad ist $f_0 \leq 0{,}5$ in Formel 2.90.

In allen anderen Fällen kann alternativ zur Verwendung der Rissmodelle nach Anderson (Bild A.4 und Bild A.5 sowie Tabelle A.5 und Tabelle A.6 in Anhang A) und der Risswachstumskurve nach ASME B 31.12 bei der Umstellung von Gasleitungen aus Stahl für die zukünftige Durchleitung von Wasserstoff die bruchmechanische Bewertung nach dem DVGW-Merkblatt G 464 (DVGW 2023) durchgeführt werden. Die Voraussetzungen sind folgende:

- Der Rohrinnendurchmesser beträgt DN 100 bis DN 1400.
- Die Leitung ist dimensioniert für einen Betriebsdruck $p_{ü} > 16\,\mathrm{bar}_{ü}$.
- Die Wandstärke ist $s \geq 3{,}6\,\mathrm{mm}$.
- Die minimale Streckgrenze ist $R_{eL} \leq 555\,\mathrm{MPa}$.
- Die Leitung ist stumpfnahtverschweißt und nach der Verlegung und vor der Inbetriebnahme mit einer Wasserdruckprüfung mit mindestens dem 1,3-Fachen des maximalen Auslegungsdruckes auf Druckfestigkeit geprüft worden.

2.6 Sicherheit im Umgang mit Wasserstoff

Wenn es um die Explosionssicherheit im Umgang mit Wasserstoff geht, wird die Tragödie des deutschen Luftschiffes Hindenburg am 6. Mai 1937 beim Landen auf dem Flugfeld Lakehurst in New York erwähnt. Für den erforderlichen Auftrieb des Zeppelins sorgte der in der Hülle gespeicherte Wasserstoff, da Deutschland seinerzeit keinen Zugriff auf das alternative Inertgas Helium hatte. Die Unfallursachen, die zur vollständigen Zerstörung des Zeppelins und zum Tod von 35 der 97 Passagiere und Besatzungsmitglieder führten, sind letztendlich heute nicht mehr zweifelsfrei aufzuklären. Das wahrscheinlichste Szenarium ist, dass Wasserstoffspeicherzellen im Inneren des Zeppelins infolge des böigen Wetters durch gerissene Seile beschädigt und undicht wurden und es beim Andocken des Luftschiffes auf dem Landeplatz zu einer Erdung des Fluggerätes und Entladung der Konstruktion mit

Funkenbildung kam, die das Wasserstoff-(Luft-)Sauerstoff-Gemisch entzündete. Der Unfall gibt uns auch heute noch einen wichtigen Hinweis, der nicht allein Wasserstoff, sondern alle brennbaren Gase betrifft: Der sichere Umgang mit explosionsfähigen Brenngasen muss bei Planung, Bau und Betrieb oberste Priorität haben und dem Grundsatz folgen: Es darf zu keinem Zeitpunkt eine betriebliche Situation entstehen, in der es zu einem explosionsfähigen Brennstoff-(Luft-)Sauerstoff-Gemisch kommen kann. Es ist daher in diesem Zusammenhang konsequent, sich mit den sicherheitsrelevanten Eigenschaften des Wasserstoffs zu beschäftigen.

Um geeignete betriebliche Maßnahmen im Umgang mit brennbaren Gasen und Dämpfen zur Vermeidung von Bränden und Explosionen zu ergreifen, ist die Kenntnis der Explosionsgrenzen von besonderer Bedeutung. Sie legen den Konzentrationsbereich fest, in dem ein explosionsfähiges Brenngas-(Luft-)Sauerstoff-Gemisch bei vorhandener Zündquelle und ausreichender Zündenergie zur Zündung gebracht werden kann. Diese Konzentrationsgrenzen sind nach DIN EN 1839 (2017, S. 5) unter anderem abhängig von

- den chemischen Eigenschaften der beteiligten Stoffe,
- Druck und Temperatur,
- der Art und Energie der Zündquelle und
- den Bedingungen für eine sich selbstständig ausbreitende Verbrennung.

Im Zusammenhang mit der technischen Sicherheit im Umgang mit Wasserstoff stehen nach O. Fuß (2004, S. 1) folgende Aufgaben im Vordergrund:

- primärer Explosionsschutz als geeignete Form von Planung, Bau und Betrieb der Anlagen mit dem Ziel, die Bildung und Ausbreitung einer explosionsfähigen Atmosphäre zu verhindern
- sekundärer Explosionsschutz durch konsequentes Vermeiden von Zündquellen
- tertiärer Explosionsschutz durch geeignete bautechnische Begrenzung der Auswirkungen von Explosionen

Am Beginn der Betrachtung sollen zunächst die verwendeten Begriffe näher beschrieben werden.

Verwendete Begriffe

CAS-Nummer

Die CAS-Nummer (engl. CAS Registry Number, CAS = Chemical Abstracts Service) ist ein internationaler Bezeichnungsstandard für chemische Stoffe. Für jeden bekannten chemischen Stoff existiert zur Identifizierung eine eindeutige CAS-Nummer.

Explosion

Die Explosion kennzeichnet eine Oxidations- oder Zerfallsreaktion mit gleichzeitiger Erhöhung von Druck und Temperatur.

Explosionsbereich

Der Explosionsbereich ist nach DIN EN 13237 (2013, S. 10) der Konzentrationsbereich, in dem ein Gemisch aus brennbarem Stoff in (Luft-)Sauerstoff oder aus brennbarem Stoff oder Stoffgemisch in einem Luft-/Inertgas-Gemisch explodieren kann. Die Explosionsgrenzen orientieren sich am Druck und an der Temperatur.

Untere und obere Explosionsgrenze

Die untere Explosionsgrenze (UEG) und die obere Explosionsgrenze (OEG) bezeichnet nach der vorangehend genannten Norm die niedrigste bzw. die höchste Konzentration des Stoffes im Explosionsbereich, bei denen gerade noch keine Explosion stattfindet. Die OEG ist bei Gemischen mit reinem Sauerstoff erheblich höher als bei einem System mit Luft.

Explosionsgruppe

Die Einteilung von Gasen erfolgt aufgrund ihrer spezifischen Zündfähigkeit, die durch die normierten Kennzahlen II A, II B und II C bestimmt wird. Die Gefährlichkeit des betreffenden Gases nimmt von Explosionsgruppe II A nach II C zu. Entsprechend steigen die Anforderungen an die Betriebsmittel. Betriebsmittel, die für II C zugelassen sind, dürfen auch für alle anderen Explosionsgruppen verwendet werden.

Deflagration

Die Deflagration ist eine Explosion, die sich mit einer Geschwindigkeit unterhalb der Schallgeschwindigkeit fortpflanzt.

Detonation

Die Detonation ist eine Explosion, die sich mit einer Geschwindigkeit oberhalb der Schallgeschwindigkeit und einer Stoßwelle fortpflanzt.

Inertgas

Ein Inertgas ist ein nichtbrennbares Gas.

Löschabstand

In unmittelbarer Nähe von Wänden können keine Flammenreaktionen stattfinden, da durch die starke Wärmeabgabe der Flamme an die Wände die Zündtemperatur unterschritten wird und die Verbrennungsreaktion zum Stillstand kommt. Der Abstand zwischen den Wänden wird Löschabstand genannt. Dieser Kennwert ist von praktischer Bedeutung für den rückschlagsicheren Betrieb vorgemischter Brenner und anderer explosionsgeschützter Vorrichtungen. Der Löschabstand wird mit zunehmendem Luftüberschuss l (Abschnitt 2.7.2.2) größer und mit zunehmendem Druck und/oder Erwärmung der Wände geringer.

Luftgrenzkonzentration (LGK)

Die Luftgrenzkonzentration ist der höchste Stoffmengenanteil der Luft in einem Gemisch aus Brenngas, Luft und Inertgas, bei dem es gerade noch nicht zur Explosion kommt.

Maximaler Explosionsdruck

Der maximale Explosionsdruck (bei Gasen als absoluter Druck) ist der Höchstwert des Explosionsdruckes, wobei bei Gemischen die Molanteile variieren.

Mindestzündenergie

Die Mindestzündenergie ist die niedrigste Energie, die ausreichend ist, um die Zündung einer explosionsfähigen Atmosphäre auszulösen.

Sauerstoffgrenzkonzentration (SGK)

Die Sauerstoffgrenzkonzentration ist der höchste Stoffmengenanteil des Sauerstoffs in einem Gemisch aus Brenngas, Luft und Inertgas, bei dem es gerade noch nicht zur Explosion kommt.

Temperaturklasse

Die Temperaturklassen T1 bis T6 definieren jeweils einen Temperaturbereich, der zur Einteilung von Anlagenteilen für explosionsfähige Atmosphären entsprechend ihrer maximalen Oberflächentemperatur oder zur Einteilung der brennbaren Gase entsprechend ihrer Zündtemperatur verwendet wird. Die zulässigen Oberflächentemperaturen und Zündbereiche sind in der nachfolgenden Tabelle aufgeführt:

Temperaturklasse	Zündbereich	Oberflächentemperatur
T1	$\vartheta > 450\,°C$	450 °C
T2	$300\,°C < \vartheta \leq 450\,°C$	300 °C
T3	$200\,°C < \vartheta \leq 300\,°C$	200 °C
T4	$135\,°C < \vartheta \leq 200\,°C$	135 °C
T5	$100\,°C < \vartheta \leq 135\,°C$	100 °C
T6	$85\,°C < \vartheta \leq 100\,°C$	85 °C

Verpuffung

Verpuffung ist die schwache Explosion in offener Umgebungsbedingung mit begrenztem Druckanstieg und geringen Folgeerscheinungen.

Zündtemperatur

Die Zündtemperatur oder auch Selbstentzündungstemperatur ist die Temperatur einer heißen Oberfläche, die bei der Entzündung eines Gemisches aus Gasen mit (Luft-)Sauerstoff oder einer Mischung aus (Luft-)Sauerstoff und Inertgas auftritt. ■

Wesentliche Werte für sicherheitsrelevante Kenngrößen wie Explosionsgrenzen, Mindestzündenergie und andere sind für Wasserstoff und Methan im Vergleich Tabelle 2.25 zu entnehmen.

Tabelle 2.25 Sicherheitstechnische Kenngrößen des Wasserstoffs und des Methans im Vergleich

Kenngröße	Wasserstoff	Methan	Anmerkung
CAS-Nummer	1333-74-0	74-82-8	1)
untere Explosionsgrenze (y_{zu}/mol-%)	4	4,4	1); 3)
obere Explosionsgrenze (y_{zo}/mol-%)	77	17	1); 3)

Tabelle 2.25 Sicherheitstechnische Kenngrößen des Wasserstoffs und des Methans im Vergleich *(Fortsetzung)*

Kenngröße	Wasserstoff	Methan	Anmerkung
Explosionsgruppe	IIC	IIA	1)
maximaler Explosionsdruck (p/bar)	8,3	8,1	1)
Mindestzündenergie (E_{zu}/mJ)	0,02	0,29	1)
Zündtemperatur (T_z/K)	833	868	1)
Temperaturklasse	T1	T1	1)
Verbrennungsgeschwindigkeit in Luft (v/m/s)	2,4 - 3,5	0,4	4)
minimaler Löschabstand (d/mm)	0,5	2	5)
Detonationsgrenzen in Luft (y_d/mol-%)	13 - 59	6,3 - 14	2)
Detonationsgeschwindigkeit in Luft (v_d/km/s)	2	1,8	2)
Detonationsdruck ($p_{dü}$/bar)	14,7	16,8	2)
Schallgeschwindigkeit (v_S/m/s)	1294	448	2)
Diffusionskoeffizient in Luft (D_L/cm²/s)	0,61	0,16	2); 3)

Anmerkungen: 1) nach Datenbank DECHEMA; 2) nach C.-J. Winter und J. Nitsch (2014, S. 90); 3) bei $p = 1$ bar und $\vartheta = 20$ °C ; 4) nach C.-J. Winter J- Nitsch (2014, S. 93); 5) unter Standardbedingungen und bei $\lambda = 1$

2.6.1 Explosionsgrenzen von Wasserstoff

Die Explosionsgrenzen des Wasserstoffs für Normalbedingungen ($p = 1$ bar; $\vartheta = 20$ °C) sind zahlreichen Veröffentlichungen zu entnehmen. Auch für abweichende Druck- und Temperaturbedingungen sowie für eine ganze Reihe von binären- und Mehrkomponentengemischen unter Beteiligung von Wasserstoff finden Sie Kennwerte im Internet. So betreibt die Physikalisch-Technische Bundesanstalt in Braunschweig (PTB) für sicherheitstechnische Kenngrößen im Explosionsschutz die Datenbank Chemsafe (DECHEMA).

Bei der Reaktion von Brenngas mit (Luft-)Sauerstoff muss die Zündtemperatur aufrechterhalten werden. Ist die Luftmenge zu klein oder die Menge an Brenngas zu groß, reagiert nur ein Teil mit dem Sauerstoff, sodass zu wenig Energie frei wird. Hierdurch ist die obere Zündgrenze festgelegt. Ist die Brenngasmenge zu klein oder die Luftmenge zu groß, kann gleichfalls der Zündprozess nicht aufrechterhalten werden, da eine zu geringe Energiemenge bei der Reaktion der zu geringen Brennstoffmengen freigesetzt wird, und innerhalb der großen Gesamtmischung kann die Zündtemperatur nicht konstant gehalten werden. Dadurch ist die untere Zündgrenze festgelegt.

Für den reinen Wasserstoff ist in Bild 2.59 der Verlauf der Explosionsgrenzen in Abhängigkeit vom Druck für das binäre System Wasserstoff-Luft mit Daten aus Chemsafe (DECHEMA) für zwei unterschiedliche Temperaturniveaus aufgetragen.

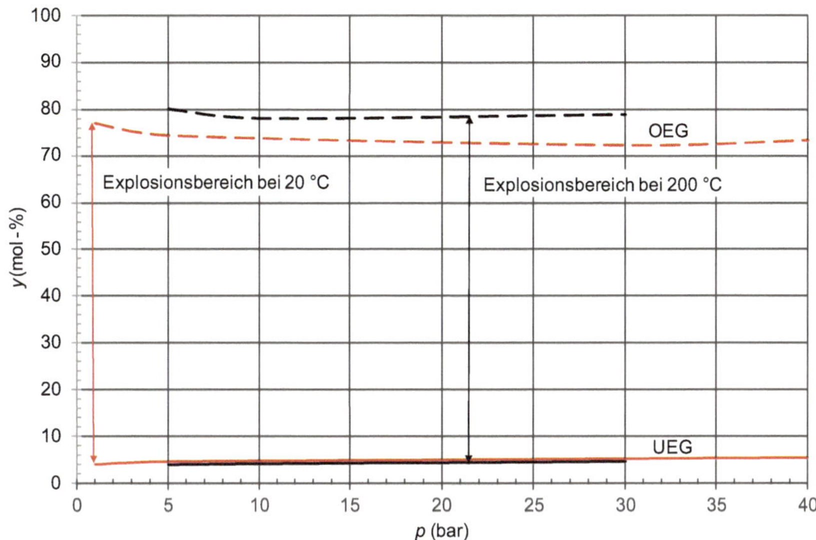

Bild 2.59 Explosionsgrenzen des Systems Wasserstoff-Luft in Abhängigkeit von Druck und Temperatur

Es fällt auf, dass sich auch hier wie in anderen Mischungssystemen die untere Explosionsgrenze UEG kaum mit der Änderung von Druck und Temperatur verschiebt. Eine Druckänderung beeinflusst allerdings den Explosionsbereich, der sich mit ansteigendem oder fallenden Druck in der Regel einengt bzw. erweitert. D. Markus und U. Maas (2004, S. 290) berichten, dass sich bei der Oxidation des Brenngases die obere Explosionsgrenze bei höheren Drücken nach oben verschiebt. Mit höheren Temperaturen erhöht sich auch die obere Explosionsgrenze.

Dass nicht nur die untere, sondern auch die obere Zündgrenze Beachtung erfordert, zeigt Bild 2.60 in vier Phasen.

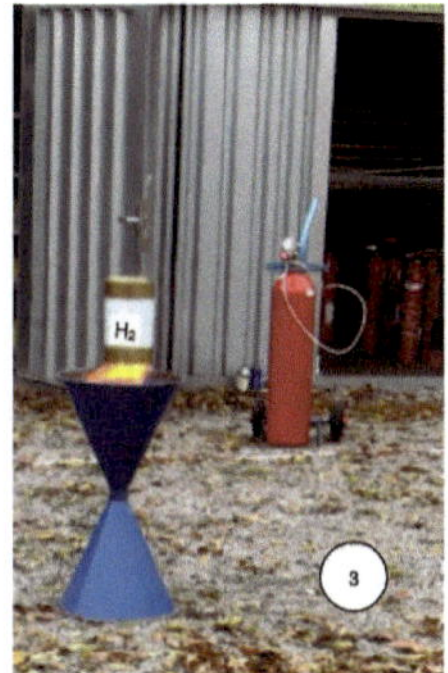

Bild 2.60 Explosion eines mit Wasserstoff gefüllten Behälters, aus dem über eine Deckelöffnung Wasserstoff entweicht, der sich mit Luftsauerstoff mischt und verbrennt

Die gezeigten Teilbilder bedürfen einer Erklärung:

Phase 1	Ein mit Wasserstoff gefüllter Behälter steht mit der nach unten offenen Seite auf einem Sockel. Im Behälter herrscht ein Überdruck. Der Behälter hat im Deckel eine Öffnung, aus der jetzt Wasserstoff entweicht. Dieser mischt sich dabei mit der Luft. Das zündfähige Gemisch an der Oberseite des Behälters wird mit einem Propangasbrenner entzündet.
Phase 2	Das Wasserstoff-Luft-Gemisch verbrennt. Dabei ist die Flamme für das menschliche Auge nicht sichtbar. Während des Verbrennungsvorgangs findet eine Aufwärtsbewegung des Wasserstoffs im Behälter statt, während gleichzeitig der Druck im Behälter fällt. Dabei wird Luft über den Spalt zwischen Behälter und Sockel nachströmen. Es entsteht im Behälter ein fettes Gemisch aus Wasserstoff und Luft. Der Wasserstoffanteil liegt immer noch oberhalb der oberen Explosionsgrenze OEG.
Phase 3	Als der Wasserstoffanteil die obere Explosionsgrenze OEG nach Tabelle 2.25 erreicht, entzündet sich das Mischgas im Behälter an der Flammenfront im Bereich der Deckelöffnung.
Phase 4	Die Reaktionskinetik der Explosion im Behälter bewirkt einen Rückstoß, der den Behälter vertikal nach oben treibt.

Bei binären Systemen aus Wasserstoff und einem weiteren Brenngas wie Methan müssen OEG und UEG in Abhängigkeit von der molaren Zusammensetzung experimentell bestimmt werden.

Explosionsgrenzen für Gemische

Um Näherungswerte für die Explosionsgrenzen y_z eines Gemisches zu bekommen, kann das Gesetz von Le Chatelier angewendet werden:

$$y_z = \frac{1}{\sum_{i=1}^{n} \frac{y_i}{y_{z_i}}} \tag{2.150}$$

Formel 2.150 setzt ideales Gasverhalten voraus. Daher müssen für die reale Betriebspraxis experimentell gewonnene Explosionsdaten aus wissenschaftlichen Quellen wie von Chemsafe für die Umsetzung eines Sicherheitskonzeptes herangezogen werden.

Explosionsgrenzen nach Le Chatelier

Für eine Mischung aus Wasserstoff und Methan mit einem molaren Anteil des Wasserstoffs von $y_{H_2} = 0{,}35$ wird unter der Annahme eines idealen Gasverhaltens die obere und untere Explosionsgrenze mit Hilfe von Formel 2.150 bestimmt. Die UEG und OEG der Einzelkomponenten sind Tabelle 2.25 zu entnehmen.

$$\text{UEG} \equiv y_{zu} = \frac{1}{\dfrac{y_{H_2}}{(y_{zu})_{H_2}} + \dfrac{y_{CH_4}}{(y_{zu})_{CH_4}}}$$

$$y_{zu} = \frac{1}{\dfrac{0{,}35\dfrac{n_{H_2}}{n_{Gemisch}}}{0{,}04\dfrac{n_{H_2}}{n_{Luft}}} + \dfrac{0{,}65\dfrac{n_{CH_4}}{n_{Gemisch}}}{0{,}044\dfrac{n_{CH_4}}{n_{Luft}}}} = 0{,}0425\frac{n_{Gemisch}}{n_{Luft}} = 4{,}25 \text{ mol-\%}$$

$$y_{zo} = 0{,}234\frac{n_{Gemisch}}{n_{Luft}} = 23{,}4 \text{ mol-\%}$$

Die Abweichungen der Ergebnisse nach Le Chatelier weisen Unterschiede zu experimentell gewonnenen Daten auf. Letztere sind in der Datenbank Chemsafe einzusehen:

$$\Delta c_z = (y_z)_{Chemsafe} - (y_z)_{Le\ Chatelier}$$

Die Differenzen betragen bei

$$\text{UEG: } \Delta y_{zu} = 0{,}21 \text{ mol-\%}$$
$$\text{OEG: } \Delta y_{zo} = 3{,}5 \text{ mol-\%}$$

Die festgestellten Abweichungen können in Bild 2.61 auf den gesamten Mischungsbereich übertragen werden. Sie zeigen bei der oberen Zündgrenze nicht zu vernachlässigende Unterschiede zwischen der idealen Vorstellung des Gasverhaltens, die in der Formel nach Le Chatelier zum Ausdruck kommt, zu den komplexen reaktionskinetischen Vorgängen bei einer Explosion, die sich in den experimentellen Daten widerspiegeln.

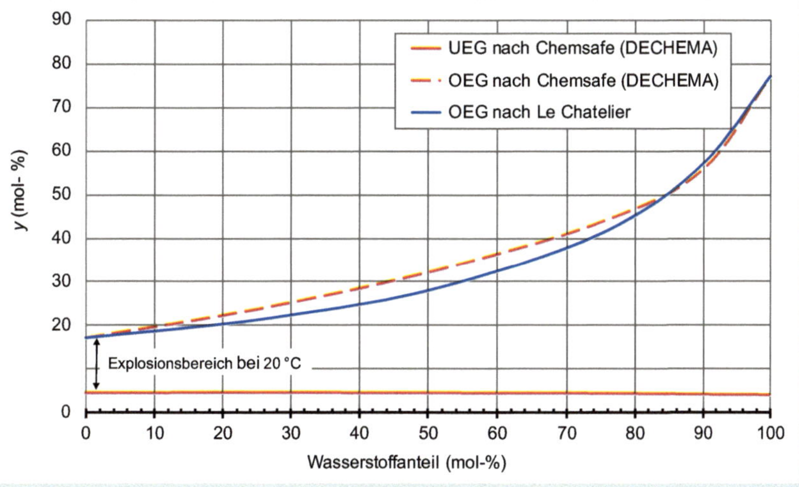

Bild 2.61 Explosionsgrenzen des Systems Wasserstoff-Methan-Luft

Es empfiehlt sich die Bearbeitung von Aufgabe 18 im Buch *Wasserstofftechnik. Aufgaben und Lösungen*.

Vordringlich bei der Gefährdungseinstufung von Wasserstoff und einem Gemisch von Wasserstoff und Methan ist die untere Zündgrenze (UEG). Dabei sind die Rechenergebnisse nach Formel 2.150 niedriger als bekannte experimentelle Werte und daher im Sinne der Sicherheit konservativ.

Wird dem Brenngas-Luft-Gemisch ein Inertgas wie Stickstoff zugemischt, verändern sich die Explosionsgrenzen und damit der Explosionsbereich. Durch Zugabe inerter Gase können explosionsfähige Systeme vermieden werden. Die Beimengung von inerten Gasanteilen ist eine Variante des primären Explosionsschutzes. Ternäre Systeme aus Brenngas, Luft und Inertgas sind daher aus sicherheitstechnischen Gesichtspunkten von Interesse. Die Sauerstoffgrenzkonzentration (SGK) kann für das ternäre Gemisch nach DIN EN 1839 (2017, S. 18) mit folgender Beziehung bestimmt werden:

$$y_{\text{SGK}} = 0{,}209\, y_{\text{LGK}} \tag{2.151}$$

Im ternären Diagramm in Bild 2.62 sind Explosionsbereich, Explosionsgrenzen und die Luftgrenzkonzentration für das ternäre System Wasserstoff-Luft-Stickstoff eingezeichnet. Die Gesamtmenge an Stickstoff ergibt sich aus dem inerten Anteil zuzüglich des Luftstickstoffs. Für dieses System ist die Luftgrenzkonzentration $y_{\text{LGK}} = 21{,}2$ mol-%.

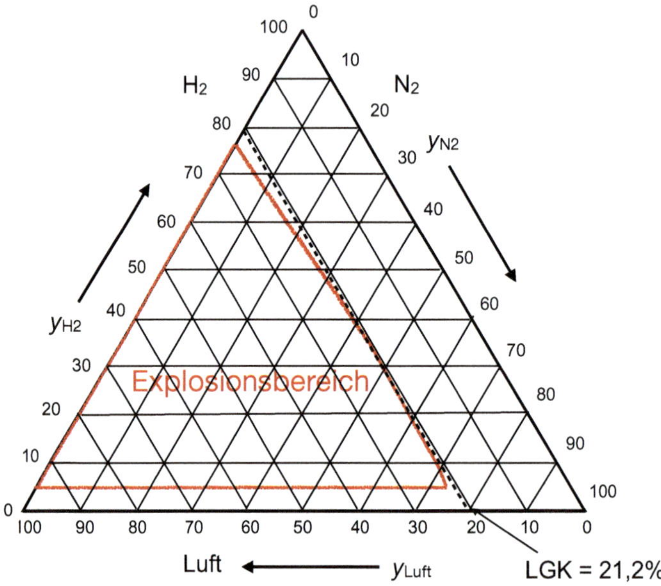

Bild 2.62 Explosionsgrenzen des ternären Systems Wasserstoff-Luft-Stickstoff

Es empfiehlt sich die Bearbeitung von Aufgabe 19 im Buch *Wasserstofftechnik. Aufgaben und Lösungen*.

Neben Stickstoff werden beispielsweise auch Kohlendioxid und Wasserdampf als Inertgase eingesetzt. Für weitere Details zum Explosionsverhalten ternärer Gemische verweise ich auf die Arbeiten von O. Fuß (2004) sowie D. Markus und U. Maas (2004, S. 290).

In jeder realistischen Störfallsituation ist die untere Explosionsgrenze die entscheidende Größe. Die UEG von Wasserstoff und Erdgas sind nahezu gleich. Daraus ergibt sich für die Verwendung von Wasserstoff in Leitungsnetzen und Anlagen kein zusätzliches Unsicherheitspotenzial. Treten explosionsfähige Gemische in der Atmosphäre auf, muss man realistisch davon ausgehen, dass auch ein Zündfunke mit der erforderlichen Zündenergie vorhanden ist. Die Mindestzündenergie des Wasserstoffs ist nach Tabelle 2.25 mehr als eine Zehnerpotenz niedriger als die von Erdgas oder Methan.

Zündquellen sind in der Praxis Funkenschlag von elektrischen Schaltern, von nicht explosionsgeschützten elektrischen Geräten, wie Mobilfunkgeräten, von reibenden metallischen Oberflächen oder elektrostatisch aufgeladenen Stoffen und Anlagenteilen (Tabelle 2.26). Selbst elektrostatisch geladene Körperteile des Menschen, wie Haare, oder katalytisch wirksame Oberflächen sind mit einer Energie von etwa 10 mJ in der Lage, nahezu jedes Brennstoff-(Luft-)Sauerstoff-Gemisch, also auch unter Beteiligung des Wasserstoffs, zu zünden.

Tabelle 2.26 Elektrostatische Aufladung von Personen und Gegenständen im Bereich technischer Anlagen

Körper	Kapazität C/pF	Potenzial V/kV	Energie E/mJ
Flansch	10	10	0,5
kleine Metallgegenstände (Schaufel, Schlauchdüse)	10 - 20	10	0,5 - 1
Eimer	10	10	0,5
Kleinbehälter bis 50 l	50 - 100	8	2 - 3
Metallbehälter von 200 bis 500 l	50 - 300	20	10 - 60
Person	100 - 200	12	7 - 15
große Anlagenteile, von einer geerdeten Situation unmittelbar umgeben	100 - 1000	15	11 - 120

Anmerkungen: Werte nach TRGS 727 (2016, S. 93)

Eine entscheidende, sicherheitstechnisch bedeutende Kenngröße ist die Verbrennungsgeschwindigkeit. Sie bildet in der Summe mit der Verdrängungsgeschwindigkeit des unverbrannten Brenngases die Flammenfrontgeschwindigkeit. Im Vergleich fällt die hohe Verbrennungsgeschwindigkeit des Wasserstoff-Luft-Gemisches auf (Tabelle 2.25). Diese vergleichbar hohen Verbrennungsgeschwindigkeiten von Wasserstoff sind einer der wesentlichen Gründe für die Beschleunigung der laminaren Flammenfront hin zu einer turbulenten Flammenfront und damit vom Umschlagen einer Deflagration hin zu einer Detonation. Daher ist Wasserstoff wesentlich empfindlicher für Detonationen als vergleichbare Brennstoffe wie Erdgas oder Propan/Butan (LPG). Dieser bemerkenswerte Umstand ist allerdings davon abhängig, dass die Konzentration des Wasserstoffs in der Luft innerhalb der in Tabelle 2.25 angegebenen Detonationsgrenzen liegt.

Von der Höhe der Verbrennungsgeschwindigkeit hängt ab, ob eine Deflagration in eine Detonation umschlägt. Die Explosion eines Brenngas-(Luft-)Sauerstoff-Gemisches ist zunächst eine Deflagration. Hierbei läuft die explosive Reaktion mit einer Druckausbreitungsgeschwindigkeit von bis zu mehreren Hundert m/s bis zur Schallgeschwindigkeit im nichtreagierten Medium. Das Verhältnis von Explosionsdruck zu Reaktionsdruck vor Einsetzen der Deflagration steigt stark bis auf 12 an. Als gefährliches Gemischvolumen gilt nach der TRGS 721 (2020) ein Volumen von 10 Litern explosionsfähigem Gemisch. Eine Detonation ist eine Explosion, die sich mit einer Druckausbreitungsgeschwindigkeit bis zu mehreren km/s weit oberhalb der Schallgrenze in einem nichtreagierenden Medium ausbreitet. Das Verhältnis von Explosionsdruck zu Reaktionsdruck vor Einsetzen der Detonation steigt gegenüber der Deflagrationsphase nochmals weiter auf 20 an. Detonationen haben als Verdichtungsstöße in langgestreckten Rohrleitungen und Behältern zerstörende Wirkung. Der Zusammenhang zwischen dem Umschlag einer laminaren Flammenfront zu einer turbulenten Flammenfront mit turbolenzerzeugenden Strukturen und der gegenseitigen Beeinflussung von sich ausbreitenden und an den Bauteilen reflektierenden Druckwellen ist sehr komplex. Mehrere Effekte überlagern sich:

- Es kommt zu einer Wechselwirkung der Flammenfront mit sich reflektierenden Stoß- und Reflexionswellen.
- Mit dem Druckanstieg ist eine Temperaturerhöhung verbunden, die zu einer weiteren Verdichtung der Flammenfront führt und eine Selbstentzündung des Brenngas-(Luft-)Sauerstoff-Gemisches in allen Bereichen des Deflagrations- und Detonationsbereiches begünstigt.
- Im Zuge der Detonationsentwicklung steigen die Verbrennungsgeschwindigkeiten weiter an und die Flammenfront wird beschleunigt.
- Die Druckwellen oder Verdichtungsstöße werden an festen Wänden und Hindernissen reflektiert und abgelenkt und überlagern sich partiell.

Zur Anschauung kann die bei einer Explosion rechnerisch freigesetzte Explosionsenergie in äquivalenten Mengen Trinitrotoluol (TNT) angegeben werden. In Tabelle 2.27 wird sie in kg TNT bezogen auf m^3 Brennstoff im Normzustand, bezogen auf die Masse des Brennstoffes oder bezogen auf den Brennwert des Stoffes angegeben.

Tabelle 2.27 Rechnerische Explosionsenergie von Wasserstoff im Vergleich zu Methan und Propan

Größe im Normzustand	Wasserstoff	Methan	Propan
Explosionsenergie E/kg TNT/m³ 1)	2,02	7,03	20,5
Explosionsenergie E/kg TNT/kg Brennstoff 2)	22,5	9,8	10,2
Explosionsenergie E/kg TNT/MJ 3)	0,156	0,176	0,202

Anmerkungen: 1) nach C.-J. Winter und J. Nitsch (2014); 2) eigene Umrechnung mit Normdichten für Wasserstoff $\varrho_n = 0{,}08989\ \mathrm{kg/m^3}$, für Methan $\varrho_n = 0{,}7175\ \mathrm{kg/m^3}$ und für Propan $\varrho_n = 2{,}01\ \mathrm{kg/m^3}$; 3) eigene Umrechnung mit Brennwerten bezogen auf den Normzustand für Wasserstoff $H_{S,n} = 12{,}745\ \mathrm{MJ/m^3}$, für Methan $H_{S,n} = 39{,}831\ \mathrm{MJ/m^3}$ und für Propan $H_{S,n} = 101{,}142\ \mathrm{MJ/m^3}$

Nach C.-J. Winter und J. Nitsch (2014) ist für den realen Explosionsfall die auf den vollständigen Energieinhalt des jeweiligen Gases bezogene freiwerdende Explosionsenergie die entscheidende Größe. Hier weist der Wasserstoff den rechnerisch niedrigsten Wert auf. Diese Einschätzung korrespondiert mit der Angabe bezogen auf das im Störungsfall freiwerdende Volumen. Ebenfalls nach C.-J. Winter und J. Nitsch (2014) ist im realen Explosionsfall davon auszugehen, dass sich nur 10 % der in die Atmosphäre freiwerdenden Gasmengen zum Zeitpunkt der Explosion innerhalb der Zündgrenzen befinden, sodass die Angaben in Tabelle 2.27 im realen Explosionsfall weit unterschritten werden.

Im Bedarfsfall ist eine entsprechende Störfallberechnung und Gefahrenanalyse unter den realen Bedingungen des Wasserstoffeinsatzes durchzuführen. Hierbei ist zu berücksichtigen, dass bei einem Umschlag von der Deflagration zur Detonation die Wasserstoffkonzentration in Luft bei etwa 13 % im Vergleich zu 6 % beim Methan liegen muss. Selbst beschleunigende Verbrennungsvorgänge in geschlossener Umgebung stellen grundsätzlich das größte Sicherheitsrisiko beim Umgang mit Wasserstoff dar.

Die Gefährlichkeit im Umgang mit Wasserstoff

Wasserstoff hat wie Methan und das überwiegend aus Methan bestehende Erdgas eine untere Explosions- oder Zündgrenze (UEG) von 4 mol-%. Dies bedeutet in der praktischen Umsetzung, dass Wasserstoff in technischen Anlagen in Bezug auf den Explosionsschutz in gleicher Weise sicherheitstechnisch wie Erdgas behandelt werden sollte. Wasserstoff hat mit 0,02 mJ eine um den Faktor 10 erheblich geringere Zündenergie als Methan und Erdgas. Allerdings hat dieser Umstand für Wasserstoff kein vergleichbar erhöhtes Risiko zur Folge, weil die Zündenergie der in der Praxis anzutreffenden Zündquellen ohnehin höher als die zur Zündung mindestens erforderlichen Zündenergien der Brennstoff-(Luft-)Sauerstoff-Gemische ist. ■

2.6.2 Praktische Anleitung zum Explosionsschutz

Gesetzliche Grundlagen eines sicheren Umgangs mit Wasserstoff sind die Betriebssicherheitsverordnung (BetrSichV) (2021) und die Gefahrstoffverordnung (GefStoffV) (2021) sowie die von der Europäischen Union herausgegebene CLP-Verordnung im Rahmen der Einstufung, Kennzeichnung und Verpackung von Stoffen und Gemischen (2017). Technische Hinweise und Regeln im Umgang mit brennbaren und explosiven Stoffen wie Wasserstoff sind den verschiedenen Technischen Regeln für Betriebssicherheit (TRBS) und den Technischen Regeln für Gefahrstoffe (TRGS) zu entnehmen (siehe auch Auflistung in Tabelle A.7 in Anhang A). Sie geben den Stand der Technik, Arbeitsmedizin und Arbeitshygiene sowie sonstige gesicherte arbeitswissenschaftliche Erkenntnisse für die Verwendung von Arbeitsmitteln wieder und werden vom Ausschuss für Betriebssicherheit ermittelt bzw. angepasst und vom Bundesministerium für Arbeit und Soziales im „Gemeinsamen Ministerialblatt" bekannt gegeben. Sie konkretisieren im Rahmen ihres Anwendungsbereichs die Anforderungen der Betriebssicherheitsverordnung.

Im Bereich der Europäischen Union gibt es mit der ATEX-Produktrichtlinie 2014/34/EU (ATEX 137) und der ATEX-Betriebsrichtlinie 1999/92/EG (ATEX 95) zwei Direktiven. Die Richtlinie 2014/34/EU enthält in Anhang II die grundlegenden Gesundheits- und Sicherheitsanforderungen, die vom Hersteller zu beachten und durch entsprechende Konformitätsbewertungsverfahren nachzuweisen sind. Die Beseitigung technisch begründeter Handelshemmnisse ist ein weiterer Beweggrund zur Einführung der genannten Richtlinien.

Wasserstoff ist ein nach § 2 und § 3 der BetrSichV gefährlicher und explosiver Stoff. Die Durchführung einer Gefährdungsbeurteilung beim Umgang mit Wasserstoff ergibt sich unter anderem aus § 4 Abschnitt 1 der BetrSichV und aus § 6 Abschnitt 1 der GefStoffV. In ihr heißt es in § 2:

> *„(12) Ein gefährliches explosionsfähiges Gemisch ist ein explosionsfähiges Gemisch, das in solcher Menge auftritt, dass besondere Schutzmaßnahmen für die Aufrechterhaltung der Gesundheit und Sicherheit der Beschäftigten oder anderer Personen erforderlich werden.*
>
> *(13) Eine gefährliche explosionsfähige Atmosphäre ist ein gefährliches explosionsfähiges Gemisch mit Luft als Oxidationsmittel unter atmosphärischen Bedingungen (Umgebungstemperatur von –20 °C bis +60 °C und Druck von 0,8 bar bis 1,1 bar).*
>
> *(14) Ein explosionsgefährdeter Bereich ist der Gefahrenbereich, in dem eine gefährliche explosionsfähige Atmosphäre auftreten kann."*

Die Erstellung eines Explosionsschutzdokuments für den sicheren Umgang mit Wasserstoff folgt § 6 Abschnitt 9 GefStoffV.

Explosionsschutzdokument

Bei der Integration einer Elektrolyseanlage in eine bestehende gastechnische Anlage im Rahmen der Sektorkopplung kann als Vorlage das im DVGW-Merkblatt G 440 (DVGW 2018c) empfohlene Explosionsschutzdokument für Anlagen zur leitungsgebundenen Versorgung der Allgemeinheit mit Gas dienen. Weitere Hinweise gibt die ATEX 137 (2020).

Die Einteilung der explosionsgefährdeten Anlage in Zonen abgestufter Gefährdungspotenziale folgt aus § 6 Abschnitt 9 GefStoffV und wird explizit in Anhang 1 in Abschnitt 1.7 der Gefahrstoffverordnung angesprochen. Für Gase heißt es hier:

„Zoneneinteilung explosionsgefährdeter Bereiche

Zone 0

ist ein Bereich, in dem eine gefährliche explosionsfähige Atmosphäre als Gemisch aus Luft und brennbaren Gasen, Dämpfen oder Nebeln ständig, über lange Zeiträume oder häufig vorhanden ist.

Zone 1

ist ein Bereich, in dem sich im Normalbetrieb gelegentlich eine gefährliche explosionsfähige Atmosphäre als Gemisch aus Luft und brennbaren Gasen, Dämpfen oder Nebeln bilden kann.

Zone 2

ist ein Bereich, in dem im Normalbetrieb eine gefährliche explosionsfähige Atmosphäre als Gemisch aus Luft und brennbaren Gasen, Dämpfen oder Nebeln normalerweise nicht auftritt, und wenn doch, dann nur selten und nur kurze Zeit.“

Zonen für den Explosionsschutz (Ex-Schutzzonen) und Maßnahmen im Rahmen des primären und sekundären Explosionsschutzes

Werden in einer Elektrolyseanlage Wasserstoff und Sauerstoff gebildet und der Wasserstoff in einer angrenzenden gastechnischen Gasdruckregel- und Messanlage (GDRM) in das Gasnetz eingespeist, so kann die Umsetzung der Zonenregel nach GefStoffV, wie in Bild 2.64 dargestellt, für die GDRM und die in einem Container vorgehaltene Elektrolyse-Einheit in folgender Art und Weise umgesetzt werden:

- Der Mess- und Druckregelraum, in den der Wasserstoff über eine verschraubte Edelstahlleitung geführt und im Ausgang der Regelanlage in den Erdgasstrom eingespeist wird, wird als Explosionsschutz-Zone 2 behandelt.
- Im Mess- und Druckregelraum werden an exponierten Stellen in ausreichender Zahl Wasserstoffdetektoren angebracht.

- Die Vermeidung von Kunststoffen in Wandkanälen ist eine der Maßnahmen, um elektrostatische Entladungen (Gleitstielbüschelentladungen, siehe auch nachfolgende Ausführungen) zu verhindern.
- Für alle verwendeten Anlagenteile bis zur Injektionsstelle gilt die ATEX-Richtlinie 2014/34/EU für Gase nach der Explosionsgruppe II C (Bild 2.65).
- Der Mess- und Druckregelraum weist eine ausreichende natürliche Durchlüftung (in der Regel als Querlüftung) auf. Die Belüftung soll möglichst auch an tieferen Stellen der Gebäudehülle und die Entlüftung im Dachbereich erfolgen (Bild 2.66).
- Es dürfen keine Orte innerhalb von Gebäuden, aber auch von Containern vorhanden sein, in denen sich Gas sammeln kann. Wichtig ist, darauf zu achten, dass insbesondere Deckenkonstruktionen keine solchen Orte bilden.
- Die Wasserstoffelektrolyseanlage als Containerlösung (Bild 2.63) muss so beschaffen ist, dass
  - Wasserstoffdetektoren an der Containerdecke etwaige Austritte des Gases anzeigen,
  - Ventilatoren oder in größeren bautechnischen Anlagen Niederdruckgebläse bei laufendem Betrieb dafür sorgen, dass die Luft zwangsweise aus dem Container ausgeschleust wird und der hierbei entstehende Unterdruck im geschlossenen Container über Druckmessstellen überwacht wird, und
  - eine regelmäßige wiederkehrende Kontrolle von Gas- und Drucksensoren sowie Entlüftungsanlagen stattfindet.
- Es muss eine sichere Trennung zwischen explosionsgeschützten und nicht explosionsgeschützten Bereichen geben. Eingebaute Trennwände müssen gasdicht sein und dürfen keine Risse enthalten. Mauerdurchführungen für Kabel, Rohre etc. müssen gasdicht verschlossen sein.
- Im Erdgasbereich gibt es mit dem Merkblatt G 442 ein nachvollziehbares Dokument zur Feststellung explosionsgefährdeter Bereiche an Ausblaseöffnungen von Leitungen zur Atmosphäre an Gasanlagen, das für Gasdruckregelanlagen, Verdichterstationen und Tankstellen gedacht ist. Solange es ein vergleichbares Dokument für Wasserstoff nicht gibt, kann beispielsweise auf die VDI-Richtlinie 3783 Blatt 1 von T. Flassak et al. (2019) über die Ausbreitung von störungsbedingten Freisetzungen zurückgegriffen werden.

Bild 2.63 PEM-Elektrolyseanlage in geschlossenem Container: Vermeidung der Ex-Schutz-Zone 1 innerhalb des Containers durch Wasserstoffdetektor **(1)** und Ventilator **(2)** zur Förderung der Innenluft nach außen während des Elektrolysebetriebs sowie Druckmessdose **(3)** zur Überwachung des sich dann einstellenden Unterdrucks bei geschlossenem Container (© Westnetz GmbH)

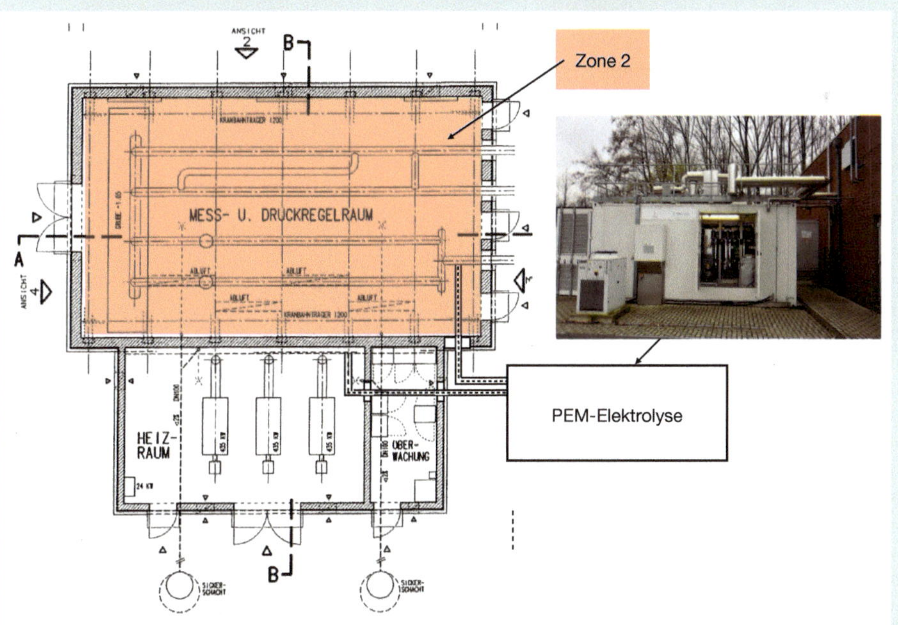

Bild 2.64 Anordnung von Wasserstoffelektrolyse und Erdgas-GDRM-Anlage mit Explosionsschutzzone

Die Entladung elektrostatisch aufgeladener Körper kann zur Funkenbildung und bei Vorhandensein einer explosionsfähigen Atmosphäre zur Zündung führen. Typische Werte der Kapazität von leitfähigen Gegenständen zeigt Tabelle 2.26. Daher sollten folgende Kriterien erfüllt sein:

- Alle wesentlichen metallischen Anlagenteile in Ex-Zonen sollten elektrisch leitend miteinander verbunden werden, sodass ein Potenzialausgleich stattfindet und eine Entladung zwischen den Anlagenteilen verhindert wird.
- Die betroffenen Anlagenteile sollten in ausreichendem Maße geerdet sein.
- Büschelentladungen und Gleitstielbüschelentladungen sollten vermieden werden.
  Büschelentladungen können auftreten, wenn geerdete Leiter auf geladene isolierende Teile zubewegt werden, z. B. zwischen dem Finger einer Person und einer aus Kunststoff bestehenden Oberfläche. Obwohl Büschelentladungen normalerweise nur einen Bruchteil der Energie einer Funkenentladung besitzen, können sie Wasserstoff entzünden.
  Gleitstielbüschelentladungen sind in aller Regel für Wasserstoff zündwirksam und besitzen Energien von bis zu 1 J oder mehr. Die TRGS 727 berichtet, dass erfahrungsgemäß Gleitstielbüschelentladungen an isolierenden Platten, Folien oder an Beschichtungen beobachtet werden, weil diese Teile beidseitig Ladungen speichern können.
- In begehbaren Anlagen sollten die Böden von Räumen in explosionsgefährdeten Bereichen einen elektrostatisch ableitfähigen und funkenhemmenden Belag haben (beispielsweise Beton, ableitfähige Fliesen oder verzinkte Gitterroste). Der Ableitwiderstand darf einschließlich Bodenbelag nach DIN EN 1081 den Wert von 108 Ω nicht überschreiten.
- Um bei farbbeschichteten Anlagenteilen eine ausreichende elektrische Verbindung zu gewährleisten, sollten unter Beachtung des Blitzschutzes bei Bedarf Zahnscheiben eingesetzt werden, die den Farbschutz bis auf die Metalloberfläche überwinden.

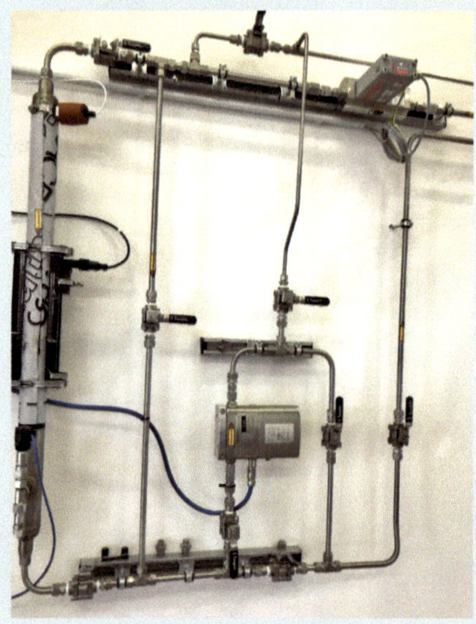

Bild 2.65
Wasserstoffführende Anlagenteile nach ATEX-Richtlinie 2014/34/EU für die Gase nach der Explosionsgruppe II C (© Westnetz GmbH)

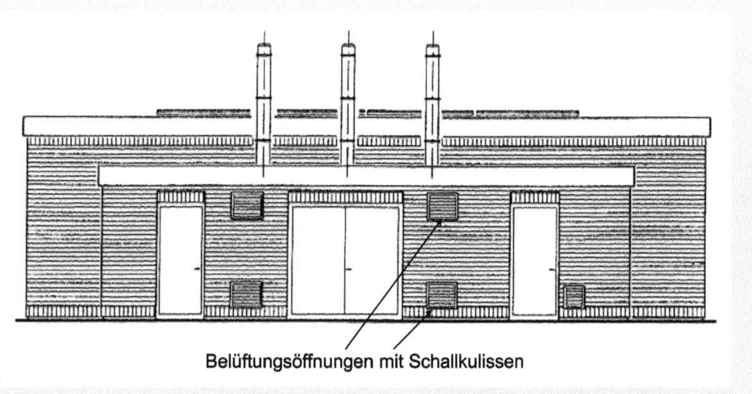

Bild 2.66 Gebäudehülle mit Belüftungsöffnungen für Anlagen zur Wasserstoffinjektion in Gasnetze

2.6.3 Vermeidung von Sicherheitsrisiken beim Einsatz von Wasserstoff als Energieträger

Die eigene Anschauung mit experimentell erzeugten Wasserstoffexplosionen ist beeindruckend. Diese und vergleichbare Erlebnisse helfen in Verbindung mit Studien zu den Risiken eines verstärkten Wasserstoffeinsatzes Feststellungen zu treffen, die über die in Abschnitt 2.6.1 und Abschnitt 2.6.2 aufgeführten Grundsätze hinausreichen.

Zwei Gasballons, einer mit Erdgas, der andere mit Wasserstoff gefüllt, zerren im Freien angebunden an einer Gliederkette und wollen in den Himmel aufsteigen. Die aufgrund der Gasdichte unterschiedlichen Auftriebskräfte sind offensichtlich. Nun wird mithilfe von Propan an der Spitze einer Lanze eine Flamme entzündet und nacheinander zunächst der Erdgasballon und danach der Wasserstoffballon gezündet. Die Erdgasmenge explodiert mit lautem Knall, ein rotgelber Feuerball steht etwa 1 Sekunde in der Luft, um dann zu verschwinden. Der gleiche Vorgang am Wasserstoffvolumen hinterlässt einen weitaus größeren Eindruck. Subjektiv erscheint der Explosionsknall erheblich lauter. Der unmittelbar vertikal nach oben schwebende Feuerball verschwindet innerhalb weniger zehntel Sekunden. Weitere Experimente ähnlicher Art unterstreichen das Erlebte. Die Knallgasreaktion von Wasserstoff und Luftsauerstoff erscheint erheblich heftiger als die Explosion von Erdgas.

Bereits im Jahr 1992 hat das Büro für Technikfolgen-Abschätzung des Deutschen Bundestages (Th. Rieken und M. Socher 1992) einen Bericht zu „Risiken eines verstärkten Wasserstoffeinsatzes“ vorgelegt. Die dort nachzulesenden Grundsätze entsprechen den Feststellungen in Abschnitt 2.6.1 und Abschnitt 2.6.2. Dabei wird ausdrücklich auch auf die Erfahrungen in den USA im Zusammenhang mit dem

Einsatz von Wasserstoff in der Raumfahrtindustrie verwiesen. Hierzu zählen folgende Erkenntnisse:

1. Freisetzungen von H_2 führen in der Regel auch zu Zündungen und in geschlossenen Räumen zu Explosionen. Diese Feststellung unterstreicht nochmals ausdrücklich den Grundsatz, dass es zu keinem Zeitpunkt zu einem zündfähigen Gemisch unter Beteiligung von Wasserstoff kommen darf.
2. In vielen Fällen von Zündungen und Explosionen wurde das Austreten von vermutlich nicht odoriertem Wasserstoff nicht bemerkt. Dies führt zu der Erkenntnis, dass eine vorsorgende Odorierung des Wasserstoffgases bei Einsatz in bewohnten Gebieten geboten ist, um bereits austretende Mengen unterhalb der Zündgrenze aufspüren zu können. Weitere Informationen zu diesem Thema sind Abschnitt 6.7 und Abschnitt 10.5.2 zu entnehmen.
3. In erster Linie waren Lecks, unzureichende Belüftung und nicht ausreichende Spülung für die beobachteten Unglücksfälle verantwortlich.

Die bereits vorangehend erwähnte Tatsache, dass Wasserstoff aufgrund seiner geringen Dichte schnell aufsteigt, führt zu der Erkenntnis, dass das Risiko der Bildung gefährlicher Gasansammlungen im Freien erheblich geringer als bei Kohlenwasserstoffen ist. Andererseits bemerken Th. Rieken und M. Socher (1992), dass der starke Auftrieb auch in größeren Höhen zu starker Verwirbelung und Durchmischung mit der Außenluft und somit kurzzeitig zu zündfähigen Gemischen führen kann. Abziehende Wasserstoffwolken sind daher auch zur Entzündung in der Lage. Die Autoren führen weiter aus, dass Wasserstoffflammen infolge der stärkeren Absorption der abgestrahlten Wärme durch atmosphärischen Wasserdampf nur einen Bruchteil der Flammenstrahlung von Erdgasflammen zur Folge haben. In der Konsequenz führt dies zu einer im Vergleich geringeren thermischen Belastung des Umfeldes. Das Umschlagen einer Deflagration in eine Detonation ist im Freien im Gegensatz zu geschlossenen Räumen nicht zu erwarten.

Zu den Risiken im Umgang mit Wasserstoff im Freien gehört die plötzliche Freisetzung größerer Wasserstoffmengen in obertägigen Anlagen. Dazu zählen Rohrbrüche, das Bersten von Behältern und der Abriss von Anlagenteilen wegen zu hoher Betriebsdrücke und infolge von Wasserstoffversprödung. Hinzu kommt beispielsweise auch die Freisetzung größerer Gasmengen durch betriebsbedingtes Ausströmen durch Ausbläser im Betriebsfall Notaus. In all diesen Situationen ist davon auszugehen, dass kurzzeitig explosionsfähige Wasserstoffwolken entstehen.

Im Rahmen des von Th. Rieken und M. Socher (1992) vorgelegten Berichtes wurde seinerzeit von der Deutschen Gesellschaft für Luft- und Raumfahrt (DLR) eine Modellstudie angefertigt, die Mindestabstände von einem berstenden und explodierenden H_2-Druckbehälter für verschiedene Behältergrößen und Schadensszenarien zum Ziel hatte. Geringe Mindestabstände weisen Druckbehälter mit einem Speicherinhalt von 100 m^3 und einem Betriebsdruck von 40 $bar_ü$ auf. Hier betragen die

Radien, innerhalb derer es zu Todesfällen durch Lungenschäden bei Grenzüberdrücken in der Atmosphäre von 0,7 $bar_ü$ kommen kann, etwa 22 m. Gehörschäden bei Grenzüberdrücken in der Atmosphäre von 0,35 $bar_ü$ sind bei Abständen kleiner als 33 m zu erwarten. Wird das Behältervolumen vergrößert, erhöhen sich die Mindestabstände. Verzehnfacht sich die Speichergröße, verdoppeln sich etwa die Mindestabstände. Ein Überdruck von 0,02 bar wird im Allgemeinen als sicher und nicht gesundheitsgefährdend angesehen.

In geschlossenen Räumen besteht das Risiko einer Detonation mit dann verheerenden Folgen für das Bauwerk und für Menschen in der unmittelbaren Umgebung, wenn Wasserstoff austritt und dies nicht rechtzeitig erkannt wird, um die Bildung eines zündfähigen Gemisches mit der Umgebungsluft zu verhindern. Es ist in diesem Fall konservativ davon auszugehen, dass sich ein Zündfunke findet. In Abschnitt 2.6.2 wird dargelegt, wie in einem Container mit einer PEM-Elektrolyseanlage durch Zwangsentlüftung, Drucküberwachung und Sensorik zur Wasserstoffdetektion auf diese Herausforderung technisch nachvollziehbar reagiert wird. Jede Form der Wasserstoffversorgung zur Wärmebereitstellung in privaten oder öffentlichen Gebäuden hat zwingend das aufgezeigte Risikopotenzial zu berücksichtigen.

Im vorangehend erwähnten Experiment einer Wasserstoffexplosion und Erdgasexplosion mit Ballonfüllungen wurde der Eindruck geschildert, dass die Wasserstoffexplosion im Vergleich zur Erdgasexplosion heftiger ausfiel. Dies kann darauf zurückgeführt werden, dass aufgrund der höheren Verbrennungsgeschwindigkeit des Wasserstoffs nach Tabelle 2.25 in Abschnitt 2.6 der maximale Druckanstieg in der Wasserstoffwolke größer als beim Erdgas ist. Dies hat Folgen bei der Entwicklung der Deflagration im Freien und in Gebäuden und im Umschlag der Deflagration zur Detonation und der folgenden Heftigkeit der Detonation in geschlossenen Räumen.

Die Unterbringung von Wasserstoff in hochdruckfesten Tanks (Abschnitt 6.4, Abschnitt 9.2, Abschnitt 10.2.2), die mit bis zu 900 $bar_ü$ befüllt werden, ist Stand der Technik. Die Unterbringung der Tanks in Bussen und Bahnfahrzeugen nicht in unmittelbarer Nähe zu den Fahrgästen, sondern auf dem Dach, ist ein wesentlicher Schritt zu mehr Sicherheit.

Der Mensch ist immer ein Unsicherheitsfaktor. Es ist daher zwingend, dass auch in Zukunft der Umgang mit Wasserstoff ausschließlich fach- und sachkundigen Personen vorbehalten bleibt. Dabei ist besondere Aufmerksamkeit auf eine umfangreiche und wiederkehrende Schulung des technischen Betriebspersonals zu legen. Dies betrifft alle von der Wasserstoffwirtschaft betroffenen Sektoren.

Praxistipp

Fasst man die vorangehend genannten, die Sicherheit vor Wasserstoffexplosionen betreffenden Aspekte zusammen, ist zu empfehlen, dass im Gegensatz zur heutigen Erdgasversorgung der Wasserstoff möglichst aus den von Menschen dauerhaft genutzten Gebäuden herausgehalten werden sollte. Einrichtungen zur Umwandlung von Wasserstoff und Luftsauerstoff in Strom und Wärme wie Brennstoffzellen und BHKW können unter Wahrung aller notwendigen Sicherheitsvorkehrungen außerhalb der Gebäude errichtet und betrieben werden. Die Ankopplung der Wärmeversorgung der Gebäude kann dann über ein Nah- und Fernwärmesystem erfolgen. ■

■ 2.7 Enthalpieänderung chemischer Reaktionen

In diesem Abschnitt werden die Grundlagen der Enthalpieänderung chemischer Reaktionen behandelt, die beispielsweise bei der Wasserstofferzeugung, sei es die Dampfreformierung oder ein elektrolytisches Verfahren, oder bei der Wasserstoffverwendung von Bedeutung ist.

Im Frühjahr 2019 machten zwei Pressemitteilungen der 2G Energy AG (Grewe 2019) und der Städtische Betriebe Haßfurt GmbH (2019) zur Inbetriebnahme eines stationären Gasmotors in einem Elektrolyseprojekt der Stadtwerke für die Rückverstromung von reinem Wasserstoff ins angrenzende Stromnetz deutlich, dass auch im Zeitalter von Windstrom, Photovoltaik und Wasserstoff die herkömmliche Verbrennungstechnik ihren Platz zwischen Strom- und Gasnetz finden kann (Abschnitt 7.2). Dieser Verbrennungsprozess in einer Brennkammer mit (Luft-)Sauerstoff ist eine Oxidationsreaktion, die zu den Begriffen Standardverbrennungsenthalpie und Standardreaktionsenthalpie führt.

2.7.1 Standardzustände chemischer Reaktionen

Bei der Verbrennung eines Brennstoffes mit Sauerstoff, der Oxidationsreaktion einer brennbaren Substanz, ist die Standardverbrennungsenthalpie von Bedeutung.

Standardverbrennungsenthalpie

Bei der Verbrennung eines Stoffes ist die Standardverbrennungsenthalpie $\Delta_{\text{Verb}}h^{\ominus}$ die Enthalpieänderung je Mol der brennbaren Substanz unter den Standardbedingungen $\vartheta^{\ominus} = 25\,°\text{C}$ und $p = 1\,\text{bar}$. So beträgt die Standardverbrennungsenthalpie von molekularem Wasserstoff $\Delta_{\text{Verb}}h^{\ominus}\left(\text{H}_2\left(\text{g}\right)\right) = -286\,\text{kJ/mol}$. ■

Bei der klassischen Verbrennung von Wasserstoff und Sauerstoff wird je Mol 242 kJ Wärme freigesetzt.

Die Reaktionsenthalpie ist eine Zustandsgröße, die sich aus den bekannten Reaktionsenthalpien der an der chemischen Reaktion beteiligten Stoffe zusammensetzt. Es gilt der Satz von Hess.

Satz von Hess

Die Standardenthalpie einer Reaktion $\Delta_R h^\ominus$ setzt sich aus der Differenz der Standardenthalpien der Produkte und der Edukte jeweils multipliziert mit den stöchiometrischen Koeffizienten ν in der Reaktionsgleichung zusammen:

$$\Delta_R h^\ominus = \sum \nu h_m^\ominus(\text{Produkte}) - \sum \nu h_m^\ominus(\text{Edukte}) \tag{2.152}$$

Dabei wird vorausgesetzt, dass die Edukte in deren jeweiligen Standardzuständen vollständig zu Produkten in deren jeweiligen Standardzuständen umgesetzt werden.

Da die absoluten Enthalpien der an der Reaktion beteiligten Stoffe nicht bestimmt werden können, geht der Weg zur Lösung von Formel 2.152 von einer Reaktion aus, die nach P. Atkins und J. de Paula (2008, S. 141) über die Elemente läuft, sodass in der Betrachtung die Edukte zunächst in die Elemente zerfallen, um dann nach Bild 2.67 die Produkte aus den Elementen zusammenzusetzen.

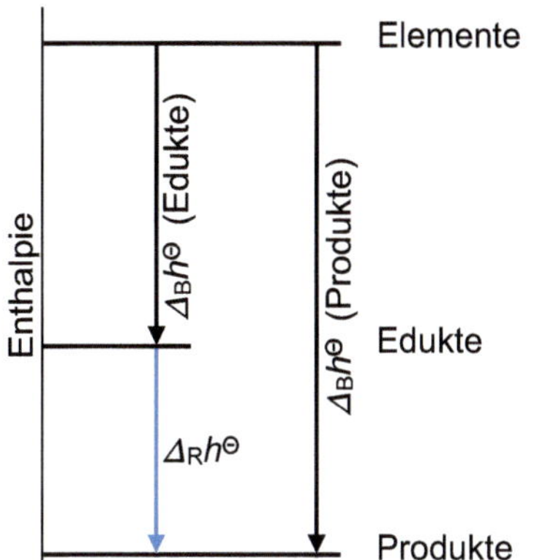

Bild 2.67
Standardreaktionsenthalpie aus den Standardbildungsenthalpien von Edukten und Produkten

So beträgt die molare Standardbildungsenthalpie von Wasser im flüssigen Zustand (l) $\Delta_B h^\ominus = -286$ kJ/mol.

Formel 2.152 ändert sich durch Substitution der absoluten Enthalpien durch die Standardbildungsenthalpien:

$$\Delta_R h^\ominus = \sum \nu \Delta_B h^\ominus(\text{Produkte}) - \sum \nu \Delta_B h^\ominus(\text{Edukte}) \tag{2.153}$$

Standardreaktionsenthalpie

Die Standardreaktionsenthalpie der Reaktion $CH_4(g)+H_2O(g) \rightarrow 3H_2(g)+CO(g)$ soll für eine Systemtemperatur $\vartheta = 25\,°C$ mit Bezug auf Formel 2.153 und Tabelle A.8 in Anhang A bestimmt werden. Die betrachtete Reaktionsgleichung ist Grundlage der Dampfreformierung zur Erzeugung von Wasserstoff in Abschnitt 5.1.1.

Die molaren Standardbildungsenthalpien der Edukte sind

$$\sum \nu \Delta_B h^\ominus (\text{Edukte}) = -74{,}81\,\frac{kJ}{mol} - 241{,}82\,\frac{kJ}{mol} = -316{,}63\,\frac{kJ}{mol}$$

Die molaren Standardbildungsenthalpien der Produkte sind

$$\sum \nu \Delta_B h^\ominus (\text{Produkte}) = 0 - 110{,}53\,\frac{kJ}{mol} = -110{,}53\,\frac{kJ}{mol}$$

Die molare Standardreaktionsenthalpie ist dann:

$$\Delta_R h^\ominus = -110{,}53\,\frac{kJ}{mol} - \left\{-316{,}63\,\frac{kJ}{mol}\right\} = 206{,}10\,\frac{kJ}{mol}$$

Die Reaktionsenthalpie ist positiv und die Reaktion ist endotherm. Es muss Wärme zugeführt werden. ■

Bei chemischen Reaktionen, wie bei Verbrennungsreaktionen, kommt es zu einer Entropieänderung. Diese kann für den Standardzustand als Standardreaktionsentropie $\Delta_R s^\ominus$ analog zu Formel 2.153 nach dem Satz von Hess berechnet werden, indem die Entropien der Edukte und Produkte $s_m^\ominus$ für den Standardzustand sowie die stöchiometrischen Koeffizienten ν berücksichtigt werden.

$$\Delta_R s^\ominus = \sum \nu s_m^\ominus (\text{Produkte}) - \sum \nu s_m^\ominus (\text{Edukte}) \tag{2.154}$$

Für die Änderung der freien Enthalpie $\Delta_R g^\ominus$ kann nach Formel 2.37 geschrieben werden:

$$\Delta_R g^\ominus = \Delta_R h^\ominus - T \Delta_R s^\ominus \tag{2.155}$$

Für die Standardwärmekapazität gilt analog Formel 2.152:

$$\Delta_R c_{p,m}^\ominus = \sum \nu c_{p,m}^\ominus (\text{Produkte}) - \sum \nu c_{p,m}^\ominus (\text{Edukte}) \tag{2.156}$$

Die Enthalpie, die freie Enthalpie und die Entropie sind für ausgewählte Stoffe bei Standardbedingungen als molare Größen Tabelle 2.28 zu entnehmen.

Die in den Tabellen anzutreffenden Werte beispielsweise für die Bildungsenthalpie beziehen sich auf Standardbedingungen. So sind aber der reale Betriebsdruck und die reale Betriebstemperatur wie beispielsweise bei der Hochtemperaturelektrolyse nicht gleichzusetzen mit den Standardbedingungen. Die bisher auf den Standardzustand bezogene Reaktionsenthalpie, freie Reaktionsenthalpie, Reaktionsentropie und Reaktionswärmekapazität sollen an die veränderten Betriebsbedingungen angepasst werden.

Die Reaktionsenthalpie einer chemischen Reaktion ist von der Wärmekapazität der Edukte und Produkte und der Temperatur abhängig. Die Kalkulation dieser Abhängigkeit greift auf Formel 2.42 zurück:

$$\Delta_R h = \Delta_R h^{\ominus} + \sum \nu c_{p,m}\Big|_{T^{\ominus}}^{T} \Delta T = \Delta_R h^{\ominus} + \sum \nu c_{p,m}\Big|_{T^{\ominus}}^{T} \left(T - T^{\ominus}\right) \tag{2.157}$$

Für die freie Reaktionsenthalpie folgt aus Formel 2.155:

$$\Delta_R g = \Delta_R h - T \Delta_R s \tag{2.158}$$

Die Standardreaktionsentropie für eine beliebige Temperatur mit Berücksichtigung des Systemdrucks über den Partialdruck p_i ist

$$\Delta_R s = \Delta_R s^{\ominus} + \sum \nu c_{p,m}\Big|_{T^{\ominus}}^{T} \ln \frac{T}{T^{\ominus}} - \sum \nu R_m \ln \frac{p_i}{p^{\ominus}} \tag{2.159}$$

In Formel 2.159 wird eine mittlere Wärmekapazität $c_{p,m}\Big|_{T^{\ominus}}^{T}$ zwischen der Berechnungstemperatur und der Standardtemperatur von 25 °C benötigt:

$$c_{p,m}\Big|_{T^{\ominus}}^{T} = \frac{c_{p,m_T} \cdot \vartheta - c_{p,m_{T^{\ominus}}} \cdot 25\,°C}{\vartheta - 25\,°C} \tag{2.160}$$

Tabelle 2.28 Thermodynamische Daten chemischer Stoffe und Verbindungen

Stoff	M	$\Delta_B h^{\ominus}$	$\Delta_B g^{\ominus}$	$s_m^{\ominus}$	$c_{p,m}^{\ominus}$	$\Delta_{Verb} h^{\ominus}$
	kg/kmol	kJ/mol	kJ/mol	J/(mol K)	J/(mol K)	kJ/mol
H_2 (g)	2,0158	0	0	130,684	28,824	-286
O_2 (g)	31,999	0	0	205,138	29,355	-
H_2O (g)	18,015	-241,82	-228,57	188,83	33,576	-
H_2O (l)	18,015	-285,83	-237,13	69,91	75,291	-
CH_4 (g)	16,043	-74,81	-50,72	186,26	35,31	-890

Anmerkungen: Werte nach P. Atkins J. de Paula (2008, S. 1079 - 1087)

Umrechnung der thermodynamischen Daten einer Reaktion mit Wasserstoff auf eine andere Temperatur

Die Reaktionsenthalpie $\Delta_R h$ und die spezifische freie Reaktionsenthalpie $\Delta_R g$ der Reaktion $H_2 + \frac{1}{2} O_2 \rightarrow H_2O(l)$ sollen für $\vartheta = 85\,°C$ und $p = 1\,bar$ mit Bezug auf Formel 2.157 bis Formel 2.160 sowie Tabelle 2.28 bestimmt werden. Die Wärmekapazitäten c_{p_i} der beteiligten Stoffe sind folgende:

Temperatur	Wasserstoff	Sauerstoff	Wasser (l)
$\vartheta / °\mathrm{C}$	$c_p/\mathrm{kJ}/(\mathrm{kg\,K})$	$c_p/\mathrm{kJ}/(\mathrm{kg\,K})$	$c_p/\mathrm{kJ}/(\mathrm{kg\,K})$
25	14,304	0,910	4,182
85	14,439	0,930	4,194

Mit Hilfe der molaren Massen nach Tabelle 2.1 können die molaren Wärmekapazitäten berechnet werden.

Die Standardreaktionsgrößen sind folgende:

$$\Delta_\mathrm{R} h^\ominus = 285{,}83\,\frac{\mathrm{kJ}}{\mathrm{mol}}$$

$$\Delta_\mathrm{R} s^\ominus = \left(130{,}68\,\frac{\mathrm{J}}{\mathrm{mol\,K}} + \frac{1}{2}205{,}14\,\frac{\mathrm{J}}{\mathrm{mol\,K}}\right) - 69{,}91\,\frac{\mathrm{J}}{\mathrm{mol\,K}} = 163{,}34\,\frac{\mathrm{J}}{\mathrm{mol\,K}}$$

Mit Hilfe von Formel 2.157 wird die Reaktionsenthalpie $\Delta_\mathrm{R} h$ für $\vartheta = 85°\mathrm{C}$ bestimmt:

$$\Delta_\mathrm{R} h = -283{,}94\,\frac{\mathrm{kJ}}{\mathrm{mol}}$$

Die Ermittlung des jeweiligen Partialdrucks erfolgt mit Formel 2.68 und Formel 2.69. Die Anwendung von Formel 2.159 führt zur Reaktionsentropie.

$$\Delta_\mathrm{R} s = -166{,}51\,\frac{\mathrm{J}}{\mathrm{mol\,K}}$$

Die nachfolgende Tabelle zeigt das Ergebnis im rechten unteren Feld für die freie Reaktionsenthalpie.

$\Delta_\mathrm{R} h^\ominus$	$\Delta_\mathrm{R} s^\ominus$	$\sum \nu c_{\mathrm{p,m}}\Big\vert_{T^\ominus}^{T} \ln \frac{T}{T^\ominus}$	$\sum \nu R_\mathrm{m} \ln \frac{p_\mathrm{i}}{p^\ominus}$	$\Delta_\mathrm{R} h$	$\Delta_\mathrm{R} s$	$\Delta_\mathrm{R} g$
$\frac{\mathrm{kJ}}{\mathrm{mol}}$	$\frac{\mathrm{J}}{\mathrm{mol\,k}}$	$\frac{\mathrm{J}}{\mathrm{mol\,k}}$	$\frac{\mathrm{J}}{\mathrm{mol\,k}}$	$\frac{\mathrm{kJ}}{\mathrm{mol}}$	$\frac{\mathrm{J}}{\mathrm{mol\,k}}$	$\frac{\mathrm{kJ}}{\mathrm{mol}}$
285,83	163,34	-5,76	-8,95	283,95	166,53	224,21

Es empfiehlt sich die Bearbeitung von Aufgabe 20 im Buch *Wasserstofftechnik. Aufgaben und Lösungen*.

2.7.2 Verbrennung von Wasserstoff

Der Verbrennungsprozess ist als exothermer Oxidationsprozess eine spezielle chemische Reaktion zwischen einem Brennstoff wie dem Wasserstoff und (Luft-)Sauerstoff. Hierbei wird Wärme freigesetzt. Es gibt unterschiedliche Formen der Reaktion von Wasserstoff mit (Luft-)Sauerstoff. Zum einen ist die bereits erwähnte exotherme Reaktion unter Freisetzung von Wärme die energetisch bislang bedeutsamste. Die entstandene Wärme kann in einem nachgeschalteten Kreislauf in einer Wärmekraftmaschine (WKM) unter Inkaufnahme von Verlusten in kinetische Energie umgewandelt werden. Zum anderen stellt die Oxidation in einer galvanischen Zelle eine Art kalter Verbrennung dar, da im Vergleich zur WKM niedrigere Temperaturen entstehen und die innere chemische Energie des Brennstoffes bei diesem Prozess in einer Brennstoffzelle direkt in elektrische Arbeit umgesetzt wird.

Ein chemischer Prozess wie die Verbrennungsreaktion ist im Gegensatz zu einem offenen thermodynamischen Prozess, wie beispielsweise dem stationären Transport und der Verdichtung von Wasserstoff, damit verbunden, dass es zu einer stofflichen Umwandlung kommt. Dieser Umstand ist schon in Abschnitt 2.7.1 bei der Bildung von Enthalpiedifferenzen zwischen dem Eingang und dem Ausgang einer chemischen Reaktion berücksichtigt worden.

2.7.2.1 Spezifische Kenngrößen der Verbrennung

Die Grundgleichung der Verbrennung von Wasserstoff und (Luft-)Sauerstoff ist

$$\mathrm{H_2} + \frac{1}{2}\mathrm{O_2} \rightarrow \mathrm{H_2O} \tag{2.161}$$

Der für die Reaktion erforderliche Sauerstoff wird entweder über die Luft zugeführt, was in den meisten technischen Verbrennungsprozessen die Regel ist, oder als reiner Sauerstoff zur Verfügung gestellt. Der Stoffmengenanteil des Sauerstoffs in der Luft ist

$$y_{\mathrm{O_2}} = \frac{n_{\mathrm{O_2}}}{n_{\mathrm{L}}} = 0{,}20947 \tag{2.162}$$

Der Massenanteil des Sauerstoffs in der Luft ist

$$w_{\mathrm{O_2}} = \frac{m_{\mathrm{O_2}}}{m_{\mathrm{L}}} = 0{,}23141 \tag{2.163}$$

In der Verbrennungslehre werden weitere Anteilsangaben verwendet.

Eine Flamme brennt stöchiometrisch, wenn sich Brennstoff – hier Wasserstoff – und ein Oxidationsmittel vollständig verbrauchen. Die Verbrennung nach Formel 2.161 ist stöchiometrisch.

Stoffmengenanteile und Massenanteile

Die an der Verbrennungsreaktion beteiligten Stoffmengen und Massen werden auf die Stoffmenge bzw. auf die Masse des Brennstoffs bezogen:

- Stoffmengenanteil des Sauerstoffs:

$$y_{O_2}^{B} = \frac{n_{O_2}}{n_B} \tag{2.164}$$

- Stoffmengenanteil der Luft:

$$L = \frac{n_L}{n_B} \tag{2.165}$$

- Stoffmengenanteil des Verbrennungsproduktes:

$$y_P^B = \frac{n_P}{n_B} \tag{2.166}$$

- Massenanteil des Sauerstoffs:

$$w_{O_2}^{B} = \frac{m_{O_2}}{m_B} \tag{2.167}$$

- Massenanteil der Luft:

$$l = \frac{m_L}{m_B} \tag{2.168}$$

- Massenanteil des Verbrennungsproduktes:

$$w_P^B = \frac{m_P}{m_B} \tag{2.169}$$

Bleibt Brennstoff übrig, heißt die Verbrennung unterstöchiometrisch oder fett. Das Beispiel einer fetten Verbrennung ist

$$3H_2 + O_2 \rightarrow 2H_2O + H_2 \tag{2.170}$$

Bleibt Oxidationsmittel übrig, ist die Verbrennung überstöchiometrisch oder mager.

Luftverhältnis

Das Luftverhältnis λ ist bei stöchiometrischer Verbrennung das Verhältnis von der Gesamtluftmenge m_L zur erforderlichen Mindestluftmenge :

$$\lambda = \frac{m_L}{m_L^{min}} = \frac{n_L}{n_L^{min}} \tag{2.171}$$

Des Weiteren gilt:

$\lambda < 1$	unterstöchiometrische Verbrennung
$\lambda = 1$	stöchiometrische Verbrennung
$\lambda > 1$	überstöchiometrische Verbrennung

Der für eine vollständige Verbrennung erforderliche Mindestluftbedarf l_{min} ist

$$l_{min} = \frac{y_{O_2}^{B}}{y_{O_2}} \tag{2.172}$$

Stoffmengenanteile und Massenanteile bei stöchiometrischer Verbrennung

Für die stöchiometrische Verbrennung ($\lambda = 1$) von Wasserstoff und Sauerstoff nach Formel 2.161 werden die Stoffmengen- und Massenanteile nach Formel 2.164 bis Formel 2.169 mithilfe der spezifischen Daten für Wasserstoff, Methan und Luft aus Tabelle 2.1 berechnet. Hierbei ist zu berücksichtigen, dass das Verhältnis von der Stoffmenge Stickstoff zur Stoffmenge Sauerstoff beim Brennstoff H_2 nach Formel 2.162 4,774 beträgt. Die Umrechnung von der Stoffmenge *n* in die Masse *m* erfolgt mithilfe der molaren Masse *M* über die Beziehung $m = nM$ und ist in Tabelle 2.29 dargestellt. Als Vergleich sind die korrespondierenden Werte für die Verbrennung von Methan mit dem Oxidationsmittel (Luft-)Sauerstoff gleichfalls aufgeführt.

Tabelle 2.29 Stoffmengen- und Massenanteile technischer Verbrennungsprozesse für $\lambda = 1$

Brennstoff	Stoffmengenanteile			Massenanteile			Anm.
	$y_{O_2}^{B}$	L	$y_{H_2O}^{B}$	$w_{O_2}^{B}$	l	$w_{H_2O}^{B}$	
	$\frac{\text{mol } O_2}{\text{mol B}}$	$\frac{\text{mol Luft}}{\text{mol B}}$	$\frac{\text{mol } H_2O}{\text{mol B}}$	$\frac{\text{kg } O_2}{\text{kg B}}$	$\frac{\text{kg Luft}}{\text{kg B}}$	$\frac{\text{kg } H_2O}{\text{kg B}}$	1)
H_2	0,5	2,387	1	7,937	34,298	8,937	2)
CH_4	2	9,548	2	3,989	17,238	2,246	3)

Anmerkungen: 1) trockene Luft; 2) $\text{mol B} \equiv \text{mol } H_2$; 3) $\text{mol B} \equiv \text{mol } CH_4$

2.7.2.2 Abgaszusammensetzung

Die dem Brenngas Wasserstoff zugeführte Luft enthält Feuchtigkeit, die nach H. Herwig und Ch. H. Kautz (2007, S. 295) in der Regel gering ist, die aber hier nicht vernachlässigt werden soll. Der Feuchtegehalt der Luft φ kann über den Wasserdampfpartialdruck $\varphi_S p_S$ mit der relativen Feuchte φ_S und dem Sättigungsdruck des Wasserdampfes p_S/bar nach Tabelle A.9 in Anhang A bestimmt werden:

$$\varphi = \frac{\varphi_S p_S}{p - \varphi_S p_S} \tag{2.173}$$

Die Hauptbestandteile der Luft sind Stickstoff ($y_{N_2}^{*} = 0{,}78102$), Sauerstoff ($y_{O_2} = 0{,}20947$) sowie Spurengase wie Argon, Kohlendioxid und weitere, die verbrennungstechnisch vereinfacht dem Stickstoff zugerechnet werden. Dann ändert sich der Stoffmengenanteil des Stickstoffs von $y^*_{N_2}$ zu $y_{N_2} = 0{,}79053$.

Bei der vollständigen Verbrennung von Wasserstoff und (Luft-)Sauerstoff enthält das feuchte Abgas H_2O, N_2 und O_2. Die Einzelbestandteile des Abgases y_i werden nach den folgenden Ansätzen ermittelt:

- Der spezifische Wasseranteil $y^A_{H_2O}$ ist

$$y^A_{H_2O} = \left(y_{H_2^B} + \varphi\lambda l_{min}\right) \tag{2.174}$$

- Der spezifische Stickstoffanteil $y^A_{N_2}$ ist

$$y^A_{N_2} = 0{,}79053\lambda l_{min} \tag{2.175}$$

- Der Sauerstoffanteil $y^A_{O_2}$ ist

$$y^A_{O_2} = 0{,}20947(\lambda - 1)l_{min} \tag{2.176}$$

- Der Anteil des trockenen Abgases y^A_{tr} ist

$$y^A_{tr} = y^A_{N_2} + y^A_{O_2} \tag{2.177}$$

- Der Anteil des feuchten Abgases y^A_f für $\lambda \geq 1$ berücksichtigt gegenüber dem trockenen Abgasanteil den Wasseranteil und ist

$$y^A_f = y^A_{N_2} + y^A_{O_2} + y^A_{H_2O} \tag{2.178}$$

Umrechnung der molaren Größen für die Zusammensetzung des Abgases

In der einschlägigen Literatur wird für die Abgaszusammensetzung mit volumetrischen Größen gerechnet. So ist der Wasseranteil $y^A_{H_2O}$ dann $v^A_{H_2O}$ oder der trockene Abgasanteil y^A_{tr} wird zur trockenen Abgasmenge v^A_{tr}. Bei Umgebungsbedingungen sind die molaren Größen und volumetrischen Größen numerisch gleich. Dies gilt selbstverständlich auch für die feuchte Abgasmenge v^A_f:

$$y^A_i \equiv v^A_i$$
$$y^A_{tr} \equiv v^A_{tr}$$
$$y^A_f \equiv v^A_f$$

Abgaszusammensetzung und Abgasmenge bei der Verbrennung von Wasserstoff und (Luft-)Sauerstoff

Es sollen die Abgaszusammensetzung und Abgasmenge bei einer Verbrennung von trockenem Wasserstoff und (Luft-)Sauerstoff mit $\lambda = 1{,}1$ bei einer relativen Feuchte der Luft von $\varphi_S = 0{,}7$, einer Lufttemperatur von $\vartheta_L = 20\,°C$ sowie einem Luftdruck von $p = 1010$ hPa bestimmt werden.

Der Feuchtegehalt der Luft φ wird mit Tabelle A.9 in Anhang A und Formel 2.173 ermittelt:

$$\varphi = \frac{0{,}7 \cdot 0{,}023392\ \text{bar}}{1{,}010\ \text{bar} - 0{,}7 \cdot 0{,}023392\ \text{bar}} = 0{,}016479$$

Der Mindestluftbedarf l_{min} kann mithilfe von Formel 2.162 und Formel 2.172 sowie mit Angaben in Tabelle 2.29 berechnet werden:

$$l_{\text{min}} = \frac{0{,}5}{0{,}20947} = 2{,}387 \frac{\text{mol Luft}}{\text{mol B}}$$

Durch Anwendung von Formel 2.174 bis Formel 2.178 können folgende Abgasanteile bestimmt werden:

- Der spezifische Wasseranteil $y^{\text{A}}_{\text{H}_2\text{O}}$ ist

$$y^{\text{A}}_{\text{H}_2\text{O}} = \left(1 + 0{,}0165 \frac{\text{m}^3\text{H}_2\text{O}}{\text{m}^3\text{Luft}} \cdot 1{,}1 \cdot 2{,}387 \frac{\text{mol Luft}}{\text{mol B}}\right) = 1{,}0433 \frac{\text{mol H}_2\text{O}}{\text{m}^3\text{B}}$$

- Der spezifische Stickstoffanteil $y^{\text{A}}_{\text{N}_2}$ beträgt

$$y^{\text{A}}_{\text{N}_2} = 0{,}79053 \frac{\text{mol N}_2}{\text{mol Luft}} \cdot 1{,}1 \cdot 2{,}387 \frac{\text{mol Luft}}{\text{mol B}} = 2{,}0756 \frac{\text{mol N}_2}{\text{mol B}}$$

- Der Sauerstoffanteil $y^{\text{A}}_{\text{O}_2}$ ist

$$y^{\text{A}}_{\text{O}_2} = 0{,}20947 \frac{\text{mol O}_2}{\text{mol Luft}} \cdot (1{,}1 - 1) \cdot 2{,}387 \frac{\text{mol Luft}}{\text{mol B}} = 0{,}05 \frac{\text{mol O}_2}{\text{mol B}}$$

- Der Anteil des trockenen Abgases y^{A}_{tr} und die trockene Abgasmenge v^{A}_{tr} sind

$$y^{\text{A}}_{\text{tr}} = 2{,}0756 \frac{\text{mol N}_2}{\text{mol B}} + 0{,}05 \frac{\text{mol O}_2}{\text{mol B}} = 2{,}125 \frac{\text{mol tA}}{\text{mol B}}$$

$$v^{\text{A}}_{\text{tr}} = 2{,}125 \frac{\text{m}^3\ \text{tA}}{\text{m}^3\ \text{B}}$$

- Die Anteile des feuchten Abgases y^{A}_{f} und der feuchten Abgasmenge v^{A}_{f} werden wie folgt bestimmt:

$$y^{\text{A}}_{\text{f}} = 2{,}0756 \frac{\text{mol N}_2}{\text{mol B}} + 0{,}05 \frac{\text{mol O}_2}{\text{mol B}} + 1{,}0433 \frac{\text{mol H}_2\text{O}}{\text{m}^3\ \text{B}} = 3{,}1689 \frac{\text{mol fA}}{\text{mol B}}$$

$$v^{\text{A}}_{\text{f}} = 3{,}1689 \frac{\text{m}^3\ \text{fA}}{\text{m}^3\ \text{B}}$$

■

Neben den elementaren Stoffen im Abgas werden Stickoxide NO und NO_2 gebildet, die zusammen als NO_x bezeichnet werden. Die komplexen Zusammenhänge sind der Spezialliteratur wie von J. Warnatz et al. (2001, S. 259) zu entnehmen. Eine Minimierung der Stickoxide ist durch Minimierung der Temperatur oder durch Einsatz von Sauerstoff statt Luft möglich.

Die Volumenanteile der an der Reaktion beteiligten Stoffe im Abgas für Luftverhältnisse von $\lambda \geq 1$ sind Bild 2.68 zu entnehmen.

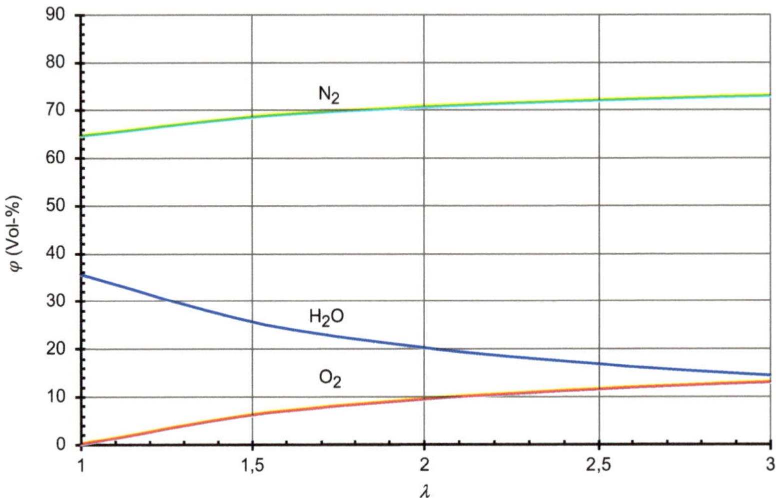

Bild 2.68 Die Zusammensetzung des Abgases bei der Verbrennung von Wasserstoff und Luft

Mit zunehmendem Luftverhältnis und steigendem volumetrischen Anteil von Sauerstoff und Stickstoff geht der Anteil des Wassers zurück. Im stöchiometrischen Punkt bei $\lambda = 1$ ist der maximale Wasseranteil mit dem vollständigen Umsatz an Sauerstoff verbunden.

Die Abgaszusammensetzung bei der Verbrennung einer Mischung aus Wasserstoff und Kohlenwasserstoffen

Wird Wasserstoff einem Kohlenwasserstoffgemisch zugesetzt (Wasserstoff als Zusatzgas), müssen Formel 2.174 bis Formel 2.176 sowie Formel 2.172 modifiziert werden und um das Abgasprodukt Kohlendioxid ergänzt werden. Nach G. Cerbe et al. (2017, S. 111) kann die Zusammensetzung des Abgases bei einem Luftverhältnis von $\lambda \geq 1$ mit folgenden Ansätzen berechnet werden:

- Der Kohlenstoffdioxidanteil $y^{A}_{CO_2}$ ist

$$y^{A}_{CO_2} = \left(y_{CO^B} + y_{CH_4^B} + \sum n y_{C_nH_m^B} + y_{CO_2^B} \right) \tag{2.179}$$

- Der Wasseranteil $y^{A}_{H_2O}$ ist

$$y^{A}_{H_2O} = \left(y_{H_2^B} + 2y_{CH_4^B} + \sum \frac{m}{2} y_{C_nH_m^B} + \varphi \lambda l_{min} + y_g \right) \tag{2.180}$$

- Der Mindestluftbedarf eines Wasserstoff-Kohlenwasserstoff-Gemisches l_{min} ist

$$l_{min} = \frac{1}{y_{O_2}}\left[\frac{1}{2}\left(y_{CO^B} + y_{H_2^B}\right) + 2y_{CH_4^B} + \sum\left(n + \frac{m}{4}\right)y_{C_nH_m^B} - y_{O_2^B}\right] \tag{2.181}$$

- Die Brenngasfeuchte y_g wird auf die trockene Brenngasmasse bezogen:

$$y_g = \frac{\varphi_g p_S}{p - \varphi_g p_S} \tag{2.182}$$

In der gastechnischen Praxis geht man heute im Erdgasnetz von trockenem Gas aus, sodass dieser Anteil in der Praxis in der Regel vernachlässigt werden kann.

- Der Stickstoffanteil $y_{N_2}^A$ ist

$$y_{N_2}^A = \left(y_{N_2^B} + 0{,}79053 \cdot \lambda l_{min}\right) \tag{2.183}$$

- Der Sauerstoffanteil $y_{O_2}^A$ ist

$$y_{O_2}^A = 0{,}20947(\lambda - 1)l_{min} \tag{2.184}$$

Formel 2.177 und Formel 2.178 müssen um den molaren Anteil $y_{CO_2}^A$ korrigiert werden:

- Der Anteil des trockenen Abgases y_{tr}^A ist

$$y_{tr}^A = y_{N_2}^A + y_{O_2}^A + y_{CO_2}^A \tag{2.185}$$

- Der Anteil des feuchten Abgases y_f^A für $\lambda \geq 1$ ist

$$y_f^A = y_{N_2}^A + y_{O_2}^A + y_{H_2O}^A + y_{CO_2}^A \tag{2.186}$$

Abgaszusammensetzung und Abgasmenge bei der Verbrennung einer Mischung aus Wasserstoff und Kohlenwasserstoffen

Es sollen die Abgaszusammensetzung und Abgasmenge bei einer Verbrennung einer Mischung aus trockenem Wasserstoff und Kohlenwasserstoffen mit $\lambda = 1{,}1$ bei einer relativen Feuchte der Luft von $\varphi_S = 0{,}7$, einer Lufttemperatur von $\vartheta_L = 20\ °C$ sowie einem Luftdruck von $p = 1010$ hPa bestimmt werden.

Der Feuchtegehalt der Luft φ wird mit Tabelle A.9 in Anhang A ermittelt.

Die Gaszusammensetzung ist

$$y_{H_2^B} = 0{,}10;\ y_{CH_4^B} = 0{,}81;\ y_{C_2H_6^B} = 0{,}06;\ y_{C_3H_8^B} = 0{,}01;\ y_{N_2^B} = 0{,}01;\ y_{CO_2^B} = 0{,}01$$

Für die Lösung der aufgeworfenen Fragen werden nachfolgende Berechnungen mit Formel 2.179 bis Formel 2.186 durchgeführt.

- Der Mindestluftbedarf ist

$$l_{min} = \frac{1}{0{,}20947}\left(0{,}5 \cdot 0{,}1 + 2 \cdot 0{,}81 + 3{,}5 \cdot 0{,}06 + 5 \cdot 0{,}01\right) = 9{,}2137\ \frac{\text{mol Luft}}{\text{mol B}}$$

- Der Kohlenstoffdioxidanteil ist

$$y^{A}_{CO_2} = 0{,}81 + 2 \cdot 0{,}06 + 3 \cdot 0{,}01 + 0{,}01 = 0{,}97 \frac{\text{mol CO}_2}{\text{mol B}}$$

- Der Feuchtegehalt der Luft ist

$$\varphi = \frac{0{,}7 \cdot 0{,}023392 \text{ bar}}{1{,}010 \text{ bar} - 0{,}7 \cdot 0{,}023392 \text{ bar}} = 0{,}016479$$

- Der Wasseranteil ist

$$y^{A}_{H_2O} = 0{,}1 + 2 \cdot 0{,}81 + 3 \cdot 0{,}06 + 4 \cdot 0{,}01 + 0{,}016479 \cdot 1{,}1 \cdot 9{,}2137 = 2{,}1070 \frac{\text{mol H}_2\text{O}}{\text{mol B}}$$

- Der Stickstoffanteil ist

$$y^{A}_{N_2} = 0{,}01 + 0{,}79053 \cdot 1{,}1 \cdot 9{,}2137 = 8{,}0221 \frac{\text{mol N}_2}{\text{mol B}}$$

- Der Sauerstoffanteil ist

$$y^{A}_{O_2} = 0{,}20947 \cdot 0{,}1 \cdot 9{,}2137 = 0{,}193 \frac{\text{mol O}_2}{\text{mol B}}$$

- Der Anteil des trockenen Abgases y^{A}_{tr} und die trockene Abgasmenge v^{A}_{tr} sind

$$y^{A}_{tr} = 8{,}0221 \frac{\text{mol N}_2}{\text{mol B}} + 0{,}193 \frac{\text{mol O}_2}{\text{mol B}} + 0{,}97 \frac{\text{mol CO}_2}{\text{mol B}} = 9{,}185 \frac{\text{mol tA}}{\text{mol B}}$$

$$v^{A}_{tr} = 9{,}185 \frac{\text{m}^3 \text{ tA}}{\text{m}^3 \text{ B}}$$

- Der Anteil des feuchten Abgases y^{A}_{f} und der feuchten Abgasmenge v^{A}_{f} sind

$$y^{A}_{f} = y^{A}_{tr} + y^{A}_{H_2O} = 9{,}185 \frac{\text{mol tA}}{\text{mol B}} + 2{,}1070 \frac{\text{mol H}_2\text{O}}{\text{mol B}} = 11{,}292 \frac{\text{mol fA}}{\text{mol B}}$$

$$v^{A}_{f} = 11{,}292 \frac{\text{m}^3 \text{ fA}}{\text{m}^3 \text{ B}}$$

Es empfiehlt sich die Bearbeitung von Aufgabe 21 im Buch *Wasserstofftechnik. Aufgaben und Lösungen.*

Durch die chemische Reaktion ändert sich die innere Energie des thermodynamischen Systems „Reaktionsraum“. Der exotherme Prozess setzt hierbei chemische Bindungsenergie frei. Mit dem spezifischen Heizwert H_i und dem spezifischen Brennwert H_s werden zwei neue Größen eingeführt.

In Bild 2.69 wird ein Bilanzraum bei einer konstanten Temperatur von $T^{\Theta} = 298{,}15$ K mit dem Eintritt (0) in und dem Austritt (1) aus dem Bilanzraum betrachtet. Es wird vorausgesetzt, dass keine Energieübertragung in Form von Arbeit stattfindet.

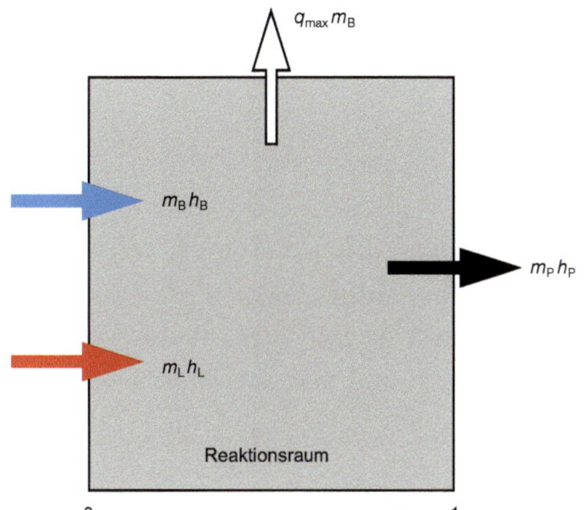

Bild 2.69
Bilanzraum einer chemischen Verbrennungsreaktion unter der Randbedingung einer konstanten Systemtemperatur für alle Betriebszustände

Heizwert und Brennwert

Beim Standardzustand werden im Reaktionsraum über die zugeführte Enthalpie des Brenngases Wasserstoff und der Luft sowie über die abgeführte Enthalpie der Produkte bei konstanter Temperatur für alle Betriebszustände nachfolgende Größen definiert.

- spezifischer Heizwert:

$$H_i = h_B\left(T^\ominus\right) + l_{min} h_L\left(T^\ominus\right) - w_P^B h_P\left(T^\ominus\right) \tag{2.187}$$

- spezifischer Brennwert:

$$H_s = H_u + w_{H_2O}^B \Delta h_v\left(T^\ominus\right) \tag{2.188}$$

$\Delta h_v\left(T^\ominus\right) = 2443{,}1\ \mathrm{kJ/kg}$ ist die spezifische Verdampfungsenthalpie von Wasser für den Standardzustand.

Bei Verwendung des spezifischen Heizwertes H_i wird unterstellt, dass Wasser im Abgas dampfförmig vorliegt und die Enthalpie des Wasserdampfes nicht genutzt wird. Beim spezifischen Brennwert wird vorausgesetzt, dass Wasser im Abgas flüssig vorliegt und die bei der Kondensation des Wassers freiwerdende Kondensationswärme genutzt werden kann. Der Energieinhalt im Brennstoff Wasserstoff bewegt sich zwischen dem unteren Heizwert und dem oberen Brennwert.

In der Energiebilanz (Bild 2.69) wird

1. die dem Bilanzraum entzogene Wärme q_{max},
2. die über den Brennstoff eingetragene Energie je Brennstoffmasse $h_B\left(T^\ominus\right)$,
3. die über die Luft eingetragene Energie je Brennstoffmasse $l_{min} h_L\left(T^\ominus\right)$,
4. die über das Abgas dem Bilanzraum entnommene Energie $w_P^B h_P\left(T^\ominus\right)$ unter der Maßgabe, dass Wasser dampfförmig vorliegt, und

5. die im Bilanzraum durch Kondensation des Wassers je Brennstoffmasse freigesetzte Kondensationswärme $w_{H_2O}^{kond} \Delta h_v \left(T^\Theta\right)$

berücksichtigt. Sie lautet

$$-q_{max} = h_B\left(T^\Theta\right) + h_L\left(T^\Theta\right) - w_P^B h_P\left(T^\Theta\right) + w_{H_2O}^{kond} \Delta h_v\left(T^\Theta\right) \tag{2.189}$$

H. Herwig und Ch. H. Kautz (2007, S. 297) kommen durch Vergleich von Formel 2.189 mit Formel 2.187 und Formel 2.188 zu dem Schluss, dass $w_{H_2O}^{kond} < w_{H_2O}^{B}$ und demzufolge nicht das gesamte Wasser kondensiert ist und die aus der Verbrennung gewonnene Wärme zwischen dem Brennwert und dem Heizwert liegt. Dies ist auch darauf zurückzuführen, dass die Annahme einer konstanten Temperatur T^Θ eine Vereinfachung darstellt.

Heizwert und Brennwert – hier im Standardzustand – werden in der Regel auf den Normzustand bezogen:

$$H_{i,n} = H_i \frac{p_n T^\Theta z_\Theta}{\left(p - \varphi_S p_S\right) T_n z_n} \tag{2.190}$$

$$H_{s,n} = H_s \frac{p_n T^\Theta z_\Theta}{\left(p - \varphi_S p_S\right) T_n z_n} \tag{2.191}$$

Die Wahl zwischen dem Heiz- und dem Brennwert

Immer wieder taucht die Frage auf, wann im alltäglichen Energiegeschäft der Heiz- und wann der Brennwert genutzt wird. Der Brennwert wird verwendet, wenn Energiemengen an Dritte zur Nutzung, die der Energiehändler oder Verkäufer von Energiemengen nicht beeinflussen kann, übergeben wird. Der Heizwert wird vom Käufer oder Nutzer von Energie eingesetzt, wenn die Verwendung nicht streng nach den Kriterien der Brennwerttechnik erfolgt. ■

Die doch erheblichen Unterschiede verschiedener Parameter wie Mindestluftbedarf, Mindestabgasmenge, Heiz- und Brennwert bei der Verbrennung der Brenngase Wasserstoff oder Methan oder Erdgas H und (Luft-)Sauerstoff sind Tabelle 2.30 zu entnehmen. Insbesondere der im Vergleich mit Erdgas H (Methan) etwa um den Faktor 3 geringere Energieinhalt des Wasserstoffs $H_{s,n}$ und $H_{i,n}$ wirft Fragen nach den Konsequenzen für die Substitution fossiler Energiemengen durch Wasserstoff auf, die in den folgenden Kapiteln beantwortet werden. Das CO_2-freie Abgas bei der Verbrennung von Wasserstoff zeigt die prinzipiellen Chancen oder Potenziale, die die Nutzung des Wasserstoffs in einer von Kohlendioxid und anderen schädlichen Klimagasen befreiten Welt bieten kann.

Tabelle 2.30 Spezifische Verbrennungsgrößen unterschiedlicher Brenngase ($\lambda = 1$)

Größe	Einheit	Wasserstoff	Methan	Erdgas H
Anmerkungen		1)	2)	2); 3)
Mindestluftbedarf l_{min}	$\frac{\text{mol Luft}}{\text{mol B}}$	2,38	9,52	9,85
Mindestabgasmenge trocken v_{tr}^{A}	$\frac{\text{m}^3\ \text{tA}}{\text{m}^3\ \text{B}}$	1,88	8,52	8,86
Mindestabgasmenge feucht v_{f}^{A}	$\frac{\text{m}^3\ \text{fA}}{\text{m}^3\ \text{B}}$	2,88	9,5	10,88
CO_2 im trockenen Abgas $y_{CO_2}^{A}$	mol-%	0	11,7	12,0
N_2 im trockenen Abgas $y_{N_2}^{A}$	mol-%	100	88,3	88,0
CO_2 im feuchten Abgas $y_{CO_2}^{A}$	mol-%	0	9,5	9,7
H_2O im feuchten Abgas $y_{H_2O}^{A}$	mol-%	34,7	19,0	18,7
N_2 im feuchten Abgas $y_{N_2}^{A}$	mol-%	65,3	71,5	71,6
Verbrennungstemperatur ϑ	°C	2086	1922	1940
Taupunkttemperatur ϑ_T	°C	73	60	61
Heizwert $H_{i,n}$	$\frac{\text{kWh}}{\text{m}^3}$	2,995	9,971	10,337
Heizwert $H_{i,n}$	$\frac{\text{MJ}}{\text{m}^3}$	10,782	35,894	37,213
Brennwert $H_{s,n}$	$\frac{\text{kWh}}{\text{m}^3}$	3,54	11,064	11,449
Brennwert $H_{s,n}$	$\frac{\text{MJ}}{\text{m}^3}$	12,744	39,830	41,216

Anmerkungen: 1) Luftfeuchte und Gasfeuchte sind vernachlässigt; 2) nach G. Cerbe et al. (2017); 3) Durchschnittswerte von Erdgas verschiedener Herkunft

3 Wirtschaftlichkeit von Wasserstoffprojekten

In diesem Kapitel wird zunächst ein anlegbarer Wasserstoffpreis im Mobilitätsmarkt gesucht. Dieser orientiert sich am aktuellen Verkaufspreis an der Zapfsäule einer Tankstelle für Benzin- und Diesel. Danach werden die wesentlichen Schritte einer Wirtschaftlichkeitsrechnung vorgestellt, die einen wichtigen Baustein eines Wasserstoffprojektes darstellt, und die Erkenntnisse am Beispiel der Elektrolyse vertieft.

Die Notwendigkeit zum Aufbau einer Wasserstoffwirtschaft wird heute primär unter dem volkswirtschaftlichen Aspekt der Energiewende mit dem Ziel der Vermeidung von Treibhausgasen, der Sektorkopplung und der optimalen Gestaltung der zukünftigen Energieinfrastruktur sowie des Verkehrs- und Industriesektors gesehen. Für die am Transformationsprozess beteiligten Unternehmen stellt sich in einer wettbewerblich organisierten Wirtschaftsordnung die Frage nach der betriebswirtschaftlichen Begründung für ein konkretes Projekt, die durch eine Wirtschaftlichkeitsrechnung geliefert werden muss.

Zur Betrachtung der wirtschaftlichen Rahmenbedingungen einer Wasserstoffwirtschaft gehört die Analyse der Preissituation im Mobilitätsmarkt einschließlich des Wasserstoffs. Das Ziel ist beispielsweise die Ermittlung eines anlegbaren Wasserstoffpreises am deutschen Kraftstoffmarkt unter anderem zur Versorgung des ÖPNV.

In vergleichbaren Industriestaaten wie beispielsweise Japan kommen bereits mit Wasserstoff angetriebene Brennstoffzellenbusse zum Einsatz (Bild 3.1). Um die Preissituation in Deutschland zu untersuchen, sollen auch Erdgas für Erdgasfahrzeuge (NGV) und die elektrische Energie über den öffentlichen Strommarkt für das batteriegetriebene Fahrzeug (BEV) in den Vergleich mit einbezogen werden.

Bild 3.1 Vorbild für den ÖPNV in anderen Ländern – ein Brennstoffzellenbus in Japan

Die für den Vergleich der spezifischen Energiekosten in Bild 3.2 unterstellten spezifischen Fahrzeugverbräuche und Preise sind in Tabelle A.10 im Anhang A einzusehen. Der Stichtag für die Preiserhebung war der 29. Juli 2023. Es werden lediglich die spezifischen Energiekosten bezogen auf die Fahrleistung gegenübergestellt. Nicht berücksichtigt werden Anschaffungskosten der Fahrzeuge, Versicherung und Steuern sowie ein Preisaufschlag auf fossile Treibstoffe durch den Handel mit CO_2-Zertifikaten.

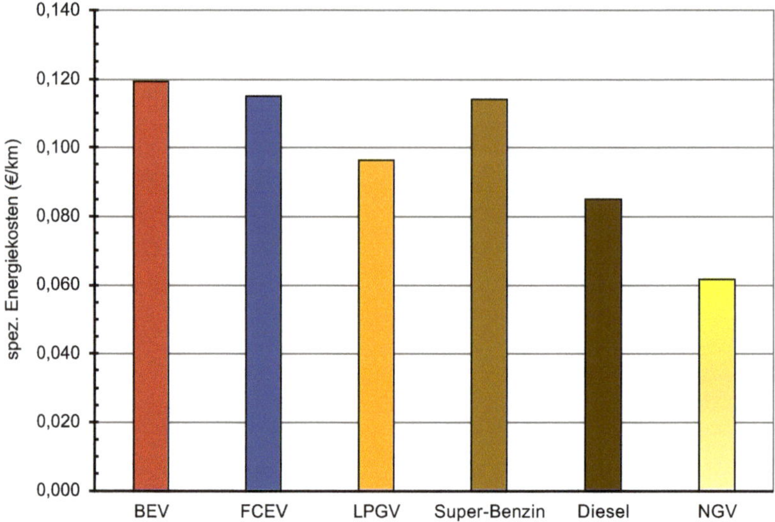

Bild 3.2 Spezifische Energiekosten am Mobilitätsmarkt von verschiedenen Treibstoffvarianten (Stand 2023)

Der am Stichtag geforderte Wasserstoffpreis von 13,85 €/kg ist ein am Benzinpreis und am Strompreis an öffentlich zugänglichen Ladestationen marktorientierter Preis. Die niedrigsten Treibstoffkosten verursacht Erdgas (NGV), das in verflüssigter Form als LNG im Schwerlastverkehr eingesetzt wird. Um das Energiepreisniveau für NGV von etwa 0,06 €/km zu erreichen, darf der Verkaufspreis für Wasserstoff (FCEV) an der Zapfsäule eine Größenordnung von 7,50 €/kg Wasserstoff nicht überschreiten.

3.1 Investition

Investition

Eine Investition (CAPEX), wie beispielhaft die Errichtung einer Wasserstoffelektrolyseanlage, ist die Umsetzung und Bindung von Kapital in Vermögensgegenstände mit dem Ziel, Produktions- und Absatzkapazität qualitativ und quantitativ zu verbessern.

Ein Investitionsvorgang beinhaltet unter anderem folgende Elemente:

- Investitionsplanung
- Ermittlung von Kosten und Erlösen (Auszahlungen und Einzahlungen)
- Berechnung der Rendite (Eigenkapitalverzinsung)
- laufende Wirtschaftlichkeitskontrolle
- Liquidationserlös durch Verwertung des Investitionsobjektes am Ende der Nutzungsdauer

Fließt Kapital in Grundstücke, Gebäude, Maschinen oder in Vorräte, spricht man von Sachinvestition. Geht das Kapital in Beteiligungen oder Finanzanlagen, ist es eine Finanzinvestition. Die Neuinvestition dient dem Neubau oder der Erweiterung von Anlagenkapazitäten. Durch Reinvestitionen werden verbrauchte oder technisch nicht mehr aktuelle Sachanlagen erneuert. Per Definition führt eine Reinvestition grundsätzlich nicht zu einer Veränderung der Kapazität. Bei der Beurteilung von Investitionen spielen Risiken und Unsicherheiten eine Rolle. Die dynamische Wirtschaftlichkeitsrechnung findet Anwendung bei Projekten, die über einen längeren Zeitraum betrachtet werden und ein größeres Finanzvolumen umfassen. Sie vermeidet den Nachteil der statischen Wirtschaftlichkeitsrechnung, der in der Vernachlässigung der zeitlichen Verteilung der Ausgaben (Investitionen, Kosten (OPEX)) und Einnahmen (Erlöse) besteht.

Die zeitliche Verteilung der Investitionszahlungen basiert auf der Terminplanung für das konkrete technische Projekt. Dieser Arbeitsschritt gehört zu den primären ingenieurtechnischen Aufgaben. Bild 3.3 zeigt einen zusammenfassenden Balkenterminplan für die Erstellung einer Wasserstoffelektrolyseanlage.

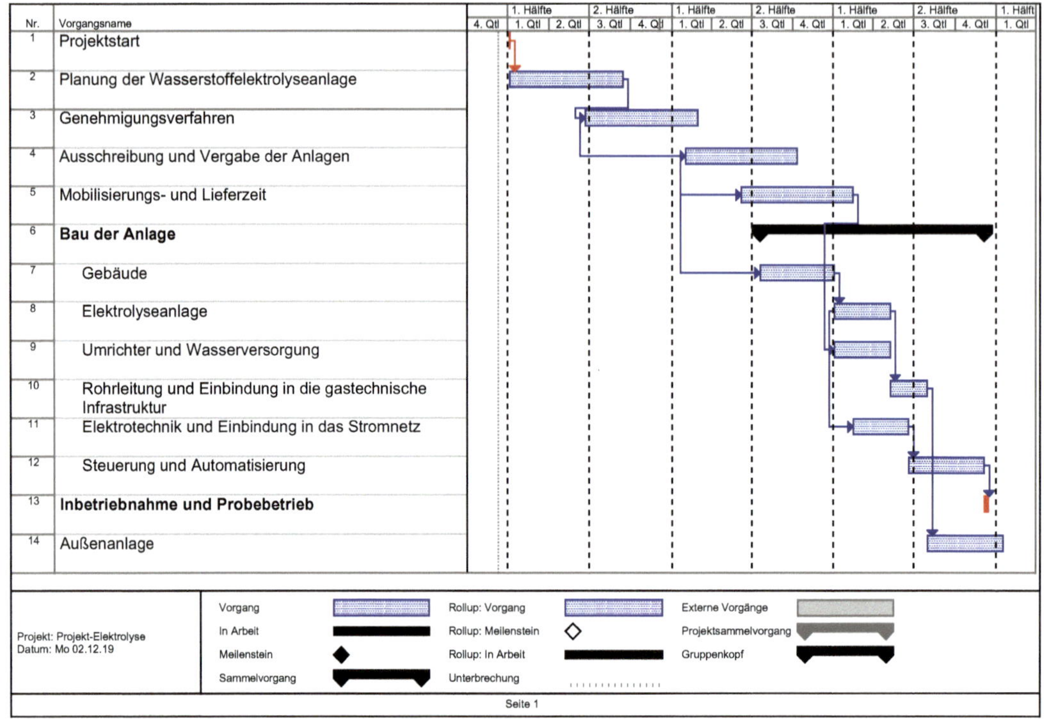

Bild 3.3 Terminplan eines Wasserstoffelektrolyseprojektes

Die Investitionszahlen werden plausibel nach der terminlichen Durchführung der einzelnen Gewerke auf die verschiedenen Perioden (Jahre) verteilt. Der Terminplan bildet die Basis für die Auftragsabwicklung der unterschiedlichen Gewerke.

Im Investitionsbeispiel in Bild 3.3 finden mit dem Bau der Anlage die Hauptaktivitäten im 2. Jahr und im 3. Jahr statt, während im 1. Jahr Planung und Genehmigungsverfahren im Mittelpunkt stehen. Eine zeitliche Verteilung der Ausgaben mit folgender Aufteilung erscheint für das Beispiel Elektrolyse schlüssig:

1. Jahr: 20 % aller Investitionen

1. Jahr: 30 % aller Investitionen

2. Jahr: 50 % aller Investitionen

In der beruflichen Realität ist für eine belastbare Wirtschaftlichkeitsrechnung eine möglichst exakte Mittelverteilungsplanung zwingend erforderlich.

Bis zum Zeitpunkt der Inbetriebnahme ist der gesamte Finanzverzehr Investitionen I. Erst danach sind sämtliche Mittelausgaben für den Betrieb der Anlage und für Personal Kosten K. Der Bau der Anlage schließt mit dem Probebetrieb ab. Zinsen für Fremdkapital sind Finanzierungskosten K_F.

Inbetriebnahme und Probebetrieb

Die Inbetriebnahme einer errichteten oder technisch umgebauten Anlage schließt mit einem Probebetrieb ab. Der Probebetrieb hat die Aufgabe nachzuweisen, dass die Anlage gemäß ihrer Spezifikation in den Aufträgen an Dritte reibungslos funktioniert. Hier empfiehlt sich ein 72 Stunden währender Testbetrieb, in dem vorher festgelegte Leistungsdaten der Anlage zwingend ohne Beanstandung und betriebliche Unterbrechung erreicht werden müssen. Dies sind zweckmäßigerweise bei einer elektrolytischen Anlage unter anderem folgende:

- der Strombezug W_{el}
- der Wasserstoffvolumenstrom $\dot{V}_n$
- der Wasserverbrauch V_{H_2O}
- der Übergabedruck des Wasserstoffs ins nachgeschaltete Netz oder in Richtung eines Trailers oder Verbrauchers p
- die Reinheit des Wasserstoffs

Erreichen die vorangehend genannten Größen während des Probebetriebes die vorab festgelegten Mindestgrenzwerte nicht, so hat der Lieferant die Gelegenheit, den Mangel zu beheben. Danach beginnt der Probebetrieb von vorn. ■

■ 3.2 Kapitalwertmethode

Im Mittelpunkt der nachfolgenden Betrachtungen steht der Kapitalwert oder Nettobarwert einer Investition.

Kapitalwert einer Investition

Der Kapitalwert einer Investition ist der reale Wert der Investition zum heutigen Betrachtungszeitpunkt. Der Nettobarwert gibt an, welchen Kapitalwert die Investition zum heutigen Zeitpunkt hat. Der Nettobarwert ergibt sich durch die Abzinsung (Diskontierung) aller jährlichen Einnahmeüberschüsse (-unterdeckungen), auch Netto-Cash-Flow *NCF* genannt, auf den heutigen Betrachtungszeitpunkt. Der Abzinsungsfaktor oder Diskontierungsfaktor ist ein festzulegender Kapitalzinsfuß i. ■

Für C_0 als Kapitalwert oder Nettobarwert der Investition I folgt

$$C_0 = -I + \sum_t \frac{NCF}{(1+i)^t} \tag{3.1}$$

Da bei der Nettobarwertmethode der in den einzelnen Perioden anfallende Netto-Cash-Flow abgezinst oder diskontiert wird, wird das hier vorgestellte Verfahren auch diskontierte Cash-Flow Rechnung (dcf) genannt.

Bei der Ermittlung des Netto-Cash-Flows gelten folgende Voraussetzungen:

- Investitionen sind Auszahlungen.
- Mit Inbetriebnahme des Investitionsgutes wird dieses aktiviert. Das Investitionsgut wird damit ins Anlagevermögen übernommen.
- Ab dem Zeitpunkt der Aktivierung beginnt die Abschreibung des Investitionsobjektes.
- Es werden für den gesamten Betrachtungszeitraum
  - Investitionen *I*,
  - Kosten *K*,
  - Erlöse *E*,
  - Abschreibungen *Afa* und
  - Steuern *St*

  aufgetragen.

Für die Gewinne vor Steuern G_{vSt} zum Zeitpunkt t gilt:

$$G_{\mathrm{vSt}_t} = E_t - K_t - Afa - K_{\mathrm{Ft}} \tag{3.2}$$

Die pauschale Steuerberechnung, die an dieser Stelle vorgesehen ist, ist eine reine Ertragssteuerberechnung ohne Berücksichtigung von Zu- oder Abschlägen, d. h., die pauschale Steuer wird als Prozentsatz der Gewinne vor Steuern errechnet. Die Steuern können durchaus negativ werden, d. h., es sind dann keine Auszahlungen, sondern sie sollten als positive Einzahlungen berücksichtigt werden.

Für die Gewinne nach Steuern G_{nSt} gilt:

$$G_{\mathrm{nSt}_t} = G_{\mathrm{vSt}_t} - St \tag{3.3}$$

Der Netto-Cash-Flow *NCF* kann jetzt berechnet werden:

$$NCF = G_{\mathrm{nSt}_t} + Afa \tag{3.4}$$

Der bereits vorangehend genannte Kapitalzinsfuß entspricht der geplanten Mindestverzinsung des eingesetzten Investitionskapitals und der laufenden Kapitalbeanspruchung. Je höher der Kapitalzinsfuß, umso niedriger ist der Kapitalwert C_0. Bei einem Kapitalwert von

$$C_0 = 0 \tag{3.5}$$

wird durch das Investitionsprojekt exakt die Mindestverzinsung erreicht. Bei einem Kapitalwert von

$$C_0 > 0 \tag{3.6}$$

ist die Verzinsung der geplanten Maßnahme größer als die Mindestverzinsung und es wird über die Mindestverzinsung des eingesetzten Kapitals hinaus noch ein Überschuss bis zum Ende des Betrachtungszeitraumes erwirtschaftet.

Bei einem Kapitalwert von

$$C_0 < 0 \tag{3.7}$$

wird die Mindestverzinsung nicht erreicht und das Investitionsprojekt muss als unwirtschaftlich bezeichnet werden. Der Grundsatz der Kapitalwert- oder Nettobarwertmethode lautet daher: Eine Investition ist immer dann vorteilhaft, wenn der Kapitalwert oder Nettobarwert aller Investitionszahlungen größer gleich null ist.

Wirtschaftlichkeitsrechnung mit Eigenkapital oder mit Fremdkapital?

Die Wirtschaftlichkeitsrechnung kann unter der Prämisse einer vollständigen Eigenkapitalfinanzierung (100 % EK), einer ausschließlichen Finanzierung mit Fremdkapital (100 % FK) oder einer gemischten Finanzierung (EK/FK) durchgeführt werden. Im Sinne einer konservativen Betrachtung wird empfohlen, die Verzinsung des EK zu berechnen und eine Ermittlung des *NCF* auf der Basis von 100 % EK-Finanzierung durchzuführen. ■

3.2.1 Diskontierter Cashflow

Materielles Anlagevermögen muss abgeschrieben werden. Das Anlagevermögen wird mit seinen Anschaffungs- oder Herstellungskosten abzüglich der Abschreibungen (*Afa*) in die Aktivseite der Bilanz übernommen. Dieser Vorgang ist die Aktivierung des Anlagevermögens. Finanzierungskosten K_F für das Anlagevermögen sind keine Anschaffungskosten.

Eine Sachanlage steht einem Unternehmen über einen längeren Zeitraum zur Verfügung. Aus diesem Grund sind die Anschaffungs- und Erstellungskosten der Sachanlage nicht im Jahr der Anschaffung oder Inbetriebnahme in voller Höhe der Gewinn- und Verlustrechnung (GuV) zuzurechnen. Die Gewinn- und Verlustrechnung würde im Anschaffungsjahr oder Jahr der Inbetriebnahme zu hoch belastet und in den Folgejahren zu niedrig belastet werden. Aus diesem Grund werden die durch Gebrauch und Abnutzung auftretenden Wertminderungen der Sachanlage als Abschreibungen ermittelt und als periodenbezogener Aufwand in die GuV übernommen.

Es gibt verschiedene Ursachen der Wertminderung einer Sachanlage, die in der Abschreibung zum Ausdruck kommt:

- Die Abnutzung infolge von technischem Verschleiß der Anlage oder von Anlagenteilen führt zu einer Wertminderung. Bei der Elektrolyse, aber auch bei der Brennstoffzelle ist die sogenannte Zelldegradation – man kann diesen Vorgang auch als Alterungsprozess beschreiben – von Bedeutung (siehe Abschnitt 5.2 und Abschnitt 10.3).

- Dadurch, dass eine Anlage oder ein technisches Verfahren technisch veraltet ist, kommt es zu einem technischen Wertverbrauch.
- Außerdem entsteht ein rechtlicher Wertverbrauch, beispielsweise weil Patente oder Lizenzen ablaufen oder verfallen, oder Miet- oder Pachtverträge beispielsweise von Anlagengrundstücken zeitlich begrenzt sind.

Bei Anwendung der Kapitalwertmethode wird häufig die lineare Abschreibung angewendet, die im Vergleich zu anderen Abschreibungsformen im Sinne einer Risikoabschätzung zu konservativen Ergebnissen einer Wirtschaftlichkeitsanalyse beiträgt.

Bei der linearen Abschreibung wird davon ausgegangen, dass, unabhängig vom effektiven Wertverlust, die Sachanlage einer jährlich konstanten Wertminderung unterliegt. Die jährliche Abschreibung *Afa* errechnet sich aus dem Verhältnis von Anschaffungs- oder Herstellungswert ΣI zur Anzahl der Nutzungsperioden n. Sollte die Sachanlage am Ende der Nutzungszeit einen Restwert haben – man spricht von Restbuchwert *RBW* –, so ist dieser vom Anschaffungs- oder Herstellungswert abzuziehen. Der Abschreibungszeitraum wird hier mit der Anzahl der Nutzungsperioden gleichgesetzt.

$$Afa = \frac{\sum I}{n} \tag{3.8}$$

Wirtschaftlichkeit einer Wasserstoffelektrolyseanlage

Über die Kapitalwertmethode und den Nettobarwert soll die Wirtschaftlichkeit eines Projektes zur Errichtung und zum Betrieb einer PEM-Wasserstoffelektrolyseanlage (Abschnitt 5.2) mit einer Leistung von 100 MW, jährlichen Benutzungsstunden von 3000 h/a und einem Strombezug von 300 GWh/a überprüft werden.

Das Projekt beinhaltet folgende Randbedingungen:

1. Die Wasserstoffelektrolyse ist Teil eines Konzeptes zur Verwertung von Strom aus regenerativer Erzeugung über Windkraftanlagen und PV-Anlagen. Die Stromsteuer auf den zu entrichtenden Strompreis nach § 9 Abschnitt 1 Nr. 1 Stromsteuergesetz (StromStG) entfällt.
2. Bei Bedarf wird der erzeugte Wasserstoff wieder einer Anlage zur Rückverstromung zugeführt.
3. Es wird ein Preis für den Industriestrom K_1 ohne Berücksichtigung der Stromsteuer von 0,20 €/kWh unterstellt. Dieser Preis liegt aufgrund des hohen Strommengenbezuges unter dem Mitte 2023 vom BDEW ermittelten durchschnittlichen Industriestrompreis in Deutschland von 0,2496 €/kWh.

4. Die spezifischen Investitionen für die Elektrolyseanlage sind einer Studie von M. Holst et al. (2021) entnommen. Die Aufteilung der Investitionen auf die Laufzeit der Errichtungsphase erfolgt nach dem in Abschnitt 3.1 beschriebenen Schlüssel.
5. Die Abschreibungszeit von 20 Jahren orientiert sich an der angenommenen Lebensdauer der Elektrolyseanlage von 60 000 h.
6. Es wird eine Zelldegradation (siehe auch Abschnitt 5.2.4) von 1 %/a angenommen. Dies wirkt sich auf die dann jährlich steigenden Energiekosten aus.

Die spezifischen Daten des Projektes sind in Tabelle 3.1 dargestellt.

Tabelle 3.1 Spezifische Projektdaten der PEM-Wasserstoffelektrolyseanlage

Größe	Symbol	Einheit	Wert
Elektrische Nennleistung Stack	P_{el}	MW	100
Systemwirkungsgrad[1)]	η_{ges}	-	0,74
Degradation	δ	%/a	1
Wasserstoffvolumenstrom[1)]	$\dot{V}_{H_2,n}$	m^3/h	20.904
Jährliche Betriebsstunden	b_{ha}	h/a	3000
Spezifische Investitionen (CAPEX)	I	€/kW	717
Spezifischer Strompreis	K_1	€/kWh	0,2
Sonstige spez. Betriebskosten (OPEX)[2)]	K_2	%/I/a	1
Pauschaler Steuersatz	St	$\%/G_{vSt}$	30
Jährliche Preissteigerung	e	%/a	2
Kapitalzinsfuß	i	%/a	4
Spez. Erlöse für den Wasserstoff	E_{H_2}	€/kg	gesucht

Anmerkungen: 1) $\dot{V}_{H_2,n} = P_{el}\eta_{ges} / H_{s,n}$; 2) umfasst Wartung und Instandhaltung, anteilige Personalkosten

Gesucht ist der spezifische Preis für Wasserstoff je kg an der Erzeugungsstelle, also ohne Transport und Speicherung, bei dem der Kapitalwert $C_0 = 0$ ist. Die jährlichen Erlöse ohne Berücksichtigung der Eskalation sind dann

$$E_t = \dot{V}_{H_2,n} \varrho_n b_{ha} E_{H_2} \tag{3.9}$$

Die jährlichen Kosten (OPEX) unter Berücksichtigung der Degradation und ohne Berücksichtigung der Eskalation sind

$$K_t = P_{el} b_{ha} K_1 (1+\delta)^{t-t_b} + K_2 I \tag{3.10}$$

Die dcf-Rechnung in Tabelle 3.2 führt zu einem Kapitalwert von $C_0 = 0$ T€, wenn der spezifische Wasserstoffpreis $E_{H_2} = 12{,}78$ € / kg H_2 erreicht. Die Reduzierung des Wasserstoffpreises führt zu negativen Nettobarwerten. Der ermittelte Wasserstoffpreis ist somit der spezifische Grenzerlös an der Erzeugungsstelle für einen wirtschaftlichen Betrieb der betrachteten Wasserstoffelektrolyseanlage.

Tabelle 3.2 dcf-Rechnung zur Wirtschaftlichkeit des Projektes „Errichtung und Betrieb einer Wasserstoffelektrolyseanlage“

Nr.	Größe	t	0	1	2	3	4	ff	22
1	Eskalation	$(1+e)^t$	1,00	1,02	1,04	1,06	1,08	ff	1,55
2	Investition (Mill. €)	I_t	14,34	21,51	35,85			ff	
3	Investition eskaliert (Mill. €)	$I_t(1+e)^t$	14,34	21,94	37,29			ff	
4	Erlöse (Mill. €)	E_t				72,05	72,05	ff	72,05
5	Erlöse eskaliert (Mill. €)	$E_t(1+e)^t$				76,46	77,99	ff	111,4
6	Kosten (Mill. €)	K_t				60,72	61,92	ff	73,93
7	Kosten eskaliert (Mill. €)	$K_t(1+e)^t$				64,44	67,0 30,2 0,2	ff	114,3
8	Lineare Afa (Mill. €)	*Afa*				3,68	3,68	ff	3,68
9	Gewinn vor Steuern (Mill. €)	G_{vSt}				8,34	7,28	ff	-6,59
10	Steuern (Mill. €)	*St*				2,50	2,18	ff	-1,98
11	Netto-Cash-Flow (Mill. €)	*NCF*	-14,34	-21,94	-37,29	9,52	8,77	ff	-0,94
13	Diskontierung	$(1+i)^t$	1,00	1,04	1,082	1,125	1,170	ff	2,37
14	dcf-Reihe (Mill. €)	*Dcf*	-14,34	-21,09	-34,48	8,46	7,50	ff	-0,39
15	Kapitelwert (Mill. €)	C_0	0					ff	

Anmerkungen: ff ≙ fortlaufend; Zahlen sind gerundet

Es empfiehlt sich die Bearbeitung von Aufgabe 22 im Buch *Wasserstofftechnik. Aufgaben und Lösungen.*

Kalkulatorischer Ansatz für Betriebskosten

Im vorangegangenen Beispiel wurden die jährlichen Betriebskosten prozentual auf die Investitionen zum Zeitpunkt der Errichtung der Anlage I bezogen. Sollten keine nachvollziehbaren Angaben über die Höhe der Betriebskosten vorliegen, kann mit folgenden Ansätzen kalkuliert werden:

- bei einer statisch beanspruchten Anlage, wie zum Beispiel bei einer überflur oder unterflur verlegten Rohrleitung: $1\,\%/\mathrm{I}/\mathrm{a} \leq K \leq 2\,\%/\mathrm{I}/\mathrm{a}$
- bei einer dynamisch beanspruchten Anlage, wie zum Beispiel bei einem Verdichter: $K \cong 5\,\%/\mathrm{I}/\mathrm{a}$

Eine dynamisch beanspruchte Anlage erfordert einen erheblich höheren Aufwand an Wartung und Instandhaltung als ein Betriebsmittel, das „nur" statisch beansprucht wird.

3.2.2 Sensitivitätsanalyse

Mit einem Sensitivitätsverfahren wird aufgezeigt, welche variablen Größen Einfluss auf das Ergebnis der Wirtschaftlichkeitsrechnung haben. Es soll gezeigt werden, wie die Variation dieser Variablen das Ergebnis der Wirtschaftlichkeitsrechnung beeinflusst. Dabei werden systematische Parametervariationen mit dem Ziel durchgeführt, die verschiedenen Größen des Modells (z. B. Höhe der Investitionen, Erlöse für den Wasserstoff, Stromkosten, sonstige Betriebskosten, Kalkulationszinsfuß) auf ihre Sensibilität gegenüber Veränderungen zu testen.

Das Risiko, das mit einer Investitionsentscheidung verbunden ist, wird analysiert, indem untersucht wird, ob die Investitionsentscheidung sich verändert, wenn Parameter der Wirtschaftlichkeitsrechnung variiert werden.

Die Sensitivitätsanalyse dient somit

- zur Bewältigung der Unsicherheit bei der Entscheidung über eine Investition,
- zur Klarstellung, wie die Variation der Variablen das Ergebnis der Wirtschaftlichkeitsrechnung beeinflusst,
- zur Erforschung der Sensibilität der Aussagen der Wirtschaftlichkeitsrechnung gegenüber Veränderungen,
- als Hilfestellung bei der endgültigen Entscheidung über das Investitionsprojekt,
- zur Einsichtnahme in die Risikostruktur des Investitionsprojektes.

Wenn der Erlös für den Wasserstoff aus einer Erzeugungsanlage mit der dcf-Rechnung bestimmt wird, so ist er von folgenden Größen abhängig:

1. vom Strompreis und den verschiedenen gesetzlich verankerten Parametern der Preisfindung, wie Stromsteuer oder EEG-Zulage

2. von der Höhe der spezifischen Investitionen (siehe auch Kapitel 5)
3. von der Höhe der Unternehmenssteuer
4. von der Preissteigerung
5. von der Erwartung an die Verzinsungshöhe des Eigenkapitals

Es ist beispielsweise zu erwarten, dass der in Abschnitt 3.2.1 ermittelte Grenzerlös von Abgaben, Steuern und Umlagen auf den Strompreis beeinflusst wird, aber auch von der Höhe des Kapitalzinsfußes *i* und der Höhe der Investition (CAPEX). In Bild 3.4 ist das Ergebnis einer Sensitivitätsanalyse für ein Elektrolyseprojekt dargestellt. Für unterschiedliche CAPEX ist der Wasserstoffgrenzerlös über dem Strombezugspreis dargestellt.

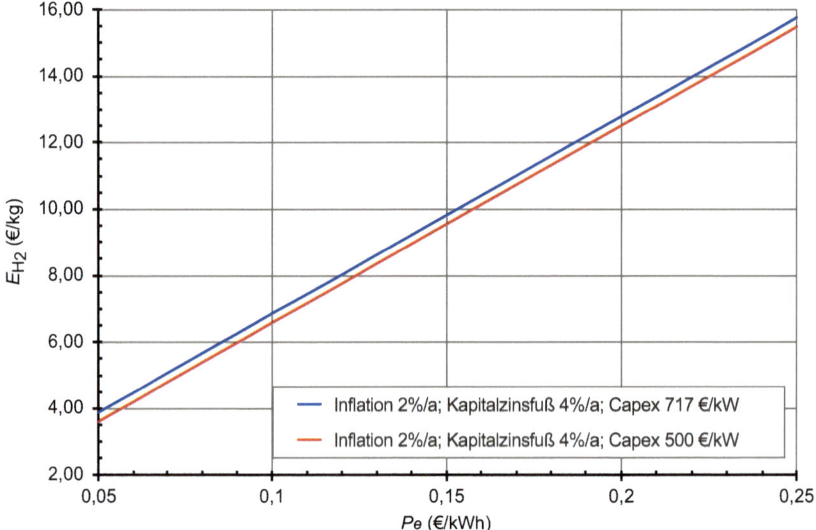

Bild 3.4 Sensitivität des Grenzerlöses für Wasserstoff vom Strombezugspreis und vom CAPEX: Gegenstand der Untersuchung ist ein PEM-Elektrolyseprojekt mit einer Leistung von 100 MW.

Aufgrund der unterschiedlichen spezifischen Anschaffungswerte (CAPEX) ergeben sich hier geringe Unterschiede. Aus den linearen Verläufen können auf einfache Weise Abschätzungen auf die Höhe der Grenzerlöse vorgenommen werden, wenn eine Randbedingung wie der CAPEX sich ändert. Von richtungsweisender Bedeutung für die Grenzerlöse ist allerdings die Höhe der Strombezugskosten.

4 Technologiepfade mit Wasserstoff

In diesem Kapitel wird die heute praktizierte Erzeugung des Wasserstoffs und seine Verwendung vorgestellt. Das kleinste Molekül des Universums bietet die Chance, im Bereich der Energieversorgung und als Rohstoff in der Industrie eine Schlüsselrolle in der Transformation unserer Welt zu einer karbonfreien Zukunft zu übernehmen. Zwei Varianten markieren einerseits eine größtmögliche und andererseits eine vom Umfang her bescheidene Lösung, die beide in diesem Kapitel beschrieben werden. Dabei wird der überwiegende Teil des Wasserstoffs zum einen importiert, zum anderen wird der in Deutschland benötigte Wasserstoff auch hierzulande erzeugt. Außerdem soll das Konzept der Mischgasnetze aus Wasserstoff und Erdgas bewertet und der Blick auch auf die Erfordernisse, die die Speicherung von großen Wasserstoffmengen mit sich bringt, gelenkt werden.

Bereits in Kapitel 2 wird dargelegt, dass Wasserstoff aufgrund seiner geringen Dichte und der damit verbundenen Flüchtigkeit nicht in ausreichendem Maß frei verfügbar für die industrielle oder energetische Nutzung auf unserem Planeten Erde vorliegt. Er ist nahezu vollständig chemisch an Wasser oder Kohlenwasserstoffe gebunden und muss mit geeigneten Verfahren gewonnen werden. Heute werden in Deutschland 96 % des jährlichen Wasserstoffvolumens im Normzustand durch die Dampfreformierung und verwandte Verfahren als „grauer" Wasserstoff gewonnen. Nur etwa 4 % des Wasserstoffvolumens im Normzustand werden elektrolytisch erzeugt. Insbesondere der Elektrolyse gehört die Zukunft, da nur sie in absehbarer Zeit die Herstellung nennenswerter Wasserstoffmengen garantieren kann, ohne dass fossile Grundstoffe eingesetzt und Treibhausgase freigesetzt werden. Der erzeugte und eingesetzte Wasserstoff als Baustein einer zukünftigen Energie-, Verkehrs- und Grundstoffwirtschaft muss allerdings auch wirtschaftlich den Anforderungen, die in einer wettbewerbsorientierten Volkswirtschaft an die Energieversorgung, an die Mobilität und an die Grundstoffversorgung gestellt werden, genügen. Ein entscheidender Akteur bei der Richtungswahl zur zukünftigen Ausrichtung der verschiedenen Sektoren ist die Politik, da sie den gesetzlichen und regulatorischen Rahmen für die Weiterentwicklung der Technologie festlegt. Um das Ziel einer maximalen Erwärmung um 1,5 °C durch drastisch jährlich sinkende Treibhausgasemissionen (Kapitel 1) zu erreichen, sind in den letzten Jahren verschiedene Wege durch eine Vielzahl von Studien und Untersuchungen aufgezeigt worden.

■ 4.1 Die aktuelle Welt des Wasserstoffs

Wasserstoff wird heutzutage als Rohstoff in der Industrie bei der Produktion von Kraft- und Schmierstoffen wie synthetischen Kraftstoffen, Methanol, synthetischen Ölen und Fetten und aufbereiteten Rohölen (Bild 4.1), bei der Produktion von chemischen Produkten wie Kunststoffen und Alkoholen sowie bei der Metallherstellung eingesetzt.

Bild 4.1 Produkte aus der Destillation, Raffination, der Paraffinherstellung und Hydrierung mit Wasserstoff als Rohstoff bei H&R ChemPharm GmbH in Salzbergen (© H&R ChemPharm GmbH)

Wasserstoff wird in großen Mengen in der Chemieindustrie bei der Herstellung von Ammoniak und Methanol benötigt. Ein weiteres Haupteinsatzgebiet sind die Raffinerien, in denen Wasserstoff für die Weiterverarbeitung von Ausgangsprodukten eingesetzt wird. In der Summe werden rund 2/3 des global produzierten Wasserstoffes für die Ammoniaksynthese, in Raffinerien und für die Produktion von Methanol genutzt. Auf die sonstigen industriellen Anwendungen entfallen weltweit etwa 1/3 der globalen Wasserstofferzeugung. Aus den vorliegenden Zahlen ist die wirtschaftliche Bedeutung für die jeweils betroffenen Unternehmen nicht ablesbar.

Wasserstoff hat über die stoffliche Verwendung hinaus das Potenzial, in Zukunft auch verstärkt als Energieträger eingesetzt zu werden.

Die weltweite Nachfrage nach Wasserstoff betrug im Jahr 2020 nach E. Bianco et al. (2022) 87 Millionen Tonnen. Davon entfallen auf Deutschland etwa 1,5 Millionen Tonnen. Dies entspricht einem jährlichen Wasserstoffvolumen von etwa 16 Mrd. m^3 im Normzustand.

Die Quellen des Wasserstoffs sind nach Bild 4.2 und Angaben des Umweltbundesamtes nahezu ausschließlich fossiler Natur. Auf Erdgas als wesentlichen Teil des Verfahrens der Dampfreformierung ist fast die Hälfte der momentanen Wasserstofferzeugung zurückzuführen.

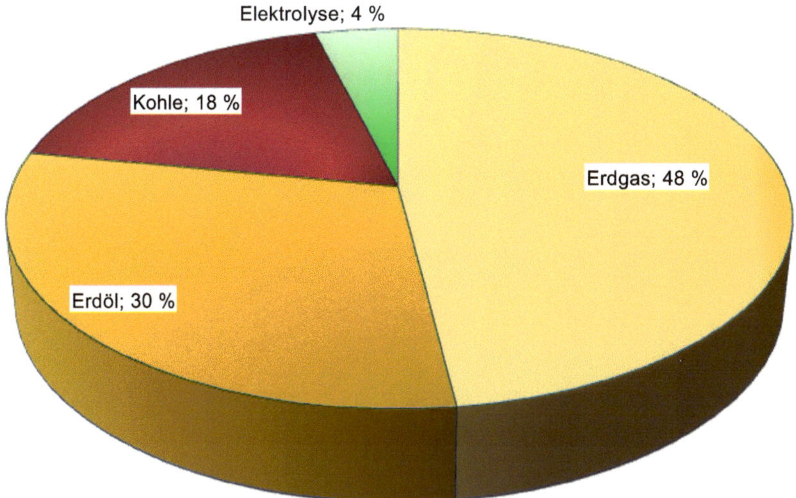

Bild 4.2 Die Quellen des Wasserstoffs im Jahr 2019

Ein wesentlicher Anteil der Erzeugung der heutigen Wasserstoffmengen entfällt nicht nur in Deutschland, sondern weltweit auf die Verfahren der Dampfreformierung, wie Bild 4.3 im Panorama zeigt, und auf die partielle Oxidation, in denen Erdgas, Flüssiggase wie Propan und Butan, Naphtha oder Rohbenzin oder Steinkohlenteer für die Reaktion eingesetzt werden (Näheres in Abschnitt 5.1.1 und Abschnitt 5.1.2). Diese Verfahren, die auch eine nachgeschaltete Reaktion von Kohlenmonoxid und Wasser zu Kohlendioxid und Wasserstoff beinhalten, haben notgedrungen einen Ausstoß von Kohlendioxid zur Folge. Im Fall der endothermen Dampfreformierung, bei der reiner Wasserdampf als Oxidationsmittel eingesetzt wird, muss Wärme zugeführt werden. Die exotherme partielle Oxidation erfordert Sauerstoff oder Luft und setzt Wärme frei. Eine Kombination beider Verfahren ist die autotherme Reformierung mit einer Mischung aus Luft und Wasserdampf. Hierbei wird das Mengenverhältnis so gesteuert, dass in der Gesamtenergiebilanz weder Wärme zu- noch abgeführt werden muss. In der Fortschreibung der Nationalen Wasserstoffstrategie des BMWK (2023) - kurz NWS - sollen die genannten Verfahren auch weiterhin in einer Übergangsphase genutzt werden. Dabei wird das nach der Wasserstoffproduktion freiwerdende Kohlendioxid nach dem Transport über Pipelines oder in Tanks in ausgebeuteten Öl- und Gasfeldern eingelagert. Dieses auch als CCS bekannte Einlagerungsverfahren von CO_2 in Speichergestein wird jedoch in Deutschland derzeit nicht praktiziert (Näheres in Abschnitt 5.1.5). Alternative Standorte sind ausgebeutete Öl- und Gasfelder wie die unter dem norwegischen Nordseeschelf.

Bild 4.3 Wasserstofferzeugung mithilfe der Dampfreformierung mit Erdgas bei H&R Chempharm GmbH in Salzbergen (© Westfalen AG)

Weltweit war 2018 die Herstellung von Wasserstoff auf fossiler Basis nach einer Studie von D. Gielen et al. (2019, S. 7) verantwortlich für jährliche Treibhausgasemissionen, die in Summe den gesamten Emissionen von Indonesien (etwa 2 % Anteil am weltweiten Treibhausgasausstoß) und Großbritannien (etwa 1 % Anteil am weltweiten Treibhausgasausstoß) entsprechen. In Deutschland sind nach Einschätzung einer Studie von ENCON.Europe GmbH und und Ludwig-Bölkow-Systemtechnik GmbH (2018, S. 2) die herkömmlichen Verfahren verantwortlich für etwa 2 % der jährlich emittierten Treibhausgase. In den Vereinigten Staaten von Amerika, Kanada und Europa sind nach einer Studie von J. Adolf et al. (2017, S. 26) momentan Pipelinesysteme unter reinem Wasserstoff in einer Gesamtlänge von etwa 4500 Leitungskilometern in Betrieb. Dies entspricht etwas weniger als 1 % der Gesamtlänge des in Deutschland betriebenen Erdgasnetzes mit einer Ausdehnung von etwas mehr als 500 000 km. Die Wasserstoffleitungen werden zwar als Schlüssel zur Verbreitung der Wasserstoffwirtschaft gepriesen, der Transport erfolgt jedoch weltweit immer noch in erster Linie mithilfe von Trailern, die als mobile Tankeinheiten unter hohem Druck bis zu 350 bar_a unterwegs und in Bild 4.4 zu sehen sind.

Bild 4.4 Bündel an Tankflaschen (200 bar) und ein Trailer (350 bar) an einer Wasserstoffabfüllstation für den H_2-Transport bei H&R ChemPharm GmbH in Salzbergen (© H&R ChemPharm GmbH)

Soll der Wasserstoff als Energieträger und Grundstoff zukünftig eine entscheidende Rolle bei der Transformation vor allem der Industrieländer spielen, so muss in Deutschland nach der NWS die heimische Produktion von grünem Wasserstoff elektrolytisch mithilfe von Strom aus regenerativen Quellen hochgefahren werden und zusätzlich müssen vor allem Wasserstoffderivate wie Ammoniak, Methanol und synthetische Kraftstoffe importiert werden. Solange Wasserstoff ein rares und teures Gut ist, soll das Gas nach Auffassung der Bundesregierung vornehmlich in den Bereichen eingesetzt werden, in denen eine direkte Elektrifizierung wirtschaftlich und ökologisch nicht sinnvoll ist (Kapitel 10).

4.2 Sektorkopplung

Die Sektorkopplung als Chance zur Bewältigung der Energiewende

Der energie- und umweltpolitisch sowohl auf nationaler als auch auf europäischer Ebene angestrebte Ausbau der erneuerbaren Energien erfordert in allen Sektoren des Energiesystems einen Strukturwandel, der noch nicht ausreichend beschrieben und analysiert ist. Es fehlt hierfür sozusagen ein Masterplan, der allerdings für eine komplexe, auf marktwirtschaftlichen Grundsätzen basierende Volkswirtschaft nur schwer umzusetzen ist. Dabei liegen die Vorteile eines spartenübergreifenden Zusammenschlusses von Strom-, Gas- und Wärmenetzen auf der Hand. Denn wenn man die bestehende Infrastruktur im Gas- und Wärmesektor nutzt, kann volkswirtschaftlich nachvollziehbar der Ausbau des Stromnetzes auf das unbedingt Notwendige beschränkt werden. ■

Die Integration großer Anteile dargebotsabhängiger, räumlich und zeitlich fluktuierender Energiequellen wird zunehmend zur Herausforderung für die Energiewirtschaft. Um fluktuierende erneuerbare Energien in das Versorgungssystem integrieren zu können und gleichzeitig eine gleichbleibende Versorgungssicherheit zu gewährleisten, sind weitgehende Anpassungen und Ergänzungen der bestehenden Infrastrukturen erforderlich. Hierbei sind unterschiedliche strukturelle und technisch-ökonomische Entwicklungspfade auf der Seite der Energiebereitstellung sowie bei den Verbrauchern in der Zukunft umzusetzen. Als Ergebnis der Energiesystemanalyse der nächsten Jahre müssen robuste Aussagen getroffen werden, welche technisch-strukturellen Entwicklungen unter welchen Randbedingungen zu einer realisierbaren und gesamtgesellschaftlich vorteilhaften Zukunft des Energiesystems führen können.

In diesem System wird regenerativ erzeugte elektrische Energie die wichtigste „Primärenergie“ der Zukunft darstellen und entsprechend werden mögliche Lastausgleichsoptionen im Stromnetz wie Stromspeicher, weiträumiger Stromtransport, Last- und Erzeugungsmanagement eine zentrale Bedeutung haben. Die Verteilungsinfrastruktur in Form von Strom-, Wärme- und Gasnetzen wird eine wesentliche Bedeutung beim Strukturwandel hin zu den erneuerbaren Energien haben. Ebenso sind die Kopplungen von Infrastrukturen und Märkten wie Strom- und Wärmemarkt sowie Strom- und Kraftstoffmarkt entscheidend für das Erreichen von hohen erneuerbaren Anteilen und entsprechend niedrigen CO_2-Emissionen in allen Verbrauchssektoren.

Die Grundproblematik einer auf den regenerativen Energieträgern Sonne und Wind basierenden Energieversorgung ist die hohe Volatilität der Stromerzeugung. Erforderlich sind daher geeignete Stütz- und Speichersysteme, um den wechselnden Leistungseinspeisungen und Stromnachfragen zu entsprechen. Dabei soll für Industrie-, Gewerbe- und Haushaltskunden eine Technik mit hoher Verfügbarkeit und bezahlbaren Energiepreisen angeboten werden. Eine vielversprechende Speicherkapazität kann durch die Einspeisung von elektrolytisch erzeugtem Wasserstoff in die bestehenden Gasnetze erschlossen werden. Hierbei wird der in Zeiten eines Stromüberangebots erzeugte Wasserstoff in die Gasnetze eingespeist, wo er als Brennstoff bedarfsgerecht durch Verbrennungskraftmaschinen oder Brennstoffzellen energetisch genutzt werden kann. In diesem Zusammenhang wird die Nutzung von Teilen der bestehenden Leitungsinfrastruktur der Gaswirtschaft als reine Wasserstoffnetze geplant. Parallel dazu ist in einer zeitlich nicht festgelegten Übergangsphase die Einspeisung von Wasserstoff als Zusatzgas in weiterhin bestehende Erdgasnetzstrukturen vorstellbar. Im begrenzten Umfang wird auch neue Wasserstoffnetzstruktur entstehen, wo die Nachfrage dies erfordert.

In der Vergangenheit haben Hersteller von Gasturbinenantrieben in Verdichterstationen und Motorenhersteller von Erdgasfahrzeugen sowie Betreiber unterirdischer Gasspeicher eine Begrenzung der Zumischbarkeit von Wasserstoff ins Erdgasnetz von wenigen Molprozent gefordert. Heute gehen Gasnetzbetreiber nach der Überprüfung der unterschiedlichen Restriktionen davon aus, dass der Zumischanteil von H_2 auf bis zu 20 mol-% ansteigen kann, ohne dass Schäden an den genannten Anlagen und Fahrzeugen zu erwarten sind.

Eine nachhaltige Energieversorgung darf sich aber nicht nur auf den Bereich elektrische Energieversorgung („Kraft") beschränken, sondern muss ebenso das Heizen und die Versorgung mit Prozesswärme („Wärme") im Blick haben. Komplementär zum direkten Einsatz von Strom in den Sektoren Wärme und Verkehr wird daher in Zukunft innerhalb einer umfassenden Sektorkopplung die Wärmegewinnung an Bedeutung zunehmen. Die dafür benötigten Sektorkopplungselemente können Blockheizkraftwerke (BHKW) und Brennstoffzellen (BZ) sein, die mit elektrolytisch erzeugtem Wasserstoff Wärme erzeugen. Aller Voraussicht nach werden Wasserstoff und Wasserstoffderivate in bestimmten Bereichen des Mobilitätsmarktes, wie der Luftfahrt, im Schiffsverkehr und bei schweren Nutzfahrzeugen, an Bedeutung gewinnen. In Anlehnung an den populären Begriff „Energiewende", der vor allem den Bereich Stromversorgung im Blick hat, kann man daher auch von einer „Wärmewende" und darüber hinaus von einer „Verkehrswende" sprechen, die notwendigerweise folgen müssen, um die Klimaschutzziele zu erfüllen. Ausgehend davon wird zukünftig die Kopplung von drei verschiedenen Versorgungsnetzen (elektrisches Verbundnetz, Gasnetz, Fernwärmenetz) mit Anbindung von Industrie und Gewerbe sowie Wasserstofftankstellen entscheidend für den Erfolg einer nachhaltigen Energieversorgung sein.

Von elementarer Bedeutung ist die „Bezahlbarkeit" der Energiewende. Energiepreise werden im Strom- und Gasmarkt entweder an den Energiebörsen oder im OTC-Handel gebildet. Dabei werden unterschiedliche kurzfristige und langfristige

Produkte gehandelt. Dies reicht im Strommarkt von ganz kurzfristigen Produkten (1 Stunde oder 15 Minuten) über Day-Ahead-Produkte bis zu langfristigen Terminmarktprodukten. Für die Aufrechterhaltung eines regulierten Strom- und Gasmarktes müssen Energiedefizite oder Energieüberschüsse in den Energienetzen durch positive oder negative Regelenergiebereitstellung in einem primären (PRL) und sekundären (SRL) Regelleistungsmarkt ausgeglichen werden.

Preise im Wärmemarkt (Fernwärmenetze, lokale Nahwärmenetze) werden heute zu Quartalsbeginn jeweils angepasst und orientieren sich am Lohnkostenindex, am Investitionsgüterindex, am Preisindex für Rohstoffe für die Wärmeerzeugung und am Wärmepreisindex.

Die Preisbasis für den heute erzeugten „grauen“ Wasserstoff als Ausgangsprodukt industrieller Güter sind unter anderem die Bezugskosten des in der Erzeugung eingesetzten Rohstoffes, beispielsweise des Erdgases bei der Dampfreformierung. Soll in Zukunft diese Form der Wasserstofferzeugung, die mit einer Freisetzung von Kohlendioxid verbunden ist, durch die Elektrolyse ersetzt werden, so muss der Erzeugungspreis für diesen „grünen“ Wasserstoff konkurrenzfähig sein (siehe auch Kapitel 3). In einer Übergangsphase, um zunächst ausreichende Wasserstoffmengen zur Verfügung zu haben, gibt es europaweite Planungen, den aus der Dampfreformierung in Verbindung mit dem Verfahren CCS („blauer“ Wasserstoff) oder aus der Methanpyrolyse gewonnenen „türkisen“ Wasserstoff als Brückenglied bis zur Marktreife von elektrolytisch gewonnenem „grünen“ Wasserstoff bzw. H_2-Importen zu nutzen.

Um den vom Verbraucher zu entrichtenden Preis in den beschriebenen Sektoren Energie, Industrie und Mobilität im Zusammenhang mit einer umfassenden Sektorkopplung zu optimieren, bedarf es auch der Feststellung der Nutzungsgrade der einzelnen Prozessschritte. Hier müssen Untersuchungen zum Betriebsverhalten von Gasmotoren unter dem Einfluss von schwankenden Wasserstoffanteilen in den Mischgasnetzen bis hin zum reinen Wasserstoffbetrieb und zur Integration von Wärmespeichern als Bindeglied zu Wärmenetzen unter dem Einfluss einer dynamischen Erzeugung, einer Rückverstromung, des Transports und der Verteilung von Wasserstoff durchgeführt werden.

Das nachfolgend aufgeführte Gesamtkonzept einer umfassenden Sektorkopplung ist in Bild 4.5 dargestellt. Der durch regenerative Energieträger elektrolytisch erzeugte Wasserstoff wird bei diesem Ansatz in bestehende oder neu errichtete Gasnetze als reine Wasserstoffnetze oder für eine Übergangszeit in bestehende Erdgassysteme mit einem volatilen Wasserstoffanteil (Mischgassystem) eingespeist. Das hierbei in Anspruch genommene Pipeline-System stellt den ersten Speichertyp für regenerativ erzeugten Strom dar.

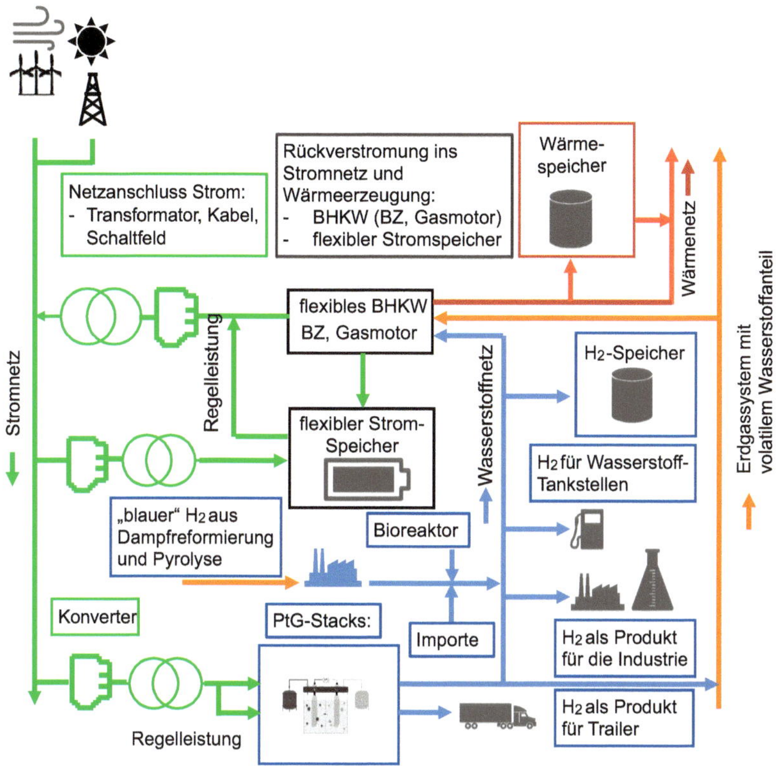

Bild 4.5 Schematische Darstellung der umfassenden Sektorkopplung unter Einbeziehung von Stromnetz, Wasserstoffnetz, Mischgasnetz, Wärmenetz, Mobilitätsmarkt, industrieller/gewerblicher Wasserstoffversorgung sowie BHKW mit integrierten Speicher- und Niedertemperaturwärmenutzungskapazitäten zur Flexibilisierung des Strom- und Wärmeangebotes

Mit dem Wasserstoff aus Wasserstoffnetzen oder in einer Übergangszeit mit einem Erdgas/Wasserstoff-Gemisch aus Mischgasnetzen als erstem Speicher kann durch Verbrennungskraftmaschinen eine energetische Nutzung des Wasserstoffs gewährleistet werden. Die energetische Nutzung des Wasserstoffs in Verbrennungskraftmaschinen oder Brennstoffzellen muss dabei die gesamte Schwankungsbreite des Wasserstoffanteils berücksichtigen.

Deutschland besitzt mit einer großen Zahl von unterirdischen Salzkavernen ein enormes Speicherpotenzial für die Erdgasspeicherung. Diese Anlagen müssen sozusagen als zweiter Speichertyp zur Aufnahme von großen Wasserstoffmengen umgerüstet oder im Bedarfsfall neu errichtet werden.

Die über die Ankopplung ans Stromnetz und Blockheizkraftwerke (BHKW) integrierten Stromspeicher (Lithiumionen-Batterien, Redox-Flow-Batterien, Pumpspeicherkraftwerke, Druckluftspeicher und andere) als dritter Speichertyp ermöglichen eine flexible Rückverstromung von Wasserstoffmengen ins Stromnetz und darüber hinaus ein variables Angebot für die Bereitstellung von positiver und negativer

Regelleistung als Primärregelung (PRL) (< 30 s) und Sekundärregelung (SRL) (< 5 min) bzw. Minutenreserve (< 15 min).

Da aber auch eine Versorgung mit Wärme gesichert werden muss, bietet sich die Kopplung von Wasserstoff- und Mischgasnetzen mit Fernwärmenetzen und stationären Wärmespeichern als vierter Speicher über Blockheizkraftwerke (BHKW) an. Bekanntlich lassen sich durch BHKWs Brennstoffe mit einer höheren Effizienz exergetisch nutzen. Eine wichtige Stellgröße für die Optimierung eines umfassenden Sektorkopplungssystems ist bei dem in Bild 4.5 skizzierten Konzept die direkte Integration der BHKWs mit einer Niedertemperaturwärmequellennutzung, die beispielsweise über einen organischen Rankine-Prozess (ORC) realisiert werden kann. Dies gestattet die energetische Nutzung von überschüssiger Wärme aus dem Fernwärmenetz und damit die volle Nutzung dieses Netzes als einen vierten Speicher.

Insgesamt können bei dem vorangehend skizzierten Konzept dezentrale Gasmotoren eine der Kernkomponenten sein, die besser als Großkraftwerke bedarfs- und netzgerecht eingefügt werden können. Die Niedertemperaturwärmequellennutzung kann bei diesem Konzept direkt mit der Abwärmenutzung der Gasmotoren durch ORC-Anlagen im Kühlwasserkreislauf verbunden werden. Gasmotoren verfügen zudem über hohe Wirkungsgrade und über eine hervorragende Anpassungsfähigkeit an wechselnde Lasten. Durch die Dezentralisierung kann eine nachhaltige Energieversorgung gerade in ländlichen Regionen bzw. Gebieten geringerer Versorgungsdichte gewährleistet werden.

In Kapitel 5 bis Kapitel 10 wird dargestellt, wie in dem beschriebenen Anlagenverbund der wasserstoffführende Teil aus Wasserstofferzeugung, Transport- und Verteilwegen, angepassten Wasserstoffspeichern und ausgewählten Nutzungspfaden beschaffen ist und welches Potenzial für die Reduzierung von Treibhausgasen vorhanden ist.

4.3 Entwicklungsszenarien des Wasserstoffeinsatzes in Deutschland

Es ist heutzutage noch nicht möglich, in Deutschland und Europa die weitere Entwicklung der Umgestaltung der Industrie-, Verkehrs- und Energiesektoren einschließlich des Gebäudebereichs hin zu einer karbonfreien Produktion und zur emissionsfreien Abnahme mit einer validen Sicherheit zu prognostizieren. Zu groß ist der Einfluss politischer Parameter wie der Berücksichtigung von klimapolitischen Vereinbarungen oder regulatorischen Einflussfaktoren. Diese Erkenntnis ist auch auf die Rolle des Wasserstoffs als Bindeglied der Kopplung der Sektoren Strom, Wärme, Verkehr und Industrie mithilfe der bestehenden Gasinfrastruktur übertragbar. Es besteht in Deutschland eine grundsätzliche Übereinkunft, dass die klimapolitischen Ziele nur dann eingehalten werden können, wenn den betroffenen industriellen Bereichen Stahl, Chemie, Glas und Keramik der Umschwung von den fossilen Stoffen hin zum Wasserstoff gelingt. Im Energiesektor soll der Wasserstoff statt Erdgas in Kraftwerken Strom und Wärme erzeugen, wenn die regenerative Stromerzeugung nicht ausreicht. Die Verwendung von Wasserstoff im Verkehrssektor ist Gegenstand technischer Entwicklungen. So wird in der Luftfahrtindustrie an Brennstoffzellenantrieben gearbeitet. Mithilfe der kommunalen Wärmeplanung muss in jedem Einzelfall geprüft werden, ob der Weiterbetrieb kommunaler Gasnetze mit Wasserstoff Sinn macht.

Die Aufgabe der Legislative ist es, durch gesetzliche Vorgaben Leitplanken für die weitere Entwicklung der Erzeugung, des Transports, der Speicherung und der Nutzung von Wasserstoff vorzugeben. Die Bundesregierung hat 2020 und in einer Fortschreibung 2023 eine Nationale Wasserstoffstrategie beschlossen. Zu den Inhalten zählt die Förderung einer heimischen Elektrolysekapazität bis zum Jahr 2030 von mindestens 10 GW. Die Wasserelektrolyse mit regenerativ erzeugtem Strom als die Zukunftstechnologie zur Wasserstofferzeugung wird in einer Übergangsphase noch durch Wasserstoffmengen, die vor allem auf den fossilen Grundstoff Erdgas zurückzuführen sind, unterstützt. Die für 2030 vorhergesagten, erforderlichen Wasserstoffmengen schwanken und übersteigen die Produktionskapazität in Deutschland. Die Gründe hierfür sind klimatischer Natur, wie z. B. konkret fehlende Strom- und Süßwassermengen. Daher ist der zusätzliche Import auch von Wasserstoffderivaten, wie Ammoniak, erforderlich. Bild 4.6 und Tabelle A.11 in Anhang A geben Auskunft über die von der Bundesregierung auf der Basis zahlreicher Studien und Untersuchungen prognostizierte Entwicklung.

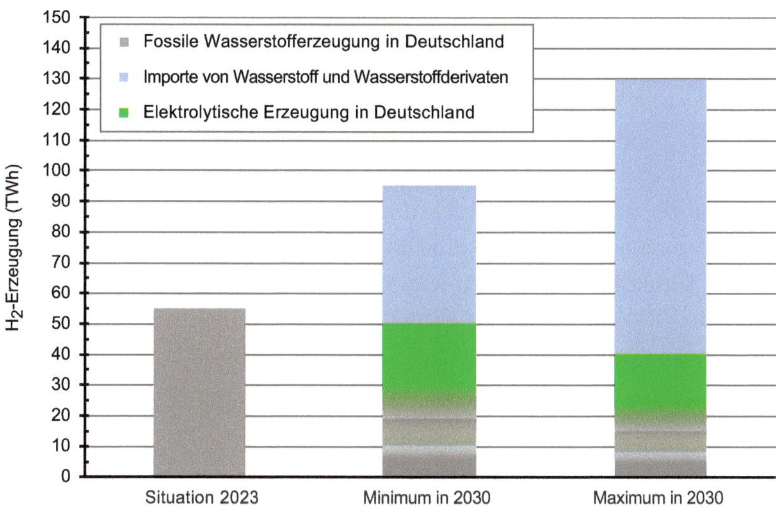

Bild 4.6 Wasserstoffaufkommen in Deutschland heute und im Jahr 2030 nach der Fortschreibung der Nationalen Wasserstoffstrategie (2023)

Die Zukunft der Wasserstoffproduktion in Drittländern, mit denen Deutschland zum Teil bereits entsprechende Vereinbarungen über Lieferungen getroffen hat, kann Tabelle A.12 in Anhang A entnommen werden. In diesem Zusammenhang kann Deutschland die in der Vergangenheit bestehende Abhängigkeit von einseitigen Energieimporten, wie im Fall des russischen Erdgases, auch aus sicherheitspolitischen Erwägungen hinter sich lassen. Notwendige Importe von Wasserstoff und Wasserstoffderivaten aus Drittstaaten sollen so weit wie möglich diversifiziert werden.

Die Umsetzung der Wasserstofftechnologie hat positive Auswirkungen auf den Industriestandort Deutschland. Er soll bis 2030 Leitmarkt für Wasserstofftechnologien werden. Zwei Beispiele seien hier genannt. In der Industrie ist es vor allem die grüne Stahlerzeugung (Abschnitt 10.1). Doch auch die Entwicklung und Vermarktung skalierbarer Brennstoffzellentechnik (Bild 4.7) verspricht für die deutsche Industrie weltweite Marktchancen. Weitere Informationen hierzu finden Sie in Abschnitt 10.3.

Bild 4.7 Dichtheitsprüfung bei der industriellen Fertigung von Brennstoffzellensystemen im Werk Feuerbach der Robert Bosch GmbH (© Bosch GmbH)

Mit entscheidend für die zukünftige Ausrichtung des Wasserstoffmarktes sind die Kosten für den produzierten Wasserstoff einschließlich des Transports im Fall des Imports. Nach einer Untersuchung von Aurora Energy Research (2023), deren Ergebnisse in Tabelle A.13 in Anhang A zusammengefasst sind, werden

- die deutschen Erzeugungskosten von grünem Wasserstoff im Jahr 2030 mit 4,45 €/kg H_2 in etwa das Niveau der heutigen grauen Wasserstoffproduktion erreichen,
- die spezifischen Erzeugungs- und Transportkosten, beispielsweise der Mittelmeerländer Spanien und Marokko, mit 3,46 €/kg H_2 bzw. 3,72 €/kg H_2 noch um etwa 20 % darunterliegen, und

- signifikante Kostenvorteile beim Import von Wasserstoff aus weiter entfernten Ländern infolge der höheren Transportkosten nicht eintreten.

Sowohl für die heimische Wasserstofferzeugung als auch für den importierten Wasserstoff, der teilweise als Wasserstoffderivat über Schiffe transportiert wird, entsteht Speicherbedarf. Teilweise kann der erforderliche Speicherbedarf vorgelagert auf der Seite der Wasserstoffproduzenten durch eine flexible Fahrweise der Elektrolyseanlagen und der Schiffstransporte aufgefangen werden. Dies ist dann nicht möglich, wenn heimische Elektrolyseanlagen bei geringem Bedarf an elektrischer Leistung bei gleichzeitigem höheren Leistungsangebot in Betrieb sind. Der dabei erzeugte Wasserstoff kann am Markt nicht abgesetzt werden und muss für Zeiten geringeren Angebots und höherer Nachfrage gespeichert werden. Für die Speicherung kommen prinzipiell Speicherhohlräume in Kavernen im Salzgestein infrage, da man davon ausgehen kann, dass es dort im Gegensatz zur Situation in den Porenspeichern zu keinerlei Reaktionen von Wasserstoff mit Bakterien in der Speicherlagerstätte kommt. Sowohl beim Transport in Leitungssystemen als auch bei der Speicherung in Hohlräumen muss berücksichtigt werden, dass der Wasserstoff bis zu einem gewissen Grad mit Feuchtigkeit oder im Kavernenspeicher gar mit Rückständen aus dem ursprünglichen Solprozess der Kavernen in Berührung kommt und ein erhöhter Reinigungsaufwand in Abhängigkeit vom nachgeschalteten Verwendungszweck erforderlich ist.

An dieser Stelle des Buches soll der Frage nachgegangen werden, welcher Speicherhohlraum im Jahr 2030 in Deutschland vorhanden ist.

Maximaler Speicherinhalt, Arbeitsgasvolumen, Kissengas und maximale Ausspeicherrate

Der gesamte maximale Speicherinhalt $V_{n(max)}$ in einer Salzkaverne setzt sich aus dem Arbeitsgasvolumen $V_{n,AGV}$ und dem Kissengasvolumen $V_{n,KGV}$ zusammen, berücksichtigt den maximalen Kavernendruck p_{max}, die Kaverntemperatur T und den Realgasfaktor z.

Das Kissengasvolumen $V_{n,KGV}$ berücksichtigt den minimalen Kavernendruck p_{min}, die korrespondierende Kaverntemperatur T und ebenfalls den Realgasfaktor z. $V_{n(max)}$ und $V_{n,KGV}$ werden mithilfe von Formel 2.3 in Abschnitt 2.2.1 berechnet. V_{geom} ist das geometrische Speichervolumen (Betriebsvolumen).

$$V_{n(max)} = V_{geom} \frac{p_{max}}{p_n} \frac{T_n}{T} \frac{z_n}{z} \tag{4.1}$$

$$V_{n,KGV} = V_{geom} \frac{p_{min}}{p_n} \frac{T_n}{T} \frac{z_n}{z} \tag{4.2}$$

$$V_{n,AGV} = V_{n(max)} - V_{n,KGV} \tag{4.3}$$

Die maximale Ausspeicherrate $\dot{V}_{n,aus}$ ist der Volumenstrom, der beim maximalen Speicherfüllstand, also beim maximalen Kavernendruck, in die angeschlossene Transportleitung ausgespeichert werden kann. ■

In der jährlich veröffentlichten Statistik des LBEG (2023, S. 30) werden für 2022 für die in Deutschland von Kiel an der Ostsee bis Xanten am Niederrhein in Betrieb befindlichen Salzkavernenspeicher für Erdgas die in Tabelle 4.1 zusammengestellten Zahlen genannt.

Tabelle 4.1 Vorhandene Kavernen für die Speicherung von Erdgas im Jahr 2022 in Deutschland im Steinsalz

Zahl der Speicherstandorte	Kavernenanzahl	Formation	$V_{n(max)}$	$V_{n,AGV}$	$\dot{V}_{n,aus}$
			Mrd. m³	Mrd. m³	Tm³/h
31	273	Zechsteinsalz	20,158	14,761	21.590

Anmerkungen: Es sind insgesamt 19 verschiedene Standorte mit teilweise mehreren Speicherbetreibern, wie in Epe/Gronau (NRW), Etzel (Niedersachsen) und Jemgum (Niedersachsen).

In einer meiner nicht veröffentlichten Studien habe ich für einen Kavernenspeicherstandort für insgesamt vier Kavernen in der Summe folgende spezifische Werte für die Speicherung von Erdgas angegeben:

V_{geom}	p_{max}	z_{max}	$V_{n(max)}$	p_{min}	z_{min}	$V_{n,KGV}$	$V_{n,AGV}$
m³	bar		Mill. m³	bar		Mill. m³	Mill. m³
1 159 000	236	0,8268	283,9	55	0,8983	60,9	223,0

Anmerkungen: Die Temperatur ist $T_i = 313{,}15\ \mathrm{K}$. Die Realgaszahl für ein Nordsee-Erdgas im Normzustand beträgt $z_n = 0{,}997$.

Die angegebenen Werte für den maximalen und minimalen Kavernendruck sind als Ergebnis gebirgsmechanischer Überlegungen festgelegt. Die Dimensionierung der Hohlräume ist unabhängig von der Zusammensetzung des Speichergases. Die Speichergüter Erdgas und Wasserstoff nehmen nach einer Ruhezeit in der Kaverne die Temperatur des Gebirges T an.

Durch Anwendung von Formel 4.1 und Formel 4.2 folgt

$$V_{n(max)_{H_2}} = V_{n(max)_{Erdgas}} \frac{z_{max_{Erdgas}}}{z_{max_{H_2}}} \frac{z_{n_{H_2}}}{z_{n_{Erdgas}}}$$

$$V_{n,KGV_{H_2}} = V_{n,KGV_{Erdgas}} \frac{z_{min_{Erdgas}}}{z_{min_{H_2}}} \frac{z_{n_{H_2}}}{z_{n_{Erdgas}}}$$

Mithilfe von Formel 2.10 und Tabelle 2.2 aus Abschnitt 2.2.1 müssen die Realgaszahlen für n-Wasserstoff bestimmt werden. Daraus folgen die Daten für die Wasserstoffspeicherung.

V_{geom}	p_{max}	z_{max}	$V_{n(max)}$	p_{min}	z_{min}	$V_{n,KGV}$	$V_{n,AGV}$
m^3	bar		Mill. m^3	bar		Mill. m^3	Mill. m^3
1 159 000	236	1,1138	211,5	55	1,0179	53,9	157,6

Anmerkung: Realgaszahl von n-Wasserstoff für den Normzustand nach Tabelle 2.1 in Abschnitt 2.1

Die Beispielrechnung zeigt, dass für Wasserstoff im Verhältnis zum Nordseegas aufgrund des abweichenden thermodynamischen Verhaltens ein vermindertes Speicherpotenzial (AGV) bei gleichen Druck- und Temperaturbedingungen in der Kaverne zur Verfügung steht (Details siehe Kapitel 9).

Es empfiehlt sich die Bearbeitung von Aufgabe 23 im Buch *Wasserstofftechnik. Aufgaben und Lösungen*.

Tabelle 4.2 zeigt, welches Arbeitsgasvolumen bis zum Jahr 2045 in den heute in Deutschland vorhandenen Salzkavernen vorhanden sein wird. Ein möglicher Zubau von weiterem Kavernenhohlraum oder die Einbeziehung von Porenspeichern ist nicht berücksichtigt. In das Ergebnis sind folgende Tatbestände eingeflossen:

- Die Kavernen im Salzgebirge unterliegen einer kontinuierlichen Verkleinerung – auch Konvergenz genannt –, die nach G. Cerbe et al. (2017, S. 330) eine Größenordnung von 0,5 %/a bis 2 %/a annehmen kann. Sie ist von der Betriebsfahrweise und den standortspezifischen Eigenschaften des Salzes abhängig. Für die nachfolgende Abschätzung wird von einer durchschnittlichen jährlichen Konvergenzrate von 1 %/a ausgegangen.
- Auf das in Tabelle 4.1 für 2023 im Rahmen der Erdgasversorgung angegebene Arbeitsgasvolumen wird für Wasserstoff ein Abschlag von 30 % vorgenommen, um die thermodynamischen Unterschiede zwischen Wasserstoff und Erdgas abzubilden.

Tabelle 4.2 Prognose des verfügbaren Arbeitsgasvolumens für Wasserstoff in den deutschen Salzkavernen

Anzahl der Speicherstandorte/ Kavernen	Einheit	2023	2030	2045
31/271	Mrd. m^3/TWh	10,23/2,9	9,26/2,7	8,22/2,3

Anmerkungen: Kavernenkonvergenz 1 %/a

Zu berücksichtigen ist, dass die Kavernen auch in der Zeit, in der die Wasserstofftechnologie hochgefahren wird, weiterhin zumindest partiell für die Erdgasspeicherung benötigt werden. Es ist heute nicht erkennbar, ab wann die Erdgasversorgung eingestellt wird.

Eine mögliche Erweiterung der Speicherkapazität kann auch durch Nachsolen, d.h. durch die soltechnische Vergrößerung von bestehendem Kavernenhohlraum geschehen. Einzelheiten der Wasserstoffspeicherung sind in Kapitel 9 dargestellt.

4.4 Ausbau der Transportwege

Der Ausbau der Wasserstoffwirtschaft benötigt ein Pipelinesystem für den Transport. Etwa 60% dieses Transportsystems sind ehemalige und noch in Betrieb befindliche Gastransportleitungen. Der Rest muss neu errichtet werden. Bild 4.8 zeigt das mit der Bundesregierung abgestimmte Konzept der deutschen Fernnetzbetreiber (FNB) für ein deutsches Wasserstoff-Kernnetz. Das Netz soll bis zum Jahr 2032 mit einer Länge von ca. 9700 km realisiert werden. Die erforderlichen Investitionen in das System sind aus heutiger Sicht rund 19,8 Mrd. €. Damit ist zukünftig in Deutschland auch der Transport von Importmengen aus Häfen zu den Verbrauchszentren gesichert. Speicherstandorte wie beispielsweise Epe und Xanten in Westdeutschland sind in das Netz integriert. Die Einspeiseleistung an Wasserstoff ins System beträgt 100 GW und die Ausspeiseleistung 87 GW. Bei der Netzplanung sind nach Auskunft der FNB (2023) bereits 309 beabsichtigte Wasserstoffprojekte berücksichtigt.

Innerhalb der EU ist die Schaffung einer verzahnten Wasserstoff-Transportinfrastruktur geplant. Dabei sollen die in den Mitgliedsstaaten entstehenden Wasserstoffnetze über ein Wasserstoff-Kernnetz miteinander verbunden werden (Bild 4.8). In einer ersten Ausbaustufe sollen bereits in den nächsten Jahren 4500 Leitungskilometer durch Umstellung von Erdgastransportleitungen und Neubau geschaffen werden.

Doch kommen wir nun zurück nach Deutschland. Ein sehr bedeutsames Wasserstoffprojekt ist die Initiative GET H2. In dem Projekt werden mehrere im Energiebereich tätige Unternehmen in Nordwestdeutschland eine Wasserstofferzeugung und ein Wasserstofftransportnetz errichten, um unter Einbeziehung von Speicherraum im Ruhrgebiet und in Niedersachsen industrielle Zentren mit Wasserstoff zu versorgen. Der Kern des Pipeline-gestützten Transportweges für Wasserstoff sind Gastransportleitungen, die aufgrund der Umstellung der Erdgasversorgung von holländischem L-Gas zu H-Gas nicht mehr für die zukünftige Erdgasversorgung benötigt werden.

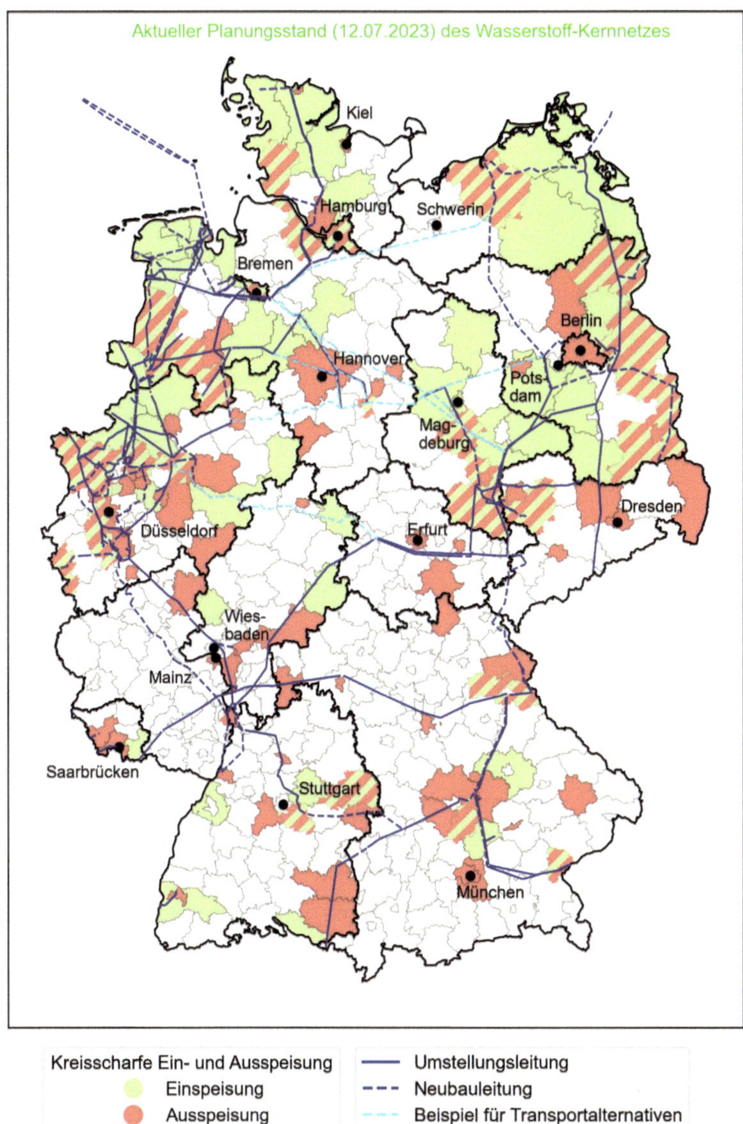

Bild 4.8 Konzept der Errichtung eines Wasserstoff-Kernnetzes bis 2032 (© FNB Gas e. V.)

Zu den an der Initiative beteiligten Unternehmen zählt die in Münster ansässige Nowega GmbH. Über ein erstes Teilnetz vom RWE-Kraftwerksstandort Lingen, an dessen Anfang eine Elektrolyseanlage mit einer Leistungskapazität von 100 MW errichtet wird, zum Chemiepark Marl und zu einer Raffinerie in Gelsenkirchen soll bereits in wenigen Jahren grüner Wasserstoff transportiert werden. Eine Erweiterung der Elektrolysekapazität in diesem Projekt ist bereits angedacht. Bild 4.9 zeigt schematisch die Schlüsselkomponenten der Wasserstoffinitiative GET H2, gibt Auskunft zu den beteiligten Unternehmen und informiert zum beabsichtigten zeitlichen Ablauf.

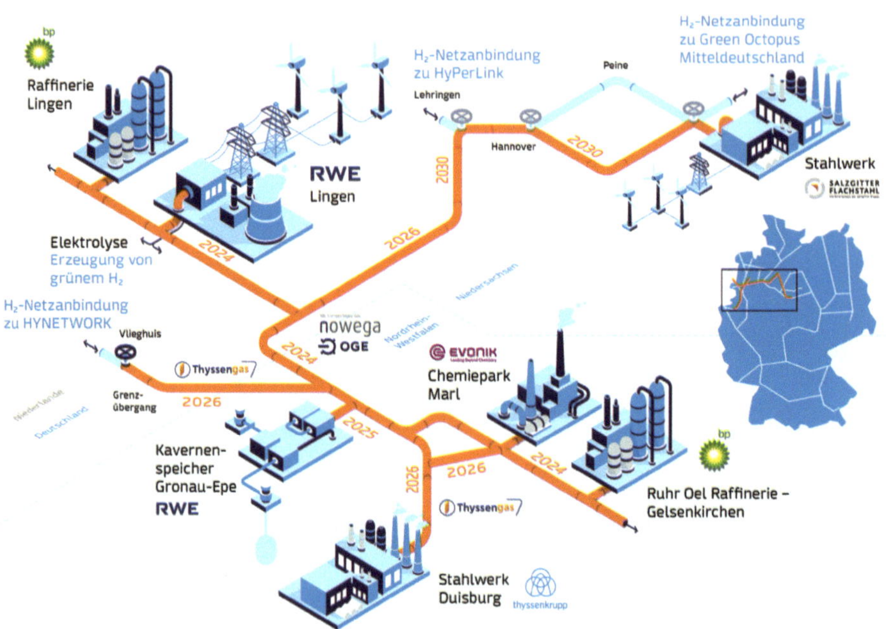

Bild 4.9 Initiative GET H2 zum Ausbau einer Infrastruktur zur Belieferung der Industrie mit Wasserstoff und beteiligte Unternehmen (© Nowega GmbH)

Im Rahmen der Umstellung von Erdgasleitungen auf den Wasserstoffbetrieb sind das Energiewirtschaftsgesetz und eine Reihe von Regelwerken zu beachten.

Der überwiegende Teil des in Zukunft in Deutschland verwendeten Wasserstoffs muss importiert werden. Dies ist auch aus benachbarten Ländern, wie beispielsweise über den niederländischen Hafen Rotterdam, mithilfe von Pipelines oder über die Binnenschifffahrt möglich. Der Hub Vopak Terminal Europoort ist mit einem Lagerraum im Jahr 2023 von 4 Mill. m^3 in 99 Tanks Marktplatz und Handelsdrehscheibe mit vielen logistischen Möglichkeiten für den Handel von Energieprodukten (Bild 4.10). Der Hafen ist strategisch günstig gelegen und verbindet zahlreiche europäische Raffinerien für Erdölprodukte über Leitungssysteme mit den wichtigsten Flughäfen in Nordwesteuropa. Nach Auskunft des Betreibers Vopak Energy Terminals Niederlande werden Infrastrukturlösungen entwickelt, um in Zukunft auch erneuerbaren Wasserstoff, seine Derivate und weitere nachhaltige Rohstoffe zu handeln und zu verteilen. Zusätzlich werden Wasserstoffderivate auch über die an den deutschen Küsten neu errichteten LNG-Terminals, die dann für diesen Zweck umgerüstet werden müssen, importiert und gehandelt.

Erste Schritte bei der Umstellung einer Erdgastransportleitung auf Wasserstoff

Bei der Umstellung einer Gasleitung auf Wasserstoff sind das Energiewirtschaftsgesetz, bei einem Auslegungsdruck DP von mehr als 16 bar die Gashochdruckleitungsverordnung und verschiedene Regelwerke vom DVGW, VDE, VDI und weiteren zu beachten. Bei Wasserstoffleitungen, die dem Energiewirtschaftsgesetz unterliegen, wird eine Einhaltung der anerkannten Regeln der Technik vermutet, wenn das Regelwerk des DVGW eingehalten wird. Die Umstellung von Erdgas auf Wasserstoff löst kein planungsrechtliches Verfahren, wie eine Planfeststellung, aus. Allerdings ist im Zuge der Umstellung und dem zukünftigen Betrieb mit Wasserstoff eine Anzeige gemäß § 5 nach Gashochdruckleitungsverordnung bzw. eine Anzeige gemäß § 113c nach Energiewirtschaftsgesetz zu stellen. Für Stahlleitungen mit einem Auslegungsdruck von mehr als 16 bar gibt es ein bruchmechanisches Bewertungskonzept, das im Merkblatt G 464 (DVGW 2023) dargestellt ist. In diesem Zusammenhang muss der Weiterbetrieb oder der Austausch von Armaturen und anderen Systembestandteilen wie Kondensatbehältern geprüft werden. Die Integrität des Leitungssystems muss untersucht werden. Hierzu zählen Fragen nach Materialverlust, nach in der Wand liegenden Anomalien, nach Beulen, nach der Ovalität der Leitung, nach sonstigen Deformationen und nach dem Zustand des passiven und aktiven Korrosionsschutzes.

Bild 4.10 Vopak Terminal Europoort (Rotterdam) als zukünftiger Hub für Wasserstoffimporte (© Vopak Energy Terminals Netherlands)

4.5 Potenzial des Wasserstoffs zur Reduzierung der Treibhausgase

Wasserstoff soll ein wichtiger Baustein in der Entwicklung der Industriegesellschaft zur karbonfreien Wirtschaft sein, indem er über die Verbindung von Strom-, Gas- und Wärmenetz auch Energieträger zwischen den verschiedenen Sektoren wird. Diese Aufgabe kann das kleinste Molekül im Periodensystem nur erfüllen, wenn es Treibhausgas emittierende Brennstoffe ersetzt. Doch wie viel Ausstoß an CO_2-äquivalenten Treibhausgasmengen kann Wasserstoff vermeiden? Dies hängt mit dem zu kompensierenden Brennstoff zusammen. Diese Frage soll für die volatile Einspeisung von Wasserstoff in eine erdgasführende Rohrleitung exemplarisch beantwortet werden. Dadurch wird im Gegenzug Erdgas bis zu 100 % substituiert.

Die Einspeisung des Wasserstoffs in bestehende Erdgasnetze führt zu einer Gasnetzdynamik, die durch schwankende Wasserstoffanteile über die Zeitachse - wie Bild 4.11 nach einer Untersuchung von S. Möllenbeck (2018, S. 71) zeigt - geprägt ist.

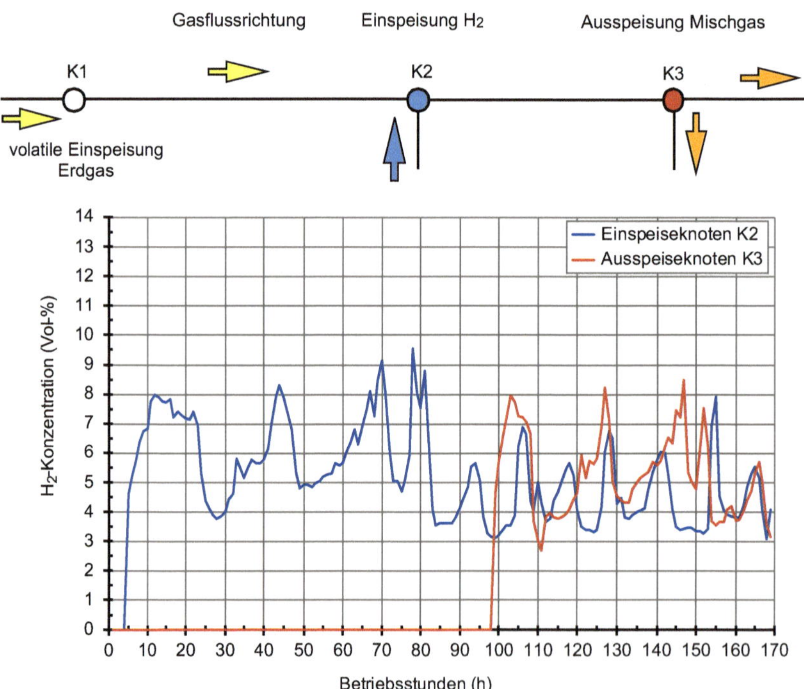

Bild 4.11 Schwankung des Wasserstoffanteils an zwei verschiedenen Knoten eines Erdgasnetzes nach einer konstanten Wasserstoffeinspeisung mit einem Anteil von 10 Vol.-% bezogen auf den minimalen Erdgasvolumenstrom nach S. Möllenbeck (2018)

Berechnung der CO_2-äquivalenten Treibhausgasmengen, die bei der Substitution von Erdgas durch Wasserstoff nicht in die Atmosphäre ausgestoßen werden

Bei der vollständigen Verbrennung von Erdgas sind neben dem Brennstoff die im trockenen Abgas festzustellenden Bestandteile N_2 und CO_2 und deren stoffspezifische Daten, die in Tabelle 2.1 in Abschnitt 2.1 und Tabelle 2.31 in Abschnitt 2.7.2.2 bereits aufgeführt sind, von Interesse.

	Einheit	Wert	Anmerkung
molare Masse M_{CO_2}	kg/kmol	44,01	1)
Dichte $\varrho_{n_{CO_2}}$	kg/m³	1,98	1); 2)
molare Masse M_{N_2}	kg/kmol	28,013	1)
Dichte $\varrho_{n_{N_2}}$	kg/m³	1,25	1); 2)
Mindestabgasmenge trocken v_{tr}^{A}	$\frac{m^3\ tA}{m^3\ B}$	8,86	3)
CO_2 im trockenen Abgas $y_{CO_2}^{A}$	mol-%	12,0	3)

Anmerkungen: 1) Tabelle 2.1; 2) im Normzustand; 3) Tabelle 2.31

Die Umrechnung des Stoffmengenanteils $y_{CO_2}^{A}$ in den Volumenanteil φ_i erfolgt mithilfe von Tabelle 2.9 in Abschnitt 2.2.12:

$$\varphi_i = \frac{y_i M_i}{\varrho_i \sum_{j=1}^{n} \frac{y_j M_j}{\varrho_j}}$$

$$\varphi_i = \frac{0{,}12 \cdot 44{,}01\,\frac{kg}{kmol}}{1{,}98\,\frac{kg}{m^3}\left(0{,}12 \cdot \frac{44{,}01\,\frac{kg}{kmol}}{1{,}98\,\frac{kg}{m^3}} + 0{,}88 \cdot \frac{28{,}013\,\frac{kg}{kmol}}{1{,}25\,\frac{kg}{m^3}}\right)} = 0{,}1191$$

Das Volumen an CO_2 im trockenen Abgas im Normzustand ist

$$V_{n,CO_2} = \varphi_i v_{tr}^{A} = 0{,}1191\,\frac{m_{CO_2}^3}{m^3\ tA} \cdot 8{,}86\,\frac{m^3\ tA}{m^3\ B} = 1{,}0552\,\frac{m_{CO_2}^3}{m^3\ B}$$

Die Masse an CO_2 im trockenen Abgas ist

$$m_{CO_2} = \dot{V}_{n,CO_2} \varrho_{n_{CO_2}} = 1{,}0552\,\frac{m_{CO_2}^3}{m^3\ B} \cdot 1{,}98\,\frac{kg}{m_{CO_2}^3} = 2{,}0893\,\frac{kg}{m^3\ B}$$

Die Masse an CO_2 im trockenen Abgas bezogen auf den Energieinhalt (Brennwert) des Brennstoffes Erdgas ist

$$m_{CO_2} = \frac{2089{,}3 \, \frac{\mathrm{g}}{\mathrm{m^3\,B}}}{11{,}449 \, \frac{\mathrm{kWh}}{\mathrm{m^3\,B}}} = 183 \, \frac{\mathrm{g}}{\mathrm{kWh}}$$

Bei einem vollständigen Ersatz von Erdgas H durch Wasserstoff, der mit regenerativ erzeugtem Strom hergestellt wurde, werden 183 g CO_2 je kWh Energieaufwand vermieden.

Um bei volatiler Einspeisung von „grünem" Wasserstoff ins Gasnetz die jeweilige Masse an CO_2-Einsparung im Abgas von Verbrennungseinrichtungen in g/kWh zu bestimmen, wird folgender Ansatz genutzt:

$$m_{CO_2} = \frac{y_{H_2} H_{s,n_{H_2}} \cdot 183 \, \frac{\mathrm{g}}{\mathrm{kWh}}}{y_{H_2} H_{s,n_{H_2}} + (1 - y_{H_2}) H_{s,n_{\mathrm{Erdgas\,H}}}} \tag{4.4}$$

Es empfiehlt sich die Bearbeitung von Aufgabe 24 im Buch *Wasserstofftechnik. Aufgaben und Lösungen*.

Wendet man Formel 4.4 an, so sind die durch volatile Einspeisung von „grünem" Wasserstoff nicht emittierten spezifischen CO_2-Treibhausgasmengen Bild 4.12 zu entnehmen. Die Einspeisung von Wasserstoff ins Erdgasnetz hat zunächst Konsequenzen für die industriellen und gewerblichen Verbrennungseinrichtungen, die am Gasnetz hängen. Es muss in jedem Einzelfall überprüft werden, ob und welche verbrennungstechnischen Folgerungen sich aus dem Mischgasangebot aus Wasserstoff und Erdgas ergeben. Ob die im Wärmemarkt eingesetzten Verbrennungseinrichtungen mit dem höheren Wasserstoffanteil zurechtkommen, muss ebenfalls geprüft werden. Deutlich wird aber aus der Darstellung, dass eine befriedigende Reduktion von CO_2-Treibhausgasmengen bei geringen Wasserstoffbeimischungen ins Erdgasnetz nicht zu erreichen ist. Daraus muss man den Schluss ziehen, dass reine Wasserstoffsysteme Mischgassystemen aus vorgenannten Gründen eindeutig vorzuziehen sind.

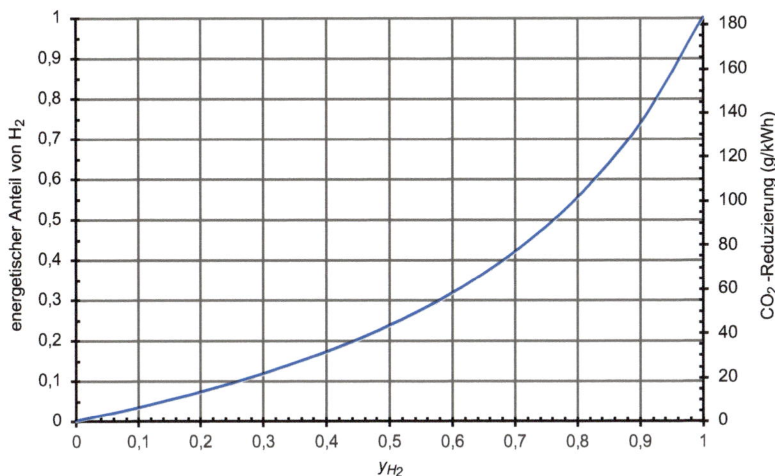

Bild 4.12 Auswirkungen der Wasserstoffeinspeisung in Gasnetze auf die Reduzierung von Treibhausgasen

5 Erzeugung von Wasserstoff

Bereits in Kapitel 4 wurde darauf hingewiesen, dass zum erforderlichen Hochlaufen einer Wasserstoffwirtschaft ausreichende Mengen zur Verfügung stehen müssen. In diesem Kapitel werden daher zunächst die herkömmlichen Technologien zur Wasserstofferzeugung vorgestellt, die in die Rubrik „großtechnische Erzeugung" fallen. Im zweiten Schritt sollen die Verfahren behandelt werden, die zukünftig einen wesentlichen Beitrag zur Reduzierung der Treibhausgasemissionen leisten können und bei denen mittel- bis langfristig das Ziel einer großtechnischen Produktion erreicht werden kann.

Wasserstoff muss erzeugt werden. So schlicht diese Botschaft ist, so vielschichtig und komplex ist die technische und wirtschaftliche Umsetzung. In den vorangegangenen Kapiteln wurde bereits auf verschiedene Technologien verwiesen, mit denen heute die fast ausschließlich in der Industrie als Grundstoff benötigten Wasserstoffmengen hergestellt werden. Wenn zukünftig Wasserstoff auch als Energieträger im Verkehrssektor und im Konzept Power-to-Gas für die Kopplung der Sektoren Strom, Gas und Wärme mit dem Ziel der Reduzierung von Treibhausgasemissionen eingesetzt werden soll, dann müssen in Zukunft neue Wege der Erzeugung beschritten werden, die einerseits umweltverträglich und andererseits wirtschaftlich sein sollen. Hinzu kommt, dass neue Produktionstechnologien eine Skalierung zur Erzeugung großer Mengen in einem überschaubaren Zeitrahmen von ein bis zwei Jahrzehnten ermöglichen müssen, wenn Wasserstoff einen bedeutenden Beitrag zur Energiewende beisteuern will.

Bereits in Kapitel 4 wurde darauf hingewiesen, dass zum erforderlichen Hochlaufen einer Wasserstoffwirtschaft ausreichende Mengen zur Verfügung stehen müssen. Unter großtechnischer Erzeugung verstehen beispielsweise O. Machhammer et al. (2015, S. 410) eine Anlagenkapazität ab $\dot{V}_n = 10000\ m^3/h$ bzw. $\dot{m} = 10\ kt/a$.

Es werden zunächst die Erzeugungsverfahren vorgestellt, die diese Kapazitätsgrenze überwinden können. Das ist bei den behandelten herkömmlichen Verfahren der Fall. Die Methanpyrolyse wurde in der Vergangenheit unter dem Eindruck unbeschränkter Verfügbarkeit russischer Gasmengen als Alternative für den kurzfristigen Einstieg in die Wasserstoffwirtschaft vorgeschlagen. Diese Methode ist nach J. Töpler et al. (2017, S. 197) nicht so ergiebig wie die Dampfreformierung, hat aber keine direkten CO_2-Emissionen zur Folge und bietet neben dem Wasserstoff mit reinem Kohlenstoff ein zusätzlich nutzbares Produkt an. Die biologischen Verfahren müssen teilweise die Skalierbarkeit noch nachweisen und sind von dem Vorhandensein ausreichender biologischer Ausgangsstoffe abhängig.

„Grauer", „blauer", „türkiser", „grüner" und „roter" Wasserstoff

In der öffentlichen Darstellung werden folgende Varianten der Wasserstoffproduktion voneinander unterschieden:

1. konventionelle Erzeugungsmethoden, die unter dem Einsatz von fossilen Einsatzstoffen ablaufen: Die Endprodukte sind „grauer" Wasserstoff und Kohlendioxid. Letzterer wird an die Atmosphäre abgegeben.
2. Verfahren zur Erzeugung von „blauem" Wasserstoff, die auch konventioneller Natur sein können, zu geringeren CO_2-Emissionen führen, aber weiterhin auf fossilen Eingangsstoffen basieren
3. die Methanpyrolyse zur Herstellung von „türkisem Wasserstoff" mit dem fossilen Grundstoff Erdgas
4. regenerative Produktion von „grünem Wasserstoff", die keine oder nur in stark eingeschränktem Umfang CO_2-äquivalente Treibhausgasemissionen zur Folge hat
5. ergänzend die elektrolytische Herstellung von „rotem Wasserstoff" mit Strom aus Kernkraft

In diesem Kapitel sollen unterschiedliche Produktionspfade verfolgt werden, die auch in Bild 5.1 dargestellt werden.

Ziel der technologischen Weiterentwicklung von Erzeugungsmethoden ist die Reduzierung der Treibhausgasemissionen. Daher ist es sinnvoll, auch den CO_2-Fußabdruck (engl. CO_2-Footprint) des jeweiligen Verfahrens zu betrachten. Eine Variante der Herstellung von „blauem" Wasserstoff ist die Sequestierung von CO_2 aus der Dampfreformierung und die anschließende Speicherung des Kohlendioxids (CCS) untertage. Dieser Schritt wird in seinen Grundzügen in Abschnitt 5.1.5 beschrieben.

Es empfiehlt sich die Bearbeitung von Aufgabe 25 im Buch *Wasserstofftechnik. Aufgaben und Lösungen.*

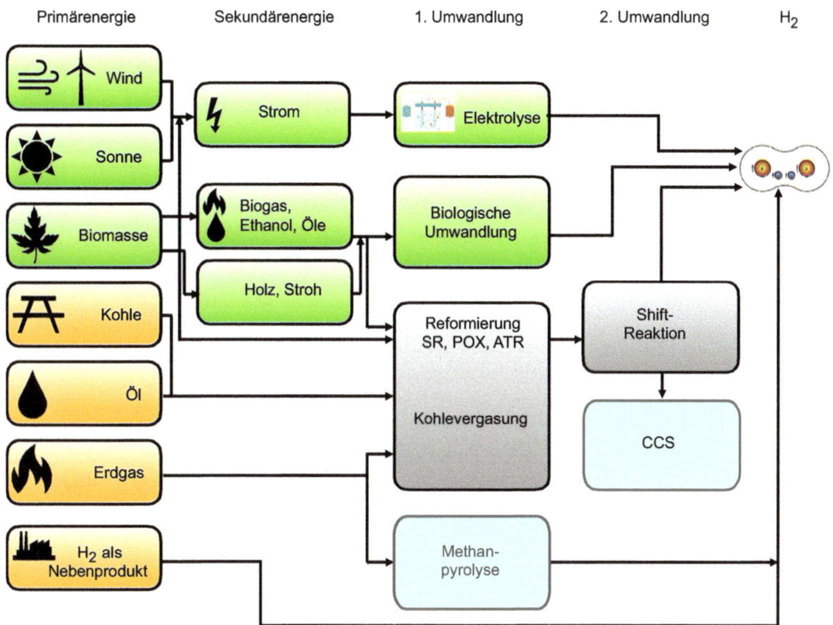

Bild 5.1 Verfahren zur Erzeugung von Wasserstoff

■ 5.1 Erzeugung von Wasserstoff aus fossilen Quellen

In Bild 5.1 werden als Ausgangsstoffe für die herkömmliche Art der Wasserstofferzeugung Erdgas, Kohle und Strom genannt. Ausgehend von diesen Quellen werden in diesem Abschnitt die Produktionsverfahren Dampfreformierung (SR), partielle Oxidation (POX), autotherme Reformierung (ATR), Kohlevergasung sowie thermische Pyrolyse beschrieben.

Neben den genannten Methoden fällt Wasserstoff auch als Nebenprodukt zahlreicher weiterer industrieller Produktionsschritte an. Nach Auskunft von J. Töpler et al. (2017, S. 195, S. 245) ist aus diesen Quellen in Europa derzeit von einem jährlichen Aufkommen von ca. 200 kt auszugehen. Die Verfahren erstrecken sich von der Chlor-Alkali-Elektrolyse bis zu Anlagen, die Ethen, Acethylen, Cyanide und Kohlenmonoxid produzieren. Nicht immer ist die Reinheit des Wasserstoffs für die Nutzung in weiterführenden Prozessen ausreichend, sodass in diesen Fällen zuvor eine aufwendige Nachreinigung erforderlich ist oder eine Verwendung als Verbrennungsprodukt infrage kommt.

5.1.1 Dampfreformierung

Dampfreformierung

Reformierung ist die Erzeugung von Wasserstoff mithilfe von Kohlenwasserstoffen als chemischer Prozess. Bei der Dampfreformierung (SR) erfolgt dieser endotherme katalytische Prozess mit zusätzlicher Hilfe von Wasserdampf. Als Kohlenwasserstoffe kommen leichter flüchtige Substanzen wie Methan, Erdgas, LPG (Propan oder Butan oder eine Mischung aus beiden), Alkohole bzw. Naphta (Benzin) infrage. Das Ergebnis ist ein Synthesegas aus CO und H_2.

In der Regel läuft der Prozess großtechnisch mit Dampfüberschuss bei Temperaturen von $700\,°C \leq \vartheta \leq 900\,°C$ und einem Druck von $20\,bar \leq p \leq 40\,bar$ und im Extremfall bis $p = 80\,bar$ ab. Katalysatoren zur Prozessaktivierung sind beispielsweise aus Nickel, Kupfer oder aus Edelmetall. Weitere Hinweise sind Tabelle 5.1 zu entnehmen.

Tabelle 5.1 Temperaturen und Katalysatoren des SR-Verfahrens

Grundstoff	Summenformel	Temperaturbereich in °C	Katalysator
n-Dodecan	$C_{12}H_{26}$	450 -550	Ni, Rh, Ce
Erdgas	Mischung aus CH_4, CnH_{2n+2}, ...	650 -900	Ru, Ni
Ethanol	C_2H_5OH	200 -300	Cu, Zn, Cr
Glycerin	$C_3H_8O_3$	650 -900	Pt
Hexadecan (Diesel)	$C_{16}H_{34}$	700 -800	Ru, Ni
Isooctan (Benzin)	C_8H_{18}	650 -800	Ru, Ni
JP-8 (Treibstoff für Düsenflugzeuge)	Mischung aus $C_{16}H_{34}$ $(CH_2)_6$-$(C_4H_{10})_9$	> 520	Mn, Ni
n-Octan (Kerosin)	C_8H_{18}	> 500	Ni
Methan	CH_4	> 500	Ni
Methanol	CH_3OH	200 -300	Cu, Zn, Cr
Propan, Butan (LPG)	C_3H_8, C_4H_{10}	600 -800	Pd, Cu, Ni

Anmerkungen: nach S.A. Sherif et al. (2015, S. 50) und eigenen Recherchen

Die Nettoreaktionsgleichung des SR-Verfahrens lautet

$$C_nH_mO_k + (n-k)\cdot H_2O \rightarrow n\cdot CO + \left(n + \frac{m}{2} - k\right)\cdot H_2 \tag{5.1}$$

In Bild 5.2 ist das verfahrenstechnische Grundschema der Dampfreformierung dargestellt. Erdgas aus dem Transport- oder Verteilnetzsystem wird zunächst von festen Partikeln (Stäuben) in einer Feststofffiltration mithilfe von Zellulose- oder Nadelfilzfilterelementen und bei Bedarf von Flüssigkeiten (Kondensaten) mithilfe von Coalescer-Elementen in einem Flüssigkeitsfilter befreit.

In einer nachgeschalteten Entschwefelungsstufe beispielsweise über Molekularsiebe oder Aktivkohlefilter findet eine Entschwefelung des Erdgases statt. Für diesen Zweck können Aktivkohlen mit verschiedenen Imprägniermitteln eingesetzt werden. Hierbei wird der an der Aktivkohleoberfläche adsorbierte Schwefelwasserstoff katalytisch oxidiert. Die beladene Aktivkohle wird unter hohem energetischen Aufwand mit Dampf bei einer Temperatur von $\vartheta > 450\,°C$ regeneriert. Üblicherweise muss die beladene Aktivkohle ausgetauscht und deponiert werden.

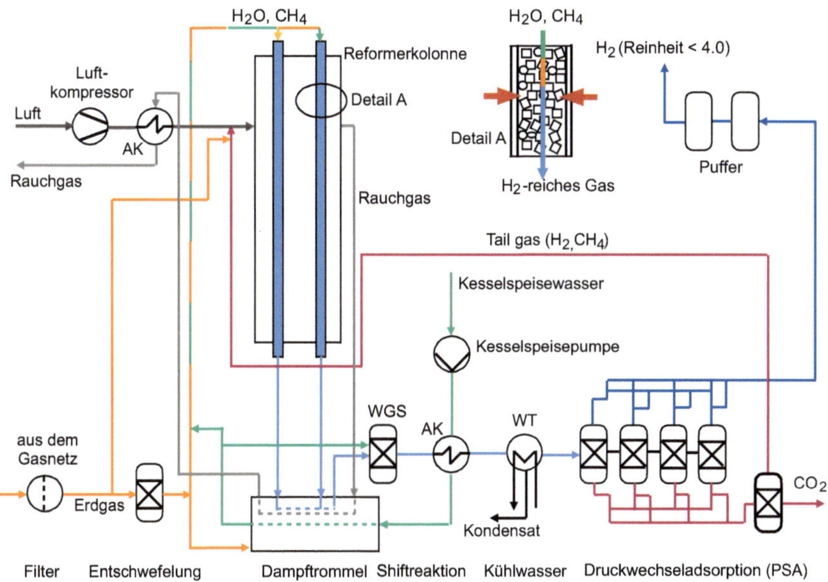

Bild 5.2 Verfahrenstechnisches Grundfließbild der Dampfreformierung mit Erdgas zur Wasserstofferzeugung: Detail A zeigt die Hitzeführung von außen in die Reaktionsrohre.

Prozesswärme und Rauchgaswärme werden zur Dampferzeugung genutzt. Das Erdgas-Wasserdampf-Gemisch wird dann im Reformer bei $\vartheta \approx 880\,°C$ katalytisch umgesetzt. Dem entschwefelten Kohlenwasserstoffeinsatz wird zuvor in einer Dampftrommel mit $\vartheta = 522\,°C$ gewonnener überhitzter Prozessdampf entsprechend dem für das Reformieren notwendigen Dampf/Kohlenstoff-Verhältnis zugemischt. Anschließend wird dieses Gasgemisch aufgeheizt und auf die mit Katalysator gefüllten Rohre des Reformers verteilt. Das Gemisch strömt von oben nach unten durch die in vertikalen Reihen angeordneten Reformerrohre (Bild 5.3).

Bild 5.3
Beispiel einer Reformerkolonne mit insgesamt 15 eingesetzten Reaktorrohren (© H&R ChemPharm GmbH)

Die nachfolgenden Reaktionsgleichungen gehen davon aus, dass Erdgas vornehmlich aus Methan besteht. Beim Durchströmen der von außen beheizten Reaktorrohre reagiert ein aus Methan und Wasserdampf bestehendes Gemisch unter Bildung von Wasserstoff und Kohlenmonoxid entsprechend der nachfolgenden Reaktionsgleichung:

$$CH_4 + H_2O \rightarrow CO + 3H_2 \tag{5.2}$$

Die bei der endothermen Reaktion benötigte Reaktionsenthalpie beträgt

$$\Delta_R h^\Theta = 206\ \mathrm{kJ/mol}$$

Das in der Reformerkolonne entstehende Synthesegas - auch Wassergas genannt - aus 70 mol-% Wasserstoff und etwa 30 mol-% Kohlenmonoxid sowie Restanteilen aus Kohlendioxid und Methan kann weiter zur Wasserstofferzeugung genutzt werden, indem das Kohlenmonoxid in einer leicht exothermen Reaktion - auch Shiftreaktion oder Wassergasreaktion (WGS) genannt - mit Wasserdampf katalytisch zu Kohlendioxid und Wasserstoff reagiert. Die Shiftreaktion kann als Niedertemperatur-Shiftreaktion bei $140\ ^\circ\mathrm{C} \leq \vartheta \leq 280\ ^\circ\mathrm{C}$ mit Katalysatoren aus Messing (Kupfer/Zink-Legierung) oder CuO/ZnO und als Hochtemperatur-Shiftreaktion bei $300\ ^\circ\mathrm{C} \leq \vartheta \leq 500\ ^\circ\mathrm{C}$ mit Fe/Cr- oder Co/Mo-Katalysatoren erfolgen. Die Reaktionsgleichung der WGS ist allgemein

$$n \cdot CO + n \cdot H_2O \rightarrow n \cdot CO_2 + n \cdot H_2 \tag{5.3}$$

Für die WGS folgt aus Formel 5.3

$$CO + H_2O \rightarrow CO_2 + H_2 \tag{5.4}$$

Die bei der exothermen Reaktion freiwerdende Standardreaktionsenthalpie der WGS ist

$$\Delta_R h^\Theta = -41\,\text{kJ/mol}$$

Die Gesamtreaktion des SR-Prozesses ist unter Beachtung von Formel 5.2 und Formel 5.4

$$CH_4 + 2H_2O \rightarrow CO_2 + 4H_2 \tag{5.5}$$

Die resultierende Standardreaktionsenthalpie, die bei der endothermen Reaktion aufgebracht werden muss, ist

$$\Delta_R h^\Theta = 165\,\text{kJ/mol}$$

Das aus der WGS gewonnene CO_2 wird in einer nachgeschalteten Druckwechseladsorptionsanlage (PSA) vom Wasserstoff mittels eines Molekularsiebes getrennt. Dieses Molekularsieb besteht in der Regel aus synthetischen Zeolithen mit einem starken Adsorptionsvermögen für Gase mit bestimmter Molekülgröße. Zunächst strömt das Mischgas aus Wasserstoff und Kohlendioxid von unten nach oben durch einen Adsorber. In dem Mischgas befinden sich auch noch Reste von CH_4, das im Reformer nicht am Reaktionsprozess teilgenommen hat. Häufig besteht die Schüttung in diesen Adsorbern aus zwei Schichten: einer unteren aus Zeolithen (Molekularsieb) zur Adsorption von Wasserstoff und einer oberen, wesentlich längeren aus Kohlenstoffmolekularsieben (KMS) zur Adsorption von Kohlendioxid und Restgas. Bevor das KMS völlig mit den zu adsorbierenden Komponenten gesättigt ist, wird der Gasstrom vom verbrauchten auf einen frisch regenerierten Adsorber umgeschaltet. Der gerade verbrauchte Adsorber wird im Gegenstrom auf einen mittleren Druck zwischen Adsorptionsdruck und Umgebungsdruck entspannt. In dieser Phase enthält das Abgas große Mengen an Wasserstoff. Zur Ausbeutesteigerung wird dieses Gas in einen gerade evakuierten Adsorber geleitet, der damit etwas Druck aufbaut. Nach diesem ersten Entspannungsschritt wird der Adsorber weiter im Gegenstrom bis auf Umgebungsdruck entspannt. Das entweichende Gas enthält nun hauptsächlich CO_2 und Restgas. Um eine möglichst große Kapazität der Adsorbentien zu erreichen, wird in einem dritten Schritt der Adsorber mit einer Vakuumpumpe weiterhin im Gegenstrom evakuiert. Nachdem der Adsorber so regeneriert wurde, kann er wieder zur Gastrennung vorbereitet werden. Zuerst wird das wasserstoffhaltige Abgas aus dem ersten Entspannungsschritt eines anderen, gerade erschöpften Adsorbers aufgefangen und damit ein erster Druckaufbau durchgeführt. Anschließend wird parallel zur Gastrennung in einem nächsten Adsorber mit dem verdichteten Mischgas aus Wasserstoff, Kohlendioxid und Restgas ein vollständiger Druckaufbau durchgeführt. Je nach Dauer der Adsorptions-, Entspannungs-, Evakuierungs- und Druckaufbauzyklen können Anlagen mit drei oder vier Adsorbern parallel ausgeführt werden. Aus dem Mischgas aus Wasserstoff, Kohlendioxid und Resten an Methan ist nun ein Wasserstoffgas und davon abgetrennt ein Gas aus Kohlendioxid und CH_4 geworden.

Da die Wärmebilanz für die Hauptreaktionen endotherm ist, muss die benötigte Wärme durch externe Feuerung zugeführt werden. Die Brenner für diese Befeuerung sind an der Decke des Feuerraumes zwischen den Rohrreihen angeordnet und feuern vertikal nach unten. Als Brenngas wird Erdgas und das Restgas aus der PSA-Anlage verwendet. Das Rauchgas wird unter Erzeugung von Dampf in einer Dampftrommel und durch die Erhitzung der Feuerungsluft abgekühlt.

Um den Methangehalt im Synthesegas zu minimieren, gleichzeitig den Ertrag an Wasserstoff zu maximieren und die Bildung von elementarem Kohlenstoff und dessen Ablagerung auf dem Katalysator zu vermeiden, wird im praktischen Betrieb der Reformer mit einem höheren Dampf/Kohlenstoff-Verhältnis als theoretisch nötig betrieben.

Der Prozess kann beispielsweise auch mit Ethanol mit einem Kupfer-basierten Katalysator oder Methanol mit einem Katalysator auf Nickelbasis durchgeführt werden. Die Reaktionsgleichungen und die erforderlichen Reaktionsenthalpien sind Tabelle 5.2 zu entnehmen.

Tabelle 5.2 Steam Reforming mit den Grundstoffen Methanol und Ethanol

	Methanol		Ethanol	
	Formel	$\Delta_R h^\ominus$ kJ/mol	**Formel**	$\Delta_R h^\ominus$ kJ/mol
SR 1)	$CH_3OH \rightarrow CO + 2H_2$	90	$C_2H_5OH + H_2O \rightarrow 2CO + 4H_2$	256
WGS	$CO + H_2O \rightarrow CO_2 + H_2$	-41	$CO + H_2O \rightarrow CO_2 + H_2$	-41
Total	$CH_3OH + H_2O \rightarrow CO_2 + 3H_2$	49	$C_2H_5OH + 3H_2O \rightarrow 2CO_2 + 6H_2$	174

Anmerkungen: nach P. Atkins und J. de Paula (2008, S. 1079–1086); 1) ohne Shiftreaktion

Die thermische Beanspruchung von Reformerkolonnen durch die bereits erwähnten hohen Reaktionstemperaturen ist am unteren Ende der Reformerrohre an einer Glühverfärbung der Verschraubungen zu erkennen (Bild 5.4).

Zur Steuerung des nachgelagerten Wasserstofftransports ist eine Zwischenspeicherung, wie in Bild 5.5 zu sehen, erforderlich. Hierfür kommen stehende oder liegende Stahlbehälter infrage.

Der Wasserstoff verlässt in der Regel die PSA-Anlage mit einer Reinheit von 3.0. Da dieses für einige nachgeschaltete Verwendungen nicht ausreichend ist, muss eine nachgeschaltete Reinigung stattfinden.

Bild 5.4 Temperaturbeanspruchung von Reformerrohren einer SR-Anlage (© H&R ChemPharm GmbH)

Bild 5.5 Stehende und liegende Wasserstoffpuffer (Behälter in der Mitte) im Umfeld einer Anlage zur Dampfreformierung (rechter Bildausschnitt) bei der H&R ChemPharm GmbH in Salzbergen (© H&R ChemPharm GmbH)

Die Mengenbilanz der Dampfreformierung

Die Mengenbilanz für die Dampfreformierung einschließlich der Shiftreaktion (WGS) soll aufgestellt und das jeweilige Verhältnis der Volumenströme im Normzustand für Wasserstoff und Methan bzw. Wasserstoff und eine Gasmischung aus Methan (85 mol-%), Ethan (9 mol-%) und Propan (5 mol-%) sowie Stickstoff (1 mol-%) soll bestimmt werden.

Die spezifischen Stoffdaten sind Tabelle 2.1 in Abschnitt 2.1 zu entnehmen. Die molare Masse von Wasserdampf ist $M_{H_2O} = 18{,}0152\ \text{kg/kmol}$. Die Dichte der Gasmischung wird mit Formel 2.71 in Abschnitt 2.2.13 zu $\varrho_n = 0{,}7788\ \text{kg/m}^3$ bestimmt. Für die Reaktion werden Formel 5.1 und Formel 5.3 herangezogen und zusammengefasst. Unter Berücksichtigung der molaren Anteile der Grundstoffe an der Gasmischung gilt Folgendes für die Reaktionen:

- Reaktion Methan und Wasserdampf (Formel 5.5):

$$y_{CH_4}\left(CH_4 + 2H_2O\right) \rightarrow y_{CH_4}\left(CO_2 + 4H_2\right)$$
$$y_{CH_4}\left(n_{CH_4} M_{CH_4} + 2n_{H_2O} M_{H_2O}\right) \rightarrow y_{CH_4}\left(n_{CO_2} M_{CO_2} + 4n_{H_2} M_{H_2}\right)$$
$$y_{CH_4}\left(16{,}043\ \text{kg}\ CH_4 + 36{,}0304\ \text{kg}\ H_2O\right) \rightarrow y_{CH_4}\left(44{,}01\ \text{kg}\ CO_2 + 8{,}0632\ \text{kg}\ H_2\right)$$
$$13{,}637\ \text{kg}\ CH_4 + 30{,}626\ \text{kg}\ H_2O \rightarrow 37{,}409\ \text{kg}\ CO_2 + 6{,}854\ \text{kg}\ H_2$$

- Reaktion Ethan und Wasserdampf:

$$y_{C_2H_6}\left(C_2H_6 + 4H_2O\right) \rightarrow y_{C_2H_6}\left(2CO_2 + 7H_2\right)$$
$$y_{C_2H_6}\left(n_{C_2H_6} M_{C_2H_6} + 4n_{H_2O} M_{H_2O}\right) \rightarrow y_{C_2H_6}\left(2n_{CO_2} M_{CO_2} + 7n_{H_2} M_{H_2}\right)$$
$$2{,}706\ \text{kg}\ C_2H_6 + 6{,}485\ \text{kg}\ H_2O \rightarrow 7{,}921\ \text{kg}\ CO_2 + 1{,}270\ \text{kg}\ H_2$$

- Reaktion Propan und Wasserdampf:

$$y_{C_3H_8}\left(C_3H_8 + 6H_2O\right) \rightarrow y_{C_3H_8}\left(3CO_2 + 10H_2\right)$$
$$2{,}205\ \text{kg}\ C_3H_8 + 5{,}405\ \text{kg}\ H_2O \rightarrow 6{,}602\ \text{kg}\ CO_2 + 1{,}008\ \text{kg}\ H_2$$

- Für die Gesamtbilanz ist zu den Kohlenwasserstoffen noch der Stickstoff zu addieren:

$$18{,}828\ \text{kg Gas} + 42{,}516\ \text{kg}\ H_2O \rightarrow 51{,}932\ \text{kg}\ CO_2 + 0{,}28\ \text{kg}\ N_2 + 9{,}132\ \text{kg}\ H_2$$

- Die Umrechnung in Volumenströme erfolgt mithilfe von Formel 2.7 in Abschnitt 2.2.1:

$$\frac{V_{n,H_2}}{V_{n,Gas}} = \frac{m_{H_2}\varrho_{n,Gas}}{m_{Gas}\varrho_{n,H_2}} = \frac{9{,}132\ \text{kg}\ H_2 \cdot 0{,}7788\ \dfrac{\text{kg Gas}}{\text{m}^3\ \text{Gas}}}{18{,}828\ \text{kg Gas} \cdot 0{,}08989\ \dfrac{\text{kg}\ H_2}{\text{m}^3\ H_2}} = 4{,}202\ \frac{\text{m}^3\ H_2}{\text{m}^3\ \text{Gas}}$$

Es empfiehlt sich die Bearbeitung von Aufgabe 26 im Buch *Wasserstofftechnik. Aufgaben und Lösungen*.

Die Freisetzung von Treibhausgasen beim SR-Verfahren

Um 1 m^3 Wasserstoff mithilfe der Dampfreformierung zu erzeugen, werden etwa 0,24 m^3 Erdgas direkt für den SR-Prozess benötigt. Rechnet man die Erdgasmengen für die Beheizung der Anlage hinzu, ist der Durchsatz von ca. 0,39 m^3 Erdgas für die Erzeugung von 1 m^3 Wasserstoff im Normzustand erforderlich. Folgt man dem Ergebnis von Aufgabe 26 im Buch *Wasserstofftechnik. Aufgaben und Lösungen*, fallen je erzeugtem Kilogramm Wasserstoff 9,24 kg CO_2 als Emissionen an. In der Bilanz nicht enthalten sind die Emissionen für den Antransport der Erdgasmengen.

5.1.2 Partielle Oxidation

Alternativ zur Dampfreformierung kommt beim Einsatz höherer Kohlenwasserstoffe oder wenn reiner Wasserstoff in größeren Mengen zur Verfügung steht, das exotherme Verfahren der partiellen Oxidation (POX) infrage. Das Verfahren kann mit der Begleitung durch einen Katalysator als Catalytic Partial Oxidation (CPOX oder CPO) oder ohne Katalysator durchgeführt werden. Wird auf einen Katalysator verzichtet, sind die Reaktionstemperaturen im Bereich von $1300\,°C \leq \vartheta \leq 1500\,°C$ erheblich höher als bei der SR. Dies hat zur Folge, dass die Temperaturbeanspruchung der mit dem Reaktor verbundenen Anlagenteile und Werkstoffe hoch ist. Der Vorteil des Verfahrens ist die sehr kurze Startzeit zum Anlaufen der Reaktion. Nach S. A. Sherif et al. (2015, S. 37) ist eine charakteristische Schwäche des Verfahrens die Gefahr der Überhitzung bzw. der lokalen Überhitzung innerhalb des Reaktors. Dies führt zu einer Beeinträchtigung der Wirksamkeit der Reaktionsprozesse und kann zur Zerstörung des Katalysators führen. Generell ist die Steuerung des Verfahrensablaufes erheblich komplexer als beim SR-Verfahren. Zwischenprodukte des chemischen Umsetzungsprozesses und hierbei zwischenzeitlich entstehende Radikale können den Wasserstoffertrag negativ beeinflussen. Wird statt reinem Sauerstoff Luft als Oxidationsmittel eingesetzt, wird der Umsetzungsgrad und damit der Wasserstoffertrag durch das Inertgas Stickstoff negativ beeinflusst. Grundsätzlich ist die Ausbeute an Wasserstoff bezogen auf den eingesetzten Grundstoff beim POX-Verfahren geringer als bei der Dampfreformierung (siehe auch Tabelle 5.4). Die Variablen des Prozesses sind der Systemdruck p, die Reaktionstemperatur T und das Verhältnis von Sauerstoff zu Kohlenstoff des Grundstoffes O_2/C (siehe auch Formel 5.12). Außerdem sinkt der Wasserstoffertrag mit steigendem Systemdruck.

Die Reaktionsgleichung des POX-Verfahrens ist

$$C_nH_m + \frac{n}{2}O_2 \rightarrow nCO + \frac{m}{2}H_2 \tag{5.6}$$

Die bei der Reaktion freiwerdende Standardreaktionsenthalpie ist

$$\Delta_R h^\Theta < 0 \text{ kJ/mol}$$

Der Oxidator O_2 nimmt wesentlichen Einfluss auf die Energiebilanz der Reaktion. Dies kann an der Reaktion mit Methan und Ethanol gezeigt werden. Betrachtet man beide Reaktionen im Rahmen der POX, so kann die gewonnene Reaktionswärme durch Zuwachs der Sauerstoffmenge oder Luftmenge erhöht werden. Dies hat nach Tabelle 5.3 Auswirkungen auf die Reaktionsgleichung.

Tabelle 5.3 Partielle Oxidation mit den Grundstoffen Methan und Ethanol

	Methan		Ethanol	
	Formel	$\Delta_R h^\Theta$ kJ/mol	**Formel**	$\Delta_R h^\Theta$ kJ/mol
POX	$CH_4 + 0{,}5O_2 \rightarrow CO + 2H_2$	-36	$C_2H_5OH + 0{,}5O_2 \rightarrow 2CO + 3H_2$	14
POX	$CH_4 + O_2 \rightarrow CO_2 + 2H_2$	-319	$C_2H_5OH + O_2 \rightarrow CO_2 + CO + 3H_2$	-158
POX			$C_2H_5OH + 1{,}5O_2 \rightarrow 2CO_2 + 3H_2$	-552

Anmerkungen: nach P. Atkins und J. de Paula (2008, S. 1079-1086)

Vergleicht man den Wasserstoffertrag pro kg Grundstoffeintrag in Tabelle 5.4, so haben die flüssigen Treibstoffe Benzin und Diesel den höchsten spezifischen Wasserstoffertrag zur Folge. Die Alkohole Methanol und Ethanol sowie der Alkan Methan - hier als Liquid Natural Gas (LNG) - ergeben bescheidenere Erträge. Allerdings ist bei den Grundstoffen Methanol und Ethanol der Energieaufwand mit Reaktionstemperaturen von $200\,°C \leq \vartheta \leq 300\,°C$ beim SR-Verfahren (Tabelle 5.1) vergleichsweise gering und daher der Anlagenaufbau einfacher, sodass sich dieser Tatbestand beim CAPEX und OPEX positiv bemerkbar macht. Methan hat sich in den Industriestaaten bei der Produktion großer Wasserstoffmengen durchgesetzt, da die erforderlichen großen Grundstoffmengen durch den Zugang zum Erdgasnetz auch logistisch mit überschaubarem Aufwand in der Regel gedeckt werden können. in Tabelle 5.4 wird deutlich, dass das CPOX-Verfahren weitaus weniger Wasserstoffmengen pro kg Grundstoffeintrag liefert als der SR-Prozess.

Tabelle 5.4 Charakteristische Größen der Dampfreformierung und partiellen Oxidation im Vergleich

Grundstoff (B)	Formel	SR-Verfahren		CPOX-Verfahren	
		w_{H_2} in %	kg H_2/kg B	w_{H_2} in %	kg H_2/kg B
Benzin	$C_8H_{15.4}$	43	301	28	200
Diesel	$C_{14}H_{25.5}$	42	357	28	231

Grundstoff (B)	Formel	SR-Verfahren		CPOX-Verfahren	
		w_{H_2} in %	kg H_2/kg B	w_{H_2} in %	kg H_2/kg B
Ethanol	C_2H_5OH	26	209	22	168
Methan (LNG)	CH_4	52	205	38	151
Methanol	CH_3OH	19	150	13	100

Anmerkungen: nach C. Spiegel (2007, S. 22)

5.1.3 Autotherme Reformierung

Die Kombination beider zuvor beschriebenen Verfahren SR und CPOX führt zum autothermen Reformierungsverfahren ATR. Durch die Zusammenführung beider Verfahren in einem Reaktor können die Vorteile beider Prozesse - hier die hohe Wasserstoffausbeute beim SR-Verfahren, dort die energetisch vorteilhafte exotherme Reaktion beim CPOX-Verfahren und die damit verbundene kurze Anlaufphase bis zum Ablauf der chemischen Reaktion - gemeinsam genutzt werden. Im Idealfall wird die beim CPOX-Prozess freiwerdende Reaktionswärme für den Ablauf des SR-Prozesses genutzt. Die im ATR-Reaktor benötigten Reaktanten (fossiler Grundstoff, Wasserdampf und das Oxidationsmittel reiner Sauerstoff oder Luft) werden zu gleicher Zeit gemeinsam, wie in Bild 5.6 zu sehen, in die Reaktionskolonne eingebracht.

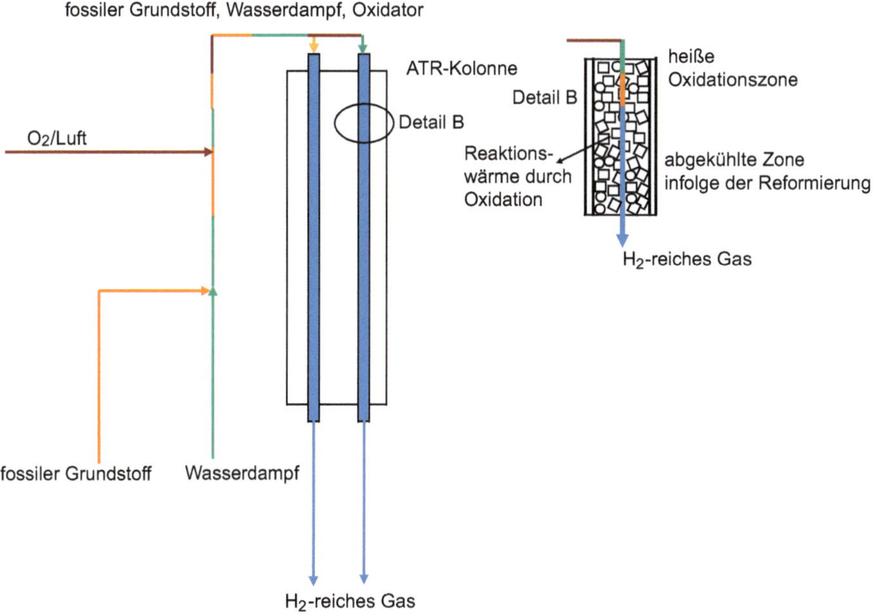

Bild 5.6 Das Grundschema der autothermen Reformierung (ATR)

Die resultierende Reaktionsgleichung mit Methan als Grundstoff ist

$$4CH_4 + O_2 + 2H_2O \rightarrow 4CO + 10H_2 \tag{5.7}$$

Das an Wasserstoff reiche Gas hat im Ausgang der ATR-Kolonne eine Temperatur von $950\,°C \leq \vartheta \leq 1100\,°C$ bei einem Druck von $p \leq 100$ bar.

Die bei der idealen Reaktion freiwerdende Standardreaktionsenthalpie ist

$$\Delta_R h^\ominus = 0 \text{ kJ/mol}$$

Das mit Alkanen oder Alkoholen sowie Wasserdampf als Grundstoffe und Sauerstoff als Oxidator geführte ATR-Verfahren ist mit den wesentlichen Prozessschritten in Bild 5.7 dargestellt.

Neben der bekannten Wassergas- oder Shiftreaktion – kurz WGS – gibt es noch alternative Reaktionsschritte wie die Methanisierung mit einem synthetischen Methan (SNG) plus Wasseranteilen als Ausgangsprodukte (Abschnitt 10.4) oder über die Boudouard-Reaktion zu reinem Kohlenstoff in fester Form (S) und Kohlendioxid im Ausgang. Der reine Kohlenstoff ist heute für die Anwendungen als Graphit oder im Bereich von ultraleichten und hochfesten Karbonwerkstoffen von hohem technischen und wirtschaftlichen Interesse.

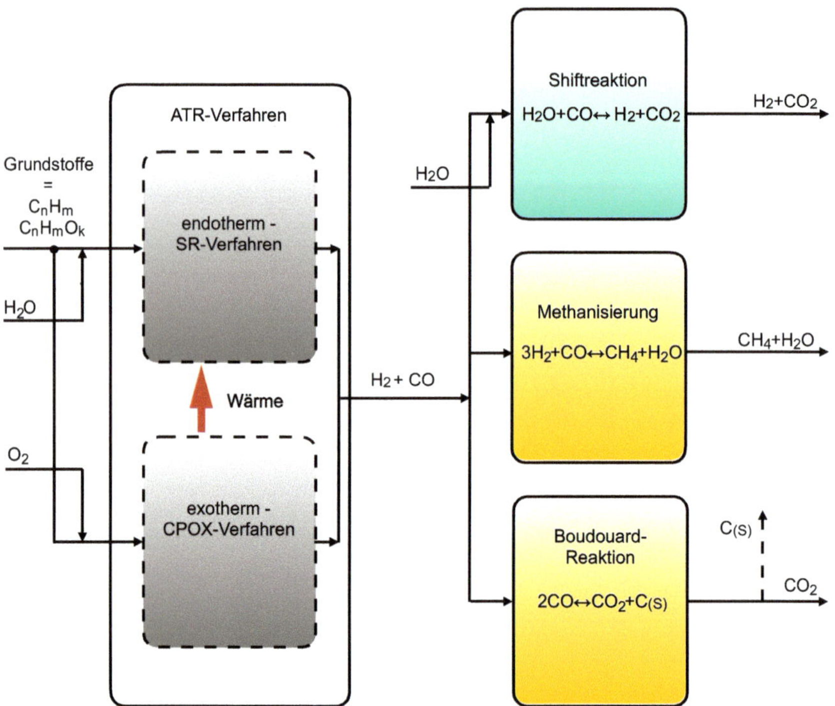

Bild 5.7 Die Verfahrensschritte des ATR-Prozesses

Der endotherme Prozess zur Bildung von synthetischem Methan (SNG) ist

$$3H_2 + CO \leftrightarrow CH_4 + H_2O \tag{5.8}$$

Die einzubringende Standardreaktionsenthalpie ist

$$\Delta_R h^\Theta = 206{,}12\ \text{kJ/mol}$$

Die endotherme Form der Boudouard-Gleichung lautet

$$2CO \leftrightarrow CO_2 + C \tag{5.9}$$

Die einzubringende Standardreaktionsenthalpie ist

$$\Delta_R h^\Theta = 172{,}6\ \text{kJ/mol}$$

Das ATR-Verfahren ist sehr vielseitig und in der Lage, durch Variation der Einsatzstoffe verschiedene Synthesegase unter Einschluss von Wasserstoff zu produzieren, die eine Vielzahl von weiterführenden Produkten ermöglichen. Insbesondere der Einsatz von Methanol verspricht ein wasserstoffreiches Gas im Ausgang mit geringen Verunreinigungen an Kohlenwasserstoffen. Dies ist vorteilhaft bei der nachfolgenden Reinigung, um den Wasserstoff für spezifische Anwendungen mit hohen Anforderungen an die Reinheit des Wasserstoffs aufzubereiten. In Tabelle 5.5 ist der ATR-Prozess mit Methanol aufgeschlüsselt.

Tabelle 5.5 Autotherme Reformierung mit dem Grundstoff Methanol und O_2 als Oxidator

Teilprozess	Methanol	$\Delta_R h^\Theta$ in kJ/mol
CPOX	$CH_3OH + 1{,}5O_2 \rightarrow CO_2 + 2H_2O$	-676,5
SR	$CH_3OH + H_2O \rightarrow CO_2 + 3H_2$	49
SR	$CH_3OH \rightarrow CO + 2H_2$	90,1
WGS	$CO + H_2O \rightarrow CO_2 + H_2$	-41

Anmerkungen: nach P. Atkins und J. de Paula (2008, S. 1079–1086)

Um in der Praxis die energetisch neutrale Reaktion zu erzielen, muss eine stöchiometrisch angepasste Mischung der Reaktanten eingesetzt werden:

$$CH_3OH + 0{,}1\,O_2 + 0{,}8\,H_2O \rightarrow CO_2 + 2{,}8\,H_2 \tag{5.10}$$

Der Wärmeverlust über die Reaktorwände an die Umgebung wird kompensiert, indem die Menge an Oxidationsmittel und Dampf gegenüber den Angaben in Formel 5.10 erhöht wird. Die Reaktionsgleichung wird entsprechend Formel 5.11 angepasst. Die Gesamtreaktion ist mit $\Delta_R h^\Theta = -81\ \text{kJ/mol}$ exotherm.

$$CH_3OH + 0{,}27\,O_2 + 1{,}5\,H_2O \rightarrow CO_2 + 2{,}46\,H_2 + 1{,}04\,H_2O \tag{5.11}$$

Bezeichnet man das Massenverhältnis von Oxidator zu Kohlenstoff als $r = O_2/C$ und das optimale Massenverhältnis als r_0, dann ist diese Größe, die bei dem ATR-Verfahren den thermoneutralen Betriebspunkt kennzeichnet, nach S. A. Sherif et al. (2015) in einem Bereich von

$$0{,}2 \leq r_0 \leq 0{,}3 \tag{5.12}$$

zu finden.

Wird Luft als Oxidator verwendet, kann für den Einsatz von Alkoholen als Grundstoff folgender Ansatz für die ATR-Reformierung genommen werden:

$$\begin{gathered} C_nH_mO_k + (2n - 2r - k)H_2O + r(O_2 + 3{,}76N_2) \rightarrow \\ \left(2n - 2r - k + \frac{m}{2}\right)H_2 + nCO_2 + r \cdot 3{,}76N_2 \end{gathered} \tag{5.13}$$

Das Polynom (2n - 2r - 2k) gibt die für die Reaktion erforderliche Mindestwasserdampfmenge an und r ist von der Anzahl n der Kohlenstoffatome im fossilen Grundstoff abhängig.

Bei Methanol kommt vorteilhaft zum Tragen, dass die bereits in Tabelle 5.1 angesprochene vergleichsweise niedrige Reaktionstemperatur einen sehr geringen CO-Ausstoß zur Folge hat, was sich auch reduzierend auf CAPEX und OPEX auswirkt. Insofern ist der Einsatz von Methanol, zumal wenn es auf regenerativer Grundlage durch die Vergasung von Biomasse gewonnen wird, im Sinne einer Einsparung von Treibhausgasemissionen von Interesse.

Bestimmung des optimalen Sauerstoff-Kohlenstoff-Verhältnisses r_0 beim ATR-Verfahren mit Methanol als Grundstoff

Die molare Masse und der Brennwert von Methanol ist $M = 32{,}04$ kg/kmol und $H_{s,n} = 22{,}7$ MJ/kg. Die erforderlichen Werte für Sauerstoff, Stickstoff, Kohlendioxid und Wasserstoff sind in Tabelle 2.1 in Abschnitt 2.1 und Tabelle 2.30 in Abschnitt 2.7.2.2 zu finden.

Für den Grundstoff Methanol wird Formel 5.13 angewendet:

$$CH_4O + (1 - 2r)H_2O + r(O_2 + 3{,}76N_2) \rightarrow (3 - 2r)H_2 + CO_2 + r \cdot 3{,}76N_2$$

Für die Bestimmung von r_0 in der Reaktionsgleichung sind die Terme mit Methanol auf der linken Seite und mit Wasserstoff auf der rechten Seite interessant. Für den thermoneutralen Punkt ist der Energiebetrag, der mit dem fossilen Grundstoff Methanol in die ATR-Kolonne eingebracht wird, gleich der stöchiometrisch angepassten Bildungsenergie des Wasserstoffs.

$$32{,}04\ \text{kg}\ CH_4O \cdot 22{,}7\ \frac{\text{MJ}}{\text{kg}} = (3 - 2r)2{,}0158\ \text{kg}\ H_2 \cdot 12{,}745\ \frac{\text{MJ}}{\text{m}^3} \cdot \frac{\text{m}^3}{0{,}08989\ \text{kg}}$$

$$727{,}308\ \text{MJ}\ CH_4O = (3 - 2r)285{,}809\ \text{MJ}\ H_2$$

Die gesuchte Größe ist $r_0 = 0{,}227$.

Der gesamte Bereich von $r = 0$ (vollständiger SR-Prozess) bis zu $r = 1{,}5$ (vollständige Verbrennung und kein Wasserstoff wird mehr erzeugt) ist in Bild 5.8 dargestellt. Oberhalb von $r = 0{,}5$ wird kein Dampf mehr zugeführt, sondern der Wasserdampf entsteht bei der Verbrennung im Reaktor.

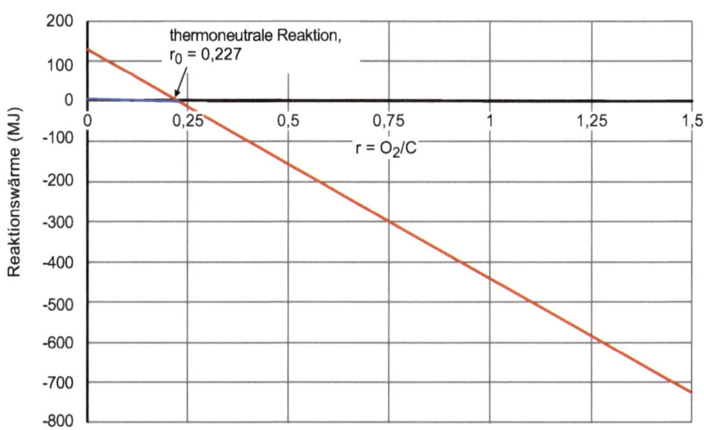

Bild 5.8 Reaktionswärme und das Sauerstoff-Kohlenstoff-Verhältnis des ATR-Prozesses mit Methanol

Setzt man den Energieertrag der Wasserstofferzeugung ins Verhältnis zum Energieaufwand durch den Grundstoff unter Einbeziehung der Bereitstellung von Grundstoffmengen für die Heizgaserzeugung (SR-Verfahren), so wird die Obergrenze des Effizienzgrades des Umwandlungsprozesses beschrieben:

$$\eta < \frac{H_{s,n} V_n \, \mathrm{H_2}}{H_{s,n} V_n \, \mathrm{Grundstoff}} \tag{5.14}$$

Zum Effizienzgrad technischer Anlagen

Die Effizienz η der Reformierungsverfahren SR, CPOX und ATR kann abgeschätzt werden, wenn der Energieertrag des produzierten Wasserstoffs ins Verhältnis zum Energieaufwand für den Reformierungsprozess gesetzt wird. Hierfür ist eine umfangreiche Energiebilanz über den gesamten Prozess und für die gesamte Anlage im Rahmen eines Energiemanagementkonzeptes (EnMS) erforderlich. In der DIN ISO 50.001 werden entsprechende Vorgaben und Richtlinien zur erfolgreichen Implementierung eines EnMS gegeben. Die DIN ISO 50.006 beschreibt, wie die in diesem Zusammenhang erforderlichen energetischen Ausgangsbasen und Energieleistungskennzahlen sinnvoll erstellt und angewandt werden können.

Es empfiehlt sich die Bearbeitung von Aufgabe 27 im Buch *Wasserstofftechnik. Aufgaben und Lösungen*.

5.1.4 Kohle- und Biomassenvergasung

Die Methode der Vergasung eines kohlenstoffhaltigen Feststoffes in zerkleinerter Form unter Zugabe eines Oxidators (Luft, Sauerstoff, Wasserdampf und Kohlendioxid) ist seit dem 17. Jahrhundert bekannt. Die Anwendung der mobilen Holzvergasung in Deutschland im letzten Jahrhundert in hunderttausenden von Fahrzeugen während und nach den beiden Weltkriegen hat bewiesen, dass die Technik seit langem erprobt und wohlverstanden ist. Heute ist die Technik der Vergasung nicht die industrielle Standardlösung, wenn es um die Produktion bedeutender Wasserstoffmengen geht. Gründe hierfür sind der spezifisch geringere Wasserstoffertrag, der hinter der Reformierung zurückfällt, und der im Vergleich zu den SR-, POX- und ATR-Anlagen höhere anlagentechnische Aufwand zur Abscheidung der Nebenprodukte. Im Zusammenhang mit Überlegungen zur Produktion von „grünem" Wasserstoff aus Biomasse ist die Technik der Vergasung allerdings wieder mehr in den Blickpunkt gerückt.

Es gibt verschiedene Varianten der Feststoffvergasung, die alle auf dem Prinzip beruhen, dass ein aufbereiteter, energiereicher, kohlenstoffhaltiger Feststoff unter Zuführung eines Oxidators bei hoher Temperatur in einem geschlossenen Behälter in ein Synthesegas umgewandelt wird, das je nach Verwendungszweck im Anschluss an die Vergasung aufbereitet wird. Es kommen unterschiedliche Grundstoffe wie Braunkohle, Anthrazitkohle und Holz als primäre Biomasse mit völlig unterschiedlichen Eigenschaften – wie Tabelle 5.6 zeigt – zum Einsatz.

Tabelle 5.6 Eigenschaften von Kohle und Holz als Grundstoffe der Vergasung

Stoff	$H_{i,n}$	w_C	w_{H_2}	w_{O_2}	Ascheanteil	Anmerkung
	MJ/kg	%	%	%	*w* in %	
Braunkohle	14,82	65–75	5–8	12–30	1–60	1)
Anthrazit	35–35,3	> 91,5	< 3,75	< 2,5	3	1)
Holz	14	48–50	5–6	43–45	< 1	2)

Anmerkungen: 1) nach B. Bünger et al. (2017, S. 9); 2) nach K.-Ch. Thienel (2016, S. 7)

Neben Holz als wesentlichem Einsatzstoff im Bereich der Biomasse sind weitere Stoffe wie Klärschlamm, Grünabfälle aus der Abfallentsorgung von Industrie, Gewerbe und privaten Haushalten sowie Energiepflanzen und deren Reste im Einsatz.

Die Grundstoffe müssen vor dem Eintrag in den Vergaser verfahrenstechnisch vorbehandelt werden. Dazu gehört die Zerkleinerung und das Mahlen der Stoffe auf eine angepasste Partikelgröße. Holz wird in Form von Holzpellets zur Verfügung gestellt.

Der Aufbau einer Feststoff-Vergaseranlage soll am Beispiel eines Festbettvergasers dargestellt werden. Festbettreaktoren mit fest in dem Reaktor eingebauten Rosten zur temporären Aufnahme des Grundstoffes können als Gegenstromvergaser oder als Gleichstromvergaser ausgeführt werden. Beim Gegenstromreaktor wie in Bild 5.9 wird der Oxidator und der Feststoffstrom unter konstanten Druckbedingungen bei $p = 40\,\text{bar}$ jeweils in entgegengesetzter Richtung geführt. Der Vergaser arbeitet in einem Temperaturbereich von $800\,°\text{C} \leq \vartheta \leq 1300\,°\text{C}$. Die Temperaturen können durch Zugabe von Wasserdampf im oberen Bereich des Vergasers reguliert werden. Reiner Sauerstoff ist der Oxidator, der im unteren Teil des Vergasers eingeführt wird. Die durch die hohen Temperaturen geschmolzene Asche wird am Vergaserboden abgezogen.

Der Umwandlungsprozess im Reaktor kann in mehrere Teilprozesse zerlegt werden. Anlehnend an Bild 5.9 (von oben nach unten) handelt es sich vorangehend um folgende Teilprozesse:

1. eine Trocknungszone zur Entfernung der Feuchtigkeit aus dem Grundstoff bei moderaten Temperaturen im Bereich von $\vartheta \approx 200\,°\text{C}$, ohne dass es hier zu chemischen Reaktionen kommt
2. eine Pyrolysezone, in der der Grundstoff bei Temperaturen von $200\,°\text{C} \leq \vartheta \leq 500\,°\text{C}$ thermisch unter Luftabschluss in Kohlenstoff- und Wasserstoff-Verbindungen aufgebrochen wird
3. nachfolgende Reduktions- und Oxidationszonen, in denen bei erhöhten Temperaturen mehrere endotherme und exotherme Reaktionen ablaufen: Dabei werden Wasserstoff und Kohlenmonoxid gebildet. Im ungünstigen Fall bei sehr hohen Temperaturen können auch Kohlenstoff- und getrennt Wasserstoff-Schwefel-Verbindungen entstehen.

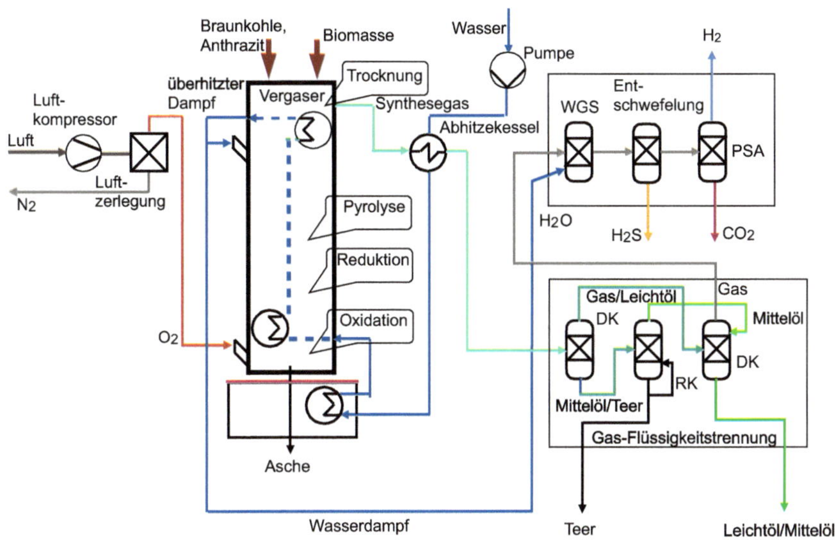

Bild 5.9 Verfahrenstechnisches Grundprinzip eines Gegenstromvergasers vom Typ BGL (Festbettvergaser)

Das aus dem Vergaser ausströmende Synthesegas wird in einem Abhitzekessel gekühlt, in einer mehrstufigen Destillations- und Rektifikationsanlage von der schwereren Fraktion aus Leichtöl, Mittelöl und Teer getrennt, einem WGS-Prozess unterzogen und in mehreren nacheinander ablaufenden verfahrenstechnischen Schritten entfeuchtet, vom Schwefel gereinigt und vom Kohlendioxid befreit. Kleinere Anlagen arbeiten mit Luft als Oxidator statt mit reinem Sauerstoff. Von S. A. Sherif et al. (2015) werden als Zielgröße für die anfallende Asche bezogen auf das entstandene Synthesegasvolumen 2 g/m^3 genannt. Gegenstromvergaser sind für gröbere Partikelgrößen des Grundstoffs geeignet, kommen mit schwankenden Wassergehalten des Grundstoffs zurecht und haben einen vergleichsweise hohen Umsetzungsgrad. Der Teeranfall ist vergleichsweise hoch.

Beim Typ Gleichstromvergaser strömt der Oxidator mit dem Grundstoff am Kopf des Vergasers ein und das Synthesegas wird unten abgezogen. Der Umsetzungsprozess ist empfindlich gegen schwankenden Wassergehalt des Grundstoffs. Bei diesem Vergasertyp ist der Teeranfall und der Umsetzungsgrad im Vergleich zum Gegenstromvergaser geringer.

Tabelle 5.7 gibt Auskunft über die bei der Vergasung hauptsächlich ablaufenden chemischen Reaktionen.

Tabelle 5.7 Hauptreaktionsgleichungen bei der Feststoffvergasung

	Reaktion	$\Delta_R h^\ominus$ in kJ/mol
Verbrennung (exotherm)	$C + O_2 \rightarrow CO_2$	-393,5
Boudouard (endotherm)	$C + CO_2 \rightarrow 2CO$	172,6
WGS (endotherm)	$C + H_2O(g) \rightarrow CO + H_2$	131,4
Kohlenstoffhydrierung (exotherm)	$C + 2H_2 \rightarrow CH_4$	-74,9
WGS (endotherm)	$CH_4 + H_2O \rightarrow CO + 3H_2$	206,12
WGS (exotherm)	$CO + H_2O \rightarrow CO_2 + H_2$	-41,2
Schwefelkohlenstoff	$CH_4 + 2S \rightarrow CS_2 + 2H_2$	k. A.
Schwefelwasserstoff	$CS_2 + 2H_2O = 2H_2S + CO_2$	k. A.

Anmerkungen: nach S. A. Sherif et al. (2015, S. 73)

Weitere Vergaserbauarten sind unter anderem der Wirbelschichtvergaser, der Flugstromvergaser und Vergaserkonzepte mit ultraerhitztem Dampf bis zu Temperaturen von $\vartheta \approx 2800\ °C$ oder oberhalb des kritischen Punktes. Weitere Informationen sind der einschlägigen Literatur wie dem bereits mehrfach erwähnten Handbook of Hydrogen Energy (Sherif et al. 2015) zu entnehmen.

5.1.5 Carbon Capture and Storage – die Verwahrung von Kohlendioxid im Untergrund

Bereits in Abschnitt 4.2 wird darauf verwiesen, dass die Wasserstoffwirtschaft dann eine überzeugende Alternative zur Unterstützung der klimapolitischen Ziele Deutschlands darstellt, wenn in überschaubarer Zeit nennenswerte Mengen an Wasserstoff zur Verfügung stehen. Zu Beginn von Abschnitt 4.3 folgt die Feststellung:

> *„Es ist heutzutage nicht möglich, in Deutschland und Europa die weitere Entwicklung der Umgestaltung der Industrie-, Verkehrs- und Energiesektoren einschließlich des Gebäudebereichs hin zu einer karbonfreien Produktion mit einer validen Sicherheit zu prognostizieren."*

Wenn die Dampfreformierung oder die verwandten Verfahren POX und ATR in einer Übergangsphase große Wasserstoffmengen bereitstellen, mit denen die Wasserstoffwirtschaft angeschoben wird, besteht die Notwendigkeit, die dabei entstehenden Treibhausgasmengen zu verwahren. Dieser Abschnitt soll aufzeigen, welche technischen Möglichkeiten es gibt, in einem begrenzten Zeitabschnitt Kohlendioxid aus der „blauen" Wasserstoffproduktion zu speichern. ■

In Kapitel 4 wird für Deutschland eine Nationale Wasserstoffstrategie zum Ausbau der Wasserstoffwirtschaft vorgestellt, in der herkömmliche Verfahren zur Erzeugung von „grauem" Wasserstoff in einer Übergangsphase eine Bedeutung haben können. Im „blauen" Wasserstoffkonzept ist angelegt, dass die herkömmlichen Erzeugungsmethoden SR, POX, ATR, mit denen große Wasserstoffmengen bereitgestellt werden können, als „Brückentechnologie" weiter benötigt werden. Mit Methan steht auch in den nächsten Jahrzehnten ein wesentlicher Grundstoff für die Wasserstoffproduktion in ausreichender Menge zur Verfügung. Das anfallende Kohlendioxid wird abgeschieden und in tiefen Horizonten im Untergrund gespeichert. Dieses Vorhaben – kurz CCS genannt – wird in Europa seit 1996 von norwegischen Unternehmen und seit 2023 von einem britisch-deutschen Firmenkonsortium in ausgeförderten Erdgas- und Erdöllagerstätten in der Nordsee und in Nordamerika praktiziert. In Deutschland hat ein Pilotversuch in den Jahren 2013 bis 2017 im Gestein des ehemaligen Porenspeichers Ketzin in Brandenburg in einer Darstellung des wissenschaftlichen Dienstes (WD8) des Deutschen Bundestages (2018, S. 34) gezeigt, dass *„die geologische Speicherung von CO_2 am Pilotstandort Ketzin sicher und verlässlich ist sowie ohne Gefährdung von Mensch und Umwelt umgesetzt werden kann"*. Dort wurden 67 kt CO_2 in etwa 640 m Teufe gespeichert. Die gesetzliche Grundlage in Deutschland ist das Kohlendioxidspeicherungsgesetz (KSpG). Außerhalb Deutschlands zeichnet sich in Europa ab, dass CCS eine ernstzunehmende Zukunft hat. Dort planen bedeutende europäische Gasnetzbetreiber, Gas- und Ölfördergesellschaften, darunter ein norwegisches Staatsunternehmen, sowie Stahlhersteller und weitere industrielle Partner die Speicherung von CO_2 aus der Dampfreformierung in ausgebeuteten Öl- und Gasfeldern unter dem norwegischen Schelf. In 2023 wurden 15 kt Kohlendioxidmengen aus der belgischen Chemieindustrie zunächst verflüssigt per Schiff zum ehemaligen dänischen Ölfeld Nini West (Bild 5.10) transportiert und dann dort in einem Demonstrationsversuch von einer Offshore-Plattform in den Sandsteinschichten in einer Teufe um 1800 m eingelagert. Ab dem Jahr 2025/26 sollen anfangs jährlich 1,5 Mill. t und dann ab 2030 bis zu 8 Mill. t CO_2 im Jahr eingelagert werden. Vergleichbare konkrete Projekte in einer Größenordnung von jährlich 20 bis 30 Mill. t gelagertem CO_2 sind in Großbritannien in ehemaligen Gasfeldern an der Ostküste in einem Cluster bei Teesside und Humber und in der Irischen See im HyNet-Cluster geplant. Erweiterungen in der schottischen Nordsee schließen sich an.

Bild 5.10 Offshore-Plattform zur Einlagerung von CO_2 im ehemaligen dänischen Ölfeld Nini-West (Projekt Greensand) (© Wintershall DEA AG/Sören Weper)

BECCS, DACCS und CCU

In der Behandlung des Kohlendioxids mit dem Ziel der Vermeidung von Treibhausgasemissionen tauchen mit BECCS, DACCS und CCU weitere Abkürzungen auf:

- Die Kombination aus Energieerzeugung aus biologischen Quellen, Abscheidung und Speicherung des anfallenden CO_2 wird mit BECCS (Bioenergy with Capture and Storage) abgekürzt.
- Der Entzug des Kohlendioxids aus der Atmosphäre über geeignete Technologien wie die CO_2-Absorption und die Einlagerung in tiefe Schichten wird mit DACCS (Direct Air Capture and Carbon Storage) bezeichnet.
- Neben der Einlagerung in tiefe Gesteinsschichten können Kohlendioxidmengen abgeschieden und verwendet werden (CCU). Mit Wasserstoff und über chemische Reaktionen werden sie zu nützlichen Produkten verarbeitet (Carbon Capture and Utilization). Ein Beispiel ist in Abschnitt 10.4 zu finden.

Die unterirdische Lagerung von CO_2 ist keine neuzeitliche Idee der Zivilisation, um unerwünschte Treibhausgase verschwinden zu lassen, sondern kann als natürlicher Vorgang in der Erdkruste an vielen Stellen, insbesondere im Umfeld von aktiven Vulkanen, beobachtet werden. Diese natürlichen Speicher liefern Hinweise über das Speicherverhalten des Kohlendioxids.

Zum Gesamtkonzept CCS gehört der Transport des abgeschiedenen Kohlendioxids zum Versenkstandort. Dieser Transport kann sowohl pipelinegestützt als auch per Schiff zu einer Offshore-Plattform, wenn dafür die maritimen Voraussetzungen gegeben sind, erfolgen (Bild 5.11). Die technischen Standards für den Pipeline gestützten Transport von CO_2 werden von der ISO-Norm 27913 (2016) gesetzt.

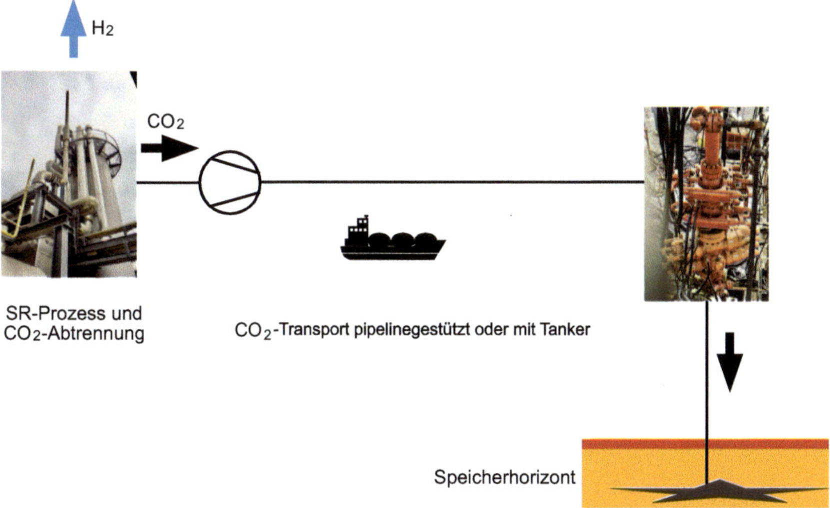

Bild 5.11 Der Weg des Kohlendioxids von der Dampfreformierung über Pipelines oder per Schiff zu einem unterirdischen Speicher

Der Ausbau der Wasserstoffwirtschaft in Deutschland bis 2030 wird in Tabelle A.11 in Anhang A (siehe auch Bild 4.6 in Abschnitt 4.3) beschrieben. In diesem Zuammenhang geht die Bundesregierung in ihrer Nationalen Wasserstoffstrategie davon aus, dass auch im Jahr 2030 eine Wasserstofferzeugung aus fossilen Grundstoffen erforderlich ist. Wenn in diesem Rahmen eine graue Wasserstoffproduktion äquivalent einem Energieinhalt von $E = 4\ \text{TWh}$ zu erwarten ist, entspricht das einem Volumenaufkommen im Jahr 2030 von

$$V_{n,H_2} = \frac{E}{H_{s,n}} = \frac{4 \cdot 10^9\ \text{kWh/a}}{3{,}54\ \text{kWh/m}^3} = 1{,}13\ \text{Mrd. m}^3/\text{a}$$

Dieses Volumen entspricht einer erzeugten Wasserstoffmasse von

$$V_{n,H_2}\varrho_n = 1{,}13\,\text{Mrd.}\,\frac{\text{m}^3}{\text{a}}\cdot 0{,}08989\,\frac{\text{kg}}{\text{m}^3} = 0{,}102\,\text{Mrd.}\,\frac{\text{kg}}{\text{a}}$$

Die Dichte ϱ_n ist Tabelle 2.1 in Abschnitt 2.1 und der Brennwert des Wasserstoffs $H_{s,n}$ ist Tabelle 2.30 in Abschnitt 2.7.2.2 entnommen.

Im Praxistipp in Abschnitt 5.1.1 wird für die gesamte SR-Anlage eine spezifische CO_2-Freisetzung von

$9{,}24\,\frac{\text{kg CO}_2}{\text{kg H}_2}$ angegeben. Daraus resultieren für das Jahr 2030 CO_2-Emissionen von

$$m_{CO_2} = m_{H_2}\frac{m_{CO_2}}{m_{H_2}} = 0{,}102\,\text{Mrd.}\,\frac{\text{kg H}_2}{\text{a}}\cdot 9{,}24\,\frac{\text{kg CO}_2}{\text{kg H}_2} = 0{,}942\,\text{Mill.}\,\frac{\text{t}}{\text{a}}\,\text{CO}_2$$

Annähernd 1 Mill. t CO_2 werden im Jahr 2030 durch den SR-Prozess im Zuge einer Umsetzung der in Kapitel 4 vorgestellten Ausbauvarianten anfallen. Wird das Konzept CCS verfolgt, muss für diese Kohlendioxidmasse eine Verwahrungsmöglichkeit unter Tage gefunden werden. ■

Die Voraussetzung für die Eignung einer porösen Gesteinsschicht zur Aufnahme von Kohlendioxid ist, dass ein Entweichen der eingepressten Gasmengen ausgeschlossen werden kann. Dazu ist ein Nachweis über die Dichtheit der überlagernden Deckschichten zu führen. Weiterhin darf das Gas die den Speicher seitlich und nach oben begrenzenden Strukturaufwölbungen nicht überschreiten. Darüber hinaus sollte die Speicherkapazität des Speichergesteins groß sein.

Kleines 1×1 der Speichertechnik

1. Es gilt das Bundesberggesetz.
2. Es gelten die Normen des American Petroleum Institut API.
3. Ein Aquifer ist eine wasserführende Gebirgsschicht.
4. Deckgebirge sind die Gesteinsschichten oberhalb eines Speicherhorizontes. Die Deckschicht „bedeckt den Speicherhorizont“.
5. Das Liegende sind die Gebirgsschichten, die unter dem Speicherhorizont „liegen“.
6. Den Rohrstrang, auch Rohrtour genannt, bilden kraftschlüssig mithilfe von gasdichten Muffenverschraubungen oder formschlüssig über Schweißnähte zusammengesetzte einzelne Rohre.
7. Salinar bedeutet salzhaltig.
8. Eine Störung bezeichnet die Zerreißungen oder Verwerfungen von Gebirgsschichten, die entstehen, wenn Schichten ihren Zusammenhang verlieren.
9. Teufe ist der bergmännische Ausdruck für Tiefe.

■

In Frage kommen zunächst ehemalige Erdgas- und Erdöllagerstätten, darunter auch die in diesen geologischen Strukturen im Rahmen der Erdgasversorgung über Jahrzehnte in Deutschland betriebenen Porenspeicher, da bei diesen der Nachweis der Dichtigkeit der Speicherstruktur bereits durch das Vorhandensein des ursprünglichen Kohlenwasserstoffvorkommens erbracht ist. Des Weiteren bestehen durch die vorhandenen Produktionsbohrungen gute Kenntnisse über die areale Ausdehnung der Struktur und die physikalischen Eigenschaften des Speichergesteins.

Bei der Nutzung einer initial wassergefüllten porösen Schicht wie in Bild 5.12 spricht man von einem salinaren Aquiferspeicher. Die in den porösen Gesteinen in großen Teufen vorhandenen Wässer kommen aufgrund ihres Salzgehaltes und weiterer stofflicher Inhalte für den menschlichen Verzehr nicht infrage. Auch diese salinaren Aquifere sind für die Aufnahme von Kohlendioxid geeignet, wenn die Dichtheit sicher eingeschätzt werden kann. Die Eignung kann durch aufwendige geophysikalische Untersuchungen und Probebohrungen nachgewiesen werden. Nach der Befüllung mit CO_2 verhält sich ein salinarer Aquifer jedoch praktisch so wie ein Lagerstättenspeicher.

Als Speichergestein kommen

- im Buntsandstein der Obere und Untere Detfurthsandstein,
- im Buntsandstein der Obere und Untere Volpriehausensandstein,
- Kalkschichten im Tertiär,
- Keuper und Muschelkalk (Trias), sowie
- die Oberkreide

infrage. Ein entscheidendes Kriterium für die Eignung eines Speicherstandortes ist die Dichtheit der Lagerstätte gegen das Entweichen des Speichergases CO_2. Es muss der Nachweis geführt werden, dass die Lagerstätte von undurchlässigen Gesteinsschichten sicher abgedeckt ist und vorhandene geologische Störungen dicht sind.

Neben der Dichtheit der Lagerstätte ist sicherzustellen, dass alle mit CO_2 in Kontakt tretenden Werkstoffe, insbesondere die Untertageausrüstung und die obertägigen Einrichtungen, wie beispielsweise Verdichter, Rohrleitungen, Armaturen, Sicherheitsabsperrventile und Dichtungen, korrosionsbeständig sind.

Während des Betriebes ist eine lückenlose Überwachung der Ringräume von Bohrungen, der Grundwasserleiter und der an das Speichergestein angrenzenden Gebirgsbereiche sicherzustellen.

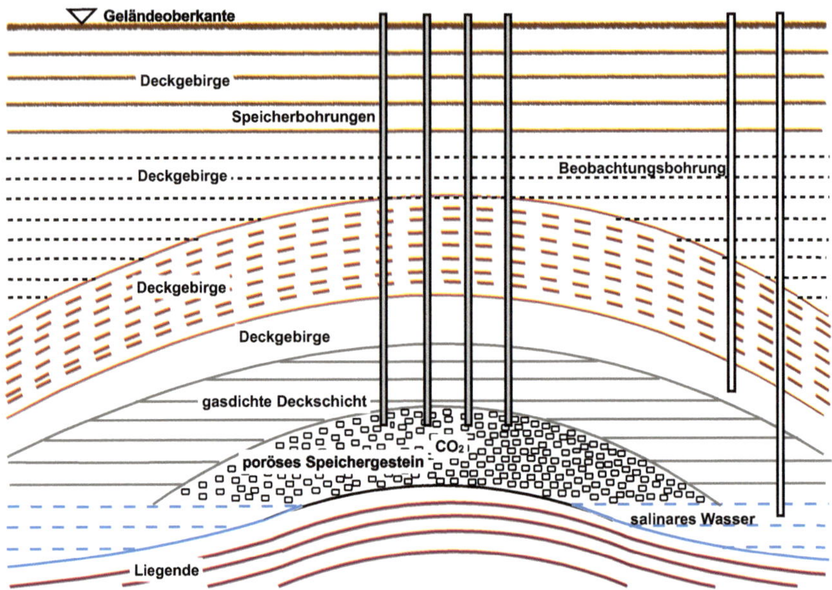

Bild 5.12 Schematische Darstellung eines salinaren Aquifers zur Aufnahme und Verwahrung von Kohlendioxid

Im Gegensatz zum Gasspeicher muss bei der Kohlendioxidverwahrung – auch Carbon Capture and Storage CCS genannt – bei der eigentlichen Verwahrung im Untergrund nur die Einspeicherung von der Tagesoberfläche in den Untergrund und nicht wie beim klassischen Gasspeicher auch die Ausspeicherseite betrachtet werden.

CO_2-Ströme

CO_2-Ströme sind Mischungen aus Kohlendioxid und weiteren Gasen wie Sauerstoff, Stickstoff oder Methan, die aus industriellen Abscheideprozessen stammen und in denen das Kohlendioxid nach ISO 27913 einen volumetrischen Anteil von $\sigma_{CO_2} \geq 0{,}95$ haben muss.

Von großem Interesse ist das thermodynamische Verhalten des Kohlendioxids. Die Phasengrenzen des CO_2 und der CO_2-Ströme sind in Bild 5.13 dargestellt. Das Stoffverhalten ist für den Transport und für die unterirdische Speicherung von Bedeutung. Unter anderem verändert sich je nach Gemischzusammensetzung der kritische Punkt. Es ergeben sich abweichend zum reinen Kohlendioxid Mehrphasengebiete. Tau- und Siedelinie fallen nicht mehr zusammen.

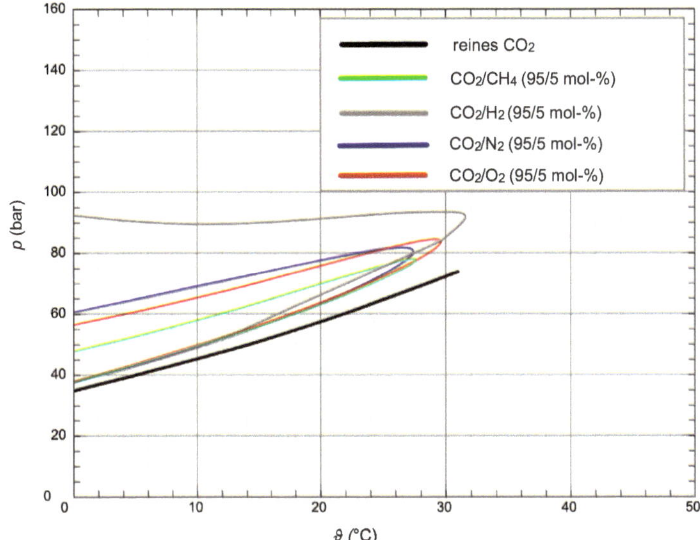

Bild 5.13 Phasenkurve von reinem CO_2 und CO_2-Strömen

Bei der weiteren Betrachtung sollen nur die als Gasspeicher genutzten Porenspeicher und salinare Aquifere betrachtet werden. Derzeit sind nach Auskunft des LBEG (2023, S. 28) in Deutschland Porenspeicher mit einer Speicherkapazität von ca. 9 Mrd. m^3 im Normzustand für Erdgas nutzbar. Davon entfallen ca. 4 Mrd. m^3 auf den größten deutschen Gasspeicher Rheden bei Diepholz in Niedersachsen.

Die Bundesanstalt für Geowissenschaften und Rohstoffe (BGR) schlägt aufgrund des thermodynamischen Verhaltens von CO_2, speziell der Gasdichte, vor, eine Lagerstättenteufe von mindestens 800 m anzustreben, und gibt für Deutschland eine Speicherkapazität bezogen auf die Masse CO_2 von 6,3 Mrd. t bis 12,8 Mrd. t, im Mittel 9,3 Mrd. t CO_2 an.

Es empfiehlt sich die Bearbeitung von Aufgabe 28 im Buch *Wasserstofftechnik. Aufgaben und Lösungen*.

Das Ergebnis von Aufgabe 28 im Buch *Wasserstofftechnik. Aufgaben und Lösungen* zeigt, dass die von der BGR für Deutschland prognostizierten CO_2-Speicherkapazitäten im Rahmen der „blauen Wasserstoffstrategie“ auch für den Fall ausreichend sind, dass noch erhebliche Abstriche an der Kapazitätsprognose beispielsweise aus geologischen Gründen gemacht werden müssen.

5.1.5.1 Grundlagen der Gasspeicherung im porösen Gestein

Über eine Näherungsgleichung kann die Temperatur im Speicherhorizont ϑ mit hinreichender Genauigkeit abgeschätzt werden. In Formel 5.15 ist h die Teufe des Speicherhorizontes und $\frac{\Delta\vartheta}{\Delta h}$ die Temperaturzunahme je m Teufe, die hier nach meinen Erfahrungen mit durchschnittlich $\Delta\vartheta/\Delta h = 0{,}03\,°\mathrm{C/m}$ für mitteleuropäische geologische Verhältnisse angenommen werden kann. In Oberflächennähe ist der über das Jahr gebildete Mittelwert der Bodentemperatur etwa $\vartheta = 10\,°\mathrm{C}$. Dieser Temperaturwert für $h \approx 0\,\mathrm{m}$ wird zur teufenbezogenen Temperatur noch hinzuaddiert.

$$\vartheta = h\frac{\Delta\vartheta}{\Delta h} + 10\,°\mathrm{C} \tag{5.15}$$

Man kann ab 800 m Teufe von einer Speichertemperatur $\vartheta \geq 34\,°\mathrm{C}$ ausgehen. Das Kohlendioxid wird dann im überkritischen Zustand in der Lagerstätte gespeichert.

Die Einspeicherleistung einer Porenspeicherbohrung ist in der Regel wesentlich geringer als diejenige des anderen unterirdischen Speichertyps, der Kavernenbohrung. Ursache für die geringeren Bohrungsleistungen sind die Reibungsverluste, die durch den Gasfluss in den Poren des Gesteins entstehen.

Die Permeabilität oder auch Gesteinsdurchlässigkeit in Darcy (0,5 und größer) ist ein Maß für den effektiven Fließquerschnitt im Porenraum. Je höher die Gesteinsdurchlässigkeit ist, desto geringer sind die Druckverluste in der Formation beim Einspeichern des Kohlendioxids, d. h., desto weniger Speicherbohrungen sind für das Einlagern des CO_2 erforderlich.

Die Porosität in Prozent definiert den Anteil des Porenvolumens am Gesamtvolumen eines Speichergesteins. Je größer die Porosität ist, desto mehr Gas kann pro Volumeneinheit gespeichert werden. Des Weiteren ist eine höhere Porosität (15 % und größer) häufig mit guten Gesteinsdurchlässigkeiten verknüpft.

Neben den Parametern Porosität und Gesteinsdurchlässigkeit ist der Druck im Speicher maßgebend für die speicherbare Menge pro Volumeneinheit. Dieser Druck muss für die Einspeicherung aufgebracht werden und beeinflusst damit das erforderliche Investment obertägiger Anlagen für die CO_2-Einlagerung in tiefe Horizonte.

Der zulässige Speicherdruck ist abhängig von der Teufe h der Lagerstätte und ihrer geologischen Situation. Der zulässige maximale Gasdruckgradient G liegt häufig bei

$$0{,}11\,\mathrm{bar/m} \leq G \leq 0{,}14\,\mathrm{bar/m} \tag{5.16}$$

Der maximal im Speicher zulässige Druck p beträgt unter Beachtung eines Sicherheitsbeiwertes S

$$p_{\max} = \frac{Gh}{S}$$

Ein Speicher in einer Teufe von 800 m [oder alternativ 2000 m] könnte somit, abhängig von den geologischen Randbedingungen, mit einem maximalen Speicherdruck von

$$67\,[169]\,\text{bar} \le p \le 86\,[215]\,\text{bar}$$

betrieben werden. Der Sicherheitsbeiwert wird in der Rechnung mit $S = 1{,}3$ angenommen, ein im unterirdischen Bauen durchaus zutreffender Wert, der allerdings für jede Lagerstätte gebirgsmechanisch überprüft und bestätigt werden muss (siehe auch Abschnitt 9.1.6).

Bild 5.14 zeigt die Teufenlage eines Porenspeichers, die Anordnung von Speicherbohrungen und die Lage von geologischen Störungen, die gleichsam als Barriere die Dichtheit der Lagerstätte gewährleisten.

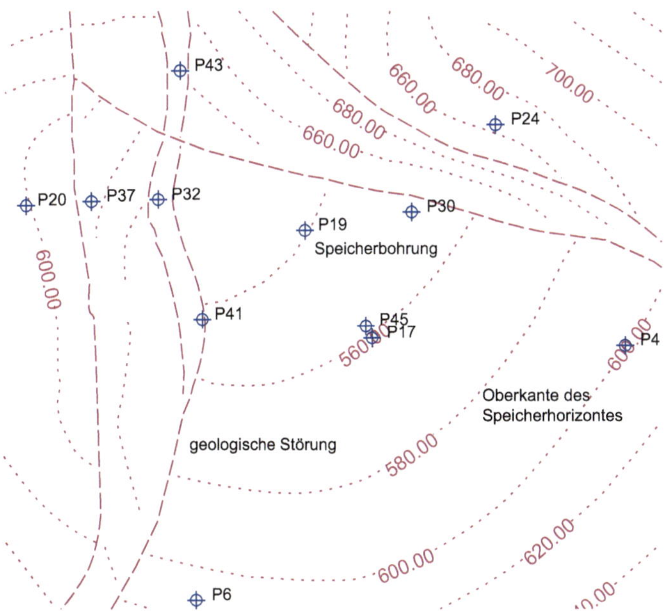

Bild 5.14 Struktur eines Porenspeichers

Das geologische Profil einer Bohrung in Bild 5.15 weist dann auf die möglichen Speichergesteine und die darüber liegenden abdeckenden Schichten hin, die dafür sorgen müssen, dass das Kohlendioxid die Lagerstätte nicht schleichend verlassen kann.

Stratigraphie				Lithologie	Nutzungseigenschaften
KÄNO-ZOIKUM	Quartär				
	Tertiär	Miozän + Chatt			
		Mitteloligozän (Rupel)			Regionaler Stauer
MESOZOIKUM	Kreide	Oberkreide			
		Unterkreide	Alb		Regionaler Stauer
			Apt		Speicher
	Jura	Dogger	Bajoc - Callov		
			Aalen		Speicher Zwischenstauer
		Lias	Toarc		Speicher Zwischenstauer
			Domer		Speicher Zwischenstauer
			Carix Obersinemur		
			Unter-sinemur Hettang		Speicher
	Trias	Keuper	Rät		Zwischenstauer Speicher
			Dolomit-mergelk.		

Sand, Sandstein · Kalkstein · Ton, Tonstein · Tonmergelstein
Geschiebemergel · Mergelstein · Schluff, Schluffstein

Bild 5.15 Geologisches Profil einer Speicherbohrung

Der Buntsandstein, ein typisches Sedimentgestein – wie in Bild 5.16 zu sehen –, ist mit seinen Mikroporen für die Aufnahme von CO_2 geeignet.

Bild 5.16
Der Buntsandstein ist porös, permeabel und auch für CO_2 ein typisches Speichergestein.

5.1.5.2 Verrohrung einer Bohrung

Bild 5.17 geht auf die wesentlichen Elemente einer Onshore-Speicherbohrung ein. Das Standrohr dient zur Stabilität des Bohrplatzes und als Bohransatzpunkt für die spätere Tiefbohrung. Es wird, soweit es die Bodenverhältnisse zulassen, bis in eine Teufe von 15 bis 50 m in das Erdreich gerammt. Die nun während des Bohrfortschrittes weiter eingebauten Rohre übernehmen die Lastaufnahme der nachfolgenden Rohrtouren und dienen dem Schutz von Trinkwasserhorizonten sowie der Vermeidung von Spülungsverlusten. Die Einbauteufe dieser Rohrtouren variiert zwischen einigen hundert Metern bis zu tausend Metern Teufe. Ihre Wandstärke hängt von der Einbauteufe und von dem zu erwartenden Gebirgsdruck ab.

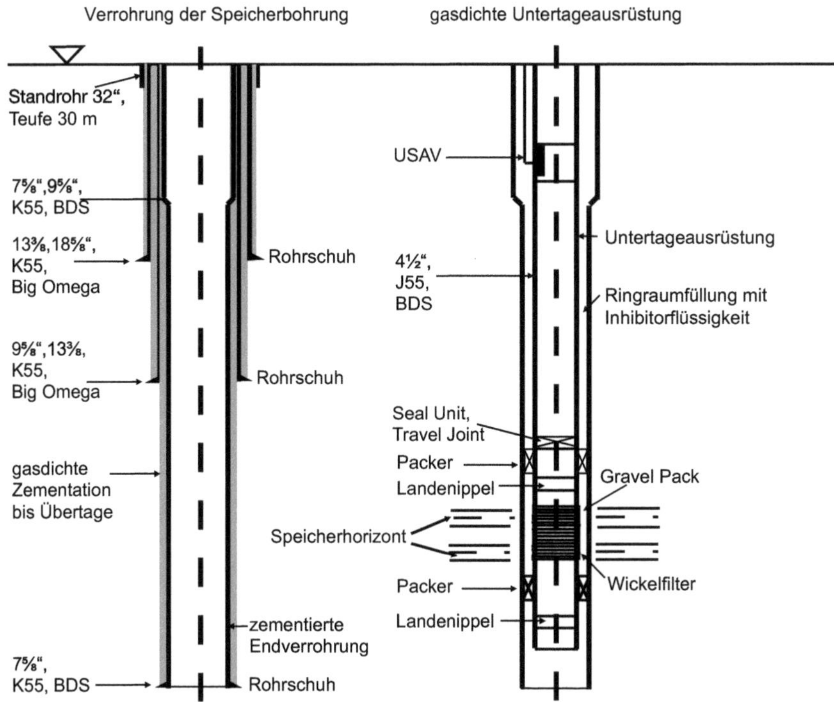

Bild 5.17 Bohrlochverrohrung und Untertageausrüstung einer CO_2-Speicherlagerstätte

Die Endverrohrung – auch letzte zementierte Verrohrung oder häufig zementierte Endverrohrung genannt – wird nach dem Durchbohren der Lagerstätte oder unmittelbar davor eingebracht. Sie soll die Speicherschichten gegeneinander und gegen das Deckgebirge isolieren und eine Verbindung zwischen Lagerstätte und Tagesoberfläche herstellen.

Alle Rohre werden gegenüber dem Gebirge zementiert. Das dient dazu,

- Gebirgsbereiche gegeneinander abzudichten und die Frischwasserhorizonte zu schützen,

- die Rohre im Bohrloch zu befestigen und für die Gasdichtheit der Tagesoberfläche gegenüber der Lagerstätte zu sorgen, sowie
- einen Korrosionsschutz der Verrohrung gegen aggressive Formationswässer zu bilden.

In der Regel wird die Endverrohrung durch eine Untertageausrüstung ergänzt. Diese wird mithilfe einer Windenanlage eingebaut und mittels eines Hangers im Bohrlochkopf abgesetzt. Er wird mit Packern oberhalb und gegebenenfalls unterhalb des Speicherhorizontes gegen die Förderrohrtour abgedichtet. Der Packer bewirkt eine drucktechnische Trennung der Steigleitung von der zementierten Verrohrung. Der Ringraum zwischen Untertageausrüstung und Endverrohrung ist mit einer wässrigen Inhibitorflüssigkeit gefüllt, die die Korrosion an der stählernen Verrohrung verhindert.

Stand der Komplettierungstechnik ist der Einsatz einer Gravel-Pack-Komplettierung. Ein Filterrohr mit Drahtfilter wird eingebaut und der verbleibende Ringraum mit Filterkies oder Filtersand gefüllt, um einen Austritt von Sand aus der Lagerstätte zu verhindern. Seal Unit und Travel Joint ermöglichen der Untertageausrüstung, sich bei Temperaturänderung ohne Spannungserhöhung auszudehnen. Landenippel sind Vorrichtungen zur Aufnahme von Stopfen, um oberhalb der Lagerstätte Reparaturarbeiten am Rohrstrang durchführen zu können.

Jede Bohrung ist durch ein untertage angeordnetes hydraulisch operierendes Sicherheitsventil als Klappen- oder Kugelventil (USAV) gegen Havarie abgesichert.

Ein weiteres Sicherheitselement ist der obertägig angeordnete Bohrlochkopf in einer geeigneten Druckstufe, in den alle Verrohrungen und die Steigleitung eingebunden sind. Im Bohrlochkopf sind die obertägigen Sicherheitsarmaturen installiert, die im Bedarfsfall automatisch oder von Hand geschlossen werden können.

5.1.5.3 Betrieb und Überwachung von Kohlendioxidspeichern

Die in Deutschland nach dem Bundesberggesetz für den Betrieb von CO_2-Speichern zuständige Genehmigungs- und Überwachungsbehörde legt in Betriebsplänen den Katalog von Überwachungsmaßnahmen während des Betriebes fest. Kriterien hierfür sind von der Europäischen Richtlinie zur CO_2-Speicherung definiert worden (2009, S. 134). Dazu gehören unter anderem die Überwachung von Druck und Temperaturen am Kopf der Einspeicherbohrung, die Erfassung der eingelagerten Mengen und die Erfassung der Temperaturen und des Druckes im Speicherhorizont. Es ist möglich, durch den Einbau von Glasfaserkabeln in die Untertageausrüstung ein genaues Temperaturprofil bis zum Injektionspunkt (Drahtfilterbereich) in den Speicherhorizont zu erstellen. Über die Anomalie des aufgezeichneten Temperaturprofils können Leckagen aus der Untertageausrüstung in die benachbarten Ringräume festgestellt werden. Im Übrigen werden die Ringräume drucküberwacht.

Mit Hilfe digitaler Simulationsrechnungen, wie in Bild 5.18 zu sehen, kann die CO_2-Verteilung und die Druckentwicklung im Speicherareal nachvollzogen werden. Hierdurch wird eine Kontrolle des Speichers hinsichtlich der Auslastung seiner Speicherkapazität möglich.

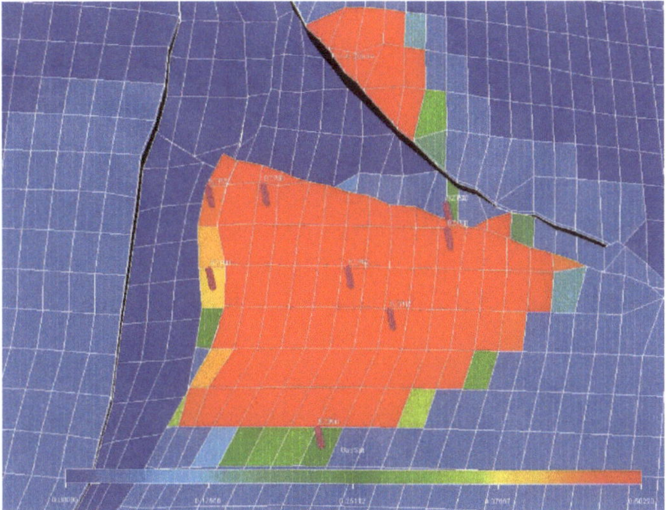

Bild 5.18 Simulation zur Berechnung der Gassättigung im Speichergestein (rot = maximale Gassättigung, blau = gasfrei)

Von W. Kuckshinrichs und J.-F. Hake (2013, S. 137 - 145) wird im Zusammenhang mit dem deutschen Pilotprojekt Speicherung von lebensmittelreinem CO_2 in der Lagerstätte Ketzin (Brandenburg) neben der numerischen Simulation eine ganze Reihe von Überwachungsmethoden empfohlen. Hierzu zählen folgende:

- Druck- und Temperaturmessungen
- Oberflächenmessungen von CO_2-Mengen in den oberen Bodenschichten
- Bohrlochmessungen
- Tiefenprobennahmen
- geoelektrische und aktive und passive seismische Überwachung

Nach W. Kuckshinrichs und J.-F. Hake (2013) kann aus den Erfahrungen in Ketzin gefolgert werden, dass bereits sehr geringe Mengen CO_2 mit diesen Methoden im Untergrund hinreichend genau abgebildet werden können.

5.1.5.4 Transport von Kohlendioxid

Neben den in Bild 5.11 angesprochenen beiden Transportvarianten Pipeline und Schiff kommen für begrenzte Entfernungen und eingeschränkte Mengen auch Transporte mit Lkw infrage. Heute erfolgt nach Auskunft von W. Kuckshinrichs und

J.-F. Hake (2013, S. 53) der CO_2-Transport auf dem Land überwiegend über Pipelines. In Nordamerika (Kanada, USA) sind Leitungssysteme mit einer Gesamtlänge von ca. 4000 km mit einer gesicherten Transportkapazität von jährlich ca. 4 Mill. t in Betrieb.

Das Phasenverhalten von CO_2-Strömen ist von der Zusammensetzung abhängig. Bild 5.19 belegt dies am Beispiel von reinem Kohlendioxid und einem CO_2-Strom mit einer Beimengung von Methan. Für den Pipelinebetrieb ist der Fortleitungsdruck so zu bemessen, dass es während der Durchleitung nicht zu einem Phasenwechsel kommt. Die Fortleitungstemperatur einer erdverlegten Leitung wird erfahrungsgemäß in einem Temperaturbereich zwischen 4 °C im Winter und 20 °C im Sommer liegen. Um größere Entfernungen zu überwinden, muss ein Betriebsdruck größer als 80 $bar_{ü}$ aufgebracht werden. Damit scheidet ein Großteil der bestehenden Erdgasinfrastruktur für die Umwandlung in eine Kohlendioxidleitung aus und es bedarf in vielen Fällen der Neuerrichtung von Leitungssystemen.

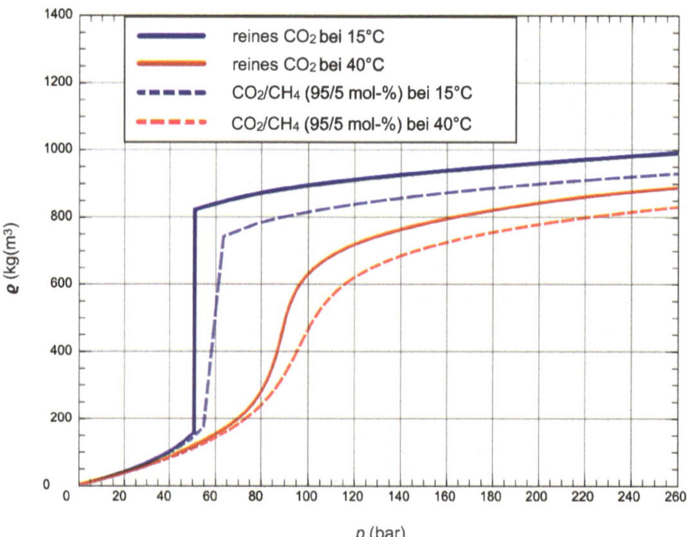

Bild 5.19 Phasenverhalten von reinem Kohlendioxid und einem CO_2-Strom mit Methan

Hinweise zur Errichtung und zum Betrieb von Kohlendioxidsystemen sind dem DVGW-Arbeitsblatt C 463 (2022b) und dem DVGW-Arbeitsblatt C 491 (2022c) zu entnehmen. Die verschiedenen Beimengungen zum Kohlendioxid haben auch verschiedene Auswirkungen auf den Rohrleitungs- und Anlagenbetrieb. Die in den USA geltenden Qualitätsanforderungen für CO_2-Leitungssysteme nach Tabelle 5.8 sind auch für Planungen in Europa von Interesse.

Tabelle 5.8 Qualitätsanforderungen an CO_2-Pipelinesysteme in den USA

Komponente	Kriterium 1)	Begründung 1)
CO_2	$\varphi \geq 0{,}95$	Vermeidung von Phasenwechsel
N_2	$\varphi \leq 0{,}04$	Vermeidung von Phasenwechsel
C_nH_m	$\varphi \leq 0{,}05$	Vermeidung von Phasenwechsel und Hydratbildung
H_2O	$\beta \leq 480\ \mathrm{mg/m^3}$ 2)	Vermeidung von Korrosion und Hydratbildung
O_2	$c \leq 30\ \mathrm{ppm}$	Vermeidung von Phasenwechsel und Korrosion
H_2S	$c \leq 10-200\ \mathrm{ppm}$	Vermeidung von Korrosion und Hydratbildung, Vermeidung von toxischen Zuständen (nicht kritisch bei $\varphi \leq 0{,}001$)
Glykol	$\sigma \leq 0{,}04\ \mathrm{ppmv}$	
Betriebstemperatur	$\vartheta \leq 50°\mathrm{C}$	Vermeidung von Schäden an der PE-Schutzfolie außen um die Rohre (passiver Korrosionsschutz)

Anmerkungen: 1) nach W. Kuckshinrichs und J.-F. Hake (2013, S. 57) und DVGW-Arbeitsblatt C 463 (2022b); 2) nach DVGW-Arbeitsblatt C 260 (2022a) $\sigma \leq 200\ \mathrm{ppmv}$

Weitere Hinweise zum Rohrleitungstransport von CO_2-Strömen können den bereits genannten Regelwerken und Normen entnommen werden.

Hinweise zur Planung von CO_2-Leitungen

Nach dem DVGW-Arbeitsblatt C 463 (2022b) sind bei der Planung folgende Gesichtspunkte zu berücksichtigen:

- Bei Entspannungsvorgängen unterhalb von 5,11 bar_a kann es zur Bildung von festem CO_2 als Trockeneis an Entspannungsöffnungen kommen.
- Die Zusammensetzung der CO_2-Ströme ist in vielen Fällen volatil und muss während des Betriebes fortwährend überprüft werden, um durch geeignete betriebliche Maßnahmen (Anpassung des Fortleitungsdruckes) Phasenwechsel auszuschließen.
- Beim Transport von flüssigen CO_2-Strömen sind Wandstärkenberechnungen durchzuführen. Es geht dabei um die Ermittlung der Mindestwandstärke T_{min} unter den Randbedingungen Innendruck, Druckstoß und Risswachstum. Druckstöße können beispielsweise bei mit Flüssigkeiten betriebenen Leitungssystemen auftreten, wenn Armaturen geschlossen und Pumpen geschaltet werden.
- Nach dem DVGW-Arbeitsblatt C 491 (2022c) sind Rohrleitungen aktiv mithilfe des kathodischen Korrosionsschutzes und passiv mit einer Außenumhüllung gegen Korrosion zu schützen.
- Kavitationserscheinungen bei Pumpen sind nach dem DVGW-Arbeitsblatt C 491 (2022c) unter anderem dadurch zu begegnen, dass der Sättigungsdampfdruck des CO_2 und von Begleitstoffen in CO_2-Strömen in der Druckerhöhungsanlage zu keinem Zeitpunkt erreicht wird.

5.1.6 Die thermische Pyrolyse

Über die thermische oder auch thermisch-katalytische Pyrolyse - auch Methanpyrolyse genannt - wird Wasserstoff aus fossilem Erdgas unter Abspaltung von reinem Kohlenstoff erzeugt. Gemeinsam mit der Dampfreformierung (SR) in Kombination mit CCS wird dieses Verfahren als Brückentechnologie für den Einstieg in eine auf regenerativen Quellen basierende Wasserstoffwirtschaft betrachtet. Allerdings steht die großtechnische Umsetzung der Methanpyrolyse noch bevor. Der bei der Pyrolyse anfallende feste Kohlenstoff kann nach Auskunft von S. Dierks (2019) entweder in der Industrie oder als Dünger in der Landwirtschaft genutzt werden. In diesem Abschnitt sollen die Grundzüge der Methanpyrolyse dargestellt werden.

Die Gesamtreaktion der thermischen Pyrolyse mit Methan ist nach T. B. Geißler und Verlag Dr. Hut (2017, S. 2)

$$CH_4\,(g) \rightarrow C(s) + 2H_2\,(g) \tag{5.17}$$

Die resultierende Standardreaktionsenthalpie, die bei der endothermen Reaktion aufgebracht werden muss, ist

$$\Delta_R h^{\ominus} = 74{,}8\ \text{kJ/mol}$$

Der wesentliche Verfahrensschritt, die Trennung von Methan in festen Kohlenstoff und in gasförmigen Wasserstoff, erfolgt bei Temperaturen $\vartheta > 1000\ °C$. Die Aufrechterhaltung einer stabilen Reaktionstemperatur und der technische Umgang mit dem anfallenden pulverförmigen Kohlenstoff sind die beiden wesentlichen Herausforderungen an die Technologie. Hinzu kommt die Frage, was mit dem Kohlenstoff in der Nachnutzung geschehen soll.

Eine vielversprechende Entwicklungslinie bei der Umsetzung der Grundidee ist der Flüssigmetall-Blasensäulenreaktor als Trennkolonne mit einer Füllung von ringförmigen Körpern zur Vergrößerung der Reaktionsfläche und zur Verzögerung des Strömungsvorganges in der Kolonne. T. B. Geißler hat in einer Dissertation die Kolonneninnenwand mit Quarzglas beschichten lassen und die Austauschkörper aus Quarzglas als Bruch und in Ringform eingesetzt. Der Blasensäulenreaktor wird unten mit flüssigem Zinn gefüllt. Zinn ist nicht toxisch und bei den hohen Temperaturen thermisch stabil. Der sich herausbildende feste Kohlenstoff wird aufgrund der geringeren Dichte an der Zinnoberfläche aufschwimmen oder sich im freien oberen Bereich der Kolonne ansammeln. Das Edukt Erdgas wird von unten in den Reaktor eingeführt und strömt aufgrund der Dichteunterschiede zum Flüssigmetall als Gasblase nach oben. Der sich bildende Wasserstoff wird oben am Kolonnendach abgezogen.

In verschiedenen Forschungsarbeiten, die bei T. B. Geißler und Verlag Dr. Hut (2017) erwähnt werden, wurden bei der Methanpyrolyse Zwischenreaktionen festgestellt, sodass die in Formel 5.17 dargelegte Gesamtreaktionsgleichung als schrittweise Dehydrierung über Ethan, Ethylen und Acetylen zu Kohlenstoff aufgeteilt werden kann:

$$2CH_4 \underset{-H_2}{\rightarrow} C_2H_6 \underset{-H_2}{\rightarrow} C_2H_4 \underset{-H_2}{\rightarrow} C_2H_2 \underset{-H_2}{\rightarrow} 2C \qquad (5.18)$$

Es ist bekannt, dass neben den Endprodukten fester Kohlenstoff und gasförmiger Wasserstoff auch Aromaten wie Benzol, polyzyklische aromatische Kohlenwasserstoffe wie Naphthalin sowie Alkane, Olefine und Paraffine entstehen können. Wenn Nebenprodukte in der der Kolonne nachgeschalteten Prozessgaschromatographie (PGC) detektiert werden, hat das zur Folge, dass der Wasserstoffproduktstrom durch aufwendige Trenn- und Nachreinigungsverfahren von den unerwünschten Verunreinigungen befreit werden muss, um für die Nachnutzung beispielsweise in der Chemie zur Verfügung zu stehen. Das Ziel einer Weiterentwicklung der thermischen Pyrolyse für große Anlagen ist die Modifikation von Druck, Temperatur und Verweilzeit in der Reaktionskolonne sowie die Bestimmung optimaler Kolonnenhöhen und Kolonnendurchmesser, sodass die Gefahr der Entstehung von Nebenprodukten abnimmt. Von T.B. Geißler und Verlag Dr. Hut (2017) wird mit Verweis auf andere Forschungsarbeiten darauf hingewiesen, dass mit ansteigender Reaktionstemperatur die Bildung von Paraffinen, Alkanen, Olefinen und Aromaten geringer wird. Allerdings nimmt die Stabilität von Acetylen zu.

Ein weiteres Forschungsziel ist die Entwicklung geeigneter Katalysatoren für die Pyrolyse. Der Blick richtet sich dabei vornehmlich auf Eisen, Nickel, Kupfer, Molybdän, aber auch Palladium und Kobalt sowie deren Kombinationen (z. B. Kobalt/Kupfer).

Nach M. Kraume (2004, S. 571) gehören Trennverfahren im Blasensäulenreaktor zu den verfahrenstechnischen Grundoperationen. So können bei einem nicht vollständigen Umsatz des Eduktes auch Teilströme des Ausgangsproduktes wieder in den Blasensäulenreaktor zurückgeführt werden.

Die Versuche von T.B. Geißler und Verlag Dr. Hut (2017) haben unter anderem wertvolle Hinweise für die Dimensionierung des Reaktors ergeben. Dabei ist für skalierte Anlagen in industriellem Maßstab für die Aufrechterhaltung eines störungsfreien Betriebes von Bedeutung, dass das freie Graphit sich nicht an den heißen Reaktorwänden ablagert und es so zu einer Durchflussblockade kommt. Der Kohlenstoff soll sich im oberen, von flüssigem Metall freien Bereich der Kolonne ansammeln. Weitere Erkenntnisse betreffen den Einfluss der Flüssigmetalltemperatur, des Betriebsdrucks innerhalb der Kolonne und der Verweilzeit der Gasblasen in der Kolonne auf den Methanumsatz. So nimmt mit steigendem Druck im Reaktor bei konstanter Flüssigmetalltemperatur der Methanumsatz ab. Darüber hinaus wurde festgestellt, dass der freie Kohlenstoff und das flüssige Zinn keine katalytische Wirkung auf die Reaktion zeigen.

Bild 5.20 gibt eine Vorstellung über den möglichen Grundaufbau einer Anlage zur Methanpyrolyse. Die Erdgasversorgung ist nach dem DVGW-Arbeitsblatt G 491 (2010) aufgebaut. Stickstoff wird zur Inertisierung des Blasensäulenreaktors benötigt. Um das Graphit der Kolonne zu entnehmen, muss sie gasfrei gemacht und zeitweise außer Betrieb genommen werden. Um zündfähige Gemische auszuschließen, wird der Reaktor vor dem Öffnen mit Stickstoff gespült. Um einen unterbrechungsfreien Betrieb zu gewährleisten, sind mindestens zwei Reaktoren erforderlich. Während der Außerbetriebnahme des ersten wird der zweite Reaktor aktiviert. Um ein Nachfüllen des Reaktors mit flüssigem Zinn zu gewährleisten, wird ein Vorratsbehälter für flüssiges Zinn sowie eine Befüllleitung, die während des Befüllvorgangs mithilfe einer elektrischen Beheizung oberhalb der Schmelztemperatur von $T_{sch} = 505\,\text{K}$ gehalten wird, vorgesehen. Der Wasserstoff wird über Kopf dem Reaktor entnommen und mithilfe einer nachgeschalteten PGC untersucht. Der zweite Reaktor, die Redundanz für kritische Anlagenteile sowie Entleerungsleitungen am Blasensäulenreaktor für das Flüssigmetall sind in Bild 5.20 nicht dargestellt.

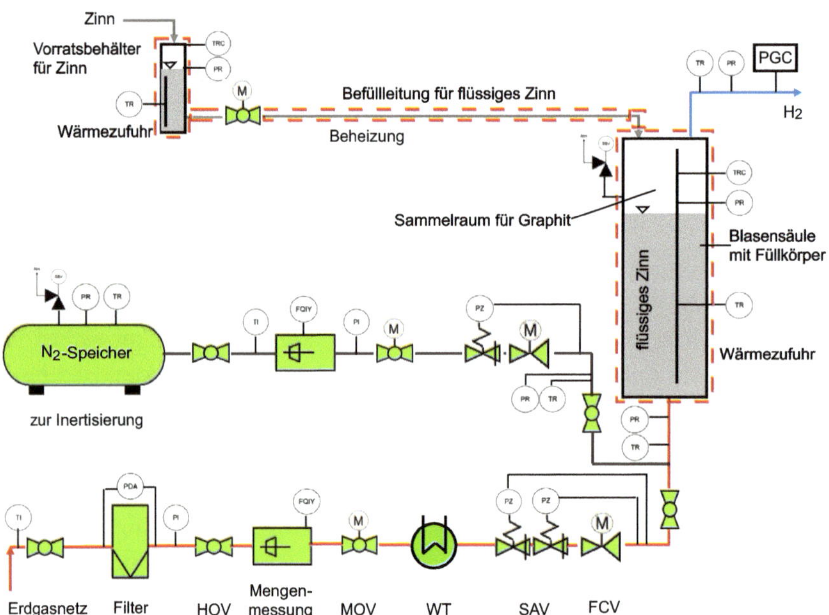

Bild 5.20 Möglicher Aufbau einer Anlage zur Methanpyrolyse (vereinfachte Darstellung ohne vollständige Instrumentierung, Entleerungsleitung an der Blasensäule und ohne Redundanz)

Es empfiehlt sich die Bearbeitung von Aufgabe 29 im Buch *Wasserstofftechnik. Aufgaben und Lösungen*.

Bis die thermische Pyrolyse im größeren Maßstab eingesetzt werden kann, sind noch Fragen zur Gestaltung des Reaktorgefäßes, zur optimalen Zusammensetzung des Flüssigmetalls, zu den Füllkörpern und ihrer Geometrie oder zur Ausgestaltung der Gaseinlassöffnungen bis zur Umsetzungsreife zu klären.

Die Verwendung der erzeugten Kohlenstoffmassen

Bei der Methanpyrolyse wird durch die endotherme Aufspaltung des fossilen Methans im Verhältnis zum Wasserstoff die dreifache Menge an reinem Kohlenstoff gebildet (Ergebnis von Aufgabe 29 im Buch *Wasserstofftechnik. Aufgaben und Lösungen*). Das wirft die Frage nach der ökologisch und ökonomisch verantwortbaren Verwendung der gesamten erzeugten Kohlenstoffmassen auf. Diese muss für jeden Anwendungsfall individuell beantwortet werden. ■

■ 5.2 Elektrolytische Verfahren zur Wasserstofferzeugung

Die Elektrolyse ist für die Energiewirtschaft und für die stoffliche Versorgung ausgewählter Industriebereiche eine Schlüsseltechnologie, um einen umfassenden Wandel hin zu einer treibhausgasfreien Energieversorgung und Industrie zu erreichen. In dem auch als Sektorkopplung bezeichneten Szenarium werden überschüssige Strommengen dem Stromnetz entnommen, um Wasser im flüssigen oder dampfförmigen Zustand elektrolytisch in Wasserstoff zu verwandeln. Dieser wird dann direkt ins Rohrnetz eingespeist oder mithilfe von Tankfahrzeugen und Tankschiffen zu den Kunden transportiert und steht dann der Industrie, dem Verkehrssektor oder privaten Haushalten zur weiteren Verwendung zur Verfügung. Sollten im Stromnetz nicht genügend Strommengen vorhanden sein, um die Verbraucher im erforderlichen Umfang zu beliefern oder die Netzfrequenz stabil zu halten, wird Wasserstoff dem Gasnetz entnommen und über die Wärme-Kraft-Kopplung in Strom zurückverwandelt. Im besten Fall wird die dabei anfallende Wärme einer Wärmesenke zugeführt. In welchem Umfang dieses Szenarium zukünftig technische Realität wird, hängt vom Entwicklungsstand, vom Wirkungsgrad und letztendlich von den betriebswirtschaftlichen Kenngrößen der Elektrolysetechnik ab. Die zur Elektrolyse bereitgestellten Strommengen werden heute auch aus fossilen Kraftwerken oder über den europäischen Stromnetzverbund aus einer nuklearen Anlage zur Verfügung gestellt. Die derzeit verwendete Technologie benötigt mit Ausnahme der alkalischen Elektrolyse teure Edelmetalle wie Platin und Iridium (PEM-Elektrolyse) oder seltene Erden wie beispielsweise Lanthan (SOEL-Elektrolyse). Die Reduzierung der Einsatzstoffmengen und die Entwicklung von Ersatzstoffen sind zentrale Forschungsgegenstände in der Elektrolysetechnik.

Zur direkten Einspeisung des elektrolytisch produzierten Wasserstoffes in ein Rohrleitungsnetz gibt es mit der Methanisierung eine Alternative. Bei diesem bereits 1902 von Paul Sabatier entwickelten Verfahren wird der in der Elektrolyse gewonnene Wasserstoff mit CO_2 in einer exothermen Reaktion bei hohem Druck zum synthetischen Methan (SNG) umgewandelt. Das SNG wird anschließend ins Erdgasnetz übernommen oder verflüssigt und dann dem Verkehr zur Verfügung gestellt (Abschnitt 10.4). Das Verfahren setzt eine Infrastruktur zur Bereitstellung ausreichender Mengen von Kohlendioxid voraus. Der zusätzliche energetische Aufwand zur Bereitstellung von CO_2 und die sich dann anschließende anlagentechnische Umwandlung von Wasserstoff und Kohlendioxid zum Methan sind aufwendig und reduzieren die Effektivität der Energieumwandlung.

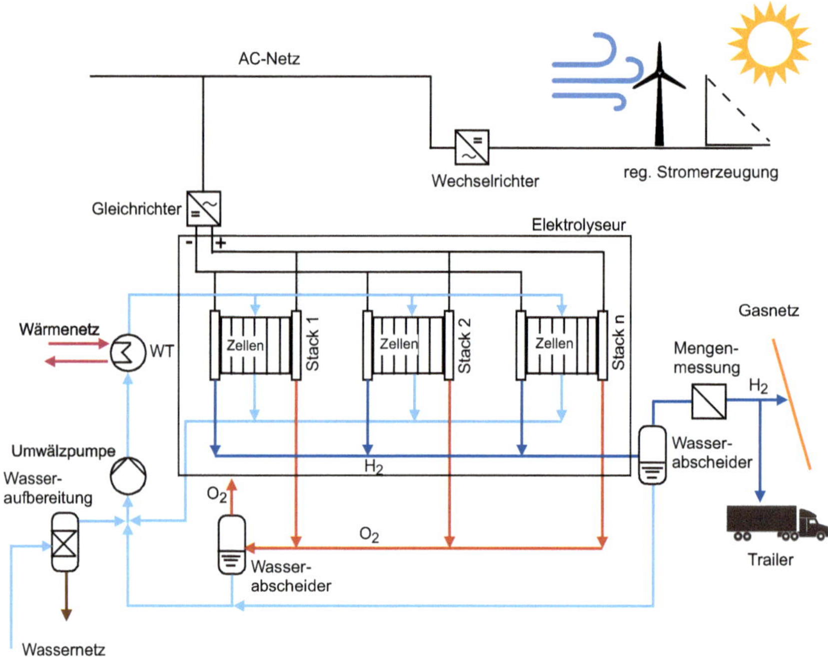

Bild 5.21 Prinzipielles Fließbild der Wasserstoffelektrolyse

Das prinzipielle Fließbild der Wasserstoff erzeugenden Elektrolyseanlage in Bild 5.21 beinhaltet folgende Prozessschritte:

1. Es erfolgt eine Wasserentnahme aus dem Trinkwassernetz.
2. Dann wird eine Wasseraufbereitung durch Entsalzen des Wassers vorgenommen.

3. Nun folgt die Entnahme der erforderlichen Strommengen aus dem Stromnetz und die Umwandlung in Gleichstrom im Gleichrichter.
4. Es findet eine nachgeschaltete Sauerstoffableitung in die Atmosphäre statt. Bei Bedarf kann der Sauerstoff zur Nachnutzung gespeichert werden.
5. Der Wärmestrom in das durch die Elektrolysestacks zirkulierende Wasser wird über den Wasserkreislauf abgeführt und kann über einen Wärmetauscher einem Nah- oder Fernwärmenetz oder einer nachgeschalteten industriellen Nutzung übergeben werden.
6. Die Ausschleusung des erzeugten Wasserstoffs erfolgt über einen Wasserabscheider zur Trennung von Feuchtigkeit und über eine Mengenmessung durch Einspeisung in ein Pipelinesystem oder über eine Abfüllanlage der Wasserstoffmengen in bereitgestellte Trailer für den weiteren Transport auf der Straße.

5.2.1 Die elektrochemischen Grundlagen der Elektrolyse

Die Aufspaltung von flüssigem Wasser in Wasserstoff H_2 und Sauerstoff O_2 erfordert einen erheblichen Energieaufwand. In der Elektrolysezelle wird durch Anlegen einer elektrischen Spannung, die als Zellspannung U_Z bezeichnet wird, Wasser in seine zwei Bestandteile Wasserstoff und Sauerstoff zerlegt. Dabei entsteht zur gleichen Zeit an der Kathode (Minuspol) doppelt so viel Wasserstoff wie an der Anode (Pluspol) Sauerstoff.

Zum Energiebedarf der Wasserspaltung

Um die Stoffmenge von $n = 1\,\text{kmol}$ Wasser H_2O (l) zu spalten, benötigt man Energie (siehe auch Tabelle 2.28 in Abschnitt 2.7.1):

$$\Delta_B H^\ominus = n \Delta_B h^\ominus = 285{,}83 \frac{\text{kJ}}{\text{mol}} \cdot 10^3\,\text{mol} = 285{,}83\,\text{MJ}$$

Um $m = 1\,\text{kg}$ oder $V = 1\,\text{m}^3$ gasförmigen Wasserstoff $H_2(g)$ zu erzeugen, ist ebenfalls Energieaufwand erforderlich. Die Berechnung erfordert die molare Masse M und die Dichte im Normzustand ϱ_n aus Tabelle 2.1 in Abschnitt 2.1:

$$E = \frac{\Delta_B h^\ominus}{M} = \frac{285{,}83 \cdot 10^3\,\text{kJ / kmol}}{2{,}0158\,\text{kg/kmol}} = 141{,}795 \cdot 10^6\,\frac{\text{J}}{\text{kg}}$$

$$E = 141{,}795 \cdot 10^6\,\text{J/kg} \cdot 2{,}777 \cdot 10^{-7}\,\frac{\text{kWh}}{\text{J}} = 39{,}376\,\text{kWh/kg}$$

$$E' = E\varrho_n = 39{,}376\,\frac{\text{kWh}}{\text{kg}} \cdot 0{,}08989\,\frac{\text{kg}}{\text{m}^3} = 3{,}54\,\frac{\text{kWh}}{\text{m}^3} = H_{s,n}$$

■

Es gibt einen Zusammenhang zwischen der elektrolytischen Zelle, die elektrischen Strom verbraucht, und der galvanischen Zelle (Brennstoffzelle), die den elektrischen Strom erzeugt. Bei der galvanischen Zelle entsteht eine elektrische Spannung (Klemmspannung) zwischen den Elektroden im Fall der Umströmung der Elektroden durch Wasserstoff und Sauerstoff. Nach Tabelle 5.9 kann man die galvanische Zelle als inverse elektrolytische Zelle beschreiben und umgekehrt.

Tabelle 5.9 Charakteristische Merkmale der elektrolytischen und der galvanischen Zelle

	Elektrolyse	Galvanische Zelle
Anode	Pluspol	Minuspol
Kathode	Minuspol	Pluspol
elektrische Arbeit	$W_{el} > 0$, elektrische Arbeit wird zugeführt	$W_{el} < 0$, elektrische Arbeit wird abgeführt
Klemmspannung	$U_{kl} > U_z$	$U_{kl} < U_z$

Oxidation und Reduktion bei der Wasserelektrolyse

Nach P. Atkins und J. de Paula (2008, S. 391) sind Redoxreaktionen darauf zurückzuführen, dass einige Spezies Elektronen abgeben, während gleichzeitig andere Spezies diese aufnehmen. Für die Wasserelektrolyse bedeutet dies Folgendes:

Die Anode ist die Elektrode, an der der Oxidationsvorgang abläuft. Oxidation ist die Abgabe von Elektronen, das Aufnehmen von Sauerstoff und das Abgeben von Wasserstoff oder anders ausgedrückt ist dies gleichbedeutend mit der Dehydrierung und der Erhöhung der Oxidationszahl.

Die Kathode ist die Elektrode, an der die Reduktion abläuft und dementsprechend Elektronen aufgenommen werden. Die Reduktion ist demnach die Aufnahme von Elektronen, die Abgabe von Sauerstoff und die Aufnahme von Wasserstoff oder anders ausgedrückt ist dies gleichbedeutend mit der Hydrierung und der Verminderung der Oxidationszahl. ■

In Bild 5.22 wird das grundsätzliche Schema der Wasserelektrolyse dargestellt. Zunächst dissoziiert der Elektrolyt H_2O in geringem Umfang in H^+-Protonen und OH^--Ionen. Das H^+-Proton verbindet sich dann mit einem Wassermolekül zu einem H_3O^+-Kation. An der Kathode nehmen die Kationen Elektronen auf und werden dabei zu Wasser reduziert. Dabei entsteht Wasserstoff. An der Anode werden Elektronen von den negativen OH^--Ionen abgegeben. Sie oxidieren zu Wasser und Sauerstoff wird frei.

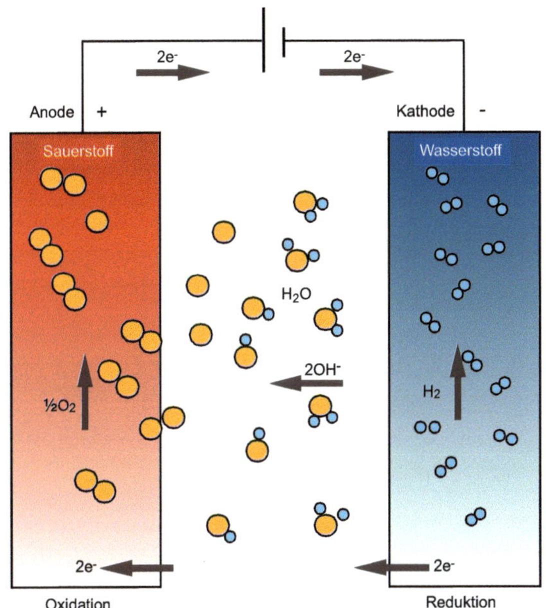

Bild 5.22
Das Grundprinzip der Wasserelektrolyse

Die ausführliche Darstellung der bei der Wasserelektrolyse an Anode und Kathode ablaufenden Dissoziations-, Oxidations- und Reduktionsreaktionen ist im Einzelnen Tabelle 5.10 zu entnehmen.

Tabelle 5.10 Chemische Reaktionen der Wasserelektrolyse

Nr.		Beschreibung	Reaktion
1	Elektrolyt	Dissoziation des Wassers	$H_2O \rightarrow H^+ + OH^-$
2	Elektrolyt	Bildung von H_3O^+-Ionen	$2H_2O \rightarrow H_3O^+ + OH^-$
3	Kathode	Dissoziation des Wassers	$4H_2O \rightarrow 2H_3O^+ + 2OH^-$
4	Kathode	Reduktion der H_3O^+-Ionen	$2H_3O^+ + 2e^- \rightarrow H_2 + 2H_2O$
3+4	Kathode	Nettoreaktionsgleichung	$2H_2O(l) + 2e^- \rightarrow H_2(g) + 2OH^-(äq)$
5	Anode	Oxidation	$2OH^-(äq) \rightarrow H_2O(l) + 0{,}5\ O_2(g) + 2e^-$
1-5	Elektrolyse	Gesamtreaktion	$H_2O(l) \rightarrow H_2(g) + 0{,}5\ O_2(g)$

Anmerkungen: (l) bedeutet flüssig, (g) heißt gasförmig und (äq) ist in wässriger Lösung.

Die Gesamtreaktion der Elektrolyse ist

$$H_2O(l) \rightarrow H_2(g) + \frac{1}{2} O_2(g) \qquad (5.19)$$

Es empfiehlt sich die Bearbeitung von Aufgabe 30 und Aufgabe 31 im Buch *Wasserstofftechnik. Aufgaben und Lösungen.*

5.2.2 Die Thermodynamik der Elektrolyse

Die Elektrolyse als Energiewandlungsmaschine

In der elektrolytischen Zelle wird elektrische Energie in chemisch gebundene Energie umgewandelt. Dafür werden zwei Elektroden, die durch einen wässrigen Elektrolyten getrennt sind, mit einem Gleichstromkreis verbunden. Der Unterschied zwischen Enthalpie und freier Enthalpie wird in der Elektrochemie durch messbare elektrische Potenziale wiedergegeben. Die Verknüpfung zwischen den Größen wird mit dem Faraday'schen Gesetz und mithilfe der Faraday-Konstante F hergestellt.

Mit E_0 als elektrochemische reversible Spannung und z für die Anzahl der an der Reaktion beteiligten Ladungsträger und $\Delta_R g^\Theta$ als freie Enthalpie für den Standardzustand soll Folgendes gelten:

$$-zFE_0 = \Delta_R g^\Theta \tag{5.20}$$

Die elektrochemische reversible Spannung E_0 – in der Elektrochemie auch Nernst-Spannung genannt – hat das entgegengesetzte Vorzeichen der freien Reaktionsenthalpie. Ist $\Delta_R g^\Theta < 0$, dann ist wie im Fall der Brennstoffzelle $E_0 > 0$. Ist $\Delta_R g^\Theta > 0$, dann ist wie im Fall der Elektrolyse $E_0 < 0$. Das Vorzeichen von E_0 ist bei der Elektrolyse negativ, weil die elektrolytische Reaktion durch Anlegen einer Spannung von außen erzwungen werden muss und nicht spontan abläuft. Findet bei der Elektrolyse keine Wasserzersetzung statt – es liegt an den Elektroden keine Spannung an und $E_0 = 0$ –, dann ist die elektrische Reaktion im Gleichgewicht und $\Delta_R g^\Theta = 0$.

Es wird eine untere Grenze der Spannung definiert, bei der ein elektrolytischer Prozess stattfindet, und zwar die theoretische Zellspannung U_0:

$$U_0 = -E_0 \tag{5.21}$$

$$U_0 = -\left(-\frac{\Delta_R g^\Theta}{zF}\right) = \frac{\Delta_R g^\Theta}{zF} \tag{5.22}$$

Die Faraday-Konstante F in Formel 5.22 gibt die Ladungsmenge je mol Elektronen an:

$$F = 96485 \frac{\text{C}}{\text{mol}} = 96485 \frac{\text{As}}{\text{mol}} \tag{5.23}$$

Die freie Enthalpie für den Standardzustand $\Delta_R g^\Theta$ wird mithilfe von Formel 2.152 in Abschnitt 2.7.1 bestimmt:

$$\Delta_R g^\Theta = \Delta_R h^\Theta - T\Delta_R s^\Theta \tag{5.24}$$

Die elektrolytische Reaktion ist endotherm. Die Energie für die Reaktionen kommt zum Teil durch den Stromeintrag über die freie Enthalpie $\Delta_R g$ und als Wärme über

$T\Delta_R s$ in die Zelle. Über die in der Elektrochemie grundlegende Nernst-Gleichung, deren Ursprung beispielsweise bei P. Atkins und J. de Paula (2008, S. 402 ff.) oder P. Kurzweil und O. Dietlmeier (2018, S. 392) beschrieben ist, wird die Temperaturabhängigkeit der elektrochemischen reversiblen Spannung bei konstantem Druck hergeleitet:

$$\frac{\partial E_0}{\partial T} = -\left[\frac{1}{zF}\frac{\partial\left(\Delta_R g^\Theta\right)}{\partial T}\right]_p \tag{5.25}$$

Unter Berücksichtigung der Integrationsgrenzen folgt für die Zellspannung $U_Z(T)$ bei konstantem Druck

$$U_z(T) = U_0 - \left(\frac{\partial E_0}{\partial T}\right)_p \left(T - T^\Theta\right) \tag{5.26}$$

5.2.2.1 Temperaturbereich bis 100 °C

In diesem Abschnitt wird für die Elektrolyse der Temperaturbereich $\vartheta \leq 100\ °C$ betrachtet. In diesem Zustand liegt Wasser als Grundstoff der Elektrolyse im flüssigen Aggregatzustand vor.

Um die Standardreaktionsenthalpie zu bestimmen, wird der in Formel 2.153 in Abschnitt 2.7.1 angewandte Satz von Hess benötigt:

$$\Delta_R h^\Theta = \sum \nu \Delta_B h^\Theta \left(\text{Produkte}\right) - \sum \nu \Delta_B h^\Theta \left(\text{Edukte}\right) \tag{5.27}$$

Um die Standardreaktionsentropie zu bestimmen, wird Formel 2.154 aus Abschnitt 2.7.1 benötigt:

$$\Delta_R s^\Theta = \sum \nu s_m^\Theta \left(\text{Produkte}\right) - \sum \nu s_m^\Theta \left(\text{Edukte}\right) \tag{5.28}$$

Um die Standardwärmekapazität zu bestimmen, wird Formel 2.156 aus Abschnitt 2.7.1 angewendet:

$$\Delta_R c_p^\Theta = \sum \nu c_{p,m}^\Theta \left(\text{Produkte}\right) - \sum \nu c_{p,m}^\Theta \left(\text{Edukte}\right) \tag{5.29}$$

Bestimmung der Entropie, Wärmekapazität und Enthalpie für den Standardzustand der Wasserelektrolyse

Mit Formel 5.27, Formel 5.28 sowie Formel 5.29 und mit den Werten aus Tabelle 2.28 aus Abschnitt 2.7.1 werden die gefragten Größen im Temperaturbereich $\vartheta \leq 100\ °C$ berechnet:

$$\Delta_R h^\ominus = 1\cdot 0\,\frac{\text{kJ}}{\text{mol}} + 0{,}5\cdot 0\,\frac{\text{kJ}}{\text{mol}} - 1\cdot\left(-285{,}83\,\frac{\text{kJ}}{\text{mol}}\right) = 285{,}83\,\frac{\text{kJ}}{\text{mol}}$$

$$\Delta_R s^\ominus = 1\cdot 130{,}68\,\frac{\text{kJ}}{\text{kmol K}} + 0{,}5\cdot 205{,}14\,\frac{\text{kJ}}{\text{kmol K}} - 1\cdot 69{,}91\,\frac{\text{kJ}}{\text{kmol K}} = 163{,}34\,\frac{\text{kJ}}{\text{kmol K}}$$

$$\Delta_R c_p^\ominus = 1\cdot 28{,}824\,\frac{\text{kJ}}{\text{kmol K}} + 0{,}5\cdot 29{,}355\,\frac{\text{kJ}}{\text{kmol K}} - 1\cdot 75{,}291\,\frac{\text{kJ}}{\text{kmol K}} = -31{,}79\,\frac{\text{kJ}}{\text{kmol K}}$$

Es empfiehlt sich die Bearbeitung von Aufgabe 32 im Buch *Wasserstofftechnik. Aufgaben und Lösungen*.

Die elektrische Arbeit, die für die Energieumwandlung in der elektrolytischen Zelle erforderlich ist, hängt von der Zellspannung U_z ab. Sie ist die Potenzialdifferenz zwischen Anode und Kathode. Die Höhe der angelegten Zellspannung ist verantwortlich für den Energieaufwand, den der elektrolytische Prozess erfordert, und somit der entscheidende Faktor für den Wirkungsgrad der Elektrolyse. Die theoretische Zellspannung U_0 wird für den reversiblen Fall über Formel 5.20, Formel 5.23 und Formel 5.24 im nachfolgenden Beispiel ermittelt.

Der Wert der theoretischen Zellspannung in der Wasserelektrolyse

Die theoretische Zellspannung U_0 wird mit Formel 5.22 in Abschnitt 5.2.2 bestimmt. In Aufgabe 32 im Buch *Wasserstofftechnik. Aufgaben und Lösungen* wird die für die Lösung erforderliche freie Enthalpie für den Standardzustand $\Delta_R g^\ominus = 237{,}13\ \text{kJ/mol}$ berechnet. Die erforderlichen Umrechnungen der Einheiten sind in Anhang B zu finden.

$$U_0 = \frac{\Delta_R g^\ominus}{zF} = \frac{237130\,\frac{\text{J}}{\text{mol}}}{2\cdot 96485\,\frac{\text{As}}{\text{mol}}} = 1{,}23\ \text{V}$$

U_0 wird für den Standardzustand alternativ auch Standardzellspannung oder Standardzellpotenzial genannt.

Die thermoneutrale Spannung

Der Wert der Zellspannung ist abhängig von der Temperatur, unter der die Elektrolysezelle arbeitet. Bei Standardtemperatur verändert sich die theoretische Zellspannung U_0 zur thermoneutralen Zellspannung U_{th}.

$$U_{th} = \frac{\Delta_R h^\ominus}{zF} = \frac{285830\,\frac{\text{J}}{\text{mol}}}{2\cdot 96485\,\frac{\text{As}}{\text{mol}}} = 1{,}48\ \text{V} \tag{5.30}$$

5.2.2.2 Die Bedeutung der freien Enthalpie für die Elektrolyse

Elektrolyseanlagen werden nicht nur bei Atmosphärendruck, sondern auch im Hochdruckbereich von $p > 1\,\text{bar}$ betrieben. Dies macht vor allem dann Sinn, wenn die nachgeschaltete Nutzung des Wasserstoffs bei hohem Druck erfolgt. Beispiele hierfür sind die Einspeisung in ein nachgelagertes Rohrnetz oder die Verwendung im Mobilitätsmarkt bei einem Druck bis 900 bar.

Um die Temperatur- und die Druckabhängigkeit der Elektrolyse darzustellen, soll die freie Enthalpie G näher betrachtet werden.

Die Gibbs-Duhem-Gleichung ist in der Thermodynamik für Gemische eine wichtige Beziehung:

$$0 = S\mathrm{d}T - V\mathrm{d}p + \sum n_\mathrm{j}\mathrm{d}\mu_\mathrm{j} \tag{5.31}$$

μ_j ist in Formel 5.31 das chemische Potenzial der Komponenten j im elektrolytischen System.

Mit

$$G = \sum n_\mathrm{j}\mu_\mathrm{j} \tag{5.32}$$

und der Definitionsgleichung

$$G = H - TS \tag{5.33}$$

sowie dem totalen Differenzial von

$$G = G\left(T, p, n_\mathrm{j}\right) \tag{5.34}$$

folgt

$$\mathrm{d}G = \left(\frac{\partial G}{\partial T}\right)_{\mathrm{p,n_j}} \mathrm{d}T + \left(\frac{\partial G}{\partial p}\right)_{\mathrm{T,n_j}} \mathrm{d}p + \sum\left(\frac{\partial G}{\partial n}\right)_{\mathrm{p,T}} \mathrm{d}n_\mathrm{j} \tag{5.35}$$

Das totale Differenzial von Formel 5.32 ist

$$\mathrm{d}G = \sum n_\mathrm{j}\mathrm{d}\mu_\mathrm{j} + \sum \mu_\mathrm{j}\mathrm{d}n_\mathrm{j} \tag{5.36}$$

Die Verknüpfung von Formel 5.31 und Formel 5.36 führt zu Formel 5.37, die im nächsten Schritt einen Vergleich der Koeffizienten mit Formel 5.35 zulässt.

$$\mathrm{d}G = -S\mathrm{d}T + V\mathrm{d}p + \sum \mu_\mathrm{j}\mathrm{d}n_\mathrm{j} \tag{5.37}$$

$$\left(\frac{\partial G}{\partial T}\right)_{\mathrm{p,n_j}} = -S \tag{5.38}$$

$$\left(\frac{\partial G}{\partial p}\right)_{\mathrm{T,n_j}} = V \tag{5.39}$$

$$\left(\frac{\partial G}{\partial n}\right)_{\mathrm{p,T}} = \mu_{\mathrm{j}} \tag{5.40}$$

Die Verknüpfung von Formel 5.25 und Formel 5.26 in Abschnitt 5.2.2 und Formel 5.38 stellt die Temperaturabhängigkeit der Zellspannung U_z dar:

$$U_{\mathrm{z}}(T) = U_0 - \left(\frac{\Delta S}{zF}\right)_{\mathrm{p}} \left(T - T^{\Theta}\right) \tag{5.41}$$

Der Einfluss der Temperatur auf die Zellspannung

Bei der Elektrolyse nimmt die Zellspannung mit ansteigender Temperatur innerhalb der Elektrolysezelle ab. Die derzeit mit der PEM- und der AEL-Elektrolyse realisierten Temperaturen innerhalb von Zellen und Stacks betragen bis zu 80 °C, wobei auch in Zukunft mit keinen wesentlichen Änderungen zu rechnen ist. Hochtemperaturelektrolyseure werden mit Temperaturen von $700\,^{\circ}\mathrm{C} \leq \vartheta \leq 800\,^{\circ}\mathrm{C}$ betrieben.

Nicht nur der Temperatureinfluss ist von Interesse, es stellt sich auch die Frage nach der Bedeutung des Druckes innerhalb der Elektrolysezelle für die Zellspannung und für die Wirksamkeit des elektrolytischen Prozesses.

Ausgehend von Formel 5.22 in Abschnitt 5.2.2 in Verbindung mit Formel 5.39 wird die Druckabhängigkeit der elektrochemischen reversiblen Spannung bei konstantem Druck abgeleitet:

$$\frac{\partial E_0}{\partial p} = -\left[\frac{1}{zF}\frac{\partial\left(\Delta_{\mathrm{R}} g^{\Theta}\right)}{\partial p}\right]_{\mathrm{T}} = -\frac{\Delta V}{zF} \tag{5.42}$$

Unter Berücksichtigung der Integrationsgrenzen folgt für die Zellspannung $U_z(p)$ bei konstanter Temperatur

$$\frac{\partial U_{\mathrm{z}}}{\partial p} = \frac{\Delta V}{zF} \tag{5.43}$$

Das Volumen wird durch die allgemeine Zustandsgleichung für Gase $V = RT / p$ ersetzt. Für den Standardzustand kann die Druckabhängigkeit der Elektrolyse bestimmt werden:

$$U_{\mathrm{z}}(p) = U_0 + \frac{RT}{zF}\sum \ln\left(\frac{p_{\mathrm{i}}}{p^{\Theta}}\right)^{\nu_{\mathrm{i}}} \tag{5.44}$$

Es empfiehlt sich die Bearbeitung von Aufgabe 33 im Buch *Wasserstofftechnik. Aufgaben und Lösungen.*

Während in PEM-Elektrolyseuren der Betriebsdruck bei kommerziellen Anlagen inzwischen 35 $bar_ü$ erreicht und nach Herstellerangaben 50 $bar_ü$ in Einzelfällen (Tabelle 5.12) auch überschreitet, werden SOECs in der Regel bei Atmosphärendruck und AEL-Anlagen sowohl unter Atmosphärendruck als auch im Druckbereich bis $p_ü \leq 30\ bar_ü$ betrieben.

Bei der Elektrolyse nimmt die Zellspannung mit ansteigendem Druck innerhalb der Elektrolysezelle zu.

Für die Kompatibilität mit nachgelagerten Nutzungskonzepten, die einen hohen Druck auf der Wasserstoffseite erfordern, soll die Hochdruck-Elektrolyse eine Option sein. Anderenfalls muss ein Verdichter der Elektrolyseanlage nachgeschaltet werden. Die Prognose bis zum Jahr 2050 nach T. Smolinka et al. (2018, S. 37) geht davon aus, dass insbesondere die PEM-Technik in Zukunft einen Ausgangsdruck auf der Wasserstoffseite im Bereich von 100 bar zulassen wird, was in vielen Anwendungsfällen die Nachschaltung eines Kompressors auf der Gasseite überflüssig machen kann. Bei AEL- und SOEC-Elektrolyseuren wird sich der Betriebsdruck gegenüber dem heutigen Stand der Technik etwa verdoppeln (AEL) bzw. bei Hochtemperatur-Elektrolyseuren mit $p_ü \approx 20\ bar_ü$ im Jahr 2050 den Hochdruckbereich erreichen. In spezifischen Anwendungsfällen wird eine anschließende Nachverdichtung notwendig sein.

Elektrolyseure können auf der Kathoden- und Anodenseite mit unterschiedlichem Betriebsdruck betrieben werden (Bild 5.23). Bei Anlagen mit unterschiedlichem Druck auf der Wasserstoff- und Sauerstoffseite ist die Aufgabe der Membran dafür zu sorgen, dass der Massenstrom aufgrund von Diffusion auf die andere Seite so weit wie möglich unterbleibt. Insbesondere auf der Anodenseite darf der Wasserstoffanteil die untere Explosionsgrenze nicht erreichen. In Tabelle 2.25 in Abschnitt 2.6 sind die sicherheitstechnischen Kenngrößen des Wasserstoffs aufgeführt, die es zu beachten gilt.

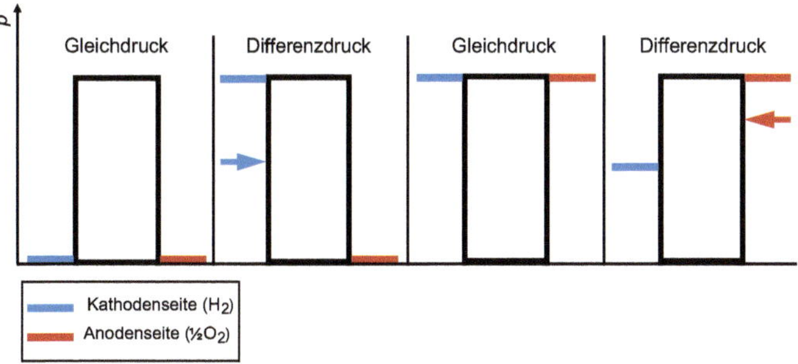

Bild 5.23 Die unterschiedlichen Betriebsfahrweisen eines Elektrolyseurs nach G. Tjarks (2017)

Der generelle Umgang mit Wasserstoff bei der Elektrolyse

Im Umgang mit dem explosiven Erdgas, das dieselbe UEG wie Wasserstoff hat, richtet sich der Betrieb nach der halben unteren Explosionsgrenze UEG/2 aus, die niemals im Betrieb überschritten werden soll. Da sich diese Regel bewährt hat, sollte sie auch im Elektrolysebetrieb mit Wasserstoff beachtet werden.

Weitere Hinweise zur Anlagensicherheit auf der Anodenseite gegen zu hohe Wasserstoffanteile können bei G. Tjarks (2017, S. 13) vertieft werden.

Übliche Verunreinigungen auf der Kathoden- und Anodenseite bedingt durch Differenzdrücke, mit denen Betreiber rechnen müssen, zeigt Tabelle 5.11 am Beispiel der AEL-Elektrolyse, die mit ca. 30 bar betrieben wird. Für die weitere Verwendung ist es in vielen Fällen unabdingbar, hinter dem Elektrolyseur eine Gasreinigung durchzuführen. Weitere Hinweise hierzu erhält der Leser in Abschnitt 5.4.

Tabelle 5.11 Verunreinigungen auf der Anoden- und Kathodenseite eines AEL-Elektrolyseurs

p	x_{KOH}	Reinheit H_2	Reinheit O_2	Rest O_2 in H_2	Rest H_2 in O_2	Rest H_2O in H_2	Rest KOH in H_2
bar	mol-%			mol-%	mol-%	g/m^3	mg/m^3
30	25	3.0	2.6	0,2	0,6	2	> 0,1

5.2.2.3 Der Hochtemperaturbereich bei der Wasserelektrolyse

Der Betrieb von Elektrolysezellen bei Temperaturen ab 100 °C

Neben den im Temperaturbereich von $\vartheta \leq 100\,°C$ arbeitenden alkalischen Elektrolyseanlagen und den Anlagen nach dem PEM-Prinzip werden Elektrolyseanlagen mit Heißdampf in einem Temperaturbereich ab $100\,°C \leq \vartheta \leq 1000\,°C$ betrieben. Dies ist vor allem dann eine Option, wenn in einer industriellen Anlage, beispielsweise in einem Stahlwerk, in einer chemischen Anlage oder in einem Raffineriebetrieb Heißdampf in der Produktion anfällt. Für den genannten Temperaturbereich der Wasserelektrolyse oberhalb des Siedepunktes ändern sich aufgrund des Phasenwechsels des Wassers vom flüssigen in den dampfförmigen Zustand sowohl die spezifische Reaktionsenthalpie, die spezifische Reaktionsentropie als auch die spezifische Wärmekapazität unter Standardbedingungen.

Wie ist der Einfluss der Temperatur in der Elektrolysezelle oberhalb der Siedetemperatur des Wassers auf die Zellspannung?

Die Zellspannungen bei hohen Temperaturen

Unter Normaldruck sollen im Temperaturbereich bis $\vartheta = 1000\ °C$ für die Wasserelektrolyse rechnerisch die Reaktionsenthalpie $\Delta_R h$ und die freie Reaktionsenthalpie $\Delta_R g$ sowie die thermische Energie $T\Delta_R s$ bestimmt werden. Die erforderlichen stoffspezifischen Daten sind Tabelle 2.29 in Abschnitt 2.7.1 zu entnehmen.

Die Reaktionsenthalpie von gasförmigem Wasser nach Formel 5.27 ist jetzt

$$\Delta_R h^\ominus = 1 \cdot 0\,\frac{\text{kJ}}{\text{mol}} + 0{,}5 \cdot 0\,\frac{\text{kJ}}{\text{mol}} - 1 \cdot \left(-241{,}82\,\frac{\text{kJ}}{\text{mol}}\right) = 241{,}82\,\frac{\text{kJ}}{\text{mol}}$$

Die Anwendung von Formel 5.22 in Abschnitt 5.2.2, Formel 5.28, Formel 5.29 und Formel 5.30 in Abschnitt 5.2.2.1 führt zur freien Enthalpie, zur Zellspannung und zu der von außen der Elektrolysezelle zugeführten thermischen Energie $T\Delta s$. Zusammengefasst können die vorangehend angesprochenen Größen Tabelle A.14 in Anhang A entnommen werden. Zum Verständnis ist der Verlauf der einzelnen Energieanteile und der theoretischen Zellspannung in Bild 5.24 dargestellt.

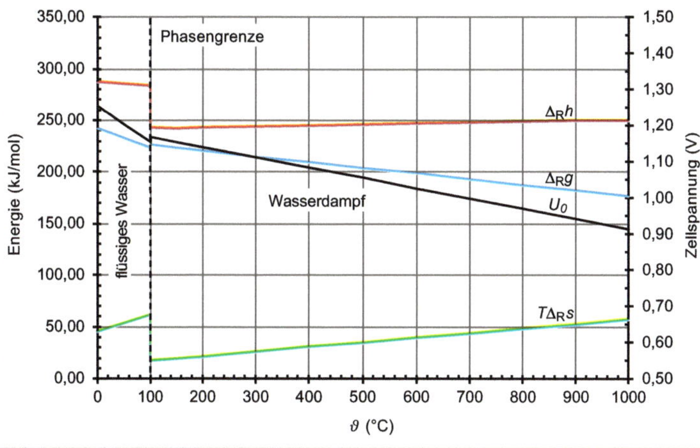

Bild 5.24 Die Energieanteile und Zellspannung der Elektrolyse

Die Differenz der Reaktionsenthalpien von Wasser im flüssigen und dampfförmigen Aggregatzustand bei einer Systemtemperatur von $\vartheta = 100\ °C$ kann Tabelle 2.28 in Abschnitt 2.7.1 entnommen werden und ist als Kurvensprung in Bild 5.24 mit einem Betrag von $\Delta_R h = 44\ \text{kJ/mol}$ deutlich zu erkennen. Gleichzeitig nimmt die freie Reaktionsenthalpie $\Delta_R g$ mit ansteigender Temperatur in der Elektrolysezelle ab. Damit nehmen folgerichtig die theoretische Zellspannung U_0 und die thermoneutrale Spannung U_{th} nach Formel 5.22 in Abschnitt 5.2.2 ab und erreichen bei einer Systemtemperatur von $\vartheta = 1000\ °C$ gegenüber der AEL- oder PEM-Elektrolyse abgesenkte Werte von 1,23 V auf 0,91 V bzw. von 1,48 V auf 1,29 V. In der Konsequenz bedeutet dies für die Hochtemperaturelektrolyse eine Reduzierung des Stromeintrages. Hinzu kommt allerdings die erforderliche Energie $T\Delta s$ für die Phasenänderung des Wassers und für die Überhitzung des Wasserdampfes.

Es ist offensichtlich, dass der reversible Prozess nicht der Praxis des Elektrolysebetriebes entspricht. Die tatsächlich an den Elektroden der Elektrolysezelle anliegende Zellspannung U_z kann im Bereich von bis zu 2 V und höher liegen, ist also auch größer als die thermoneutrale Spannung. P. Lettenmeier (2018, S. 24) gibt für kommerzielle Kleinanlagen bis 100 kW Elektrolyseleistung und Pilotanlagen bis 5 MW Elektrolyseleistung der Polymerelektrolytmembran-Elektrolyse (kurz PEM) eine Bandbreite für die Zellspannung von $1{,}6\,\mathrm{V} \leq U_z \leq 2{,}2\,\mathrm{V}$ an.

5.2.3 Die Effizienz der Elektrolyse

Wenn höhere Zellspannungen U_z als die theoretische Zellspannung U_0 für den Elektrolyseprozess erforderlich sind, stellt sich die Frage nach Effizienz und Wirkungsgrad des elektrolytischen Umwandlungsverfahrens. Wie bereits in Abschnitt 5.2.2.3 festgestellt wird, kann die theoretische Zellspannung nicht erreicht werden, weil innerhalb der Zelle Überspannungen auftreten, die zu einer Erhöhung der Zellspannung führen. Man kann als wesentliche Anteile die Ohm'sche Überspannung, die Durchtritts- und die Massentransportüberspannung anführen.

$$U_z(p,T) = U_0 + \eta_\Omega + \eta_D + \eta_M \tag{5.45}$$

In einem U,i-Diagramm in Bild 5.25 sind über der Stromdichte i die drei Anteile aufgetragen, die alle mit wachsender Stromdichte mit unterschiedlichem Grad ansteigen. Die Durchtrittsüberspannungen sind darauf zurückzuführen, dass zum Anlaufen der Reaktion innerhalb der Zelle an den Elektroden unter Beteiligung der eingesetzten Katalysatoren zunächst eine Aktivierungsenergie überwunden werden muss. Danach ist der Oxidationsvorgang an der Sauerstoffelektrode kinetisch gedämpft, während die Reduktion an der Wasserstoffelektrode nahezu reversibel abläuft. Die auf der Sauerstoffseite festzustellende Hemmung der Oxidation ist auf eine durch den Katalysator hervorgerufene Verzögerung des Elektronendurchgangs an der Elektrode zurückzuführen, die eine Erhöhung der Klemmspannung erfordert. Hinzu kommt, dass der Elektrolyt dem Stromfluss zwischen den Elektroden einen Ohm'schen Widerstand entgegensetzt.

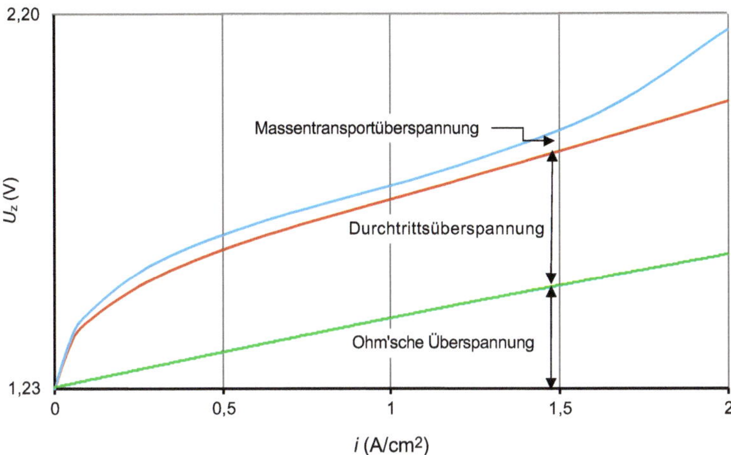

Bild 5.25 Überspannungen und Stromdichte in einer Elektrolysezelle

Bei steigenden Stromdichten kann der Stoffumsatz an den Elektroden durch den Stofftransport (Massentransport) aus dem Elektrolyten heraus nicht mehr abgedeckt werden. Um insbesondere die Sauerstoffproduktion aufrechtzuerhalten, muss die angelegte Zellspannung exponentiell steigen. Eine hohe Stromdichte führt einerseits zu kompakteren Anlagen und damit zu geringeren spezifischen Investitionen (CAPEX), andererseits reduziert die Erhöhung der Stromdichte - wie skizziert - die energetische Effizienz der Elektrolyse.

Es ist davon auszugehen, dass zukünftig die PEM-Elektrolyseure mit hohen Stromdichten bis $i = 3{,}5\ \mathrm{A/cm^2}$ gebaut werden. Große Steigerungspotenziale liegen auch in der alkalischen und Hochtemperaturelektrolyse. In Verbindung mit der Entwicklung der aktiven Zellflächen geben diese Werte Hinweise auf unterschiedliches Zell- und Stackdesign. Die Verbindung der beiden Größen aktive Zellfläche und Stromdichte gibt Aufschluss über die spezifische Leistung der Elektrolyseeinheiten und über die spezifischen Investitionen. Hier ist insbesondere bei der PEM-Elektrolyse der größte Zuwachs zu erwarten.

Bei der Angabe des Wirkungsgrades als eine der entscheidenden Größen zur Beurteilung des technologischen Reifegrades der Elektrolysetechnik sind verschiedene Größen voneinander zu unterscheiden. Zunächst interessiert der Wirkungsgrad der Zelle und der Stacks, in denen eine endliche Zahl an Zellen zusammengesetzt ist. Dann wird der Wirkungsgrad des Gesamtsystems, bestehend aus dem Elektrolyseur, Nebenaggregaten wie Wasseraufbereitung, Behältern für Lauge (AEL), Gasabscheider, Kühler, Pumpen und anderen sowie Gleichrichtern, betrachtet.

Es gibt in der Fachliteratur unterschiedliche Definitionen der Wirkungsgrade und Zuordnungen. Für dieses Buch sollen die im folgenden Kasten aufgeführten Definitionen gelten, die sich an Bild 5.26 orientieren.

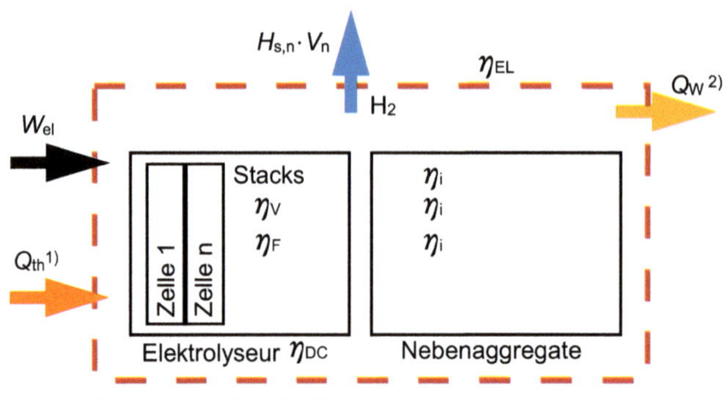

Bild 5.26 Wirkungsgrade des elektrolytischen Gesamtsystems mit Bilanzhülle

Wirkungsgrade des Elektrolyseprozesses

Es werden für das elektrolytische System folgende Wirkungsgrade festgelegt: Beim Spannungswirkungsgrad η_V wird die thermoneutrale Zellspannung U_{th} ins Verhältnis zur realen Zellspannung U_z gesetzt. Er umfasst die in der Zelle wirksamen Überspannungen, die durch Formel 5.45 beschrieben werden. Mit steigender Stromdichte i nimmt η_V ab.

$$\eta_V = \frac{U_{th}}{U_z} \tag{5.46}$$

Der Faraday-Wirkungsgrad η_F ist nach P. Kurzweil und O. Dietlmeier (2018, S. 396) ein Maß für die Stromausbeute, die mit steigender Stromdichte besser wird. Der Faraday-Wirkungsgrad kann mithilfe des Faraday'schen Gesetzes, nach dem die aus einem Elektrolyten austretende Stoffmenge n direkt proportional zur durchgeflossenen Ladungsmenge Q_F ist, bestimmt werden:

$$Q_F = \int_0^t I(t)\,dt = zFn \tag{5.47}$$

$$\eta_F = Q / Q_F = I / I_F = \frac{zF\dot{n}_{H_2}}{I} \tag{5.48}$$

Der Wirkungsgrad des Elektrolyseurs wird hier nach P. Lettenmeier (2019, S. 3) als DC-Wirkungsgrad η_{DC} bezeichnet und führt die beiden zuvor definierten Größen Spannungswirkungsgrad und Faraday-Wirkungsgrad zusammen. Mit ansteigender Auslastung des Elektrolyseurs nimmt der Wirkungsgrad ab. Umgekehrt ist die Teillastbeanspruchung des Elektrolyseurs im Vergleich zum Auslegungsfall mit Nennlast mit einem verbesserten DC-Wirkungsgrad verbunden, wie Bild 5.27 zeigt.

$$\eta_{DC} = \eta_V \eta_F = \left[\frac{\left(\dot{V}_n H_{s,n}\right)_{H_2}}{P_{el}}\right]_{Zelle,Stack} = \left[\frac{\left(V_n H_{s,n}\right)_{H_2}}{W_{el}}\right]_{Zelle,Stack} \tag{5.49}$$

Der DC-Wirkungsgrad gibt das Verhältnis der im Stack über die Wasserstoffproduktion erzeugten Energie zur elektrischen Arbeit wieder, die über den AC/DC-Gleichrichter dem Elektrolyseur zugeführt wurde.

Der Wirkungsgrad des elektrolytischen Systems η_{EL} - auch Gesamtwirkungsgrad genannt - umfasst sowohl den Elektrolyseur als auch alle Nebenaggregate. Bedingt durch den Verlauf der einzelnen Wirkungsgrade des Elektrolyseurs und der Einzelwirkungsgrade der am Gesamtprozess beteiligten Nebenaggregate η_i kann der Gesamtwirkungsgrad im Teillastbereich höher ausfallen als im Nennbelastungsfall, der beispielsweise für Umwälzpumpen der Auslegungs- oder Dimensionierungsfall ist. Der Gesamtwirkungsgrad gibt das Verhältnis der aus der elektrolytischen Anlage über die Wasserstoffproduktion erzeugten Energie zur elektrischen Arbeit an, die über den AC/DC-Gleichrichter allen Strom verbrauchenden Aggregaten zugeführt wurde. Bei der SOEC wird die zugeführte thermische Energie Q_{th} hinzugezählt. Wird Energie als Wärme Q_W über den Wasserkreislauf für Prozesse außerhalb der Elektrolyseanlage zur Verfügung gestellt, so wird dies in der Gesamtbilanz berücksichtigt.

$$\eta_{EL} = \frac{\left(\dot{V}_n H_{s,n}\right)_{H_2} + \dot{Q}_W}{\sum_i P_{el,i} + \dot{Q}_{th}} = \frac{\left(V_n H_{s,n}\right)_{H_2} + Q_W}{\sum_i W_{el,i} + Q_{th}} \tag{5.50}$$

Teillast und Effizienz eines elektrolytischen Systems

In allen bekannten Technikfeldern verschlechtert sich der Wirkungsgrad, wenn das Betriebsmittel oder die Anlage nur bei Teillast betrieben wird. Das ist bei der Elektrolyse anders! Der Stackwirkungsgrad - auch DC-Wirkungsgrad genannt - wird besser, wenn der Elektrolyseur in Teillast betrieben wird. Die Kurve „DC-Wirkungsgrad" in Bild 5.27 zeigt dies. Wird die Elektrolyseanlage mit Strom aus erneuerbaren Quellen betrieben, ist ein fluktuierender Betrieb der Normalfall. Die Eigenschaft der Elektrolyse, im Teillastbereich besonders vorteilhaft zu arbeiten, kommt diesem Umstand entgegen.

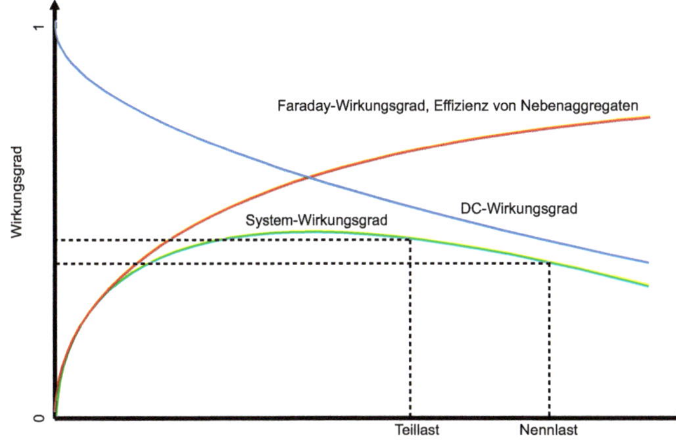

Bild 5.27 Verlauf der einzelnen Wirkungsgrade eines elektrolytischen Systems

Die heutigen elektrolytischen Systeme von PEM- und AEL-Elektrolyseuren einschließlich der Nebenaggregate verbrauchen je Kubikmeter produziertem Wasserstoff bis zu 5 kWh elektrische Energie. Wie bereits dargelegt, ist der spezifische Energiebedarf der SOEC-Technologie mit unter 4 kWh systembedingt erheblich niedriger, allerdings ist der energetische Aufwand für die Erhitzung des Wassers bzw. des Wasserdampfes auf Temperaturen bis 800 °C hinzuzurechnen. Nach T. Smolinka et al. (2018, S. 36) kann voraussichtlich in den nächsten Jahren der spezifische Energiebedarf der Systeme bei der PEM um ca. 10 %, in etwas geringerem Umfang bei der AEL um 6 % und bei der SOEC um weitere 5 % reduziert werden. Diese Einsparungen können dann auf die spezifischen Energiekosten umgewälzt werden.

Zur praktischen Bestimmung des Wirkungsgrades

Der Wirkungsgrad des Elektrolyseurs zuzüglich Nebenaggregate wie Umwälzpumpe und Entsalzungsanlage auf der Wasserseite kann über Formel 5.50 bestimmt werden. Eine Alternative hierzu ist die Ermittlung über den spezifischen Energieverbrauch w_{EL}, der zum Brennwert des Wasserstoffs im Normzustand ins Verhältnis gesetzt wird.

$$\eta_{EL} = \frac{H_{s,n}}{w_{EL}} = \frac{3{,}54\ \mathrm{kWh/m^3}}{w_{EL}/\mathrm{kWh/m^3}} \tag{5.51}$$

Es empfiehlt sich die Bearbeitung von Aufgabe 34 und Aufgabe 35 im Buch *Wasserstofftechnik. Aufgaben und Lösungen*.

5.2.4 Polymerelektrolytmembran-Elektrolyse (PEM)

Das allgemeine Prinzip der elektrolytischen Erzeugung von Wasserstoff und Sauerstoff unter Einsatz von elektrischer Energie und Wasser ist in Bild 5.22 in Abschnitt 5.2.1 dargestellt. Bereits 1973 wurde von J. Russel et al. (1973, S. 24–30) das Grundprinzip der Polymerelektrolytmembran-Elektrolyse – kurz PEM – vorgestellt. Ihre Eigenschaften sind kurze Reaktionszeit, ausreichende Teillastfähigkeit oder Flexibilität sowie hohe Stromdichte und damit einhergehend eine in der Praxis überschaubare Anlagengröße. Betriebsdrücke bis $p_{ü} \leq 35\ \mathrm{bar_{ü}}$ und Betriebstemperaturen von $\vartheta \leq 80\ °C$ sind derzeit die Regel. In Bild 5.28 ist das Grundschema des Verfahrens dargestellt.

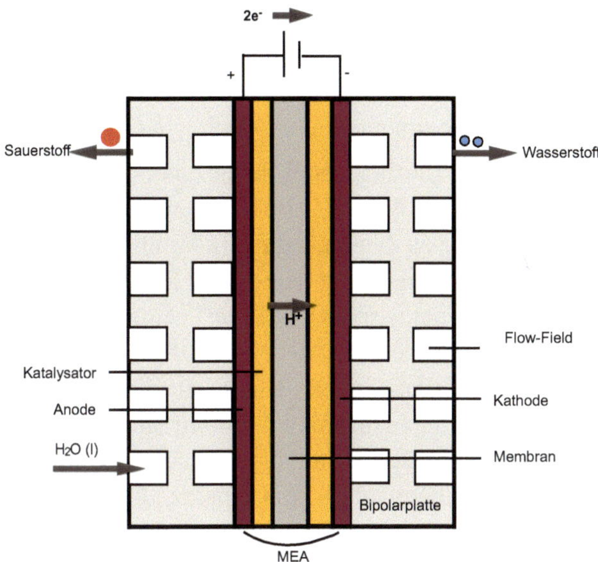

Bild 5.28
Das Grundschema der PEM

Ein Grundbaustein der PEM ist die Bipolarplatte. Über sie wird das Wasser der Zelle zugeführt, sie übernimmt die Wasserverteilung innerhalb der Zelle und sorgt für das Abströmen der beim elektrolytischen Prozess entstandenen Wasserstoff- und Sauerstoffgase. Sie ist also vornehmlich ein Strömungsverteiler und die Ausprägung ihrer Oberflächenstruktur (Flow-Field) hat nach P. Lettenmeier (2019) einen wesentlichen Einfluss auf die Effektivität des Elektrolyseurs. Die aus metallischem Titan, Niob, Zirkonium oder Tantal gefertigten Bipolarplatten müssen vor allem den in der Zelle wirkenden Temperatur- und Druckbedingungen standhalten.

In Zukunft ist die serielle Fertigung von Elektrolyseuren notwendig, um grünen Wasserstoff wettbewerbsfähig zu machen. Am Fraunhofer Institut für Werkzeugmaschinen und Umformtechnik in Chemnitz arbeitet man intensiv an der Serienfertigung von Bipolarplatten (Bild 5.29).

Bild 5.29
Hohlprägwalzen von Bipolarplatten zur Unterstützung der Massenfertigung von Elektrolyseuren (© Referenzfabrik.H2, Fraunhofer-Institut für Werkzeugmaschinen und Umformtechnik IWU, referenzfabrik.de)

Ein weiterer zentraler Zellbestandteil ist die Membran-Elektroden-Einheit - kurz MEA –, in der die chemische Reaktion nach Formel 5.19 stattfindet. Die MEA besteht beidseitig aus dem jeweiligen Katalysator-Elektrodenverbund und einer Feststoff-Polymembran (SPA) unter Einsatz von Ionomeren.

Ionomere gehören zur Werkstoffklasse der Thermoplasten, haben aber im Vergleich zu diesen in herkömmlicher Ausführung den Vorteil, dass in ihnen Ionenbindungen wirksam werden und sie im Gegensatz zu den meisten herkömmlichen Kunststoffen als Elektrolyte eingesetzt werden können. Auf dem Markt angebotene und in der Elektrolysetechnik eingesetzte Ionomere sind Nafion®, Aquivion® oder Fumapem®. Sie sind aufgrund ihrer Ionenleitfähigkeit in der Lage, Protonen durchzulassen, sodass das auf der Anodenseite entstandene H^+-Ion auf die Kathodenseite wechseln kann. Dabei dienen Wassermoleküle als Protonenträger. Sie gelangen aufgrund der Potenzialdifferenz zur Anodenseite auf die Kathodenseite. In den heute verwendeten Ionomeren kommen Chemikalien zum Einsatz, deren weitere Verwendung in der EU und in den USA durch ein mögliches umfassendes Verbot nicht mehr gesichert ist.

MEA in Elektrolyseuren und Brennstoffzellen zukünftig ohne PFAS

Eine besondere Klasse von Chemikalien, auch „Forever Chemicals" genannt, stellen nach allgemeiner Erkenntnis eine besondere Bedrohung von Menschen, Tieren und der Umwelt dar. Dabei handelt es sich um die Per- und Polyfluoralkylsubstanzen, abgekürzt PFAS. Zu ihnen gehören auch die in Membranelektrolyteinheiten (MEA) von Elektrolyseuren und Brennstoffzellen verwendeten perfluorierten Sulfonsäuren, kurz PFSA. Diese Stoffe reichern sich in der Umwelt und in der Blutbahn von Menschen und Tieren an. Sie sind über lange Zeiträume nicht abbaubar und verursachen Krebs, führen zur Unfruchtbarkeit und weiteren schweren Erkrankungen. Ihre besondere stoffliche Eigenschaft, chemisch besonders stabil und protonenleitfähig zu sein, macht PFSAs heute so bedeutsam für ihren Einsatz in Ionomeren in Elektrolyse- und Brennstoffzellen. Mittlerweile arbeiten Start-up-Unternehmen wie die ionysis GmbH in Freiburg an der Entwicklung von alternativen Stoffen, die im Elektrolyse- und Brennstoffzelleneinsatz eine bessere Ökobilanz und eine Effizienzsteigerung bei höheren Betriebstemperaturen versprechen. ■

Für das Katalysator-Elektrodenpaar kommen heute auf der Wasserstoffseite vor allem platinbasierte Kohlenstoffwerkstoffe zum Einsatz.

Platingruppenmetalle

Platin, Iridium oder Palladium sind Bestandteile der Elektrolysetechnik und zählen wie die Elemente Ruthenium, Rhodium und Osmium zu den Platingruppenmetallen (PGM). Sie haben ähnliche chemische Eigenschaften und gehen bevorzugt unter anderem Verbindungen mit Eisen, Nickel und Kupfer ein. PGM werden in der Tiefe bergmännisch und oberflächennah im Tagebau gewonnen und dann in aufwendigen chemischen Prozessen aus dem abgebauten Erz abgetrennt. Neben Platin werden in der Elektrolysetechnik insbesondere die Elemente Iridium und Ruthenium benötigt. Iridium ist sehr selten und wird als Nebenprodukt der Platinförderung gewonnen. Ruthenium ist ein seltenes Metall und wirkt katalytisch vergleichbar gut wie Iridium. Es neigt allerdings unter den auf der Sauerstoffseite herrschenden Bedingungen in der Elektrolysezelle zur Korrosion. ■

Die Wasserstoffentwicklung ist schnell und die Überspannungen an der Kathode sind begrenzt, sodass der Edelmetallverbrauch gering ist. Dennoch sind die langfristig stetig steigenden Rohstoffpreise Anlass genug, die Reduzierung des Edelmetallanteils weiter zu erforschen. Ein kritischer Blick auf die Herkunftsländer für Platin führt nach D. Ansari et al. (2022) zu der Erkenntnis, dass die Gewinnung im Jahr 2020 vornehmlich auf Südafrika (71 %), Russland (13 %) und Simbabwe (7 %) beschränkt ist. Bei der Beschaffung besteht für europäische Produzenten daher durchaus ein Klumpenrisiko.

Die Sauerstoffentstehung an der Anode ist mit erheblich höheren Überspannungen als an der Kathode verbunden. Als Katalysator werden heute nahezu ausschließlich iridiumbasierte Systeme IrO_2, die auch mit dem sehr aktiven Ruthenium kombiniert werden, eingesetzt. Iridium gehört zu den seltensten Elementen in der Erdkruste und ist entsprechend teuer. Daher ist die Entwicklung alternativer Katalysatoren auf der Anodenseite ein Schwerpunkt in der Weiterentwicklung der PEM. Im Vergleich mit der Situation beim Platin ist die Abhängigkeit bei der Belieferung mit Iridium durch nur einen Produzenten noch gravierender. 92 % der Mengen kamen im Jahr 2020 nach D. Ansari et al. (2022) aus Südafrika. Die Minderung des spezifischen Iridiumverbrauchs und die Stabilisierung von Ruthenium als Katalysator ist ein Entwickungsziel der Entwicklung zukünftiger PEM-Anlagen.

Eine Schwäche der Elektrolysetechnik ist die Alterung von Systemelementen – auch Degradation genannt – wie beispielsweise die Alterung der Polymermembran. Ursache kann der Einfluss von Wasserstoffperoxid H_2O_2 sein, was bei unvollständiger Umsetzung der elektrolytischen Reaktion als Peroxidradikale Schäden an der Polymerstruktur der Membran auslösen kann. Überschlägig kann der Alterungsprozess den Energieverbrauch um etwa 1 %/a anheben. Diese Größenordnung wird von Betreibern wie Westnetz (C. Stabenau, persönliche Kommunikation, 16. Januar 2019) oder Herstellern wie ITM Power GmbH (C. McConnel, persönliche Kommunikation, 5. März 2019) bestätigt.

Die in den Stacks verbauten Zellen können in Röhrenform oder als plattenförmige Zellen zusammengestellt sein. Die Röhrenform wird allgemein als weniger anfällig gegen Undichtigkeit angesehen, allerdings haben die einfacher herzustellenden planaren Zellen Vorteile bei der Leistungsdichte. Die Zellen des Elektrolyseurs werden hydraulisch mit hohem Anpressdruck im Stack zusammengehalten. Temperaturbedingte Längenänderungen werden durch Federelemente kompensiert. Ein betriebsbedingter Austausch von Stacks ist möglich.

Der Zusammenschluss von Elektrolysezellen zu Stacks und die weitere Zusammenführung zu hochskalierten Elektrolyseeinheiten ist auch aus den in Abschnitt 5.2.3 genannten Effizienzgründen industrielle Praxis. Bild 5.30 zeigt den modularen Zusammenschluss einzelner PEM-Stacks zur Skalierung der Leistung der Elektrolyseanlage. Ein hoher Druck auf der Ausgangsseite sorgt dafür, dass unter bestimmten Betriebsbedingungen eine Nachverdichtung des Wasserstoffgases nicht notwendig ist.

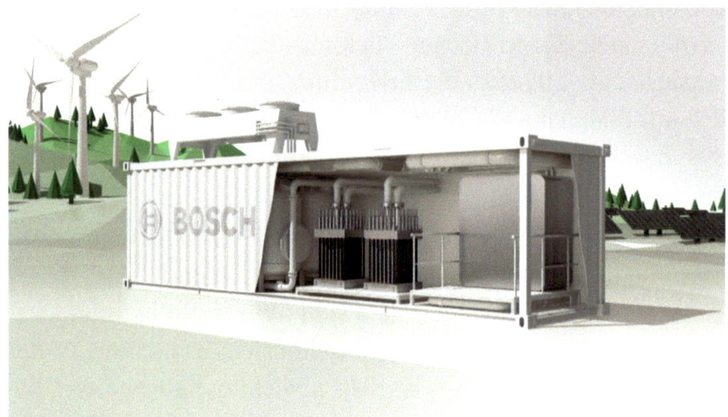

Bild 5.30 PEM-Elektrolysestacks für die H_2-Produktion je Stack von $\dot{V}_n = 256\,m^3/h$ bei hohem Druck auf der Kathodenseite (© Robert Bosch GmbH)

Tabelle 5.12 gibt für zwei Hersteller Auskunft über wesentliche technische Daten ihrer PEM-Stacks. Hoeller Electrolyzer GmbH betont ausdrücklich, dass es ihr bei der Entwicklung der beiden Stacks gelungen ist, den Einsatz der Edelmetallle Platin und Iridium erheblich zu reduzieren.

Tabelle 5.12 Veröffentlichte Daten zu PEM-Stacks sowie ergänzende Angaben

Größe	Einheit	Hoeller Electrolyzer GmbH		Robert Bosch GmbH	Anm.
		Prometheus S	Prometheus L		
H_2-Produktion $\dot{m}$	kg/h (kg/d)	1,83 (44)	28,3 (680)	23	1)
H_2-Produktion $\dot{V}_n$	m^3/h	20,4	315	256	
elektrische Leistung P_{el}	MW	0,1	1,5	1,25	
Betriebsdruck-Kathodenseite p_{H_2}	$bar_ü$	> 50	> 50	> 30	

Anmerkungen: 1) Angaben von Hoeller als Tagesmenge; für Bosch Elektrolyse-Stack siehe Bild 5.30

Ein gelungenes Beispiel für die Verwendung der Elektrolyse im Zusammenhang mit der Sektorkopplung im Rahmen eines Forschungsvorhabens war der Einsatz des Elektrolyseurs Silyzer 200 der deutschen Siemens AG bei den Städtischen Betrieben Haßfurt GmbH, einer Tochtergesellschaft der Stadtwerke Haßfurt GmbH. Die seit 2016 in Betrieb befindliche Anlage hat nach mündlicher Auskunft von N. Zösch (2019) alle an sie gestellten Anforderungen erfüllt. Dies waren die Anlagenverfügbarkeit, die Regelbarkeit bis zu einer minimalen Teillast und der Nachweis, dass die Einspeisung ins nachgeschaltete Netz zu keinen Lieferunterbrechungen im Transport- oder Verteilnetzsystem führt.

Siemens Energy bietet mit der Elektrolyseeinheit Silyzer 300 eine großindustrielle Weiterentwicklung an (Bild 5.31). Damit sind Elektrolyseleistungen im zwei- und dreistelligen Megawattbereich möglich. Die Anlage ist beispielsweise bei der VERBUND AG, einem der größten europäischen Stromerzeuger aus Wasserkraft, im österreichischen Linz in Betrieb. Der modulare Aufbau der Systemeinheit von Elektrolyseur und Nebenaggregaten ermöglicht nach Herstellerangaben infolge Skalierungseffekten eine Absenkung der Investitionskosten, die Minderung des Wasserstoffentstehungspreises und in Verbindung mit der dynamischen Betriebscharakteristik den nach Bedarf flexiblen Einsatz des Elektrolyseurs.

Bild 5.31
Ansicht des Elektrolyseurs Silyzer 300 von Siemens Energy zur Erzeugung von Wasserstoffmengen von bis zu 2000 kg je Stunde (© Siemens Energy)

Wesentliche technische Daten der PEM-Anlage Silyzer 300 sind Tabelle 5.13 zu entnehmen.

Tabelle 5.13 Technische Daten des PEM-Elektrolyseurs Silyzer 300

Parameter	Einheit	Silyzer 300 (Siemens Energy)	Anmerkung
H_2-Produktion $\dot{m}$	kg/h	100 - 2000	
H_2-Produktion $\dot{V}_n$	m^3/h	ca. 1100 - 22000	1)
Anlageneffizienz η_{EL}	%	> 75,5	

Tabelle 5.13 Technische Daten des PEM-Elektrolyseurs Silyzer 300 *(Fortsetzung)*

Parameter	Einheit	Silyzer 300 (Siemens Energy)	Anmerkung
Anlaufzeit	s	< 60	
Dynamik (0 bis 100%)	%/s	10	
Minimallast	%	≥ 5	
Wasserbedarf (VE) $\dot{m}_{H_2O}$	l/kg H_2	10	
H_2-Reinheit nach Wasserstoff-aufbereitung	-	5.0	

Anmerkung: 1) eigene Berechnung, gerundet

Umrechnung von Wasserstoffvolumenstrom in elektrische Anlagenleistung

Eine PEM-Elektrolyseanlage für Wasserstoff hat eine Produktionsleistung von $100\ \text{m}^3/\text{h} \leq \dot{V}_\text{n} \leq 2000\ \text{m}^3/\text{h}$. Es soll die dazugehörige elektrische Leistung für das gesamte Elektrolysesystem P_el bestimmt werden. Als Systemwirkungsgrad wird $\eta_\text{EL} = 0{,}75$ unterstellt. Der Brennwert $H_\text{s,n}$ des Wasserstoffs ist Tabelle 2.30 in Abschnitt 2.7.2.2 zu entnehmen.

$$P_\text{el} = \frac{\dot{V}_\text{n} H_\text{s,n}}{\eta_\text{EL}}$$

$$0{,}47\ \text{MW} \leq P_\text{el} \leq 9{,}44\ \text{MW}$$

Gerundet beträgt die Bandbreite der aufzubringenden elektrischen Leistung 0,5 bis 10 MW bei einer minimalen Teillast von 5%. Sind höhere Volumenströme gefordert, so sind prinzipiell weitere Module zusammenzuschalten. ■

5.2.5 Alkalische Elektrolyse (AEL)

Seit nahezu hundert Jahren stellt die alkalische Wasserelektrolyse (AEL) den aktuellen Stand der Technik in der nichtfossilen Wasserstofferzeugung dar. Die angewandte Technik der AEL partizipiert auch von den in Jahrzehnten gewonnenen Erfahrungen mit der in der Grundstoffchemie eingesetzten Chlorelektrolyse. In der AEL wird zur Verbesserung der Leitfähigkeit des Elektrolyten eine Kalilauge KOH mit $0{,}25 \leq w_\text{KOH} \leq 0{,}3$ eingesetzt. Das Grundprinzip der AEL ist Bild 5.32 zu entnehmen. Der freie Elektrolyt transportiert zwischen Anode und Kathode während der Zirkulation Wasser in die Zelle und führt Wärme und gelöste Gase aus ihr heraus. Die entstandenen Wasserstoff- und Sauerstoffgase trennen sich in der Zelle und sammeln sich aufgrund der Dichteunterschiede zur elektrolytischen Flüssigkeit in den beiden nachgeschalteten Gasseparatoren. Angetrieben wird die Zirkulation durch externe Pumpen, die wie die angeschlossenen Rohrleitungen auf die für Werkstoffe herausfordernde Kalilauge eingestellt sein müssen. Eine Option ist die Verwendung von glasfaserverstärktem Kunststoff (GfK) beispielsweise für laugenführende Rohrleitungen und Gasseparatoren.

Die eingesetzten Diaphragmen

- sind undurchlässig für Gasblasen,
- verhindern die Vermischung der erzeugten Gase und damit die Rekombination von Wasserstoff- und Sauerstoffmolekülen, und
- sind durchlässig für Ladungsträger (OH^--Ionen).

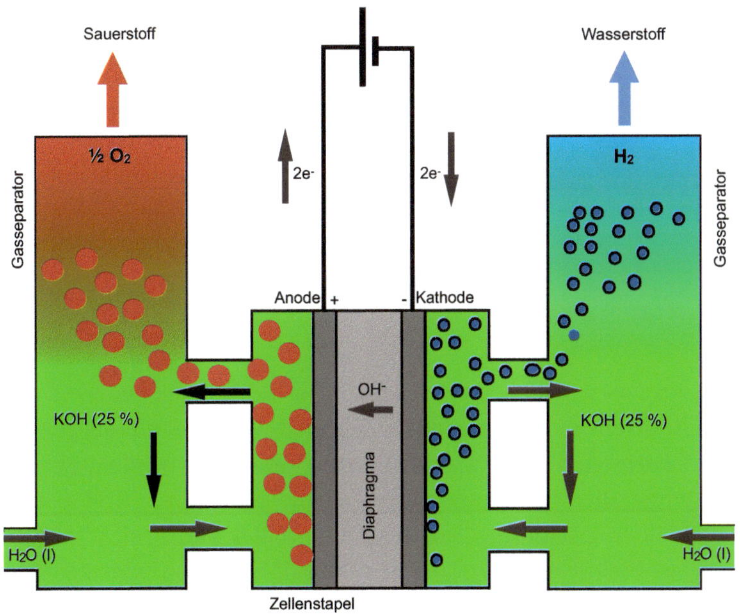

Bild 5.32 Das Grundprinzip der alkalischen Elektrolyse (AEL)

Als geeignete Diaphragma-Materialien haben sich beispielsweise nach P. Kurzweil und O. Dietlmeier (2018) gesintertes Nickel, Nickeloxid oder keramikbeschichtetes Nickel sowie Polymer-gebundenes Zirkoniumdioxid Z_rO_2 herausgestellt.

Schaut man auf die einzelnen Zellen, wie in Bild 5.33 skizziert, so befinden sich die Elektroden nahe am Diaphragma und sind elektrisch leitend mit bipolaren Trennblechen (Zellstapel) verbunden. Diese auch als Kohlenstoffmatrix ausgebildeten Formen bilden eine Einheit aus Flow-Field für die entstehenden Gase und aus der Anode sowie der Kathode. Die Zellen werden oben und unten durch den Zellrahmen begrenzt, der diese nach außen hin abdichtet und gleichzeitig die Diaphragmen einfasst. Plus- und Minuspol liegen an den jeweiligen bipolaren Trennblechen an.

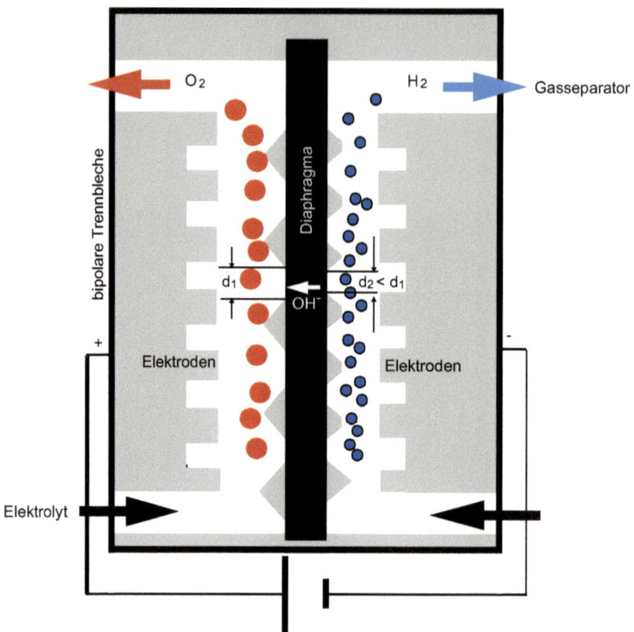

Bild 5.33 Einzelzelle in der alkalischen Elektrolyse

Die konventionellen, klassischen Elektroden in der AEL-Technologie bestehen aus Nickel oder nickelplattiertem Eisen für größere Anlagen. Nickel kann als poröse Nickelfilzelektrode in Form von Metallfaserstrukturen eingesetzt werden, die mit Platin oder einem Edelmetalloxid als Katalysator beschichtet werden. Kleinporige Wasserstoffelektroden oder großporige Sauerstoffelektroden haben sich mittlerweile etabliert. Größere Elektrodeneinheiten werden mit Schlitzen oder Löchern versehen, um den Gasdurchtritt zu verbessern. Schaut man auf die betriebswirtschaftlichen Aspekte der AEL-Technologie, dann sind die auf den Rohstoffmärkten geforderten hohen Preise für Edelmetalle oder Seltene Erden – sieht man von Platin als Katalysatormaterial ab – daher für diese Technologie von untergeordneter Bedeutung. Aufgrund des breit gestreuten weltweiten Angebotes gibt es bei unraffiniertem und raffiniertem Nickel keine Abhängigkeit von einzelnen Herkunftsländern.

Grundsätzlich können, wie in Bild 5.34 schematisch dargestellt, elektrolytische Zellen in Reihe oder parallel verschaltet werden. Die Reihenschaltung von bipolaren Zellen in einem Stack (Bild 5.34 links) hat zur Konsequenz, dass wie bei der Reihenschaltung von elektrischen Widerständen sich ein Gesamtstrom einstellt, der in allen Zellen gleich groß ist:

$$I_{ges} = I_{z,1} = I_{z,2} = \ldots = I_{z,n} \tag{5.52}$$

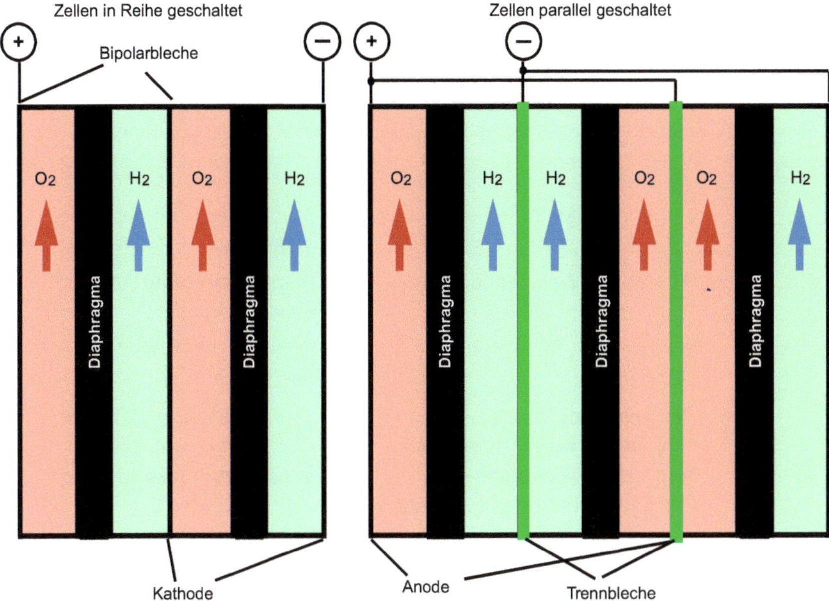

Bild 5.34 Elektrolytische Zellen in Reihe und parallel geschaltet

Da der Strom für alle Zellwiderstände gleich ist und sich die Widerstände zum Gesamtwiderstand

$$R_{ges} = \sum_{i=1}^{n} R_{z,i} \tag{5.53}$$

addieren, müssen sich auch die einzelnen Zellspannungen nach dem 2. Kirchhoff'schen Gesetz addieren lassen:

$$U_{z,Stack} = \sum_{i=1}^{n} U_{z,i} \tag{5.54}$$

Bei der Parallelschaltung von elektrolytischen Zellen (Bild 5.34 rechts) liegen nach den Grundlagen der Elektrotechnik alle Widerstände an der gleichen Zellspannung. Die einzelnen Zellen sind durch isolierende Trennbleche elektrisch voneinander entkoppelt und als monopolare Zellen parallel zusammengeschaltet.

$$U_{z,Stack} = U_{z,1} = U_{z,2} = \ldots = U_{z,n} \tag{5.55}$$

Der Gesamtwiderstand ist

$$\frac{1}{R_{ges}} = \sum_{i=1}^{n} \frac{1}{R_{z,i}} \tag{5.56}$$

Dann ist nach dem 1. Kirchhoff'schen Gesetz der Gesamtstrom im Stack gleich der Summe der Zellströme:

$$I_{z,Stack} = \sum_{i=1}^{n} I_{z,i} \tag{5.57}$$

Die Reihenschaltung von elektrolytischen Zellen ist mittlerweile der technische Standard. Die Vor- und Nachteile beider Varianten sind Tabelle 5.14 zu entnehmen.

Tabelle 5.14 Charakteristische Eigenschaften von elektrolytischen Zellenschaltungen

Eigenschaft	Reihenschaltung	Parallelschaltung
Funktion	bipolare Zellen in Reihe geschaltet	monopolare Zellen parallel geschaltet
Stack-Spannung	Summe der Zellspannungen	identisch mit Einzelzell-spannung
Stack-Stromstärke	identisch mit Stromstärke von Einzelzelle	Summe der Stromstärken der Einzelzelle
Vorteile	Der Spannungsabfall zwischen den Einzelzellen wird reduziert, dadurch wird der Wirkungsgrad des Stacks η_{DC} tendenziell verbessert.	Der Ausfall einer Zelle hat nicht den Ausfall des gesamten Stacks zur Folge.
	Anlagen sind kompakt aufgebaut.	Anlagen sind im Vergleich größer.
Nachteil	Die Verfügbarkeit des Elektrolyseurs ist eingeschränkt, weil beim Ausfall von Zellen die hiervon betroffenen Stacks ebenfalls ausfallen.	Die Stromdichte ist häufig ungleichmäßig über alle Zellen verteilt.
Redundanz	Es müssen ein oder mehrere Stacks in Reserve gehalten werden und eine kurze Austauschzeit eines defekten Stacks muss gewährleistet sein.	Defekte Zellen können zeit-weise überbrückt werden, ohne dass betroffene Stacks vollständig ausfallen.

Die Flexibilität von AEL-Systemen hat sich in der Vergangenheit durch konsequente Forschung insbesondere bei der Einführung neuer Werkstoffe im Bereich der Diaphragmen verändert. Von L. Lüke und A. Zschocke (2020, S. 72) wird darauf hingewiesen, dass bei Stromdichten von $i = 1{,}2\ \mathrm{A/cm^2}$, die in modernen alkalischen Elektrolyseanlagen erreicht werden, ein störungsfreier Betrieb bei einer minimalen Teillast von 4 % bezogen auf die Nennlast möglich ist. Heute gebaute AEL-Systeme können minimale Teillasten von unter 10 % der Nennlast erreichen.

Nennlast

Die Nennlast ist die Belastung eines Betriebsmittels, für das es dimensioniert wurde. Dies ist bei der Elektrolyse die elektrische Leistung aus dem Stromnetz, für die das gesamte Elektrolysesystem ausgelegt und gebaut wurde. Mit dem Begriff „Nenn“ können der Volumenstrom als Nennvolumenstrom, die Drehzahl als Nenndrehzahl, der Betriebsdruck als Nenndruck oder der Durchmesser als Nenndurchmesser für Rohrleitungen verbunden werden. In allen genannten Fällen verweist die Silbe „Nenn“ auf den Dimensionierungsfall des betreffenden Anlagenteils oder der betroffenen Anlage.

Beispielhaft für moderne AEL-Systeme soll an dieser Stelle eine Anlage der thyssenkrupp Uhde Chlorine Engineers GmbH (Kurzform: thyssenkrupp Uhde) genannt sein, die in einem Projekt Carbon2Chem (C2C) im Stahlwerk Duisburg-Alsum bei der thyssenkrupp Steel Europe AG seit mehreren Jahren in Betrieb ist. Weitere Informationen zu diesem Projekt finden Sie in Abschnitt 10.1. Von thyssenkrupp Uhde wird bei der Umsetzung des Zellendesigns die in Bild 5.33 skizzierte Technik der Anordnung der Elektroden in naher Distanz zum Diaphragma als „Zero-Gap-Technology“ verfolgt. Diese Technologie stellt den aktuellen Stand der Technik dar und ist bereits wirtschaftlich erfolgreich eingesetzt worden (TRL 9). Unterhalb der Stacks liegen zwei Gasseparatoren, gefüllt mit dem Elektrolyten und den erzeugten Gasen Wasserstoff und Sauerstoff.

Der Hersteller McPhi bietet eine Produktlinie für den industriellen Einsatz mit einem Druck auf der Kathodenseite von 30 $bar_{ü}$ und H_2-Volumenströmen im Normzustand bis 3200 m^3/h bei elektrischen Bezugsleistungen von 1 bis 16 MW an. Eine Containerlösung und die Darstellung eines Stacks finden Interessierte in Bild 5.35.

Bild 5.35 Alkalische Elektrolyseanlage McLyzer 200 (links) und Stack (rechts) von McPhi Energy S. A. (© McPhi Energy S. A.)

Am Markt gibt es heute ein breites Angebot an alkalischen Elektrolyseanlagen, unter anderem für industrielle Anwendungen in der Eisen- und Stahlindustrie, im Raffineriebereich und in der chemischen Industrie. Das sächsische Unternehmen Sunfire GmbH aus Dresden bietet mit der Sunfire-Hylink Alkaline 10 MW eine technische Lösung an, die einen Wasserstoffvolumenstrom im Normzustand von 2165 m^3/h und eine Lebensdauer von mehreren Jahrzehnten verspricht. Der Einsatz eines 3,2-MW-AEL-Elektrolyseurs von Sunfire im österreichischen Produktionszentrum MPREIS in Völs demonstriert in der Praxis den Einsatz von Wasserstoff auch im Gewerbebereich, in der Versorgung von Wasserstofftankstellen und durch Rückverstromung im elektrischen Regelenergiemarkt (Bild 5.36).

Bild 5.36 10-MW-alkalisches Elektrolysesystem Sunfire-Hylink Alkaline (links) und 3,2-MW-Sunfire AEL-Elektrolyseur für das österreichische Produktionszentrum MPREIS in Völz (rechts) (© Sunfire GmbH)

Tabelle 5.15 gibt einen Überblick über wesentliche technische Betriebsdaten der zuvor behandelten alkalischen Elektrolyseure, die mit Hochdruck auf der Kathodenseite arbeiten. Die von Herstellern wie Sunfire angegebene Lebensdauer von über 30 Jahren und 90 000 Betriebsstunden alkalischer Elektrolyseure zeugen von einem ausgereiften Stand der Technik. Dieser Anlagentyp ist multifunktional im Industriebereich und in anderen Anwendungsfällen einsetzbar und im Vergleich mit geringen Investitionen verbunden. Die Anlageneffizienz bewegt sich zwischen $0{,}69 \leq \eta_{EL} \leq 0{,}79$.

Tabelle 5.15 Technische Daten von alkalischen Elektrolyseuren

Parameter	Einheit	McLyzer 200	McLyzer 3200	Sunfire-Hylink Alkaline 10 MW	Anmerkung
H_2-Produktion $\dot{m}$	kg/h	18	288	195	1)
H_2-Produktion $\dot{V}_n$	m^3/h	200	3200	2165	
elektrische Leistung P_{el}	MW	1	16	10	
Betriebsdruck-Kathodenseite p_{H_2}	$bar_ü$	27 - 30		30	
Dynamik (0 bis 100 %)	%	20 - 100	10 - 100	25 - 100	
Anlaufzeit warm bis Volllast (100 %)	s	30		k. A.	
Dynamik (0 bis 100 %)	% | s	> 5|20		k. A.	
H_2-Reinheit vor Wasserstoffaufbereitung		k. A.	k. A.	2.8	
H_2-Reinheit nach Wasserstoffaufbereitung		4.8	4.8	4.8	

Parameter	Einheit	McLyzer 200	McLyzer 3200	Sunfire-Hylink Alkaline 10 MW	Anmerkung
Energieverbrauch ohne Nebenanlagen (DC)	$\mathrm{kWh}/\left(\mathrm{m}^3/\mathrm{h}\right)_{\mathrm{n,H_2}}$	4,65	4,65	4,23 - 4,48	
Energieverbrauch mit Nebenanlagen (AC)	$\mathrm{kWh}/\left(\mathrm{m}^3/\mathrm{h}\right)_{\mathrm{n,H_2}}$	5,1	5,0	4,46 - 4,64	
Wasserbedarf (VE) $\dot{m}_{\mathrm{H_2O}}$	l/kg H_2	11		10	1); 2); 3)
Elektrolyt		30 % KOH-wässrige Lösung		25 % KOH-wässrige Lösung	
Lebensdauer des Stacks	h	k. A.	k. A.	90 000	
Platz/Flächenbedarf	L x W x H in m/m²	Container 6,1 x 3,0 x 3,0	spezifisch	375	

Anmerkungen: 1) eigene Berechnung, gerundet; 2) Angabe von McPhi Energy S. A.: $1\ \mathrm{l}/\left(\mathrm{m}^3\right)_{\mathrm{n,H_2}}$; 3) Angabe von Sunfire GmbH: 1,85 m³/h

Herstellerempfehlung zum Umgang mit Elektrolyseuren

Hersteller wie thyssenkrupp Uhde empfehlen in diesem Zusammenhang nach acht Jahren Dauerbetrieb eine qualitätsgesicherte Überholung und Instandsetzung der Zellen und einen Austausch der Elektrodenbeschichtung und der Diaphragmen nach dem aktuellen Stand der Technik. Es ist betriebswirtschaftlich nachvollziehbar, Stacks während der Gesamtlebensdauer der Anlage nach einigen Jahren auszutauschen. Dies ist technisch und wirtschaftlich sinnvoller, als von Anfang an möglichst langlebige Einheiten einzusetzen. Auf diese Weise kann der Elektrolyseur im Laufe der Betriebszeit dem „state of the art“ angepasst und der Gesamtwirkungsgrad der Anlage optimiert werden. ■

5.2.6 Hochtemperaturelektrolyse (SOEC)

Wasserstoff wird auch in einer technischen Umgebung benötigt, beispielsweise in einer chemischen Anlage oder in einem Stahlwerk, wo Heißdampf zur Verfügung steht. In diesem Fall bietet sich die Hochtemperaturelektrolyse zur Wasserstofferzeugung an. Der Einfluss der Temperatur auf die stoffliche Umwandlung des Wassers mithilfe der eingebrachten elektrischen Energie ist bereits in Abschnitt 5.2.2.3 behandelt worden. Bei der Entwicklung von Elektrolyseuren liegt der Schwerpunkt auf der Verbesserung der Zelldegradation und der Entwicklung von Elektroden, die nicht oder zumindest in geringerem Umfang auf Seltene Erden zurückgreifen müssen.

Das Grundprinzip der Hochtemperaturelektrolyse ist Bild 5.37 zu entnehmen. Die SOEC wird bei $700\,°C \leq \vartheta \leq 1000\,°C$ mit Wasserdampf betrieben. Das Prinzip beruht auf der Umkehrfunktion der Festoxidbrennstoffzelle (SOFC, engl. Solid Oxide Fuel Cell). Beide Halbzellen sind durch einen leitenden keramischen Festelektrolyten aus Yttrium-stabilisiertem Zirkoniumoxid (YSZ) getrennt, an dem jeweils die Elektroden angebracht sind. An der Kathode wird überhitzter Wasserdampf zugeführt, der mit zwei Elektronen zu Wasserstoff und O^{2-}-Ionen reagiert. Die O^{2-}-Ionen diffundieren durch den Elektrolyten zur Anode, an der sie unter Elektronenabgabe zu Sauerstoff reagieren.

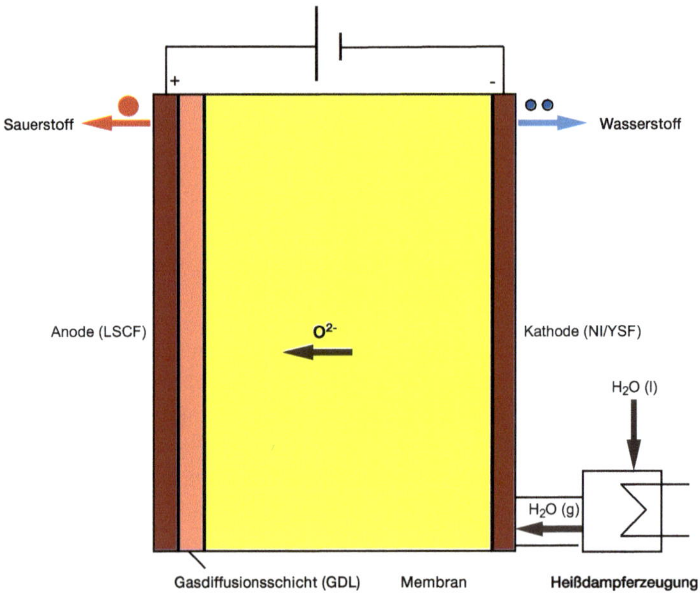

Bild 5.37 Das Grundprinzip der Hochtemperaturelektrolyse (SOEC)

YSZ hat als Elektrolyt nach D.-N. The (2015, S. 10) die besondere Eigenschaft einer hohen Ionenleitfähigkeit. Infolge der Dotierung von ZrO_2 mit Yttrium(III)-oxid entsteht eine erhöhte Konzentration an Sauerstoffleerstellen im Kristallgitter, da vierfach positiv geladene Zirkonium-Ionen durch dreifach positiv geladene Yttrium-Ionen ausgetauscht werden. Durch den hieraus resultierenden Überschuss an negativer Ladung, der durch Entfernung von Sauerstoff-Ionen im Gitter kompensiert wird, ergibt sich die gewünschte hohe Sauerstoffionenleitfähigkeit.

Die am Elektrolyten angebrachte Sauerstoffelektrode als Anode besteht aus Materialien mit Perowskistruktur, einem kubisch ausgerichteten Kristallgitter, wie $La_{0,58}Sr_{0,4}Co_{0,2}Fe_{0,8}O_3$ (LSCF58) und weist neben einer ausreichenden Oxidationsstabilität eine Porosität auf, die den Gastransport und den parallelen Elektronenfluss ermöglicht.

Zwischen Sauerstoffelektrode und Elektrolyt sitzt eine Gasdiffusionsschicht (GDL), die als Bremse eine Diffusion von Zirkonium (Zr) in Richtung Anode und umgekehrt von Lanthan (La) in Richtung des Elektrolyts verhindert. Ohne GDL würden durch direkte Reaktion von Elektrolyt- und Elektrodenmaterial Verbindungen wie $SrZrO_3$ und $La_2Zr_2O_7$ entstehen, die die Sauerstoffleitfähigkeit in Richtung des Anodenraumes herabsetzen und die Effektivität des elektrolytischen Prozesses verschlechtern.

Als Werkstoff für die Gasdiffusionsschicht hat sich nach D.-N. The (2015) Gadolinium-dotiertes Ceroxid $Ce_{0,8}Gd_{0,2}O_{1,9}$ als besonders geeignet herausgestellt.

Die Wasserstoffelektrode (Kathode) ist elektrokatalytisch aktiv und besitzt eine genügend hohe Porosität für den ungehinderten Wasserstofffluss. Dabei wird Nickel in einem Verbundwerkstoff mit dem Cermet YSZ verwendet. Der Begriff Cermet steht für Keramikmetall. In der Zusammenstellung ist Nickel ein sehr guter Elektronenleiter und Katalysator und YSZ verhindert die Agglomeration von Nickel.

Seltene Erden

Seltene Erden sind in vielen Fällen zunächst in der Erdkruste gar nicht so selten. Zu diesen Metallen zählen 17 Elemente, wie Yttrium (Y), Lanthan (La), Cerium (Ce) und Gadolinium (Gd). Was sie so besonders „selten" macht, ist der Umstand, dass sie nur in Verbindung mit anderen Bodenschätzen gewonnen werden und ihre Konzentration dort sehr gering ist. Es sind also die teuren Schürfverfahren, die zudem auch aus ökologischen Gründen mit hohen Kosten und Umweltschäden verbunden sind. Darüber hinaus kommen sie häufig in Verbindung mit radioaktiven Mineralien vor, die die Gewinnung zusätzlich erschweren. Der Einsatz der genannten Elemente ist daher ökonomisch, aber auch ökologisch eine Hypothek für den technologischen und wirtschaftlichen Erfolg der Hochtemperaturelektrolyse.

Wie bei der PEM und der AEL-Technologie sind die Größenordnung der zu erwartenden Zelldegradation und die Ursachen hierfür einige der Forschungsschwerpunkte bei der Hochtemperaturelektrolyse. Nach D.-N. The (2015, S. 20) sind Zelldegradationen besonders bei hohen Stromdichten zu beobachten. Von verschiedenen Forschern wie A. V. Virkar (2010, S. 9527–9543) und S. N. Raskeev und M. V. Glaszoff (2012, S. 1280–1291) wird beispielsweise die Grenzschicht zwischen der Sauerstoffelektrode und dem Elektrolyten identifiziert, in der die Bildung von Lanthanzirkonat und ein erhöhter Sauerstoffpartialdruck zu finden ist, was zu einer Delaminierung und zur Verschlechterung des Elektrolyseprozesses über die Betriebszeit führt. Von D.-N. The (2015) werden weitere Ursachen aufgeführt, wie die $SrZrO_3$-Bildung in den Mikroporen der Gasdiffusionsschicht (GDL) oder eine Wasserstoffelektrodendeaktivierung infolge einer Nickelverarmung in den ersten Mikrometern der Wasserstoffelektrode. Nach D.-N. The ist im Bereich der Hochtemperaturelektrolyse die Suche nach einer Verbesserung der Zusammensetzung der Wasserstoffelektroden eines der wesentlichen Forschungsziele.

Die Degradation

Der Begriff der Degradation beschreibt die zeitlich bedingte Verschlechterung des Energieflusses und der Gaserzeugung im Elektrolyseur. Dieser Vorgang ist maßgeblich auf die Spannungsdegradation, aber auch auf Probleme mit Dichtungen, Verrohrungen und mechanischen Veränderungen des Zellaufbaus zurückzuführen. Je höher die Stromdichte, umso höher ist die Degradation. Sie wird in der Regel in Prozent Verschlechterung je 1000 Betriebsstunden (≡ 1 kh) angegeben und hat in der Praxis zur Folge, dass der Energieeintrag in die Zelle prozentual um diesen Betrag mit der Zeit anwachsen muss, wenn die produzierte Wasserstoffmenge konstant bleiben soll. Die Wirkungsgrade des Elektrolyseprozesses nach Abschnitt 5.2.3 sind dann in der Praxis keine konstanten, zeitunabhängigen Größen, sondern müssen entsprechend angepasst werden.

Die Spannungsdegradation bezieht sich auf die anfängliche Zellspannung. Bild 5.38 zeigt beispielhaft die zeitliche Veränderung der Zellspannung für zwei unterschiedliche Degradationsverläufe bei einer Zellspannung zum Zeitpunkt $t = 0$ von $U_z = 1{,}27\ \text{V}$, die bei einer Zelltemperatur von 650 °C unter der thermoneutralen Temperatur liegt:

- 1. Degradation: $0{,}3\ \%/\text{kh} \equiv 3{,}8\ \text{mV/kh}$
- 2. Degradation: $1\ \%/\text{kh} \equiv 12{,}7\ \text{mV/kh}$

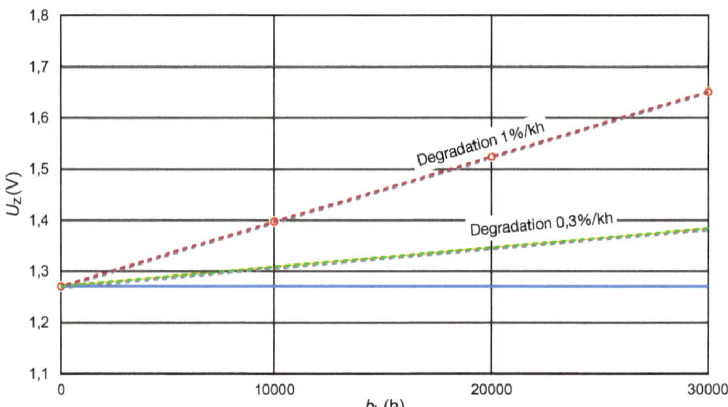

Bild 5.38 Beispiel einer Zelldegradation für zwei unterschiedliche Degradationsverläufe

International wurde bereits in den 1960er-Jahren in den USA Entwicklungsarbeit im Bereich der Elektrolyse im Temperaturbereich von $700\ °\text{C} \leq \vartheta \leq 1000\ °\text{C}$ durchgeführt. Diese technischen Innovationen wurden später in Deutschland weiter vorangetrieben. Der Betrieb mit einer SOEC-Anlage der Sunfire GmbH wurde im Stahlwerk Salzgitter der Salzgitter AG im Zeitraum von 2016 bis 2019 durchgeführt. Daten wurden beispielsweise von J. Schefold und A. Brisse (2018, S. 2 – 14) veröffentlicht. Der aus der Stahlproduktion gewonnene Wasserdampf hatte eine Temperatur von etwa 150 °C. In einem Folgeprojekt bis 2022 wurde nach einer Pressemitteilung der Salzgitter AG (2022) eine Anlage vergleichbaren Typs mit einer elektrischen Anschlussleistung von 0,72 MW bei einer Betriebstemperatur von 850 °C erfolgreich betrieben. Die Anlage produzierte im Zeitraum von 2019 bis 2022 ca. 100 t Wasserstoff.

Der Wirkungsgrad des gesamten Elektrolysesystems

Für den Parameter Wirkungsgrad η_{EL} wird von dem Anlagenbetreiber einer SOEC-Anlage ein Wert von 0,78 ohne Trocknung und Nachverdichtung des Wasserstoffs angegeben. Der genannte Wert bezieht sich nicht wie in Formel 5.51 auf den Brennwert, sondern auf den in Tabelle 2.30 in Abschnitt 2.7.2.2 angegebenen Heizwert des Wasserstoffs $H_{i,n} = 2{,}995\ \text{kWh/m}^3$, da die Technik der Nachnutzung des Wasserstoffs nicht den Brennwert – also den vollständigen Energieeinsatz des Gases – ausnutzen kann. Nun soll der Gesamtwirkungsgrad ohne Trocknung und Nachverdichtung aus Gründen der Vergleichbarkeit auf den Brennwert $H_{s,n} = 3{,}54\ \text{kWh/m}^3$ bezogen werden:

Die Umrechnung erfolgt über

$$(\eta_{EL})'_{H_{s,n}} = \frac{H_{s,n}}{w_{EL}}$$

$$(\eta_{EL})'_{H_{i,n}} = \frac{H_{i,n}}{w_{EL}}$$

$$(\eta_{EL})'_{H_{s,n}} = (\eta_{EL})'_{H_{i,n}} \frac{H_{s,n}}{H_{i,n}} = 0{,}92$$

Es wird unterstellt, dass der vollständige Energieinhalt des Gases ausgenutzt wird und nicht wie beim Heizwert nur 85 % des Brennwertes.

Dieser Wert muss noch um den Wirkungsgrad der Trocknung η_{Tr} und Verdichtung η_V korrigiert werden, um den Wirkungsgrad der gesamten Anlage bezogen auf den Brennwert zu erhalten.

$$(\eta_{EL})_{H_{s,n}} = (\eta_{EL})'_{H_{s,n}} \eta_{Tr}\eta_V = (\eta_{EL})'_{H_{i,n}} \frac{H_{s,n}}{H_{i,n}} \eta_{Tr}\eta_V$$

■

Das Verfahren der Hochtemperaturelektrolyse ist grundsätzlich dann von großem Interesse, wenn vorhandene Abwärme genutzt werden kann. Im Rahmen des von der EU finanzierten Projektes MultiPLHY wurde 2021 von Sunfire eine zweite Generation weiterentwickelter SOEC-Anlage in der Rotterdamer Raffinerie von Neste in Betrieb genommen. Nach Aussage des Unternehmens liefern 12 Module mit je

60 Stacks aus 1800 in Reihe geschalteten Elektrolysezellen stündlich etwa 67 kg Wasserstoff (Bild 5.39). Der Elektrolyseur ist frei von PGM. Eine Zusammenfassung der wesentlichen technischen Daten der Anlage ist in Tabelle 5.16 zu finden.

Tabelle 5.16 Technische Daten des Hochtemperatur-Elektrolyseurs Sunfire-Hylink SOEC

Parameter	Einheit	Sunfire-Hylink SOEC	Anmerkung
Module (Stacks je Modul)		12(60)	
H_2-Produktion $\dot{m}$	kg/h	67	1)
H_2-Produktion $\dot{V}_n$	m^3/h	750	
elektrische Leistung P_{el}	MW	2,68	
BetriebsdruckKathodenseite p_{H_2}	$bar_{ü}$	0	
Anlaufzeit im heißen Leerlauf	min	< 10	
H_2-Reinheit		4.0	
Energieverbrauch der Elektrolyse ohne Nebenanlagen (DC)	$kWh/\left(m^3/h\right)_{H_2}$	3,3	2)
Energieverbrauch der Elektrolyse mit Nebenanlagen (AC)	$kWh/\left(m^3/h\right)_{H_2}$	3,6	2)
Systemwirkungsgrad $\left(\eta_{EL}\right)_{H_{i,n}}$	%	84	3)
Heißdampfverbrauch $\dot{m}_{H_2O}$	kg/h	860	
Heißdampftemperatur ϑ_{H_2O}	°C	150 - 200	
Heißdampfdruck p_{H_2O}	$bar_{ü}$	3,5 - 5,5	
Flächenbedarf	m^2	300	

Anmerkungen: 1) eigene Berechnung, gerundet; 2) bezogen auf den Umgebungsdruck p_0; 3) bezogen auf den Heizwert des Wasserstoffs $H_{i,n}$

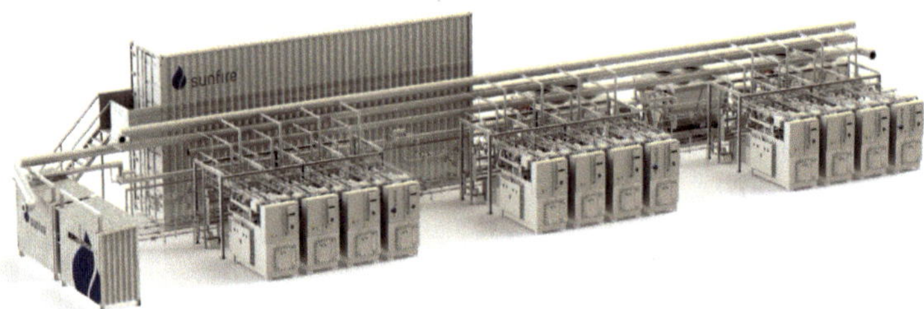

Bild 5.39 Multi-Megawatt-Hochtemperatur-Elektrolysesystem Sunfire-Hylink SOEC (© Sunfire GmbH)

Sunfire ist mit der vorgestellten Anlage in einen Leistungsbereich vorgestoßen, der für viele industrielle Anwendungen sehr interessant ist.

Darüber hinaus sind Anlagen im Betrieb, die im bivalenten Betrieb als Elektrolyseur und nach Umschalten als Brennstoffzelle (Abschnitt 10.3) arbeiten. Sie versprechen eine zusätzliche wirtschaftlich sehr interessante Erweiterung der Einsatzmöglichkeit galvanischer Zellen.

5.2.7 Anionaustauschmembran-Elektrolyse (AEM)

Die Anionaustauschmembran-Elektrolyse wird entwickelt, um die Vorteile der PEM- und der alkalischen AEL-Elektrolyse wie Flexibilität und Verwendung kostengünstiger Materialien für Membrane und Elektroden zu vereinen und weiter zu optimieren und gleichzeitig Nachteile der genannten Verfahren, wie die Verwendung von PGM und der stark korrosiven Kalilauge, zu vermeiden. Das Grundprinzip der AEM-Elektrolysezelle ist in Bild 5.40 dargestellt.

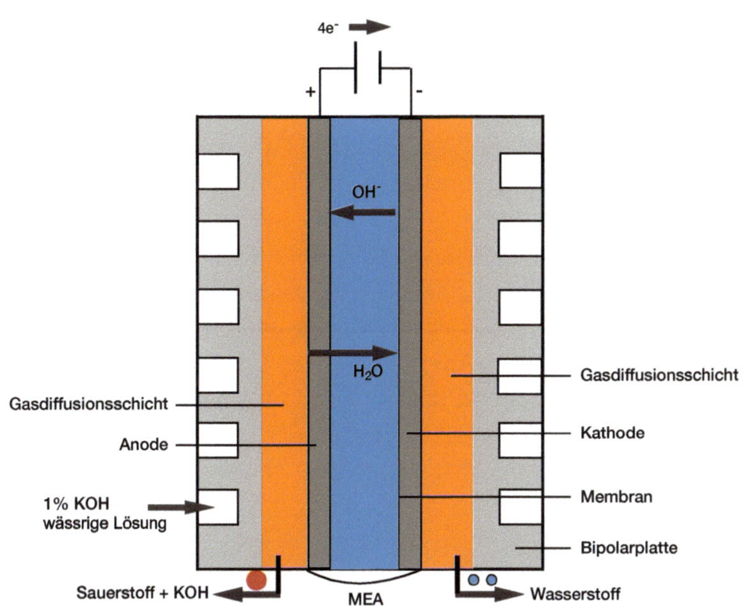

Bild 5.40 Das Grundschema der AEM

Die wesentlichen Bestandteile der Zelle sind nach I. Vincent et al. (2018) eine Membran, eine drucklose Halbzelle auf der Sauerstoffseite, eine Halbzelle unter Hochdruck auf der Wasserstoffseite und ein Elektrolyt, der nur 1 % Kaliumhydroxid enthält. Der Elektrolyt zirkuliert nur auf der Anodenseite, während die Kathodenseite trocken bleibt. Der sich einstellende Vorteil ist, dass der auf der Kathodenseite entstehende Wasserstoff keine hohen Feuchtigkeiten mit aus der Zelle austrägt. Des Weiteren sind eine Gasdiffusionsschicht und eine Bipolarplatte auf der Anoden- und Kathodenseite verbaut. Typische Werkstoffe auf der Kathodenseite sind nach I. Vincent et al. (2018) $Ni/(CeO_2\text{-}La_2O_3)/C$ und auf der Anodenseite $CuCoO_{x,}$. Damit ist alles PGM-frei. Die verwendeten Membranen sollen eine hohe thermische, chemische und vor allem mechanische Stabilität aufweisen. Zugleich werden eine hohe Ionenleitfähigkeit und geringe Gasdurchlässigkeit erwartet. Die zuvor genannten Eigenschaften werden durch im Handel erhältliche Polymerelektrolyte mit Membrandicken von nur wenigen µm erfüllt. Schauen wir auf die chemischen Prozesse, so stellen wir auf der Kathoden- und Anodenseite Folgendes fest:

Die durch die Membran geleiteten Wassermoleküle werden an der Kathode reduziert.

$$4H_2O + 4e^- \rightarrow 2H_2 + 4OH^- \tag{5.58}$$

Das negativ geladene OH^--Teilchen (Anion) wandert durch die Membran zur Anode und oxidiert dort zu Sauerstoff und Wasser:

$$4OH^- \rightarrow O_2 + 2H_2O + 4e^- \tag{5.59}$$

Die für den Strömungsprozess innerhalb der Zellen verantwortlichen Bipolarplatten sind nicht wie bei der PEM-Elektrolyse aus teurem Titan oder vergleichbaren Werkstoffen, sondern aus Stahl. Die nur leicht basische wässrige Lösung ist im Vergleich zum 30 %-igen KOH-Elektrolyt bei der AEL-Elektrolyse nicht in dem Maße korrosiv. Dies wirkt sich mittel- und langfristig positiv auf die Effektivität des Prozesses aus. Das Unternehmen Enapter S.r.I. mit dem Hauptsitz in Pisa/Italien bietet mit dem AEM Multicore™ 450 eine Art „Plug and Play"-Elektrolyse an und erreicht mit dem weltweit ersten AEM-Elektrolyseur den Megawattbereich (Bild 5.41). Bild 5.41 gestattet rechts den Blick in den Container. Insgesamt sind 420 Stacks in 10er-Strings montiert. Die Strings lassen sich unabhängig voneinander hoch- und herunterfahren. Dies begünstig eine hohe Systemflexibilität.

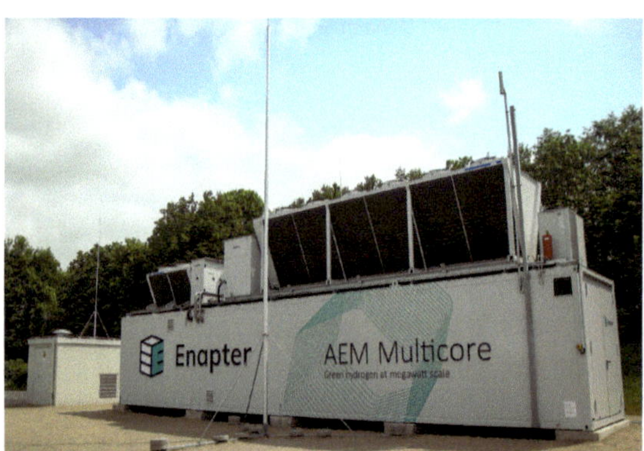

Bild 5.41 AEM-Elektrolyseur der Megawattklasse Enapter Multicore™ 450 (© Enapter S.r.l.)

Einen Auszug charakteristischer technischer Betriebsdaten eines AEM-Elektrolysesystems zeigt Tabelle 5.17 am Beispiel des Enapter Multicore™ 450. Typische Anwendungen dieses Systems sind beispielsweise die Versorgung lokaler Micronetze, von Industriebetrieben mit Wasserstoffbedarf sowie die Versorgung von Wasserstofftankstellen.

Tabelle 5.17 Technische Daten eines AEM-Elektrolysesystems

Parameter	Einheit	Enapter Multicore™ 450	Anm.
H_2-Produktion $\dot{m}$	kg/h	19	1)
H_2-Produktion $\dot{V}_n$	m^3/h	210	
elektrische Leistung P_{el}	MW	1,008	2)
BetriebsdruckKathodenseite p_{H_2}	$bar_ü$	≤ 35	
Temperatur Kathodenseite ϑ_{H_2}	°C	5-55	
Dynamik (0 bis 100%)	%	3-100	
Anlaufzeit warm bis Volllast (100%)	s	100	
Anlaufzeit kalt bis Volllast (100%)	min	30	
H_2-Reinheit vor Wasserstoff-aufbereitung		3.0	3)
H_2-Reinheit nach Wasserstoff-aufbereitung		5.0	4)
Energieverbrauch mit Nebenanlagen (AC) bei Auslastung 60-100%	$\mathrm{kWh}/\left(\mathrm{m}^3/\mathrm{h}\right)_{\mathrm{n,H_2}}$	4,8	
Energieverbrauch mit Nebenanlagen (AC) bei Auslastung 30-60%	$\mathrm{kWh}/\left(\mathrm{m}^3/\mathrm{h}\right)_{\mathrm{n,H_2}}$	5,0	
Energieverbrauch mit Nebenanlagen (AC) bei Auslastung 3-30%	$\mathrm{kWh}/\left(\mathrm{m}^3/\mathrm{h}\right)_{\mathrm{n,H_2}}$	5,2	
Platz/Flächenbedarf	L × W × H in m	Container 16 × 3 × 7,3	

Anmerkungen: 1) gerundet; 2) nach Herstellerangabe zu Beginn des Lebenszeit des Elektrolysesystems, gegen Ende der Lebensdauer des Systems beträgt die Leistungsaufnahme 1,2 MW; 3) $y_{H_2O} < 1500\ \mathrm{ppm}$, $y_{O_2} < 5\ \mathrm{ppm}$; 4) $y_{H_2O} < 5\ \mathrm{ppm}$, $y_{O_2} < 5\ \mathrm{ppm}$

5.3 Biologische Wasserstofferzeugung

Im Wesentlichen ist die grüne Wasserstofferzeugung mit der Elektrolysetechnik verbunden. Darüber hinaus kann Wasserstoff aus nichtfossilen Quellen auch biologisch gewonnen werden. Eine realistische Einschätzung der bis zum Jahr 2045 in Deutschland aufgebauten Produktionskapazitäten auf biologischer Basis ist heute nicht möglich. In diesem Abschnitt soll die Frage beantwortet werden, welche Verfahren mit der Aussicht, sich im industriellen Maßstab durchsetzen zu können, aus heutiger Sicht dann prinzipiell zur Verfügung stehen.

Eine zukünftige biologische Wasserstoffproduktion kann vor allem mit drei unterschiedlichen Verfahren erfolgreich sein. Allen drei ist gemein, dass in ihnen Mikroorganismen einen wesentlichen Anteil in der jeweiligen Verfahrenskette übernehmen. Die Verfahren sind nach Bild 5.42 die Biophotolyse, die mikrobielle Elektrolyse und die Fermentation. Hilfestellung leistet bei der mikrobiellen Elektrolyse neben der Bereitstellung von Biomasse der Eintrag von regenerativ erzeugtem Strom und Sonnenlicht.

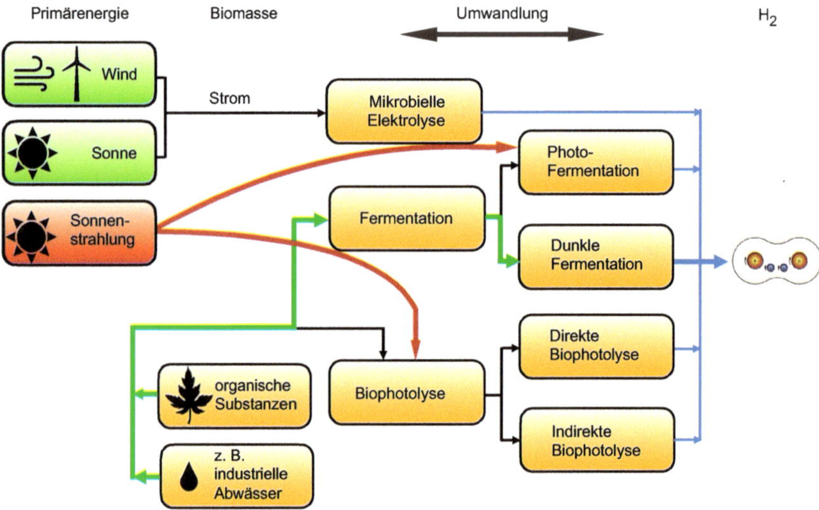

Bild 5.42 Die biologische Wasserstofferzeugung mit Unterstützung durch regenerativ erzeugten Strom, durch Sonnenlicht und Biomasse

Es empfiehlt sich die Bearbeitung von Aufgabe 36 im Buch *Wasserstofftechnik. Aufgaben und Lösungen.*

5.3.1 Biophotolyse

Bei der Biophotolyse eixstieren mit der direkten und indirekten Biophotolyse zwei Unterverfahren. Die an ihr beteiligten Mikroorganismen sind nach M. Kaltschmitt et al. (2016, S. 79–80) Grünalgen und Cyanobakterien. Letztere besitzen als Besonderheit weder einen Zellkern noch Chloroplasten. Sie sind einfach zu kultivieren und nur auf CO_2 und anorganische Nährstoffe angewiesen. Außerdem können sie in offenen Behältern und für die Photolyse ausgelegten Reaktoren gehalten werden. Ihre Einordnung in die große Vielfalt der Mikroorganismen ist Bild 5.44 zu entnehmen. Die Vermehrung der Mikroorganismen geschieht im Fall der Bakterien über Zweiteilung. Die meisten Algenstämme sind dagegen zur sexuellen Vermehrung imstande. Algen können über einen vom Menschen herbeigeführten Eingriff in das Genom in ihrem Stoffwechselverhalten beeinflusst werden und dadurch zur Wasserstoffproduktion oder zur Herstellung organischer Säuren manipuliert werden. Bei der Photosynthese entziehen die Mikroorganismen dem Wassermolekül durch das Sonnenlicht angetrieben Elektronen. Durch den Oxidationsvorgang entsteht Sauerstoff und mithilfe der freigesetzten Elektronen über einen Reduktionsschritt der gewünschte Wasserstoff. Da Sauerstoff und Wasserstoff nicht durch eine Membran – wie bei der Elektrolyse – getrennt sind, hemmt der Sauerstoff bei der direkten Photolyse die Wasserstoffproduktion. Bei dem indirekten Verfahren wird der Oxidations- und Reduktionsschritt räumlich und zeitlich getrennt bzw. entzerrt, um die Effizienz des Verfahrens zu erhöhen. Der Wirkungsgrad ist abhängig von der Wirksamkeit der Photosynthese. H. Eichlseder und M. Klell (2012) berichten in diesem Zusammenhang von 0,2 bis 0,8 mg H_2 pro Stunde und je Liter Nährlösung. Darüber hinaus sind bisher keine in größeren Anlagen verwertbaren Erkenntnisse bekannt. Das Verfahren steht somit technologisch am Anfang.

5.3.2 Mikrobielle Elektrolyse (MEC)

Die Grundidee der mikrobiellen Elektrolyse (MEC), so wie in Bild 5.43 dargestellt, ist bereits über 100 Jahre bekannt. Sogenannte exoelektrogene Mikroorganismen verstoffwechseln in einer galvanischen Zelle an der Anode Biomasse. Dabei entstehen Elektronen und H^+-Ionen. Beide diffundieren durch eine Membran auf die Kathodenseite. Dabei wird zwischen Anode und Kathode eine zusätzliche Spannung angelegt. An der Kathode erfolgt die aus der Elektrolyse bekannte Reduktionsreaktion der Wasserstoffprotonen zu molekularem Wasserstoff. Die hierzu notwendige elektrische Energie ist deutlich geringer als bei der klassischen Elektrolyse, da ein Teil der Elektrizität von den Bakterien geliefert wird. Neben der wünschenswerten Wasserstofferzeugung kann die Technologie in der Abwasserreinigung eingesetzt werden. Dabei kann aus Abwasser direkt elektrische Energie erzeugt und gleichzeitig auf die energieintensive Belüftung des Belebtschlamm-Beckens verzichtet werden.

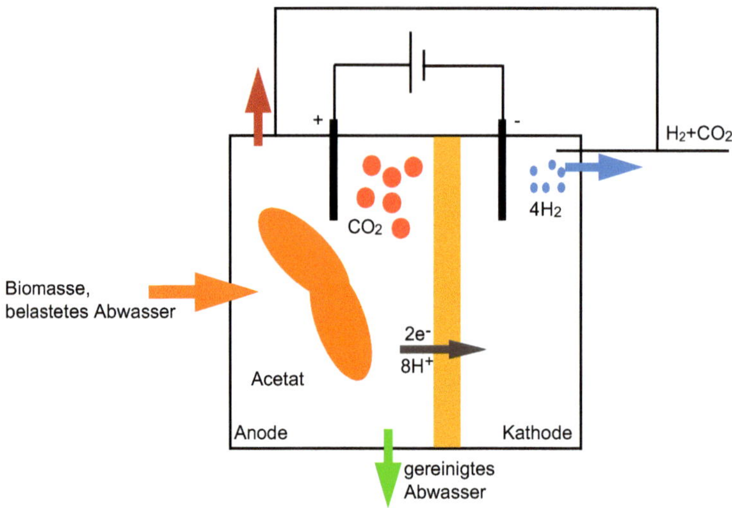

Bild 5.43 Das Grundprinzip der mikrobiellen Elektrolyse (MEC)

5.3.3 Fermentation

Der Fermentationsprozess von Biomasse zur Wasserstoffbildung geschieht anaerob einerseits unter dem Einfluss von Licht als Photofermentation und andererseits als dunkle Fermentation ohne Licht. Die bei der dunklen Fermentation von anaerob wirkenden Mikroorganismen gestützte Wasserstofferzeugung knüpft an den eigentlichen Fermentationsprozess zum Biogas an, nutzt allerdings nur die ersten drei Prozessschritte. Werden Impfkulturen angelegt, dann spielt neben den Reaktionstemperaturen auch der pH-Wert des flüssigen Substrats für das Überleben und Wirken der vorhandenen Mikroorganismen eine bedeutende Rolle.

Mikroorganismen bei der biologischen Umwandlung von Biomasse

Die an der Umwandlung von Biomasse beteiligten Mikroorganismen können in Prokaryoten und Eukaryoten – wie Bild 5.44 zeigt – unterteilt werden. Die zuletzt genannten werden vornehmlich in der Lebensmittelindustrie und pharmazeutischen Industrie eingesetzt. Beispiel hierfür ist der Hefepilz im Backgewerbe oder der Schimmelpilz bei der Herstellung von Antibiotika. Archaeen gehören zur Gruppe der Prokaryoten und sind Organismen, die auch unter extremen Bedingungen wie Temperaturen jenseits von $\vartheta > 100\,°\mathrm{C}$ und extremen pH-Werten überleben. Archaeen existieren auch als thermophile Mikroorganismen unter Temperaturbedingungen von $50\,°\mathrm{C} \leq \vartheta \leq 70\,°\mathrm{C}$ und wirken an der Methanogenese mit. Die meisten Bakterien und Eukaryoten leben in mesophiler Temperaturumgebung zwischen $20\,°\mathrm{C} \leq \vartheta \leq 45\,°\mathrm{C}$. Es gibt methanverzehrende und wasserstoffbildende Prokaryoten.

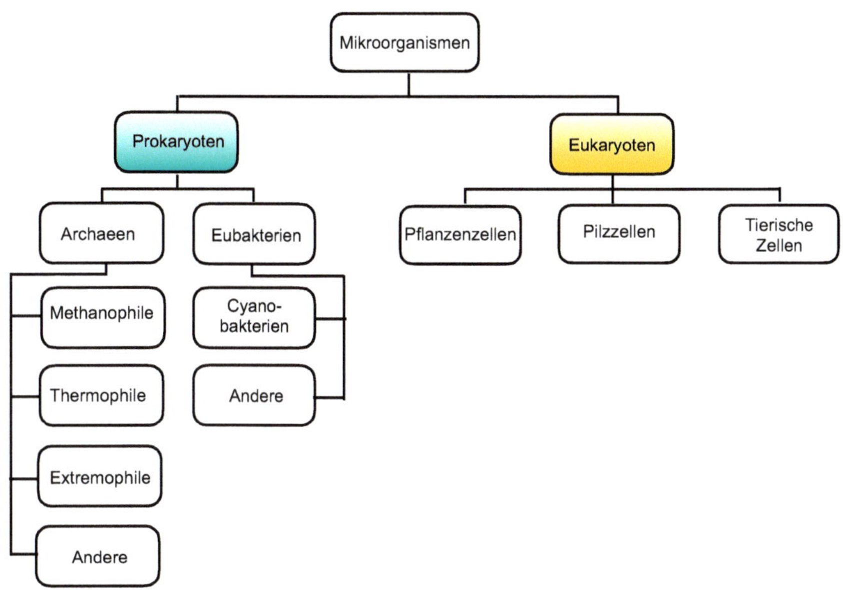

Bild 5.44 Ein Auszug aus einer Aufstellung von Mikroorganismen für den biologischen Umwandlungsprozess von Biomasse nach M. Kaltschmitt et al. (2016)

Zum Biogas

Seit 20 Jahren werden in Deutschland Biogasanlagen betrieben. Sie produzieren ein feuchtes Rohbiogas mit einer Taupunkttemperatur von etwa $35\ °C \leq \vartheta \leq 45\ °C$, mit einem molaren Anteil von etwa $y_{H_2} = 0{,}5$ Methan und circa $y_{CO_2} = 0{,}5$ Kohlendioxid sowie mit einem nicht zu vernachlässigenden Anteil an Schwefelverbindungen, die in der Grobentschwefelung bereits im Fermenter partiell abgebaut werden können. Das Gas wird entweder über einen Gasmotor in Strom und Wärme umgewandelt oder nach einer verfahrenstechnischen Aufbereitung mit einem restlichen CO_2-Anteil von $y_{CO_2} = 0{,}05$ entschwefelt und getrocknet in das Erdgasnetz als Biogas eingespeist.

Der eigentliche Erzeugungsprozess beruht darauf, dass Mikroorganismen unter Ausschluss von Sauerstoff (anaerob) organisches Material in Gas und in einen Gärrest umwandeln. Je nach Temperaturstufe sind Bakterien und Archaeen aus der Gruppe der Prokaryoten am Umwandlungsprozess beteiligt - mesophil bei gemäßigten Temperaturen von $\vartheta \leq 45\ °C$ oder thermophil bei höheren Temperaturen von $\vartheta \leq 55\ °C$.

Der gesamte Prozess wird in vier Umsetzungsstufen nach Tabelle 5.18 unterteilt.

Tabelle 5.18 Die Prozessschritte der biologischen Methanbildung

Schritt	Prozess	Kurzbeschreibung
1	Hydrolyse	Aus Fetten, Kohlehydraten und Proteinen (organische Polymere) werden durch Hydrolyse Monomere, wie Fettsäuren, Aminosäuren und Zucker, gebildet.
2	Acidogenese	Aus den Säuren des vorgenannten Prozessabschnittes werden organische Säuren und Alkohol gebildet (Versäuerung).
3	Acetogenese	Die kurzkettigen Säuren werden in Essigsäure umgewandelt. In diesem Prozessschritt wird auch Wasserstoff gebildet.
4	Methanogenese	Archaeen spalten zum einen Essigsäure in Methan und Kohlendioxid auf und zum anderen werden Kohlendioxid und Wasserstoff direkt zu Methan verstoffwechselt.

Wie Bild 5.45 aufzeigt, wird nach dem dritten der insgesamt vier Prozessschritte zur Biogasbildung Wasserstoff gemeinsam mit Kohlendioxid gebildet. Um bei der fermentativen Wasserstofferzeugung den vierten Schritt – die Methanogenese – zu verhindern, werden die Wasserstoff verzehrenden und Methan bildenden Mikroorganismen vor dem Erreichen der Stufe 3 (Acetogenese) beispielsweise durch Erhitzen eliminiert.

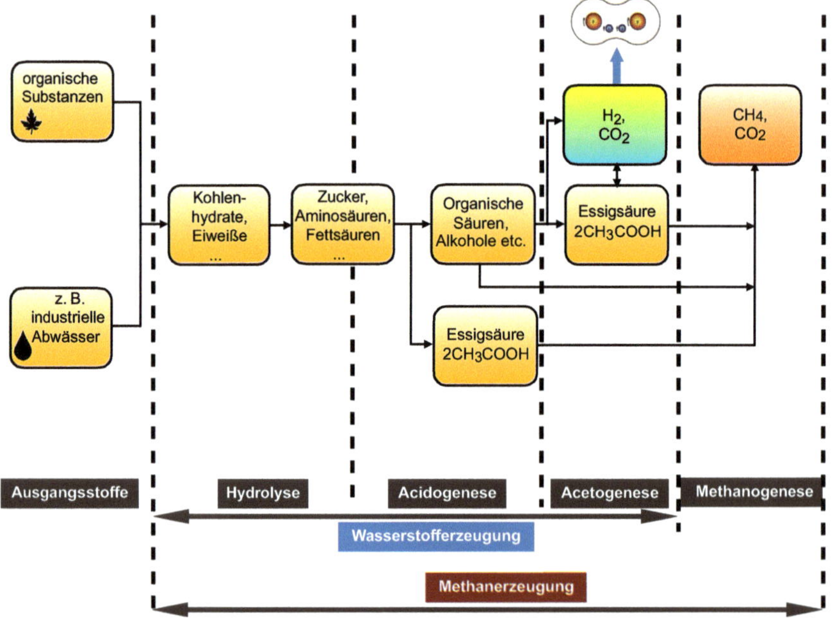

Bild 5.45 Die Entwicklungsschritte der fermentativen Wasserstoff- und Methanbildung

5.3.3.1 Photofermentation

Bei der Photofermentation wird Biomasse unter dem Einfluss von Licht durch eine Reihe von photosynthetischen Bakterien wie *Rhodobacter sphaeroides* aus der Gruppe der *purple photosynthetic bacteria* oder einem Bakterium aus der Gruppe der *green photosynthetic bacteria* anaerob in Wasserstoff umgewandelt. Die chemische Formel ist

$$C_6H_{12}O_6 + 6H_2O \xrightarrow{\text{Licht}} 6CO_2 + 12H_2 \qquad (5.60)$$

Die Effektivität des Umwandlungsprozesses und die Stabilität des Fermentationsprozesses sind davon abhängig, dass jeglicher Sauerstoffeintrag in den Bioreaktor verhindert wird und die Zusammensetzung der Mikroben an die eingesetzte Substratmischung angepasst ist. So berichtet S.A. Sherif et al. davon, dass das Umsetzungsergebnis mit *Rhodobacter sphaeroides* bei einer Reaktortemperatur von $30\,°C \leq \vartheta \leq 35\,°C$, einem pH-Wert des in den Bioreaktor eingeführten Substrats von 7,0 bis 8,0 und bevorzugt unter dem Einfluss von Essigsäure, Buttersäure und Milchsäure zufriedenstellend ist.

Nach S.A. Sherif et al. (2015, S. 330) ist der Umsetzungsgrad dieses vom Grundprinzip her überzeugenden Ansatzes allerdings noch sehr gering. In der Regel werden nur wenige Prozent des zur Verfügung stehenden Lichts ausgenutzt und die Technologie steht noch am Anfang einer Entwicklung (TRL 3), die zu einem noch nicht absehbaren Zeitpunkt dazu führen soll, nennenswerte Wasserstoffmengen zu liefern.

5.3.3.2 Dunkle Fermentation

Bereits in Bild 5.45 in Abschnitt 5.3.3 ist der grundsätzliche Weg der dunklen Fermentation über die anaerobe, biochemische Umwandlung von Biomasse beschrieben worden. Als praxisnahe Einsatzstoffe kommen nach T. Weide et al. (2019, S. 24112) kohlehydrathaltige Abwässer, beispielsweise aus der Lebensmittel- und Agrarindustrie, wie Brauereien, oder aus der Textilindustrie infrage. Aus dieser Vielfalt sind drei Proben unterschiedlicher Zusammensetzung in Bild 5.46 abgebildet.

Das in Bild 5.46 rechts aufgestellte Probenglas enthält eine Abwasserkonsistenz mit einem hohen Anteil Wasserstoff bildender Mikroorganismen. Vor der Einbringung in den Bioreaktor werden die Substrate thermisch vorbehandelt und über einen Zeitraum von circa $t = 2\,h$ einer Temperatur von $\vartheta \geq 80\,°C$ ausgesetzt, um die wasserstoffverzehrenden und methanbildenden Mikroorganismen zu eliminieren oder zu hemmen.

Bild 5.46 Dunkle Fermentation: drei unterschiedliche industrielle Abwasserproben für Versuche in einem Bioreaktor im Labormaßstab ($V_{\text{Reaktor}} = 5\,\text{l}$) (© T. Weide et al. 2019): ① Presssaft aus Gras-Silage aus der Agrarwirtschaft, ② stärkehaltiges Abwasser aus der Lebensmittelindustrie, ③ Abwasser aus einer Molkerei

Der letzte der drei Umwandlungsschritte ist der Abbau von Glukose (Zucker) zu Wasserstoff, Kohlendioxid und Essigsäure. Die Gesamtreaktion ist

$$C_6H_{12}O_6 + 2H_2O \rightarrow 2CH_3COOH + 2CO_2 + 4H_2 \tag{5.61}$$

Um in der Entwicklung leistungsstarker Anlagen voranzukommen, werden - wie beispielsweise in einer Forschungsarbeit von T. Weide et al. (2019) an der FH Münster - umfangreiche Untersuchungen zur Abhängigkeit der Effizienz der dunklen Fermentation von der Zusammensetzung der Mikroorganismus-Kulturen, der Substratzusammensetzung und der Betriebsparameter Temperatur, pH-Wert und Ähnliche durchgeführt.

Die in der in Bild 5.47 abgebildeten Laboranlage realisierten Versuchsbedingungen sind in Tabelle 5.19 dargestellt.

Bild 5.47 Versuchsanlage zur Untersuchung relevanter betrieblicher Parameter der dunklen Fermentation an der FH Münster (© T. Weide et al. 2019)

Tabelle 5.19 Beispielhafte Parameter einer Versuchsanlage zur dunklen Fermentation an der FH Münster nach T. Weide et al. (2019)

Parameter	Einheit	Wert	Anmerkung
Volumen des Bioreaktors V	m^3	0,005	
Temperatur ϑ	°C	55	1)
Absolutdruck p	bar	1	2)
Wasserstoffertrag $\dot{V}_n$ je m^3 Reaktorvolumen	m^3/d	3	3)

Anmerkung: 1) thermophil; 2) $p \approx p_0$; 3) skalierter Wert

Aus heutiger Sicht scheinen die Verfahren der Fermentation, insbesondere die dunkle Fermentation, geeignet, größere Wasserstoffmengen im industriellen Maßstab zu liefern. Über die dann geltenden betriebswirtschaftlichen Randbedingungen können heute keine seriösen Vorhersagen gemacht werden. Der Rückgriff auf industrielle Abwässer, die heute nicht genutzt werden, und ihre Verwendung zur Erzeugung des Energieträgers Wasserstoff ist auch aus volkswirtschaftlicher Sicht vorteilhaft.

Spezifische Substratmenge zur Erzeugung von 1 TWh Energie aus Wasserstoff

Der Energieträger Wasserstoff aus fermentativer Erzeugung soll eine Energiemenge von $E = 1\,\mathrm{TWh}$ bereitstellen. In Aufgabe 36 im Buch *Wasserstofftechnik. Aufgaben und Lösungen* werden das benötigte Wasserstoffvolumen und die benötigte Wasserstoffmasse berechnet.

$$V_{\mathrm{n,H_2}} = 282{,}48 \cdot 10^6\ \mathrm{m^3} = 282{,}48\ \mathrm{Mill.\ m^3}$$

$$m_{\mathrm{H_2}} = 25{,}39 \cdot 10^6\ \mathrm{kg\ H_2} = 25{,}39\ \mathrm{kt\ H_2}$$

Werden die für 1 TWh berechneten Werte auf 1 kWh Energieinhalt des Wasserstoffs umgerechnet, so ergibt sich folgender Ansatz: Um eine Energiemenge von $E = 1\,\mathrm{kWh}$ durch den Energieträger Wasserstoff bereitzustellen, benötigt man ein Wasserstoffvolumen von $V_{\mathrm{n,H_2}} = 0{,}28248\ \mathrm{m^3}$. Das Volumen entspricht einer Masse von $m_{\mathrm{H_2}} = 0{,}02539\ \mathrm{kg\ H_2} = 25{,}39\ \mathrm{g\ H_2}$.

Die Massenbilanz nach Formel 5.61 führt unter Berücksichtigung der molaren Massen für Essigsäure $M_{\mathrm{CH_3COOH}} = 60{,}05\ \mathrm{kg/kmol}$, für Kohlenstoff $M_{\mathrm{C}} = 12{,}01\ \mathrm{kg/kmol}$ sowie für Sauerstoff, Kohlendioxid und H_2 nach Tabelle 2.1 in Abschnitt 2.1 zu folgendem Ergebnis:

$$m_{\mathrm{C_6H_{12}O_6}} + 2m_{\mathrm{H_2O}} \rightarrow 2m_{\mathrm{CH_3COOH}} + 2m_{\mathrm{CO_2}} + 4m_{\mathrm{H_2}}$$

Für die Biomasse wird eine molare Masse von $M_{\mathrm{C_6H_{12}O_6}} = 180{,}15\ \mathrm{kg/kmol}$ ermittelt.

Mit Unterstützung von Formel 2.18 führt die Massenbilanz zum Ansatz

$$n_{C_6H_{12}O_6} M_{C_2H_{12}O_6} + 2n_{H_2O} M_{H_2O} \rightarrow 2n_{CH_3COOH} M_{CH_3COOH} + 2n_{CO_2} M_{CO_2} + 4n_{H_2} M_{H_2}$$

$$180{,}15\ \mathrm{kg\ C_6H_{12}O_6} + 36{,}03\ \mathrm{kg\ H_2O} \rightarrow 120{,}10\ \mathrm{kg\ CH_3COOH} + 88{,}02\ \mathrm{kg\ CO_2} + 8{,}06\ \mathrm{kg\ H_2}$$

Das Verhältnis vom Edukt Biomasse zum Produkt Wasserstoff ist

$$\frac{m_{C_6H_{12}O_6}}{m_{H_2}} = \frac{180{,}15\ \mathrm{kg\ C_6H_{12}O_6}}{8{,}06\ \mathrm{kg\ H_2}} = 22{,}35\ \frac{\mathrm{kg\ C_6H_{12}O_6}}{\mathrm{kg\ H_2}}$$

Um eine Energiemenge von $E = 1\ \mathrm{kWh}$ durch den Energieträger Wasserstoff über die dunkle Fermentation bereitzustellen, ist eine Biomasse von

$$m_{C_6H_{12}O_6} = 22{,}35\ \frac{\mathrm{kg\ C_6H_{12}O_6}}{\mathrm{kg\ H_2}}\ 0{,}02539\ \mathrm{kg\ H_2} = 0{,}567\ \mathrm{kg\ C_6H_{12}O_6}$$

erforderlich. Um eine Energiemenge von $E = 1\ \mathrm{TWh}$ durch den Energieträger Wasserstoff über die dunkle Fermentation zu erhalten, ist der Input einer Biomasse von $m_{C_6H_{12}O_6} = 567\ \mathrm{kt\ C_6H_{12}O_6}$ erforderlich. ■

Spezifischer Substratbedarf bei der dunklen Fermentation

Die Beispielrechnung führt zu dem Ergebnis, dass für die Wandlung von 1 TWh Energie aus Biomasse durch die dunkle Fermentation eine Biomasse von 567 kt eingesetzt werden muss. Dabei wird ein Umsetzungsgrad oder „Wirkungsgrad" von 1,0 unterstellt. In der Praxis werden nach T. Weide et al. (2019) heute „Wirkungsgrade" von maximal 0,5 bei der Verwendung von reinem Zucker erreicht. Bei der Verwendung von Abwässern ist davon auszugehen, dass der Umsetzungsgrad noch darunter liegt. ■

Es empfiehlt sich die Bearbeitung von Aufgabe 37 und Aufgabe 38 im Buch *Wasserstofftechnik. Aufgaben und Lösungen.* ■

■ 5.4 Verfahren zur Wasserstoffreinigung

Die erforderliche Reinheit von erzeugtem Wasserstoff ist für die nachgelagerten Verwendungszwecke ein wichtiges Kriterium für den störungsfreien Betrieb der jeweiligen Technologie. So erfordert der Einsatz von H_2 in Brennstoffzellen (BZ) eine höhere Reinheit als im Verbrennungsprozess in stationären Gasmotoren. Die Güte der Reinheit des Wasserstoffs ist zunächst eine Folge des jeweiligen Erzeugungsprozesses. Das Verfahren der Dampfreformierung hat eine Reinheit in der

Größenordnung von 3.0 zur Folge. Die Sunfire GmbH gibt für ihr AEL-Elektrolysesystem Sunfire Hylink Alkaline 10 MW eine Reinheit des erzeugten Wasserstoffs von 2.8 an. Die Anforderungen an die Reinheit sind in Tabelle 2.14 nach der Norm ISO 14687 (2019) in Abschnitt 2.3 für unterschiedliche Nutzungspfade dargestellt und reichen von der Luft- und Raumfahrttechnik mit einer erwarteten Reinheit von 4.5 bis zum stationären Wärmeerzeuger mit einer Reinheit von 98,00 mol-%. Es stellen sich zwei Fragen:

- An welcher Stelle der Produktion, des Transports und der Anwendung soll die erforderliche Aufbereitung des „verunreinigten" Wasserstoffs erfolgen?
- Welche Reinigungsverfahren stehen industriell zur Verfügung?

In Bild 5.48 ist der Weg des Wasserstoffs von der Erzeugung bis zur Anwendung dargestellt. Die Art der Anwendung beeinflusst den Aufwand der Nachreinigung. Der Wasserstoff weist in den beiden auserwählten Produktionsverfahren am Ende Reinheitsgrade von 2.5 bis 3.0 auf, was beispielsweise für die Brennstoffzellentechnik in Fahrzeugen nach heutigem Stand nicht ausreichend ist. In der internationalen Normung geht die Tendenz mittlerweile dahin, möglichst viele Anwendungen so zu gestalten, dass sie mit geringeren Reinheitsgraden zurechtkommen, da die spezifischen Investitionen für die betroffenen Anlagen und die späteren Betriebskosten für die Reinigungsstufen mit höherem Reinheitsgrad steigen.

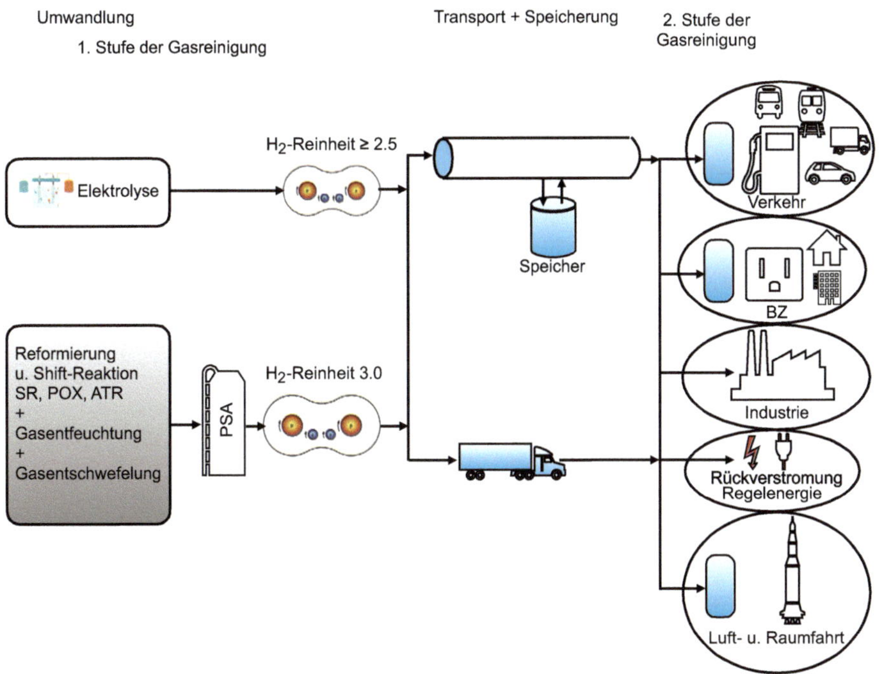

Bild 5.48 Mehrstufige Wasserstoffreinigung in Abhängigkeit vom Nutzungspfad

Der Transport über erdverlegte Pipelines kann einen negativen Einfluss auf die Reinheit des Wasserstoffs haben. Dies kann bei der Nutzung bereits bestehender Leitungssysteme aus dem Bestand der Erdgasnetzbetreiber und auch bei neu gebauten Leitungssystemen gleichermaßen der Fall sein, wenn zur Wasserstoffmasse noch ein Masseneintrag aus Fremdstoffen hinzukommt. In den Rohrleitungen befinden sich

- Stäube aus der Zeit der Bauarbeiten, die die im Rohrleitungsbau obligatorischen Reinigungsmaßnahmen im Rohrsystem überstanden haben,
- Schmutzpartikel aus dem Wasser, das seinerzeit für die Druckprüfungen der Leitungen gebraucht wurde, die in der Regel aus offenen Gewässersystemen stammen,
- Wasser oder Feuchtigkeit aus der Druckprüfung bzw. im Fall der Nutzung von alten Erdgasleitungen Kondensate aus der Erdgasfraktion, die nicht über Filter oder Kondensatsammler aus dem System entfernt wurden,
- Schmierstoffe und Fette aus dem Betrieb von Verdichtern und Armaturen im Rohrleitungssystem, sowie
- Odorierstoffe (Abschnitt 6.7 und Abschnitt 10.5.2) beim Leitungstransport, um im Fall einer Freisetzung von Wasserstoff in die Umgebung einen Warngeruch zu erzeugen.
- Im Fall des Transports über Trailer mit eingebauten Hochdruckbehältern oder mit den im Betrieb befindlichen Druckgasflaschenwagen aus Bild 6.16 in Abschnitt 6.4 ist nicht völlig ausgeschlossen, dass durch verschmutzte Behälterteile oder durch Reaktion von heißem Wasserstoff mit dem Kohlenstoff legierter Behälterstähle unter Bildung von Methan der Reinheitsgrad verändert wird.

Als Fazit bleibt festzuhalten, dass die bei Erfordernis durchzuführende Gasreinigung auf „Reinstgasqualität" im Anschluss an die Transport- und Speicherstufe erfolgen soll. Hinweise auf die erforderliche Wasserstoffreinheit sind den einschlägigen Normen wie beispielsweise im Fall der Brennstoffzellen für den Fahrzeugbetrieb der bereits mehrfach erwähnten ISO 14687 (2019) oder der SAE J2719 (2016) zu entnehmen.

5.4.1 Methoden zur Wasserstoffaufbereitung

Nach Bild 5.49 wird zur Anreicherung der Wasserstoffkonzentration das Gas mit unterschiedlichen Verfahren aus einer Mischung abgetrennt und der Wasserstoff von Feststoffpartikeln und Feuchtigkeit gereinigt.

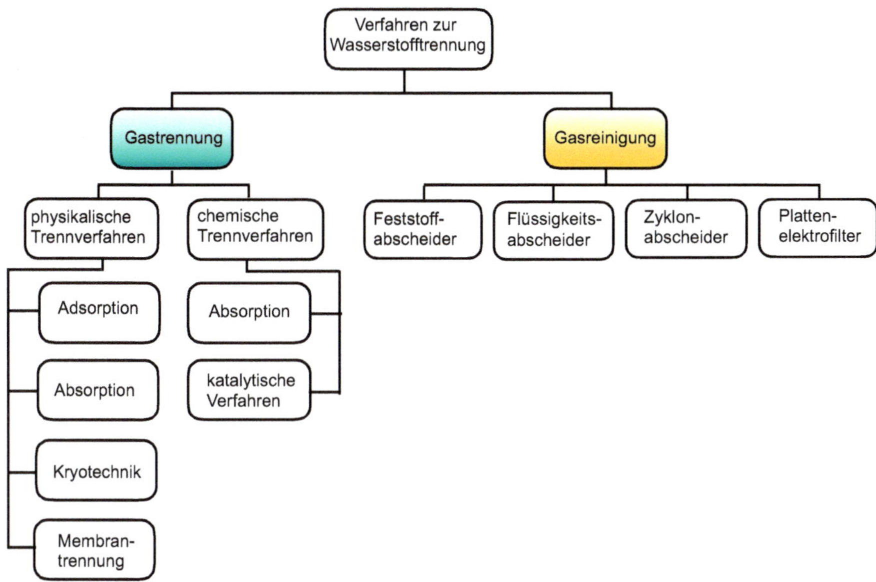

Bild 5.49 Die Verfahren zur Wasserstofftrennung

Die klassische Gastrennung bedient sich physikalischer und chemischer Methoden wie z. B. folgenden:

- Aminwäsche (MEA)

  Mit ihr wird das abzutrennende Gas mithilfe der Waschflüssigkeit Monoethanolamin C_2H_7NO absorbiert bzw. chemisch gebunden. Monoethanolamin ist eine farblose, ölige und ätzende Flüssigkeit mit ammoniakartigem Geruch. Sie ist mit Wasser mischbar und ihre wässrige Lösung reagiert stark alkalisch.

- Druckwechseladsorption (PSA), die bereits in Abschnitt 5.1.1 beschrieben wird

  Bei der PSA wird das abzutrennende Gas an einem Molekularsieb adsorbiert. Dieses Molekularsieb besteht in der Regel aus synthetischen Zeolithen - bezeichnet als kristalline Alumosilicate - mit einem starken Adsorptionsvermögen für Gase mit bestimmter Molekülgröße.

- Druckwasserwäsche (DWW)

  Das Synthesegas wird im Gegenstrom zum Wasser in einem Adsorber zur Reaktion gebracht. Saure und alkalische Bestandteile des Gases werden gebunden. Das Wasser muss anschließend einer Regeneration zugeführt werden.

- kryogenes Verfahren

  Es findet eine Phasentrennung von flüssigen und gasförmigen Anteilen bei tiefkalten Temperaturen statt. Mit dem Verfahren sind allerdings ein hoher Energieaufwand und hohe Anforderungen an Bauteile und Baugruppen aufgrund der extremen Temperaturverhältnisse verbunden.

- andere physikalische Wäschen beispielsweise mit Selexol

  Wie bei der Druckwasserwäsche handelt es sich ebenfalls um ein physikalisches Waschverfahren. Jedoch verfügt Selexol über eine höhere Aufnahmefähigkeit für Kohlendioxid CO_2 und Schwefelwasserstoff H_2S und ist außerdem in der Lage, Wasserdämpfe zu binden.

- Membranverfahren

  Aufgrund unterschiedlicher Permeationsraten findet an einer Membran ein selektiver Prozess statt. Bei diesem Vorgang durchdringen die gewünschten Permeate die Membran und werden in der Folge abgeführt.

Insbesondere das zuletzt genannte Membranverfahren mit Palladium als Membranwerkstoff ist für die Aufbereitung des Wasserstoffs geeignet. Das Metall Palladium gehört zur Gruppe der Platinmetalle (PGM), die relativ selten und im Vergleich zu anderen chemischen Katalysatoren sehr teuer sind (siehe auch Hinweis in Abschnitt 5.2.4). Seine Farbgebung ist silberweiß mit einer Dichte von $\varrho_{Pd} = 12\,g/cm^3$ und einem Schmelzpunkt bei $\vartheta = 1554\,°C$. Herauszuheben sind seine ausgezeichneten katalytischen Eigenschaften zum Beispiel bei der industriellen Hydrierung.

Der Diffusionsprozess durch sehr dünne Membranen aus Palladium findet an ultradünnen Folien oder zu Rohren geformten Röhren mit $\Delta x > 5\,\mu m$ statt. An der Palladiumoberfläche der Membran dissoziiert der molekulare Wasserstoff zum einatomigen Wasserstoff, diffundiert infolge des Wasserstoffpartialdruckes durch die Palladiummembran und rekombiniert auf der Wasserstoffseite der Membran wieder zum molekularen Wasserstoff. Bild 5.50 zeigt, dass die Nichtwasserstoffanteile wie Sauerstoff durch die Membran zurückgehalten werden.

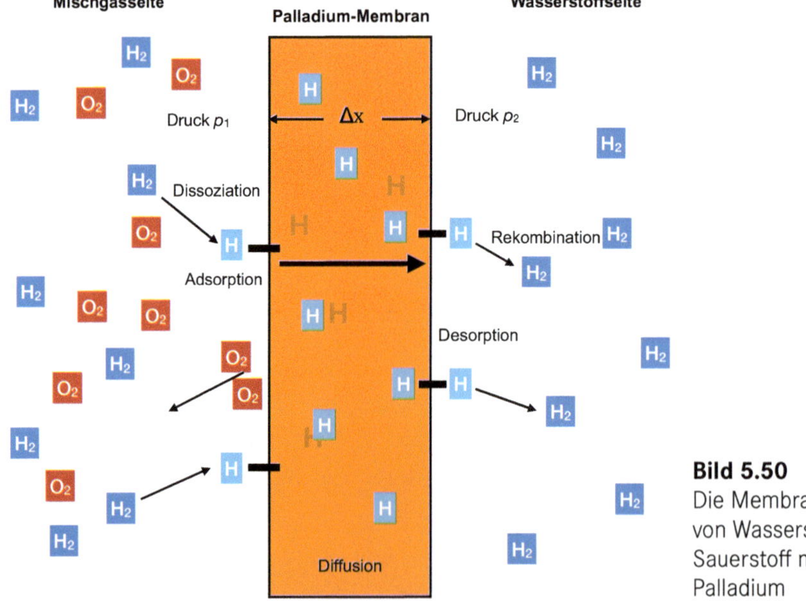

Bild 5.50 Die Membrantrennung von Wasserstoff und Sauerstoff mithilfe von Palladium

Nach C. Schäfer (2010, S. 64) hat Palladium im Vergleich zu Niob, Tantal, Vanadium und Nickel bis $\vartheta \leq 700\,°C$ die höchste Permeabilität für Wasserstoff. Bei höheren Temperaturen wäre aus heutiger Sicht erst ab $\vartheta \geq 800\,°C$ einzig Tantal eine Alternative. Die anderen genannten Metalle liegen im Vergleich - wie Bild 5.51 zeigt - bei der Durchlässigkeit für Wasserstoff um Größenordnungen darunter.

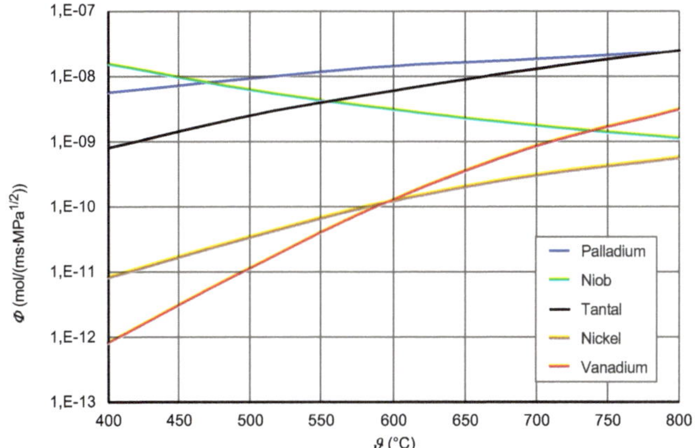

Bild 5.51
Permeabilität von Wasserstoff durch verschiedene Metalle nach C. Schäfer (2010)

5.4.2 Besonderheiten bei der Membrantrennung

Membrantrennverfahren werden beispielsweise in Tankstellen eingesetzt, um eine Reinheit von 5.0 im Brennstoffzellenbetrieb der Fahrzeuge zu gewährleisten. Der aus der Dampfreformierung oder aus der Elektrolyseanlage kommende Wasserstoff weist eine Reinheit von 2.8 bis 4.0 auf und soll weiter gereinigt werden. Wenn der Wasserstoff mit einem Trailer angeliefert wird, wird er zunächst in einem Pufferbehälter bei „moderatem Druck“ zwischengespeichert, um dann für den Tankvorgang einer Verdichtung unterworfen zu werden.

C. Schäfer (2010, S. 33) berichtet, dass es infolge von Mischungslücken im Metall-Wasserstoff-System zur Wasserstoffversprödung kommt, wenn dafür spezifische Temperaturbedingungen im Betrieb vorliegen. Die Phasengrenzkurve in Bild 5.52 gibt Aufschluss darüber, bei welchen Temperaturen ϑ und Wasserstoff-Gewichtsanteilen w_{H_2} die Mischungslücke der Phasen α und α' des Systems Palladium-Wasserstoff auftritt. Kommt es zu häufigen Wechseln zwischen den Phasen, wird aufgrund der Mischungslücke die Gitterstruktur durch temperaturbedingtes Dehnen und Entlasten gestört. Der Wasserstoff kann in die entstehenden Traps eindringen (siehe auch Abschnitt 2.4.1) und eine Materialversprödung ist letztlich die Folge. Die Membran verliert dadurch auf Dauer ihre separierende Wirkung.

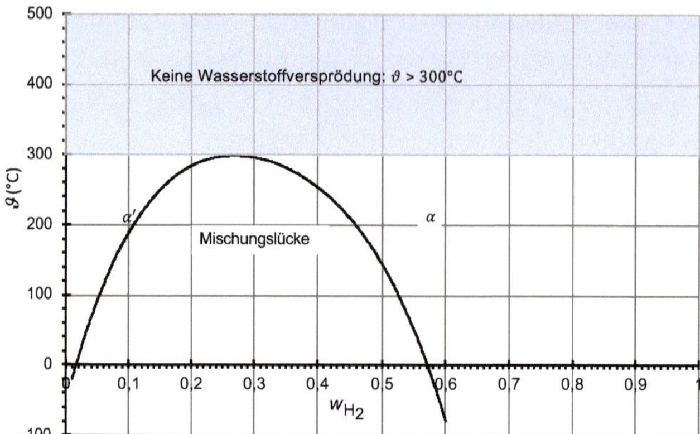

Bild 5.52 Mischungslücke der α-Phase und α′-Phase bis 300 °C beim Wasserstoff-Palladium-System nach C. Schäfer (2010)

Nur oberhalb von $\vartheta = 300\,°C$ besteht eine homogene Phase und die Wasserstoffversprödung findet nicht statt.

6 Transport von Wasserstoff

Der erzeugte Wasserstoff muss als Energieträger oder als Grundstoff von der Erzeugungsstelle zum Ort der Verwendung transportiert und verteilt werden. Beides kann sowohl leitungsgestützt oder über die Straße oder den Wasserweg mit geeigneten Verkehrsmitteln und Speicherbehältern erfolgen. In diesem Kapitel werden die heute üblichen Transport- und Verteilungsschritte für Wasserstoff behandelt und, wo es geboten erscheint, auf bedeutsame Unterschiede zu dem im Gastransport eingesetzten Erdgas hingewiesen. Auf eine Darstellung des Transports von flüssigem Wasserstoff wird in diesem Abschnitt verzichtet. Die Verflüssigung von Wasserstoff wird ergänzend in Kapitel 8 behandelt.

6.1 Leitungsgebundener Transport von Wasserstoff

Weltweit gibt es eine Reihe von ausschließlich dem Wasserstoff vorbehaltenen Transportleitungsnetzen. Nach J. Adolf et al. (2017, S. 26) konzentrieren sie sich mit allerdings im Vergleich zu Erdgasnetzen bescheidenen Längen vor allem auf die USA (Tabelle 6.1).

Tabelle 6.1 Umfang von ausschließlich mit Wasserstoff betriebenen Transportnetzen

USA	2608
Belgien	613
Deutschland	376
Frankreich	303
Niederlande	237
Kanada	147
Sonstige	258

Anmerkung: Stand 2017 nach J. Adolf et al. (2017)

In Deutschland wurde seit dem Ende des 19. Jahrhunderts bis Anfang der 60er-Jahre des 20. Jahrhunderts das Stadtgas oder Kokereigas mit einem Wasserstoffanteil zwischen 40 mol-% und 60 mol-% für die Gasversorgung des Landes eingesetzt. Allerdings sind kaum noch verwertbare Berichte aus jener Zeit vorhanden und die Gesamtlänge des Netzes war mit der heute vorhandenen Gasinfrastruktur in keiner Weise vergleichbar.

Seit rund 60 Jahren wird mit Erdgas ein brennbares und explosionsfähiges Gas in Stahl- und PE-Rohrleitungen unterschiedlicher Dimensionen und Druckstufen transportiert und verteilt. Die Gesamtlänge des Gasnetzes beträgt heute etwa 520 000 km einschließlich der Anschlussleitungen auf den privaten Grundstücken und Industriegeländen. Detaillierte Angaben hierzu sind bei G. Cerbe et al. (2017) zu finden. Im Regelwerk des Deutschen Vereins des Gas- und Wasserfaches e. V. (DVGW) werden ebenfalls seit Mitte des 19. Jahrhunderts technische Regeln für alle Anlagen zur leitungsgebundenen Versorgung der Allgemeinheit mit Gas, wie z. B. Leitungen für den Gastransport und für die Gasverteilung, sowie für Verdichteranlagen, Druckregelanlagen und Messanlagen erarbeitet und herausgegeben. Die Regelwerke bilden nach dem Energiewirtschaftsgesetz die Grundlage für einen sicheren Betrieb nach dem anerkannten Stand der Technik.

Es ist daher nachvollziehbar, bei der strömungstechnischen Auslegung von Wasserstoffsystemen auf die im Gasbereich gemachten Erfahrungen zurückzugreifen. Im Erdgasbetrieb sind die technischen Einrichtungen, die der öffentlichen Gasversorgung dienen und in denen Erdgas odoriert werden muss, der Gasverteilung zuzurechnen. Dies betrifft die regionalen und lokalen Pipeline-Systeme. Die Druckgrenze zwischen Transport und örtlicher und regionaler Verteilung verläuft in der Regel in einem Betriebsdruckbereich bis etwa $p_{ü} = 8\ \text{bar}_{ü}$. Oberhalb der genannten „unscharfen Druckgrenze“ gehören die Systeme zum Gastransport, in dem in Deutschland mit wenigen Ausnahmen das Erdgas nicht odoriert fortgeleitet wird. Die unterirdischen Speichersysteme sind im Erdgasbereich mit der Transportebene verbunden.

In Abschnitt 4.4 wird der Ausbau der Transportwege behandelt. Hierzu zählt die Umstellung bestehender Erdgassysteme auf Wasserstoff. Ein erster wesentlicher Schritt ist die Überprüfung vorhandener Systeme auf ihren Zustand. Im Transportsystem der Thyssengas GmbH, der ältesten deutschen Gastransportgesellschaft, wurde nach T. Melchior (persönliche Kommunikation, 2023) zu diesem Zweck die Erdgasleitung im Bereich der Baustelle am Nordhorn-Almelo-Kanal in Nordhorn überprüft (Bild 6.1). Dafür wurde zunächst das zusätzliche Mantelrohr der Leitung freigelegt und entfernt und im Anschluss das Produktenrohr auf mögliche Fehlstellen untersucht. Die in Abschnitt 2.4 behandelte Eigenschaft des Wasserstoffs, durch das Leitungsmaterial zu permeieren, kann bei Vorschädigungen im Leitungsverbund zu einer Verbreitung von Fehlstellen unter Wasserstoffeinfluss führen. Durch die Vorabprüfung der Leitung werden diese Stellen erkannt und entweder intensiv beobachtet oder vorbeugend ausgetauscht.

Bild 6.1 Leitungsüberprüfung vor dem Hintergrund einer möglichen H_2-Umstellung (© Thyssengas GmbH)

Eine weitere wesentliche Aufgabe beim Netzbetrieb ist betriebsbegleitend oder im Rahmen einer Planungsaufgabe die Berechnung des Druckverlustes Δp im Leitungssystem.

Zur Geschwindigkeit in Wasserstoffnetzen

Häufig wird im Zusammenhang mit der Dimensionierung von überregionalen und regionalen Netzen nach den zulässigen Gasgeschwindigkeiten gefragt. In der Erdgasversorgung wird eine Grenzgeschwindigkeit in Rohrleitungen von $c_{\mathrm{Erdgas}} \leq 10\ \mathrm{m/s}$, die für den Spitzenlastfall gilt, möglichst nicht überschritten. Die Geschwindigkeit ist begrenzt, um eine Beschädigung von Einbauten durch mitgerissene Festpartikel und Tropfen zu verhindern und um in oberirdisch geführten Zuleitungen zu gastechnischen Anlagen die durch Strömungsgeräusche hervorgebrachten Lärmemissionen zu begrenzen. Für Wasserstoff wird von J. Mischner (2021, S. 59) für die Grenzgeschwindigkeit in Rohrleitungen mit $c_{\mathrm{H_2}} = c_{\mathrm{Erdgas}} \sqrt{\varrho_{\mathrm{n_{Erdgas}}} / \varrho_{\mathrm{n_{H_2}}}}$ eine Berechnungsformel angegeben. Sie kann auch für Wasserstoff-Gasgemische angewendet werden. Dafür wird die Dichte für Wasserstoff im Normzustand $\varrho_{\mathrm{n_{H_2}}}$ durch die Dichte des Wasserstoff-Gasgemisches im Normzustand ersetzt.

Im Weiteren wird unterstellt, dass der Wasserstofftransport ausschließlich in reinen Wasserstoffleitungssystemen erfolgt. Mischgassysteme können mit Mischungsgrößen nach Abschnitt 2.2.13 nach der gleichen Vorgehensweise berechnet werden.

Die Druckverlustberechnung folgt dem Prinzip der raumveränderlichen Fortleitung bei realem Gasverhalten. Der Begriff „raumveränderlich“ bedeutet in diesem Zusammenhang, dass die Dichte des Gases sich mit der Druckänderung ebenfalls fortlaufend verändert. Gerechnet wird mit dem Absolutdruck p.

Der Wasserstoff wird nach Bild 6.2 in einer unterflur verlegten Rohrleitung von 1 nach 2 transportiert. Die in Deutschland verlegten Rohrleitungen haben eine Überdeckung von mindestens 0,80 m in den Ortschaften und 1 m in der Fläche. Der Rohrkörper und das umgebende Erdreich wirken wie ein unendlicher Wärmetauscher, sodass der Wasserstoff im Rohr die Erdbodentemperatur annehmen wird. Der Stofftransport von Punkt 1 nach Punkt 2 erfolgt isotherm.

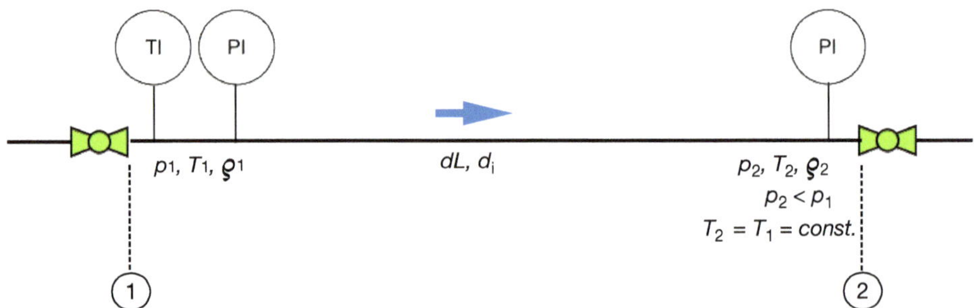

Bild 6.2 Der isotherme Transport von Wasserstoff von Leitungspunkt 1 nach 2 entlang einer unterflur verlegten Rohrleitung

Die Gastemperatur (Bild 6.3) schwankt dann je nach Jahreszeit und mittelfristigen Witterungsbedingungen zwischen

$$4\,°\mathrm{C} \le \vartheta_1 \le 16\,°\mathrm{C} \tag{6.1}$$

Die mittlere Jahrestemperatur kann mit $T_1 = 283{,}15\ \mathrm{K}$ angenommen werden.

Bild 6.3
Messung (PT100) der Gastemperatur beim Eintritt in eine Gasdruckregel- und Messstation in Süddeutschland (8,5 °C am 22. Februar 2018, 10:00 Uhr)

Zur Festlegung von Messstellen für die Gastemperaturmessung

Auch im pipelinegestützten Wasserstofftransport werden Betriebsparameter wie die Temperatur an geeigneter Stelle gemessen. Diese als PT100 ausgeführten Temperaturmessstellen sollten nicht, wie in Bild 6.3 ausgeführt, in einem Bereich der Strömungsumlenkung, beispielsweise in Bögen, positioniert werden. Die Tauchhülsen des PT100 sind an diesen Stellen der Umlenkung des Wasserstoffstromes starken Strömungskräften und demzufolge Schwingungen ausgesetzt. Diese können letztlich zum Schwingungsbruch führen. Nach dem abrupten Bruch wird an dieser Stelle Wasserstoff in die Umgebung austreten.

Betrachtet werden Rohrleitungsabschnitte mit konstantem Innendurchmesser ($d_\mathrm{i} = d_\mathrm{a} - 2s$). Die Strömung wird längs eines Strömungsfadens als eindimensionale Rohrströmung in Achsrichtung behandelt. Die Zustandsgrößen Geschwindigkeit c, Druck p, Dichte ϱ und Temperatur T ändern sich über dem Rohrquerschnitt nicht, sondern nur entlang des Stromfadens in Strömungsrichtung.

Vom Geschwindigkeitsvektor

$$\vec{c} = \begin{pmatrix} u \\ v \\ w \end{pmatrix} \tag{6.2}$$

bleibt nach Vereinbarung die Geschwindigkeitskomponente w übrig.

Es gilt die Kontinuitätsbedingung:

$$\dot{m} = \dot{V}\varrho = Aw\varrho \tag{6.3}$$

$$w\varrho = w_1\varrho_1 = w_2\varrho_2 = w_\mathrm{n}\varrho_\mathrm{n} \tag{6.4}$$

Die Größen mit dem Index n sind Größen im Normzustand.

Durch Einsetzen der umgeformten Formel 6.4 ($\varrho = w_1\varrho_1 / w$) in Formel 2.9 in Abschnitt 2.2.1 folgt $w = w_1 p_1 / p$.

Der raumveränderliche Druckverlust entlang eines Transportweges von 1 nach 2 folgt der Differenzialgleichung 1. Ordnung:

$$\mathrm{d}p = -\lambda \frac{\mathrm{d}L}{d_\mathrm{i}} \frac{\varrho}{2} w^2 K \tag{6.5}$$

Die Kompressibilitätszahl K ist das Verhältnis der Realgaszahlen für den Betriebszustand z und für den Normzustand z_n. Unter der Annahme eines idealen Gasverhaltens ist $K = 1$. Die Kompressibilitätszahl ist vom Druck und von der Temperatur abhängig und ändert sich daher fortlaufend mit dem Druckverlust entlang des Transportweges:

$$K = \frac{z}{z_\mathrm{n}} \tag{6.6}$$

Die Rohrreibungszahl λ ist eine Größe, die in der Strömungsmechanik von der Strömungsform laminar oder turbulent und von der integralen Rauigkeit der Wandoberfläche abhängt.

Die Berechnung des Druckverlustes Δp ist unter diesen Randbedingungen nicht trivial, kann allerdings analytisch in mehreren Teilschritten nach Bild 6.4 durchgeführt zu Ergebnissen mit geringer Abweichung zur Realität führen. Die zusätzliche Nutzung von rechnergestützten Gasnetzberechnungsprogrammen ist im Fall von vermaschten Systemen und zur Begleitung der operativen Netzsteuerung sinnvoll.

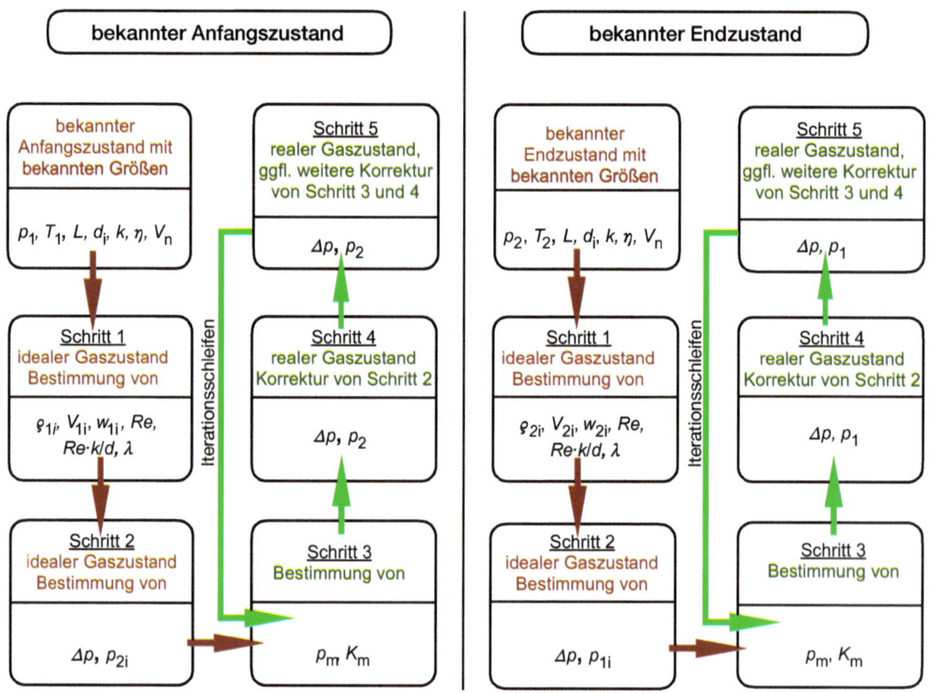

Bild 6.4 Teilschritte zur Durchführung der raumveränderlichen Druckverlustberechnung mit Wasserstoff

Bei der Berechnung des Druckverlustes zwischen den Punkten 1 und 2 in Bild 6.2 sind zwei Anwendungsfälle voneinander zu unterscheiden:

1. Der Anfangszustand mit p_1, T_1, ϱ_{1i} ist bekannt. Der Index i bedeutet, dass die betreffende Größe für den idealen Gaszustand gemeint ist. In diesem Fall ist der Druckverlust von Punkt 1 zu Punkt 2 und der Druck am Ende der Leitung (Punkt 2) zu berechnen.
2. Der Endzustand mit p_2, T_2, ϱ_{2i} ist bekannt. In diesem Fall ist der Druckunterschied von Punkt 2 zu Punkt 1 und der Druck am Anfang der Leitung (Punkt 1) zu berechnen.

Schrittweise Berechnung des raumveränderlichen Druckverlustes in einer Rohrleitung

Mithilfe von Formel 6.5 kann der Druckverlust Δp zwischen den Punkten 1 und 2 in Bild 6.2 bestimmt werden.

Anwendungsfall bekannter Anfangszustand:

Das bedeutet, dass der Zustand am Anfang der Rohrleitung bekannt ist.

Schritt 1:

Berechnung unter der Annahme eines idealen Gasverhaltens mit $K = 1$:

$$\mathrm{d}p = -\lambda \frac{\mathrm{d}L}{d_\mathrm{i}} \frac{\varrho_{1\mathrm{i}}}{2} w_{1\mathrm{i}}^2 \frac{p_1}{p}$$

$$\frac{1}{p_1} \int_{p_1}^{p_2} p\mathrm{d}p = -\lambda \frac{1}{d_\mathrm{i}} \frac{\varrho_{1\mathrm{i}}}{2} w_{1\mathrm{i}}^2 \int_0^L \mathrm{d}L$$

$$\frac{p_1^2 - p_2^2}{p_1} = \lambda \frac{L}{d_\mathrm{i}} \varrho_{1\mathrm{i}} w_{1\mathrm{i}}^2$$

Schritt 2:

Berechnung von Betriebsvolumenstrom $\dot{V}_{1\mathrm{i}}$, Betriebsdichte $\varrho_{1\mathrm{i}}$, Gasgeschwindigkeit $w_{1\mathrm{i}}$, Reynoldszahl *Re* und Rohrreibungszahl λ:

$$\dot{V}_{1\mathrm{i}} = \dot{V}_\mathrm{n} \frac{p_\mathrm{n}}{p_1} \frac{T_1}{T_\mathrm{n}} \tag{6.7}$$

$$w_{1\mathrm{i}} = \frac{4\dot{V}_{1\mathrm{i}}}{\pi d_\mathrm{i}^2} \tag{6.8}$$

$$\varrho_{1\mathrm{i}} = \varrho_\mathrm{n} \frac{p_1}{p_\mathrm{n}} \frac{T_\mathrm{n}}{T_1} \tag{6.9}$$

$$Re = \frac{w_{1\mathrm{i}} d_\mathrm{i}}{\nu_{1\mathrm{i}}} = \frac{w_{1\mathrm{i}} d_\mathrm{i} \varrho_{1\mathrm{i}}}{\eta} \tag{6.10}$$

Die Rohrreibungszahl λ kann entsprechend den Strömungsverhältnissen und dem äußeren Zustand der Rohre (glatte, verkrustete, angerostete etc. Oberfläche) mit den in Tabelle 6.2 dargestellten Formeln bestimmt werden.

Tabelle 6.2 Bestimmung der Rohrreibungszahl

Strömungsform	$Re\frac{k}{d_i}$	Bereich	Formel
laminar		$Re \leq 2320$	$\lambda = 64 / Re$ (6.11)
turbulent hydraulisch glatt	≤ 65	$2320 < Re < 10^5$	$\lambda = 0{,}3164 Re^{-0{,}25}$ (6.12) (Formel von Blasius)
		$10^5 < Re < 5 \cdot 10^5$	$\lambda = 0{,}0032 + 0{,}221 Re^{-0{,}237}$ (6.13) (Formel von Nikuradse)
		$Re > 10^6$	$\frac{1}{\lambda} = 2\lg\left(Re\sqrt{\lambda}\right) - 0{,}8$ (6.14) (Formel von Prandtl und Karman)
turbulent hydraulisch rau	> 1300		$\frac{1}{\sqrt{\lambda}} = 2\lg\left(\frac{d_i}{k}\right) + 1{,}14$ (6.15) (Formel von Nikuradse)
turbulent Übergangsbereich	> 65 < 1300		$\frac{1}{\sqrt{\lambda}} = -2\lg\left(\frac{2{,}51}{Re\sqrt{\lambda}} + \frac{0{,}269k}{d_i}\right)$ (6.16) (Formel von Prandtl und Colebrook)

Der Druckverlust unter Annahme von idealem Gasverhalten ist

$$\Delta p = p_1 - p_2 \tag{6.17}$$

$$\Delta p = p_1\left(1 - \sqrt{1 - \lambda \frac{L}{d_i} \frac{\varrho_{1i}}{p_1 / \mathrm{Pa}} w_{1i}^2}\right) \tag{6.18}$$

Der Druck am Ende der Leitung p_2 ist

$$p_2 = p_1 - \Delta p = p_1\sqrt{1 - \lambda \frac{L}{d_i} \frac{\varrho_{1i}}{p_1 / \mathrm{Pa}} w_{1i}^2} \tag{6.19}$$

Die Vereinfachung, in der bisherigen Berechnung von einem idealen Gasverhalten auszugehen, wird in den Schritten 3 und 4 durch die Einführung einer über der gesamten Transportleitungsstrecke gemittelten Kompressibilitätszahl K_m korrigiert.

Schritt 3:

Bestimmung eines integralen mittleren Druckes über der gesamten Transportleitungsstrecke p_m:

$$p_m = \frac{2}{3}\left(\frac{p_1^3 - p_2^3}{p_1^2 - p_2^2}\right) \tag{6.20}$$

Nun erfolgt die Bestimmung einer mittleren Kompressibilitätszahl K_m über der gesamten Transportleitungsstrecke. Die Realgaszahl für Wasserstoff im Normzustand z_n kann aus Tabelle 2.1 in Abschnitt 2.1 entnommen werden. Der Realgasfaktor für den integralen mittleren Druck z_m folgt der Gleichung von Peng und Robinson (PR-Gleichung) in Formel 2.11 in Abschnitt 2.2.1:

$$K_m = \frac{z_m}{z_n} \tag{6.21}$$

$$z_m = \frac{v}{v-b} - \frac{a(T)}{\left(v + 2b - b^2 / v\right) RT} \tag{6.22}$$

Das spezifische Volumen des Wasserstoffs v unter dem integralen mittleren Druck kann mithilfe von Formel 2.8 und Formel 2.9 in Abschnitt 2.2.1 ermittelt werden:

$$v = \frac{RT}{p_m} \tag{6.23}$$

Die Parameter der PR-Gleichung finden Sie in Tabelle 2.2 in Abschnitt 2.2.1.

Schritt 4:

Berechnung des realen Druckverlustes Δp_r durch Korrektur von Formel 6.18 und Formel 6.19 (Schritt 2)

$$\Delta p_r = p_1 \left(1 - \sqrt{1 - \lambda \frac{L}{d_i} \frac{\varrho_{1i}}{p_1 / \mathrm{Pa}} w_{1i}^2 K_m}\right) \tag{6.24}$$

$$p_2 = p_1 - \Delta p_r = p_1 \sqrt{1 - \lambda \frac{L}{d_i} \frac{\varrho_{1i}}{p_1 / \mathrm{Pa}} w_{1i}^2 K_m} \tag{6.25}$$

Schritt 5:

Mit dem Druck p_2 am Ende der Leitung können in einer Iterationsschleife nach Bild 6.4 durch das Wiederholen von Schritt 3 und Schritt 4 ein neuer integraler Druck p_m , danach eine mittlere Kompressibilitätszahl K_m und dann erneut die korrigierten Größen Δp_r und p_2 berechnet werden. Die Korrekturen werden so lange wiederholt, bis die numerischen Änderungen der genannten Größen von der Iterationsschleife i bis zur nächsten Iterationsschleife $i + 1$ hinreichend klein sind. ■

Die integrale Rohrrauigkeit

Für die Abbildung der Praxis ist es aus meiner Sicht gerechtfertigt, die integrale Rauigkeit für nicht korrodierte und verkrustete Stahlleitungen und Kunststoffleitungen mit $k = 0{,}1\ \mathrm{mm}$ anzusetzen. In verschiedenen Literaturstellen findet man für Leitungen aus Polyethylen oder PVC auch um Zehnerpotenzen geringere Werte. Allerdings sind mit dem vorgeschlagenen Wert alle möglichen inneren Unebenheiten an den Rohrverbindungen, Rohrbögen und Armaturen erfasst und somit ist das Ergebnis ingenieurtechnisch konservativ und auf der „sicheren Seite". ■

Für die integrale Rauigkeit werden Werte für Planungsaufgaben nach Tabelle 6.3 vorgeschlagen.

Tabelle 6.3 Integrale Rauigkeiten von Rohren für den Wasserstofftransport

Rohrart und Zustand	k/mm
Stahlrohr längsnahtgeschweißt oder nahtlos, nicht korrodiert und nicht verkrustet	0,1
Stahlrohr leicht korrodiert oder leicht verkrustet (Flugrost, Schmutz, Kondensat)	0,5
Stahlrohr stark korrodiert und verkrustet	2
Kunststoffrohr (PE, PVC, PA, PP)	0,1

Es empfiehlt sich die Bearbeitung von Aufgabe 39 im Buch *Wasserstofftechnik. Aufgaben und Lösungen*.

Für Planungsaufgaben von Bedeutung ist die Bestimmung des Druckes p_1 am Eintritt in die Leitung, wenn der Druck am Ende des Leitungsstranges p_2 ein vorgegebenes Niveau erreichen muss. Der Enddruck p_2 am Leitungspunkt 2 (Bild 6.2) ist dann vorgegeben. Die Auflösung von Formel 6.5 führt zu folgendem Ergebnis:

$$\frac{p_1^2 - p_2^2}{p_2} = \lambda \frac{L}{d_i} \varrho_{2i} w_{2i}^2 K_m \tag{6.26}$$

Die weitere Berechnung erfolgt analog zur Vorgehensweise im bereits dargestellten Fall des bekannten Anfangszustandes und ist in Bild 6.4 dokumentiert.

Zum Druckverlust in Wasserstoffleitungen

Die Größenordnung des Druckverlustes in Wasserstoffleitungen ist abhängig vom Rohrinnendurchmesser, von der Rohrlänge, der Wandrauigkeit und den thermodynamischen Bedingungen in der Leitung. Bei gleichen geometrischen (L, d_i, k) und thermodynamischen Randbedingungen (p_1 oder p_2, ϑ) ist der Druckverlust in Wasserstoffsystemen tendenziell bei gleicher energetischer Übertragungsleistung P größer und bei gleichem Volumenstrom $\dot{V}_n$ kleiner als in Erdgassystemen.

6.2 Wasserstoffeinspeisung in Rohrleitungsnetze

Die Einspeisung des Wasserstoffs in nachgeschaltete Systeme kann heute in ein reines Wasserstoffnetz oder - wie in Bild 6.5 zu sehen - in ein Erdgasnetz erfolgen.

Bild 6.5 Einspeisung von Wasserstoff im Ausgang einer Gasdruckregel- und Messanlage der Westnetz GmbH in Ibbenbüren in ein nachgeschaltetes Erdgasnetz (© Westnetz GmbH)

Die unterschiedlichen Möglichkeiten der Abgabe des erzeugten Wasserstoffs in nachgelagerte Netze zeigt Bild 6.6. Speicher sorgen für die Pufferung von Wasserstoffmengen, wenn sie im nachgeschalteten System nicht benötigt werden. Die Möglichkeit der Rückverstromung des reinen Wasserstoffs über einen Gasmotor mit Verbrennung sowie die Nutzung der dabei anfallenden Prozesswärme in einem Wärmenetz ist gegeben. Die anlagentechnische Ausgestaltung mit Filtern, Messanlagen, sicherheitstechnischen Geräten zur Druckabsicherung und Regeleinrichtungen zur Druckabsenkung sowie statischen Mischern zur Zusammenführung und Vermischung von Wasserstoff und Erdgas entspricht dem heute geltenden Regelwerk des DVGW. Hierzu zählen das DVGW-Arbeitsblatt G 491 (2010), das DVGW-Arbeitsblatt G 492 und die Norm DIN EN 12186.

In Bild 6.6 wird unterstellt, dass die Elektrolyse unter einem Druck arbeitet, der höher ist als der in den nachgeschalteten Systemen vorherrschende maximale Betriebsdruck.

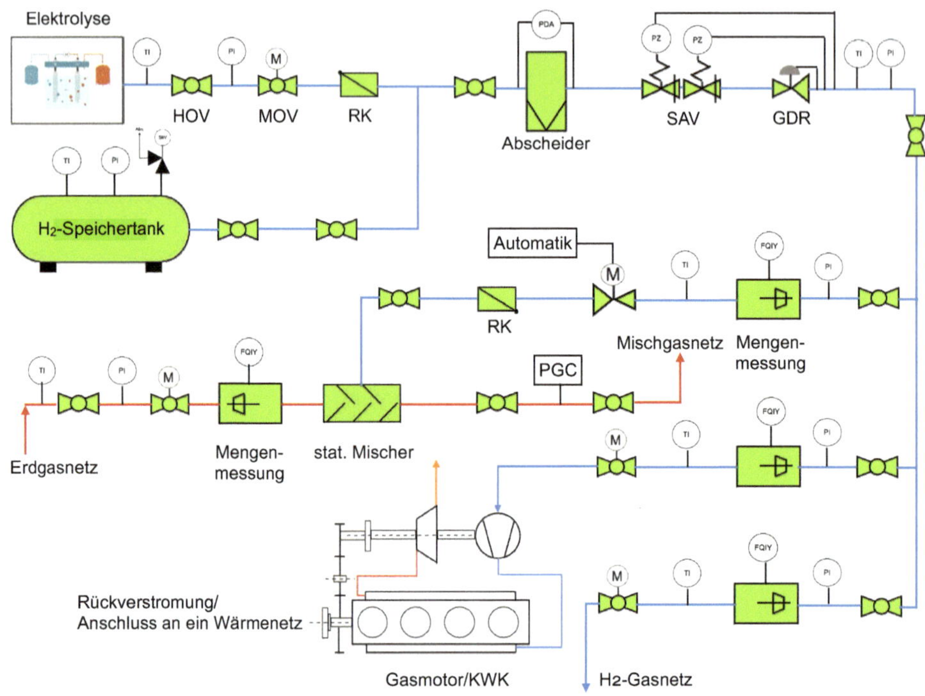

Bild 6.6 Übersichtsfließbild der Einspeisung von elektrolytisch erzeugtem Wasserstoff in reine Wasserstoff- und Erdgasnetze unter Einbeziehung von Speichern und Rückverstromungsanlagen mit Anschluss an ein Wärmenetz

Wenn Wasserstoff ins Erdgasnetz eingespeist wird, muss die sich in Strömungsrichtung im Netz einstellende Gaszusammensetzung bestimmt werden. Eine bereits bestehende Prozessgaschromatographie (PGC) sollte, wie in Bild 6.7 dokumentiert, zu diesem Zweck erweitert werden oder eine PGC-Messung ist neu zu installieren.

Bild 6.7 Einspeisung von Wasserstoff in ein Erdgasnetz: hier Erweiterung einer bestehenden PGC-Anlage für Erdgas um das Trägergas Argon zum Zwecke der Bestimmung des Wasserstoffanteils (© Westnetz GmbH)

Das für die Identifizierung der Gaszusammensetzung im Chromatogramm bei Erdgas übliche Kalibriergas Helium kann für Wasserstoff nicht verwendet werden, da im Chromatogramm die Peaks von Wasserstoff und Helium (He) zu nah beieinanderliegen. Daher wird, wie in Bild 6.8 zu sehen, zur eindeutigen Bestimmung des Wasserstoffanteils das Edelgas Argon (Ar) als Kalibriergas verwendet.

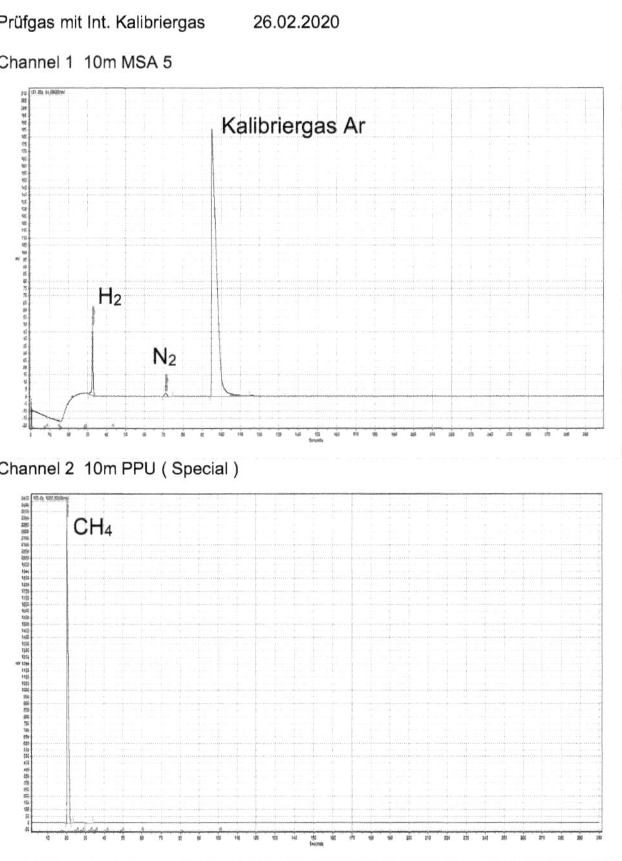

Bild 6.8 Chromatogramm mit Prüfgasen wie Wasserstoff, Stickstoff und Methan mit dem Kalibriergas Argon

In einem Modell nach S. Möllenbeck (2018) wird im Knoten K1 Erdgas in ein Leitungssystem eingespeist. Der Volumenstrom im Einspeiseknoten und in unterschiedlichen, nachgelagerten Ausspeiseknoten, von denen der Ausspeisepunkt K3 in Bild 6.9 dargestellt ist, orientiert sich an repräsentativen Ein- und Ausspeiseprofilen. Im Leitungsknoten K2 wird eine konstante Wasserstoffmenge von 20 Vol.-% bezogen auf den minimalen Erdgasvolumenstrom im Leitungsknoten K1 ins Gasnetz eingespeist. Die sich im Knoten K2 und aufgrund der Gasgeschwindigkeit zeitverzögert am ersten nachgelagerten Ausspeisepunkt K3 einstellende Schwankung der Wasserstoffkonzentration resultiert aus der Einspeisung einer konstanten Wasserstoffmenge in ein Modell mit Phasen hoher und niedriger Abnahmen an den nachgelagerten Knoten. Dadurch kommt es zu einer gleichzeitigen Veränderung des Volumenstroms, wodurch die Einspeisung einer konstanten Menge an Wasserstoff eine schwankende Wasserstoffkonzentration zur Folge hat.

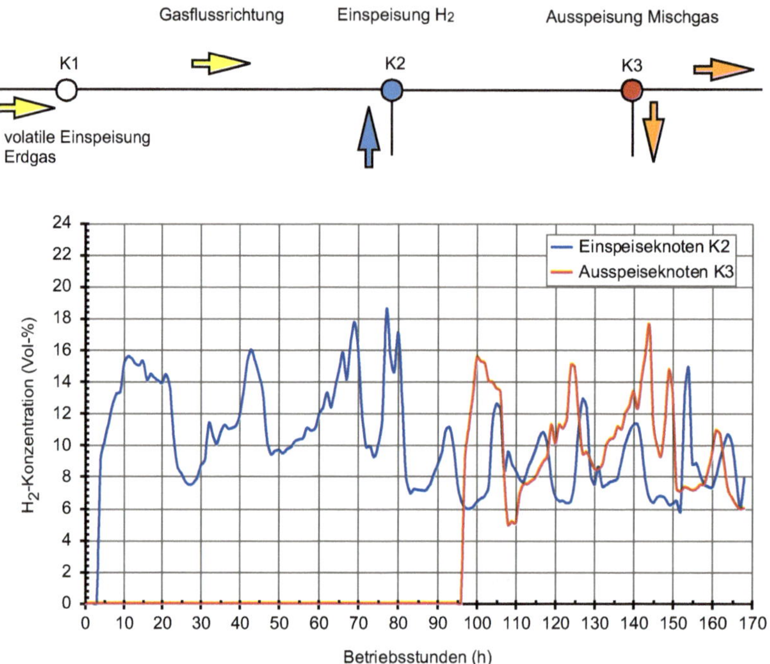

Bild 6.9 Schwankung des Wasserstoffanteils an zwei verschiedenen Knoten eines Erdgasnetzes nach einer konstanten Wasserstoffeinspeisung mit einem Anteil von 20 Vol.-% bezogen auf den minimalen Erdgasvolumenstrom nach S. Möllenbeck (eigene Darstellung unter Verwendung von Berechnungen aus S. Möllenbeck 2018)

Das gleiche Modell, allerdings mit geringeren Wasserstoffmengen, wurde bereits in Abschnitt 4.5 in Bild 4.11 vorgestellt. In beiden Fällen wird ein fester Wasserstoffvolumenstrom eingespeist. Durch den wechselhaften Verbrauch schwankt die Wasserstoffkonzentration im nachgeschalteten Rohrnetz. In der Anwendung benötigt man in vielen Fällen allerdings eine möglichst konstante Gaszusammensetzung. Die Einhaltung eines konstanten Heizwertes des eingesetzten Gases und auch die exakte Gaszusammensetzung hat eine große Bedeutung bei industriellen Feuerungsprozessen. Dies betrifft Schmelzvorgänge, Wärmebehandlungen in der Metall-, Glas- und Keramikindustrie oder chemische Prozesse, bei denen das Erdgas-Wasserstoff-Gemisch als Rohstoff verwendet wird. Handlungsbedarf besteht auch beim Betrieb von derzeit laufenden Gasturbinen beispielsweise im Kraftwerkssektor, da die Verbrennungsbedingungen in den betroffenen Brennkammern möglichst konstant eingehalten werden sollen.

Ist der Ausgangsdruck der Erzeugungsanlage im Wasserstoffstrom niedriger als der erforderliche Druck im nachgeschalteten Rohrnetz, ist eine Nachverdichtung des Wasserstoffs, wie in Bild 6.10 dargestellt, unabdingbar.

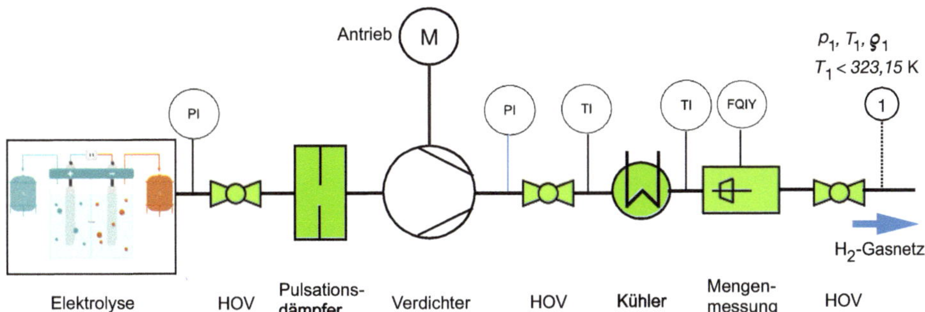

Bild 6.10 Übersichtsfließbild der Einspeisung von elektrolytisch erzeugtem Wasserstoff in reine Wasserstoff- und Erdgasnetze unter Verwendung eines Gasverdichters

Die Wahl eines Verdichters richtet sich im Wesentlichen nach dem zu fördernden Volumenstrom $\dot{V}_n$ und dem erforderlichen Ausgangsdruck p_2 des Verdichters. Weitere Informationen hierzu sind in Abschnitt 6.3 und in Abschnitt 10.5 zu finden. Beim Verdichtungsprozess erfolgt eine vertikale Krafteinleitung in das Verdichterfundament, was bei der Festlegung der Gebäude- oder Containerstatik berücksichtigt werden muss. Mechanische Schwingungen von Verdichtern und angrenzenden Rohrleitungen und Rohrleitungselementen können durch Anbringen zusätzlicher Festpunkte an der Gebäude- oder Fundamentkonstruktion ausgeschaltet werden. Auch beim Wasserstoff muss bei Verdrängungsmaschinen wie Kolbenverdichtern mit der Möglichkeit von auftretenden Gaspulsationen und Schwingungen gerechnet werden. Hierfür sind dann angepasste Pulsationsdämpfer auf der Saug- und Druckseite des Verdichters und Festpunkte mit der Gebäudehülle zu berücksichtigen.

Zur Schwingungs- und Pulsationsstudie bei Verdichtern

Bereits bei der Detailplanung der gesamten Einrichtung zur Wasserstoffeinspeisung in ein nachgeschaltetes Rohrleitungsnetz sind die beim späteren Betrieb einer Verdichteranlage eventuell zu erwartenden Pulsationen und Schwingungen zu berücksichtigen. Aus diesem Grund sollte eine Schwingungs- und Pulsationsstudie unter Einbeziehung des Verdichterherstellers und auf der Grundlage der Rohrleitungsisometrie durchgeführt werden.

In der ausgangsseitigen Leitung hinter der Anlagenausgangsarmatur ist auch bei zukünftigen Leitungssystemen aus Stahl für Wasserstoff davon auszugehen, dass sie wie bei Erdgasleitungen üblich mit kathodischem Korrosionsschutz (KKS) primär geschützt werden. Dieser ist für Erdgasleitungssysteme mit einem maximal zulässigen Betriebsdruck $p_{ü} > 5\ bar_{ü}$ generell vorgesehen. Für Leitungen mit $p_{ü} \leq 5\ bar_{ü}$ ist nach DIN 30675-1 der kathodische Korrosionsschutz anzuwenden, wenn eine erhöhte Korrosionsgefährdung durch elektrochemische Einwirkung erkennbar ist. Beim kathodischen Korrosionsschutz wird die vor Einrichten des Kathodenschutzes anodisch wirkende Stahlleitung - sie gibt Metallionen ab und verliert so Materialsubstanz - durch die Verbindung mit dem Minuspol der Gleichstromquelle der Kathodenanlage zur kathodisch reagierenden Stahlleitung und nimmt dann Metallionen auf.

Zur Notwendigkeit der Kühlung des Wasserstoffgases hinter der Verdichtung

In der Regel erhalten alle Rohrleitungsteile für den passiven Korrosionsschutz eine Werksumhüllung aus Polyethylen, Polypropylen oder eine Beschichtung auf Epoxid- bzw. Polyurethanbasis. Diese Werkstoffe können aufgrund ihres thermoplastischen Verhaltens keine höheren Temperaturen vertragen, ohne dass sie ihre Wärmeformbeständigkeit verlieren. So liegt die Wärmeformbeständigkeit von Polyethylen bei etwa $\vartheta = 90\ °C$. Durch den Verdichtungsprozess wird der Wasserstoff je nach Verhältnis zwischen Enddruck und Eingangsdruck p_2/p_1 erwärmt. Aus jahrzehntelanger Betriebserfahrung im Erdgasnetz hat sich ein Grenzwert für die Gastemperatur hinter der Gaskühlung von $\vartheta_{Grenz} = 50\ °C$ herausgestellt, der auf den Betrieb von Wasserstoffnetzen übertragen werden kann. ■

■ 6.3 Kompensation des Druckverlustes auf dem Transportsystem

Der in Abschnitt 6.1 bestimmte Druckverlust muss für Wasserstoff durch eine Druckerhöhung auf dem Transportsystem kompensiert werden. Hierfür kommen Verdichterstationen infrage, deren grundsätzliches Fließbild in Bild 6.11 dargestellt ist.

Diese grundsätzliche Darstellung der Anlagenfunktionalität knüpft an Bild 6.2 an. Der Enddruck p_2 des Leitungssystems in Bild 6.2 ist der Eingangsdruck in die Verdichterstation. Damit der Wasserstoff seinen Weg auf dem Transportsystem fortführen kann, ist es notwendig, dass die Bedingung $p_2 \geq p_3$ erfüllt ist.

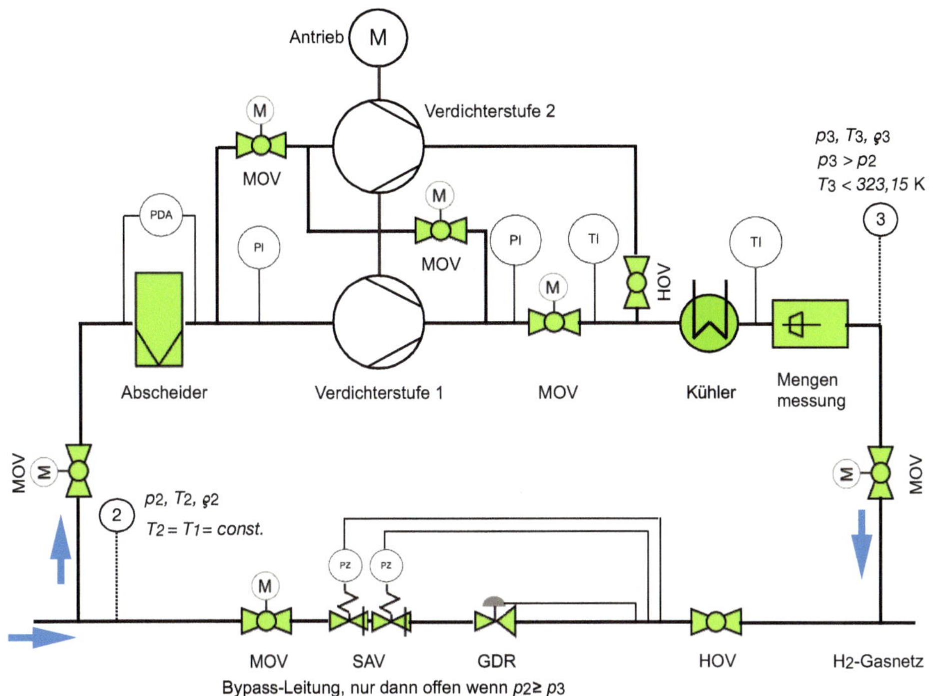

Bild 6.11 Grundfließbild einer Verdichterstation für den Wasserstofftransport

In der Regel ist der Druck vor Eintritt des Wasserstoffs in die Verdichterstation $p_2 < p_3$. Der Wasserstoff wird über einen Eingangsabscheider für das Herausfiltern von zumeist Feststoffpartikeln aus dem Gasstrom (Stäube) der Verdichteranlage, bestehend aus einem zweistufigen Verdichter und mit Antriebsmotor, zugeführt und dort auf den erforderlichen höheren Druck für den weiteren Transport verdichtet.

Im Erdgastransportbetrieb werden ausnahmslos Strömungsmaschinen eingesetzt. Als Antriebe werden dabei Gasturbinen und drehzahlgeregelte Elektromotoren verwendet.

Gasturbinen und Wasserstoff

Nach Auskunft der Vereinigung der europäischen Gasturbinenhersteller (2019) können Gasturbinen ab 2020 in einem Mischgasnetz mit einem Wasserstoffanteil bis zu 20 % betrieben werden. Dies ist im Einzelfall mit den jeweiligen Herstellern zu klären. Das Ziel der europäischen Gasturbinenindustrie ist, ab 2030 eine volle Kompatibilität mit dem Brennstoff Wasserstoff (100 %) zu ermöglichen. ■

Beim Verdichtungsprozess wird dem Wasserstoff auch Wärme zugeführt. Die auftretenden hohen Temperaturen liegen meistens weit oberhalb eines für die Rohrleitung und deren PE-Ummantelung zuträglichen Temperaturniveaus (siehe auch Abschnitt 6.2). Daher wird das Gas im nachgeschalteten Kühler wieder auf eine Temperatur $\vartheta \leq 50$ °C abgekühlt und nach der Volumenstrommessung dem Transportsystem zugeführt. Die Kühlung kann wie im Erdgasbetrieb in Luftkühlern mit der Außenluft erfolgen, wobei das abzukühlende Gas im Kreuzstrom von Außenluft umströmt wird. In einer Netzleitstelle wird die Verdichterstation in allen Funktionen fernüberwacht und ferngesteuert.

Der Wasserstoff kann innerhalb der Verdichteranlage im Serien- oder im Parallelbetrieb durch den zweistufigen Verdichter geschleust werden. Bild 6.12 zeigt das grundlegende Kennfeld eines zweistufigen Radialverdichters. Der Serienbetrieb von Verdichtern ist für die Lieferung mittlerer Volumenströme über längere Distanzen und damit für höhere Druckverhältnisse π die geeignete Betriebsart. Der Wasserstoff wird hierbei über den Abscheider, die Verdichterstufe 1 zur Vorverdichtung und danach durch Verdichterstufe 2 in der Nachverdichtung dem Gaskühler zugeführt.

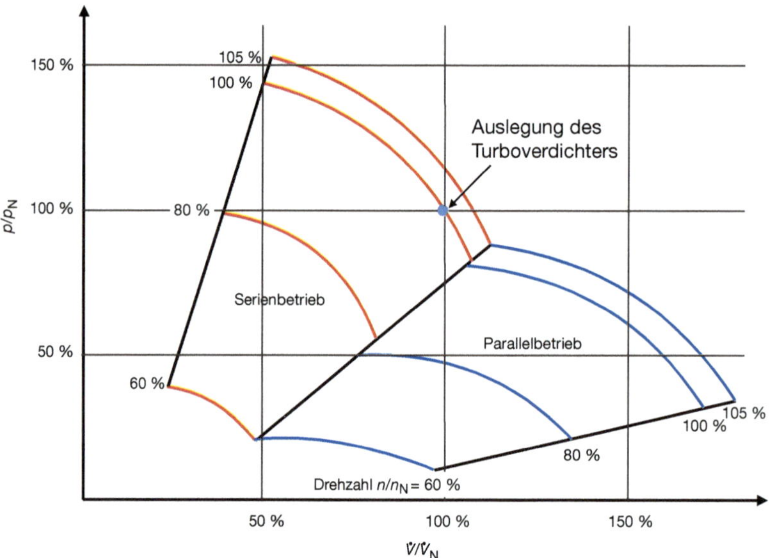

Bild 6.12 Kennfeld eines radialen Turboverdichters

Der Parallelbetrieb ist für den Transport von großen Gasmengen auf mittlerem Druckniveau geeignet. Dabei trennt sich der Wasserstoffstrom nach dem Abscheider im Eingang zum Verdichter in zwei Teilströme auf, die parallel durch die beiden Verdichterstufen unabhängig voneinander geschleust und dabei komprimiert werden und vor dem Luftkühler wieder zusammentreffen.

Es handelt sich um eine aus der isentropen Zustandsänderung abgeleitete Kompression für das reale Gas Wasserstoff. Adiabate Zustandsänderungen sind durch einen wärmedichten Abschluss des Systems gekennzeichnet. Nur näherungsweise ist dies in Verdichtern und Turbinen verwirklicht, da die Verdichtung und Entspannung der Gase nur unvollständig rasch ablaufen, sodass ein Wärmeaustausch in gewisser Größenordnung mit der Umgebung stattfindet.

Für den Fall, dass $p_2 \geq p_3$ ist, geht der Wasserstoffstrom über den Bypass durch die Druckregelung in das nachgeschaltete Rohrleitungssystem. Dabei sind die Ein- und Ausgangsarmaturen der Verdichterstation geschlossen und die Verdichter mit Antriebsmotor außer Betrieb.

Verdichterleistung und Kühlleistung eines Wasserstofftransportsystems

Die Prinzipskizze in Bild 6.13 zeigt ein System aus Leitung, Verdichter und Kühler für den Transport technischer Gase mit einer Übertragungsleistung von $P_{Tr} = 100\ \text{MW}$.

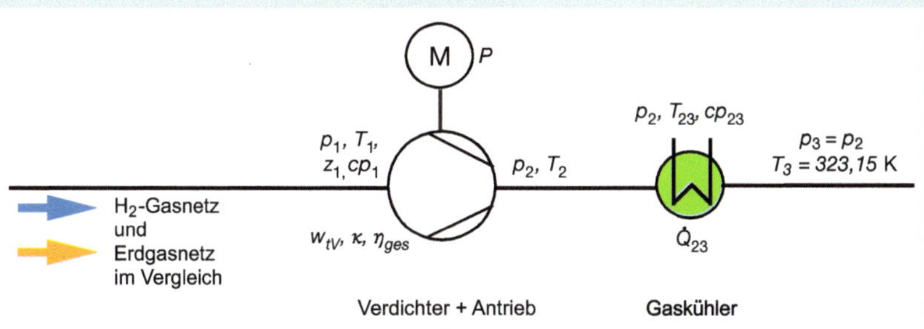

Bild 6.13 Transportsystem für reinen Wasserstoff und zum Vergleich für Erdgas H

Die erforderliche Antriebsleistung für den Verdichter P mit einem angenommenen Gesamtwirkungsgrad von Kompressor und Antrieb von η_{ges} und die erforderliche Leistung für einen nachgeschalteten Luftkühler $\dot{Q}_v$ soll für den Transport von reinem Wasserstoff und zum Vergleich für Erdgas H ermittelt werden. Folgende Betriebsdaten sind bekannt:

p_1	T_1	p_2	T_3	η_{ges}
bar_a	K	bar_a	K	-
30	285,15	60	323,15	0,6

Für Wasserstoff sind aus Abschnitt 2.2.1 die Realgaszahlen z und aus Abschnitt 2.2.4 die spezifische Wärmekapazität c_p und der Isentropenexponent κ bekannt. Die stoffspezifischen Werte für Erdgas H werden nach der GERG-Zustandsgleichung für Kohlenwasserstoffe nach W. Wagner (2007) ermittelt.

Die jeweilige Dichte im Normzustand ϱ_n ist Tabelle 2.1 in Abschnitt 2.1 zu entnehmen. Die notwendige Berechnung der technischen Arbeit w_{t12} des Verdichtungsprozesses erfolgt mit Formel 2.48 in Abschnitt 2.2.5. Die erforderliche Leistung des Antriebsmotors unter Berücksichtigung des Gesamtwirkungsgrades der Verdichter-Antriebs-Einheit η_{ges} ist dann

$$P = \frac{\dot{m} w_{t12}}{\eta_{ges}} = \frac{\dot{V}_n \varrho_n w_{t12}}{\eta_{ges}} \tag{6.27}$$

Die erforderliche Kühlleistung des isobar arbeitenden Luftkühlers hinter der Verdichtung des Gases erfordert die Kenntnis der Temperatur T_3. Die erforderlichen Rechenansätze sind Tabelle 2.4 in Abschnitt 2.2.5 zu entnehmen. Die spezifische Wärmekapazität für das Idealgas $\overline{c_p^{id}}$ wird durch die gemittelte spezifische Wärmekapazität $c_{p_{23}}$ ersetzt:

$$c_{p_{23}} = c_{p_{23}}(p_2, T_{23})$$

Die Temperatur T_{23} ist die gemittelte Temperatur im Luftkühler:

$$T_{23} = \frac{T_2 + T_3}{2} \tag{6.28}$$

$$\dot{Q}_{23} = \dot{m} c_{p_{23}} (T_2 - T_3) = \dot{V}_n \varrho_n c_{p_{23}} (T_2 - T_3) \tag{6.29}$$

Fluid	$H_{s,n}$	$\dot{V}_n$	$\dot{m}$	T_2	T_{23}	$c_{p_{23}}$	w_{t12}	P	$\dot{Q}_{23}$
	kWh/m³	m³/h	kg/h	K	K	kJ/(kg K)	kJ/kg	kW	kW
H_2	3,54	28.249	2539	349	336	14,51	932	1096	265
Erdgas H	11,45	8734	6813	335	329	2,49	105	330	56

Anmerkung: alle Werte gerundet

Die Ergebnisse sind auch in Bild 6.14 dargestellt.

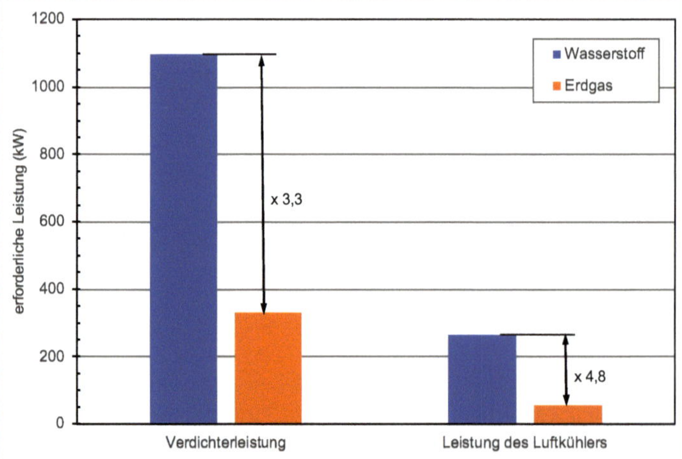

Bild 6.14 Höhere Verdichter- und Kühlleistung beim Transport von Wasserstoff im Vergleich zum Erdgas H

Zum Energieaufwand bei Transportverdichtern

Das Resultat des letzten Beispiels ist eindeutig: Wenn Wasserstoff die leitungsgestützte Transportleistung von Erdgas H im Verhältnis 1 : 1 ersetzen soll, dann ist aufgrund der höheren Wärmekapazität des Wasserstoffs der Energieaufwand zur Kompression und zur Kühlung des Gases erheblich höher. Der aufgrund der geringeren Dichte verminderte Massenstrom des Wasserstoffs kann diesen Anstieg nur zum Teil ausgleichen.

Weitere Einzelheiten zum Verdichter findet der Leser in Abschnitt 7.1.

Es empfiehlt sich die Bearbeitung von Aufgabe 40 im Buch *Wasserstofftechnik. Aufgaben und Lösungen*.

6.4 Verwendung von nicht ortsfesten Transportbehältern

Von der Wasserstofferzeugung über die Zwischenlagerung und Verteilung bis zum Kunden wird mit jeweils unterschiedlichem Druck gearbeitet. Für die Zwischenspeicherung in Hochdruckbehältern sind bis zu 1000 $bar_ü$ technisch machbar. Als Hochdruckspeicher werden spezielle Voll- oder Stahl-Composite-Druckbehälter eingesetzt, die ortsbeweglich sind. Die Festigkeit der Behälter, die im Fall von Bild 6.15 für einen maximal zulässigen Innendruck von 300 $bar_ü$ (Typ 1), 480 $bar_ü$ bis 1000 $bar_ü$ (Typ 2), 350 $bar_ü$ (Typ 3) und 500 $bar_ü$ (Typ 4) ausgelegt sind, zeigt sich an der Unversehrtheit des Typs 3 in Bild 6.15 links unten. Dieser Behälter, der im Zentrum für Brennstoffzellentechnik (ZBT) der Universität Duisburg-Essen zu sehen ist, hielt unter Wasserstoff bei einem Innendruck von 350 $bar_ü$ dem Beschuss mit einem Hohlmantelgeschoss stand.

Seit Jahrzehnten ist die Belieferung von Kunden mit Großflaschen auf Fahrzeugtrailern, wie in Bild 6.16 zu sehen, ein bewährtes Transportverfahren. Allerdings ist das transportable Wasserstoffvolumen auch bei Behälterdrücken von 200 $bar_ü$ im Verhältnis zur Behältermasse sehr gering. Alle in diesem Zusammenhang in Bild 6.15 und Bild 6.16 gezeigten Varianten sind technische Lösungen, die in Zukunft für die Anwendungsfälle und Kunden infrage kommen, die über den leitungsgebundenen Transport nicht erreicht werden können.

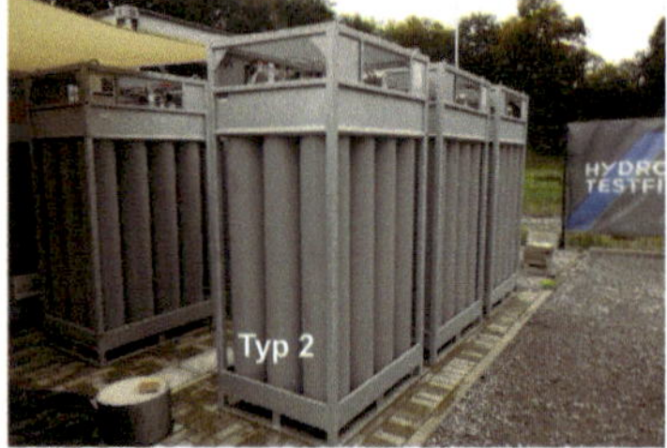

Bild 6.15 Verschiedene Tankbehälter für die Speicherung und den Transport von Wasserstoff beim ZBT (links unten ein mit einem Hohlmantelprojektil zu Testzwecken beschossener Tank Typ 3): Das Ausfräsen des in der rechten Behälterhälfte vorhandenen Fensters ist nach dem Beschuss erfolgt (© ZBT Duisburg).

Bild 6.16 Großflaschenwagen zum Transport von Wasserstoff

6.5 Liquid Organic Hydrogen Carrier

LOHC ist das Kürzel von Liquid Organic Hydrogen Carrier und beschreibt ein flüssiges organisches Stoffsystem, das zur Speicherung von Wasserstoff eingesetzt werden kann. Dahinter steht das chemisch-physikalische Prinzip der mit Energie beladenen Stoffe. Nach W. Arlt et al. (2017, S. 23) sind es Energie tragende Stoffe, deshalb abgekürzt ETS. Das Grundprinzip der ETS ist, dass der eingesetzte Stoff selbst nicht verbraucht wird, sondern ohne Substanzverlust einen Versorgungskreislauf durchläuft.

Der Kern des Verfahrens ist die chemische Bindung des Wasserstoffs an einen ETS, ähnlich wie bei der Bindung von Wasserstoff an Sauerstoff in Wasser. Die volumetrische Energiedichte w_v, die bei Wasserstoff, wie in Kapitel 9 gezeigt wird, in Relation zu einem Kohlenwasserstoff gering ist, soll erhöht werden. Darüber hinaus soll die Lagerung oder der Transport von elementarem Wasserstoff, der metallische Werkstoffe in der Tankkonstruktion schädigen kann (siehe Abschnitt 2.5), ausgeschlossen werden. W. Arlt et al. (2017) geben an, dass es in dem LOHC-Kreislauf keinen frei verfügbaren molekularen Wasserstoff gibt, der zu elementarem Wasserstoff dissoziieren kann.

Als besonders für einen ETS geeignet erscheint heute Dibenzyltoluol (DBT), aus dem mit Wasserstoff beladen dann Perhydro-Dibenzyltoluol wird (Bild 6.17). DBT zeichnet sich durch eine hohe chemische Stabilität aus, wird aber als wassergefährdend eingestuft. Es gibt weitere Stoffe, die als ETS infrage kommen, wie unter anderem Benzyltoluol (BT) oder N-Ethylcarbazol (NEC).

Der elementare Wasserstoff wird durch eine chemische Reaktion - die Hydrierung - an eine flüssige organische Trägersubstanz gebunden. Die exotherme Reaktion wird bei Temperaturen von $353\,\text{K} \leq T \leq 473\,\text{K}$ und $20\,\text{bar} \leq p \leq 50\,\text{bar}$ durchgeführt. Gleichzeitig ist ein spezifischer Katalysator notwendig, dessen Aktivität nach W. Arlt et al. (2017) mit steigender Temperatur zunimmt.

Der nun mit Wasserstoff angereicherte und beladene Träger kann als Perhydro-Dibenzyltoluol H_{18}-DBT gelagert und transportiert werden. Für die Dehydrierung werden ein geeigneter Katalysator, ein Druck von $1\,\text{bar} \leq p \leq 3\,\text{bar}$ und eine Temperatur von $473\,\text{K} \leq T \leq 623\,\text{K}$ sowie ein konstanter Wärmeeintrag benötigt. H_{18}-DBT wird dabei zu H_0-DBT (Dibenzyltoluol) dehydriert und der Wasserstoff wird wieder freigesetzt. Ein Teil des transportierten Wasserstoffs wird zur Bereitstellung des Energiebedarfs zur Dehydrierung verwendet. Unter idealen Bedingungen ist der Energiebedarf zur Dehydrierung identisch mit der freigesetzten thermischen Energie während der Hydrierung.

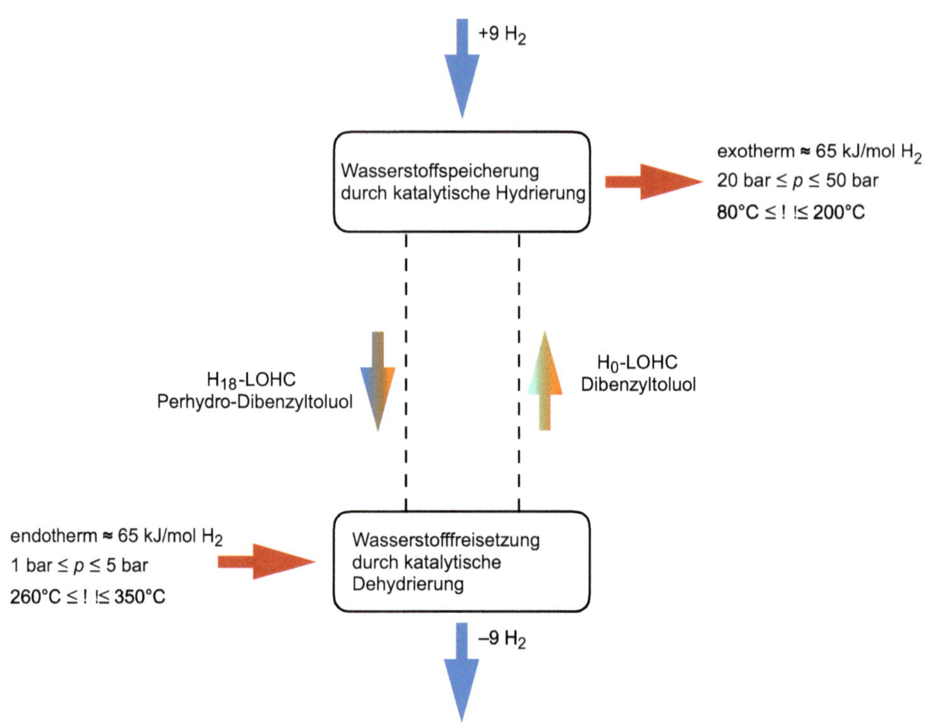

Bild 6.17 Das Grundprinzip des LOHC-Transports mit der Energie tragenden Substanz Dibenzyltoluol (DBT)

Nach Ende der Dehydrierung ist das ETS wasserstoffarm und zur Hydrierung und Aufnahme weiterer Wasserstoffmengen zurücktransportiert. Der Energie tragende Stoff verbraucht sich nicht und wird im Kreislauf mit Wasserstoff beladen, transportiert, dehydriert und wieder zurückgebracht.

Charakteristische Eigenschaften von DBT und BT sind Tabelle 6.4 zu entnehmen.

Tabelle 6.4 Eigenschaften von Energie tragenden Stoffen (ETS)

Parameter	Einheit	Benzyltoluol (BT)		Dibenzyltoluol		Anm.
		H_0-BT	H_{12}-BT	H_0-DBT	H_{18}-DBT	
Aggregatzustand im Betrieb als ETS		flüssig	flüssig	flüssig	flüssig	
Wasserstoffbeladung w_{H_2}	Gew.-%	0	6,2	0	6,2	
molare Masse M_i	kg/kmol	182,36	194,36	272,36	290,36	
Dichte flüssig (20 °C)	kg/l	0,99	0,88	1,04	0,921	
Speicherdichte ϱ_b	kg_{H_2}/m^3_{LOHC}	0	54,6	0	57,1	1)
Reaktionsenthalpie $\Delta_R h$	kJ/(mol H_2)	63,5		65,4		1)

Anmerkungen: 1) bei 20 °C

Weitere Eigenschaften der Stoffe Benzyltoluol und Dibenzyltoluol sind folgende:

- hohes Wasserstoffaufnahmevermögen (Ein Liter BT und DBT nimmt 689 Liter Wasserstoff in gasförmigem Zustand unter Normbedingungen auf.)
- Der eingelagerte Wasserstoff kann sich nicht entzünden.
- Das Handling mit dem Stoff bedarf keines Systemwechsels in der Technik des Betankens von Fahrzeugen.

Weitere Kennwerte sind in Tabelle A.18 in Anhang A und in Bild 9.2 in Kapitel 9 zu finden.

Das Verfahren zielt auf die Anwendung im Transportbereich. Das Erlanger Unternehmen Hydrogenious LOHC Technologies GmbH bietet Technologielösungen an, die auch auf die herkömmliche Transportlogistik aus dem Ölgeschäft zurückgreift. Das hat den Vorteil, dass eine seit Jahrzehnten erprobte Technik und Infrastruktur nun für LOHC verwendet wird. Genutzt werden können Tankschiffe für Rohöl und Ölprodukte für lange Strecken mit H_2-Transportkapazitäten pro Fahrt von bis zu ca. 17 000 t H_2. Zur Verfügung steht hierfür Hafeninfrastruktur für die Lagerung von Öl-, Gas- und Chemieprodukten wie der in Bild 6.18 gezeigte Europoortterminal von Royal Vopak in Rotterdam.

Bild 6.18 Vopak-Terminalhafen Europoort Rotterdam (© Royal Vopak N. V.)

Bahnsysteme und Binnenschiffe mit einer H_2-Transportkapazität pro Fahrt von bis zu 124 t werden für mittlere Entfernungen eingesetzt. Auch hierbei kann auf die bestehende Schiffs- und Bahninfrastruktur wie Flüsse, Kanäle und Bahnstrecken zurückgegriffen werden. Der Transport über Kurzstrecken und die lokale Verteilung erfolgen über Tankfahrzeuge mit drucklosem Standard-Aluminiumtank und einer H_2-Transportkapazität von bis zu 1,6 t H_2. Ziel kann die Versorgung von Wasserstofftankstellen im Inselbetrieb sein. Das sind Betankungsanlagen, die nicht an ein Pipelinesystem angebunden sind. Bild 6.19 zeigt im Vordergrund eine von Hydrogenious projektierte Dehydrierungsanlage (ReleaseBox) für LOHC, die für eine angeschlossene Wasserstofftankstelle eine Wasserstoffmenge von $m = 1\,\text{kg}\ H_2$ aus etwa 20 Litern LOHC-Material freisetzt. Nach der Freisetzung wird der Wasserstoff auf 45 bar komprimiert und dann der Wasserstofftankstelle übergeben. Einzelheiten hierzu sind in Abschnitt 10.2.6 dargestellt. Nach Hydrogenious LOHC Technologies ist der nächste Schritt seit 2022 die Entwicklung weitaus größerer Abgabesysteme mit einer Kapazität von mindestens täglich 1,5 t H_2 zur Belieferung von Tankstellen für Lkw- und Busflotten.

Bild 6.19 Dehydrierungsanlage (ReleaseBox 10) in einem 30-Fuß-Container in Erlangen zur Versorgung einer Wasserstofftankstelle (© Hydrogenious LOHC Technologies GmbH)

■ 6.6 Transport von Wasserstoff in Ammoniak

Wasserstoff kann in Ammoniak NH_3 mithilfe von Schiffen, mit Schienenfahrzeugen und über Straßen mit Lkw auch über große Entfernungen transportiert werden. Die hierbei verwendeten Technologien entsprechen der seit Jahrzehnten angewendeten Technik beim Transport von Flüssiggas (LPG). In den USA wird Ammoniak vorzugsweise für die Landwirtschaft über ein fast 3200 km ausgedehntes Pipelinesystem geliefert.

Einen Überblick zur Wertschöpfungskette des Ammoniaks gibt Bild 6.20.

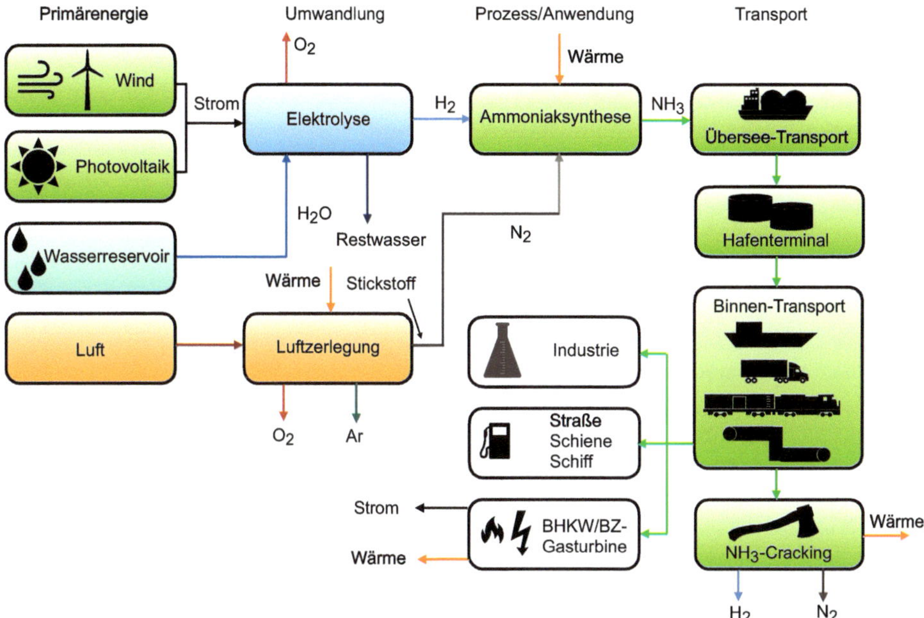

Bild 6.20 Wertschöpfungskette des grünen Ammoniaks

Am Anfang steht die Ammoniaksynthese, in der neben Stickstoff der Wasserstoff die wesentliche Rolle spielt. Am Ende des zurückgelegten Transportweges kann die Verbindung wieder in Stickstoff und Wasserstoff gespalten oder alternativ zum Beispiel in Brennstoffzellen genutzt werden. Einzelheiten hierzu sind Abschnitt 10.1.2 und Abschnitt 10.3.7 zu entnehmen. Auf die Speichercharakteristik des Ammoniaks wird in Bild 9.2 in Kapitel 9 eingegangen. Weitere Eigenschaften von NH_3 sind in Abschnitt 2.1 in Tabelle 2.1 und in Anhang A in Tabelle A.19 zu finden. Der Gewichtsanteil des Wasserstoffs ist im Ammoniak mit $w_{H_2} = 0{,}177$ erheblich höher als im LOHC. Der Transport erfolgt vorzugsweise in flüssiger Form, da die Siedebedingungen mit $\vartheta_S \simeq -34\,°C$ bei Umgebungsdruck vergleichsweise moderat sind. Ammoniak kann auch bei höherem Druck verflüssigt werden. Allerdings muss zur Vermeidung von Phasenwechseln auf die Temperaturen geachtet werden. Der Zusammenhang ist in Anhang A in Bild A.7 dargestellt.

■ 6.7 Odorierung des Wasserstoffs

Das Wasserstoffgas selbst ist geruchlos. Tritt es aufgrund von Undichtigkeiten in die Umgebung aus, soll es von Menschen gerochen werden. Zu diesem Zweck werden die Netzbetreiber aus Gründen der Sicherheit den praxisorientierten Einsatz eines Geruchsstoffes, mit dem der Wasserstoff versetzt wird, vorsehen. Bei der Wahl eines geeigneten Stoffes, Odorierstoff oder Odoriermittel genannt, geht es darum,

1. dass das Odoriermittel von einer größtmöglichen Anzahl von Menschen als Warngeruch wahrgenommen werden kann und
2. dass die nachgeschalteten technischen Einrichtungen mit dieser Komponente im Wasserstoffgas zurechtkommen.

Zur Odorierung beim Erdgas

In Deutschland werden im Erdgasbereich seit vielen Jahrzehnten in der öffentlichen Gasversorgung schwefelhaltige Odoriermittel wie THT, TBM, Spotleak 1005 und Spotleak Z und das schwefelfreie Gasodor S-Free eingesetzt. Auf der Transportebene und in der unterirdischen Erdgasspeicherung wird im Gegensatz zu europäischen Ländern wie Frankreich und Italien in der Regel nicht odoriert. Auch bei der Erdgasverwendung auf Industriegelände kann unter bestimmten Umständen auf die Odorierung verzichtet werden. Grundlage für die Odorierung im Erdgasbetrieb ist das DVGW-Arbeitsblatt G 280 (2018a). ■

In einer auf die Gasversorgung in Großbritannien abgestellten Studie zur Odorierung von A. Murugan et al. (2020) kommen die Autoren im Hinblick auf den Einsatz in Wasserstoffsystemen zusammengefasst zu folgenden Ergebnissen:

1. Alle untersuchten schwefelhaltigen Odorierstoffe wie THT und das schwefelfreie Gasodor S-Free sind geeignet, den erforderlichen Warngeruch in Verbindung mit Wasserstoff auszulösen.
2. Es gibt für keinen der untersuchten Odorierstoffe eine Einschränkung für seine Verwendung im Rohrleitungssystem oder in möglicherweise mit Wasserstoff versorgten Verbrennungseinrichtungen wie Gasmotoren oder BHKW.

Kritisch ist aber die Eignung oder Nichteignung der Odorierstoffe in Brennstoffzellen (BZ). Hier kommt es bei den unterschiedlichen Odorierstoffen zu einem differenzierten Zellspannungsabfall. Wenn man in einer BZ die Leerlaufspannung, die Ohm'schen Verluste, sonstige Elektronenflüsse und Reaktionen nicht betrachtet, dann kann man vereinfacht die Zellspannung U_Z mit der reversiblen Zellspannung $U_0 = 1{,}23\,\mathrm{V}$ vergleichen (Abschnitt 10.3.2). Die britischen Untersuchungen kommen zu dem Schluss, dass alle untersuchten Odoriermittel einen Spannungsabfall verursachen (Tabelle 6.5).

Es wird deutlich, dass die schwefelhaltigen Odorierstoffe mit dem Einsatz von Brennstoffzellen nicht kompatibel sind. Es sei denn, das Wasserstoffgas wird vor der Zuführung zu einer BZ vom schwefelhaltigen Odoriermittel durch Deodorierung befreit. Es liegt daher nahe, ein schwefelfreies Odoriermittel wie Gasodor S-Free einzusetzen.

Tabelle 6.5 Zellspannungsabfall in PEM-Brennstoffzellen (BZ) durch Odorierstoffe nach A. Murugan et al. (2020)

Odoriermittel	Spannungsabfall ΔU_Z in mV	Wirkungsgradminderung in %
THT (schwefelhaltig) 1)	225 ± 2	~ 18
NB (schwefelhaltig) 2)	480 ± 2	~ 39
Gasodor S-Free (schwefelfrei)	10 ± 2	~ 1
C_9H_{12} (schwefelfrei) 3)	5 ± 2	~ 0,4

Anmerkungen: 1) Tetrahydrothiophen; 2) NB steht für New Blend und besteht aus dem schwefelhaltigen Mercaptan (TBM) und Dimethylsulfat; 3) Norbonene, olfaktometrisch nicht überzeugend

Gasodor S-Free ist eine Mischung aus drei verschiedenen Substanzen. Vom Hersteller Th. Geyer wird der Stoff als farblose Flüssigkeit mit einem Siedepunkt bei 36 °C beschrieben. Das Mittel ist nicht selbstentzündlich und explosionsgefährlich, jedoch ist die Bildung explosionsgefährlicher Dampf-/Luftgemische möglich. Tabelle 6.6 gibt Auskunft über weitere wesentliche Eigenschaften.

Tabelle 6.6 Die spezifischen Daten von Gasodor S-Free und seinen Bestandteilen

Stoffname	Chem. Formel	Massenanteil	Molare Masse	Dichte im Normzustand
Anmerkungen		1)	2)	3)
		w	M	ϱ_n
		Gew.-%	kg/kmol	kg/m³
Methylacrylat	$C_4H_6O_2$	37	86,09	950
Ethylacrylat	$C_5H_8O_2$	60	100,12	920
2-Ethyl-3-Methylpyrazine	$C_7H_{10}N_2$	3	122,17	987
Gasodor S-Free		100	94,91	933,5

Anmerkungen: 1) keine Herstellerangabe, sondern meine Erfahrung aus der Praxis; 2) Berechnung der molaren Masse des Odoriermittels Gasodor S-Free nach Formel 2.70 und Tabelle 2.9; 3) Berechnung der Dichte im Normzustand des Odoriermittels Gasodor S-Free nach Formel 2.71 und Tabelle 2.9

Der Odorierstoff wird als Flüssigkeit gelagert und in Tröpfchenform in das Wasserstoffgas eingedüst. Im Zusammenhang mit dem Einsatz von Gasodor S-Free wird berichtet, dass gelegentlich Substanzen aus der Mischung – wie das Pyrazin – ausscheiden und chromatografisch nicht mehr feststellbar sind. Nach F. Hupka (2018) sollte der Odorierstoff daher nicht über einen Zeitraum von 1,5 Jahren gelagert werden, um die Instabilität in der Mischung auszuschließen.

Warngeruchsstufe

Die Geruchsintensität eines gasförmigen Stoffes ist die Stärke der Geruchswahrnehmung, die durch ihn hervorgerufen wird. Es gibt verschiedene Geruchsstufen von der Stufe 0 „nicht wahrnehmbar", über die Stufe 1 „Grenze der Wahrnehmung" bis zur Stufe 6 „obere Grenze der Intensitätssteigerung". Die sogenannte Warngeruchsstufe liegt bei der Geruchsstufe 3. Bei der Warngeruchsstufe nimmt jede Person mit durchschnittlichem Riechvermögen und bei durchschnittlicher physischer Kondition den Geruch mit Sicherheit wahr.

Zwei Größen sind im Zusammenhang mit dem Einsatz des Odoriermittels von besonderer Bedeutung:

1. die Mindestkonzentration des Odoriermittels K in $\mathrm{mg}/\left(\mathrm{m}^3\ \mathrm{Luft}\right)$
2. die mindestens erforderliche Zudosiermenge des Odoriermittels zum Wasserstoff in der Pipeline β_{min} in $\mathrm{mg}/\left(\mathrm{m}^3\ \mathrm{H}_2\right)$

K-Wert

Der K-Wert gibt für den getesteten Odorierstoff an, bei welcher Konzentration in der Luft 84 % der an den Geruchstests beteiligten Probanden einen deutlichen Geruch wahrgenommen haben.

Nach dem DVGW-Arbeitsblatt G 280 (2018a) ist die niedrigste Odoriermittelkonzentration im Gas in Abhängigkeit von der unteren Zündgrenze y_{zu} des Gases zu berechnen. Dabei soll bereits die Warngeruchsstufe 3 erreicht werden, wenn die Gaskonzentration 20 % der unteren Zündgrenze in der Luft erreicht hat.

Die untere Zündgrenze für H_2 in der Luft beträgt 4 mol-% nach Tabelle 2.25. Wird also Wasserstoff mit dem Odorierstoff in die Atmosphäre freigesetzt, muss dort bereits bei 0,8 mol-% Wasserstoff in der Luft ein Warngeruch vorhanden sein. Nach M. Goschin et al. (2003) ist der K-Wert von Gasodor S-Free $K = 0{,}07\ \mathrm{mg}/\left(\mathrm{m}^3\ \mathrm{Luft}\right)$.

Der mindestens erforderliche Konzentrationswert β_{min} des Odorierstoffes im Wasserstoffgas lässt sich wie folgt berechnen:

$$\beta_{\mathrm{min}} = \frac{S \cdot K}{0{,}2 y_{\mathrm{zu}}} \tag{6.30}$$

Der Sicherheitsbeiwert S kann bei Odoriermitteln wie Gasodor S-Free, bei denen der K-Wert gesichert ist, mit 1 angenommen werden.

Mindestens erforderliche Konzentration von Gasodor S-Free im Wasserstoffgas

Mit dem vorangehend angegebenen erforderlichen Konzentrationswert in der Luft soll der mindestens erforderliche Konzentrationswert von Gasodor S-Free im Wasserstoffgas mit Formel 6.30 berechnet werden. Bestandteil der Kalkulation ist die untere Zündgrenze für H_2 in der Luft nach Tabelle 2.25.

$$\beta_{\text{min}} = \frac{K}{0{,}2 y_{\text{zu}}} = \frac{0{,}07 \text{ mg}/\left(\text{m}^3 \text{ Luft}\right)}{0{,}2 \cdot 0{,}04 \text{ m}^3 \text{ H}_2/\left(\text{m}^3 \text{ Luft}\right)} = 8{,}75 \text{ mg}/\left(\text{m}^3 \text{ H}_2\right)$$

Die berechnete Konzentration β_{min} ist als unterer Grenzwert am letzten Punkt des Rohrnetzes im laufenden Betrieb messtechnisch nachzuweisen. Erfolgt die Odorierung in einem neu errichteten Kunststoffrohrnetz oder Stahlrohrnetz, ist nach langer Erfahrung aus dem Betrieb mit Erdgasnetzen davon auszugehen, dass ein Teil des Odoriermittels von den eingesetzten Werkstoffen absorbiert wird oder als Flüssigkeit an Tiefpunkten des Netzes liegen bleibt.

Tatsächliche Zudosiermengen des Odoriermittels

Um sicherzustellen, dass auch an dem von der Zudosierstelle am weitesten entfernten Netzpunkt der berechnete untere Grenzwert β_{min} nicht unterschritten wird, soll die spezifische Menge an Odorierstoff β, die dem Wasserstoff an geeigneter Stelle zudosiert wird, erheblich höher sein. Die Mengenangabe ist in erster Linie von den verwendeten Werkstoffen abhängig und muss im Laufe des Betriebes regelmäßig überprüft werden. Die tatsächliche Zudosierung von Gasodor S-Free ist daher praxisorientiert höher als β_{min} und erreicht mit bis zu $\beta = 20 \text{ mg}/\left(\text{m}^3 \text{ H}_2\right)$ die erforderliche Mindestkonzentration des Odorierstoffes an jeder Stelle des Netzes. Für den Nachweis im Betrieb sind kontinuierlich durchzuführende Messungen im gesamten Wasserstoffnetz notwendig.

Für die Messung kommen Gaschromatographen (PGC) und Handmessgeräte infrage. Bei höherem Betriebsdruck im Rohrnetz kann es erfahrungsgemäß bei Handmessgeräten zu Fehlmessungen kommen.

Bild 6.21 zeigt den prinzipiellen Aufbau einer Odorieranlage. Das im Odoriermittelbehälter gelagerte Odoriermittel wird in Abhängigkeit von dem durchgesetzten Wasserstoffvolumen dem Wasserstoff im Ausgang der Regelanlage kontinuierlich zugeführt. Das Wasserstoffvolumen wird im Quantometer als Betriebsvolumen fortlaufend gemessen und im Mengenumwerter in den Normzustand umgewandelt. Der Füllstand im Odoriermittelbehälter wird dabei überwacht. Der Behälter und die Pumpen stehen in einer Auffangwanne, um bei Leckagen den vom Austritt des Odoriermittels betroffenen Raum zu begrenzen. Für den Aufstellungsraum der

Anlage gilt nach DVGW-Arbeitsblatt G 280 (2018a) die Explosionsschutzzone 1 (Abschnitt 2.6.2). In Odorieranlagen ist bei längerem Aufenthalt mit Atemschutz zu arbeiten. Die verwendeten Dichtungen müssen gegenüber dem Odoriermittel beständig sein.

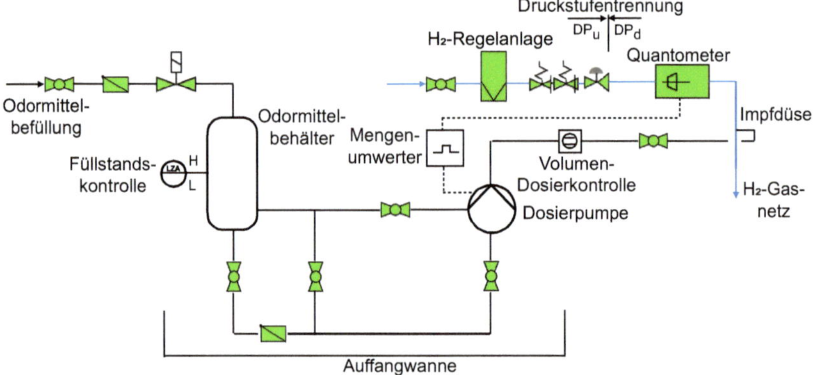

Bild 6.21 Prinzipieller Aufbau einer Odorieranlage

Wird ein Odoriermittel dem Wasserstoff zugesetzt, ist die Auswirkung auf die Reinheit des Wasserstoffs (Abschnitt 10.5.2) zu überprüfen. Dabei verändert sich die molare Zusammensetzung der im Leitungssystem vorhandenen Gasmischung, die hauptsächlich aus Wasserstoff und geringen Restmengen von Sauerstoff besteht. Ist die neue Mischung für nachfolgende Prozesse nicht rein genug, muss das Wasserstoffgas am Ort der Verwendung deodoriert werden.

Die Technik der Deodorierung wird in Deutschland nur in Einzelfällen geplant. Im Dezember 2020 wurde eine Deodorierungsanlage auf dem Erdgastransportsystem TENP für das schwefelhaltige THT im Landkreis Lörrach (Baden-Württemberg) in unmittelbarer Nähe zur schweizerischen Grenze in Betrieb genommen. Die Abtrennung des Odoriermittels erfolgt, wie in der Praxis der Gasreinigung auch üblich, durch eine Festbettadsorption.

Zur Deodorierung (Abschnitt 5.4) eignen sich

- physikalische Trennverfahren wie die Adsorption, die Absorption oder das Membrantrennverfahren, und
- chemische Trennverfahren wie katalytische Verfahren. Die in Wasserstofftankstellen heute in der Regel eingesetzten Wasserstoffreinigungsverfahren mit der Hilfe einer Palladium-Membrantrennanlage können auch für die Deodorierung im Zusammenhang mit dem Betrieb von BZ eingesetzt werden.

7 Energiewandlungsmaschinen für Wasserstoff

In diesem Kapitel werden Maschinen vorgestellt, die im Rahmen der Nutzung von Wasserstoff als Energieträger zur Druckerhöhung in Transport- und Verteilungssystemen oder in Wasserstofftankstellen benötigt werden oder wie im Fall der Expansionsanlage unter geeigneten Betriebsbedingungen für Strom und Kälte sorgen können. Stationäre Gasmotoren und Gasturbinen sind ebenfalls Energiewandlungsmaschinen, die gegebenenfalls im Rahmen der Sektorkopplung für die Rückverstromung des in Rohrleitungen zuvor eingebrachten Wasserstoffs infrage kommen. Daher lohnt sich der Blick auf die geschilderte Vielfalt an Energiewandlungsmaschinen.

7.1 Verdichter für die Kompression von Wasserstoff

In Kapitel 6 wurde der grundsätzliche Aufbau einer Anlage zur Einspeisung von Wasserstoff in Rohrleitungssysteme vorgestellt. Herzstück der Anlage ist der Verdichter, der für die Funktionsfähigkeit einen motorischen Antrieb, Pulsationsdämpfer und Kühler sowie eine Volumenstrommessung benötigt. Verdichter werden darüber hinaus im Pipelinesystem als Booster und vornehmlich für die Befüllung von Trailern und Speichern sowie in Wasserstofftankstellen benötigt. Die dabei für die Verdichtung von Wasserstoff infrage kommenden Maschinentypen werden in diesem Abschnitt vorgestellt. In Abschnitt 2.2.5 und Abschnitt 2.2.6 wurden im Zusammenhang mit der polytropen Zustandsänderung und dem Wirkungs- und Nutzungsgrad bereits die thermodynamischen Grundlagen des Verdichtungsprozesses behandelt.

Die Auswahl des angemessenen Verdichtertyps erfolgt über den maximalen Ausgangsdruck p_2, über die Systemparameter Druckverhältnis π mit p_1 als Eingangsdruck

$$\pi = \frac{p_2}{p_1} \tag{7.1}$$

und über den Volumenstrom $\dot{V}_n$. Die in Bild 7.1 vorgestellte Auswahl von unterschiedlichen Kompressoren ist in der Lage, Wasserstoff im Bereich Transport, Speicherung und Verwendung im notwendigen Umfang zu komprimieren. Wesentliche spezifische Eigenschaften sind unter anderem bei H. Tschöke und H. Hölz (2020) und H. Stricker (2020) zu finden (Tabelle 7.1).

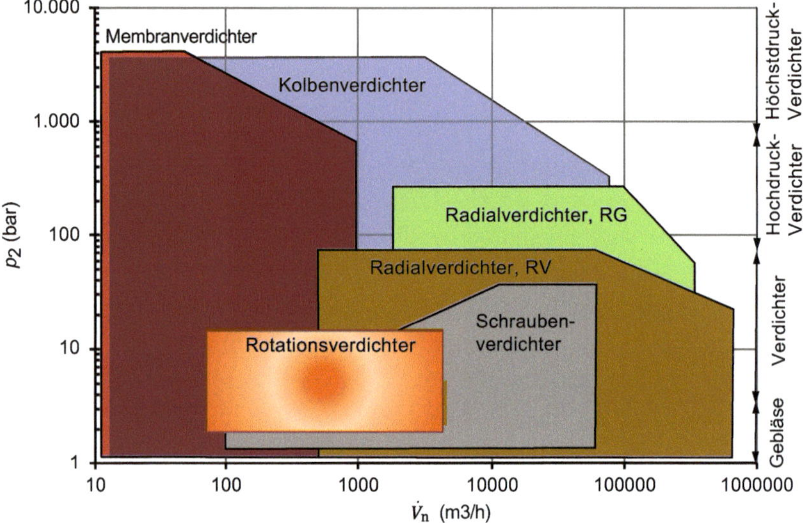

Bild 7.1 Verdichterbauarten und ihre Einsatzgebiete: RV bedeutet vertikale Teilfuge und RG steht für integriertes Getriebe oder allgemein Getriebeverdichter.

Tabelle 7.1 Charakteristische Merkmale ausgewählter Verdichter für Wasserstoff

Typ	Art	P_2	$\dot{V}_n$	π_J	J
		MPa	m³/h	-	-
Kolbenverdichter	Verdrängungsmaschine	350	< 100 000	$4 \leq \pi_J \leq 10$	≤ 7
Membranverdichter	Verdrängungsmaschine	400	≤ 1000	$10 \leq \pi_J \leq 20$	≤ 4
Schraubenverdichter	Verdrängungsmaschine	4	≤ 80 000	$4 \leq \pi_J \leq 20$	≤ 4
Rotationsverdichter	Verdrängungsmaschine	1,6	≤ 5000	12	1
Turboverdichter, RV	Strömungsmaschine	< 10	≥ 100 000	< 2	≤ 10
Getriebeverdichter	Strömungsmaschine	25	≤ 600 000	< 2	≤ 10

Anmerkungen: J ist die Anzahl der Stufen.

Für die Kompression von Wasserstoff ist der Kolbenkompressor – auch Hubkolbenverdichter genannt – für hohe Druckverhältnisse π und geringe bis mittlere Volumenströme $\dot{V}_n$ die richtige Wahl. Dies trifft auch auf den Membranverdichter zu, wenngleich die zu verdichtenden Volumenströme erheblich geringer sind als beim Hubkolbenverdichter. Der Schraubenverdichter bietet sich in einer mehrstufigen Verdichtung in der ersten Kompressionsstufe als Booster an. So kann Wasserstoff aus einer drucklosen Elektrolyseanlage zunächst vorverdichtet werden, bevor ein Hubkolbenverdichter die Anhebung auf den hohen Enddruck besorgt. Der radiale Turbokompressor auch mit integriertem Getriebe als Getriebeverdichter ist der Kompressor auf der Transportleitung. Dieser Maschinentyp wird eingesetzt, um den Druckverlust zu kompensieren und bei der Überspeisung in nachgeschaltete Rohrleitungsnetze den erforderlichen Einspeisedruck zu garantieren. In allen Fällen wird eine im Vergleich moderate Druckerhöhung erwartet und die zu transportierenden Wasserstoffmengen sind hoch.

7.1.1 Kolbenverdichter

Kolbenverdichter kommen für Einspeiseanlagen von Wasserstoff in nachgelagerte Pipelinesysteme infrage, wenn neben einem hohen Druckverhältnis π auch ein begrenzter Volumenstrom $\dot{V}_n$ aus der Wasserstofferzeugungsanlage komprimiert werden muss. Er ist darüber hinaus der klassische Verdichter in einer Speicheranlage mit unterirdischen Salzkavernen. In der Regel bewegen sich die Verdrängungselemente als Kolben oszillierend zwischen der oberen und der unteren Totlage. Über die Reihenschaltung von mehreren Zylindern wird eine möglichst große Druckerhöhung realisiert. Hierbei wird das Fördermedium zwischen den Verdichtungsstufen zwischengekühlt.

Die während des Verdichtungsprozesses an die Zylinderwand übergebene Wärme führt zu einer Aufheizung der Wand und erfordert eine Kühlung. Durch den Kühlungsprozess kommt es zwangsläufig zu Wärmespannungen. Diese müssen zu den mechanischen Beanspruchungen hinzuaddiert werden. Gekühlt wird direkt mit Luft oder indirekt, wie in der schematischen Zeichnung in Bild 7.2 dargestellt, über eine Kühlflüssigkeit mithilfe von Wärmeübertragungsapparaten.

Der klassische Kolbenverdichter ist ölgeschmiert. Die Triebwerks- und Zylinderschmierung übernimmt in der Regel ein Ölsystem, bestehend aus Ölbehälter, Ölkühler, Pumpe zur Druckbeaufschlagung des Ölsystems und Rohrleitungen. Die Verdichtungsendtemperatur wird dabei begrenzt, um die Gefahr von Bränden und Explosionen zu vermeiden. Je nach Verdichterleistung und Ausgangsdruck variiert die Temperatur zwischen $100\,°C \leq \vartheta \leq 200\,°C$.

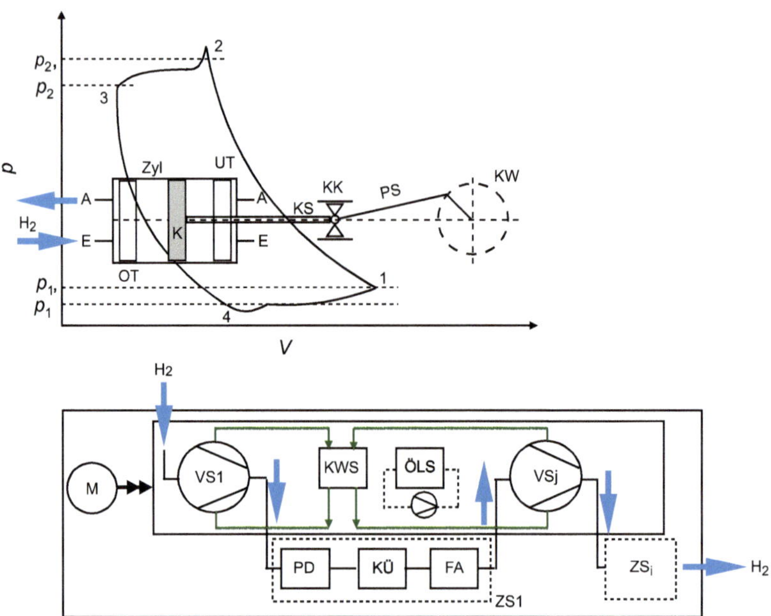

Bild 7.2 Realer Verdichtungsprozess im p,V-Diagramm und schematischer Aufbau der mehrstufigen Verdichteranlage mit doppelseitig wirkendem Zylinder/Kolbensystem; Legende p,V-Diagramm: Auslassventil **(A)**, Einlassventil **(E)**, Kolben **(K)**, Kreuzkopf **(KK)**, Kolbenstange **(KS)**, Kurbelwelle **(KW)**, obere Totlage **(OT)**, Pleuelstange **(PS)**, untere Totlage **(UT)**, Zylinder **(Zyl)**; Legende Schematik: Flüssigkeitsabscheider **(FA)**, Gaskühler **(KÜ)**, Antriebsmotor **(M)**, Zylinderkühlsystem **(KWS)**, Pulsationsdämpfer **(PD)**, Schmierölsystem **(ÖLS)**, Verdichterstufe **(VSj)**, Zwischenstufe **(ZSj)**

Soll der Wasserstoff nicht mit Öl in Verbindung gebracht werden, so sind schmierungsfreie Verdichter im Einsatz. Dies sind aufgrund ihrer Fertigungsgüte trocken laufende Verdichter (Trockenläufer). Die Kolben sind hierbei so zentriert, dass sie berührungsfrei und mit geringem Spiel laufen. Diese trocken laufenden Kolbenmaschinen nutzen moderne, chemisch beständige und warmfeste Kunststoffe mit guten Gleiteigenschaften für die Abdichtung von Kolbenstangen. Nach M. Dehnen (2019) sind Abrieb und erhöhte Leckagen nicht zu umgehen, was einerseits einen erhöhten Aufwand für die Nachreinigung des Wasserstoffs zur Folge hat und andererseits den Kupplungs- und den Gesamtwirkungsgrad η_K und η_{ges} beeinträchtigt (siehe auch Abschnitt 2.2.6).

Das Fundament von Hubkolbenverdichtern – in Bild 7.2 nicht hervorgehoben – ist insbesondere im Hinblick auf Belastungen und mechanische Schwingungen zu dimensionieren. Wie bereits in Abschnitt 6.2 erwähnt, treten beim Betrieb von Hubkolbenverdichtern mechanische Schwingungen und Gaspulsationen auf. Die mechanischen Schwingungen werden durch die Verbindung des Verdichters mit der Gebäudehülle über Festpunkte oder durch die Auflagerung des Verdichters auf dem Fundament über Federelemente kompensiert. Die Gaspulsationen sind über

Dämpfungsbehälter aufzunehmen. Der Dämpfungsbehälter ist als zylindrisches Element in Einzelfällen mit Lochscheiben ausgeführt. Er dient zur mechanischen Trennung der Schwingungsfrequenz der Gassäule von der Eigenfrequenz der Verdichteranlage und der an den Verdichter angeschlossenen Rohrleitungen mit dem Ziel, Resonanzschwingungen zu verhindern.

Der Verdichter ist über Einlassventile und saugseitigen Pulsationsbehälter mit der Saugleitung und über Auslassventile und druckseitigen Pulsationsbehälter mit der Ausgangsleitung verbunden. Im Zustandspunkt 1 schließt das Saugventil **E**. Die untere Totlage der Kolbenbewegung ist erreicht. Im Anschluss daran fährt der Kolben vor, der Verdichtungsprozess läuft. Nach Erreichen des Zustandspunkts 2 ist der Verdichtungsprozess beendet. Das Auslassventil **A** öffnet. Der Druck im Zylinder p_2 muss jetzt höher als im druckseitigen Pulsationsbehälter p_2' sein, um das Öffnen des Auslassventils gegen Federkraft und Massenträgheit zu gewährleisten. Nach Erreichen des Zustandspunktes 2 bis zum Zustandspunkt 3 wird das Fördermedium über das Auslassventil **A** aus dem Verdrängungsraum bis hin zum Schadraumvolumen ausgeschoben. Dieser Raum ist das im Zylinder verbliebene Volumen zwischen der oberen Totlage des Kolbens und dem Zylinderkopf. Danach erreicht der Kolben die obere Totlage **OT**. Beim Ausschieben kühlt sich das Gas ab, sodass die Temperatur T_2' unterhalb der Temperatur T_2 am Ende des Verdichtungsprozesses liegt. Am Ende des Ausschiebevorganges nach Erreichen der oberen Totlage **OT** schließt das Auslassventil **A**, der Kolben fährt zurück und der Druck im Arbeitsraum sinkt. Wenn der Saugdruck im saugseitigen Pulsationsbehälter p_1 im Zustandspunkt 4 durch den Druck p_1' im Zylinder unterschritten wird, öffnet das Einlass- oder Saugventil **E** und Gas strömt in den Arbeitsraum. Der Druck p_1' steigt während des Ansaugvorganges bis zum Erreichen des Saugdrucks p_1. Dabei erwärmt sich das Gas durch Reibung im Ventilkanal. Nach Erreichen der unteren Totlage schließt das Saugventil.

Der übliche motorische Antrieb von Kolbenkompressoren ist der drehzahlgeregelte elektrische Motor. Eine besondere bewährte Form eines Kolbenverdichters mit einem hydraulischen Antrieb zeigt Bild 7.3 von Andreas Hofer Hochdrucktechnik GmbH. Der Verdichter wird in Wasserstofftankstellen eingesetzt, um die dort geforderten hohen Beladungsdrücke von Fahrzeugtanks zu gewährleisten (siehe auch Abschnitt 10.2.6).

Beide Stufen sind über eine Zwischenkühlung miteinander in Serienschaltung verbunden. Die Antriebsenergie wird über Ölhydraulikpumpen außerhalb des eigentlichen Verdichtergehäuses aufgebracht. Die Drehzahl n, die bei herkömmlichen Kolbenverdichtern $n \leq 1000\ \text{U/min}$ ist, beträgt bei einem Kolbenverdichter mit Hydraulikantrieb nach Herstellerangaben $5\ \text{U/min} \leq n \leq 30\ \text{U/min}$. Durch den langsamen, ruhigen Lauf werden die sonst zu erwartenden Pulsationen nach Herstellerangaben vermieden. Der Verdichter ist in der Lage, den für die Betankung von Bussen und Lkw erforderlichen Beladungsdruck von $400\ \text{bar}_{ü} \leq p_{ü} \leq 500\ \text{bar}_{ü}$ und den für die Befüllung von Pkw erforderlichen Druck von $900\,\text{bar}_{ü} \leq p_{ü} \leq 950\,\text{bar}_{ü}$ aufzubringen. Konstruktiv sind insbesondere die zur Abdichtung nach außen und zur Ableitung des Wärmestromes vom Kolben an die Zylinderwandung eingebauten Kolbenringe in der Lage, sich dem beschriebenen wechselnden Betriebsdruck anzupassen. Vom Grundsatz her ist die betriebliche Beanspruchung des Verdichters in Tankstellen nicht gleichzusetzen mit dem eines Dauerläufers mit hoher Jahresbenutzungsstundenzahl. Dieser Umstand ist in Wasserstofftankstellen auch auf die geringe Anzahl der täglichen Beladungsvorgänge aufgrund der geringen Fahrzeugdichte zurückzuführen.

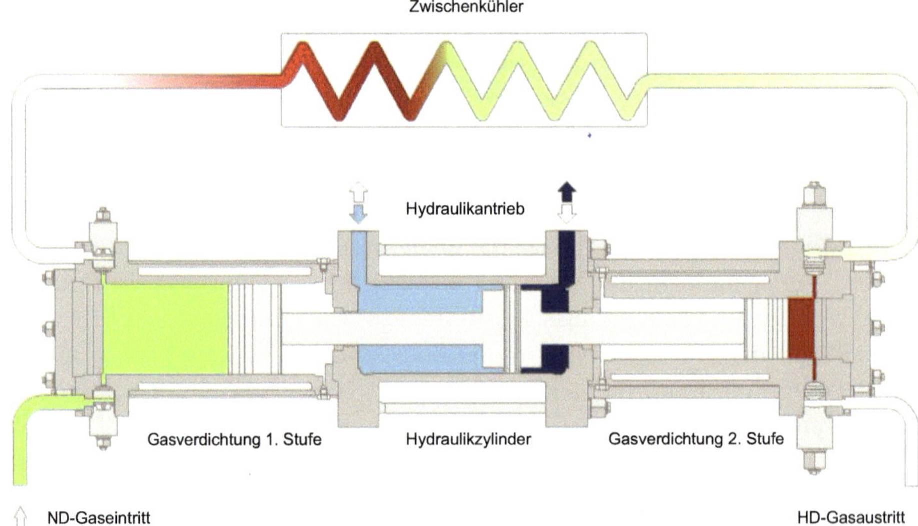

Bild 7.3 Prinzipdarstellung eines zweistufigen Kolbenverdichters mit hydraulischen Antrieb für die Kompression von Wasserstoff in Tankstellen (© Andreas Hofer Hochdrucktechnik GmbH in Mülheim a. d. Ruhr)

Bild 7.4 zeigt einen ölgeschmierten, wassergekühlten Kolbenkompressor der Sauer-6000er-Baureihe von J. P. Sauer & Sohn Maschinenbau GmbH. Sie werden nach betrieblicher Anforderung modular mit 4 bis 6 Zylindern ausgerüstet. Die Verdichtung erfolgt mit Zwischenkühlung bis zu 5 Stufen. Weitere Maschinendaten dieses Typs sind der Druck auf der Saugseite $0{,}05\,\text{bar}_{ü} \leq p_1 \leq 20\,\text{bar}_{ü}$, der Druck am Verdichterausgang $p_2 \leq 350\,\text{bar}_{ü}$, der Volumenstrom $\dot{V}_n \leq 1000\,\text{m}^3/\text{h}$ und die Nennleistung $132\,\text{kW} \leq p_N \leq 230\,\text{kW}$. Seit 2021 komprimieren Verdichter dieses Typs Wasserstoff aus einem AE-Elektrolyseur im französischen Lhyfe mit einer stündlichen Rate bis zu $\dot{V}_n \leq 464\,\text{m}^3/\text{h}$.

Eine weitere Variante des Kolbenkompressors stellt der in Wasserstofftankstellen mittlerweile eingesetzte Ionische Verdichter dar, der bereits in Bild 2.31 in Abschnitt 2.4.1 zu sehen ist.

Bild 7.4
Verdichteranlage Sauer-6000er-Serie für Wasserstoff mit Magnetkupplungsantrieb (© J. P. Sauer & Sohn Maschinenbau GmbH)

Ionische Flüssigkeit

Eine ionische Flüssigkeit - Kurzbezeichnung IL - ist eine hochkonzentrierte, wässrige Salzlösung oder ein Salz in flüssigem Zustand. Die Fluide bestehen aus positiv und negativ geladenen Ionen und sind bei $\vartheta \leq 100\,°\mathrm{C}$ flüssig. Zu den ionischen Fluiden zählen organische und anorganische Salze. Von D. Gerhard (2007, S. 78) wird im Zusammenhang mit dem Einsatz ionischer Flüssigkeiten bei der Kompression von Gasen beispielhaft unter anderem 1-Butyl-2,3-dimethylimidazolium bis(trifluoromethylsulfonyl)imid [BMMIM][BTA] genannt. Die genannten IL haben gegenüber konventionellen Flüssigkeiten einige Eigenschaften, die für ihre Verwendung in Wissenschaft und Technik von besonderer Bedeutung sind:

- Der Dampfdruck ist vernachlässigbar klein, was bedeutet, dass sie praktisch nicht verdampfen.
- Sie besitzen eine hohe thermische und elektrochemische Stabilität und
- eine hohe Ionenleitfähigkeit sowie
- Lösevermögen für organische, anorganische und polymere Stoffe und darüber hinaus
- eine sehr gute Schmierfähigkeit.

So werden sie mittlerweile alternativ zu organischen Lösemitteln als Schmiermittel, als Filtersubstanz in der Gasreinigung und als Additive in der Kunststofftechnologie eingesetzt. Selbst ein Einsatz in Brennstoffzellen wird aufgrund ihres geringen Dampfdruckes untersucht.

Für den Einsatz in Kolbenkompressoren sprechen folgende Argumente:

1. Die verwendete ionische Flüssigkeit unter Betriebsbedingungen reagiert nicht mit Wasserstoff.

2. Die Viskosität des Schmiermediums ist gering und liegt in einem Bereich, der eine ungehinderte Zufuhr und eine Verteilung des Mediums im Druckraum gewährleistet, aber andererseits so hoch ist, dass ein ausreichender Verschleißschutz und eine erforderliche Feinabdichtung des Druckraumes gewährleistet ist.
3. Aufgrund der geringen Flüchtigkeit kommt es praktisch nicht zum gemeinsamen Austrag mit dem Wasserstoff.
4. Die Reinheit des Wasserstoffs wird durch den Betrieb eines ionischen Verdichters nicht beeinträchtigt. ■

In Wasserstofftankstellen der Linde AG komprimieren fünfstufige ionische Verdichter gasförmigen Wasserstoff auf bis zu $p_{ü} = 900\ \text{bar}_{ü}$. Auf den Kolben des Verdichters schwimmt die ionische Flüssigkeit, die sich nicht mit dem Gas verbindet und den zwischen oberer Totlage des Kolbens und Zylinderdeckel befindlichen Schadraum reduziert, was zu einer Verbesserung des Wirkungsgrades führt. Auf der IL befindet sich der Wasserstoff, der über die Bewegung von Kolben und IL komprimiert wird. Neben der vorangehend schon erwähnten sehr guten Schmierfähigkeit der IL, die eine Verminderung des Energieverbrauchs des Verdichters zur Folge hat, wirkt die IL auch als Kühlmittel. Auf eine Nachreinigung des Wasserstoffs aufgrund etwaiger Abriebe im Zylinderbereich kann hier in der Regel verzichtet werden.

Bild 7.5 zeigt den Stoffstrom von Wasserstoff sowie die Energiebilanz aus der Verdichterarbeit w und der erforderlichen spezifischen Arbeit q_{KWS} und $q_{KÜ}$ zur Kühlung von Zylinder und Gasstrom im Überblick.

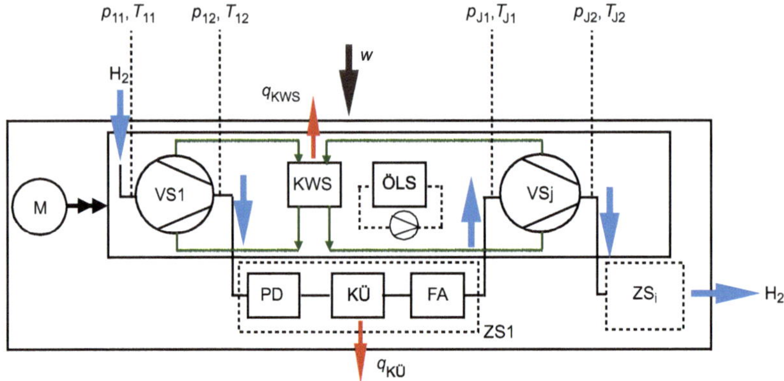

Bild 7.5 Der mehrstufige Verdichter mit der Stoff- und Energiebilanz

Von der isentropen Zustandsänderung bei der Kompression eines idealen Gases (Tabelle 2.4 in Abschnitt 2.2.5) leitet sich die reale Zustandsänderung bei der Kompression von Wasserstoff ab. Je Verdichterstufe wird spezifische Verdichtungsarbeit w_J geleistet:

$$w_J = \overline{c}_{p_J} T_{J_1} z_{J_1} \frac{1}{\eta} \left[\left(\frac{p_{J_2}}{p_{J_1}} \right)^{\frac{\overline{\kappa}_J - 1}{\overline{\kappa}_J}} - 1 \right] \tag{7.2}$$

Das Stufendruckverhältnis π_J sollte in allen Stufen gleich sein, um eine gleichmäßige Verteilung der spezifischen Verdichterarbeit auf die einzelnen Stufen zu gewährleisten:

$$\pi_J = \frac{p_{J_2}}{p_{J_1}} = \sqrt[J]{\pi} \tag{7.3}$$

Die Aufsummierung der in den einzelnen Stufen geleisteten spezifischen Arbeit w_J ergibt die erforderliche spezifische polytrope Verdichterarbeit w_V.

$$w_V = \sum_{J=1}^{n} w_J \tag{7.4}$$

Die polytrope Gesamtleistung P, die der Verdichteranlage zugeführt werden muss, ist

$$P = \dot{m} w_V = \dot{V}_n \varrho_n w_V \tag{7.5}$$

Die spezifische Verdichterarbeit w in Formel 7.4 berücksichtigt neben dem eigentlichen Verdichter auch den Antrieb und alle erforderlichen Nebenaggregate. Im Gesamtwirkungsgrad η sind nachfolgende Teilprozesse berücksichtigt:

- die Reibungsverluste innerhalb der Maschine (η_i)
- die Reibungsverluste in den Ventilkanälen (η_i)
- die Wärmeverluste über die Außenhülle der Maschine (η_i)
- die mechanischen Verluste an der Antriebswelle der Verdichter (η_m)
- die Wärmeverluste der elektrischen Antriebsmotoren (η_M)
- der erforderliche Energieaufwand für folgende Nebenaggregate:
  - Haupt-Schmierölpumpe
  - Kühlwasserpumpe
  - Gaskühlerantriebe

Zum Wirkungsgrad von Verdichtern

In der Fachliteratur werden für die Wirkungsgrade Näherungswerte angegeben. Im Rahmen eines Energiemanagements ist es ratsam, an vorhandenen Maschinen einschließlich ihrer Antriebe und Nebenaggregate Messungen vorzunehmen und daraus die Gesamtwirkungsgrade zu bestimmen. Dies soll am Beispiel von zwei Kolbenverdichtern, die nach dem Schema in Bild 7.5 aufgebaut sind, dargestellt werden.

Ziel einer Analyse von Messdaten ist es, herauszufinden, ob sich die Gesamtwirkungsgrade η der verschiedenen Verdichter als abhängige Variablen von Druckverhältnis $\pi = p_2 / p_1$ und Volumenstrom $\dot{V}_n$ als multiple Regression besser beschreiben lassen als durch eine einfache Regression der jeweiligen physikalischen Größen. Eine empirische Analyse der Daten ergibt, dass beispielsweise eine Polynomfunktion zwischen dem Druckverhältnis bzw. Volumenstrom und dem Gesamtwirkungsgrad der beste mathematische Zusammenhang ist.

Betrachtet man aus der Untersuchung exemplarisch die Wirkungsgrade als Funktion des Druckverhältnisses $\pi = p_2 / p_1$ aus Bild 7.6 für den Verdichter 1, so zeigt die Streuung der Datenpunkte und der Verlauf der Regressionsgrade das typische Verhalten eines Kolbenverdichters, der in diesem Fall besser nicht für Druckverhältnisse $\pi < 2{,}5$ eingesetzt werden sollte, da der Wirkungsgrad stark abfällt.

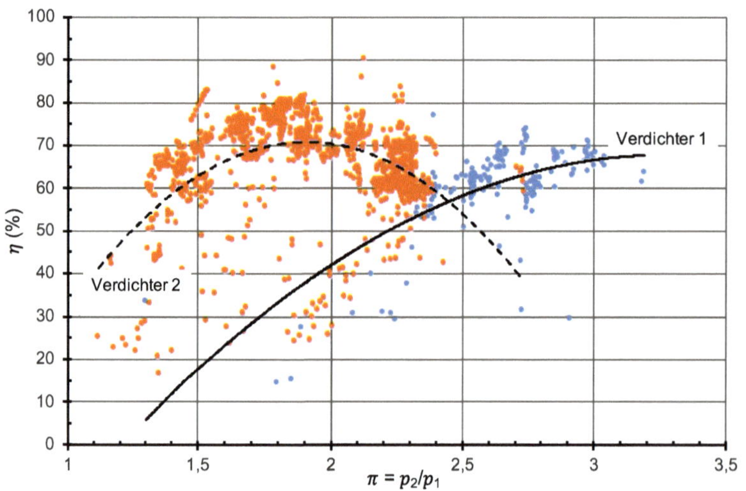

Bild 7.6 Wirkungsgrade von Kolbenverdichtern in Abhängigkeit vom Druckverlust als Teil einer Untersuchung zur multiplen Regression

In der Gesamtbetrachtung sind die Zusammenhänge mathematisch ausgedrückt wie folgt:

Verdichter 1 und 2:

$$\eta(\pi) = b_0 + b_1\pi + b_2\pi^2$$

$$\eta(\dot{V}_n) = c_0 + c_1\dot{V}_n + c_2\dot{V}_n^2$$

Der jeweilige Gesamtwirkungsgrad kann allerdings durch $\eta = \eta(\pi, \dot{V}_n)$ besser beschrieben werden.

Für die multiple Regression wird für beide Verdichter folgende Funktion angesetzt:

Verdichter 1 und 2:

$$\eta = a_0 + a_1\pi + a_2\dot{V}_n + a_3\pi^2 + a_4\pi\dot{V}_n + a_5\dot{V}_n^2$$

wobei sich die Parameter a_i, b_i und c_i aus den Regressionen ergeben.

Um die Güte der Regressionen zu beurteilen, wird das Bestimmtheitsmaß R^2 verwendet, das als

$$R^2 = 1 - \frac{\sum_{j=1}^{N}\left(\eta_j - \hat{\eta}_j\right)^2}{\sum_{j=1}^{N}\left(\eta_j - \bar{\eta}_j\right)^2} \tag{7.6}$$

mit den gemessenen Gesamtwirkungsgraden η_j, dem mittleren Gesamtwirkungsgrad $\bar{\eta}_j$ und den aus der Regression geschätzten Werten $\hat{\eta}_j$ definiert ist. Das Bestimmtheitsmaß ist also ein Maß für die Abweichung der Regressionen von den tatsächlich gemessenen Werten, normiert auf die Streuung der Messwerte um ihren Mittelwert. Um die Regressionen zu den einzelnen unabhängigen Variablen π und $\dot{V}_n$ mit der multiplen Regression zu vergleichen, muss R^2 noch dafür korrigiert werden, dass unterschiedlich viele unabhängige Variable mit in Betracht gezogen werden. Dies geschieht über folgende Umrechnung:

$$R^2 = 1 - \frac{\frac{1}{N-p-1}\sum_{j=1}^{N}\left(\eta_j - \hat{\eta}_j\right)^2}{\frac{1}{N-1}\sum_{j=1}^{N}\left(\eta_j - \bar{\eta}_j\right)^2} \tag{7.7}$$

Dabei ist p die Anzahl der unabhängigen Variablen und N die Anzahl der Datenpunkte. Wird der Wirkungsgrad nur abhängig von Volumenstrom oder Druckverhältnis betrachtet, ist $p = 1$. Betrachtet man den Wirkungsgrad gleichzeitig als Funktion von beiden Variablen π und $\dot{V}_n$, ist $p = 2$.

$$0 \le R^2 \le 1$$

Die Regression ist umso besser, je näher die Größe R^2 an 1 liegt. ■

Es empfiehlt sich die Bearbeitung von Aufgabe 41 im Buch *Wasserstofftechnik. Aufgaben und Lösungen*. ■

7.1.2 Membranverdichter

Bereits in Bild 7.1 und Tabelle 7.1 wird der Membranverdichter für hohe Ausgangsdrücke und moderate Volumenströme empfohlen. Diese Betriebsbedingungen liegen bei der Wasserstoffabfüllung in Trailer oder auch bei der Betankung von Fahrzeugen vor, sodass sich der Membranverdichter als Alternative zur Kolbenmaschine empfiehlt.

Die Kompression des Wasserstoffs wird durch eine ausgelenkte Membran hervorgerufen, wie in Bild 7.7 zu sehen ist. Beim Zurückfahren des Kolbens wird die Membran negativ ausgelenkt und das zu komprimierende Gas wird über das Einlassventil in den Raum zwischen Deckel und Membran einströmen. Bei diesem Vorgang wird durch den zurücklaufenden Kolben die Membran gegen die ebenfalls konkave Fläche der Lochplatte gezogen.

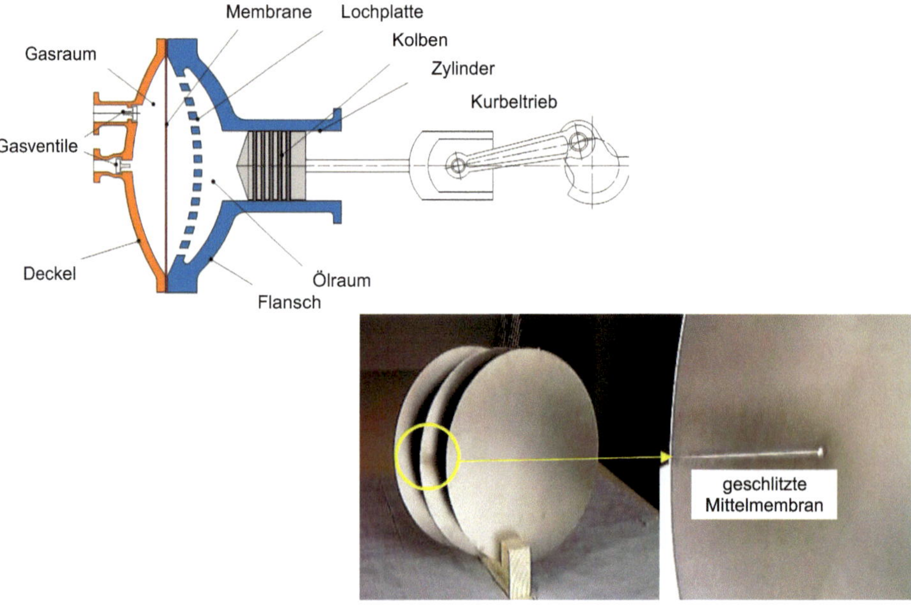

Bild 7.7 Schema eines einstufigen Membranverdichters und ein dreifacher Membransatz mit geschlitzter Mittelmembran (© Andreas Hofer Hochdrucktechnik GmbH)

Beim Vorfahren des Kolbens wird der Wasserstoff durch die ebenfalls nach vorne (positiv) ausgelenkte Membran, die den Raum zum Deckel hin verkleinert, komprimiert und nach Öffnen des Auslassventils in die nachgeschaltete Ausgangsleitung ausgestoßen. Während dieses Kompressionsvorganges schiebt der Kolben das Öl in den Membrankopf und dort durch die Lochplatte auf die Rückseite der Membran, die dadurch gegen die konkave Fläche im Membrandeckel gebogen wird. Die Membran macht daher alle Vor- und Rückläufe des Kolbens mit jeweils einer vollen Schwingung mit.

Die Drehzahlen n von mittleren bis großen Membranverdichtern liegen nach M. Dehnen (2019) bei $400\ \text{U/min} \leq n \leq 600\ \text{U/min}$ und bei kleinen Maschinen mit direkt an den Elektromotor gekuppelten Kurbelwellen ohne Pleuelstange bei $n \approx 720\ \text{U/min}$.

Der Hersteller Andreas Hofer Hochdrucktechnik GmbH gibt an, dass bei mehrstufigen Maschinen (Bild 7.8) die dynamischen Kräfte und Momente 1. und 2. Ordnung sich in der Summe fast ganz aufheben und daher kein aufwendiges Fundament für die Aufstellung erforderlich ist. Es reicht eine tragfähige Bodenplatte. Konstruktiv ist der hier stattfindende Massenausgleich auch für einstufige Kompressoren denkbar.

Geringe Ölverluste können durch leichtes Überströmen zum Kurbeltriebwerk hin geschehen. Auftretende Öldifferenzmengen und ein gleichmäßiger Öldruck werden durch eine angeschlossene Kompensationspumpe und ein Ölüberströmventil gewährleistet.

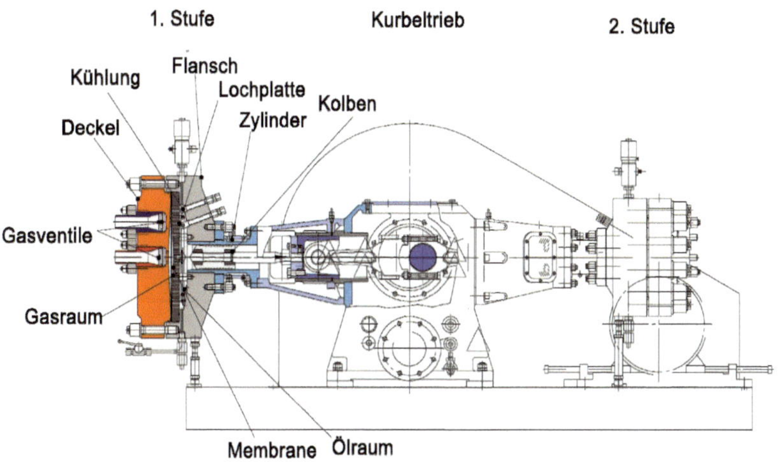

Bild 7.8 Zweistufiger Membranverdichter (© Andreas Hofer Hochdrucktechnik GmbH)

Eine Besonderheit ist die in Bild 7.7 gezeigte Membran, die zur Sicherheit gegen vollständiges Versagen als Sandwich-Konstruktion aus drei Einzelteilen besteht, von der das mittlere Membranblech teilgeschlitzt ist. Bricht eine Membran auf der Gas- oder auf der Ölseite, dringt der Wasserstoff zwischen die gas- und ölseitige Membran ein und erhöht dort den Druck. Membranbrüche können durch hineindiffundierten Wasserstoff und Permeation durch Hydrauliköl unterstützt werden. Ein mit diesem Raum über die Schlitzkonstruktion verbundener Druckschalter mit Kontaktmanometer schaltet dann den Verdichter ab. Diese Vorgehensweise stellt sicher, dass kein Kontakt zwischen Gas und Öl stattfinden und Gas über das nach dem Überströmventil offene Hydrauliksystem in die Atmosphäre gelangen kann.

Membranverdichter wie in Bild 7.9 haben nach Herstellerangaben die nachfolgenden Vorzüge:

- Sie zeichnen sich durch sehr geringe Leckraten aus. Es werden Größenordnungen von 10^{-4} mbar l/s bis 10^{-8} mbar l/s genannt.
- Im Gasraum vor der Membran kommt kein Schmiermittel an. Es treten keine Abriebe von Kolben, Zylinderwand oder Kolbenringen wie beim Kolbenverdichter auf, sodass der Wasserstoff nach der Kompression in der Regel nicht nachgereinigt werden muss.
- Sie haben hohe Korrosionsbeständigkeiten und eine lange Lebensdauer. Für die Membran geht man von Standzeiten von $3000 \text{ h} \leq b_h \leq 15000 \text{ h}$ je Beschäftigungsgrad der Maschine aus. Die höhere Lebensdauer entfällt auf den Betriebsfall Dauerbetrieb.
- Die verwendeten Werkstoffe werden so spezifiziert, dass sie den besonderen Anforderungen, die mit der Verwendung von Wasserstoff einhergehen, auch genügen. Hier haben sich besonders Chrom-Nickel-Stähle (1.4571) bewährt.

Darüber hinaus sind die Maschinen für Temperaturen von $-10\ °\text{C} \leq \vartheta \leq 300\ °\text{C}$ geeignet.

Bild 7.9
Montage eines Membranverdichters mit Blick auf den noch offenen Membrankopf bei der Andreas Hofer Hochdrucktechnik GmbH (© Andreas Hofer Hochdrucktechnik GmbH)

Zu Undichtigkeiten beim intermittierenden Betrieb des Verdichters

Betriebsfälle, die mit häufigen Unterbrechungen - intermittierend und kein Dauerbetrieb - verbunden sind, führen insbesondere im Bereich von Verschraubungen mit den eingebauten Dichtungselementen zu schwellenden Beanspruchungen, die auf längere Zeit unter der „Heiß-kalt-heiß"-Belastung zu Undichtigkeiten führen können. Hier empfiehlt es sich, gemäß einer mündlichen Herstellerempfehlung, etwa nach jeweils 300 Betriebsstunden alle verschraubten Verbindungen zu überprüfen und bei Bedarf nachzuziehen.

7.1.3 Schraubenverdichter

Der als Booster infrage kommende Schraubenverdichter ist mit seinen zwei Schraubenläufern eine typische Verdrängungsmaschine, in der das Wasserstoffgas in axialer Richtung durch abnehmende Arbeitsräume infolge kontinuierlich reduzierter Zahnlückenräume strömt. Vorteile des Verdichters sind geringe Reibungskräfte zwischen den Schraubenläufern und dadurch ein vernachlässigbarer Verschleiß der Rotoren. Neben öleinspritzgekühlten Maschinen mit Stufendruckverhältnissen π_J von 4 bis 5 werden nach H. Tschöke und H. Hölz (2020) auch trockenlaufende Schraubenverdichter mit Druckverhältnissen je Stufe von 20 bis 22 angeboten. Die Drehzahlen n variieren zwischen 2500 und 25 000 U/min. Die Höhe des Wirkungsgrades η_i ist von der Spaltweite abhängig.

Bild 7.10 zeigt einen Blick in das Innere eines Schraubenverdichters der Aerzener Maschinenfabrik GmbH. Sie bietet für den Wasserstoffbetrieb trockenlaufende Verdichter mit einem Volumenstrom $\dot{V}_n$ je nach Baureihe bis zu 6000 m³/h bei einem Druck p_2 im Verdichterausgang von 9 $bar_ü$ und bis zu 75 000 m³/h bei einem Ausgangsdruck p_2 von 4 $bar_ü$ an.

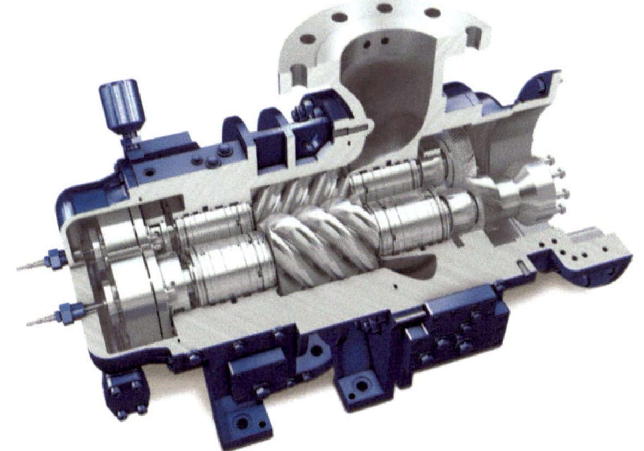

Bild 7.10
Schraubenverdichter zur Wasserstoffkompression (© Aerzener Maschinenfabrik GmbH)

7.1.4 Turboverdichter

Zum Begriff Turboverdichter

Die unter den Begriff Turboverdichter fallenden Kompressoren gehören zur Gruppe der Strömungsmaschinen und hier in die Untergruppe der Arbeitsmaschinen. Sie unterscheiden sich in radiale Verdichter und axiale Verdichter. Die Bezeichnung radial und axial weist jeweils auf die Richtung hin, die das strömende Fluid durch das Laufrad bezogen auf die Antriebswelle der Maschine nimmt. Radiale Verdichter sind für höhere Verdichtungsverhältnisse und relativ zum Axialverdichter geringere Durchsätze und axiale Verdichter vornehmlich für große Volumenströme bei relativ geringen Unterschieden zwischen Ausgangs- und Eingangsdruck ausgelegt. ■

Mehrstufige Radialverdichter in Einwellenbauweise, wie in Bild 7.11 zu sehen, können in einem oder in bis zu fünf zwischengekühlten Gehäusen untergebracht sein. In den Einzelgehäusen sind bis zu circa 10 Stufen vorhanden. Da die spezifischen Volumina mit fortschreitender Verdichtung immer kleiner werden, nehmen die Abmessungen mit dem zunehmenden Druck ab. Die Laufräder auf der umlaufenden Welle sind meistens mit Deckscheiben und rückwärts gekrümmten Schaufeln ausgeführt.

Bild 7.11 Auf der Welle befindliche Laufräder und fest mit dem Gehäuse verbundene Leiträder eines radialen Turboverdichters (links) und Radialverdichter RV mit Nebenaggregaten für die Wasserstoffkompression (rechts) von MAN ES (© MAN Energy Solutions SE)

Der radiale Turboverdichter ist der klassische Verdichter auf der Transportleitung, dessen vornehmliche Aufgabe darin besteht, die Einbußen durch den Druckverlust als Booster wieder wettzumachen. Er ist nach Aussage von Tabelle 7.1 für große Volumenströme dimensioniert.

Seit Jahren werden Kombinationen aus elektrischem Antriebsmotor und radialem Turboverdichter in einem kompakten Gehäuse im Gastransport eingesetzt, die sich unter der Bezeichnung „High-Speed ölfrei integrierter Motor-Kompressor“ - kurz HOFIM™ - durch Eigenschaften wie

- Verzicht auf Trockengasdichtungen,
- kein separates Schmierölsystem und Getriebe,
- Verwendung von Magnetlagern, und
- Kühlung des Antriebsmotors mit Prozessgas

auszeichnen und sich auch prinzipiell für den Einsatz in Wasserstoffnetzen einschließlich Wasserstoffspeichern anbieten.

In Zukunft werden radiale Turboverdichter auch für den Transport von Wasserstoff und möglicherweise in einer Übergangsphase für ein Mischgas aus Erdgas und Wasserstoff zum Einsatz kommen. Das Grundfließbild einer Verdichterstation und ein prinzipielles Kennfeld eines radialen Turboverdichters sind in Bild 6.11 und Bild 6.12 in Abschnitt 6.3 dargestellt.

Getriebeverdichter (Radialverdichter, RG) gehören zu den ein- oder mehrstufigen Radialverdichtern. Mehrere durch Rohrleitungen verbundene Spiralgehäuse sind am Getriebe angeflanscht. Fliegend gelagerte Laufräder werden in der Regel über eine Hirthverzahnung in Kombination mit einer Dehnschraube auf die verlängerte Ritzelwelle montiert. Das zu komprimierende Gas tritt im Eingang über einen Stutzen axial in die Maschine ein und auf der Druckseite wieder tangential aus. In der mehrstufigen Anordnung, wie bei den RG-Verdichtern von MAN ES, verfügen die Laufräder über bis zu fünf Ritzel und bis zu zehn Laufradstufen (Bild 7.12). Bei diesen Maschinen ist nach jeder Stufe eine Zwischenkühlung möglich, was den Leistungsbedarf senkt. Darüber hinaus sind auch einzelne Prozessstufen innerhalb eines Gehäuses vorgesehen, was die Effizienz erhöht. Alle Wellen sind mit wartungsfreien Kippsegmentlagern ausgestattet. Dies ermöglicht nach Aussage des Herstellers eine sehr kompakte Bauweise und die Verdichtung einer breiten Palette von Gasen einschließlich Wasserstoff und ein hohes Druckverhältnis. Verbesserte Laufradkonstruktion, Ritzeldrehzahlen und Aerodynamik garantieren einen hohen Wirkungsgrad. Der MAN-RG-Kompressor ist in verschiedenen Baugrößen mit Laufraddurchmessern bis zu 1,8 m erhältlich.

Bild 7.12
Getriebeverdichter von MAN ES
(© MAN Energy Solutions SE)

Der Antrieb erfolgt über Elektromotor, Dampf- oder Gasturbine. Wesentliche technische Daten sind Tabelle 7.2 zu entnehmen.

Tabelle 7.2 MAN-ES-Getriebeverdichter nach Herstellerangaben

Parameter	Einheit	Wert			
		RG25	RG50	RG100	RG160
Volumenstrom $\dot{V}_n$	m^3/h	≤ 10 000	≤ 40 000	≤ 200 000	≤ 600 000
Kupplungsleistung P_K	MW	≤ 4	≤ 20	≤ 35	≤ 75
Saugdruck p_1	bar_a	≥ 1,03 1)			
Enddruck p_2	bar_a	≤ 260			
Ausgangstemperatur ϑ_2	°C	≤ 450			
Getriebedrehzahl n	U/min	$3000 \leq n \leq 50000$			
Platzbedarf	L × W × H	2,7 × 2 × 3,6	3,7 × 3,3 × 3,6	5,5 × 5 × 3,6	k. A.

Anmerkungen: 1) eigene Annahme

7.2 Gasmotoren und Gasturbinen in der zukünftigen Wasserstoffwelt

Neben Elektromotoren sind Gasturbinenantriebe das Rückgrat der Erdgas-Verdichterstationen. In der Praxis wird der offene Gasturbinenprozess angewendet, der auch für ein Wasserstofftransportsystem, wie in Bild 7.13 dargestellt, realisiert werden kann. Das Arbeitsmedium wird als Luft aus der Umgebung angesaugt und nach dem Durchströmen aller Komponenten des Gasturbinenaggregats als Verbrennungsgas aus verbrannter Luft und Wasserstoff wieder an die Umgebung abgegeben. Zuvor wird Luft und Wasserstoff in der Brennkammer gemischt, gezündet und verbrannt. Das heiße Brenngas wird der Arbeitsturbine zugeführt und dort entspannt. Es findet eine Energiewandlung von der thermischen Energie im Brenngas hin zur kinetischen Antriebsenergie und über eine Kupplung hin zum Transportverdichter auf dem Wasserstofftransportsystem statt.

Die Leistung an der Kupplung als effektive Leistung der Gasturbinenanlage P_K ist mit dem Brennstoffvolumenstrom $\dot{V}_{B,n}$ und dem Heizwert des Wasserstoffs aus Tabelle 2.31 in Abschnitt 2.7.2.2 $H_{i,n}$ sowie dem effektiven Wirkungsgrad der Gasturbinenanlage η_K zu berechnen:

$$P_K = \eta_K H_{i,n} \dot{V}_{B,n} \tag{7.8}$$

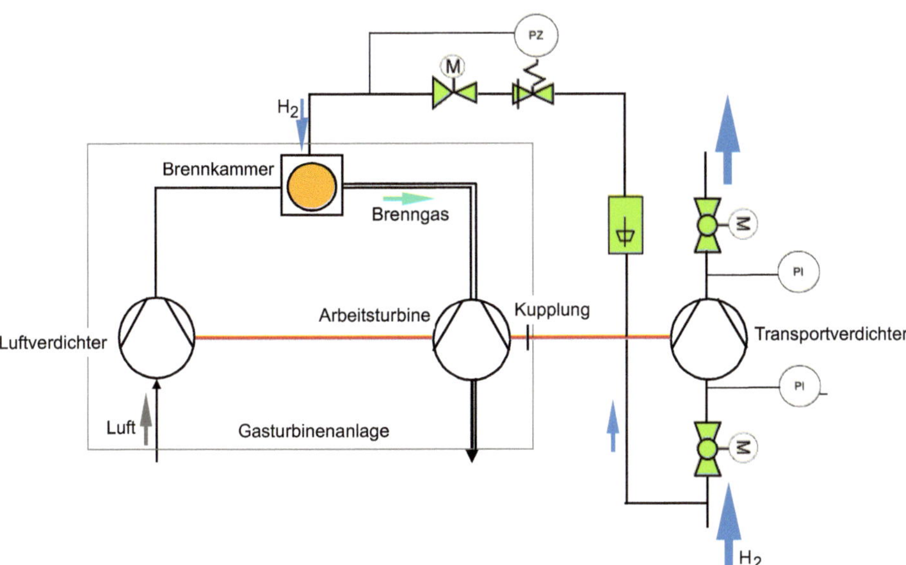

Bild 7.13 Gasturbinenanlage als Antriebsaggregat eines Transportverdichters in einem Wasserstofftransportsystem

Brennstoffmenge in Gasturbinenanlage im Wasserstofftransportsystem

Für das Beispiel „Verdichterleistung und Kühlleistung eines Wasserstofftransportsystems" in Abschnitt 6.3 soll mit Formel 7.8 der Brennstoffvolumenstrom bestimmt werden. Dabei wird unterstellt, dass der Antrieb des Verdichters eine Gasturbinenanlage mit einem effektiven Wirkungsgrad von $\eta_K = 0{,}35$ ist. Die Gasturbine wird mit Wasserstoff als Brennstoff betrieben. Die Antriebsleistung des Transportverdichters ist $P = 1096\ \text{kW}$.

$$P_K = \eta_K H_{i,n} \dot{V}_{B,n}$$

$$\dot{V}_{B,n} = \frac{P_K}{\eta_K H_{i,n}} = \frac{1096\ \text{kW}}{0{,}35 \cdot 2{,}995\ \text{kWh/m}^3} = 1045{,}6\ \frac{\text{m}^3}{\text{h}}$$

Es empfiehlt sich die Bearbeitung von Aufgabe 42 im Buch *Wasserstofftechnik. Aufgaben und Lösungen.*

Zentrale Bauteile der Gasturbinenanlage sind die Laufräder mit Laufschaufeln, wie in Bild 7.15 zu sehen, die mit dem Brenngas aus verbranntem Wasserstoff und Luft beaufschlagt werden. Dabei ist insbesondere die Temperatur im Eingang der Gasturbine (Druckseite der Gasturbine) für das Erreichen eines möglichst hohen effektiven Wirkungsgrades oder Kupplungswirkungsgrades η_K verantwortlich. Die Höhe der Eingangstemperatur und die Wahl des Werkstoffes für die Laufschaufeln beeinflussen sich gegenseitig. Die heute von modernen Gasturbinen erreichbaren effektiven Wirkungsgrade liegen in einer Größenordnung von realistisch $\eta = 0{,}38$.

Gasturbinenanlagen wie in Bild 7.14 unterliegen der TA Luft. Sie ist das zentrale Regelwerk zur Begrenzung von Emissionen und Immissionen aus Luftschadstoffen genehmigungsbedürftiger Anlagen und legt den Stand der Technik hierfür in Deutschland fest. Es geht vor allem um den Ausstoß von Kohlendioxid CO_2 und Stickoxiden NO_x. Zwischen beiden Gasen und dem effektiven Wirkungsgrad der Gasturbinenanlage besteht in Verbindung mit Erdgas als Brennstoff ein wichtiger Zusammenhang. Niedrige Verbrennungstemperaturen bedeuten hohe Kohlendioxid-, aber niedrige Stickoxidemissionen und schlechte Wirkungsgrade η_K. Umgekehrt führen hohe Temperaturen vor dem Eintritt des Brenngases in die Arbeitsturbine zu relativ niedrigen Kohlendioxidemissionen, zu hohen Stickoxidabgaben an die Umgebung, aber auch zu einem hohen Wirkungsgrad. Im Falle der Verwendung von reinem Wasserstoff als Brenngas entsteht kein CO_2. Um auch in diesem Zusammenhang hohe Wirkungsgrade zu erzielen und den Energieeinsatz zu begrenzen, sind möglichst hohe Verbrennungstemperaturen anzustreben. Die Hersteller müssen technische Maßnahmen im Bereich der Brennkammern und im Abgassystem ergreifen, um die Stickoxidbildung auf das von der TA Luft vorgeschriebene notwendige Maß zu begrenzen.

Bild 7.14 Gasturbine in einer Verdichterstation der Thyssengas GmbH: Im Bildmittelpunkt ist der ringförmige Brennkammerbereich dargestellt (© Thyssengas GmbH).

Inhaltlich gelten die Aussagen für Gasturbinen mit hohen Leistungen auch für Mikrogasturbinen. Das sind Anlagen mit elektrischen Leistungen von $P \leq 1\,\mathrm{MW}$ und thermischen Leistungen von $P \leq 1{,}5\,\mathrm{MW}$, die zur Wärme- und Stromerzeugung als BHKW-Anlagen arbeiten. Sie dienen unter anderem

- zur Dampferzeugung in kleinen Kesselanlagen,
- zur Wärmebereitstellung für Heißwassernetze mit Temperaturen von $\vartheta \geq 100\,°\mathrm{C}$,
- zur Unterstützung von Trockneranlagen und Wäschereien,
- zur Strom- und Wärmebereitstellung für Krankenhäuser und andere große Liegenschaften, sowie
- zur Wärmebelieferung von Nah- und Fernwärmenetzen.

Bild 7.15 Laufrad mit Laufschaufeln und davor ausgebaute Brennkammern einer Gasturbinenanlage (© Thyssengas GmbH)

Bei der Nutzung der Gasturbine als BHKW wird im Rahmen der Energiewandlung in Bild 7.13 der Transportverdichter auch in Wasserstoffnetzen durch einen Generator ersetzt. Der Wärmeinhalt des Abgases wird hinter der Arbeitsturbine für die Erzeugung von Prozessdampf oder Heißwasser genutzt. Die Gasturbine als Antriebsmotor für Verdichter im Transportsystem oder als BHKW muss auf die Verbrennung von Wasserstoff eingestellt sein. Dies sehen offensichtlich auch die Hersteller so.

In einer Pressemitteilung von R. Wezel und S. C. Baron (2019) verpflichteten sich die Mitglieder des Verbandes europäischer Gasturbinenhersteller EUTurbines im Jahr 2019, ihre Gasturbinen bis zum Jahr 2030 schrittweise von Erdgas auf erneuerbare Brennstoffe umzustellen. Bis zum Jahre 2030 wollen die Unternehmen Turbinen herstellen, die mit 100% Wasserstoff betrieben werden können.

Was für Gasturbinen gilt, soll auch für stationäre Gasmotoren gelten, die auch als BHKW im Einsatz sind und in Zukunft statt mit Erdgas mit Wasserstoff beliefert werden. Nach C.-H. Stahl vom Bundesverband Kraft-Wärme-Kopplung (2019) ist ein Gasmotor der 2G Energy AG zum BHKW des Jahres 2019 gekürt worden, der bei den Stadtwerken Haßfurt in Verbindung mit einer PEM-Elektrolyseanlage der Siemens AG (Bild 5.31 in Abschnitt 5.2.4) seit 2019 mit Wasserstoff betrieben wird. Der Gasmotor vom Typ agenitor 406 SG, in der Außenansicht in Bild 7.16 und in der Innenansicht in Bild 7.17 zu sehen, kann sowohl mit reinem Wasserstoff, mit Erdgas als auch mit einem Mischgas aus Erdgas und Wasserstoff betrieben werden. Nach F. Grewe (2019) hat das BHKW eine elektrische Leistung von 140 kW im reinen Wasserstoffbetrieb und verfügt über einen zweiten Gasanschluss für einen Wechsel in den Erdgasbetrieb, wobei dann die elektrische Nennleistung 200 kW beträgt. Grewe sieht noch entwicklungstechnisches Potenzial für die Leistung von H_2-BHKW im Vergleich zum Erdgasbetrieb:

> *„Eine signifikante Erhöhung der Nennleistung im Wasserstoffbetrieb ist möglich. Aktuell geht aber die sichere Verfügbarkeit vor Spitzenwirkungsgrad.“*

In Gesprächen mit Herstellern zeichnet sich ab, dass insbesondere die Fragen nach optimalen, angepassten Zündzeitpunkten in Abhängigkeit vom Vordruck und nach dem besten stöchiometrischen Verhältnis von Wasserstoff und Luft im Mittelpunkt der zukünftigen Entwicklung von Gasmotoren stehen werden.

Es muss gewährleistet sein, dass Gasmotor und Gasturbine in der physischen Verbindung mit Wasserstoffnetzen flexibel auf schnelle Laständerungen bei der Wasserstofferzeugung reagieren können. Sie wirken dann als Strom- und Wärmeersatzspeicher, dienen zur Flexibilität des Strom- und Wärmenetzes und leisten einen Beitrag zur Begrenzung von Strom- und Wärmebereitstellungskosten.

Bild 7.16 Mit Wasserstoff betriebener Gasmotor Typ agenitor 406 SG der 2G Energy AG bei den Stadtwerken Haßfurt GmbH (© 2G Energy AG)

Bild 7.17
Blick in den Container eines für den Wasserstoffbetrieb erweiterten Gasmotors vom Typ agenitor 406 SG der 2G Energy AG bei den Stadtwerken Haßfurt GmbH (© 2G Energy AG)

7.3 Expansionsanlagen in Wasserstofftransportsystemen

Expansionsmaschinen - Kurzform Expander - können grundsätzlich in der Erdgasinfrastruktur in Regelanlagen, die zur Druckabsenkung auf einem leitungsgestützten Transport an vielen Stellen des Rohrnetzes eingesetzt werden, eine zweite Regelschiene als Redundanz ersetzen. Der betriebliche Einsatz von Expansionsanlagen zur Umwandlung von mechanischer und thermischer Energie im Gasstrom in elektrische Energie und Kälteenergie hat sich in der bestehenden Erdgasinfrastruktur allerdings nicht durchgesetzt. Die Voraussetzung für einen wirtschaftlichen Betrieb wie ausreichend große Druckdifferenz vor und hinter dem Expander, ein hinreichend großer Volumenstrom und eine möglichst hohe jährliche Benutzungsstundenzahl kann in der Mehrzahl der Fälle nicht garantiert werden. Beim Wasserstofftransport wird die in Relation zum Erdgas um ein Vielfaches größere Wärmekapazität c_p wirksam. Die Dichte ϱ ist beim Wasserstoff allerdings kleiner als beim Erdgas und beeinflusst den Massenstrom $\dot{m}$. Dieser Effekt mindert den Vorteil der höheren Wärmekapazität auf die Höhe der umgewandelten elektrischen Leistung. Ob Expansionsanlagen im Wasserstofftransportsystem mit genügender Druckdifferenz und darüber hinaus mit einer wirtschaftlich ausreichenden Benutzungsstundenzahl eingesetzt werden können, ist im Bedarfsfall zu prüfen. Die nachfolgenden Ausführungen stellen die Berechnung der Expansionsanlage in der Wasserstoffinfrastruktur vor und zeigen Unterschiede zur heutigen Erdgasversorgung auch numerisch auf.

Die Druckdifferenz in einer Gasdruckregelanlage wird mit der Hilfe von Expansionsmaschinen zur Strom- und Kälteerzeugung genutzt. Dabei kann die eigentliche Expansionsmaschine sowohl eine Strömungsmaschine als auch eine Verdrängungsmaschine sein. Im Weiteren soll die Expansionsturbine als Strömungsmaschine im Mittelpunkt stehen.

Radiale Expansionsturbinen gehören innerhalb der Gattung Strömungsmaschinen zu den Kraftmaschinen. Der Generator ist ebenfalls im Turbinengehäuse untergebracht. Die Turbine soll mit Wasserstoff betrieben werden. Zum inneren Aufbau der Maschine gehören Abtriebswelle, Laufräder mit den radial nach außen geführten Laufschaufeln, fest mit dem äußeren Gehäuse verbundene Leiträder, Wellenlager und Abdichtungen des unter Druck stehenden Wasserstoffs gegenüber der Umgebung und dem Generator. Bild 7.18 zeigt den grundsätzlichen Aufbau mit dem Strömungsdurchgang vom hohen Eingangsdruck auf der Druckseite hin zum Ausgang auf der Saugseite.

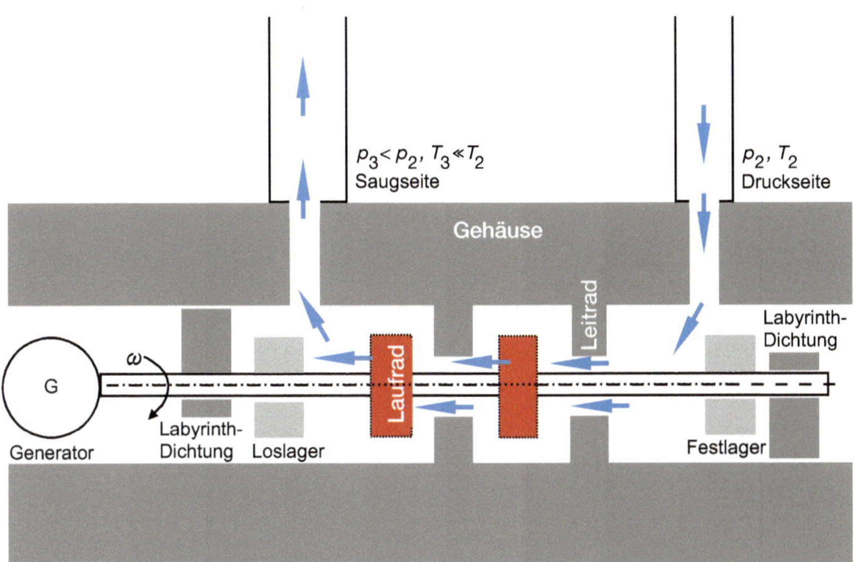

Bild 7.18 Grundsätzlicher Aufbau der Expansionsturbine

Der Wasserstoff durchströmt die Turbine in Richtung Laufrad. Zunächst wandelt das feste Leitrad Strömungsdruck in Strömungsgeschwindigkeit um. Im Laufrad, das aus vielen einzelnen Laufschaufeln besteht, wird die Strömungsgeschwindigkeit des Wasserstoffs auf die Abtriebswelle übergeben und ein nachgeschalteter Generator angetrieben. Durch die Energieübertragung im Laufrad an den Generator verliert das Gas seinen hohen Eingangsdruck, der nun auf ein niedrigeres Niveau sinkt. Gleichzeitig fällt die Temperatur im Gas stark ab.

Im *T,s*-Diagramm in Bild 7.19 ist die adiabate, reversible Zustandsänderung mit $\mathrm{d}s = 0$ der realen Entspannung gegenübergestellt. In beiden Zustandsänderungen wird der hohe Eingangsdruck p_2 auf den niedrigen Ausgangsdruck p_3 abgebaut. Die tatsächlich erreichbare Ausgangstemperatur ist allerdings nicht die isentrope Temperatur T_3^{is}, sondern die reale Ausgangstemperatur $T_3 > T_3^{\mathrm{is}}$.

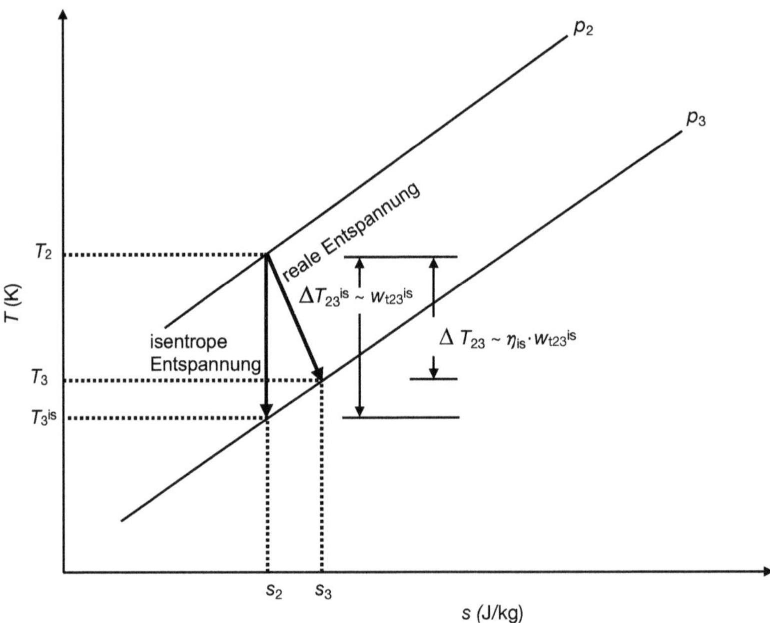

Bild 7.19 Der Entspannungsvorgang in der Expansionsturbine im *T*,*s*-Diagramm

Die im isentropen Fall erreichbare spezifische Expansionsarbeit $w_{t_{23}}^{is}$ kann wie folgt bestimmt werden:

$$w_{t_{23}}^{is} = c_{p_2} T_2 z_2 \left[1 - \left(\frac{p_3}{p_2} \right)^{\frac{\kappa-1}{\kappa}} \right] \tag{7.9}$$

Unterstellt man einen Gesamtwirkungsgrad η der Expansionsturbine und des Generators, so ist die maximale elektrische Leistung

$$P_{el} = \dot{m} w_{t_{23}}^{is} \eta = \dot{V}_n \varrho_n w_{t_{23}}^{is} \eta \tag{7.10}$$

Werden die Benutzungsstunden im Jahr b_{ha} mit herangezogen, ist die elektrische Energieausbeute im Jahr

$$E = P_{el} b_{ha} \tag{7.11}$$

Die reale Ausgangstemperatur T_3 wird mithilfe des isentropen Wirkungsgrades des Expansionsvorganges η_{is} bestimmt:

$$T_3 = T_2 \left[1 - \eta_{is} + \eta_{is} \left(\frac{p_3}{p_2} \right)^{\frac{\kappa-1}{\kappa}} \right] \tag{7.12}$$

Die Expansionsturbine bietet mit der abgesenkten Temperatur T_3 neben der Stromerzeugung auch die Erzeugung von Kälte an. Wenn eine Kältesenke im Umfeld des Standortes einer Expansionsanlage die Kälteenergie abnehmen kann, ist dieser Umstand ein wesentlicher Baustein, um den wirtschaftlichen Betrieb sicherzustellen. Kältebedarf (Kältesenke) ist beispielsweise in der Lebensmittelindustrie, in Rechenzentren oder bei der Klimatisierung großer Gebäudekomplexe vorhanden.

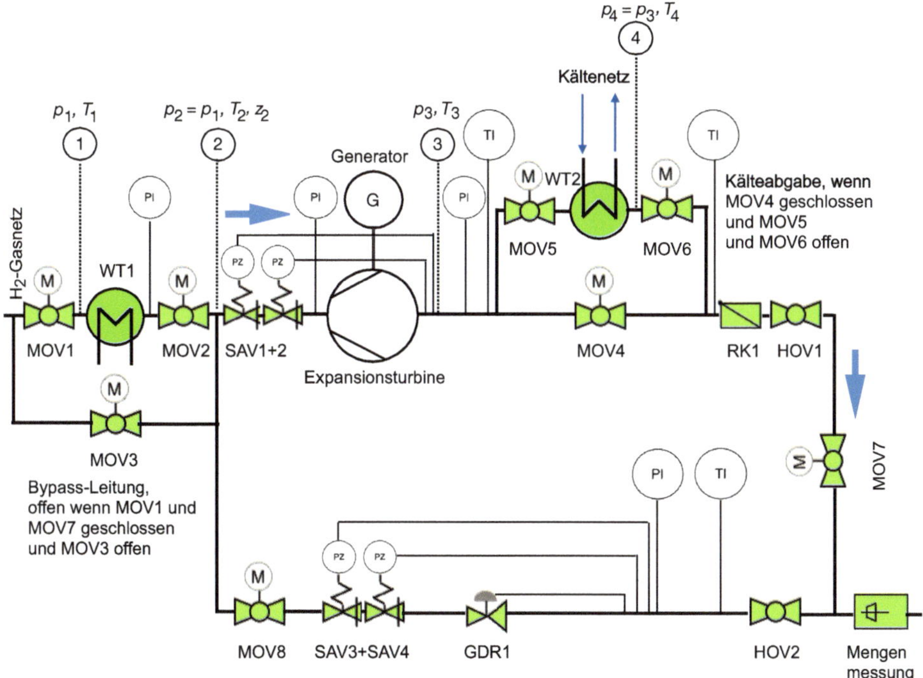

Bild 7.20 Grundfließbild einer Expansionsanlage mit der Möglichkeit der Kälteerzeugung und dem Umgang um die Expansionsanlage über eine herkömmliche Regelanlage

Das Grundfließbild einer Expansionsanlage in Bild 7.20 berücksichtigt neben der Stromerzeugung auch die Möglichkeit der Kälteerzeugung. Für den Fall, dass die Expansionsanlage ausfällt, wird der Umgang um die Expansionsanlage über eine herkömmliche Regelanlage hergestellt. Für den Expansionsvorgang gibt es zwei Betriebsvarianten:

- Variante 1: Die Expansionsanlage erzeugt Strom und Kälte.

  Zu diesem Zweck wird die Vorwärmanlage **WT1** im Bypass umfahren. Die Absperrarmaturen **MOV1** und **MOV2** sind geschlossen und **MOV3** ist geöffnet. Die Bypassarmatur **MOV4** um den Wärmetauscher **WT2** ist geschlossen und die Armaturen vor und hinter dem Wärmetauscher **WT2 MOV5** und **MOV6** sind geöffnet.

- Variante 2: Die Expansionsanlage erzeugt nur Strom.

  Dann wird die Vorwärmanlage **WT1** durchfahren. Die Absperrarmaturen **MOV1** und **MOV2** sind offen und **MOV3** ist geschlossen. Die Bypassarmatur **MOV4** um den Wärmetauscher **WT2** ist geöffnet und die Armaturen **MOV5** und MOV6 vor und hinter dem Wärmetauscher **WT2** sind zu.

Strom- und Kälteerzeugung mithilfe von Expansionsanlagen

Für die zuvor dargestellte Variante 1 (Strom- und Kälteerzeugung) und die Variante 2 (nur Stromerzeugung) sollen für Wasserstoff und Erdgas H die Auswirkungen der Energiewandlung an einem Beispiel gezeigt werden. Im Ausgang der Anlage in Bild 7.20 sollen die Temperaturen $T_4 = 278{,}15\text{ K}$ (Variante 1) und $T_3 = 278{,}15\text{ K}$ (Variante 2) nicht unterschritten werden. Mit beiden Fluiden wird eine Transportleistung von $P_{\text{Tr}} = 70\text{ MW}$ über das Transportsystem erbracht. Des Weiteren sind

$$T_1 = 283{,}15\text{ K};\ p_2 = 30\text{ bar}_\text{a};\ p_3 = 10\text{ bar}_\text{a};\ \eta_\text{is} = 0{,}7;\ \eta_\text{m} = 0{,}8;\ \eta_\text{G} = 0{,}96$$

bekannt. Alle spezifischen Größen wie Realgaszahl z, Wärmekapazität c_p und Isentropenexponent κ sind mit den einschlägigen Hinweisen in Kapitel 2 und Anhang A zu bestimmen.

Variante 1:

$$w_{\text{t}_{23}}^{\text{is}} = c_{\text{p}_2} T_2 z_2 \left[1 - \left(\frac{p_3}{p_2} \right)^{\frac{\kappa - 1}{\kappa}} \right]$$

Die elektrische Leistung wird mit Formel 7.10 berechnet. Der Gesamtwirkungsgrad ist

$$\eta = \eta_\text{is} \eta_\text{m} \eta_\text{G}$$

Die abzugebende Kälteleistung $\dot{Q}_\text{K}$ ist von der Temperatur T_3 abhängig, die mit Formel 7.12 ermittelt wird. Die Kälteleistung kann mit den Ansätzen von Tabelle 2.4 in Abschnitt 2.2.5 bestimmt werden:

$$\dot{Q}_\text{K} = \dot{Q}_{34} = \dot{V}_\text{n} \varrho_\text{n} \overline{c}_{\text{p}_{34}} \left(T_3 - T_4 \right) \tag{7.13}$$

Die mittlere Wärmekapazität $\overline{c}_{\text{p}_{34}} = \overline{c}_{\text{p}_{34}} \left(p_3, T_\text{m} \right)$ ist abhängig von einer mittleren Temperatur T_m und dem Druck p_3 im Wärmetauscher **WT2**:

$$T_\text{m} = \frac{T_3 + T_4}{2} \tag{7.14}$$

Variante 2:

Es wird keine Kälteenergie abgegeben. Damit die Temperatur hinter der Expansionsanlage das geforderte Niveau T_3 erreicht, muss die Eintrittstemperatur T_2 in die Expansionsturbine im Wärmetauscher **WT1** auf ein höheres Temperaturniveau angehoben werden.

Zwischen den Temperaturen gibt es folgende Zusammenhänge:

$$T_2 = T_1 + \Delta T_{\text{ges}} \tag{7.15}$$

$$\Delta T_{\text{ges}} = \Delta T_1 + \Delta T_2 \tag{7.16}$$

$$\Delta T_1 = T_1 - T_3 = T_1 \left[\eta_{\text{is}} - \eta_{\text{is}} \left(\frac{p_3}{p_2} \right)^{\frac{\kappa-1}{\kappa}} \right] \tag{7.17}$$

$$\Delta T_2 = T_3 - T_1 \tag{7.18}$$

Alle Ergebnisse sind tabellarisch dargestellt:

		Variante 1		Variante 2	
Größe	Einheit	Wasserstoff	Erdgas	Wasserstoff	Erdgas
c_{p_2}	kJ/(kgK)	14,33	2,28	14,46	2,29
$\overline{c}_{p_{34}}$	kJ/(kgK)	14,11	2,07	-	-
z_2	-	1,018	0,921	1,016	0,952
κ	-	1,41	1,30	1,4129	1,30
T_2	K	283	283	333	323
T_3	K	229	239	278	278
T_4	K	278	278	-	-
T_m	K	253	258	-	-
ΔT_1	K	-	-	54	44
ΔT_2	K	-	-	-5	-5
ΔT_{ges}	K	-	-	49	39
$w_{t_{23}}^{is}$	kJ/kg	1135	133	1343	157
P_{el}	kW	305	96	360	113
$\dot{Q}_K$	kW	-348	-109	-	-

Das Ergebnis ist eindeutig: Die Expansionsanlage liefert bei gleicher Transportleistung P_{Tr} mit Wasserstoff eine erheblich höhere Strom- und Kälteleistung als mit Erdgas. Ob hieraus auch ein wirtschaftliches Projekt resultiert, hängt vom Beschäftigungsgrad der Entspannungsmaschine ab.

Es empfiehlt sich die Bearbeitung von Aufgabe 43 im Buch *Wasserstofftechnik. Aufgaben und Lösungen*.

In Bild 7.21 ist die Expansionsanlage als klassische Anwendung im Bereich der Grundlast eines Wasserstofftransportsystems dargestellt. Die Jahresdauerlinie ist die nach der Höhe geordnete Darstellung der Transportleistungen über der Nutzungsdauer in Stunden. Die schraffierte Fläche unterhalb der Jahresdauerlinie gibt die Energiemenge an, die mithilfe der Expansionsanlage gewandelt und genutzt werden kann.

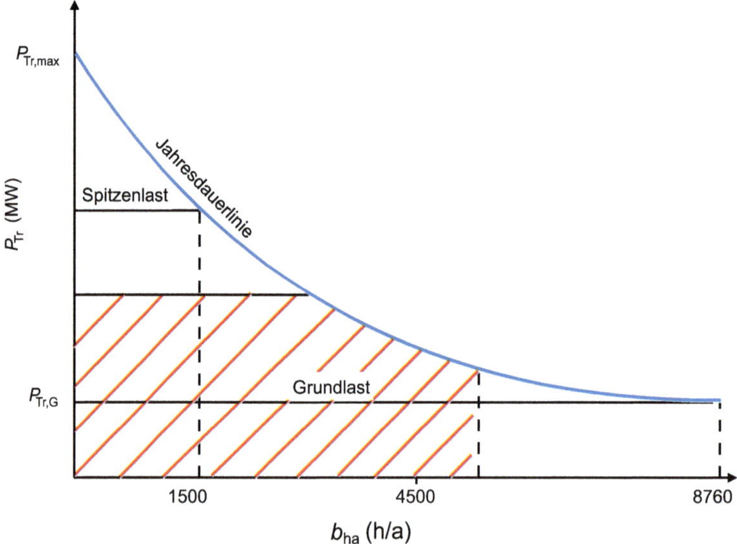

Bild 7.21 Geordnete Jahresdauerlinie einer Wasserstoffversorgung mit den Jahresbenutzungsstunden einer wirtschaftlich arbeitenden Expansionsanlage

Die Wirtschaftlichkeit einer Gasexpansionsanlage ist von der Anzahl der jährlichen Benutzungsstunden abhängig. Die Wirtschaftlichkeit kann mit dem klassischen Instrument der dcf-Rechnung (Abschnitt 3.2.1) für den einzelnen Anwendungsfall gerechnet werden.

8 Verflüssigung von Wasserstoff

Die Verflüssigung von Wasserstoff als LH_2 gehört neben der Verflüssigung des Edelgases Helium zu den aufwendigsten Verflüssigungsprozessen der modernen Kältetechnik. Dies ist auf den sehr niedrigen Siedepunkt des Wasserstoffs bei annähernd Umgebungsdruck zurückzuführen. Der Siedepunkt liegt mit knapp 20 K nur wenig oberhalb des absoluten Nullpunktes. Damit unterschreitet er auch die mit rund 112 K niedrige Verflüssigungstemperatur der seit Jahrzehnten praktizierten Erdgasverflüssigung als LNG um ein Vielfaches.

In Abschnitt 4.3 (Bild 4.6) wurde eine Versorgungssituation beschrieben, in der im Jahr 2030 bis zu 70 % der Energie aus regenerativ erzeugtem Wasserstoff importiert werden müssen. Wo dies über Transportleitungen möglich ist, wie beispielsweise über Südeuropa, ist es naheliegend, den leitungsgebundenen Weg zu nehmen. Andere potenzielle Erzeugerländer wie Island mit seinem Stromangebot aus Wasserkraft sind auf den Schiffstransport von flüssigem Wasserstoff ähnlich dem heutigen Transport von flüssigem LNG angewiesen.

Die Verflüssigung von Wasserstoff zu LH_2 und der Transport über Kryotanks zur Belieferung der Luft- und Raumfahrtindustrie ist seit Jahrzehnten erprobte Praxis. Zur Belieferungstechnologie zählen der Umgang mit Befüllung und Entleerung der Tanks, der eigentliche Aufbau der Transportbehälter und der Umgang mit den als Boil-Off-Gas auftretenden Verdampfungsanteilen des flüssigen Wasserstoffs. Auf diesen Erfahrungen kann in Zukunft aufgebaut werden. In diesem Kapitel steht die Thermodynamik der Verflüssigung und die Vorstellung von Verflüssigungsprozessen im Mittelpunkt.

8.1 Grundlagen der Wasserstoffverflüssigung

Die Verflüssigung von Gasen eröffnet, wie Bild 8.1 zeigt, die Möglichkeit, auf sehr kleinem Raum eine große Energiemenge zu speichern. Dies wird genutzt, um in Behältern oder in Tankanlagen mit geringem Volumen das Gas ortsfest zu speichern oder es unter anderem mit speziellen Tankschiffen zu transportieren. LNG wird vor der Verflüssigung von Aromaten und Stickstoff befreit, da diese einen starken Einfluss auf die Verflüssigungstemperatur haben, und geht bei $\vartheta_S = -161{,}5\,°C$ in den flüssigen Zustand über. Reiner Wasserstoff wird als LH_2 bei $\vartheta_S = -252{,}75\,°C$ verflüssigt.

Es empfiehlt sich die Bearbeitung von Aufgabe 44 im Buch *Wasserstofftechnik. Aufgaben und Lösungen.*

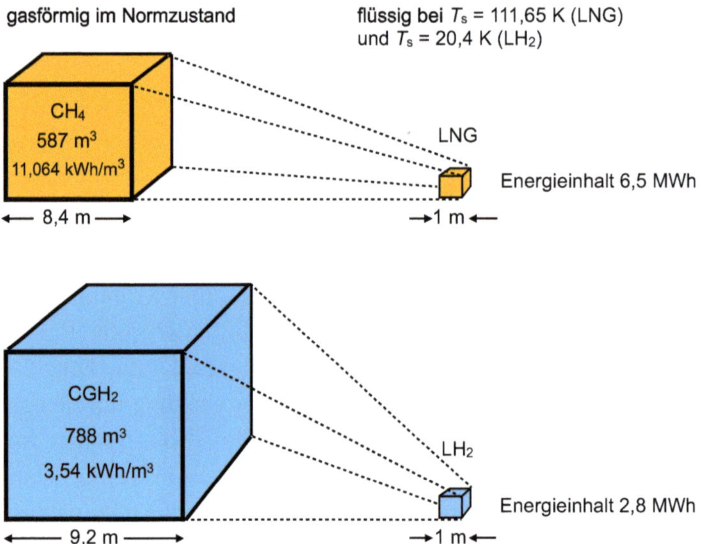

Bild 8.1 Anschauliche Gegenüberstellung der Verflüssigung von gasförmigem Erdgas und Wasserstoff mit dem jeweiligen Energieinhalt von 1 m³ Flüssigvolumen

Im Zusammenhang mit der Verflüssigung des Wasserstoffs ist zu berücksichtigen, dass zusätzlich zur Verflüssigungsarbeit auch eine Energie verzehrende Umwandlung des ortho-Wasserstoffs in den para-Wasserstoff erfolgt (Bild 8.2). Die Umwandlung von o-H_2 in p-H_2, die beim Abkühlen des Gases von alleine oder mithilfe eines Katalysators abläuft, ist exotherm. Eine weitere Erläuterung finden Sie in Abschnitt 2.1 und in Bild 2.3. Die Kälteanlage muss die hierfür erforderliche Kälteleistung zusätzlich erbringen. Bereits in Abschnitt 2.1 ist dargelegt, dass unter Standardbedingungen der ortho-Wasserstoff mit einem maximalen Anteil von 75 % im Gleichgewicht mit 25 % des para-Wasserstoffs als n-Wasserstoff - oder kurz Wasserstoff - steht. Wird nun im Rahmen der Verflüssigung der n-Wasserstoff vollständig in p-H_2 umgewandelt, muss nach Bild 8.2 ein spezifischer Energieaufwand von

$$w_K = 0{,}62\,\text{kWh/kg H}_2 = 2{,}23\,\text{MJ/kg H}_2 \tag{8.1}$$

berücksichtigt werden.

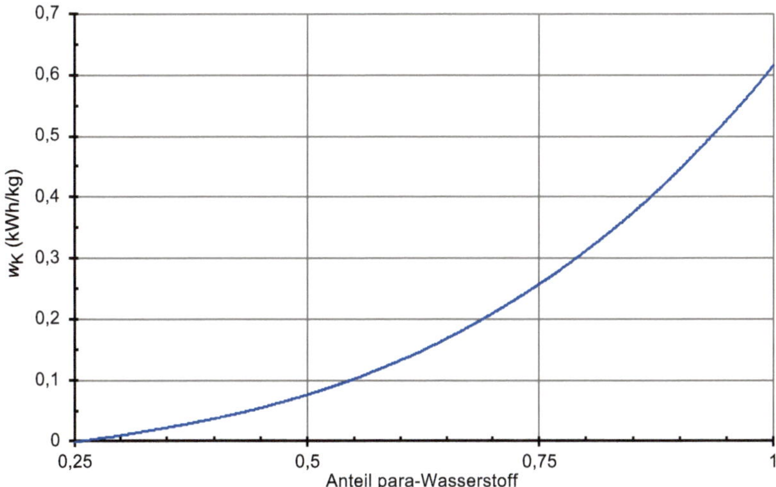

Bild 8.2 Spezifischer Energieaufwand im Zuge der Verflüssigung bei der Umwandlung des ortho-Wasserstoffs in para-Wasserstoff

Die Änderung des Aggregatzustandes von gasförmig in flüssig kann über zwei verschiedene Wege erfolgen, wie das *T*,*s*-Diagramm in Bild 8.3 zeigt. Der Weg geht entweder

1. über eine Niederdruckverflüssigung oder alternativ
2. über eine überkritische Hochdruckverflüssigung.

Beide Varianten führen letztlich zum Siedepunkt.

Die mit der Verflüssigung im Zusammenhang stehenden Größen Druck *p* und Temperatur *T* am kritischen Punkt, am Tripelpunkt und im Siedepunkt sind für Wasserstoff und andere Stoffe aus Tabelle 2.1 in Abschnitt 2.1 zu entnehmen.

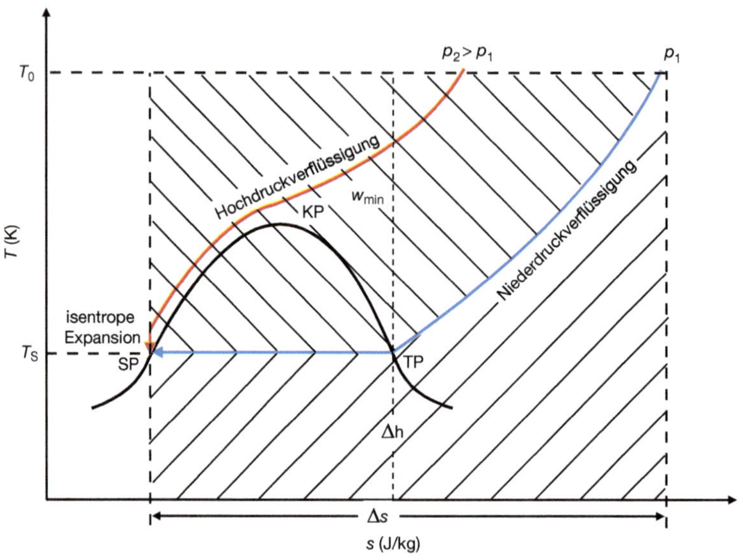

Bild 8.3 Die Verflüssigung des Wasserstoffs über den Pfad der Niederdruckverflüssigung oder alternativ über die Hochdruckverflüssigung nach W. Peschka (1984): TP ist der Tripelpunkt, SP ist der Siedepunkt, KP ist der kritische Punkt, T_0 ist die Umgebungstemperatur, T_s ist die Siedetemperatur und w_{min} ist die Mindest-Verflüssigungsarbeit.

Bei der Niederdruckverflüssigung wird die Temperatur bis zum Erreichen der Taulinie kontinuierlich abgesenkt. Danach verläuft die Zustandsänderung isotherm und isobar im Zweiphasengebiet unter Abgabe der Kondensationswärme. Im Zuge der Abkühlung findet in der Gasphase vor Erreichen der Siedelinie eine exotherme Umwandlung des ortho-Wasserstoffs in die energieärmere para-Form unter Mitwirkung eines Katalysators statt.

Bei der Hochdruckverflüssigung wird zunächst auf einer überkritischen Isobaren dem Fluid kontinuierlich Wärme entzogen und schließlich im Anschluss an eine isentrope Expansion und nachfolgende Kondensation der Siedepunkt erreicht.

Für die bei der Verflüssigung von Wasserstoff geleistete spezifische Mindest-Verflüssigungsarbeit w_{min} bedeutet dies mit Bezug auf den idealen Carnot-Prozess

$$w_{\min} = \int_{T_1}^{T_2} \frac{T_0 - T}{T} \mathrm{d}q \tag{8.2}$$

Für die isobare Zustandsänderung mit $\mathrm{d}q = c_p \mathrm{d}T = \mathrm{d}h = T\mathrm{d}s$ folgt

$$w_{\min} = T_0 \int_{s_1}^{s_2} \mathrm{d}s - \int_{h_1}^{h_2} \mathrm{d}h = T_0 \Delta s - \Delta h \tag{8.3}$$

In Bild 8.3 stellt die untere schraffierte Fläche unterhalb der Isobaren $p_1 = \text{const}$ die beim Verflüssigungsprozess abzuführende Wärmemenge Δh und die obere schraffierte Fläche die Mindestverflüssigungsarbeit w_{min} dar. Im Idealfall der isentropen Zustandsänderung ist die minimale Verflüssigungsarbeit nach dem 1. Hauptsatz der Thermodynamik für beide skizzierten Wege zum Siedezustand des Wasserstoffs nach Bild 8.3 gleich.

Nach W. Peschka (1984, S. 19) ist die je kg Wasserstoff aufzubringende spezifische Mindest-Verflüssigungsarbeit von Wasserstoff (n-H_2) unter Einbeziehung der ortho-para-Wasserstoffumwandlung

$$w_{\min} = 3{,}92\,\text{kWh/kg}\;H_2 = 14{,}11\,\text{MJ/kg}\;H_2 \tag{8.4}$$

Die Effizienz oder der Wirkungsgrad eines realen Verflüssigungsprozesses wird an diesem Wert gemessen.

In die Bewertung werden die Teilprozesse Verdichtung, Abkühlung, Entspannung bzw. Drosselung und Kondensation einschließlich der ortho-para-Wasserstoffumwandlung und sämtliche Nebenprozesse eingerechnet.

8.2 Verflüssigungsprozesse

Im *T,s*-Diagramm für Wasserstoff (Bild 8.3) sind mit der Niederdruck- und der Hochdruckverflüssigung die beiden grundsätzlichen Wege zum Erreichen des Siedepunktes von H_2 dargestellt. Dabei stehen unterschiedliche Technologien zur Verfügung. Abweichungen resultieren aus technischen Einschränkungen der zur Verfügung stehenden Anlagen und den unterschiedlichen Wirkungsgraden, die eingerechnet werden müssen.

Bei der Expansion soll grundsätzlich ein ausreichendes Druckgefälle vom hohen Eingangsdruck zum niedrigen Ausgangsdruck der Expansion und damit auch ein entsprechender Temperaturunterschied zum Zwei-Phasengebiet des Wasserstoffs vorliegen. Dadurch ist sichergestellt, dass nicht bereits zu Beginn der Entspannung im Eingang der Entspannungsmaschine flüssiger Wasserstoff vorliegt, was den Expansionsprozess behindern würde. Ist der Druckunterschied zu gering, kommt statt einer Expansion des Wasserstoffs eine isenthalpe Entspannung über eine Drosselung in Frage.

In der Praxis der Verflüssigung wird in der Regel die Hochdruckverflüssigung angewendet. Im Zuge eines Kreisprozesses wird ein Teil des Wasserstoffes wieder zum Ausgangspunkt zurückgeführt. Alle herkömmlichen Verflüssigungsprozesse mit den Teilprozessen Abkühlung, Entspannung, Drosselung und Kondensation haben eines gemeinsam: Zuerst wird der Wasserstoff vom Umgebungsdruck $p_1 = 1\ \text{bar}_a$ auf ein höheres Druckniveau $p_2 > p_1$ gebracht. Da das Druckverhältnis $\pi = p_2 / p_1$ hoch und der Volumenstrom begrenzt ist, wird in der Regel ein mehrstufiger Kolbenverdichter eingesetzt.

Die Kompression erfolgt isotherm, sodass je Stufe die Gastemperatur durch Kühlung der Zylinder konstant mit $T_{J_2} = T_{J_1}$ bleibt. Die bei der Kompression anfallende Wärme wird dem Wasserstoffgas durch Kühlung der Zylinder mit Luft oder einem Kühlmedium entzogen (siehe auch Bild 7.5 in Abschnitt 7.1.1). Das Stufendruckverhältnis π_J kann mit Formel 7.3 in Abschnitt 7.1.1 berechnet werden.

Die Verflüssigung von Wasserstoff setzt eine hohe Reinheit (5.0) voraus, da ansonsten die Verflüssigungstemperaturen durch die Fremdstoffe beeinflusst werden. Vorab gefrierende Substanzen können außerdem Rohrleitungen für den noch gasförmigen Wasserstoff zusetzen und die Querschnitte bis zur Totalblockade verengen. Die für die Aufbereitung des Wasserstoffs infrage kommenden Verfahren sind in Abschnitt 5.4 behandelt.

Der bei diesem ersten Teilschritt erforderliche, spezifische Energieaufwand setzt sich aus der isothermen Verdichtungsarbeit w_V

$$w_V = \sum_{J=1}^{n} \frac{RT_{J_1}}{\eta} z_{J_1} \ln \frac{p_{J_2}}{p_{J_1}} \tag{8.5}$$

und der spezifischen Energie zur Zylinderkühlung

$$q_{KWS} = \sum_{J=1}^{n} \bar{c}_{p_J} \left(T_{J_2}^{*} - T_{J_1} \right) \tag{8.6}$$

zusammen.

$T_{J_2}^{*}$ ist die Temperatur hinter der Verdichtung, die sich bei polytroper Zustandsänderung ohne Zwischen- und Nachkühlung einstellen würde.

$$T_{J_2}^{*} = \frac{T_{J_1}}{\eta_{is}} \left(\frac{p_{J_2}}{p_{J_1}} \right)^{\frac{\kappa_J - 1}{\kappa_J}} \tag{8.7}$$

Es wird ein für alle Verdichterstufen J gemeinsamer Isentropenwirkungsgrad η_{is} angenommen. Der Isentropenexponent κ_J ist allerdings stufenspezifisch zu berechnen.

Der Verflüssigungsprozess kann am Beispiel des einstufigen Linde-Hampson-Prozesses nachvollzogen werden. Dieses Verfahren der Hochdruckverflüssigung setzt sich aus einer Abkühlung des Wasserstoffs bis zu Temperaturen $T < 200$ K, einer anschließenden isenthalpen Drosselung und am Ende aus einer Kondensation zusammen.

Bild 8.4 zeigt die Verfahrensschritte im Detail:

1. Vom Zustandspunkt 1 zum Zustandspunkt 2 erfolgt eine mehrstufige isotherme Verdichtung.
2. Vom Zustandspunkt 2 zum Zustandspunkt 3 erfolgt eine isobare Abkühlung.
3. Vom Zustandspunkt 3 zum Zustandspunkt 4 erfolgt eine isenthalpe Drosselung.

4. Vom Zustandspunkt 4 zum Zustandspunkt 5 wird der flüssige Teil des Wasserstoffs im Zweiphasengebiet abgeschieden.
5. Vom Zustandspunkt 5 zum Zustandspunkt 6 findet die Rückströmung des dampfförmigen Teils des Wasserstoffs unter isobaren Bedingungen statt.
6. Vom Zustandspunkt 6 zum Zustandspunkt 1 erwärmt sich der rückströmende dampfförmige Wasserstoff entlang der Isobaren im Gegenstrom zum abkühlenden Wasserstoff auf der Hochdruckseite bis auf Umgebungstemperatur.

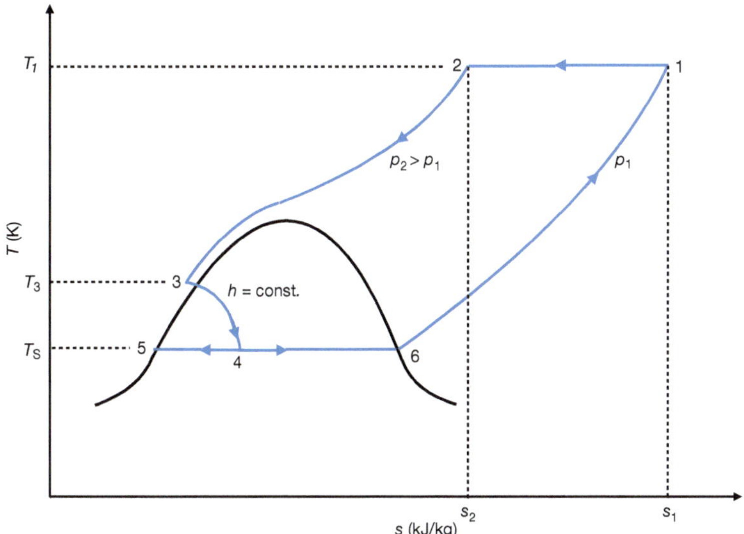

Bild 8.4 Die Verflüssigung des Wasserstoffs über den einstufigen Linde-Hampson-Prozess nach W. Peschka (1984)

Anhand der Inversionskurve des Wasserstoffs in Bild 2.25 in Abschnitt 2.2.10 wird deutlich, dass unterhalb einer reduzierten Temperatur

$$T_r = \frac{T}{T_c} < \frac{180\ \text{K}}{33{,}19\ \text{K}} = 5{,}4 \tag{8.8}$$

und bei einem Druck von $p \leq 30\ \text{bar}_a$

$$p_r = \frac{p}{p_c} = \frac{30\ \text{bar}_a}{13{,}15\ \text{bar}_a} = 2{,}28 \tag{8.9}$$

die isenthalpe Drosselung zu einer Abkühlung des Wasserstoffs führt.

8.2.1 Ergänzungen zum Verflüssigungsprozess

Um Ihnen das Grundprinzip der Verflüssigung zu vermitteln, werden in der Folge zwei unterschiedliche Prozesse vorgestellt, die in Abschnitt 8.2.2 mithilfe der Energiebilanz bewertet werden.

Eine Modifikation des einstufigen Linde-Hampson-Prozesses stellt die Ergänzung des vorangehend beschriebenen Verfahrens mit einer Stickstoff-Vorkühlung dar, die in Bild 8.5 vorgestellt wird. Der korrespondierende Druck- und Temperaturverlauf ist im *T*,*s*-Diagramm in Bild 8.6 nachzuvollziehen.

Der Wasserstoff wird bei der Stickstoff-Vorkühlung zunächst in einer mehrstufigen Verdichteranlage mit Zylinderkühlung isotherm auf einen höheren Druck komprimiert. Die Zustandspunkte 1 und 2 sind $T_1 = T_2 = 298{,}15\ \text{K}$, $p_1 = 1\ \text{bar}_a$ und $p_2 = 30\ \text{bar}_a$. Im Anschluss daran wird das Fluid im Gegenstrom mit dem zurückströmenden tiefkalten Wasserstoff abgekühlt. Danach erfolgt eine Vorkühlung mit flüssigem Stickstoff bis auf die Stickstoff-Siedetemperatur $T_s = 77{,}3\ \text{K}$. Die Verflüssigung des Stickstoffs erfolgt in einem eigens dafür angelegten, separaten Verflüssigungsprozess. Der letzte Schritt zur Wasserstoffverflüssigung ist die isenthalpe Drosselung.

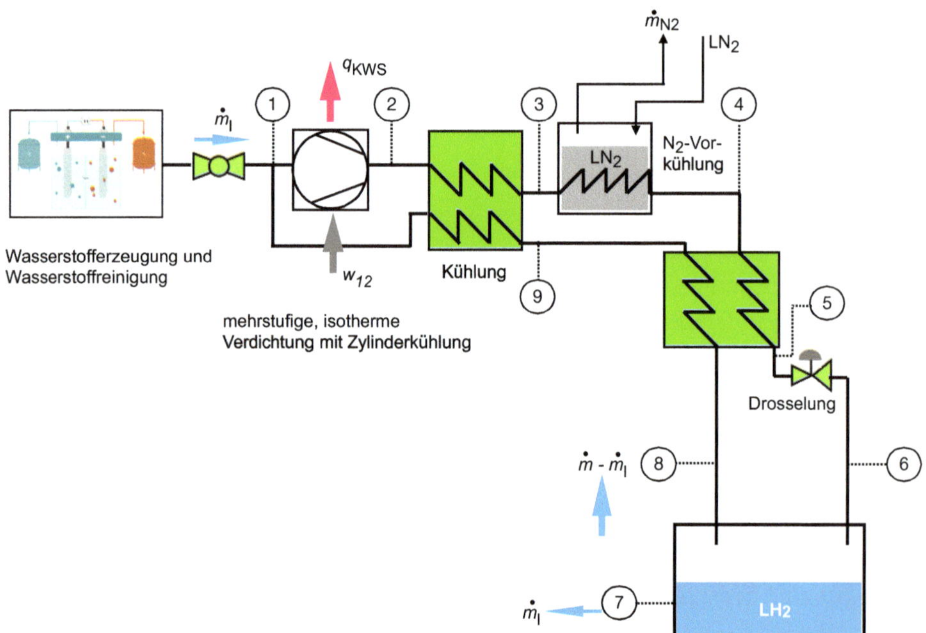

Bild 8.5 Schema einer Verflüssigungsanlage nach dem einstufigen Linde-Hampson-Prozess mit N_2-Vorkühlung zur Wasserstoffverflüssigung

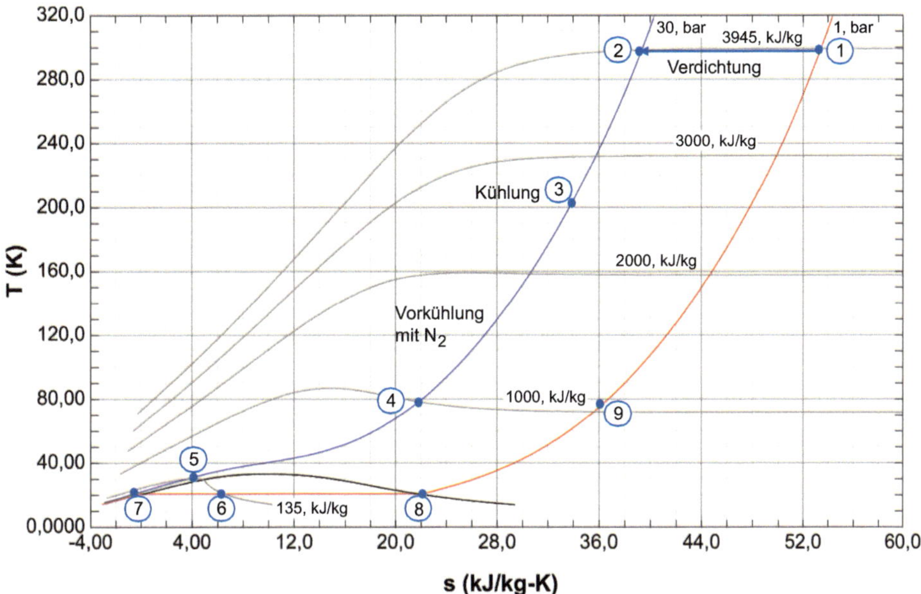

Bild 8.6 *T,s*-Diagramm für den einstufigen Linde-Hampson-Prozess zur Wasserstoffverflüssigung mit Vorkühlung über flüssigen Stickstoff; $T_1 = 298{,}15\ \mathrm{K}$, $p_1 = 1\ \mathrm{bar_a}$ und $p_2 = 30\ \mathrm{bar_a}$

Alternativ zur isenthalpen Drosselung in Bild 8.5 kann im letzten Prozessschritt vom Zustandspunkt 5 zum Zustandspunkt 6 die Verflüssigung durch eine isentrope Expansionsanlage - auch als Expander bezeichnet - erreicht werden. Bild 8.7 vermittelt die entsprechende anlagentechnische Anpassung des Verfahrens.

Für begrenzte Volumenströme ist der Expander keine Strömungsmaschine, sondern eine Kolbenexpansionsanlage. Der Druck vor Eintritt in den Expander ist mit $p_1 = 80\ \mathrm{bar_a}$ erheblich höher als im Linde-Hampson-Prozess mit Drosselung. Dies hat zur Folge, dass die Zustandsänderung vom Zustandspunkt 1 zum Zustandspunkt 2 auf dieses höhere Druckniveau erfolgen muss. Mit den bereits bekannten Teilschritten

1. Wärmeaustausch mit dem zurückströmenden tiefkalten Wasserstoff sowie
2. Wärmeaustausch mit verflüssigtem Stickstoff

werden die Eintrittsbedingungen in die Expansionsanlage $p_4 = 80\ \mathrm{bar_a}$ und $T_4 = 77{,}3\ \mathrm{K}$ erreicht. Der gesamte Prozessverlauf soll im nachfolgenden Beispiel über eine Energiebilanz bewertet werden.

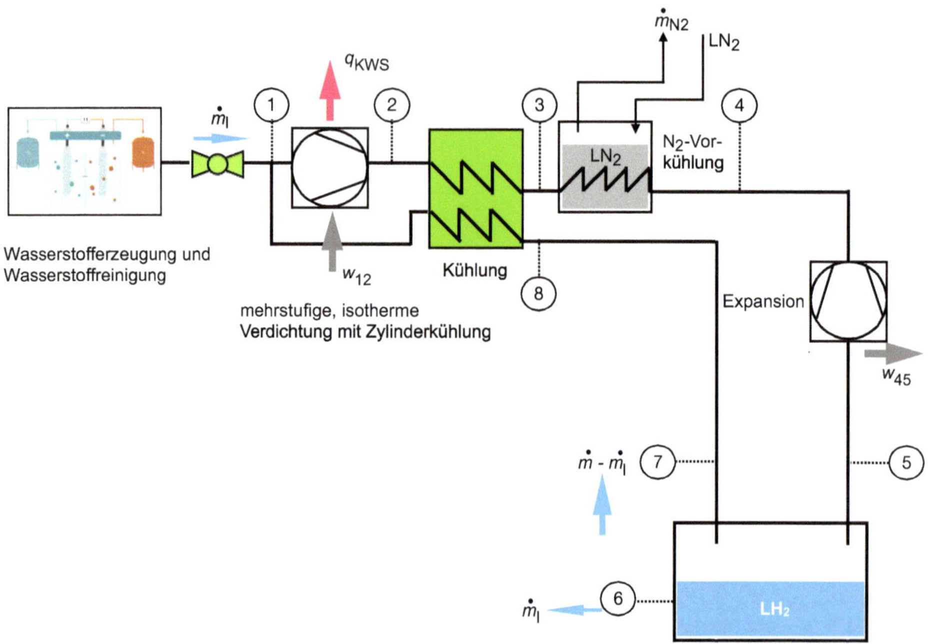

Bild 8.7 Schema der Wasserstoffverflüssigung nach dem einstufigen Linde-Hampson-Prozess mit Vorkühlung über flüssigen Stickstoff und Expander

8.2.2 Zur Energiebilanz des Verflüssigungsprozesses

Der gesamte spezifische Energiebedarf des Verflüssigungsprozesses e setzt sich aus der spezifischen Verdichterarbeit und dem Energieaufwand für den gesamten Kühlprozess zusammen. Hinzugerechnet werden muss der Energieaufwand aller Nebenaggregate wie der für die Stromversorgung oder für die Steuerung und Regelung. Hinzu kommen Reibungsverluste in Rohrleitungen, Formstücken und Armaturen, die die Wirksamkeit der Verflüssigung beeinflussen. Wird der gesamte spezifische Energieaufwand zur Mindest-Verflüssigungsarbeit $w_{\min}$ ins Verhältnis gesetzt, erhält man den Wirkungsgrad oder die Effizienz des jeweiligen Verflüssigungsprozesses.

Berücksichtigung von Verlusten in Nebenaggregaten und Rohrleitungen in der Energiebilanz der Verflüssigung

Um mechanische und thermische Verluste in den Nebenaggregaten der Verflüssigungsanlage wie Reibungsverluste und Wärmeverluste in Strömungskanälen zu berücksichtigen, ist im Verflüssigungsbetrieb ein Zuschlag auf den ermittelten Netto-Energieaufwand zu leisten. Die Höhe des Zuschlages sollte - wo vorhanden - die einschlägigen Betriebserfahrungen berücksichtigen. Wenn Betriebserfahrungen noch nicht in ausreichendem Umfang vorliegen, ist eine Größenordnung von 20 % auf den Netto-Energieaufwand aus konservativer Ingenieursicht gerechtfertigt.

Der Energiebedarf zur Verflüssigung von Wasserstoff nach dem einstufigen Linde-Hampson-Prozess mit Vorkühlung über flüssigen Stickstoff und Expander

Der im verfahrenstechnischen Schema in Bild 8.7 dargestellte Prozess zur Wasserstoffverflüssigung ist im nachfolgenden *T,s*-Diagramm (Bild 8.8) dargestellt.

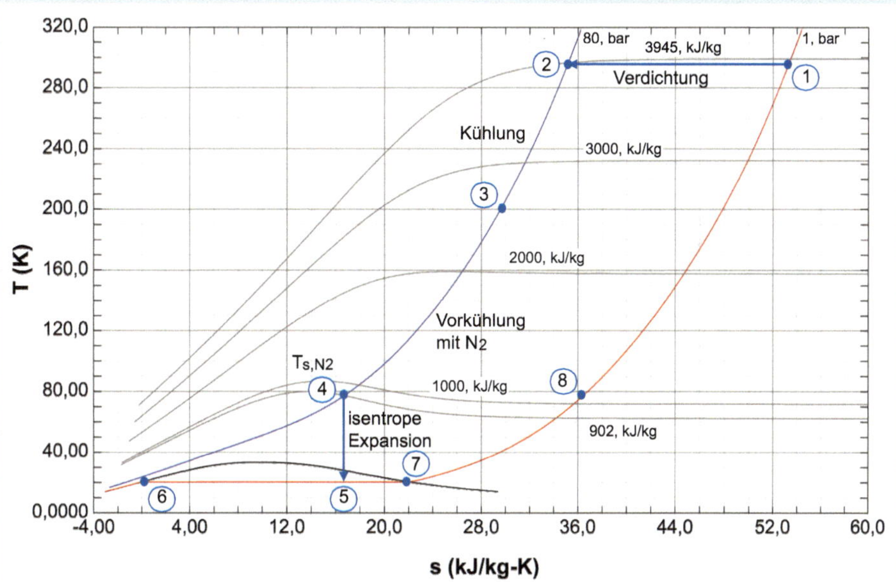

Bild 8.8 *T,s*-Diagramm für den einstufigen Linde-Hampson-Prozess zur Wasserstoffverflüssigung mit Vorkühlung über flüssigen Stickstoff und Expander; $T_1 = 298{,}15\ \text{K}$, $p_1 = 1\ \text{bar}_a$ und $p_2 = 80\ \text{bar}_a$

Die wesentlichen Betriebsparameter von Verdichter und Expander sind Tabelle 8.1 zu entnehmen.

Tabelle 8.1 Betriebsparameter von Verdichter und Expander in einer Anlage zur Wasserstoffverflüssigung nach dem einstufigen Linde-Hampson-Prozess nach Bild 8.7

Größe	Verdichter	Expander	Anmerkung
Anzahl der Stufen J	4		1)
Stufendruckverhältnis π_J	2,99		Formel 7.3
isentroper Wirkungsgrad η_{is}	0,7	0,7	
mechanischer Wirkungsgrad η_m	0,9	0,9	
Motorwirkungsgrad η_M	0,96		
Generatorwirkungsgrad η_G		0,96	
Gesamtwirkungsgrad η	0,6048	0,6048	Formel 2.49

Anmerkung: 1) Kolbenverdichter und Kolbenexpander

Um die Verdichterarbeit *w* nach Formel 7.4 in Abschnitt 7.1.1 zu bestimmen, sind die in Bild 7.5 in Abschnitt 7.1.1 dargestellten Betriebsparameter $p_{J_1}, T_{J_1}, p_{J_2}, T_{J_2}$ und darüber hinaus die Stoffparameter $z_{J_1} = z_{J_1}\left(p_{J_1}, T_{J_1}\right)$, $\overline{c}_{p_J} = \overline{c}_{p_J}\left(c_{p_{J_1}}, c_{p_{J_2}}\right)$ und $\overline{\kappa}_J = \kappa_J\left(\kappa_{J_1}, \kappa_{J_2}\right)$ zu berechnen.

$$\overline{c}_{p_J} = \frac{c_{p_{J_1}} + c_{p_{J_2}}}{2} \tag{8.10}$$

$$\overline{\kappa}_J = \frac{\kappa_{J_1} + \kappa_{J_2}}{2} \tag{8.11}$$

Die Realgaszahl z_{J_1} wird mit der Temperatur T_{J_1} und dem Druck p_{J_1} auf der Eingangsseite der jeweiligen Verdichterstufe mithilfe von Formel 2.11 in Abschnitt 2.2.1 berechnet. Die dazugehörige spezifische Wärmekapazität und der Isentropenexponent kann mit den Regeln in Abschnitt 2.2.4 ermittelt werden. So stellen sich für den vierstufigen Verdichter die in Tabelle 8.2 aufgelistete Betriebsgrößen ein.

Tabelle 8.2 Energiebedarf des vierstufigen Kolbenverdichters einer Wasserstoffverflüssigungsanlage nach dem einstufigen Linde-Hampson-Prozess

J	p_{J_1}	T_{J_1}	z_{J_1}	$c_{p_{J_1}}$	k_{J_1}	p_{J_2}	$T^*_{J_2}$	T_{J_2}	$c_{p_{J_2}}$	k_{J_2}	$\overline{k}_J$	$\overline{c}_{p_J}$	w_J	q_J
	bar_a	K	–	kJ/(kgK)	–	bar_a	K	K	kJ/(kgK)	–	–	kJ/(kgK)	MJ/kg	MJ/kg
1	1	298	1,00	14,3	1,41	2,99	584	298	14,5	1,39	1,40	14,4	2,62	4,12
2	2,99	298	1,00	14,3	1,41	8,94	584	298	14,5	1,39	1,40	14,4	2,62	4,13
3	8,94	298	1,01	14,3	1,41	26,7	585	298	14,6	1,39	1,40	14,4	2,63	4,14
4	26,7	298	1,01	14,3	1,41	80	586	298	14,6	1,40	1,40	14,5	2,67	4,16
Σ													10,54	16,55

Anmerkungen: Berechnungen erfolgten mit REFPROP; alle Werte gerundet; $q_{KWS} = \sum q_J$; $w_V = \sum w_J$

Die Abkühlung nach der Verdichtung bis in den Temperaturbereich der Siedetemperatur des als Kältemittel eingesetzten Stickstoffs erfordert den Einsatz von Kälteenergie q_{24}.

$$q_{24} = h_2 - h_4 \tag{8.12}$$

Die Enthalpien können mit REFPROP nach E. W. Lemmon et al. (2018) berechnet werden (Tabelle 8.3).

Tabelle 8.3 Energiebedarf bei der Abkühlung des Wasserstoffs in der Verflüssigungsanlage nach dem einstufigen Linde-Hampson-Prozess

Zustandspunkt i	T_i	p_i	h_i	s_i	c_{p_i}	$q_{24} = \Delta h_{24}$
	K	bar_a	kJ/kg	kJ/(kgK)	kJ/(kgK)	MJ/kg
2	298,15	80	3968	35,3	14,5	
4	77,3	80	902	16,7	14,5	3,07

Anmerkungen: Berechnungen erfolgten mit REFPROP; alle Werte gerundet $w_{45} = w_E$

Es schließt sich die Expansion des Wasserstoffs vom Zustandspunkt 4 hin zum Zustandspunkt 5 an. Die dabei in elektrische Energie gewandelte spezifische Expansionsarbeit $w_{45} = w_E$ wird mit der spezifischen isentropen Expansionsarbeit $w_{t_{45}}^{is}$ über Formel 7.9 in Abschnitt 7.3 unter Berücksichtigung des Gesamtwirkungsgrades η berechnet und in Tabelle 8.4 dargestellt:

$$w_{45} = c_{p_4} T_4 z_4 \eta \left[1 - \left(\frac{p_4}{p_5} \right)^{\frac{\kappa-1}{\kappa}} \right] \tag{8.13}$$

Tabelle 8.4 Energiewandlung bei der Expansion des Wasserstoffs in der Verflüssigungsanlage nach dem einstufigen Linde-Hampson-Prozess

Zustandspunkt i	T_i	p_i	z_i	c_{p_i}	κ_i	w_{45}
	K	bar_a	-	kJ/(kgK)	-	MJ/kg
4	77,3	80	0,9760	14,5	2,11	
5	20,3	1	-	-	-	0,594

Anmerkungen: Berechnungen erfolgten mit REFPROP; alle Werte gerundet

Bei der Ermittlung des gesamten spezifischen Energiebedarfs e für die Wasserstoffverflüssigung ist der spezifische Energieaufwand für die ortho-para-Wasserstoffumwandlung w_K nach Formel 8.1 zu berücksichtigen. Darüber hinaus wird, wie im Praxistipp vorgeschlagen, für die Nebenanlagen ein Aufschlag auf den Netto-Energieaufwand vorgenommen:

$$w_{NA} = 0{,}2 \left[\sum_{i=1}^{n} (w + q) \right] + w_K \tag{8.14}$$

Folglich ist der Brutto-Energieaufwand

$$e = 1{,}2 \left[\sum_{i=1}^{n} (w + q) \right] + w_K \tag{8.15}$$

Die Energiebilanz des in Bild 8.5 und Bild 8.6 vorgestellten einstufigen Linde-Hampson-Prozesses mit N_2-Vorkühlung und nachgeschalteter Drosselung ist in Tabelle A.15 bis Tabelle A.17 und in Bild A.6 in Anhang A einzusehen.

In der Gesamtschau über beide in Abschnitt 8.2.1 vorgestellten Verflüssigungsprozesse wird der Energiebedarf in Tabelle 8.5 gelistet.

Tabelle 8.5 Energiebedarf bei Wasserstoffverflüssigung mit Anlagen nach dem einstufigen Linde-Hampson-Prozess

Anlage	Verdichtung		Abkühlung	o-p-Konv.	Expander	Nebenanlagen	Energiebedarf	
Abkühlung über	w_V	q_{KWS}	q	w_K	w_E	w_{NA}	e	
	MJ/kg	MJ/kg	MJ/kg	MJ/kg	MJ/kg	MJ/kg	MJ/kg	kWh/kg
Drosselung	7,86	14,21	3,81	2,23	-	5,62	33,73	9,37
Expander	10,54	16,55	3,07	2,23	-0,59	6,36	38,16	10,60

Der in Tabelle 2.30 in Abschnitt 2.7.2.2 aufgeführte Brennwert $H_{s,n} = 3{,}54 \text{ kWh/m}^3$ kann mithilfe der in Tabelle 2.1 in Abschnitt 2.1 enthaltenen Normdichte des Wasserstoffs in einen vollständigen Energieinhalt je kg Masse umgerechnet werden:

$$H^*_{s,n} = \frac{H_{s,n}}{\varrho_n} = \frac{3{,}54 \text{ kWh/m}^3}{0{,}08989 \text{ kg/m}^3} = 39{,}38 \text{ kWh/kg}$$

Der in Tabelle 8.5 vorgestellte mittlere, spezifische Energiebedarf von $\overline{e} \approx 10 \text{ kWh/kg H}_2$ für beide vorgestellten Verflüssigungsverfahren entspricht also in etwa einem Viertel des Energieinhaltes des Wasserstoffs.

Wird der mittlere, spezifische Energiebedarf $\overline{e}$ auf die in Formel 8.4 angegebene spezifische Mindestverflüssigungsenergie w_{min} bezogen, so zeigt sich ein gerundeter Effizienzgrad der Verfahren von

$$\eta = \frac{w_{min}}{\overline{e}} \approx \frac{3{,}92 \text{ kWh/kg H}_2}{10 \text{ kWh/kg H}_2} \approx 0{,}4$$

Mit der Thermodynamik der Gasverflüssigung und der Tieftemperaturtechnik beschäftigen sich verschiedene Autoren, wie beispielsweise H. Hausen und H. Linde (1985) oder W. Peschka (1984), die dem interessierten Leser ausdrücklich zur vertiefenden Lektüre empfohlen sind.

9 Speicher für den Wasserstoff

Wasserstoff lässt sich wie Erdgas über längere Zeiträume und in größeren Mengen speichern und kann auf diese Weise die Verbindung zwischen dem Strom- und Gassektor und anderen Sektoren wie der Industrie unterstützen. In Abschnitt 4.3 wird dargelegt, dass bei der Erfüllung zukünftiger Verbrauchsszenarien ein ausreichender Speicherraum für die Unterbringung von Wasserstoff erforderlich ist. Dieses Kapitel beschäftigt sich mit der Unterbringung größerer und auch begrenzter Wasserstoffmengen für die Verwendung als Energieträger und Grundstoff in der Industrie und im Mobilitätssektor.

Das verbindende Band zwischen den vorangehend genannten Sektoren ist das Transportnetz. Über Pipelines kann der Wasserstoff in Zukunft in ausreichenden Mengen und in kürzester Zeit von A nach B transportiert werden. Zu einer volatilen Wasserstofferzeugung gehört zum Ausgleich ein System von physikalischen Speichern, die für den Ausgleich zwischen Produktion und Kundenabnahme sorgen. Ist die Produktion des Wasserstoffs teilweise in andere Länder oder Kontinente ausgelagert, kann der erforderliche Speicherraum auch außerhalb der nationalen oder europäischen Grenzen liegen. Zu den untertägigen Speichern mit großem Fassungsvermögen kommen zur Versorgung von Industrie und Verkehr weitere physikalische Wasserstoffspeicher mit geringem Aufnahmevermögen hinzu. Das sind Tanksysteme und stoffliche Speicher, die heute noch in der Entwicklung sind. Auch die örtliche Verteilungsleitung kann in begrenztem Umfang die Aufgaben eines Speichers übernehmen. In Abschnitt 10.5.5 werden anhand eines praxisbezogenen Beispiels die Möglichkeiten der Speicherung von Wasserstoff in einer mit Hochdruck betriebenen, lokal begrenzten Stahlleitung vorgestellt. Soll Wasserstoff in Zukunft im Flugverkehr eine Rolle spielen, müssen geeignete Speicher für die sichere Aufnahme von flüssigem Wasserstoff entwickelt werden. Bild 9.1 gibt einen Überblick zu den physikalischen und stofflichen Speichern als Pufferglied zwischen Erzeugung, Transportsystem und den verschiedenen Verbrauchssektoren.

Für die Unterbringung des Wasserstoffs ist eine ausreichende Speicherkapazität erforderlich. Dafür müssen die auf den Energiegehalt des Wasserstoffs bezogene Speichermasse und das entsprechende Speichervolumen ermittelt werden. Die

Kehrwerte beider Größen werden als gravimetrische und volumetrische Energiedichte bezeichnet. Sie können sich sowohl auf den Brenn- als auch auf den Heizwert nach Tabelle 2.30 in Abschnitt 2.7.2.2 beziehen.

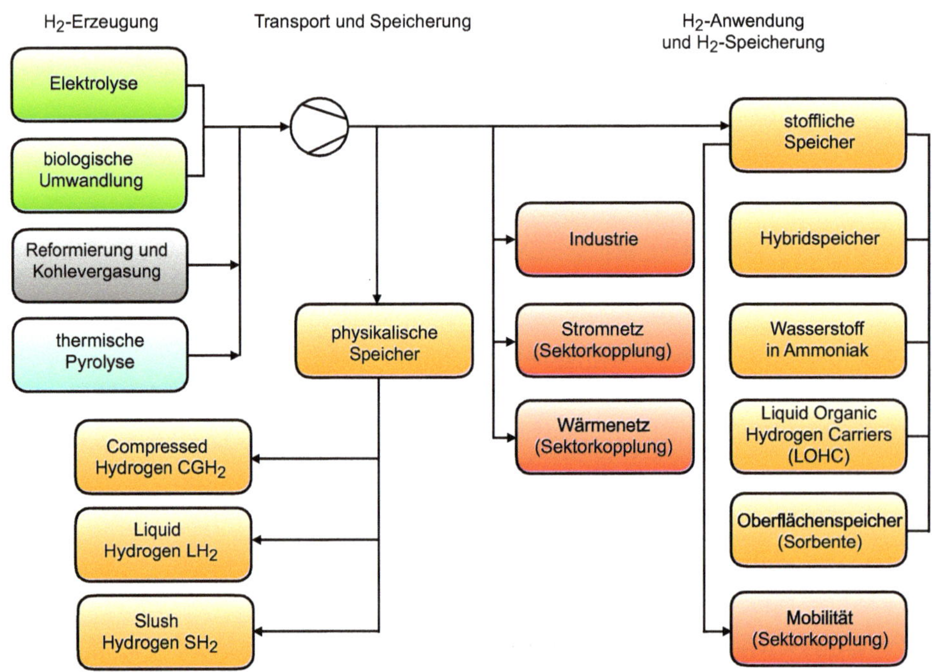

Bild 9.1 Physikalische und stoffliche Wasserstoffspeicherung zur Aufrechterhaltung der Versorgung der Industrie und den weiteren Sektoren Strom, Wärme und Verkehr

Die gravimetrische und volumetrische Energiedichte

Das Verhältnis von Energiegehalt zur eigenen Masse und von Energiegehalt zum eingenommenen Volumen sind als gravimetrische und volumetrische Energiedichte charakteristische Größen von Energieträgern. Dabei wird als Bezugsgröße zwischen Brennwert und Heizwert unterschieden. Wenn in der Verkehrstechnik der Vergleich zwischen Wasserstoff und Benzin gezogen wird, um die Auswirkung der Kraftstoffwahl auf die Fahrzeugtechnik zu erfassen, so ist der Heizwert der angemessene Bezugswert. Die Begründung ist, dass die heiße Verbrennung von Benzin und Luft nicht unter Ausnutzung des Brenn-, sondern nur des Heizwertes geschieht. Wird einem Speicherbetreiber eine Wasserstoffmenge zur Einlagerung übergeben, so ist der Brennwert der Bezugswert, da mit der einzulagernden Masse auch der vollständige Energieinhalt des Speichergutes für die spätere Verwendung untergebracht wird.

Die gravimetrische und volumetrische Energiedichte eines Energieträgers sind (bezogen auf den Brennwert)

$$w_{g,s} = \frac{H_{s,n}}{\varrho_n} \tag{9.1}$$

$$w_{v,s} = w_{g,s}\varrho_b \tag{9.2}$$

Die gravimetrische und volumetrische Energiedichte eines Energieträgers sind (bezogen auf den Heizwert)

$$w_{g,i} = \frac{H_{i,n}}{\varrho_n} \tag{9.3}$$

$$w_{v,i} = w_{g,i}\varrho_b \tag{9.4}$$

Für ausgesuchte Energieträger sind die Werte nach Formel 9.1 bis Formel 9.4 in Tabelle A.18 in Anhang A zu finden. In Bild 9.2 sind die Energiedichten ausgewählter Energieträger einander zum Vergleich gegenübergestellt.

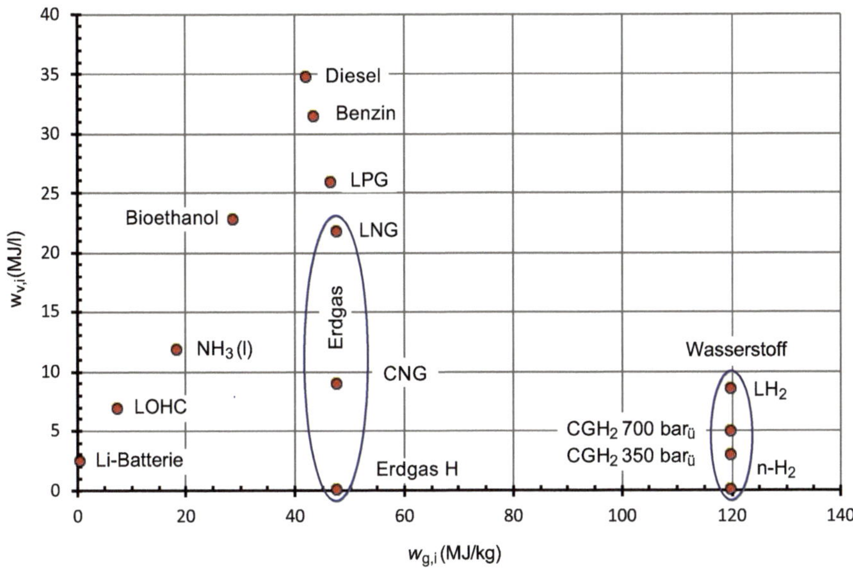

Bild 9.2 Die gravimetrische und volumetrische Energiedichten bedeutsamer Kraftstoffe sowie der Lithium-Batterie

Zur Energiedichte von Wasserstoff im Vergleich

Der Energieträger Wasserstoff hat von allen für die verkehrstechnische und industrielle Anwendung relevanten Energieträgern die bei Weitem höchste gravimetrische Energiedichte. Zieht man für einen Vergleich die Werte für die flüssigen Kraftstoffe wie Benzin, Diesel und Bioethanol heran, so ist die auf die Masse bezogene Energiedichte von Wasserstoff etwa dreimal so hoch. Für die praktische Anwendung ist allerdings die auf das Volumen bezogene Energiedichte von entscheidender Bedeutung. Dabei schneidet der Wasserstoff nicht so gut ab. Unter Normbedingungen, die sich nur unwesentlich von Umgebungsbedingungen unterscheiden, ist die volumetrische Energiedichte im Vergleich sehr gering. Ammoniak und LOHC sind für den Transport und für die kurzzeitige Speicherung von Wasserstoff von großem Interesse. Es fällt auf, dass im Vergleich mit allen Zustandsvarianten von Wasserstoff und LOHC der verflüssigte Ammoniak die höchste volumetrische Energiedichte besitzt. ■

Für die praktische Handhabung im Kraftfahrzeug wird der Druck im Wasserstoffstank auf $p_ü = 700\ \mathrm{bar_ü}$ erhöht, um einen halbwegs im Vergleich zu den flüssigen Kraftstoffen vergleichbaren Wert zu erzielen. Die volumetrische Energiedichte zielt in der Verkehrstechnik auf die Tankgröße im Fahrzeug ab. Das Verhältnis der volumetrischen Energiedichte von Wasserstoff zu herkömmlichen Kraftstoffen wie Diesel und Benzin ist dann ca. eins zu sechs.

Die Reichweite von Brennstoffzellen-Pkw liegt heute bei einer vollständigen Tankfüllung bei rund 500 km. Der Verbrauch liegt dafür nach Angaben des japanischen Fahrzeugherstellers Toyota für den mit Wasserstoff angetriebenen Brennstoffzellen-Pkw Mirai bei 4 kg. Dafür benötigt man ein Tankvolumen von etwa 100 Liter. Vergleichbare Tankvolumina bei den herkömmlichen Kraftstoffen Benzin und Diesel bewegen sich in einer Größenordnung von 50 bis 60 Liter.

Es empfiehlt sich die Bearbeitung von Aufgabe 45 und Aufgabe 46 im Buch *Wasserstofftechnik. Aufgaben und Lösungen.* ■

9.1 Untertägige Speicherung von Wasserstoff

Als Speicherraum nennenswerter Wasserstoffmengen kommen realistisch nur untertägige Hohlräume in Frage. Alternative Lösungen, wie oberirdische Tankanlagen, sind mit ihrem Aufnahmevermögen sowohl für den gasförmigen als auch für den flüssigen Aggregatzustand nicht groß genug oder bei LH_2 als Speichergut mit hohen Sicherheitsauflagen im Unterhalt sehr aufwendig. Andere untertägige Speichermöglichkeiten, wie die Speicherung in aufgelassenen Bergwerken oder in bergmännisch aufgefahrenen Grubenräumen, sind in Deutschland wirtschaftlich ohne Bedeutung.

Bei der untertägigen Speicherung können die seit Jahrzehnten speziell in Deutschland gewonnenen Erfahrungen bei Planung, Bau und Betrieb von Gasspeichern herangezogen werden. Dabei ist das primäre Kriterium für die Eignung einer geologischen Struktur zur Wasserstoffspeicherung die Dichtheit des Speicherhorizontes gegenüber dem gespeicherten Fluid. Dieser Nachweis zur uneingeschränkten Eignung für H_2 konnte bislang für alte Öl- und Gasfelder oder Aquiferstrukturen noch nicht erbracht werden. So muss nach S. Bauer et al. (2017, S. 136 - 138) insbesondere die Veränderung des Verhaltens der Lagerstättenfluide unter Wasserstoffeinfluss intensiver untersucht werden, um auszuschließen, dass das Speichergut über den Umweg der in der Lagerstätte vorhandenen Porenwässer aus dem Speicherhorizont entweichen kann.

Diese Unsicherheit besteht beim Salzkavernenspeicher nicht. Hier gibt es keinen Anlass zur Vermutung, dass die für Kohlenwasserstoffe, Luft und Stickstoff über Jahrzehnte in vielen nationalen und internationalen Speicherprojekten nachgewiesene technische Dichtheit des Salzes für das Medium Wasserstoff nicht gelten soll.

Einen aktuellen Überblick zur untertägigen Speicherung von Erdgas und Ölprodukten bekommt der Leser in der jährlich aktualisierten Veröffentlichung des LBEG Niedersachsen, in der die Hohlraumentwicklung detailliert dargelegt wird.

9.1.1 Geologische Voraussetzungen für die untertägige Wasserstoffspeicherung

Das geologische Bild einer flachgelagerten Salzlagerstätte mit dem Deckgebirge aus Buntsandstein und den Gesteinsfolgen des Tertiärs und Quartärs zeigt Bild 9.3 am Beispiel der Salzlagerstätte Xanten am Niederrhein. Das Gasspeicherunternehmen RWE Gas Storage West GmbH trägt hier in der Lagerstätte mit den seit über 30 Jahren in Betrieb befindlichen acht Salzkavernen zur Deckung des Erdgas-Speicherbedarfs in Deutschland bei.

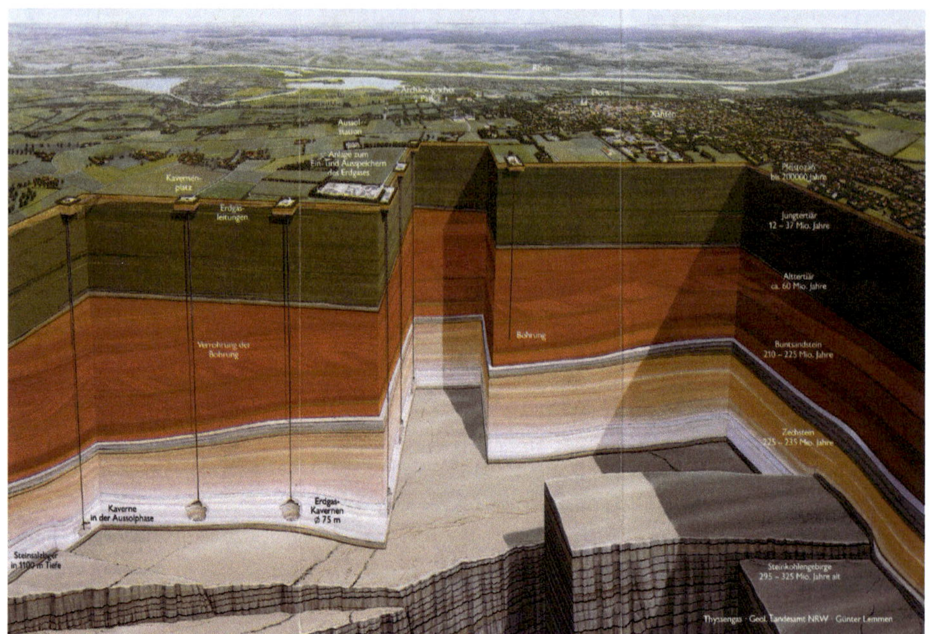

Bild 9.3 Schnitt durch das Xantener Schichtensalz (© RWE Gas Storage West GmbH)

Die Salzablagerungen im Norddeutschen Becken sind vor etwa 250 Millionen Jahren im Perm entstanden. Für die Erstellung von Speicherhohlräumen ist aus der gesamten Salzstratigraphie das Steinsalz (NaCl) der Zechsteinsalze das entscheidende Wirtsgestein. Es hat mengenmäßig den weitaus überwiegenden Anteil am Aufbau der Salzlagerstätten und ist für einen kontrollierten Solprozess geeignet. Tabelle 9.1 zeigt die Stratigraphie des Zechstein 1 im Perm.

Tabelle 9.1 Geologische Zeittafel mit dem Schwerpunkt auf dem Zechstein 1 im Perm

Millionen Jahre	Periode	Epoche
250	Perm	Zechstein 1 (Werra-Serie) ▪ Oberer Werra-Anhydrit ▪ Braunroter Salzton ▪ Werra-Steinsalz ▪ Unterer Werra-Anhydrit ▪ Zechsteinkalk ▪ Kupferschiefer ▪ Zechsteinkonglomerat

Man geht heute davon aus, dass vor ca. 220 bis 250 Millionen Jahren ein Raum von ca. 500 Tkm^3 zwischen England und Mittel-Polen sowie zwischen Dänemark und Thüringen vom Zechstein-Meer überspült war. Nach W. Herde (1979, S. 181 – 182)

haben sich in diesem geografischen Bereich teilweise mit dem Ozean verbundene Salinarbecken gebildet, in denen sich in verschiedenen Zeitzyklen die Salze abgeschieden haben. Dabei verlagerten oder verkleinerten sich die Salinarbecken, sodass in frei gewordenen Gebieten ungesättigte Zuflüsse Salz-Auflösungen und Verfrachtungen in den jeweiligen Beckenzentren bewirken konnten. Die Sedimente jüngerer Formationen überlagerten und schützten die Zechstein-Salze vor dem Auflösen. Im Nordwestdeutschen Senkungsfeld entstand ein bis zu 5 km mächtiges Deckgebirge. Das Gewicht des Deckgebirges, die hohen Temperaturen im Untergrund und das plastische Fließverhalten des Salzes haben aus den zunächst flach gelagerten Salzschichten teilweise mehrere tausend Meter mächtige Salzstöcke geformt, die zudem gefaltet sind und aus teilweise steil ansteigenden Salzschichten bestehen. Da, wo die Salinarbecken ausliefen, sind die Überdeckungen geringer ausgefallen und die flache Salzablagerung ist erhalten geblieben.

9.1.2 Grundlagen der untertägigen Speicherung in Salzkavernen

Bild 9.4 zeigt die Form einer Gasspeicherkaverne als Ergebnis einer echometrischen Ultraschallvermessung in einem Schichtensalz mit einem Durchmesser von ca. $d = 60\ \text{m}$, einer Höhe von ca. $h = 116\ \text{m}$ und einem nutzbaren Speichervolumen von ca. $V_{\text{geom}} = 210000\ \text{m}^3$.

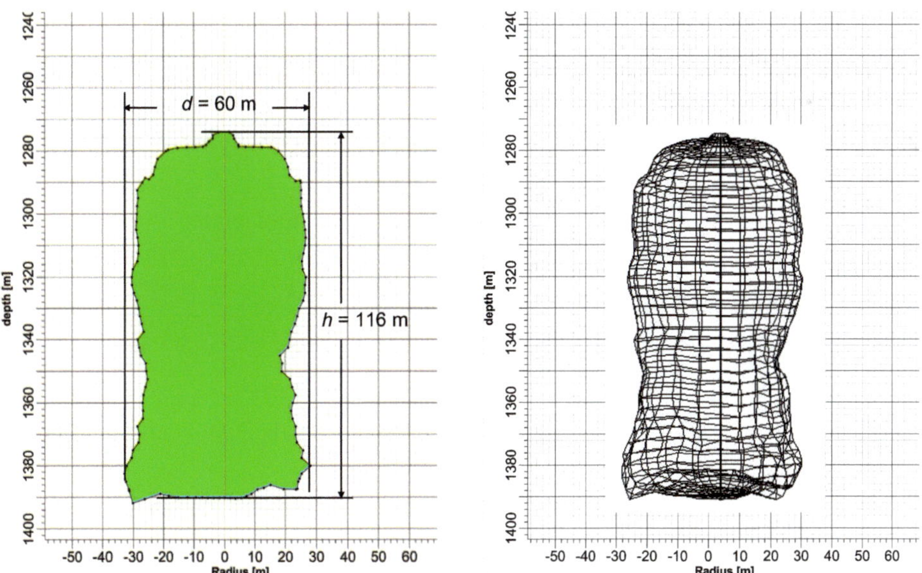

Bild 9.4 Ergebnis einer Ultraschallvermessung einer Speicherkaverne im Steinsalz

Planung, Bau und Betrieb von Kavernen zu Speicherzwecken unterliegen den Bestimmungen des Bundesberggesetzes. In der zutreffenden Bergverordnung für Tiefbohrungen, Untergrundspeicher und für die Gewinnung von Bodenschätzen durch Bohrungen im Land Niedersachsen (Tiefbohrverordnung-BVOT) (2022) ist im § 44 festgehalten, dass

> *„Lage, Ausdehnung und Volumen der Kavernen mit einem von der zuständigen Behörde anerkannten Messverfahren zu ermitteln sind."*

Seit mehreren Jahrzehnten werden in Deutschland alle Kavernen für die Erdgasspeicherung während der Erstellungsphase in Sole und während des späteren Betriebes unter Erdgas regelmäßig vollständig oder teilweise im Kavernendach oder im Kavernentiefsten echometrisch mit Ultraschall und angepassten Messsonden vermessen. Für die Vermessung ist unter anderem die Schallgeschwindigkeit unter Messbedingungen eine wichtige Größe (Tabelle 9.2).

Tabelle 9.2 Schallgeschwindigkeit verschiedener Gase unter hohem Druck

Medium	Schallgeschwindigkeit in m/s
Erdgas H	466
Luft	399
Helium	1705
Wasserstoff	1483

Anmerkung: $p_\mathrm{i} = 150\ \mathrm{bar_a}$; $\vartheta_\mathrm{i} = 45\ °\mathrm{C}$

Weltweit führend in der Vermessung von Speicherkavernen ist die deutsche SOCON Sonar Control Kavernenvermessung GmbH. Sie gibt nach Aussagen von F. Haßelkus (2019) an, dass auch in Wasserstoff mit Ultraschall gemessen werden kann.

Die wesentlichen Parameter von Speicherkavernen sind folgende:

- Höhe h und Durchmesser d der Kavernen
- der maximal zulässige Kavernendruck p_{max}
- der minimale Kavernendruck p_{min}
- die Abstände oder Pfeiler zwischen benachbarten Kavernen
- das unter- und oberhalb von Kavernen verbleibende Salz als Liegend- und Hangendschwebe

9.1.3 Das Solverfahren von Salzkavernen

Die Kavernenerstellung beginnt mit der Kavernenbohrung. Hierfür wird eine ausreichend dimensionierte Bohranlage wie in Bild 9.5 benötigt, die unter anderem in der Lage ist, das hohe Gewicht von Bohrstrang und Kavernenverrohrung aufzunehmen und die Zementation der eingebauten Rohre gegenüber dem Gebirge sicherzustellen.

Bild 9.5
Bohranlage zum Abteufen einer Kavernenspeicherbohrung

Bild 9.6 zeigt ganz links das Verrohrungsschema der Bohrung. Ein 24"-Standrohr soll das Einbrechen der im oberen Bereich anstehenden Verwitterungsschichten ebenso verhindern wie ein Unterspülen des Bohrplatzes während der Bohrarbeiten. Es wird deshalb in eine abdichtende Formation eingebracht und in die Kellerschachtsohle einzementiert. Das Standrohr wird, soweit es die Bodenverhältnisse zulassen, bis ca. 50 m in das Erdreich gerammt. Bohrtechnisch eingebracht werden eine 16"-Ankerrohrtour in den Buntsandstein und eine gasdichte, zuletzt zementierte $11\frac{3}{4}$"-Rohrtour bis ca. 20 m oberhalb des Kavernendaches im Werrasteinsalz des Zechstein 1. Sowohl Ankerrohrtour als auch die zuletzt eingebaute $11\frac{3}{4}$"-Verrohrung sind bis zur Oberfläche zementiert. Die Ankerrohrtour dient zur Lastaufnahme der nachfolgenden $11\frac{3}{4}$"-Verrohrung, dem Schutz von Trinkwasserhorizonten und der Vermeidung von Spülungsverlusten während der Bohrung. Die $11\frac{3}{4}$"-Verrohrung wird nach dem Durchbohren des Salzes oder unmittelbar davor eingebaut. Sie soll die spätere Kaverne gegen das Deckgebirge isolieren, eine Verbindung zwischen dem Hohlraum und der Tagesoberfläche herstellen und nach Solende die einzubringende gasdichte Untertageausrüstung aufnehmen.

Die Dimensionen der Verrohrungen sind standortabhängig. In Norddeutschland werden Verrohrungen größerer Dimensionen eingebaut.

In der Mitte von Bild 9.6 wird das herkömmliche Solverfahren vorgestellt. Hierfür werden im Anschluss an die Niederbringung der Bohrung zwei konzentrisch ineinander gehängte Solrohrtouren eingebaut. Durch den Ringraum zwischen der $8\frac{5}{8}$"-Solrohrtour und der zentralen $5\frac{1}{2}$"-Solrohrtour wird eine Schutzflüssigkeit, die auf der Sole schwimmt, beispielsweise leichtes Heizöl, als Blanketmedium eingepumpt. Dies gewährleistet einen kontrollierten Solprozess im Dachbereich der Kaverne. Als Blanket kann auch ein Gas verwendet werden.

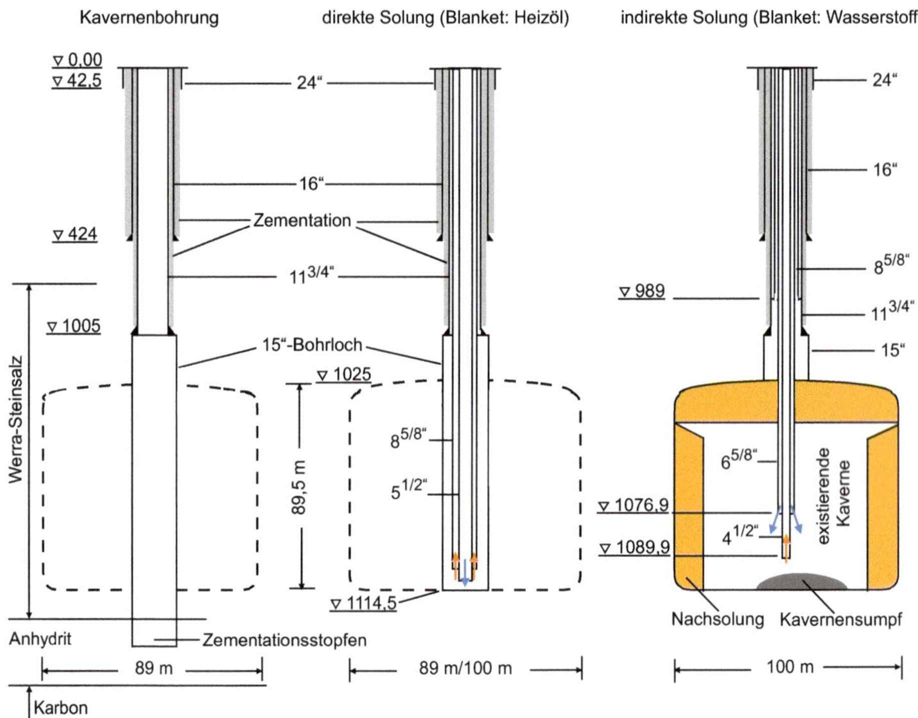

Bild 9.6 Verrohrungsschema und herkömmliches Solverfahren (Mitte) und Verwendung von Wasserstoff als Blanketmedium (rechts)

Grundsätzlich stehen zwei Solverfahren und deren Kombination zur Verfügung. Beim direkten Solverfahren wird das Frischwasser durch das Zentralrohr in die Kaverne gepumpt, strömt außerhalb des Zentralrohres aufgrund der geringeren Dichte gegenüber der Sole zum jeweiligen Kavernendach, sättigt sich auf dem Weg dorthin auf und wird im Ringraum zwischen beiden Solrohrtouren wieder aus der

Kaverne gefördert. Beim indirekten Solverfahren wird Frischwasser durch den Ringraum der beiden Solrohrtouren in die Kaverne eingeleitet und steigt, während es sich mit der bereits vorhandenen Sole mischt, zum jeweiligen Kavernendach auf. Die nun teilgesättigte Sole fließt unter weiterer Aufsättigung im Bereich der Kavernenwand abwärts und wird nach Sättigung durch das Zentralrohr im Kavernentiefsten zu Tage gefördert.

In der Praxis werden beide Verfahren angewendet. Die Solrohrtouren und der Blanketspiegel werden im Laufe der soltechnischen Erstellung der Kaverne nach bestimmten Entwicklungsschritten unter dem Einsatz von Winden verstellt.

Bei der herkömmlichen Solung von Salzkavernen ist zu beachten, dass

- nicht-NaCl-Salze wie Kalisalz KCl° - sogenanntes Sylvin - aufgrund ihres hohen Auflösevermögens für einen kontrollierten Solprozess nicht geeignet sind,
- bei voller Sättigung der Sole bis zu $w_{\mathrm{NaCl}} = 320$ g/L je $\Delta V = 1\ \mathrm{m}^3$ Hohlraumgewinn bis zu $V_{\mathrm{H_2O}} = 6\ \mathrm{m}^3$ Rohwasser benötigt werden, und dass
- vom gesolten Volumen als Ergebnis der Solbilanz im Durchschnitt 10 % für unlösliche Bestandteile im Salz wie Ton und Anhydrit $CaSO_4$ abgezogen werden müssen.

Vor Solbeginn und nach Beendigung des Solprozesses wird jeweils ein Integritätstest zum Nachweis der Dichtheit im Bereich des Übergangs vom Rohrschuh der $11\frac{3}{4}''$-Verrohrung zum Gebirge durchgeführt. Es werden regelmäßige Kontrollen des Blanketspiegels und des gesolten Hohlraumes durch Bilanzierung der eingesetzten Rohwassermengen, über die produzierten Solemengen, durch Messung der Salzkonzentration in der Sole und durch echometrische Teilvermessung vorgenommen.

Entscheidend für die Dauer des Solprozesses ist die Höhe der maximalen Solrate. Sie ist abhängig von der Unterbringungsmöglichkeit der Sole und liegt je nach Standort in der Summe bezogen auf das gesamte Kavernenfeld bei rund $150\ \mathrm{m}^3/\mathrm{h} \leq \dot{V} \leq 1000\ \mathrm{m}^3/\mathrm{h}$. In Deutschland kommen drei unterschiedliche Möglichkeiten in Frage, die auf Umweltverträglichkeit und Wirtschaftlichkeit geprüft werden müssen:

1. Ableitung in ein offenes Gewässersystem
2. Versenkung in tiefgelegene Gebirgshorizonte
3. Weiterverarbeitung der Sole in der Chemieindustrie

9.1.4 Gastechnische Ausrüstung von Speicherkavernen

Wenn der herkömmliche Solprozess beendet ist, wird ein sogenannter Integritätsnachweis der Dichtheit im Rohrschuhbereich durchgeführt. Nach erfolgreichem Abschluss dieser Untersuchung wird eine echometrische Endvermessung des solegefüllten Hohlraumes vorgenommen und es schließt sich der Einbau der Untertageausrüstung für den späteren Gasbetrieb und der Aufbau des obertägigen Gasförderkopfes an.

Die gasdichte Untertageausrüstung besteht, wie in Bild 9.7 dargestellt, im Fall der mit gasdichten Verbindungen oder geschweißt eingebauten inneren Verrohrung im Wesentlichen aus einem Packer zur Abdichtung des Ringraumes zwischen einer verschweißten $9\frac{5}{8}$"- und $8\frac{5}{8}$"-Gasfördertour und der $11\frac{3}{4}$"-Verrohrung sowie Vorrichtungen als Landenippel zur Aufnahme von Stopfen und von einem Untertagesicherheitsventil. Die Dimensionen der Untertageausrüstung sind standortabhängig und von der Dimension der Bohrlochverrohrung abhängig. In Norddeutschland werden auch Untertageausrüstungen größerer Dimensionen eingebaut. Der Gasförderkopf besteht vornehmlich aus einer Hauptabsperrarmatur und aus hand- bzw. hydraulisch angesteuerten Sicherheitsventilen in der Abgangsleitung.

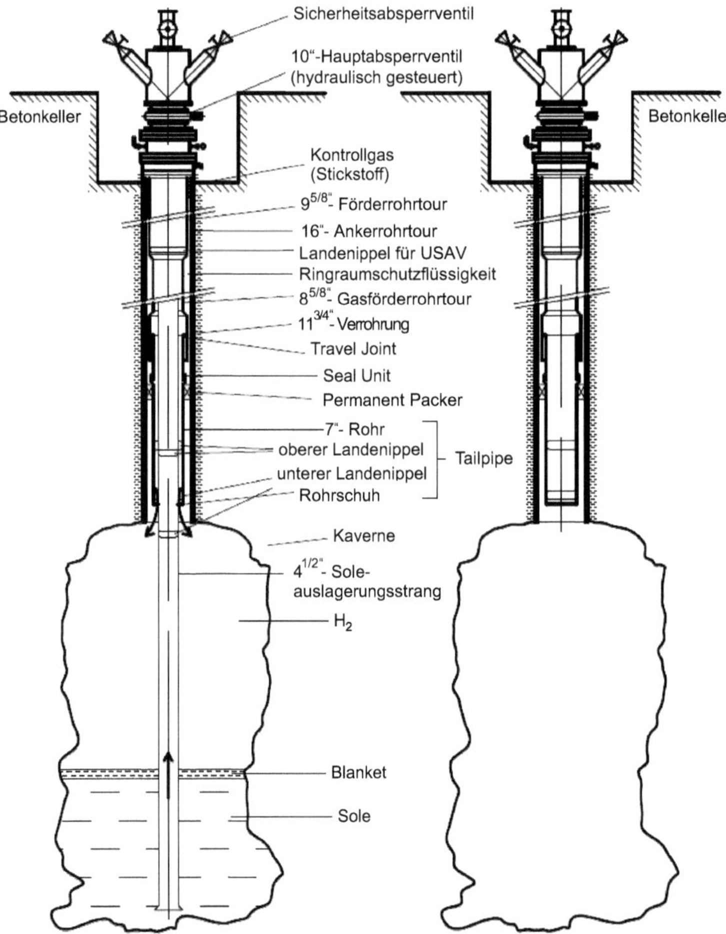

Bild 9.7 Die gastechnische Kavernenausrüstung und der Prozess der Erstbefüllung einer Speicherkaverne mit Wasserstoff

Es sind unterschiedliche Typen von Untertagesicherheitsventilen im Einsatz: Klappen- und Kugelventile, die in einer Teufe von ca. 30 bis 50 m eingebaut und hydraulisch von über Tage in Offen-Position gehalten werden, sowie Differenzdruckgesteuerte Ventiltypen, die auch im Tailpipe unmittelbar oberhalb des Kavernenhalses eingebaut werden.

Vor Beginn des eigentlichen Gasspeicherprozesses ist die nach dem Solprozess noch in der Kaverne befindliche Sole mit dem Speichermedium Gas zu verdrängen. Hierzu wird ein $4\frac{1}{2}''$-Soleauslagerungsstrang in die Kaverne bis zum Kavernenboden eingebaut. Das Gas wird über den Ringraum zwischen Gasförderrohrtour und Soleauslagerungsstrang eingepresst und verdrängt die Sole über den Soleauslagerungsstrang bis über Tage.

Nach Beendigung des Verdrängungsprozesses wird der Soleauslagerungsstrang mithilfe einer Hochdruckschleuse gezogen.

9.1.5 Wasserstoff als Blanketmedium und als Speichergut

Bei der Umstellung der untertägigen Gasspeicherung auf das Speichermedium Wasserstoff gibt es drei denkbare Fälle:

1. Es werden dafür zumindest teilweise neue Kavernen an neuen Standorten oder innerhalb bestehender Kavernenfelder gesolt.
2. Es werden bereits bestehende Kavernenhohlräume ohne Nachsolung mit dem aktuellen Kavernenvolumen für die Wasserstoffspeicherung verwendet.
3. Es werden bereits bestehende Kavernenhohlräume soltechnisch wieder vergrößert und für die Wasserstoffspeicherung verwendet.

Im Fall 3 ist folgende Vorgehensweise vorstellbar, die bereits Mitte der 90er-Jahre im Kavernenprojekt Xanten der Thyssengas GmbH erfolgreich mit Erdgas durchgeführt wurde. In einem früheren Beitrag (Schmidt 1994, S. 149 – 151) habe ich die Nachsolung einer Salzkaverne mit Erdgas als Blanket vorgestellt, die für die Verwendung mit Wasserstoff als Vorlage dienen kann. Das Ziel ist die Umrüstung bereits bestehender Kavernen vom Erdgasbetrieb hin zum reinen Wasserstoffbetrieb und die Nachsolung der Kaverne mit dem Ziel, den aktuellen Hohlraum zu vergrößern. Salzkavernen verlieren aufgrund des viskoplastischen Werkstoffverhaltens von Steinsalz im Laufe ihres Bestehens kontinuierlich Volumen. Um diesen Volumenverlust auszugleichen, kann es erforderlich sein, durch Nachsolung ausreichenden Hohlraum zur Aufnahme von Wasserstoff zu schaffen. Zu diesem Zweck wird die bereits im Gasbetrieb befindliche Kaverne mit zwei gasdichten Solrohrtouren ausgerüstet. Die Rohrdimensionen sind Bild 9.6 rechts zu entnehmen. Danach wird Erdgas gegen Wasserstoff ausgetauscht und gleichzeitig die Kaverne soltechnisch vergrößert. Zwei Varianten sind denkbar:

1. Der Austausch von Wasserstoff gegen Erdgas bei gleichzeitiger Nachsolung der Kaverne erfolgt schrittweise. Dabei ist zu berücksichtigen, dass im nachgeschalteten Transportnetz über der Austauschzeit ein Mischgas aus Wasserstoff und Erdgas vorhanden ist. Der Vorgang in der betroffenen Kaverne erfolgt in drei Teilschritten:
   a) Als Erstes erfolgt das Ausspeichern des Erdgases bis zum Erreichen des minimalen Speicherdruckes in der Kaverne.
   b) Dann folgt eine Teilbefüllung des Hohlraumes mit Rohwasser oder teil- bzw. voll aufgesättigter Sole. Das nicht aufgesättigte Rohwasser wird an der Kavernenwand mit dem Lösen des Salzes beginnen. Die Erfahrung zeigt, dass großvolumige Löseprozesse erst dann zu erwarten sind, wenn kontinuierlich weiter Rohwasser nachgepumpt und dabei die entstehende Sole aus der Kaverne gefördert wird.
   c) Zuletzt folgt das Einspeichern des Wasserstoffs über den Ringraum $8\frac{5}{8}'' - 6\frac{5}{8}''$.

   Über dem gesamten Solzyklus kann das Wasserstoff-Erdgas-Gemisch der in der Nachsolphase befindlichen Speicherkaverne im Ausspeicherbetrieb entnommen und reiner Wasserstoff im Einspeicherbetrieb eingelagert werden, sodass im Laufe der Zeit der Erdgasanteil an der aus der Kaverne entnommenen Mischung aus Wasserstoff und Erdgas schrittweise sinkt.
2. Die Alternative zu Variante 1 ist der vollständige Austausch von Erdgas gegen Rohwasser mit einer danach durchgeführten erneuten Befüllung der Kaverne mit Wasserstoff als Blanket. Die Teilschritte sind in diesem Fall folgende:
   a) Als Erstes erfolgt das Ausspeichern des Erdgases bis zum Erreichen des minimalen Speicherdruckes in der Kaverne.
   b) Danach folgt die Befüllung des gesamten Hohlraumes mit Rohwasser oder teil- bzw. voll aufgesättigter Sole. Der Flüssigkeits-Erdgasspiegel wird dabei bis zur Bohrlochoberkante angehoben.
   c) Nun folgt die Wiederbefüllung der Kaverne mit Wasserstoff über den Ringraum $8\frac{5}{8}'' - 6\frac{5}{8}''$ bis zu einer festgelegten Teufe für den Blanket-Sole-Spiegel.

   Über dem gesamten Solzyklus kann der Wasserstoff der in der Nachsolphase befindlichen Speicherkaverne im Ausspeicherbetrieb entnommen werden und bei Bedarf im Einspeicherbetrieb eingelagert werden. Da im Teilschritt 2 die Flüssigkeit noch Reste an Erdgas aufnimmt, muss damit gerechnet werden, dass im Laufe der Zeit geringe Erdgasanteile aus der Flüssigkeit wieder in den Wasserstoffstrom eintreten und es zu einer Verunreinigung des ausgespeicherten Wasserstoffs kommt. Dieser Vorgang ist allerdings zeitlich befristet.

Während der Nachsolung mit Wasserstoff als Blanketmedium wird auf dem obertägigen Kavernenplatz eine Soleentgasungsanlage mit der Möglichkeit der Umfahrung vorgehalten. Solange sich kein Wasserstoff oder Reste von Erdgas in der ausgelagerten Sole befinden, erfolgt die Soleauslagerung im Umfahrungsbetrieb. Werden Wasserstoff oder Reste von Erdgas festgestellt, so wird die Sole über die Soleentgasungsanlage geleitet, kann hier in einem offenen Tanksystem entgasen und wird danach einer weiteren Verarbeitung oder Entsorgung, wie in Abschnitt 9.1.3 beschrieben, zugeführt. Nachgeschaltete Sole- und Wasserleitungen müssen gegen eine unzulässige Druckerhöhung bei einem Gasdurchschlag von Wasserstoff während der Nachsolung abgesichert sein.

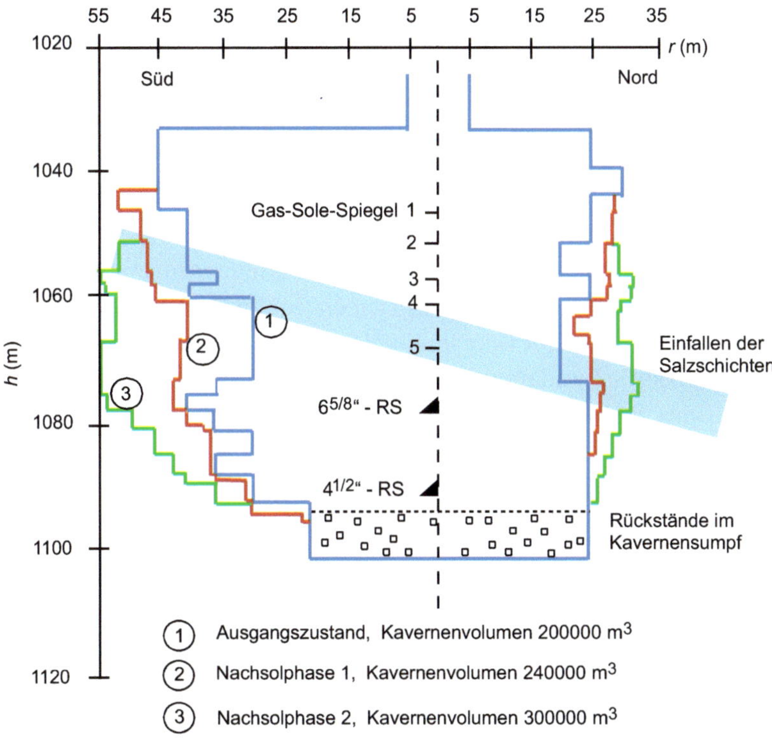

Bild 9.8 Nachsolung einer Salzkaverne mit Wasserstoff als Blanket

Bild 9.8 zeigt schematisch das Verfahren in der betrachteten Kaverne. Die Kaverne wird beim Nachsolen von oben nach unten in mehreren Solabschnitten schrittweise durch Solen bis zum genehmigten Durchmesser innerhalb der gebirgsmechanisch zulässigen Grenzen erweitert. Um das Einfallen des Salzes zu berücksichtigen, ist in diesem Beispiel die soltechnische Entwicklung des Hohlraumes in südlicher Richtung berücksichtigt. Die Erfahrung zeigt, dass die horizontale Hohlraumentwicklung immer in Richtung der ansteigenden Salzschichten verläuft. Der Wasserstoff-Sole-Spiegel wird durch Einspeichern von Wasserstoff in die Kaverne auf eine neue Teufe abgesenkt, und weitere Bereiche werden wie zuvor beschrieben gesolt. Bei Bedarf ist auch ein Anheben des Wasserstoff-Sole-Spiegels bei gleichzeitiger Gasentnahme technisch durchführbar. Während der gesamten Nachsolphase

- kann sowohl das indirekte als auch das direkte Solverfahren zum Einsatz kommen,
- wird der Wasserstoff-Sole-Spiegel mithilfe von Spiegelmessungen unter Zuhilfenahme der Stoff- und Mengenbilanz des Solprozesses und der Berechnung des Gasvolumens kontrolliert, und
- wird eine ausreichende Anzahl von echometrischen Hohlraumvermessungen durchgeführt.

9.1.6 Kriterien für die Festlegung der Betriebsparameter

Die Höhe h und der Durchmesser d der Kavernen müssen beim Solverfahren eingehalten und dürfen nicht überschritten werden. Das Salzgebirge ist im Bereich des allseits auf gleichem Niveau wirkenden primären Spannungszustandes σ_p unter dem vorliegenden hohen Druck des überlagernden Gebirges auch für den Wasserstoff praktisch impermeabel. Im Umfeld einer Speicherkaverne gehen die primären Spannungen in den sekundären Spannungszustand über, der sich aufgrund der Kriechfähigkeit des Steinsalzes und mit wechselnden Innendruckverhältnissen beim Kavernenbetrieb ständig verändert.

Für die Planung des zur Verfügung stehenden Arbeitsgasvolumens $V_{n,AGV}$ ist die Kenntnis der minimal und maximal zulässigen Kaverneninnendrücke p_{min} und p_{max} unerlässlich. Mithilfe geophysikalischer Messungen, In-situ-Messungen im offenen Bohrloch wie pneumatischen Rissversuchen mit Luft im Salzgebirge und mit geeigneten gesteinsmechanischen Laboruntersuchungen an Kernmaterial aus dem zukünftigen Kavernenbereich sowie anhand numerischer Berechnungen nach der Methode der finiten Elemente werden die Kaverneninnendrücke festgelegt. Bild 9.9 gibt einen Überblick zu Sicherheitskriterien für den Betrieb von Speicherkavernen im Salzgebirge. Besonderes Augenmerk verdienen daher die Zusammensetzung und Mächtigkeit der Gebirgsschichten oberhalb der jeweiligen Hohlräume, das Salz oberhalb der Kaverne in der Hangendschwebe und das Deckgebirge. Durch gebirgsmechanische Untersuchungen muss nachgewiesen werden, dass Gasmigration ins Salzgebirge durch Permeabilität im Bereich der Kavernenwand und ein Aufreißen des Salzgebirges im Bereich der Kavernenwand oder im Bereich des Rohrschuhes der zuletzt zementierten Rohrtour durch einen zu hohen Kavernendruck ausgeschlossen ist. Als Gefährdungszone sind neben dem Rohrschuhbereich als Verbundsystem Salz/Zement/Stahl auch die Pfeiler zu den Nachbarkavernen von Bedeutung. Diese Pfeiler verhindern Gasmigration oder Gasdurchbruch zwischen den Kavernen und müssen im Kernbereich dauerhaft standsicher sein. Ein zusätzlicher Gefährdungsbereich, der in den gebirgsmechanischen Untersuchungen betrachtet wird, ist die im Schichtensalz unterhalb der Kaverne verbliebene Liegendschwebe. Sie gewährleistet die Gasdichtheit nach unten hin zum angrenzenden Gebirge, wie dem Karbongebirge.

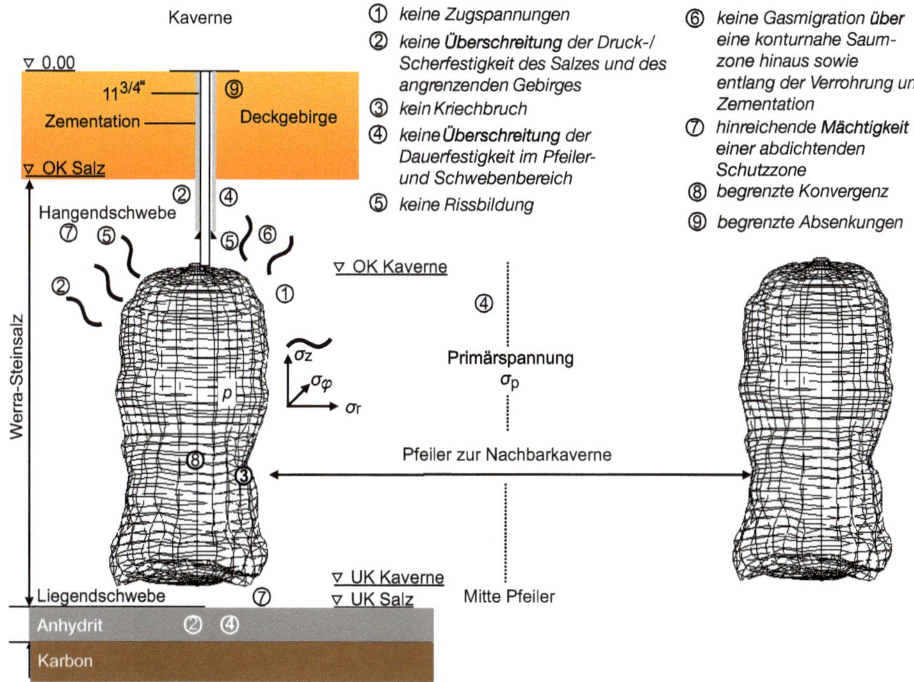

Bild 9.9 Kriterien für die Sicherheit des Betriebes von Speicherkavernen im Salzgebirge

Hierbei hat Steinsalz (Bild 9.10) als tragendes und dichtendes, natürlich entstandenes Element der untertägigen Kavernenanlage ein von Beanspruchungszustand und Beanspruchungsdauer abhängiges, mechanisch sehr komplexes Materialverhalten. Dazu zählt auch die im langjährigen Betrieb zu beobachtende Abnahme des gesolten Kavernenvolumens, die als Kavernenkonvergenz bezeichnet wird.

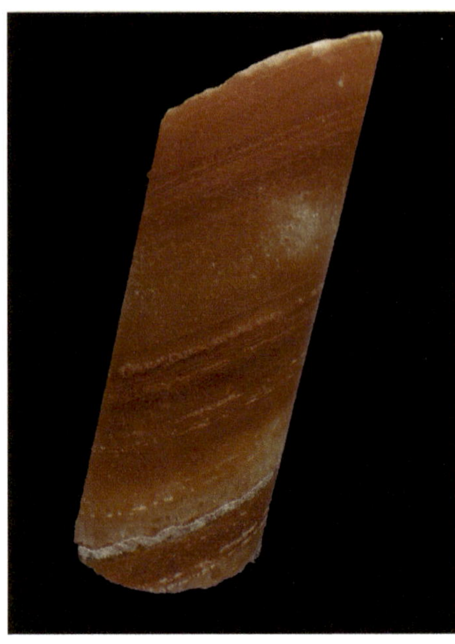

Bild 9.10
Kernmaterial aus Werrasteinsalz (NaCl) aus einer Kavernenbohrung

Im ungestörten Salzgebirge, das in der Pfeilermitte zu vermuten ist, ist der hydrostatische Druck wie in einer Flüssigkeit in allen Richtungen r, ϕ und z gleich. Die primäre, vertikale und horizontale Spannung σ_p im ungestörten Salzgebirge als Funktion von Gesteinsdichte ρ_i und vertikaler Höhe Δh_i der einzelnen Schichten ist

$$\sigma_p = g\sum_{i=1}^{n} \varrho_i \Delta h_i \tag{9.5}$$

Im Bereich der Kaverne ist nach Bild 9.11 der Druck aus dem Wasserstoff erheblich geringer als der primäre Spannungszustand σ_p im Gebirge. Solange dies der Fall ist, kann ein Aufreißen des Gebirges nicht geschehen. Im Deckgebirge ist oberhalb eines Schnittpunktes der Druck im Wasserstoffsystem zwar höher als die primäre Gebirgsspannung σ_p, aber der Wasserstoff befindet sich in der $8\,{}^{5}\!/_{8}{}''$-Gasfördertour und eine Leckage ist unter der Voraussetzung einer intakten Verrohrung ausgeschlossen.

Der maximal zulässige Kavernendruck wird über den zulässigen maximalen Gasdruckgradienten G im Salzgebirge im Bereich des Kavernendaches bestimmt. Diese Größe wird mithilfe der Kavernenteufe h, der primären Spannung σ_p und unter Einbeziehung eines Sicherheitsbeiwertes S, der standortspezifisch festzulegen ist, berechnet.

$$G = \frac{\sigma_p}{h \cdot S} \tag{9.6}$$

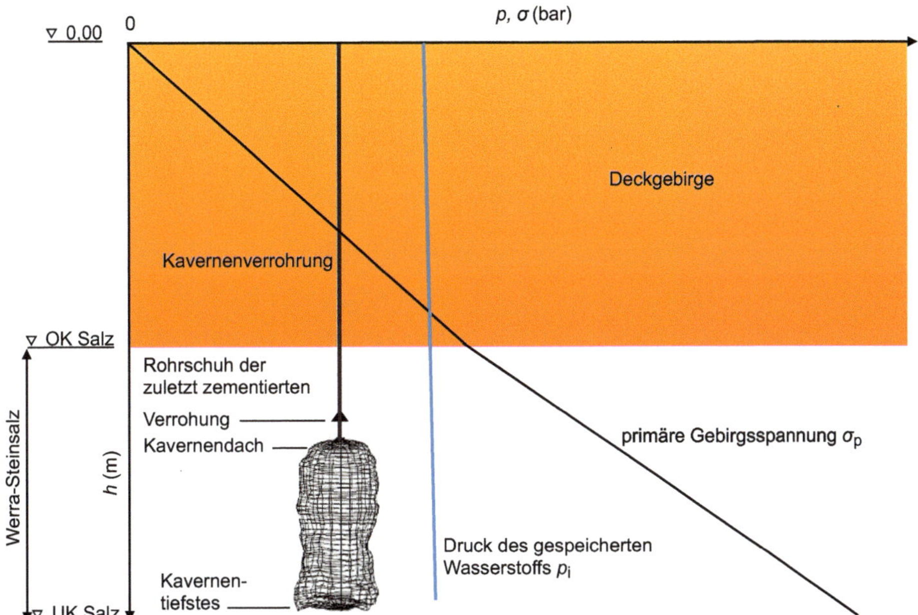

Bild 9.11 Der maximale Kavernendruck im Verhältnis zur primären Gebirgsspannung

Der maximal zulässige Kavernendruck p_{max} ist ein wichtiger Betriebsparameter und orientiert sich an der Teufe des Rohrschuhes der $11\frac{3}{4}$"-Verrohrung und am zulässigen maximalen Gasdruckgradienten G im Kavernenbereich. Mit den in deutschen Speicherstandorten zulässigen maximalen Gasdruckgradienten G in einer Bandbreite von 0,17 bar/m bis 0,19 bar/m resultiert ein maximal zulässiger Kavernendruck je nach Teufenlage der betrachteten Kaverne von $p_{max} = 200$ bar und höher.

$$p_{max} = G \cdot h_{RS} \tag{9.7}$$

Zulässiger Maximaldruck in einer geplanten Speicherkaverne

In einer Speicherbohrung werden folgende Gesteinsschichten und Gesteinsdichten angetroffen:

1. Deckgebirgsschicht von 0 bis 480 m ($\Delta h_1 = 480$ m) mit $\varrho_1 = 2420$ kg/m^3
2. Deckgebirgsschicht von 480 m bis 880 m ($\Delta h_2 = 400$ m) mit $\varrho_2 = 2480$ kg/m^3
3. Steinsalz bis zum Kavernendach von 880 m bis 1100 m ($\Delta h_3 = 220$ m) mit $\varrho_3 = 2200$ kg/m^3

Der maximal zulässige Kavernendruck p_{max} wird unter der Prämisse, dass der Sicherheitsbeiwert $S = 1{,}3$ ist und der Rohrschuh der $11\frac{3}{4}''$-Verrohrung in einer vertikalen Teufe – man spricht auch von TVD (vertical true depth) – bei 1080 m abgesetzt wird, festgelegt. Dazu wird die primäre Gebirgsspannung im Salzgebirge σ_p berechnet und der zulässige maximale Gasdruckgradient G im Steinsalzgebirge im Bereich des Kavernendaches bestimmt.

$$\sigma_p = g\sum_{i=1}^{n} \varrho_i \Delta h_i = 9{,}81\frac{m}{s^2}\left(2420\frac{kg}{m^3}480\ m + 2480\frac{kg}{m^3}400\ m + 2200\frac{kg}{m^3}220\ m\right)$$

$$\sigma_p = 25{,}875\ MPa$$

$$G = \frac{\sigma_p}{h \cdot S} = \frac{258{,}75\ bar}{1100\ m \cdot 1{,}3} = 0{,}181\ bar/m$$

$$p_{max} = G \cdot h_{RS} = 0{,}181\frac{bar}{m}1080\ m = 195{,}48\ bar$$

Dieses Ergebnis ist zunächst ein vorläufiger Planwert und muss gebirgsmechanisch mithilfe numerischer Berechnungen nach der Methode der finiten Elemente überprüft und bestätigt werden. ■

Der minimale zulässige Kavernendruck p_{min} ist ein weiterer Betriebsparameter, der je nach Speicherstandort in einer Bandbreite zwischen 30 bar und 70 bar liegt. Der zur Aufrechterhaltung des Minimaldruckes in den Kavernen notwendige Gasinhalt wird als Kissengas bezeichnet und darf während der gesamten Betriebszeit nicht mehr entnommen werden. Der hieraus abgeleitete Volumenanteil beträgt in Kavernenspeichern je nach Größe des zulässigen minimalen Kavernendruckes bis zu 25 % des gesamten Speicherinhaltes und dient zur Abstützung der Hohlraumkontur gegen den von außen wirkenden Gebirgsdruck.

Die Kavernenkonvergenz beträgt in deutschen Kavernenspeichern in Abhängigkeit von der Betriebsfahrweise je nach Standort etwa jährlich 0,5 % bis 2 % des Kavernenhohlraumes. Die Kavernenkonvergenz ist abhängig von der Kriechfreudigkeit des Salzes, die ihrerseits von der Reinheit des Salzes und der Gebirgstemperatur beeinflusst wird. Je reiner das Steinsalz und je höher die Gebirgstemperatur, umso größer sind die Kriechraten des Salzes und damit die jährliche Kavernenkonvergenz.

Die Gebirgstemperatur T verändert sich nach Bild 9.12 mit der Teufe h und nimmt nach Messungen im Deckgebirge (DG) um etwa $\Delta T_{DG} = 0{,}04\ K/m$ und im Salzgebirge (SG) um etwa $\Delta T_{SG} = 0{,}02\ K/m$ zu. Für eine überschlägige Berechnung ist die Anwendung von Formel 9.8 ausreichend.

$$T = 283{,}15\ K + \Delta h_{DG}\Delta T_{DG} + \Delta h_{SG}\Delta T_{SG} \tag{9.8}$$

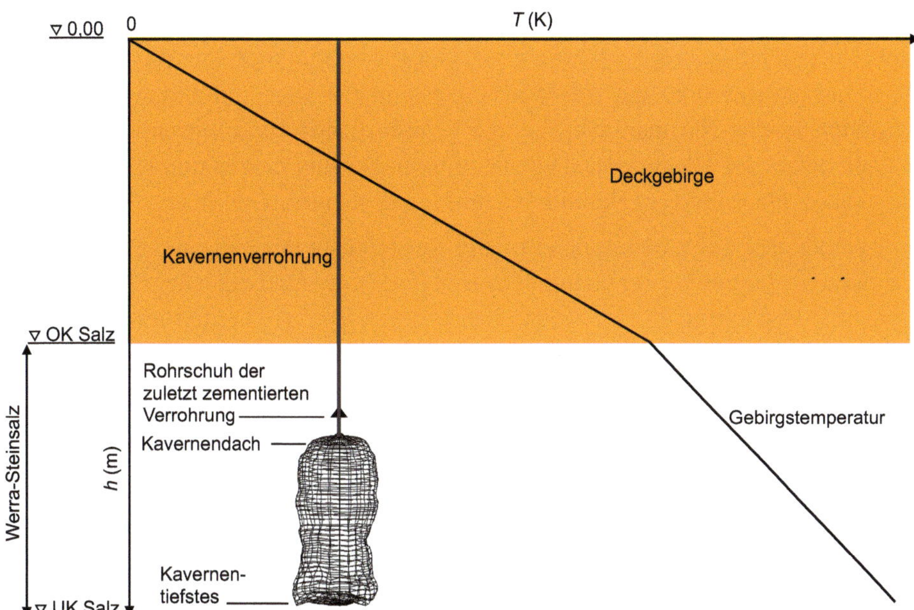

Bild 9.12 Der Verlauf der Gebirgstemperatur im Umfeld von Speicherkavernen

Die Berechnung des gesamten maximalen Speicherinhaltes $V_{n(max)}$, des Arbeitsgasvolumens $V_{n,AGV}$ und des Kissengasvolumens $V_{n,KGV}$ ist in Formel 4.1 bis Formel 4.3 in Abschnitt 4.3 bereits angesprochen worden, soll aber der Übersichtlichkeit halber in Formel 9.9 bis Formel 9.11 nochmals aufgeführt werden.

Zur Temperatur des Wasserstoffs in der Speicherkaverne

Der maximale Speicherinhalt der Salzkaverne $V_{n(max)}$, das Kissengasvolumen $V_{n,KGV}$ und das Arbeitsgasvolumen $V_{n,AGV}$ sollen mit der Temperatur T des ungestörten Salzgebirges in der vertikalen Teufe der Kavernenmitte h_m berechnet werden. Der Wasserstoff in der Kaverne wird im Ruhezustand diese Temperatur annehmen.

$$V_{n(max)} = V_{geom} \frac{p_{max}}{p_n} \frac{T_n}{T} \frac{z_n}{z} \tag{9.9}$$

$$V_{n,KGV} = V_{geom} \frac{p_{min}}{p_n} \frac{T_n}{T} \frac{z_n}{z} \tag{9.10}$$

$$V_{n,AGV} = V_{n(max)} - V_{n,KGV} \tag{9.11}$$

Es empfiehlt sich die Bearbeitung von Aufgabe 47 im Buch *Wasserstofftechnik. Aufgaben und Lösungen.*

In Deutschland haben sich die Bergbehörden und die Speicherbetreiber auf ein einheitliches Zulassungsverfahren für die Kavernendimensionierung geeinigt. Die Basis der Bestimmung der Kavernenabmessungen Höhe und Durchmesser, der Abstände zu den Nachbarkavernen, der erforderlichen Hangendschwebe und im Schichtensalz der Liegendschwebe, des minimalen und maximalen Kavernendruckes sowie der zulässigen Befüllungs- und Ausspeicherraten umfasst Folgendes:

- den Rückgriff auf umfangreiche In-situ-Aufreißtests mit Luft im Salzgebirge an unterschiedlichen Kavernenstandorten oder auf gravimetrische Bohrlochmessungen zur Festlegung der zulässigen maximalen Druckgradienten im Rohrschuhbereich und die sich daraus ergebenden maximal zulässigen Kaverneninnendrücke
- Laborversuche an standortspezifischem Salzkernmaterial zur Bestimmung des Materialverhaltens
- Berechnung zulässiger Betriebsparameter mit geeigneten Materialgesetzen
- rechnergestützte Abbildung des realen Konvergenzverhaltens

Aus heutiger Sicht ist davon auszugehen, dass bei einem zukünftigen Wechsel von Erdgas zum Speichergut Wasserstoff die Art und Weise, wie die Kavernen betrieben werden, nicht verändert wird. Dies sind die Folgen:

1. Der Kavernendruck darf beim Ein- und Ausspeichern des Wasserstoffs einen festgelegten Gradienten in bar pro Tag nicht überschreiten.
2. Durch den Verlauf des Kavernendruckes darf die dem Salzgestein aufgezwungene Verzerrung einen festgelegten Wert im Jahr nicht überschreiten. Die Verzerrung ist eine relative Längenänderung des Salzkörpers unter Belastung.

Die Umsetzung kann für die Speicherung von Wasserstoff weitere, in Bild 9.13 dargestellte Beschränkungen zur Folge haben, die über das Gebot, den maximalen Kavernendruck p_{max} nicht zu überschreiten und den minimalen Kavernendruck p_{min} nicht zu unterschreiten, hinausgehen:

1. ein minimaler Kavernendruck von beispielsweise $p_{min} = 55\ bar_ü$ über eine kumulativ maximale Betriebszeit von $b_h = 720$ h (das entspricht einem Monat)
2. Nutzung eines Innendruckbereiches von $p = 80\ bar_ü$ bis $p = 85\ bar_ü$ über eine kumulativ maximale Betriebszeit von $b_h = 2160$ h (das entspricht einem Zeitabschnitt von drei Monaten)
3. maximaler Kavernendruck von bis zu $p_{max} = 240\ bar_ü$ im Rohrschuhbereich
4. betrieblich genutzter Kavernendruck von $p = 200\ bar_ü$ über einen Mindestzeitraum von $b_h \geq 2160$ h
5. maximale Druckentlastungsrate bei der Gasausspeicherung von $\frac{\Delta p}{\Delta t} \leq 20 \frac{bar}{d}$ bei einem Kavernendruck von $p \geq 80\ bar_ü$
6. maximale Druckentlastungsrate bei der Gasausspeicherung von $\frac{\Delta p}{\Delta t} \leq 10 \frac{bar}{d}$ bei einem Kavernendruck von $p \leq 80\ bar_ü$

Eine in der Vergangenheit bewährte Betriebsfahrweise von Speicherkavernen ist die Parallelfahrweise - auch Poolfahrweise genannt. Die Kavernen sind über die obertägigen Anlagen zusammengeschlossen und werden beim Ein- und Ausspeichern parallel betrieben.

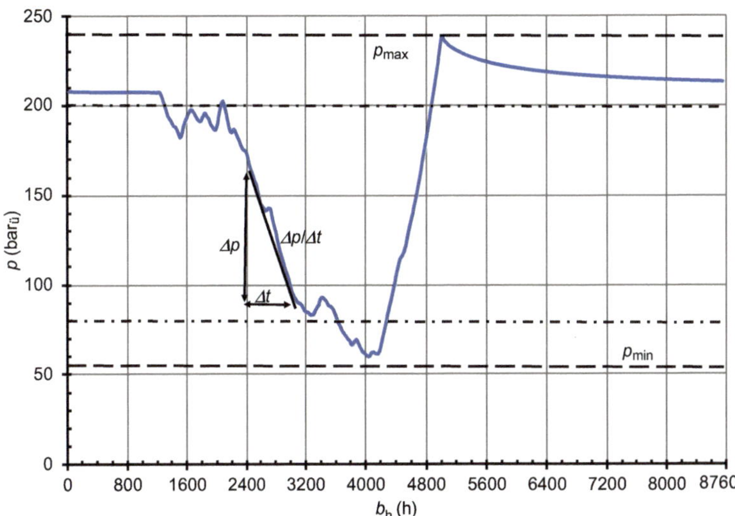

Bild 9.13 Speicherbetrieb mit Wasserstoff unter Beachtung der gebirgsmechanisch vorgegebenen Grenzen für den Kavernendruck und der Druckänderungsraten

9.1.7 Obertägige Speicheranlagen

Ein Fließbild der obertägigen Anlagen zum Ein- und Ausspeichern des Wasserstoffs (VES) ist in Bild 9.14 dargestellt. Hierin sind alle wesentlichen Anlagen im Ein- und Ausspeicherstrang wie

- Einrichtungen zur Messung der Wasserstoffmengen,
- Feststoff- und Tröpfchenabscheider im Eingang der Anlage,
- Verdichter und Luftkühler,
- Flüssigkeitsabscheider und Trocknung,
- Sicherheits- und Steuereinrichtungen wie Sicherheitsabsperrventile (SAV) und Mengenregelung sowie
- Rekomprimierungsteile

enthalten. Bereits in Kapitel 6 wurde festgehalten, dass infolge der sehr hohen spezifischen Wärmekapazität c_p bei der Kompression des Wasserstoffs in Relation zum Erdgas ein erheblich höherer Energieaufwand notwendig ist. Dieser Umstand ist beim Einspeicherbetrieb zu berücksichtigen. Für ihn werden sowohl mehrstufige Kolbenverdichter als auch Turboverdichter genutzt. Die Verdichter werden in der Regel mit drehzahlgeregelten E-Motoren angetrieben. Gasturbinen bzw. Gasmotoren werden im Speicherbetrieb ausgesprochen selten eingesetzt.

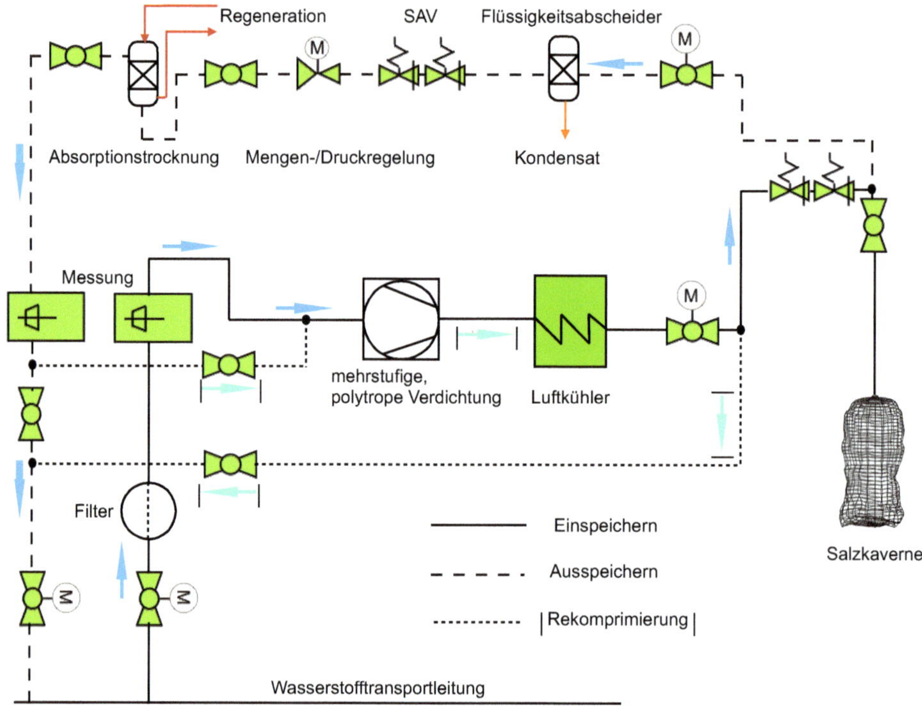

Bild 9.14 Verdichtungs- und Entnahmeanlagen zum Speichern von Wasserstoff in untertägigen Salzkavernen (VES)

Die Verdichter sind für einen Übergabedruck des Transportleitungssystems auf den maximalen Druck am Kopf der Verrohrung p_K ausgelegt. Dieser Druck ist unter anderem von der Temperatur des Gases in der Gasfördertour T und der tatsächlichen Länge der untertägigen Verrohrung L sowie weiteren Parametern abhängig. Nach S. Förster und V. Köckritz (1980, S. 6–8) kann der Druckunterschied zwischen dem Kopf der Verrohrung und der Unterkante der untertägigen Verrohrung berechnet werden. Die dann anzuwendende Bewegungsgleichung für eine stationäre, einphasige, isotherme Gasströmung mit Reibungsverlusten im senkrechten Rohr berücksichtigt auch die Geschwindigkeitskomponente w.

$$\frac{\mathrm{d}p}{\varrho} + w\mathrm{d}w + g\mathrm{d}L + \frac{\lambda w^2}{2d}\mathrm{d}L = 0 \tag{9.12}$$

Daraus kann für ein gasförmiges Medium wie Wasserstoff der Zusammenhang zwischen dem Druck in der Kaverne am Eintritt in den Förderstrang (Rohrschuh in Bild 9.7) p und am Kopf der Verrohrung p_K abgeleitet werden:

$$p^2 = p_K^2 e^{2s} + \theta \dot{V}_0^2 sign \dot{V}_0 \tag{9.13}$$

Für den Betriebsfall Ausspeicherung gilt $\dot{V}_0 > 0$ und $\text{sign}\,\dot{V}_0 = +1$.

Für den Betriebsfall Einspeicherung gilt $\dot{V}_0 < 0$ und $\text{sign}\,\dot{V}_0 = -1$.

Der Parameter s wird über die Länge der Verrohrung L, über die relative Dichte $d_n = \varrho_{n,H_2} / \varrho_{n,Luft}$, über die spezielle Gaskonstante der Luft R_L, über die mittlere Temperatur in der Verrohrung T_m und über die Realgaszahl auf halber Länge der Verrohrung z_m bestimmt:

$$s = \frac{L d_n g}{T_m z_m R_L} = 0{,}03415 \frac{L d_n}{T_m z_m} \tag{9.14}$$

Der Beiwert θ in Formel 9.13 kann für unterschiedliche Betriebszustände berechnet werden. Allgemein werden der Druck in der Verrohrung p, die Temperatur in der Verrohrung T, die mittlere Temperatur in der Verrohrung T_m, die Realgaszahl auf halber Länge der Verrohrung z_m und der Rohrdurchmesser d in die Berechnung einbezogen.

$$\theta = \frac{8p^2}{T^2 \pi^2 g} \cdot \frac{\lambda T_m^2 z_m^2 \left(e^{2s} - 1\right)}{d^5} \tag{9.15}$$

Die Rohrreibungszahl λ wird mithilfe von Tabelle 6.2 in Abschnitt 6.1 bestimmt.

Für die mittlere Temperatur des Wasserstoffs in der senkrechten Verrohrung kann mit den Gastemperaturen in der Kavernenmitte T und am Kopf der Verrohrung T_K Folgendes abgeleitet werden:

$$T_m = \frac{T + T_K}{2} \tag{9.16}$$

Für die Realgaszahl des Wasserstoffs in der Verrohrungsmitte gilt dann analog

$$z_m = \frac{z + z_K}{2} \tag{9.17}$$

Die Berechnung kann für den Normzustand $\dot{V}_0 = \dot{V}_n$ durchgeführt werden. Dann ändert sich Formel 9.15 zu

$$\theta = 1{,}137 \cdot 10^4 \cdot \frac{\lambda T_m^2 z_m^2 \left(e^{2s} - 1\right)}{d^5} \tag{9.18}$$

Für den Betriebsfall Ruhezustand gilt $\dot{V}_0 = 0$ und $\text{sign}\,\dot{V}_0 = 0$.

Dann folgt aus Formel 9.13

$$p = p_K \cdot e^s \tag{9.19}$$

Der beim Verdichtungsprozess erhitzte Wasserstoff wird hinter dem Verdichter bis auf maximal 50 °C abgekühlt, um die PE-Umhüllung der Gasfeldleitungen zu schützen, und den Kavernen zugeführt.

Für die Ausspeicherung sind Flüssigkeitsabscheider, Mengenregelung, Trocknung und Regeneration sowie Übergabemessung und Gasbeschaffenheitsmessung installiert. Die Flüssigkeitsabscheider befreien den aus den Kavernen entnommenen Wasserstoff von freien Flüssigkeiten (Wasser und Kondensat). Die Mengenregelung regelt die Ausspeicherrate und reduziert den Druck im Wasserstoffsystem vom Kopfdruck p_K auf den Transportleitungsdruck.

Üblicherweise wird für die Trocknungsaufgabe eine Glykol-Absorptionsanlage eingesetzt. Der Wasserstoff strömt von unten in eine senkrecht stehende Absorptionskolonne. Er wird von unten nach oben durch die dort eingebauten strukturierten Packungen geleitet. Dabei wird er im Gegenstrom in Kontakt mit hochkonzentriertem Triethylenglykol (TEG) gebracht, das dem Wasserstoff die Feuchtigkeit entzieht. In einer angehängten Destillationsanlage (Regeneration) wird das Glykol vom Wasser getrennt und der Absorptionskolonne wieder zugeführt.

Die Volumenstrommessung erfasst im Ein- und im Ausspeicherbetrieb die Wasserstoffmengen. Gemessen wird in der Regel mit Ultraschallgaszählern. Angeschlossen sind eine Messung zur Beschaffenheit des Wasserstoffs (Gaschromatographie) und eine Wassertaupunktmessung.

Die Verdichteranlage dient zur Unterstützung des Ausspeicherbetriebes (sogenannter Rekomprimierungsbetrieb), um auch bei niedrigem Kavernenfüllstand den betrieblich notwendigen Druck zur Einspeisung in das Transportleitungssystem zu gewährleisten. Dies ist nur dann sinnvoll, wenn der Transportleitungsdruck auch bei niedrigem Füllstand der Kaverne höher als der Druck am Kopf der Bohrlochverrohrung ist.

Die Verrohrung der Speicheranlage erstreckt sich auch auf die Anbindung der obertägigen Anlagen an das Transportnetz eines Netzbetreibers und die Verbindung der obertägigen Anlagen mit den Kavernen über die unterflur verlegten Gasfeldleitungen.

Berechnung des Druckverlustes zwischen Kaverne und Kopf der Verrohrung an der Oberfläche

Aus einer Speicherkaverne, die mit Wasserstoff gefüllt ist, wird ein Volumenstrom im Normzustand $\dot{V}_n = 32600\ \mathrm{m^3/h}$ ausgespeichert. Der Kavernendruck beträgt zu Beginn der Ausspeicherung $p = 78\ \mathrm{bar_ü}$. Eine rechnergestützte Temperaturberechnung ergibt eine Kavernentemperatur $T = 294{,}1\ \mathrm{K}$. Die Temperaturmessung am Kopf der Verrohrung zeigt eine Temperatur $T_K = 298{,}15\ \mathrm{K}$. Da zu diesem Zeitpunkt die Druckmessung am Kopf der Verrohrung ausfällt, soll der Druckunterschied zwischen Kopf der Verrohrung und Rohrschuh der Bohrlochverrohrung rechnerisch ermittelt werden.

Der korrespondierende Druck am Kopf der vertikalen $8\frac{5}{8}$"-Gasfördertour mit einem Innendurchmesser von $d = 193{,}7\ \text{mm}$ und einer Länge von $L = 1276\ \text{m}$ wird mit Formel 9.13 bis Formel 9.19 berechnet. Die Geschwindigkeit des Gases in der Förderrohrtour beträgt $w = 4{,}44\ \text{m/s}$. Bei einer kinematischen Viskosität des Gases von $\nu = 1{,}45 \cdot 10^{-6}\ \text{m}^2/\text{s}$ folgt für die Reynoldszahl $Re = 5{,}9 \cdot 10^5$. Die Kombination aus Reynoldszahl *Re*, integraler Rohrrauigkeit *k* der Förderrohrtour und Rohrinnendurchmesser *d* ist der entscheidende Hinweis, welche Strömungsform vorliegt und mit welcher Formel aus Tabelle 6.2 die Rohrreibungszahl bestimmt wird.

Das Ergebnis in diesem Betriebsfall ist $Re\frac{k}{d} = 306$. Als Rohrrauigkeit wird ein Wert von $k = 0{,}1\ \text{mm}$ angenommen. Es handelt sich um eine turbulente Strömung im Übergangsbereich. Es wird Formel 6.16 in Tabelle 6.2 angewendet. Die Rohrreibungszahl ist $\lambda = 0{,}018$. Die Berechnung mit den oben genannten Formeln führt zu folgendem Ergebnis:

T_m	z_m	e^{2s}	θ	p_K	$\Delta p = p - p_K$
K	-	-	Pa^2s^2/m^6	$bar_ü$	bar
296,13	1,0467	1,0197	$1{,}42 \cdot 10^9$	77,17	0,83

Führt man die Rechnung mit Erdgas als Speichermedium durch, dann liegt der Druck am Kopf der Verrohrung bei $p_K^* = 69{,}45\ \text{bar}_ü$ und der Druckverlust ist mit $\Delta p^* = 8{,}55\ \text{bar}$ um etwa eine Zehnerpotenz höher.

Die Auswirkungen der Fahrweise einer Speicherkaverne im Steinsalzgebirge auf Druck und Temperatur im Hohlraum und am Kopf der Verrohrung für das Speichergas Wasserstoff und Erdgas zeigen Berechnungen nach Ch. Effing (innogy Gas Storage NWE GmbH, nicht veröffentlicht) (Bild 9.15). Aufgrund der unterschiedlichen Stoffparameter Dichte ϱ, kinematische Viskosität ν und Wärmeleitfähigkeit λ, die bereits in Kapitel 2 ausführlich besprochen wurden, ist der quantitative Temperaturverlauf im Hohlraum in allen Betriebsarten bei signifikant höheren Temperaturen des Wasserstoffs unterschiedlich. Der Druckunterschied zwischen Kaverne und Kopf der Verrohrung im Förderstrang ist beim Wasserstoff nahezu vernachlässigbar. Die vorgestellten Berechnungsergebnisse sind qualitativ mit einer In-situ-Messung zu bestätigen.

Es empfiehlt sich die Bearbeitung von Aufgabe 48 im Buch *Wasserstofftechnik. Aufgaben und Lösungen*.

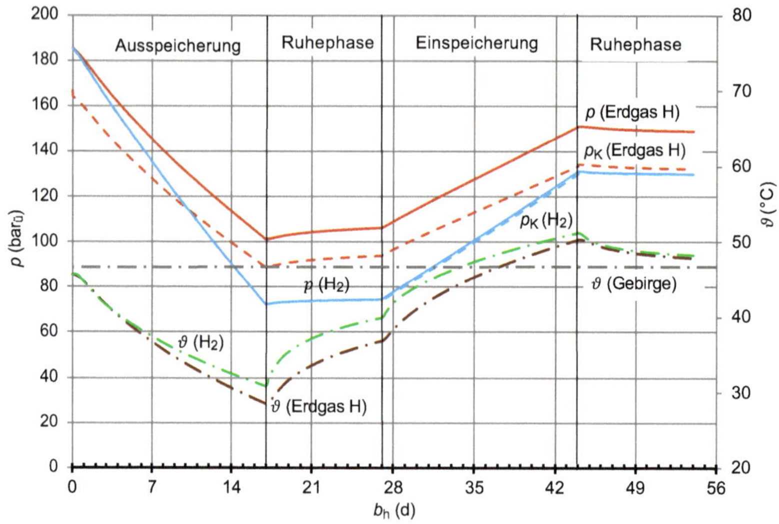

Bild 9.15 Die Auswirkung der Fahrweise einer Speicherkaverne im Steinsalzgebirge auf Druck und Temperatur im Hohlraum und am Kopf der Verrohrung für das Speichergas Wasserstoff und Erdgas H nach Ch. Effing (RWE Gas Storage West GmbH)

Umstellung eines Erdgasspeichers auf einen Wasserstoffspeicher

Vor der Umstellung einer Speicheranlage, die aus obertägigen und untertägigen Einrichtungen wie Rohrleitungen, Armaturen, Dichtungen, Zementation u. v. m. besteht, ist der Einfluss des Wasserstoffs auf die Dichtheit der Anlagen sowie das Diffusionsverhalten angesichts der eingesetzten metallischen Werkstoffe sowie der kautschuk-, gummi- und anderen kunststoffbasierten Werkstoffe zu prüfen. Dies gilt auch für den Untertagebereich, der auf der Grundlage der amerikanischen API-Normen komplettiert wurde. Besonderes Augenmerk liegt auf dem dem Rohrschuh der zuletzt zementierten Verrohrung und der in diesem Bereich wirksamen Zementation. Die Dichtheit dieser Zone gegenüber Wasserstoff muss gewährleistet sein. Die Grundlagen hierzu sind in Kapitel 2 dargelegt. Basis der Prüfungen sind die Dokumentationen der verbauten Anlagenteile in den Betriebshandbüchern. Die Anlagen und Anlagenteile sind ursprünglich für Erdgas L oder H spezifiziert worden. Es ist zweckmäßig, diese Untersuchung – da wo es möglich ist – in Zusammenarbeit mit den Herstellern zu führen. Darüber hinaus sind bestehende EX-Schutzzonen neu zu bewerten. Mit den Zulassungsbehörden ist zu klären, inwieweit bestehende Betriebsplanzulassungen und sonstige Genehmigungen auch unter dem Gesichtspunkt einer Umstellung von Erdgas auf Wasserstoff angepasst werden müssen. ■

9.2 Wasserstoff in ortsfesten und beweglichen Druckbehältern

Kleinere Mengen an Wasserstoff werden ortsfest in separaten Druckbehältern gespeichert. In Bild 2.6 in Abschnitt 2.2.1, in Bild 4.3 in Abschnitt 4.1 und in Bild 5.5 in Abschnitt 5.1.1 sind verschiedene Beispiele von stationären Wasserstofftanks in liegender und stehender Ausführung mit unterschiedlichen Fassungsvermögen aus den Bereichen Wasserstofftankstelle und Dampfreformierung aufgeführt. Sie alle fallen unter die Rubrik Hochdruckspeicherung von Wasserstoff CGH_2. Neben den herkömmlichen Einzel-Druckbehältern haben sich mittlerweile flexible, erweiterbare, kombinierte modulare Speicher etabliert (Bild 9.16).

In Bild 4.4 in Abschnitt 4.1 sind transportable Tanks und die dazugehörigen Fahrzeuge abgebildet und in Abschnitt 6.4 ist der Transport von Wasserstoff in nicht ortsfesten Druckbehältern Typ 1 bis Typ 4 thematisiert.

Bild 9.16 Stationäre Lösung des Systemlieferanten Wystrach GmbH für die Speicherung von elektrolytisch erzeugtem Wasserstoff der Schweizer Energiedienst Holding AG in Wyhlen (CH) am Oberrhein: Der Strom für die Elektrolyse stammt aus dem benachbarten Laufwasserkraftwerk. Die Speicherkapazität beträgt 1200 kg H_2 bei einem maximal zulässigen Druck von 300 $bar_ü$ (© Energiedienst Holding AG).

Grundsätzlich können CGH_2-Speicher in vier unterschiedliche, von der Normung zugelassene Bauarten aufgeteilt werden. Da ist zunächst die als Behältertyp 1 bezeichnete herkömmliche industrielle Gasflasche aus Stahl. Ihre relativ große Masse m reduziert in der Praxis die gravimetrische Energiedichte $w_{g,s}$ und $w_{g,i}$.

Eine Verbesserung der spezifischen gravimetrischen Energiedichte wird mit dem Behältertyp 2 erreicht. Ein Stahlliner wird hierbei im zylindrischen Teil mit einer Faserbewicklung verstärkt, die etwa die Hälfte der Beanspruchung der Flasche übernimmt und eine Gewichtsreduzierung mit sich bringt. Beim Einsatz in Fahrzeugen werden hohe Anforderungen an Gewicht und Platzbedarf gestellt, die von den Behältertypen 3 und 4 abgedeckt werden. Die Gewichtseinsparung gegenüber dem klassischen Stahlbehälter beträgt bis zu 70 %. Es handelt sich um vollbewickelte Composite-Behälter mit einem Liner aus dünnwandigem Aluminium oder Stahl (Typ 3) oder Kunststoff (Typ 4). Der Faserwerkstoff kann beispielsweise eine Mischung aus Glasfaser, Kohlefaser und Kunststofffaser auf Ethylen- und Propylenbasis sein. Die Kohlefaser zeichnet sich neben hoher Festigkeit durch sehr gute Ermüdungsfestigkeit aus, wodurch hohe Betankungslastwechsel realisiert werden. Der Behältertyp 4 hat einen Liner aus Kunststoff, wird in großen Stückzahlen produziert und hat als klassischer CNG-Tank in Erdgasfahrzeugen bereits den vielfachen Nachweis der Gebrauchsfähigkeit bei einem Innendruck von $p_{ü} = 200\ bar_{ü}$ erbracht. Bei den mit Wasserstoff betankten Lkw und Pkw werden erheblich höhere Betriebsdrücke von $p_{ü} = 350\ bar_{ü}$ bis $p_{ü} = 700\ bar_{ü}$ mit diesem Typ erreicht.

Die von innovativen Unternehmen wie der Wystrach GmbH entwickelten mobilen Tanksysteme, mit denen Wasserstoff mit hohem Druck und mit angepasstem Speichervolumen an den unterschiedlichsten Orten gelagert und bei Bedarf transportiert werden kann, eröffnen für die Sektoren Erzeugung, Transport und Mobilität flexible Handlungsoptionen und unterstützen mit der Verwendung in Brennstoffzellenzügen der Bahn die Entwicklung einer neuen innovativen Technologie im Mobilitätssektor.

So sind die gewichtsreduzierten Wasserstoffbehälter in Wasserstoff-Bussen oder -Lkw ein unverzichtbares Bindeglied zwischen Tankstelle und dem Brennstoffzellenantrieb in den Fahrzeugen. Das Speichervolumen ist bei einem Betriebsdruck von $p_{ü} \leq 700\ bar_{ü}$ skalierbar. Eine Positionierung auf dem Dach der Fahrzeuge ist platzsparend und erhöht die Sicherheit bei Unfällen. Teil des Speichersystems sind die Befülleinrichtungen am Fahrzeug und die Regel- und Sicherheitseinrichtungen zur Druckabsenkung in Richtung Brennstoffzelle einschließlich verschweißter Leitungen und gasdichter, metallisch abdichtender Verschraubungen.

Ein vergleichbares Speichersystem, mit einem Betriebsdruck bis $p_{ü} = 350\ bar_{ü}$, stellt Wystrach für den Bahnverkehr zu Verfügung. Innovative Brennstoffzellenzüge wie der Coradia iLint von Alstom sind die Lösung für emissionsfreien Schienenverkehr auf nicht elektrifizierten Strecken und nutzen auf dem Zugdach die entsprechenden Speichersysteme (Bild 9.17).

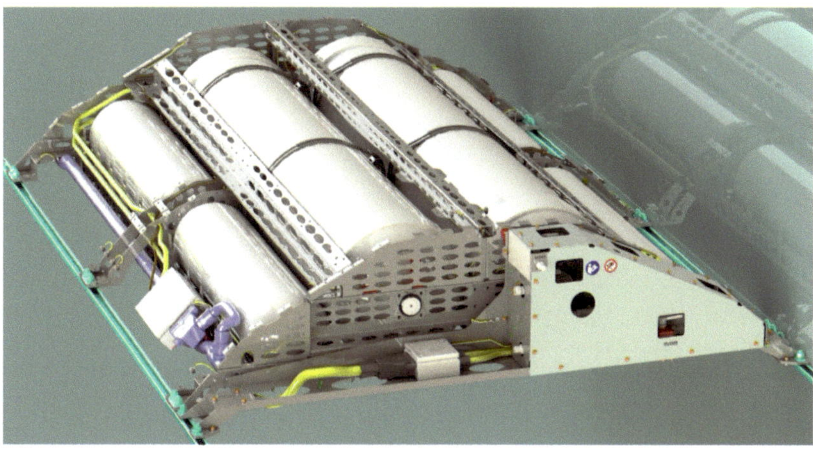

Bild 9.17 Brennstoffzellenzüge brauchen Wasserstoff. Komplette Tanksysteme von Wystrach, konzipiert für die platzsparende Dachmontage, sind hier die Lösung (© Wystrach GmbH).

Der Schwerlastverkehr nimmt in Deutschland als zentrales Durchgangsland für ganz Europa zu. Damit wachsen die Probleme für die Luftreinhaltung, für die Überlastung unserer Straßen, aber auch für die Infrastruktur wie Tankstellen und Ruheplätze für die Lkw-Fahrer(innen), die bereits seit Jahren an zentralen Strecken völlig ausgelastet und zum Teil überlastet sind. Hier können mobile Tankanlagen eine Lösung sein, die an Hotspots des Transportverkehrs heute für eine rasche Betankung der Fahrzeuge sorgen können, um dann morgen an anderer Stelle eingesetzt zu werden.

Das in Bild 9.18 gezeigte modulare System besteht aus zwei Containern und kann durch die gefahrgutachterliche Zulassung jederzeit an eine andere Stelle versetzt werden. Es besteht aus einem Tankcontainer und einem Tankstellencontainer. Der Tankcontainer (links) enthält 54 Typ-4-Behälter zur Wasserstoffspeicherung bei Betriebsdrücken von $p_{ü} = 300\ \text{bar}_{ü}$ oder $p_{ü} = 380\ \text{bar}_{ü}$, einsetzbar über 7 Tage je 24 Stunden. Der Tankstellencontainer (Bild 9.18 rechts) verfügt über einen Pufferspeicher mit einem Betriebsdruck von $p_{ü} = 500\ \text{bar}_{ü}$. Daraus ergibt sich eine Betankungskapazität von $m \leq 500\ \text{kg/d}$. Angeschlossene Fahrzeuge werden mit einem Fülldruck von $p_{ü} = 350\ \text{bar}_{ü}$ betankt. Aufgrund des hohen Energiebedarfs von Fahrzeugen und im Schwerlast- und Baumaschinensektor, zeichnet sich ein Trend in Richtung 700-bar-Tanksysteme auch für Nutzfahrzeuge ab. Das System wird zukünftig dahingehend weiterentwickelt. Einen Eindruck von der mobilen Tankstelle mit den beiden Containern vermittelt Bild 9.19.

Bild 9.18 Mobile Füllanlage für die Schwerlasttransportlogistik (© Wystrach GmbH)

Bild 9.19 Mobile Tankstelle mit Tankcontainer (links) und Tankstellencontainer (rechts) (© Wystrach GmbH)

■ 9.3 Speicherung von flüssigem Wasserstoff

Die Grundlagen der Verflüssigung werden in Kapitel 8 behandelt. Nach dem Verflüssigungsprozess kann der Wasserstoff tiefkalt in flüssigem Zustand gespeichert werden. Verflüssigter Wasserstoff LH_2 hat nach Bild 9.2 eine spezifische, volumetrische Energiedichte - bezogen auf den Heizwert im Normzustand - auf dem Niveau von komprimiertem Erdgas (CNG), allerdings weit unterhalb der spezifischen, volumetrischen Energiedichten von flüssigem LPG und LNG.

Bei der Herstellung von Rechnerchips wird flüssiger Wasserstoff (LH_2) wegen seiner hohen Reinheit nachgefragt. Flüssiger Wasserstoff wird in der Raumfahrt (ESA, NASA) und zukünftig auch in der Luftfahrt eingesetzt und muss zu diesem Zweck gespeichert werden. Die Verwendung von LH_2 in Fahrzeugen und Schiffen kann in Zukunft eine realistische Alternative zur herkömmlichen, mit Diesel betriebenen Antriebstechnik auf Straßen, Kanälen und Flussläufen sein. Der technische und energetische Aufwand für die Kühlung auf $\vartheta = -253\,°C$ ist jedoch sehr hoch und führt zunächst zu enormen Investitionen und später im Betrieb zu entsprechend hohen Energiekosten.

Besondere Aufmerksamkeit erfordert die Dämmung der Tanks, um ein Verdampfen der tiefkalten Flüssigkeit in Verbindung mit wärmeren Anlagenteilen zu begrenzen und praktisch hinauszuzögern. Heutzutage werden fast ausschließlich austenitische Edelstähle im Behälterbau verwendet. Kommt Luft mit dem tiefkalten Wasserstoff über nicht isolierte Rohrleitungen und Außenwände in Berührung, ist eine partielle Verflüssigung der Luft an den tiefkalten Anlagenteilen nicht auszuschließen. Dann besteht nach W. Peschka (1984, S. 63) die Gefahr der Entzündung und explosionsartigen Reaktion mit brennbaren Substanzen. Die Isolierung der mit flüssigem Wasserstoff in Berührung stehenden Bauteile wie Rohrleitungen, Flansche oder Armaturen muss daher so erfolgen, dass die Temperatur auf der Warmseite der Isolierung oberhalb des Taupunktes der Luft liegt. Im Bedarfsfall müssen von der Außenseite zugängliche Stellen an Kontaktflächen zum flüssigen Wasserstoff mit Inertgas wie Stickstoff oder Argon beaufschlagt werden. Die Tanks für LH_2 werden in der Regel doppelwandig ausgelegt, wobei sich zwischen dem inneren und dem äußeren Behälter ein Vakuum befindet, um den konvektiven Wärmetransport so weit wie möglich zu unterbinden. Dieses Verfahren unter der Bezeichnung Hochvakuum-Superisolation wird durch die zusätzliche Installation einer großen Anzahl von reflektierenden Schichten ergänzt, die den inneren Behälter umgeben. Sie sorgen dafür, dass auch die Wärmestrahlung verhindert wird. Für tiefergehende Informationen sei an dieser Stelle auf die entsprechende Fachliteratur - siehe auch W. Peschka (1984, S. 63 - 81) - verwiesen.

Aufgrund des großen Temperaturgefälles zwischen der Umgebung und dem LH_2-Speicher kann auf Dauer die Blasenbildung und Verdampfung begrenzter Wasserstoffmengen im Nahfeld der inneren Behälterwand nicht verhindert werden. Diese verdampften Mengen sammeln sich unterhalb des Behälterdaches. Um eine unzulässige Druckerhöhung durch den verdampften Wasserstoff im inneren Behälter zu begrenzen, werden diese Gasmengen als Boil-Off-Gas dem Tanksystem entnommen und abgefackelt oder im besten Fall energetisch genutzt. Alternativ werden sie in die Atmosphäre abgeführt oder in Einzelfällen auch nach der Wiederverflüssigung dem Tanksystem erneut zugeführt. Das Tanksystem ist in jedem Fall durch Sicherheitsabblaseeinrichtungen gegen Überdruck abzusichern.

Auch im Bereich der Versorgung von Fahrzeugen aller Art mit LH_2 und der dafür erforderlichen Behälter werden Komplettsysteme aus Tank, Verdampfer und Brennstoffzelle angeboten.

Bei der Einrichtung stationärer Tankanlagen mit einem großen Speichervolumen können die in Deutschland früher betriebenen LNG-Speicher Hinweise auf den Aufbau der Anlage geben. So sollten Kryotanks innerhalb einer betonierten Auffangwanne stehen, um im Havariefall einen unkontrollierten Abfluss von verdampfenden Flüssiggasmengen zu verhindern. Feuerlöscheinrichtungen sind um die Auffangwanne herum zu positionieren.

Während im Fahrzeugbereich Standards für LH_2-Tanks vorhanden sind, ist die Dimensionierung von kryogenen Behältern im Flugzeug ungleich schwieriger. Unter den eingeschränkten Flächenbedingungen im Flugzeug soll eine große verflüssigte Wasserstoffmasse in einem möglichst geringen Raumvolumen untergebracht werden. Der geringe Tankinnendruck p zwischen 1 und 4 bar führt zu geringen Wandstärken der Tanks und daraus abgeleitet zu einem vorteilhaften, hohen Verhältnis aus Tankinhalt und Tankmasse. Im Mittelpunkt der Entwicklung stehen nach S. Freund et al. (2023) Tanks aus Kohlenstofffaserverstärktem Kunststoff CFK, die ein hohes Leichtbaupotenzial bieten.

Bild 9.20 gibt die wesentlichen Konstruktionsmerkmale eines doppelwandigen Tankaufbaus aus Kohlenstofffasern wieder. Der innere Tank sorgt für die Abdichtung gegenüber dem flüssigen Wasserstoff und für die Integrität der Tankkonstruktion unter einer extremen Temperaturdifferenz zur Umgebung sowie unter dem Gewicht und den Schwappbewegungen des Wasserstoffs. Der äußere Tank soll das Hochvakuum in der Zwischenschicht sicherstellen. Dies kann in Kombination mit zusätzlichem Isoliermaterial und Wärmeschutz erfolgen. Temperaturinduzierte Spannungen und der Druckgradient zwischen Tankinnerem und Umgebung sind wesentliche Belastungsmerkmale der Faserkonstruktion. Der nicht zu verhindernde Permeationsstrom des Wasserstoffs, der in Abschnitt 2.4 behandelt wurde, beeinträchtigt auf Dauer die Vakuumgüte, kann aber in Grenzen beeinflusst werden.

Gefährlich sind Leckagen aus dem inneren Tank in die Zwischenschicht, da sie zu plötzlichem Druckanstieg und zum Versagen der Konstruktion führen können. Nach S. Freund et al. (2023) steht – neben einer Wickelbauweise auf geodätischen Bahnen um eine bestehende Innenkontur – ein Automated Fiber Placement- (AFP-) Verfahren im Mittelpunkt der aktuellen Entwicklung von kryogenen Tanksystemen für die Luftfahrt. Dabei werden schmale Materialbänder (Tows) unter Anwendung von Druck und Temperatur auf ein formgebendes Werkzeug abgelegt. Ein wesentliches Merkmal des AFP ist die Ablage des Fasermaterials ohne große Vorspannung, auch in parallel verlaufenden Lagen ohne Berücksichtigung geodätischer Bahnen, sodass es im Gegensatz zur Wickelbauweise zu keinen Kreuzungspunkten der Faserlagen kommt. Das vorteilhafte Ergebnis ist ein sehr dünnwandiges

Tanksystem. Erhöhte Aufmerksamkeit verlangt die Fertigung im Dombereich des Tanks und fertigungsbedingte Schwachstellen durch lokale Lücken innerhalb der Faserlagen. Ein wesentlicher Schwerpunkt der weiteren Entwicklung von Leichtbautanksystemen ist die Abstimmung zwischen dem Tank- und Faserverbunddesign und dem verwendeten Fertigungsverfahren.

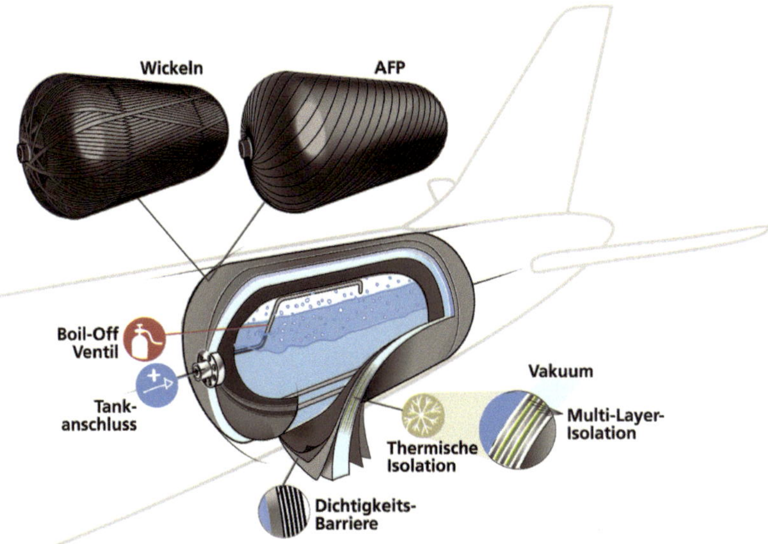

Bild 9.20 Vorstellung von für Flugzeuge geeignete Flüssigwasserstofftanks aus CFK mit zwei Tankhüllen und dazwischenliegender Vakuumisolation nach S. Freund et al. (2023) (© DLR, CC BY-NC-ND 3.0)

■ 9.4 Alternative physikalische Speicherverfahren

Es gibt eine Reihe von weiteren Ansätzen, Wasserstoff physikalisch zu speichern. Zu diesen zählt das Verfahren Cryo-compressed Hydrogen ($CcGH_2$). Es ist eine Kombination aus Gaskompression und Gasabkühlung. Wird der Wasserstoff vereinfacht als ideales Gas betrachtet, so ändert sich das Volumen V bei konstantem Druck p proportional zu einer Änderung der Temperatur ϑ:

$$V = V_n \left(1 + \frac{\vartheta}{273{,}15}\right) \qquad (9.20)$$

Nimmt die Temperatur um ein Grad Celsius ab, verringert sich das Volumen des idealen Gases um 1/273,15. Dieser Zusammenhang wird auch für ein reales Gas genutzt und der Wasserstoff zunächst abgekühlt. In Abhängigkeit vom erreichten Niveau der Endtemperatur wird unterschieden zwischen

- Cold-compressed Hydrogen $CcGH_2$ für $T > 150\,K$ und
- Cryo-compressed Hydrogen CcH_2 bei Abkühlung bis in den Bereich der kritischen Temperatur $T_c = 33\,K$.

Der Wasserstoff bleibt dabei noch gasförmig. Anschließend wird der abgekühlte Wasserstoff komprimiert. CcH_2 ist eine aktuelle Weiterentwicklung der mobilen Wasserstoffspeicherung. Erste Pilotanlagen sind bereits im Betrieb. Vorteilhaft für beide Varianten gegenüber CGH_2 ist die höhere Energiedichte. Nachteilig sind allerdings die höheren Betriebskosten aufgrund des erheblich höheren Energiebedarfs für den Abkühlprozess.

Eine weitere Variante ist die Abkühlung des Wasserstoffs bis zum Schmelzpunkt. Dort geht der Wasserstoff, bevor er vollständig fest wird, zunächst in eine Art Matsch oder Gelee über. Slush Hydrogen SH_2 besteht etwa je zur Hälfte aus festem und flüssigem Wasserstoff. Ein möglicher Anwendungsfall ist der Einsatz als Treibstoff in der Raumfahrt. Die Dichte des festen Wasserstoffes am Trippelpunkt ist $\varrho_s = 86{,}5\ kg/m^3$. Mit dem hälftigen flüssigen Anteil erhöht sich dann die volumetrische Energiedichte gegenüber dem flüssigen Zustand um etwa 15 % auf $w_{v,i} = 10\ MJ/l$.

Eine interessante Vergleichsgröße für physikalische Speicher ist die Speicherdichte nach Tabelle 9.3. Sie gibt an, welche Masse in kg je m³ Raumvolumen untergebracht werden kann und ist mit der jeweiligen Betriebsdichte identisch.

Tabelle 9.3 Speicherdichten physikalischer Wasserstoffspeicher

Abkürzung	Temperatur	Druck	Speicherdichte	Anmerkung
	°C	bar_a	kg/m³	
CGH_2	50	201	13,5	1)
CGH_2	15	351	25,1	
$CcGH_2$	-120	351	36,2	
CGH_2	15	701	41,7	
LH_2	-253	1	70,8	2)
CcH_2	-235	301	80,7	
SH_2	-259	1	81,8	3)

Anmerkung: 1) Situation gefüllte Speicherkaverne; 2) am Siedepunkt; 3) am Trippelpunkt

Die Speicherdichten liegen je nach Speichervariante ausgehend von der niedrigsten Dichte von etwa $\varrho_b \sim 14\ kg/m^3$ bei der Kavernenspeicherung korrespondierend mit einem Betriebsdruck von $p_ü = 200\ bar_ü$ bis zu den höchsten Dichten mit $\varrho_b \sim 81\ kg/m^3$ bzw. $\varrho_b \sim 82\ kg/m^3$ beim überkritischen Cryo-compressed Hydrogen (CcH_2) und einer flüssig-festen Mischung Slush Hydrogen (SH_2). Auch die Variante der Speicherung von flüssigem Wasserstoff bei tiefkalten Temperaturen (LH_2) erreicht bei 1 bar immerhin $\varrho_b \sim 70\ kg/m^3$. Allerdings sind die Technologien nur bedingt miteinander vergleichbar. Die großen Mengen an Wasserstoff sind nur im untertägigen Kavernenspeicher unterzubringen. Hierzu gibt es keine realistische Alternative. Speicherlösungen in Fahrzeugen können nicht mit LH_2 umgesetzt werden. Höhere Speicherdichten erfordern höhere Betriebskosten und Investitionen. Je höher die Speicherdichte, desto größer der erforderliche Energieaufwand für Kühlung und Verdichtung. Und umso aufwendiger ist die Konstruktion und die Herstellung bzw. der Bau von sicheren und zuverlässigen Tanksystemen und ihrer Infrastruktur.

9.5 Stoffliche Wasserstoffspeicher

Bei der Metall-Hydridspeicherung geht der Wasserstoff temporäre Einlagerungsverbindungen mit Metallen ein. Das Wasserstoffmolekül wird auf der Metalloberfläche adsorbiert und dann in elementarer Form in das Metallgitter eingebunden. Bild 9.21 zeigt den bereits aus Abschnitt 2.4.1 bekannten Vorgang der Diffusion des Wasserstoffs hinein in ein Metallgefüge.

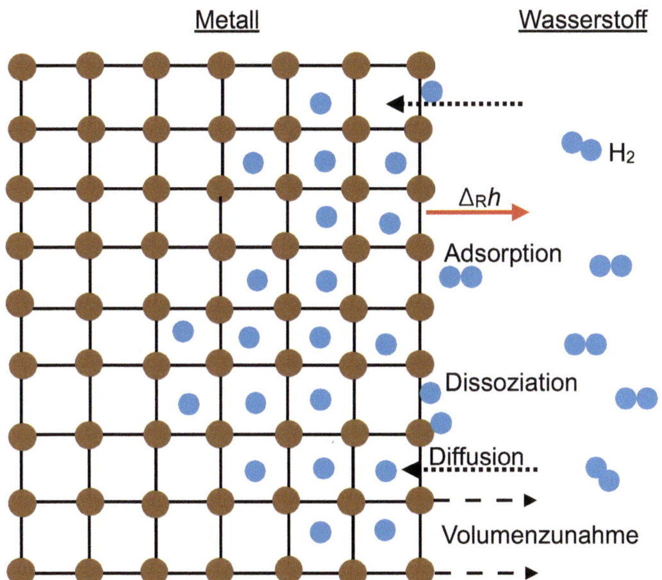

Bild 9.21 Hydrierung in Metalle und Metalllegierungen zum Zwecke der temporären Speicherung

Nach F. Heubner et al. (2021) kommt es dabei zu einer Vergrößerung des Metallvolumens bis zu einem Drittel. Der Vorgang erfolgt exotherm und kann mit Formel 9.21 beschrieben werden.

$$\mathrm{Me}(\mathrm{s})+\frac{x}{2}\mathrm{H}_2(\mathrm{g}) \rightarrow \mathrm{MeH}_\mathrm{x}(\mathrm{s})+\Delta_\mathrm{R}h \tag{9.21}$$

Die Freisetzung des Wasserstoffs erfolgt endotherm. Das Gas löst sich dabei wieder aus dem Metallgefüge heraus. Die eingesetzten Werkstoffe sind unter anderem Palladium, Magnesium und Lanthan, intermetallische Verbindungen beispielsweise aus Eisen und Titan, und Leichtmetalle wie Aluminium. Die bei der Freisetzung des Wasserstoffs erforderlichen Parameter Temperatur und Druck sind in Tabelle 9.4 nach Angaben von F. Heubner et al. (2021) für verschiedenen Metalle und Legierungen dargestellt.

Tabelle 9.4 Die Parameter Temperatur und Druck bei der Dehydrierung aus verschiedenen Metallen und Legierungen

Material	Temperatur in °C	Druck in bar
$FeTiH_2$	25	4
$TiMn_2H_3$	25	8
$LaNi_5H_6$	25	2
MgH_2	300	2
Mg_2NiH_4	300	4

Anmerkungen: nach F. Heubner et al. (2021)

Die gravimetrische Speicherdichte von Metall-Hydridspeichern soll in Zukunft von derzeit 1,5 kg H_2 auf 5,5 kg H_2 je 100 kg Speichermasse steigen. F. Heubner et al. (2021) geben die volumetrische Speicherdichte mit 150 kg H_2/m^3 an.

Es empfiehlt sich die Bearbeitung von Aufgabe 49 im Buch *Wasserstofftechnik. Aufgaben und Lösungen.*

Die Umrechnung auf gravimetrische und volumetrische Energiedichten zeigt eine Größenordnung von $w_{\mathrm{g,s}} = 2$ MJ/kg und $w_{\mathrm{v,s}} = 20$ MJ/l. Bezieht man die genannten Größen auf den Heizwert, so liegen diese etwa 10 % darunter. Um diese Werte einzuordnen, genügt zunächst der Blick in Bild 9.2. Mit relativ geringem Aufwand an Speichermasse kann eine relativ große Energiemenge auf kleinem Raum eingelagert werden. Dieser Umstand ist beispielsweise für mobile Anwendungen wie im Automobilbereich von Bedeutung. Allerdings scheitert die Verwendung von Metall-Hydridspeichern in der Fahrzeugtechnik heute daran, dass der Zeitbedarf für die Hydrierung noch zu groß ist.

Ein ganz neues Technologiefeld beschreiten Oberflächenspeicher. Darunter versteht man die Adsorption von Wasserstoff an Materialien mit hohen spezifischen Oberflächen, sogenannten Sorptionsmaterialien. Darunter fallen mikroporöse metallorganische Gerüstverbindungen, oder kurz MOFs (Metallic Organic Frameworks), mikroporöse kristalline Alumosilikate, sogenannte Zeolithe, und mikroskopisch kleine Kohlenstoff-Nanoröhren (Carbon Nanotubes). Diese pulverförmigen Adsorptionsmaterialien können hohe volumetrische Speicherdichten erreichen. Die Sorptionstemperaturen liegen in der Regel deutlich unter den Entladungstemperaturen für Flüssigkeits- und Feststoffspeicher. Eine großtechnische Umsetzung ist heute noch nicht absehbar.

Zur Entwicklung innovativer Speicherverfahren gehört das vom Fraunhofer Institut IFAM in Dresden entwickeltes Speichersystem Powerpaste (2019). Das hierbei verwendete Metallhydrid MgH_2 enthält bis $w = 10$ Gew.-% molekularen Wasserstoff. Das als Paste in einer Kartusche vorrätig gehaltene Magnesiumhydrid liefert Wasserstoff als Edukt für Brennstoffzellen zur Stromversorgung im elektrischen Leistungsbereich von $100\ \mathrm{W} \leq P_{\mathrm{el}} \leq 10\ \mathrm{kW}$. Gedacht ist das Produkt für die Strombelieferung von mobilen technischen Systemen, die nicht am herkömmlichen Stromnetz angeschlossen sind, wie Flugdrohnen oder Fahrzeugen mit Range-Extender (Abschnitt 10.2.3). Denkbar ist der Einsatz in platzsparender Sicherheitstechnik, Elektrofahrrädern, medizinischen Geräten, Camping oder Outdoor-Systemen im Freizeitbereich.

Freigesetzt wird der Wasserstoff durch kontrollierten Kontakt des mit metallischen Salzen angereicherten Magnesiumhydrids mit Wasser in einem Reaktor. Die dabei ablaufende Reaktion zeigt Formel 9.22:

$$\mathrm{MgH_2} + 2\mathrm{H_2O} \rightarrow 2\mathrm{H_2} + \mathrm{Mg(OH)_2} \tag{9.22}$$

Interessant ist, dass keine besonderen Ansprüche an die Qualität des verwendeten Wassers gestellt werden. Sogar Salzwasser kommt als Reaktionspartner in Frage.

Die volumetrischen und gravimetrischen Energiedichten werden von den Autoren des IFAM (Fraunhofer Institut für Fertigungstechnik und Angewandte Materialforschung 2019) mit umgerechnet $w_{\mathrm{v,i}} = 6{,}8$ MJ/l und $w_{\mathrm{g,i}} = 5{,}8$ MJ/kg angegeben. Der Vergleich mit alternativen Speicherkonzepten in Tabelle A.18 im Anhang A ist aufschlussreich. Das Speicherkonzept Powerpaste hat vergleichbare volumetrische Energiedichten wie das physikalische Speicherverfahren CGH_2 in transportablen Speicherbehältern bei einem Innendruck von $p_{\ddot{u}} = 700\ \mathrm{bar}_{\ddot{u}}$, aber höhere Werte als herkömmliche elektrische Batterien.

10 Anwendungen für Wasserstoff

Der Wasserstoff soll in Deutschland nach allgemeiner gesellschaftlicher Überzeugung, niedergelegt in der Nationalen Wasserstoffstrategie (2023), vor allem als Grundstoff und Energieträger der Industrie und der Energiewirtschaft zur Verfügung gestellt werden. Sind ausreichend Mengen vorhanden, kann darüber hinaus der Mobilitätsmarkt und der Wärmemarkt beliefert werden. Für die genannten Bereiche sollen in diesem Kapitel ausgewählte Beispiele betrachtet werden. Ich empfehle Ihnen, zur Klärung von technischen und kommerziellen Detailfragen auch die Spezialliteratur heranzuziehen.

10.1 Anwendungen im Industriesektor

Wasserstoff ist in der chemischen Industrie, im Raffineriebereich, in der Metallbearbeitung und weiteren industriellen Einsatzpfaden bereits heute ein wichtiger Grundstoff. Für die Herstellung einer Vielzahl wichtiger chemischer Verbindungen ist er zum Beispiel unersetzlich. Dazu gehören unter anderem Ammoniak und Methanol sowie Farben und Kunstfasern als Ausgangsmaterialien für die Produktion von Nylon oder Weichmachern in der Kunststoffchemie. Man kann die Aufzählung noch beliebig erweitern. Die bereits erwähnte Roheisenerzeugung und die Ammoniakherstellung sollen nun etwas näher betrachtet werden. Die aus der Roheisenerzeugung resultierende Stahlherstellung ist eine Schlüsselindustrie für das Selbstverständnis eines Industrielandes wie Deutschland. Der Wille der Beteiligten, die deutsche Stahlindustrie mithilfe des Wasserstoffs klimaneutral, also „grün“ zu machen, verdient unter dem Gesichtspunkt der starken Konkurrenz von Stahlherstellern, vornehmlich auf dem asiatischen Kontinent, Anerkennung. Die Ammoniakherstellung nach dem Haber-Bosch-Verfahren ist einer der wichtigen Grundprozesse in der Chemieindustrie. Ihre Umstellung auf „grünen“ Ammoniak ist ein wichtiger Schritt in Richtung Klimaneutralität im Jahr 2045. Bereits mit „blauem“ Wasserstoff wird nach der Studie „Klimapfade für Deutschland“ von der Boston

Consulting Group und der Prognos AG im Auftrag des Bundesverbands der Deutschen Industrie aus dem Jahr 2018, die in einer Metastudie von R. Geres et al. (2018, S. 13) zusammengefasst wird, eine Emissionsersparnis von 4 Mill. t CO_2-äq. durch Einsatz der Dampfreformierung und CCS in der Ammoniaksynthese im Jahr erreicht. Dadurch würden 2 % der heute im industriellen Sektor ausgestoßenen CO_2-äquivalenten Treibhausgasemissionen eingespart.

10.1.1 Wasserstoff als Schlüssel zum klimaneutralen Stahl

Der Anblick, wenn das glühende Eisen den Hochofen im Stahlwerk mit Licht und Funken verlässt, ist beeindruckend. Ein 40 m hoher und mit 15 m Durchmesser mächtiger Hochofen herkömmlicher Art wird vor dem Abstich des Roheisens im unteren Bereich mit höchsten Temperaturen von $1400\,°C \leq \vartheta \leq 2000\,°C$ betrieben. In diesem Teil des Hochofens sorgen Koks und Einblaskohle für die Aufkohlung des Roheisens, reduzieren das Eisen und sind gemeinsam mit der zugeführten Luft für die enormen Temperaturen verantwortlich. Nach der Entnahme des aufgekohlten Roheisens wird der Kohlenstoffgehalt in der Roheisenschmelze durch Zugabe von Sauerstoff und Schrott im Aufblaskonverter auf 3 % bis 5 % für das Gusseisen und unter 2 % für den Stahl abgesenkt. Dadurch entstehen je Tonne Stahl etwa 1600 kg Kohlendioxid. Nach Auskunft der Wirtschaftsvereinigung Stahl ist Deutschland der größte Stahlhersteller in der EU und gehört zu den 10 größten stahlerzeugenden Ländern der Welt. In der Summe betrug die deutsche Rohstahlerzeugung in 2021 40,1 Mill. t. Der CO_2-Ausstoß der deutschen Stahlindustrie betrug demnach im Jahr 2021 rund 64 Mill. t CO_2-äq. Das waren etwa 8,6 % der deutschen Gesamtemissionen.

Wenn es nach den Verantwortlichen in der deutschen Stahlindustrie geht, gehören die mit Koks, Einblaskohle, Zuschlagstoffen und Eisenerz gefüllten Hochöfen in nicht allzu ferner Zukunft der Vergangenheit an. Dann entzieht nicht mehr der Koks dem Eisen Sauerstoff, sondern der Wasserstoff übernimmt dies in einer Direkt-Eisenreduktionsanlage (DRI). Das Eisenerz kann im Eisenreduktionsverfahren durch die Direktreduktion ohne Konverter zu Eisenschwamm mit einem Eisengehalt bis zu 95 % reduziert werden. Das Eisen wird im Anschluss im Elektrolichtbogenofen (EAF) zusammen mit Schrott aufgeschmolzen. Die Zugaben von Kohlenstoff und Legierungselementen können im Elektrolichtbogenofen sehr genau dosiert werden. Die DENA gibt für das Jahr 2018 den spezifischen CO_2-Ausstoß des DRI-Verfahrens mit nur 1/20 des herkömmlichen Hochofenverfahrens an. Das sind rund 80 kg Kohlendioxid je Tonne Stahl gegenüber den bereits vorangehend erwähnten Mengen bei der herkömmlichen Stahlherstellung. Neben der thyssenkrupp Steel Europe AG – im Weiteren auch thyssenkrupp Steel genannt –, der Salzgitter AG und der ArcelorMittal GmbH arbeiten weitere Unternehmen an Konzepten zur Klimaneutralität ihrer Stahlproduktion. Bei thyssenkrupp Steel gehört neben einer ab 2024 mit Hochdruck neu zu errichtenden DRI-Anlage auch die leitungstechnische Anbindung an das Wasserstoff-Kernnetz über eine 40 km lange Wasserstoffpipeline von Duisburg-Hamborn nach Dorsten dazu, die im Jahr 2027 gemeinsam mit der DRI-Anlage in Betrieb gehen soll. Im Stahlwerk Duisburg soll dann spätestens ab 2029 mit 100 % grünem Wasserstoff Stahl produziert werden.

Bild 10.1 zeigt nach M. Hölling et al. (2017) ein vereinfachtes Fließbild einer mit Wasserstoff betriebenen DRI-Anlage. Elektrolytisch erzeugter Wasserstoff wird nach Zumischung von Anteilen des am Kopf des Schachtofens abgezogenen Gichtgases aus dem Schachtofen als Mischgasstrom ($y_{H_2} \approx 0{,}95$) zweistufig in einem Gaserhitzer auf rund 580 °C und dann in einem nachgeschalteten Heater auf ca. 940 °C erwärmt. Das aus dem Eisenerz nach dem Mahlen gewonnene und gereinigte Eisen(III)-Oxid Fe_2O_3 wird im Schachtofen in einer oberen und unteren Zone auf 2Fe reduziert.

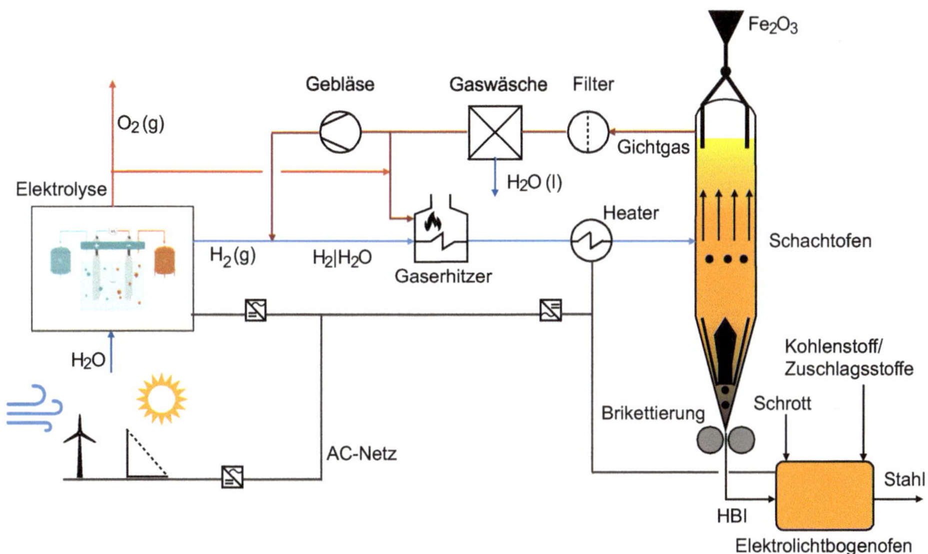

Bild 10.1 Grundfließbild einer mit Wasserstoff betriebenen DRI-Anlage zur Stahlerzeugung nach M. Hölling et al. (2017)

Obere Zone:

$$Fe_2O_3 + H_2 \rightarrow 2FeO + H_2O$$

Untere Zone:

$$2FeO + 2H_2 \rightarrow 2Fe + 2H_2O$$

Gesamtreaktion:

$$Fe_2O_3 + 3H_2 \rightarrow 2Fe + 3H_2O \tag{10.1}$$

Der Wasserdampf wird in diesem Prozess im Gichtgas über den Kopf des Schachtofens abgezogen und nach der Reinigung und der Gaswäsche mit Luftsauerstoff oder Sauerstoff aus der Elektrolyse zur Wärmebereitstellung für den Wasserstoff verbrannt. Ein Teilstrom des Gichtgases wird dem Wasserstoffstrom im Eingang der Anlage wieder verdichtet zugeführt. Das Produkt hinter dem Schachtofen ist hier kompaktiertes Eisen (HBI = Hot Briquetted Iron) ohne Kohlenstoffanteil, der zusammen mit den erforderlichen Legierungselementen im nachgeschalteten Elektrolichtbogenofen zugefügt wird.

Wasserstoffverbrauch und Energieaufwand für den „grünen" Stahl

Aus der Reaktionsgleichung in Formel 10.1 kann die Massenbilanz $m_{Fe_2O_3} + 3m_{H_2} = 2m_{Fe} + 3m_{H_2O}$ aufgestellt werden. Mit den molaren Massen *M* für Eisen(III)-Oxid (159,69 kg/kmol), für Wasserstoff nach Tabelle 2.1 und Wasser nach Tabelle A.8 in Anhang A und der molaren Masse für Fe_2 (111,69 kg/kmol) kann der Wasserstoffbedarf für die Reduktion des Eisen(III)-Oxids zu Eisen über das DRI-Verfahren mit

$$\frac{m_{H_2}}{m_{Fe}} = 0{,}0541\ \text{kg}\ H_2/\text{kg}\ Fe_2$$

eingeschätzt werden. Ein vollständiger Ersatz des herkömmlichen Hochofenverfahrens zur Erzeugung von Roheisen als Ausgangsstoff von Gusseisen und Stahl durch das DRI in Verbindung mit „grünem" Wasserstoff würde heute den Einsatz von jährlich 2,2 Mill. t Wasserstoff erfordern.

Der Energieverbrauch der DRI-Anlage einschließlich aller Nebenaggregate mit „grünem" Wasserstoff beträgt nach M. Hölling et al. (2017) 0,31 MWh/(t Fe). Die Erzeugung und der Transport des Wasserstoffs sowie die Nachbehandlung des Eisens hinter dem Ausgang des Schachtofens sind hierbei nicht berücksichtigt. ■

Als weiteren Baustein auf dem Weg zur klimaneutralen Produktion planen „Stahlkocher" wie thyssenkrupp Steel in Zukunft die Verwendung von „grünem" Wasserstoff für eine katalytische Reaktion mit kohlenstoffhaltigen Hüttengasen zu einem Synthesegas. Dieses Gas ist eine Mischung aus Kohlenmonoxid und Wasserstoff in unterschiedlichen Mischungsverhältnissen und Reinheitsgraden. Es wird unter anderem für die Herstellung von Ammoniak, Methanol oder synthetischen Kraftstoffen wie Diesel und Benzin verwendet. Seit dem Jahr 2018 arbeitet im Duisburger Stahlwerk ein Technikum, dessen zentraler Anlagenteil eine Gasreinigung ist, mit der zunächst das Hüttengas von Verunreinigungen befreit wird, um die hohen Reinheitsanforderungen für Synthesegase zu erreichen. In diesem Zusammenhang ist die Prüfung geeigneter Katalysatoren für die unterschiedlichen Mischungen der entstehenden Synthesegase eines der wichtigen Untersuchungsziele, das im Technikumslabor bearbeitet wird.

Carbon2Chem® – ein Musterbeispiel für die Sektorkopplung

Carbon2Chem® verbindet die Eisen- und Hüttentechnik, eine der Schlüsselindustrien der Industrialisierung, mit der Chemie, der chemischen Verfahrenstechnik und dem Energiesektor, der für die Erzeugung von emissionsfreiem Wasserstoff aus regenerativem Strom verantwortlich ist. Das Projekt ist in dieser Ausprägung eine klassische Verbindung verschiedener Sektoren mit der eindeutigen Zielstellung, Treibhausgasemissionen zu vermeiden, und dient darüber hinaus der Sicherung von Industriearbeitsplätzen und der Ingenieurkompetenz in Deutschland. ■

Seitdem die Europäische Union den sogenannten Green Deal als Leitgedanken ihrer Wirtschaftspolitik für die nächsten Jahre formuliert hat, besteht berechtigte Hoffnung, dass die Pläne Wirklichkeit werden können. Denn bislang sind sie daran gescheitert, dass das DRI-Verfahren und alle sonstigen Prozesse, die mit der Umstellung auf „grünen" Wasserstoff in Zusammenhang stehen, gegenüber den jeweils herkömmlichen Verfahren unwirtschaftlich sind. Der klimaneutrale Stahl ist wettbewerbsfähig, wenn er durch Vorschriften eindeutig gegenüber dem herkömmlichen Stahl bevorzugt wird oder dem „grünen" Stahlhersteller direkte Subventionen zufließen. So sind heute nach Berechnungen der DENA die Herstellungskosten von „grünem" Stahl etwa ein Drittel höher als die vergleichbaren Kosten bei der herkömmlichen Stahlherstellung.

10.1.2 Wasserstoff als Teil der Ammoniaksynthese

Die Ammoniaksynthese ist als Haber-Bosch-Verfahren untrennbar mit den Namen des deutschen Chemikers Fritz Haber und des Ingenieurs Carl Bosch verbunden. Die Synthese aus dem Wasserstoff und dem Stickstoff mit α-Eisen als Katalysator wurde mit Produktionsbeginn ab dem Jahr 1913 bei der Ludwigshafener BASF einer der wesentlichen Stützen der weltweiten Düngemittelherstellung.

Die chemische Reaktionsgleichung des Ammoniaks ist

$$N_2 + 3H_2 \rightarrow 2NH_3 \tag{10.2}$$

Die bei der exothermen Reaktion freiwerdende Reaktionsenthalpie ist

$$\Delta_R h^\Theta = -92\ \mathrm{kJ/mol}$$

Vorteilhafte Reaktionsbedingungen mit α-Eisen als Katalysator sind ein hoher Druck von $200\ \text{bar}_\text{ü} \leq p_\text{ü} \leq 350\ \text{bar}_\text{ü}$ und eine Temperatur von $450\ °\text{C} \leq \vartheta \leq 550\ °\text{C}$. Das Ammoniak wird laufend aus dem Reaktor entfernt. Da der Wasserstoff unter den Reaktionsbedingungen mit dem Kohlenstoff im Stahl reagieren würde, ist das eigentliche Reaktionsrohr im Inneren des Reaktors aus einem kohlenstoffarmen, nahezu reinen Eisen.

Steckbrief zum Ammoniak

Ammoniak NH_3 ist der Ausgangsstoff einer Vielzahl teilweise sehr unterschiedlicher Produkte. Zu den direkten Ausgangsprodukten zählen Salpetersäure, Amine, Nitrobenzol, Hydroxilamin und Harnstoff. Aus diesen werden weitere Stoffe generiert, zu denen Düngemittel, Pflanzenschutzmittel und Farben gehören.

Laut Umweltbundesamt sind Ammoniakfreisetzungen vornehmlich auf die Tierhaltung und in geringerem Maße auf die Düngemittelverwendung sowie auf die Lagerung und Ausbringung von Gärresten der Biogasproduktion in der Landwirtschaft zurückzuführen. Von geringerer Bedeutung sind in diesem Zusammenhang industrielle Prozesse. Der Verband der Chemischen Industrie (VCI) gibt in seinem Bericht für das Jahr 2019 die Jahresproduktion in Deutschland mit $m_{\text{NH}_3} = 2{,}58\ \text{Mill. t}$ an.

Zum Stoff selbst ist zusammenfassend zu sagen, dass es sich um ein stark stechend riechendes, farbloses, wasserlösliches, in hoher Dosierung giftiges Gas handelt. Die letale Konzentration liegt bei einer Mindesteinwirkungsdauer von 30 bis 60 Minuten im Bereich von

$$1{,}5\ \frac{\text{g NH}_3}{\text{m}^3_\text{Luft}} \leq \beta_{\text{NH}_3} \leq 2{,}5\ \frac{\text{g NH}_3}{\text{m}^3_\text{Luft}}$$

Es empfiehlt sich die Bearbeitung von Aufgabe 50 im Buch *Wasserstofftechnik. Aufgaben und Lösungen*.

Für die Ammoniaksynthese wird ein Mischgas aus Stickstoff und Wasserstoff benötigt. Der Wasserstoff wird bislang klassisch als „grauer" Wasserstoff aus der Reformierung von Erdgas und dampfförmigem Wasser gewonnen und strömt zusammen mit dem erforderlichen Stickstoff als Gasgemisch über einen Wärmetauscher zum unteren Teil des Reaktors. Der Stickstoff kommt in der Regel bei großen Anlagen alternativ aus einem Sekundärreformer. In diesem reagiert ein Gasgemisch aus Erdgas (Methan), Wasserstoff und komprimierter Luft miteinander. Nach weiteren Reaktionsschritten der Konvertierung, der Gaswäsche und der Methanisierung liegt dann ein reines Stickstoff-Wasserstoff-Gemisch in einem stöchiometrischen Verhältnis von 1 : 3 vor. Dieses Mischgas gelangt über einen Wärmetauscher zum Eingang des eigentlichen Reaktors der Haber-Bosch-Synthese. Bild 10.2 gibt einen Überblick zum prinzipiellen Aufbau der Ammoniaksynthese mit Wasserstoff aus der Elektrolyse. Der Stickstoff kommt hier aus der Luftzerlegung nach dem Linde-Verfahren.

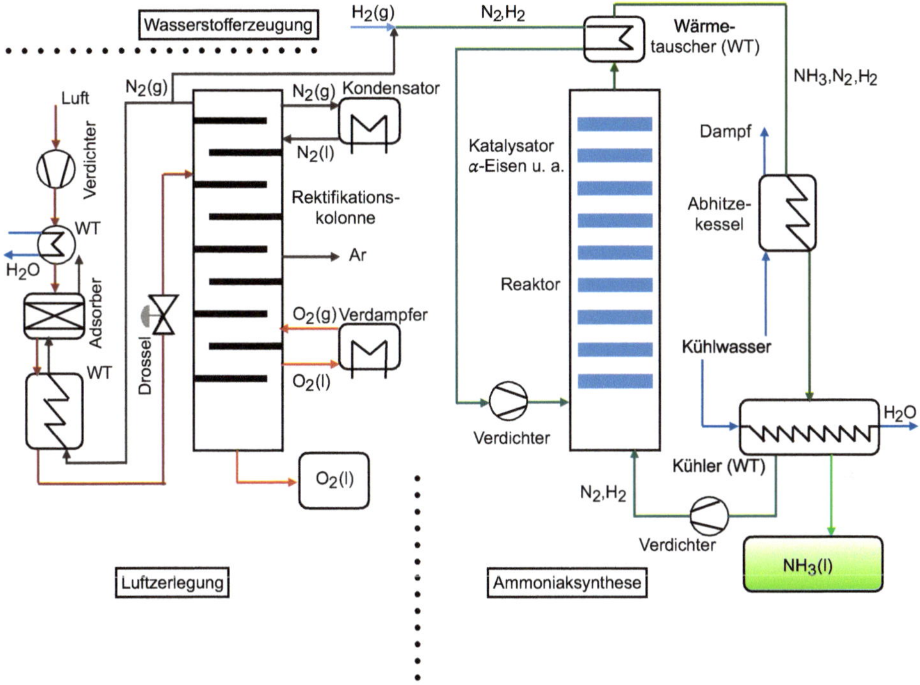

Bild 10.2 Grundfließbild der Ammoniaksynthese mit Stickstoff aus der Luftzerlegung

Stickstoff für die Ammoniaksynthese aus der Luftverflüssigung

Für die Stickstoffgewinnung aus der Luftverflüssigung nach Bild 10.2 wird die angesaugte Luft zunächst auf 6 bar komprimiert und in einem Wärmetauscher wieder auf etwa Umgebungstemperatur abgekühlt. In einem nachgeschalteten Adsorber mit tiefkaltem gasförmigen Stickstoff im Gegenstrom wird die Luft von Begleitstoffen wie Stäuben, Wasserdampf und Kohlenwasserstoffen, Kohlendioxid und Lachgas befreit und danach in einem zweiten Wärmetauscher auf −180 °C abgekühlt. Die endgültige Verflüssigung erfolgt in einer isenthalpen Drosselung vor Eintritt in die Rektifikationskolonne. Die Ausnutzung des Joule-Thomson-Effektes führt bei Druckreduzierung zu einer Temperatur im Ausgang der Drosselung von bis zu −193 °C. In der Rektifikationskolonne werden die Hauptbestandteile der Luft - Stickstoff und Sauerstoff - getrennt. Die Siedetemperaturen sind in Tabelle 2.1 in Abschnitt 2.1 enthalten und betragen rund −196 °C für N_2 und −183 °C für O_2.

Die Rektifikation ist ein bewährtes thermisches Verfahren zur Trennung flüssiger Gemische. Im Gegensatz zur Destillation handelt es sich bei der Rektifikation um einen kontinuierlichen Prozess, der im Gegenstrom von Dampf und Flüssigkeit betrieben wird. Die Luft gelangt als Feedstrom mit der leicht siedenden Komponente N_2 und der schwer siedenden Komponente O_2 zur Rektifikationskolonne.

Der dampfförmige Stickstoff wird am Kopf der Kolonne abgezogen und kondensiert teilweise. Ein Teil des Kondensats wird als Kopfprodukt abgezogen. Ein anderer Teil des Kondensats wird als flüssiger Rücklauf erneut in die Kolonne zugeleitet. Dadurch wird im oberen Verstärkungsteil der Rektifikationskolonne ein Gegenstrom von Dampf und Flüssigkeit sichergestellt.

Ein Teil des Sumpfproduktes Sauerstoff wird nach dem Verdampfen dem unteren Abtriebsteil der Kolonne zugeführt. Die Dampfphase in der Kolonne enthält die viel leichter siedende Komponente in überproportionalem Maße, da diese bei niedrigerer Temperatur schneller verdampft als die schwer siedende Komponente, die sich daher in der Flüssigphase anreichert. Zwischen Dampf- und Flüssigphase kommt es über der gesamten Höhe der Rektifikationskolonne zu einem Wärme- und Stofftransport. Ein Molekül der schwer siedenden Komponente kondensiert aus der Dampfphase in die flüssige Phase. Dadurch wird Kondensationswärme frei. Durch diesen Energieeintrag in die flüssige Phase ist es möglich, dass im Gegenzug ein Molekül der leicht siedenden Komponente aus der Flüssigkeit in die Dampfphase verdampft. Dadurch reichert sich die leicht siedende Komponente N_2 immer weiter im Dampf und die schwer siedende Komponente O_2 in der Flüssigkeit an.

Am Kopf wird Stickstoff abgezogen, der partiell wieder dem Adsorber und im erforderlichen stöchiometrischen Verhältnis der Haber-Bosch-Synthese zugeführt wird.

■

Kommen wir wieder zurück zur eigentlichen Ammoniaksynthese. Im Inneren des Reaktors strömt das Gasgemisch über die mit Katalysatormaterial beschichteten Flächen und reagiert zu Ammoniak. Der Umsetzungsgrad des Gasgemisches ist mit praxisnahen 0,15 weit weg von 1,0 (siehe Aufgabe 50 im Buch *Wasserstofftechnik. Aufgaben und Lösungen*), sodass ein großer Teil des Gasgemisches als Restgas nicht an der Reaktion teilnimmt. Gemeinsam mit Ammoniak verlässt das Restgas den Reaktor, um dann nach dem Abkühlen und dem Abtrennen der flüssigen Ammoniakfraktion erneut in den Reaktor zu gelangen. Das flüssige, vom Restgas separierte Ammoniak strömt in einen Sammeltank.

In Abschnitt 6.6 wird über die unterschiedlichen Transportwege des Wasserstoffs in Ammoniak berichtet. Soll der Wasserstoff nach dem Transport direkt genutzt werden, kann er über einen thermischen Ammoniak-Cracker vom Stickstoff getrennt werden. Bild 10.3 zeigt wesentliche Verfahrensschritte. Das flüssige Ammoniak wird in einem mehrstufigen Prozess über Wärmetauscher und Gaserhitzer verdampft und in einer Reaktionskolonne katalytisch bei Temperaturen von 600 °C bis 900 °C und unter Hochdruck von 50 bar bis 100 bar getrennt. Im Einsatz sind

Katalysatoren auf Nickelbasis und alternativ aus Iridium und Ruthenium, was geringere Reaktionstemperaturen von 350 °C bis 600 °C zur Folge hat. Nach dem Abkühlen wird der Wasserstoff aus einem Gasgemisch aus N_2, NH_3 und Restwasserstoff in einer nachgeschalteten Trennkolonne gewonnen. Erste großtechnische Anlagen sollen in den nächsten Jahren in Betrieb gehen. Besondere Aufmerksamkeit verdient in diesem Zusammenhang die Reinheit des entnommenen Wasserstoffs.

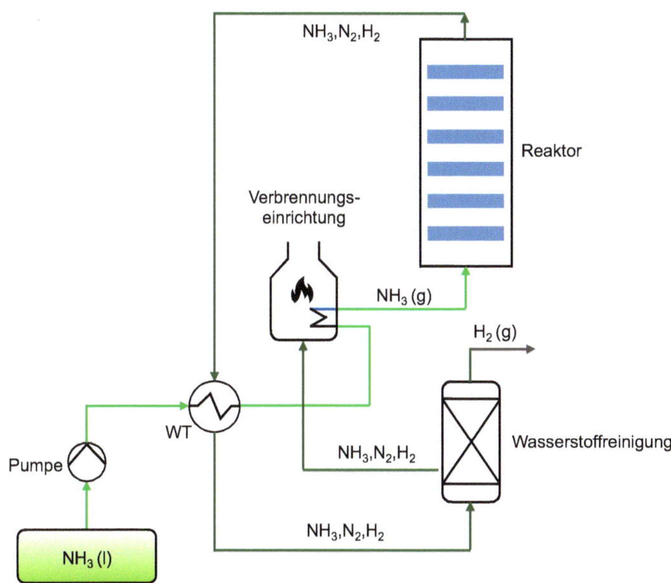

Bild 10.3 Grundfließbild eines thermischen Ammoniak-Crackers

Im Zusammenhang mit Einsatz und Verwendung von Ammoniak ist die Werkstoffverträglichkeit von großem Interesse. In Anlehnung an M. Rehkamp (2023) ist in Tabelle A.16 in Anhang A eine Übersicht zur Werkstoffverträglichkeit von Ammoniak zu finden. In Abschnitt 10.3.7 wird die energetische Verwendung von grünem Ammoniak in oxidkeramischen Brennstoffzellen dargestellt.

10.1.3 Wasserstoff wird zu Methanol

Methanol CH_3OH ist einer der wichtigen Grundbausteine der industriellen organischen Chemie. Er kann zukünftig sowohl den Rohstoff Erdöl als auch Erdgas ersetzen. In der Jahresstatistik für das Jahr 2020 wurde vom VCI für Deutschland eine Jahresproduktion von $m_{CH_3OH} = 1{,}523$ Mill. t angegeben. Bereits in Abschnitt 10.1.1 wurde im Zusammenhang mit der Zusammenführung von Wasserstoff und Hüttengasen zu einem Synthesegas darauf verwiesen, dass eines der Entwicklungsziele von Carbon2Chem® die Erzeugung von Methanol ist.

Die Reaktionsgleichungen sind folgende:

$$CO + 2H_2 \rightarrow CH_3OH \tag{10.3}$$

$$CO_2 + 3H_2 \rightarrow CH_3OH + H_2O \tag{10.4}$$

Die mit den vorgenannten exothermen Reaktionen verbundenen Reaktionsenthalpien sind $\Delta_R h^{\Theta} = -90{,}8\ \text{kJ/mol}$ (Formel 10.3) und $\Delta_R h^{\Theta} = -49{,}6\ \text{kJ/mol}$ (Formel 10.4).

10.1.4 Wasserstoff für Prozesswärme in der metallverarbeitenden Industrie

Wenn über die Potenziale des Wasserstoffs in der Industrie gesprochen wird, dann fällt schnell das Stichwort „grüner Stahl" (Abschnitt 10.1.1). Doch damit sind die Möglichkeiten des Wasserstoffs nicht erschöpft. Der Industriestandort Deutschland bietet weitere Einsatzfelder für das grüne Gas. Nach H. Ade (2021) ist die metallverarbeitende Industrie in Deutschland mit knapp einer halben Million Beschäftigten in rund 5500 mittelständischen Betrieben und einem Jahresumsatz von über 90 Mrd. € nicht in der Lage, ihre gesamte Produktion zu elektrifizieren. Dies betrifft vor allem die alternative Bereitstellung von Prozesswärme aus der Erdgasverfeuerung in den energieintensiven Produktionsbereichen der Stahlrohrherstellung und der Herstellung von Drahtwaren, Schmiedeteilen und Formteilen. Auch die Betriebe mit Oberflächenbehandlung und Wärmebehandlung oder die, die sich mit der mechanischen Bearbeitung von Metallen sowie mit der Fertigung von Schrauben, Nieten, Ketten, Federn und Schneidewerkzeugen beschäftigen, sind hiervon betroffen. Die direkte Bereitstellung des mit der Produktion verbundenen Energieaufkommens von etwa 0,9 TWh/a über elektrische Energie ist nach Auskunft der beteiligten Unternehmen nicht möglich. Soll der fehlende Energiebedarf durch Wasserstoff gedeckt werden, ist der Einsatz von rund 254 Mill. m^3 des Gases im Jahr erforderlich. Dies führt dann im direkten Vergleich zur Erdgasverfeuerung mit Formel 4.4 zu einer Emissionsersparnis von rund 0,165 Mill. t CO_2-äq. im Jahr.

■ 10.2 Wasserstoff im Mobilitätssektor

Die Mobilität gehört zum Markenkern globalisierter Gesellschaften. Der Schutz der Umwelt und das Bestreben, unseren Kindern und Enkeln auch in Zukunft eine lebenswerte Umgebung zurückzulassen, ist der wesentliche Antrieb, über die Struktur und die Art des Verkehrs von morgen nachzudenken. Es gibt Leuchtturmprojekte, die zeigen, dass der Verkehr auch anders funktioniert, und zwar mit Wasserstoff - nahezu emissionsfrei.

Fahrzeuge, die mit einer Brennstoffzelle und Wasserstoff angetrieben werden, sind eine Alternative zu batteriebetriebenen Elektrofahrzeugen. Japan und Südkorea machen vor, wie es gehen kann. In beiden südostasiatischen Industriestaaten wird an einer auf Wasserstoff und Brennstoffzellen basierenden Verkehrsinfrastruktur gearbeitet. In Europa rückt mittlerweile im Zuge der Diskussion über den Ausbau der Ladeinfrastrukur für batterieangetriebene Fahrzeuge auch die Wasserstoffmobilität mit in den Fokus. Zielobjekte der Betrachtung sind sowohl schwere Fahrzeuge für den Güterverkehr als auch solche für den öffentlichen Nahverkehr.

Die Vorteile der Wasserstoffmobilität können sich sehen lassen: Eine ausgebaute Tankstelleninfrastruktur vorausgesetzt, gibt es für die Fahrzeugnutzung keine wirklich eingeschränkten Reichweiten und die Betankungszeit ist kurz. In Deutschland machten in der Vergangenheit Brennstoffzellenzüge auf nicht elektrifizierten Strecken Furore und wecken die Hoffnung, dass Wasserstoff in Verbindung mit der Brennstoffzelle die Zukunft des Verkehrssektors mitbestimmen wird. Dies kann gelingen, wenn das Tankstellennetz für den Straßenverkehr ausgebaut und die Kosten einer zuverlässigen Wasserstoffversorgung auch im Schienenverkehr wettbewerbsfähig werden. In diesem Abschnitt soll näher auf Brennstoffzellenfahrzeuge und die vorhandene Tankstellentechnologie eingegangen werden.

10.2.1 Wasserstoff im öffentlichen Nahverkehr

Der öffentliche Nahverkehr mit Wasserstoff ist möglich. Mit Wasserstoff betriebene Busse, wie in Bild 10.4 zu sehen, rollen seit einigen Jahren über deutsche Straßen. Unternehmen wie die Kölner EMCEL GmbH begleiten Projekte der Elektromobilität in Städten und Gemeinden, in denen es um den Ausbau des ÖPNV, von kommunalen Nutzfahrzeugen, wie der Müllabfuhr, oder im industriellen Schwerlastverkehr geht.

Bild 10.4 Wasserstoffbusse für den öffentlichen Nahverkehr (© EMCEL GmbH)

So wird die Idee des Brennstoffzellen-Wasserstoffbusses auch in Wuppertal seit Jahresbeginn 2020 von den Stadtwerken im öffentlichen Nahverkehr umgesetzt. Der Wasserstoff wird in einer Elektrolyseanlage erzeugt. Der hierfür erforderliche Strom kommt aus der Müllverbrennung. Die Brennstoffzellen der Wasserstoffbusse werden durch Lithiumbatterien unterstützt. Der Elektromotor der Busse vom Typ Van Hool A330 kommt so auf eine elektrische Leistung von $P_{el} = 210\ \mathrm{kW}$. Der auf die Laufleistung der Fahrzeuge bezogene spezifische Wasserstoffverbrauch wird mit rund 9 kg/100 km angegeben und der Tank hat eine Kapazität von $m = 38{,}5\ \mathrm{kg}$. Die realistische Reichweite im Bergischen Land bis zur nächsten Fahrzeugbetankung wird vom Betreiber mit 350 km angegeben. Die Betankungszeit von unter zehn Minuten ist neben der zufriedenstellenden Reichweite eines der wesentlichen Vorteile gegenüber dem mit Batterie angetriebenen Elektrobus. Die technischen Parameter der Busse und Berichte über die Praxis sind auf der Internetseite der Wupppertaler Stadtwerke einzusehen.

W. Köppel et al. (2019, S. 66 – 69) betrachten in einer Studie die ökologische und ökonomische Bilanz unterschiedlicher Antriebstechnologien und Antriebsstoffe im öffentlichen Busverkehr. Bei der Ermittlung von Emissionen und Betriebskosten kommen die Autoren zu dem Ergebnis, dass die Ökobilanz des Wasserstoffbusses gegenüber den Alternativen Diesel und komprimiertem Erdgas (CNG) eindeutig besser ist. Die mit Batterien angetriebenen Elektrobusse sind bei der Ökobilanz in etwa mit dem Wasserstoffbus vergleichbar. Grundlage der vorgestellten Bilanz ist eine jährliche Fahrleistung je Fahrzeug von knapp 62 000 km und eine Nutzungsdauer von 12 Jahren.

Bild 10.5 geht auch auf die Wirtschaftlichkeit ein und zeigt den derzeit noch vorhandenen ökonomischen Vorteil der Busse mit den herkömmlichen, auf fossilen Brennstoffen beruhenden Antriebstechnologien. W. Köppel et al. (2019) geben auf der Grundlage von Investitionen, Betriebskosten, einschließlich Personal und Energie, sowie Kapitalkosten für den Einsatz von Fremdkapital auf der Basis des Total-Cost-of-Ownership-Prinzips (TCO) einen Nutzertarif an. Die ermittelten Tarife basieren auf einem Kapitalzinsfuß $i = 5\,\%$ und auf einer Betrachtung über einen Zeitraum von 24 Jahren. Beim gegenüber den fossilen Antriebsvarianten um etwa ein Drittel höheren Tarif für Wasserstoff kommen die höheren Anschaffungspreise der Busse und ein Wasserstoffpreis an der Tankstelle von 9,50 €/kg zum Tragen. Auf etwa dem gleichen Niveau bewegt sich der Tarif für Elektrobusse, wobei bei den schweren Elektrobussen zwei gravierende Nachteile eingerechnet sind: Die Reichweite ist eingeschränkt und außerdem sind die Ladezeiten viel zu lang. Um der Versorgungspflicht im öffentlichen Nahverkehr nachzukommen, müssen die Betreiber von Elektrobussen die Flottenstärke ausbauen und zusätzliche Fahrzeuge anschaffen.

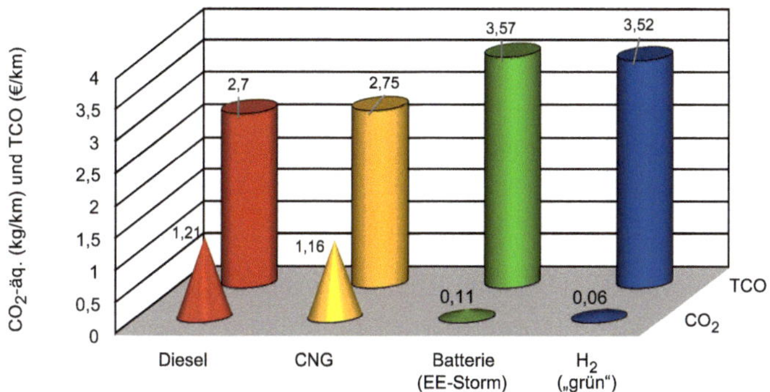

Bild 10.5 Emissionen und Kosten verschiedener Antriebsstoffe des öffentlichen Busverkehrs nach W. Köppel et al. (2019)

10.2.2 Wasserstoff im Schienenverkehr

Es spricht nichts gegen den Einsatz von Wasserstoff im Schienenverkehr. Den Beweis dieser Behauptung hatte seit 2018 ein Vorzeigeprojekt im Nordwesten der Bundesrepublik Deutschland erbracht. Dort fahren die weltweit ersten Brennstoffzellenzüge des Herstellers Alstom im regulären Personenbeförderungsbetrieb. Beide Zugsysteme verkehren im Auftrag der Landesnahverkehrsgesellschaft Niedersachsen (LNVG) auf der Regionalzugstrecke in Nordniedersachsen zwischen Bremervörde, Cuxhaven, Bremerhaven und Buxtehude (siehe Bild 1.9 in Abschnitt 1.1). Nach Darstellung des Herstellers von beiden Zugsystemen wurden dabei weit über 100 000 gefahrene Fahrzeugkilometer mit absolut zufriedenstellender Leistung absolviert. Seit 2022 verkehren hier 14 mit Wasserstoff betriebene Alstom-Regionalzüge und ersetzen eine Reihe von dieselbetriebenen Zugsystemen. Das verwendete Zugsystem basiert auf einem von Alstom gebauten betriebserprobten Dieselzug Coradia Lint 54. Der Dieselantrieb ist durch die Brennstoffzellentechnik ersetzt worden. Vom Hersteller werden eine mit der Dieselvariante vergleichbare Höchstgeschwindigkeit von 140 km/h und gleiche Beschleunigungs- und Bremsleistungen angegeben. Die Fahrgastkapazität beträgt 300 Personen und die Reichweite des Zugsystems vor der nächsten Betankung ist 1000 km.

Zum Brennstoffzellensystem in Fahrzeugen

In Fahrzeugen kommen heute in der Regel Polymerelektrolytmembran-Brennstoffzellensysteme (PEMFC) zum Einsatz. Ihre Vorzüge sind die Kaltstartverträglichkeit und vor allem eine ausreichend flexible Stromerzeugung bei veränderlichen Leistungsanforderungen. Ein Teil des erzeugten Stroms wird für den Unterhalt von Nebenaggregaten wie Kühlung der PEMFC, Innenraumheizung, Steuerung und Regelung der Wasserstoffzufuhr zum Brennstoffzellensystem (BZ-System) und Motormanagement benötigt. Zum BZ-System gehört ein Lithium-

Ionen-Akkumulator oder Nickel-Metallhydrid-Akku als sogenannte Traktionsbatterie. Der Akku nimmt entweder überschüssigen Strom aus der BZ oder im sogenannten Rekuperationsbetrieb Strom beim Bremsvorgang über den Elektromotor auf, der dann als Generator arbeitet. Im Bedarfsfall stellt er dem Antriebsmotor elektrische Leistungsspitzen, die nicht aus der BZ kommen, zur Verfügung. ■

Der zentrale Kern des Systems in Bild 10.6 ist die mit Wasserstoff und Sauerstoff versorgte Brennstoffzelle (BZ). Der Wasserstoff wird in Tanks auf dem Zugdach gespeichert (siehe Bild 9.17 in Abschnitt 9.2) und der Luftsauerstoff kommt aus der Atmosphäre. In Fahrzyklen, in denen der in der BZ erzeugte Strom nicht benötigt wird, wird er in einer an Bord stationierten Lithium-Ionen-Batterie - auch Traktionsbatterie genannt - gespeichert. Ein Energiemanagementsystem ist dafür verantwortlich, dass die beim Bremsen freiwerdende kinetische Energie in elektrische Energie gewandelt und mithilfe der Traktionsbatterie der Gesamtenergieverbrauch des Zugsystems optimiert wird:

- In den Zeitabschnitten, in denen der Zug beschleunigt, liefert die BZ Gleichstrom über den Antriebsumrichter an den Antriebsmotor und über den Hilfsbetriebeumrichter an die Stromverbraucher im Zug. Eine ausreichende Unterstützung in den Beschleunigungsphasen erhält die BZ bei Bedarf durch den Batteriestrom.
- In den Zeitabschnitten mit geringer Beschleunigung oder im stationären Betrieb lädt sich eine entladene Batterie über die BZ wieder auf. Wird in diesem Abschnitt kein oder wenig Strom verbraucht, fährt die BZ so weit herunter, dass nur noch der Bordstrom über den Hilfsbetriebeumrichter geliefert wird.
- Wird der Zug abgebremst, ist die BZ fast ganz abgeschaltet. Der Antriebsumrichter versorgt den Gleichstromzwischenkreis mit elektrischem Strom, der von hier aus über den Hilfsbetriebeumrichter an die Verbraucher an Bord geht. Nicht abgenommener Strom geht in die Batterie.

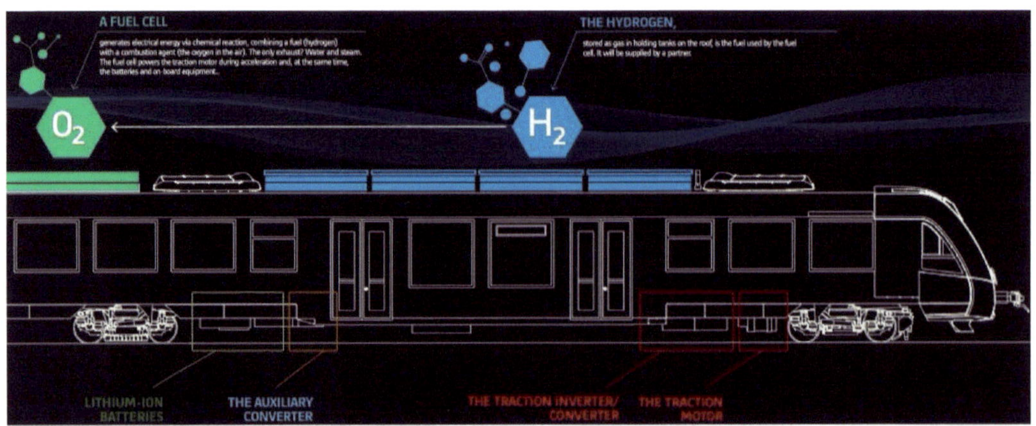

Bild 10.6 Auszug aus einer von Alstom herausgegebenen Prinzipskizze ihres Brennstoffzellenzuges Coradia iLint (© Alstom)

Aus technischer Sicht kann das System Brennstoffzellenzug nach den Erfahrungen im regulären Zugverkehr zwischen Bremervörde, Cuxhaven, Bremerhaven und Buxtehude die mit Diesel angetriebenen Zugsysteme auf den nicht elektrifizierten Strecken ersetzen. In Deutschland wären von einer Umstellung auf Wasserstoff etwa 1600 Dieseltriebzugsysteme (DMU) nach Bild 10.7 betroffen. Es ist zu vermuten, dass nicht nur der Finanzbedarf, sondern auch der Zeitbedarf zur Umstellung auf Brennstoffzellenzüge geringer ist als eine Teilelektrifizierung oder gar komplette Elektrifizierung des Schienensystems. Die Umstellung auf Wasserstoff als Energieträger für zukünftige Brennstoffzugsysteme setzt allerdings wie in vielen anderen Anwendungsfällen voraus, dass die entsprechende Infrastruktur für Erzeugung, Transport und Speicherung des Gases vorhanden ist.

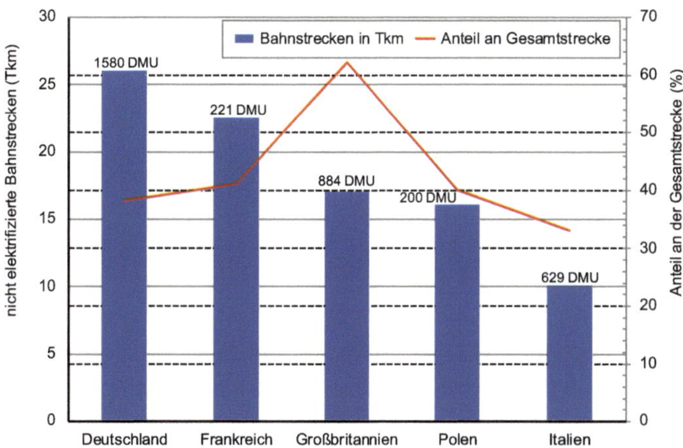

Bild 10.7 Länge der nicht elektrifizierten Bahnstrecken, ihr Anteil an der Gesamtstrecke des Schienensystems und die Anzahl der vorhandenen Dieseltriebzugsysteme (DMU) in verschiedenen europäischen Ländern nach Alstom

10.2.3 Wasserstoff bei Pkw und Zweirädern

Während das Elektroauto vor allem mit der lückenhaften Infrastruktur bei Ladesäulen konfrontiert ist, fehlt es dem Brennstoffzellenfahrzeug (FCEV) vornehmlich an zwei Dingen: Da in der Fläche Tankstellen rar sind, fehlen am Markt Fahrzeuge, die für breite Käuferschichten bezahlbar sind, und weil keine Fahrzeuge gekauft werden, fehlt der Anreiz Tankstellen zu errichten. Es ist das klassische Henne-Ei-Problem. Im Oktober 2023 sind in Deutschland 108 Tankstellen im Betrieb. Namhafte Lieferanten technischer Gase, Fahrzeughersteller und Energieunternehmen haben die H2 MOBILITY mit Unterstützung der Politik gegründet, um ein flächendeckendes Tankstellennetz aufzubauen. Momentan werden in Deutschland weitere 66 Tankstellen geplant und gebaut.

Zum Vergleich: Im Jahr 2023 versorgen in Deutschland ca. 14 400 herkömmliche Tankstellen knapp 60 Mill. Kraftfahrzeuge. Das Ladesäulenregister der Bundesnetzagentur verzeichnet im Jahr 2023 ca. 82 000 Normalladepunkte und etwa 20 000 Schnellladepunkte für ca. 1 Mill. Elektrofahrzeuge.

Ein Blick nach Japan lohnt. Dort wird im Automobilbau, aber auch bei der Entwicklung der Brennstoffzellen (BZ) eine seit dem Jahr 2017 eindeutige nationale Wasserstoffstrategie verfolgt. Angetrieben durch das Ministerium für Wirtschaft, Handel und Industrie (Meti) verfolgt Japan nach M. Kölling (2019) in einem Beitrag der Neuen Züricher Zeitung vom September 2019 das Ziel, bis zum Jahr 2030 globale Lieferketten und einen großen einheimischen Markt für Wasserstoff aufzubauen. Die Japaner sind davon überzeugt, dass zunächst über den „grauen“ Wasserstoff die ausreichenden Mengen bereitgestellt werden müssen, um ausreichend Schwung in die Entwicklung der Anwendungstechnologien zu bringen. Im Jahr 2030 sollen dann 800 000 Brennstoffzellenautos auf den Straßen rollen und 5,3 Mill. Brennstoffzellen japanische Wohnungen mit Strom und Wärme versorgen. Die Anzahl von 165 japanischen Wasserstofftankstellen heute soll bis zum Jahr 2030 auf 900 erweitert werden. Japan bemüht sich auch auf der internationalen Bühne, die Führung in der Durchsetzung von Wasserstofftechnologien zu übernehmen. Bereits im Jahr 2017 wurde auf dem Weltwirtschaftsgipfel in Davos auf Initiative der Japaner ein globaler Wasserstoffrat implementiert, der weltweit Regierungen bei der Aufstellung entsprechender Strategien berät. Während der Olympischen Spiele im Sommer 2021 konnte Japan in Tokyo der Welt die japanischen Stärken bei der Umsetzung innovativer Technologien zeigen. Das olympische Dorf wurde mit Wasserstoff und BZ versorgt und die Sportler und Sportlerinnen wurden mit dem Brennstoffzellenbus Sora zu den Wettkampfstätten gebracht.

Zum Fahrzeugkonzept

Brennstoffzellenfahrzeuge (FCEV) und batterieelektrische Fahrzeuge (BEV) verfolgen unterschiedliche Antriebskonzepte, an denen jeweils eine BZ beteiligt ist:

1. Ein FCEV besitzt eine BZ und eine kleine Traktionsbatterie, die ihre elektrische Energie in der Regel direkt dem Antriebsmotor zuführt.
2. Ein anderes Konzept ist die mit Wasserstoff versorgte BZ, die anstelle eines Verbrennungsmotors ihre Energie einer größeren Traktionsbatterie zur Verfügung stellt, aus der ein Elektromotor mit Strom versorgt wird. Dieses System ist ein batterieelektrisches System (BEV), das mit einer BZ als Range-Extender (Verlängerung der Reichweite) arbeitet.

Seit dem Jahr 2014 bietet Toyota mit dem Mirai ein ausgereiftes, marktfähiges Auto an. In Deutschland ist das Fahrzeug nun in zweiter Generation auf dem Markt. Die wesentlichen technischen Daten sind mit einer Antriebsleistung von 114 kW, einem Tankinhalt von 5 kg H_2, einem vom Hersteller angegebenen Verbrauch von 0,76 kg/100 km und einer Reichweite von 500 km je Tankfüllung Beweis dafür, dass das Fahrzeug für alle Ansprüche alltagstauglich ist. Der spezifische Wasserstoffverbrauch sollte entgegen der Herstellerangabe realistisch auf 1 kg/100 km nach oben korrigiert werden.

Die Verwendung der BZ bei Zweirädern setzt eine ausreichende Tankstellendichte und niedrige Treibstoffkosten voraus. Hinzu kommt, dass das im Zweirad unterzubringende Tankvolumen begrenzt ist, sodass eine Anwendung eher für größere Maschinen infrage kommt und Leichtkrafträder in der karbonfreien Welt batterieelektrisch angetrieben werden.

10.2.4 Wasserstoff im Nutzfahrzeugbereich

In allen Anwendungsfällen konkurriert Wasserstoff mit der grenzenlosen Verfügbarkeit von preiswerten, fossilen Brennstoffen. Diese umfassen flüssige Brennstoffe wie Diesel, Ottokraftstoffe, LNG und Autogas (LPG) sowie gasförmige Brennstoffe wie CNG.

Realistische Anwendungsfälle für Wasserstoff und Brennstoffzellentechnik sind landwirtschaftliche und industrielle Nutzfahrzeuge, zu denen Traktoren, Gabelstapler und Schlepper zählen. Der weltweite Bestand wird von J. Adolf et al. (2017, S. 42) mit etwa 10 Mill. Stück angegeben. Hinzu kommen Anwendungen bei schweren Lkw.

Hauptantriebstechnik sind derzeit Dieselmotoren und Elektromotoren mit Blei-Säure-Batterien. Vorteilhaft für den Brennstoffzelleneinsatz ist die große Reichweite insbesondere im landwirtschaftlichen Bereich (Outdoor), die kurzen Betankungszeiten und Nullemissionen von Schadstoffen und Lärm. Dies spricht für den Brennstoffzellenbetrieb auch im Indoorbereich von Hallen und Werkstätten.

Für den Entwicklungsstand steht ein Weltmarktführer von wichtigen Fahrzeugkomponenten. Das von der Robert Bosch GmbH entwickelte PEM Fuel-Cell-Power-Modul (PEMFC) für den Einsatz in Nutzfahrzeugen besteht aus mehreren hundert Einzelteilen, hat ein Gewicht von 500 kg und nimmt eine Grundfläche von rund 1,5 m^2 ein (Bild 10.8). Es ist für den Einbau in 40 t schwere Lkw konzipiert. Das BZ-Antriebssystem umfasst zwei Stacks mit einer Gesamtleistung P von über 200 kW.

Bild 10.8 PEM Fuel-Cell-Modul für den Einsatz in schweren Nutzfahrzeugen, hier in der Fertigung (links), nach Einbau (rechts oben) und im Einsatz in einer IVECO-Sattelzugmaschine (rechts unten) (© Robert Bosch GmbH)

Der Hersteller gibt an, Lösungen entwickelt zu haben, die zukünftig eine Verlängerung der Lebensdauer von PEM-Brennstoffzellen auf bis zu 30 000 Betriebsstunden ermöglichen. Bereits in Abschnitt 5.2.6 wird die zeitlich bedingte Verschlechterung des Energieflusses in einer Elektrolysezelle – die Degradation – angesprochen. Ein vergleichbarer Prozess ist in Brennstoffzellen zu beobachten. Sie unterliegen im Betrieb einem Alterungsprozess. Der Hersteller Bosch führt dies auf die Oxidation und das Lösen von Platinpartikeln und Kohlenstoffträgern zurück. Zu beobachten ist in diesem Zusammenhang die Abnahme der Schichtdicke von Katalysatoren. Eine Antwort darauf ist die Entwicklung spezieller Beschichtungen und die Einführung von Betriebsstrategien, die degradationsfördernde Belastungen durch hohe Zellspannungen vermeiden.

Bosch wirbt mit dem Einsatz eines Highspeed-Laserschweißverfahrens, das in jedem Stack 1200 m Schweißnähte wasserstoffdicht macht. Das Stuttgarter Unternehmen gibt an, dass im Gegensatz zu den bis zu fünf Tonnen schweren Energiespeichern in den rein batterieelektrischen, schweren Nutzfahrzeugen die Batterien in einem Brennstoffzellen-Lkw nur rund 500 kg wiegen. In der für den Fernverkehr entwickelten Sattelzugmaschine IVECO Heavy Duty FCEV reicht eine Tankfüllung von 70 kg H_2 für rund 800 km. Der Tankvorgang dauert etwa zehn bis zwanzig Minuten. Bosch ist zuversichtlich, dass schon im Jahr 2030 jedes fünfte neue Nutzfahrzeug ab sechs Tonnen mit Brennstoffzellen unterwegs sein wird.

Wasserstoff kann auch in einem Verbrennungsmotor eingesetzt werden. Zu diesem Zweck werden von Bosch mit der Saugrohr- und Direkteinblasung von Wasserstoff zwei unterschiedliche Systeme entwickelt. Der Hersteller führt aus, dass der Injektor für die Direkteinblasung von Wasserstoff ohne die beim Einsatz von flüssigen

Kraftstoffen vorhandene Schmierung auskommen und über die Lebensdauer eines Lkw rund eine Milliarde Mal zuverlässig öffnen und schließen muss. Im Abgas werden dann noch Wasser und Stickoxid als einzig relevante Emissionen nachgewiesen. Letztere haben über eine Abgasnachbehandlung mit bewährten Systemen keinen nennenswerten Einfluss auf die Luftqualität. Der Hersteller erwartet erste Serieneinsätze im Jahr 2024.

10.2.5 Wasserstoff in Wasser-, Luft- und Raumfahrzeugen

Für den Antrieb von Überwasserschiffen existieren heute erste technisch umsetzbare BZ-Konzepte, die noch von einer marktreifen Umsetzung entfernt sind. Versuche an der TU Berlin mit einem Kanalschubboot und in Norwegen mit dem Antrieb von größeren Passagierschiffen zeigen nach Ch. Frahm (2020), dass der Wasserstoff auch im Segment der Überwasserschifffahrt Einzug halten kann. Dies gilt in jedem Fall für kleinere Brennstoffzellensysteme, die an Bord für die Strom- und Wärmeerzeugung arbeiten sollen. Hier sind erste Systeme im Einsatz.

Bereits seit Beginn der bemannten Raumfahrt wird LH_2 gemeinsam mit flüssigem Sauerstoff LOX in getrennten Tanks an Bord von Antriebsraketen gespeichert, gemischt und verbrannt und sorgt für den emissionsfreien, enormen Schub, dessen es bedarf, um im Schwerefeld der Erde Nutzlasten in Erdumlaufbahnen oder zu fernen Gestirnen zu transportieren.

Ausreichende Marktreife haben die speziellen Anwendungen auch im Bereich der militärischen Unterwasserfahrzeuge. Im U-Boot-Bau werden nach J. Adolf et al. (2017) seit Jahren Elektrolyseure zur Erzeugung von Wasserstoff und Sauerstoff verwendet. Letzterer dient an Bord zur Atemluftversorgung der Mannschaften. Mittlerweile werden deutsche U-Boote technologisch folgerichtig mit PEMFC-Systemen ausgerüstet, die Wasserstoff und Sauerstoff aus Elektrolyseanlagen weiter nutzen und Strom und Wärme liefern. Allerdings sind diese Segmente für die Wasserstoffwirtschaft von untergeordneter Bedeutung.

Vergleichbar mit der Überwasserschifffahrt werden in der zivilen Luftfahrt BZ-Systeme als Auxiliary Power Units für die Stromproduktion an Bord und auf dem Flugfeld für verschiedene Hilfssysteme sowie Startersysteme von Triebwerken eingesetzt. Damit werden die Motoren auf eine Mindestdrehzahl gebracht.

Die ausschließliche Verwendung von Wasserstoff als Energieträger für den Flugzeugantrieb ist technisch sehr anspruchsvoll. Die volumetrische Energiedichte von Wasserstoff ist erheblich geringer als die volumetrische Energiedichte des in den Flugzeugtragwerken untergebrachten flüssigen Kerosins. Werte hierzu finden Interessierte auch in Tabelle A.18 in Anhang A. In der Auslegung von Flugzeugen mit Wasserstoffantrieb ist daher eine zentrale Aufgabe, große Tanks zu integrieren. Letztendlich muss für Wasserstoff ein ausreichend großer Speicherplatz an Bord moderner Verkehrsflugzeuge gefunden werden. Details zur Entwicklung angepasster Tanksysteme für Flüssigwasserstoff und den Flugverkehr sind in Abschnitt 9.3 zu finden.

Wasserstoff kann für Flugzeuge sowohl in herkömmlichen Turbineneinheiten als Brennstoff als auch über die Brennstoffzelle die erforderliche Antriebsenergie liefern. Die namhaften Hersteller von Flugzeugtriebwerken arbeiten an der Entwicklung von angepassten Brennkammern für den Einsatz von Wasserstoff als Ersatz für Kerosin. Da Wasserstoff schneller und mit höheren Temperaturen als Kerosin verbrennt, steht hierbei die Konstruktion geeigneter Brennstoffdüsen für eine stabile und regulierte Wasserstoffverbrennung im Mittelpunkt.

Der europäische Flugzeugbauer Airbus hat im September 2021 angekündigt, dass ein mit Wasserstoff angetriebenes Verkehrsflugzeug bis zum Jahr 2035 auf den Markt kommen soll. Nach C. Schubert und N. Zaboji (2021) geht der Konzern von 5 Jahren Entwicklungszeit aus. Bereits 2027 könnte der offizielle Projektstart erfolgen. Gedacht ist an ein Flugzeug für kurze und mittellange Strecken. Nach Überlegungen von Airbus soll dann der Wasserstoff im Flugzeugrumpf und nicht wie üblich in den Tragflügeln untergebracht werden. Hersteller von Flugzeugantriebskomponenten wie die deutsche MTU Aero Engines AG in München arbeiten an Technologiekonzepten, bei denen auch Wasserstoff als Antriebsbrennstoff infrage kommt. Damit sollen ab 2035 Flugzeuge auf den Markt kommen können, deren Netto-Treibhausgas-Ausstoß mehr als 30 Prozent unter dem der jüngsten Flugzeuggeneration liegt. Das sich daran anschließende Fernziel ist das emissionsfreie Fliegen mit emissionsfreien Antriebsaggregaten (Bild 10.9). Im Fokus der aktuellen Entwicklung stehen Kurz- und Mittelstreckenflugzeuge im Segment bis zu 200 Sitzplätzen.

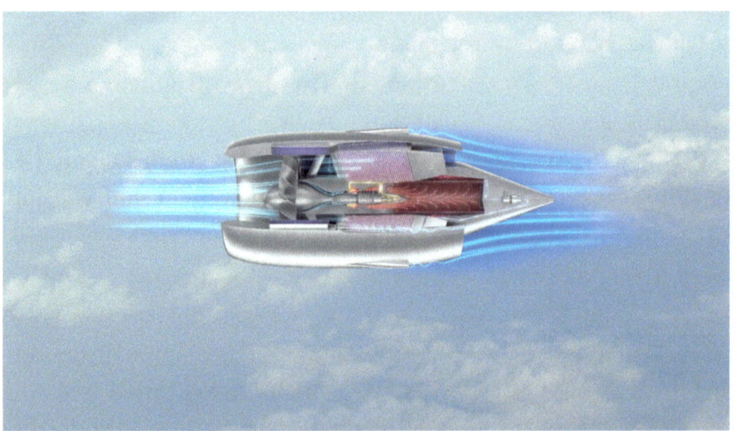

Bild 10.9 Ein zukünftiges, auch für den Einsatz von Wasserstoff entwickeltes Turbojet-Triebwerk (© MTU Aero Engines AG)

Die MTU konzentriert sich darüber hinaus auf die Verwendung einer Brennstoffzelle für den elektrischen Antrieb eines Regionalverkehrsflugzeugs im Bereich von 50 bis 70 Sitzen (Bild 10.10). Dabei soll nachgewiesen werden, dass sich das bisher angestrebte 600-kW-System der Flying Fuel Cell™ (FFC) auch für eine Anwendung im Multi-Megawatt-Bereich skalieren lässt. Das Antriebskonzept ist dann nahezu emissionsfrei. Es werden auch erhebliche Lärmreduktionen erreicht, da der Propeller als einzige verbleibende Lärmquelle bleibt. Die FFC soll zunächst auf kürzeren Strecken im regionalen Flugverkehr zum Einsatz kommen. Mit der nächsten Generation soll die FFC dann auch auf der Kurz- und Mittelstrecke fliegen und die Klimawirkung des zivilen Luftverkehrs weiter verringern. Daher müssen der gesamte wasserstoffbetriebene Brennstoffzellen-Antriebsstrang einschließlich des Flüssigwasserstoff-Treibstoffsystems und die Regelung entwickelt werden.

Bild 10.10 Flugzeuge mit FFC im regionalen Flugverkehr und im nächsten Schritt auf der Kurz- und Mittelstrecke (© MTU Aero Engines AG)

Parallel zu diesen Arbeiten kooperiert die MTU mit der Agentur der Europäischen Union für Flugsicherheit (EASA) und arbeitet an Zulassungsanforderungen. Gearbeitet wird an der zukünftigen Zertifizierung einer fliegenden Brennstoffzelle. Für deren sicheren Betrieb sind neue Standards, Zulassungsvorschriften und Nachweisverfahren festzulegen.

Neben den technischen Herausforderungen, die mit der Speicherung und der Energiewandlung von Wasserstoff verbunden sind, kommt die logistische Herausforderung zum Tragen. Wasserstoff, zumal in flüssiger Form, muss weltweit auf jedem Flugplatz in ausreichender Menge zu jedem Zeitpunkt verfügbar sein, um das heutige, auf fossilem Kerosin basierende System abzulösen. Die Wasserstoffwelt muss nicht nur in Deutschland, sondern möglichst weltweit ausgerollt sein, um den Einsatz in der Luftfahrt zu ermöglichen.

10.2.6 Wasserstofftankstellen

Der Aufbau eines flächendeckenden Tankstellennetzes ist die notwendige Voraussetzung zur Umsetzung einer erfolgversprechenden Wasserstoffstrategie im Mobilitätssektor. Der Verfahrensablauf in der mit CGH_2 oder LH_2 belieferten Wasserstofftankstelle ist Bild 10.11 zu entnehmen.

Im oberen Teil des vereinfachten Fließschemas wird vorkomprimierter Wasserstoff CGH_2 mithilfe eines Flaschenwagens antransportiert und dann von einem Druck von $p_ü \leq 500\,\text{bar}_ü$ im Flaschenwagen in den ND-Tank bis auf $p_ü = 45\,\text{bar}_ü$ entspannt.

Es erfolgt zunächst eine Nachreinigung, um den geforderten Reinheitsgrad für Brennstoffzellen zu erreichen. Einzelheiten hierzu finden Sie in Abschnitt 2.3 und Abschnitt 5.4.

Es schließt sich eine mehrstufige Kompression des Wasserstoffs mit Zwischenspeicherung bei $p_ü = 450\,\text{bar}_ü$ in einem Mitteldruck-Tank (MD-Tank) und über die letzte Verdichterstufe in einem Hochdrucktank (HD-Tank) an. Der maximale Betriebsdruck im HD-Tank beträgt in der Regel $900\,\text{bar}_ü \leq p_ü \leq 1000\,\text{bar}_ü$. Einzelheiten zum Verdichtungsprozess und zu den Verdichtern finden Sie in Abschnitt 2.2.5, Abschnitt 2.2.6 und Abschnitt 7.1.

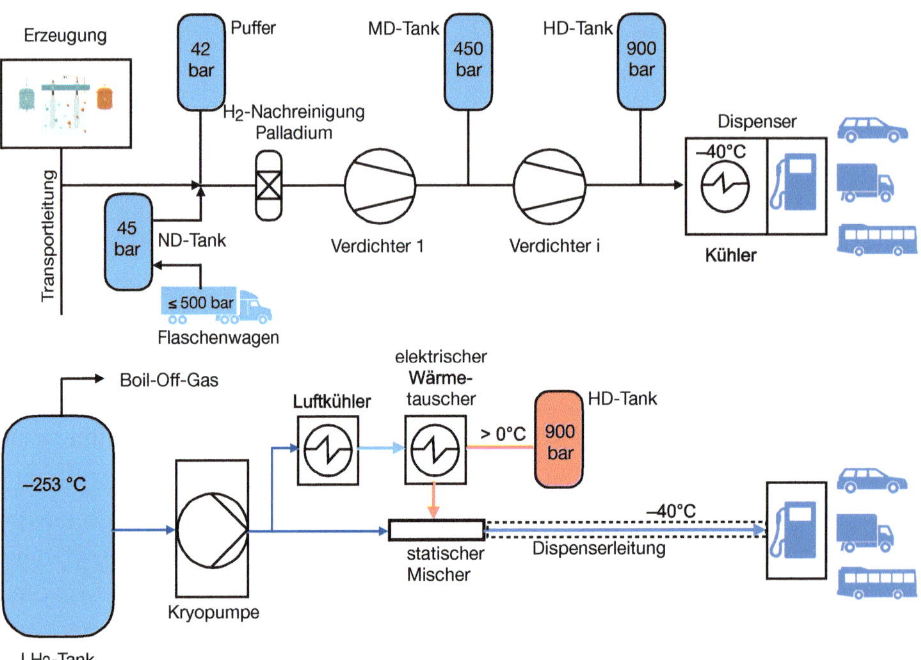

Bild 10.11 Das vereinfachte Fließschema von Wasserstofftankstellen mit CGH_2 (oben) und LH_2 (unten)

Der Weg des Wasserstoffs kann aber auch direkt hinter der letzten Verdichterstufe zum Dispenser AG - im allgemeinen Zapfvorrichtung genannt - führen (Bild 10.12). Um die Fahrzeuge innerhalb einer kurzen Zeitspanne von $t < 5$ min zu betanken, ist es notwendig, die beim Verdichtungsprozess auftretenden hohen Temperaturen in einem Kühlprozess auf $\vartheta = -40$ °C zu reduzieren. Der abschließende Schritt der Wasserstoffbetankung findet mithilfe einer Einheit aus Füllkupplung, Füllschlauch, Display und Regeltechnik statt.

Über ein Display kann der Kunde den Tankvorgang einleiten. Die Technik der sicheren Verriegelung der Füllkupplung am Tankstutzen des Fahrzeuges ist vergleichbar mit der seit 25 Jahren erprobten Technologie der CNG-Betankung von Erdgasfahrzeugen. Danach strömt der kalte Wasserstoff über die Füllkupplung in den Wasserstofftank des Fahrzeuges. In der Regel werden Fahrzeuge sowohl bis $p_{ü} = 350$ $bar_{ü}$ als auch bis $p_{ü} = 700$ $bar_{ü}$ betankt.

Bild 10.12 Dispenser einer Wasserstofftankstelle in Münster-Hiltrup (© Westfalen AG)

In Zukunft sollen die Wasserstofftankstellen über eine Leitung direkt an ein Wasserstoffnetz angebunden sein, sodass in diesem Fall die Anlieferung über Flaschenwagen und die Speicherung im ND-Tank entfällt.

Im unteren Teil des Fließschemas wird die Wasserstofftankstelle mit LH_2 beliefert. Der Weg des flüssigen Wasserstoffs verläuft über Kryopumpen, die das tiefkalte verflüssigte Gas entweder zum Pufferbehälter (HD-Tank) oder direkt zum Dispenser verpumpen. Dabei wird das Gas in mehreren Stufen wieder verdampft oder in einem statischen Mischer mit bereits verdampftem Wasserstoff gemischt. Die Mischungstemperatur beträgt $\vartheta = -40$ °C, sodass die thermodynamischen Verhältnisse in der Dispenserleitung eine zügige Betankung der Fahrzeuge zulassen.

Über den Industriestandard SAE J2601 (2016) können die für die individuelle Tankstelle einzustellenden Betankungsparameter in Tabellenform ausgelesen werden. Die Tabellen sind das Ergebnis umfangreicher Modellrechnungen. Auf Grundlage der Temperatur des Wasserstoffs am Dispenser - sie liegt bei $-40\,°C \leq \vartheta \leq -33\,°C$ - und dem Fassungsvermögen des Fahrzeugtanks sowie Außentemperatur und Restdruck im Fahrzeug vor der Betankung wird der maximale Druck im Tank am Ende der Betankung festgelegt. Außerdem wird der dafür nötige Druckanstieg pro Minute bestimmt. Für den Fall, dass Informationen zur Bestimmung der vorgenannten Betriebsparameter nicht zur Verfügung stehen, gibt die SAE J2601 (2016) Mindestwerte vor. Eine sichere Betankung ist somit in allen Fällen gewährleistet.

Eine Charakterisierung der Tankstellen in Anlagengrößen nimmt Tabelle 10.1 vor. Als kommerziell werden Tankstellengrößen ab einem täglichen Durchsatz von $\dot{m} > 200$ kg/d eingeschätzt.

Tabelle 10.1 Kommerzielle Tankstellengrößen nach H2-Mobility

Merkmal	Einheit	S	M	M	XL
Zapfsäulen		1	2	2 - 3	2 - 4
Fahrzeugklassen 1)		Pkw, LNF	(Pkw, LNF, Busse), MNF	(Pkw, LNF, Busse), MNF, SNF	(Pkw, LNF, Busse), MNF, SNF
maximaler Durchsatz	kg/d	200	500	1000	4000
mittlerer Durchsatz	kg/d	150	350	700	2500
jährlicher Verbrauch	t/a	1 - 10	> 100	> 500	> 900
Platzbedarf	m^2	80 - 250	200 - 350	250 - 800	2)

Anmerkungen: 1) LNF ≡ Leichte Nutzfahrzeuge; MNF ≡ Mittelschwere Nutzfahrzeuge; SNF ≡ Schwere Nutzfahrzeuge; 2) abhängig von der eingesetzten Tankstellentechnologie

Für die Wirtschaftlichkeit der Wasserstoffversorgung sind die erforderlichen Investitionen in Tankstellen und deren Infrastruktur von Interesse. Mittlerweile werden spezifische Investitionen auf kg/d bezogen. Für den japanischen Markt liegt von NEDO für 2013 eine Angabe vor, die sich auf eine Beladungskapazität von $\dot{V}_n = 300\ m^3/h$ bezieht und die Investition auf die einzelnen Gewerke umlegt. In den einzelnen Positionen sind anteilige Investitionen für Elektrotechnik, Steuerung, Regelung, Montage und Genehmigungen enthalten. In Deutschland sind keine spezifischen Investitionszahlen öffentlich zugänglich. J. Adolf et al. (2017) geben eine Größenordnung von 2 bis 3 Mill. USD für den US-Markt bei täglichen Betankungsraten zwischen 200 kg/d und 300 kg/d an.

Die in Tabelle 10.2 angegebene Investitionssumme entspricht einem spezifischen Investment von $I = 6{,}73$ T€/(kg/d).

Tabelle 10.2 Tankstelleninvestition in Japan nach NEDO (2015, S. 87)

Gewerk	Investition (Stand 12/2023)	Prozentualer Anteil
	T€	%
Gebäude, Fundamente, Platzbefestigung	660	15
Rohrleitungen, Armaturen	550	13
Verdichter	1320	30
ND-, MD-, HD-Tankanlage	484	11
Wasserstoffkühlung	308	7
Dispenser (350 bar, 700 bar)	550	13
sonstige Einrichtungen	484	11
Summe Investitionen	4356	100

Anmerkungen: Betankungsrate $\dot{V}_n = 300\ \mathrm{m^3/h}$; Umrechnung von Yen in Euro mit einem durchschnittlichen Umrechnungskurs in 2013; eskaliert auf 2023 mit einer durchschnittlichen japanischen Eskalationsrate im Zeitraum von 2013 bis 2019 von $e = 1\,\%/\mathrm{a}$ und danach von 2020 bis 2023 mit 2,4 %/a

10.3 Wasserstoff für Brennstoffzellen

Bereits vor 30 Jahren wurde eine Idee aus dem 19. Jahrhundert, die Brennstoffzelle, wieder aufgegriffen, um die Wärmeversorgung der Zukunft sicherzustellen. Ziel der Entwicklungsarbeit von verschiedenen Konsortien aus Geräteherstellern und auch Energieversorgungsunternehmen war die Entwicklung marktreifer Brennstoffzellen, die in den am Erdgasnetz angeschlossenen Haushalten für Wärme und Strom sorgen sollten. Ein großer Stolperstein zur erfolgreichen Umsetzung der Idee war der im Erdgas enthaltene schwefelhaltige Odorierstoff. Die Ausschaltung dieses Erdgasbegleitstoffes und die Gewährleistung einer mit herkömmlichen Heizgeräten vergleichbaren Lebensdauer war über viele Jahre die Hürde, die kein europäischer Hersteller nehmen konnte oder wollte. Den Erfolg haben letztendlich die Japaner errungen. Mittlerweile sind weit über 200 000 Brennstoffzellen in Japan in Betrieb und die japanische Regierung plant nach I. Staffell et al. (2019, S. 481 - 482) in ihrer Wasserstoffstrategie für das Jahr 2030 den Einsatz von 5,3 Millionen Geräten in den Haushalten und von 800 000 Brennstoffzellenfahrzeugen auf Japans Straßen.

Die Brennstoffzelle, die sowohl für stationäre als auch für mobile Anwendungen eingesetzt werden kann, dient zur Wandlung von chemischer Energie in elektrische Energie und in Wärme. Es gibt verschiedene Ansätze und Typen von Brennstoffzellen. In diesem Abschnitt sollen die Brennstoffzellentypen betrachtet werden, die mit Wasserstoff und Ammoniak arbeiten. Allen gemein ist der Grundaufbau.

Er besteht aus einer Wasserstoffelektrode, im Gegensatz zum Elektrolyseapparat hier als Anode, aus einer Sauerstoffelektrode, die in der galvanischen Zelle als Kathode arbeitet, und aus einem Ionen leitenden Elektrolyten. Über einen äußeren Stromkreis wandern Elektroden von der Anode zur Kathode. Dadurch kommt es an der Anode zu einer Oxidation und an der Kathode zu einer Reduktion. Die dabei entstehenden Ionen wandern durch den Elektrolyten und der Stromkreis ist geschlossen.

10.3.1 Die Thermodynamik der Brennstoffzelle

Interessant ist der Vergleich der Brennstoffzelle (BZ) mit der Wärmekraftmaschine (WKM), denn diese wandelt ebenfalls durch Verbrennung chemische Energie in Wärme, anschließend in mechanische Energie und am Ende der Umwandlungskette in elektrische Energie um. Die Effektivität einer WKM wird durch den Carnot-Faktor wiedergegeben.

Der Carnot-Faktor

Der Physiker Sadi Carnot stellte 1824 einen Kreisprozess vor, der als idealer Kreisprozess bezeichnet wird und für die Thermodynamik von grundlegender Bedeutung ist. Mit ihm wird ein Maximum an Wärme in Arbeit umgesetzt und umgekehrt. Er ist ein Maß für die Effektivität des realen Prozesses, bei dem Energie in Form von Wärme auf einem hohem Temperaturniveau T_h zugeführt und gleichzeitig auf einem niedrigeren Temperaturniveau T_k abgeführt wird. Der Carnot-Faktor ist

$$\eta_C = 1 - \frac{T_k}{T_h} \tag{10.5}$$

Je höher der Carnot-Faktor η_C, desto weniger Verluste treten im realen technischen Prozess auf.

Bereits in Abschnitt 5.2.1 wurden in Tabelle 5.9 die charakteristischen Merkmale der galvanischen Zelle angesprochen. Um den reversiblen oder isentropen Wirkungsgrad der BZ zu ermitteln, werden die freie Reaktionsenthalpie $\Delta_R g$ und die Reaktionsenthalpie $\Delta_R h$ ins Verhältnis gesetzt. Mithilfe von Formel 5.33 in Abschnitt 5.2.2.2 kann die Beziehung umgeschrieben werden:

$$\eta_{is} = \frac{\Delta_R g}{\Delta_R h} = \frac{\Delta_R h - T\Delta_R s}{\Delta_R h} = 1 - \frac{T\Delta_R s}{\Delta_R h} \tag{10.6}$$

Die molaren Größen Reaktionsentropie und Reaktionsenthalpie können für alle Betriebszustände mit Bezug auf Tabelle 2.28 und auf Formel 2.153 bis Formel 2.160 in Abschnitt 2.7.1 bestimmt werden.

Stellt man beide Wirkungsgrade η_{th} und η_{is} einander gegenüber, so liegt der isentrope Wirkungsgrad der BZ bis zu einem Temperaturniveau von etwa $\vartheta = 1000$ °C über dem Carnot-Faktor einer Wärmekraftmaschine oder Wärmekraftanlage. Hierfür sind vor allem zwei Gründe ausschlaggebend:

1. Bei Wasserstoff als Brennstoff treten in der BZ keine Emissionen auf, die Wärme aus der BZ austragen.
2. Es gibt keine beweglichen Anlagenteile in der BZ, was prinzipiell die Verluste minimiert.

Wie weit sich die realen Wirkungsgrade von thermischen Verbrennungsanlagen und Kreisprozessen dem Carnot'schen Wirkungsgrad und damit dem oberen, optimalen Grenzwert nähern und inwieweit heute BZ in ihrem unterschiedlichen Aufbau dem isentropen Wirkungsgrad entsprechen, zeigt Bild 10.13. Unter anderem mit Werten von Z. A. Styczynski et al. (2014, S. M25) muss festgestellt werden, dass heute weder die realen Wärmekraftanlagen noch die am Markt angebotenen Brennstoffzellensysteme bereits den besten Wirkungsgrad über den Carnot-Faktor oder den Wirkungsgrad der idealen Brennstoffzelle erreicht haben.

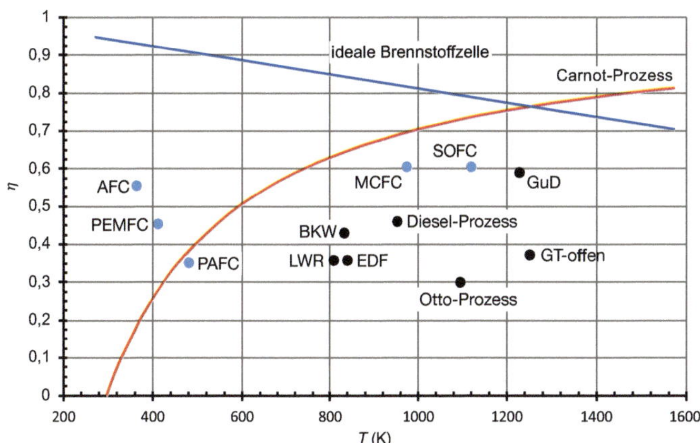

Bild 10.13 Vergleich idealer und realer Wirkungsgrade von Wärmekraftmaschine und Brennstoffzelle: Die Wirkungsgrade für BZ und thermische Energiewandlungsmaschinen und -anlagen sind Mittelwerte.

10.3.2 Die Brennstoffzelle am Beispiel der PEMFC

Es sind zwei Typen von PEMFC auf dem Markt:

1. die Niedertemperatur-PEMFC (NT-PEMFC), die mit einer Betriebstemperatur im Mittel bei $\vartheta = 80$ °C läuft
2. die Hochtemperatur-PEMFC (HT-PEMFC), die in einem Temperaturniveau von $120\ °C \leq \vartheta \leq 200\ °C$ betrieben wird

Während die NT-PEMFC mit einem Grenzwert von $\varphi_{CO} = 0{,}01$ Vol.-% (100 ppmV) sehr empfindlich auf Kohlenmonoxid reagiert, ist die CO-Verträglichkeit bei der HT-PEMFC mit $\varphi_{CO} = 0{,}05$ Vol.-% (500 ppmV) bei $\vartheta = 120$ °C bis $\varphi_{CO} = 0{,}5$ Vol.-% (5000 ppmV) bei ϑ = 200 °C um ein Vielfaches höher.

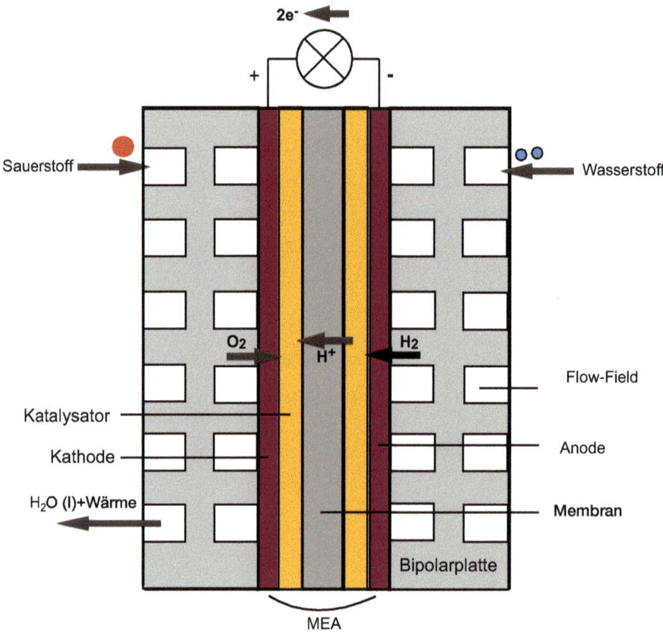

Bild 10.14 Prinzipieller Aufbau einer PEMFC

Das Funktionsprinzip einer PEMFC ist in Bild 10.14 dargestellt. Der Wasserstoff gelangt über die Gasdiffusionsschicht zur Anode und dissoziiert dort zu atomarem Wasserstoff. Das Herzstück der BZ ist die Polymerelektrolytmembran, bei der es sich um eine sulfonierte PTFE-Folie handelt, die unter dem Handelsnamen Nafion™ vertrieben wird. Nafion™ gehört zu einer Gruppe von Polymeren, die über eingebaute Sulfonsäure-Gruppen ionische Eigenschaften aufweisen. In Abschnitt 5.2.4 wird auf Besonderheiten bei der Materialauswahl für die MEA auch bei Brennstoffzellen hingewiesen. Die Membran ist selektiv leitend für Protonen. Wird die Membran befeuchtet, erhält sie einen sauren Charakter. Die Wasserstoff-Protonen wandern über die Sulfonsäure-Gruppen durch die Membran. Gegenüber Anionen und Elektronen ist die Membran hingegen elektrisch isolierend. Die Membran wird daher zur Gewährleistung des Protonenflusses dauerhaft feucht gehalten. Die heute für Membrane verwendeten Stoffe gehören in der Regel zur chemischen Klasse der PFSA. Hierzu sind weitere Hinweise in Abschnitt 5.2.4 zu finden. Die bei der Oxidation des Wasserstoffs frei werdenden Elektronen wandern über den äußeren Stromleiter zur Kathode. An der Kathode wird der Sauerstoff an der Katalysatoroberfläche reduziert, nimmt zwei Elektronen auf und bildet schließlich mit zwei H^+-Ionen Wasser. Die Membran verliert durch den Ionenfluss Wasser. Um das Austrocknen der Membran zu verhindern, ist eine Rückdiffusion von Wasseranteilen durch die Membran erforderlich. Derzeit werden kostenintensive Edelmetallkatalysatoren in der Regel aus Platin eingesetzt. Um den Stand der Technik bei PEMFCs zu verbessern, müssen insbesondere einsatzfähige Alternativen für das Elektrodenmaterial und für die Membran entwickelt werden. Bild 10.15 vermittelt einen Eindruck von dem zu einem Stack zusammengesetzten Stapel von einzelnen Brennstoffzellen.

Bild 10.15
Zellenstack einer HT-PEMFC (© ZBT-Duisburg)

Analog zu Formel 5.22 in Abschnitt 5.2.2 wird die reversible Zellspannung U_0 mithilfe der freien Reaktionsenthalpie $\Delta_R g$, der Anzahl der Elektronen (z = 2) und der Faraday-Konstante F bestimmt:

$$U_0 = -\frac{\Delta_R g}{zF} = -\frac{\Delta_R h - T\Delta_R s}{zF} \tag{10.7}$$

Die Lösung von Formel 10.7 zur Bestimmung der reversiblen Zellspannung erfolgt mithilfe von Formel 2.153 bis Formel 2.160 aus Abschnitt 2.7.1. Aus Formel 10.7 wird abgeleitet, dass die reversible Zellspannung U_0 mit steigender Betriebstemperatur abnimmt.

In Bild 10.16 ist die reale Zellspannung $U_z = U_z(p,T)$ über der Stromdichte aufgetragen. In dieser Darstellung wird deutlich, dass die in der Praxis erreichbaren Zellspannungen in ihrem Wert von der Stromstärke und der Bauform der Zelle abhängig sind. Beide zuletzt genannten Größen drücken sich in der Höhe der Stromdichte i aus.

$$U_z < U_0 \tag{10.8}$$

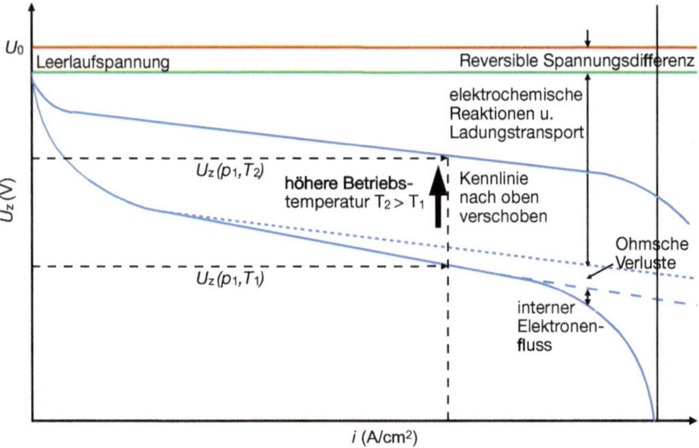

Bild 10.16 Die Strom-Spannungs-Kennlinie von Brennstoffzellen

Tatsächlich liegt nach Formel 10.8 die von der BZ gelieferte Spannung U_z in allen Betriebsfällen unterhalb der reversiblen Spannung U_0. Analog zur Elektrolysezelle sind hierfür verschiedene Verlustanteile verantwortlich:

1. Bereits die Leerlaufspannung der BZ ist niedriger als die reversible Zellspannung. Nach G. Reich und M. Reppich (2018, S. 217) wird hierfür bei der NT-PEMFC auch ein unerwünschter Elektronentransport durch die Membran verantwortlich gemacht.
2. Die Betriebstemperatur hat Einfluss auf die Höhe der Spannung. Wie in Bild 10.16 ersichtlich, steigt mit zunehmender Betriebstemperatur $T_2 > T_1$ die Zellspannung $U_z(p_1,T_2) > U_z(p_1,T_1)$.
3. Ein Teil der Spannung wird für den Ladungstransport innerhalb der BZ verbraucht.
4. Beim Elektronentransport außerhalb der Zelle und beim Ionenfluss zwischen Anode und Kathode treten Ohm'sche Widerstände auf, die zum Spannungsabfall beitragen.
5. Strömungswiderstände für die Edukte Wasserstoff und Sauerstoff an Anode und Kathode führen zu weiteren Spannungsabfällen.

Heute ist die PEMFC sowohl für stationäre als auch für mobile Anwendungen die beherrschende BZ auf dem Weltmarkt. Die nach heutigen Erkenntnissen für stationäre Anwendungen schon beachtliche Lebensdauer von b_h = 60 000 h entspricht auf dem Wärmemarkt in etwa der Erwartung an den Brennwertkessel.

Im Mobilitätssektor wird nach J. Adolf et al. (2017) eine Lebensdauer für die eingesetzten Brennstoffzellen von rund b_h = 5000 h angenommen, was bei einer Durchschnittsgeschwindigkeit von $w = 50$ km/h einer Laufleistung der beteiligten Fahrzeuge von etwa 250 000 km entspricht. Eine höhere Lebensdauer wäre für mobile

Anwendungen wünschenswert. In der bereits mehrfach angesprochenen Studie von J. Adolf et al. (2017) wird der PEMFC ein hohes Kostensenkungspotenzial bei der Herstellung attestiert. Langfristig sind spezifische Produktionskosten von 30 USD/kW$_{el}$ vorstellbar. Auf diesem Kostenniveau befinden sich auch die Herstellungskosten von Verbrennungsmotoren.

PEMFC mit dem wasserstoffreichen Erdgas als Brenngas werden heute in Deutschland für die Wärme- und Stromerzeugung in privaten Haushalten eingesetzt. Die in Zukunft mit reinem Wasserstoff betriebene BZ ist für die Versorgung im privaten Haushaltsbereich gedacht und in einer höheren Leistungsklasse auch für den Einsatz in Mehrfamilienhäusern oder in größeren Wohneinheiten. Sie eignet sich ideal für Fußbodenheizungen oder in Kombination mit Radiatoren. Neben der Stromerzeugung steht die Wärmeerzeugung im Mittelpunkt. Der an der Klemme erzeugte Gleichstrom wird über einen Wechselrichter in Wechselstrom umgewandelt. Die Wärme wird über einen Wärmetauscher an den Heizkreislauf abgegeben und über einen Pufferspeicher auch dem Trinkwassernetz zur Verfügung gestellt.

Sollten Brennstoffzellen mit dem Odorierstoff nicht zurechtkommen, muss dieser aus dem Wasserstoffgas im Eingang der BZ entfernt werden.

10.3.3 Die alkalische Brennstoffzelle

Die alkalische Brennstoffzelle AFC ist sozusagen die Mutter aller Brennstoffzellen. Bereits im Juli 1969 auf dem erfolgreichen Weg zur ersten bemannten Mondlandung war in der amerikanischen NASA-Raumkapsel Apollo 11 eine AFC an Bord, die zuverlässig für den erforderlichen Strom sorgte. Sie benötigt keine aufwendigen Edelmetallkatalysatoren und kommt mit Nickel zurecht. Der Aufbau ist recht einfach und kostengünstig. Die Betriebstemperaturen sind mit $20\,°C \leq \vartheta \leq 90\,°C$ im Vergleich niedrig und haben relativ hohe Wirkungsgrade zur Folge. Als Elektrolyt wird Kalilauge eingesetzt. Da diese mit CO_2 zu Karbonat reagiert, was zu einem Ausfall der BZ führen würde, müssen die eingesetzten Edukte Wasserstoff und Sauerstoff hochrein sein. Luftsauerstoff kann daher nicht eingesetzt werden, was die Verwendung für viele Anwendungen ausschließt.

10.3.4 Die phosphorsaure Brennstoffzelle

Die phosphorsaure Brennstoffzelle PAFC deckt im Betrieb mit Temperaturen bis $\vartheta = 220\,°C$ den mittleren Temperaturbereich ab. Sie wird im Leistungsbereich von $P_{el} > 10\,MW$ im Bereich dezentraler Stromversorgung und anstelle von fossilen BHKWs eingesetzt. Der in Bild 10.13 vorgestellte Wirkungsgrad von $\eta < 0{,}4$ entspricht dem elektrischen Wirkungsgrad und kann durch Nutzung der Abwärme der BZ erheblich verbessert werden. Die PAFC hat einen relativ hohen Edelmetallbedarf für die Katalysatoren. Sie benötigt lange Aufheizzeiten und ist dadurch wenig flexibel. Nennenswerte Kostensenkungspotenziale sind heute nicht erkennbar.

10.3.5 Die Schmelzkarbonat-Brennstoffzelle

Die Schmelzkarbonat-Brennstoffzelle MCFC besitzt einen Elektrolyten aus Kaliumkarbonat K_2CO_3 und Lithiumkarbonat Li_2CO_3 und gehört neben der SOFC zur Gruppe der Hochtemperaturbrennstoffzellen. Sie benötigt aufgrund der hohen Temperaturen von $\vartheta = 700\ °C$ hochtemperaturfeste Materialien, allerdings kein Edelmetall für den Katalysatoraufbau. Ihr Einsatzgebiet sind stationäre Anwendungen in der Energieversorgung bei Leistungen P bis in den MW-Bereich. Durch Nutzung der Abwärme kann der ohnehin hohe elektrische Wirkungsgrad noch verbessert werden.

10.3.6 Die oxidkeramische Brennstoffzelle

Die oxidkeramische Brennstoffzelle SOFC verwendet bei Betriebstemperaturen um $\vartheta = 1000\ °C$ einen Elektrolyten aus Yttrium stabilisierter Zirkoniumoxidkeramik. Yttrium gehört zur Gruppe der seltenen Erden, die zwar von der Menge her nicht selten sind, aber deren Gewinnung ökologisch und letztlich auch ökonomisch eine Hypothek darstellt. Als Kathodenmaterial wird nach E. Wagner (2023) ein keramischer Werkstoff aus Perowskite ($LaMnO_3$, $LaCoO_3$ und andere) oder aus Edelmetallen wie Platin und Palladium verwendet. Für die Anode werden nickelbasierte Werkstoffe eingesetzt. Eine besondere technische Herausforderung ist die Temperaturbeständigkeit der verwendeten Materialien und Dichtungen. Die Aufheiz- und Abkühlphase führt jeweils zu thermischen Spannungen, die konstruktiv ausgeglichen werden müssen. Die BZ wird in der Kraft-Wärme-Kopplung, aber auch im Haushaltsbereich eingesetzt und deckt einen breiten Leistungsbereich von kW bis MW ab.

Die Eigenschaften der mit reinem Wasserstoff oder einem wasserstoffreichen Gas belieferten Brennstoffzellen sind in Tabelle 10.3 zusammengefasst.

Tabelle 10.3 Eigenschaften verschiedener Brennstoffzellen für die Verwendung von reinem Wasserstoff

Merkmal	Einheit	PEMFC	AFC	PAFC	MCFC	SOFC
Elektrolyt		Polymer-membran	KOH	H_3PO_4	K_2CO_3 Li_2CO_3	Oxidkeramik
Oxidator		O_2 (Luft)	O_2 (rein)	O_2 (Luft)	O_2 (Luft)	O_2 (Luft)
ϑ	°C	50 - 90 (NT) 120 - 200 (HT)	20 - 90	180 - 220	620 - 660	800 - 1000
P_{el}	MW	0,0005 - 0,4	≤ 0,1	> 10	≤ 100	≤ 100
η_{el}	-	0,4 - 0,5	0,5 - 0,6	0,4	0,6	0,55 - 0,6
I 1); 4)	$T€/kW_{el}$	2,6 - 3,5 2) 0,44 3)	0,18 - 0,61	3,5 - 4,4	3,5 - 5,3	2,6 - 3,5
b_h	kh	60 2) 5 3)	5 - 8	30 - 60	20 - 40	≤ 90
Charakter		flexibles Betriebs-verhalten	nur sehr reines O_2 und H_2 einsetzbar	anfällig für Korrosion	anfällig für Korrosion, komplexe Betriebs-führung	Keramiktechno-logie
Anwendungen		Haushalt Verkehr BHKW USV	Raumfahrt U-Boot	Energie BHKW	Energie	Energie Haus-halt KWK BHKW

Anmerkungen: 1) nach J. Adolf et al. (2017); 2) stationäre Anwendungen; 3) mobile Anwendungen; 4) Stand 2017

10.3.7 Wasserstoff in Brennstoffzellen für grünen Ammoniak

Indirekt kann Wasserstoff auch über die Verwendung von grünem Ammoniak in Brennstoffzellen zur Strom- und Wärmebereitstellung beitragen. Diese BZ-Typen sind heute noch nicht serienreif. Die Entwicklung konzentriert sich auf oxidkeramische Brennstoffzellen. Dabei kann zwischen der protonleitenden SOFC-H und der oxidionleitenden SOFC-O unterschieden werden. Bild 10.17 demonstriert den prinzipiellen Aufbau beider Varianten. Die in der Skizze angegebenen Werkstoffe sind beispielhaft für die SOFC-H NI-BCGO (NI-BA$Ce_{0,85}Gd_{0,2}O_{2,9}$) bei der Anode und beim Elektrolyten sowie LSCO ($La_{0,5}Sr_{0,5}CoO_{3-\delta}$) bei der Kathode. Die Systemtemperatur beträgt in diesem Fall $\vartheta = 600\,°C$ und die erzeugte Zellspannung ist $U_z = 1{,}102\ V$. Detailierte Angaben zu den eingesetzten Werkstoffen sind einer Veröffentlichung von G. Jeerh et al. (2021) zu entnehmen.

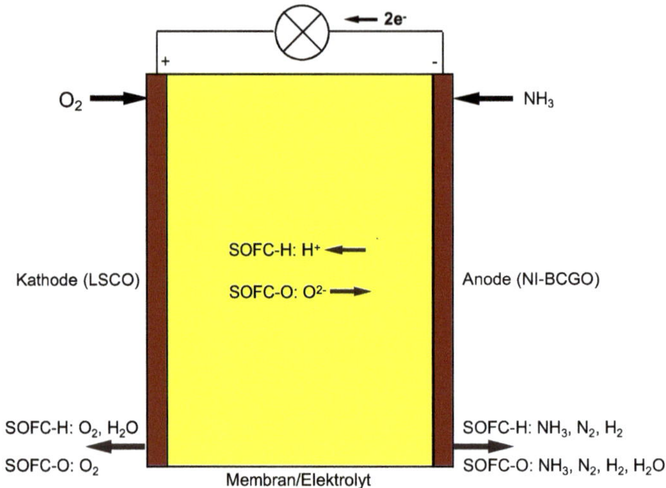

Bild 10.17 Grundprinzipien der oxidkeramischen Brennstoffzellen SOFC-H und SOFC-O für grünen Ammoniak

In der SOFC-H wird der Ammoniak bei hohen Temperaturen zwischen 500 °C und 750 °C in Stickstoff und Wasserstoff getrennt. Stickstoff und nicht verbrannter Wasserstoff und Ammoniak verlassen auf der Anodenseite die Brennstoffzelle als Abgas, während das Wasserstoffmolekül an der Grenzschicht zwischen Anode und Membran in Wasserstoffprotonen aufgespalten wird. Die Protonen wandern durch die Membran auf die Kathodenseite und reagieren dort mit dem Luftsauerstoff zu Wasserdampf.

In der SOFC-O bildet der Luftsauerstoff an der Kathoden Sauerstoffionen, die durch die Membran auf die Anodenseite wandern und mit den dort an der Anode gebildeten Wasserstoffionen zu Wasserdampf reagieren.

Die Reaktionsgleichungen sind Tabelle 10.4 zu entnehmen.

Tabelle 10.4 Reaktionen in oxidkeramischen Brennstoffzellen für grünen Ammoniak

Nr.		Beschreibung	Reaktion
Brennstoffzelle SOFC-H			
1	Anode	Aufspaltung des Ammoniaks	$NH_3 \rightarrow \frac{1}{2}N_2 + \frac{3}{2}H_2$
2	Anode	Dissoziation des Wasserstoffs	$H_2 \rightarrow 2H^+ + 2e^-$
3	Kathode	Reduktion des Sauerstoffs	$\frac{1}{2}O_2 + 2H^+ + 2e^- \rightarrow H_2O(g)$
Brennstoffzelle SOFC-O			
1	Kathode	Reduktion des Sauerstoffs	$\frac{1}{2}O_2 + 2e^- \rightarrow O^{2-}$
2	Anode	Aufspaltung des Ammoniaks	$NH_3 \rightarrow \frac{1}{2}N_2 + \frac{3}{2}H_2$
3	Anode	Oxidation des Wasserstoffs	$H_2 + O^{2-} \rightarrow H_2O + 2e^-$

10.4 Wasserstoff zur Umwandlung von Treibhausgasen

Wasserstoff wird in Verbindung mit der Erzeugung von synthetischen Kraftstoffen wie Methanol gebracht. In Abschnitt 10.1.3 ist die Erzeugung dieses Produktes aus Wasserstoff und Kohlenmonoxid beschrieben. Zu den synthetischen Kraftstoffen zählt auch synthetisches Methan aus der Verbindung von Wasserstoff und Kohlendioxid. Das Methan kann in ein Leitungsnetz als Zusatzgas oder als Austauschgas für ursprünglich im Leitungssystem vorhandenes Erdgas eingespeist und dem Verkehrs- und Wärmesektor gasförmig zur Verfügung gestellt werden. Es kann aber auch abgekühlt und in flüssiger Form als LNG wie in Bild 8.1 für den Schwerlastverkehr oder den Schiffsverkehr zur Kompensation von flüssigem Treibstoff aus Kohlenwasserstoffen eingesetzt werden. Um die Energieversorgung des Verkehrs- und des Wärmesektors sicherzustellen, kann Wasserstoff auch in einer Kombination mit Biogas und mit der Unterstützung von Wärme aus einer geothermischen Quelle, wie in Bild 10.18 ausgeführt, eingesetzt werden.

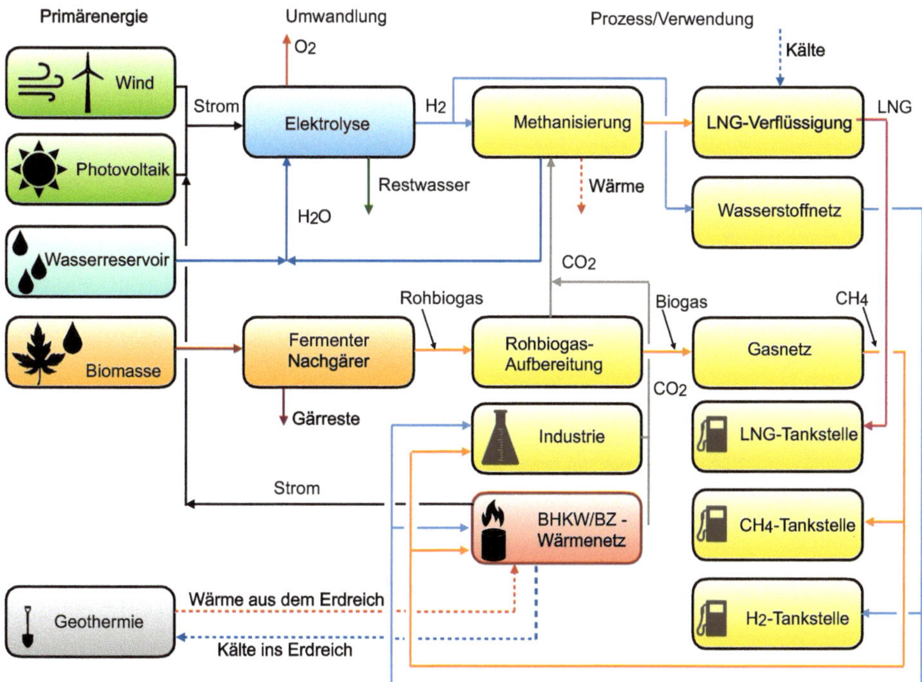

Bild 10.18 Schematische Darstellung der Versorgung des Verkehrssektors, des Industriesektors und des Wärmemarktes mit Gas und Wärme aus regenerativen Quellen

In diesem Abschnitt soll die in Bild 10.18 dargestellte Verwertung von Kohlendioxid, das aus der Rohbiogaserzeugung stammt, mithilfe von Wasserstoff über den Zwischenschritt der Methanisierung zu LNG beschrieben werden. LNG hat, wie Bild 9.2 in Kapitel 9 zeigt, eine etwa zweieinhalbfach höhere volumetrische Energiedichte bezogen auf den Heizwert als komprimiertes Erdgas CNG und eine etwa siebeneinhalbfach höhere Energiedichte als komprimierter Wasserstoff CGH_2 bei einem Druck von $p_{ü} = 350\ bar_{ü}$. Als Ersatz für fossile Energieträger wie Diesel wird LNG heute bereits im Schwerlastverkehr und in der Schifffahrt eingesetzt.

Um die Klimaziele zu erreichen, muss die Industriegesellschaft technische Prozesse einsetzen, die die Emission von CO_2 in die Atmosphäre verhindern. Die Alternative der Speicherung von Kohlendioxid aus industrieller Produktion in tiefen Horizonten wird in Abschnitt 5.1.5 behandelt.

CO_2 fällt auch bei der Rohbiogaserzeugung an. Je nach verwendeten Edukten wie nachwachsende Rohstoffe, Gülle oder organische Abfälle schwankt der Anteil des Kohlendioxids im Rohbiogas zwischen molaren Anteilen von $0{,}15 \leq y \leq 0{,}5$. Um das Gas in Rohrleitungssysteme einspeisen zu können, muss das CO_2 aus dem Rohbiogas entfernt werden.

Die Rohbiogaserzeugung mit dem enthaltenen Kohlendioxid ist Teil eines komplexen Anlagenschemas, das in Bild 10.19 dargestellt ist. Die zur Umwandlung des CO_2 notwendigen verfahrenstechnischen Schritte setzen eine ausreichende Menge an Wasserstoff voraus. Dieser soll aus regenerativ erzeugtem Strom und aus Wasser gewonnen werden. Der gesamte Prozess besteht aus der CO_2-Gewinnung aus einem Rohbiogasgemisch, aus einer elektrolytischen Wasserstofferzeugung, aus der Methanisierung, in der aus H_2 und CO_2 synthetisches Methan gewonnen wird, und aus einer Anlage zur Verflüssigung des gasförmigen Methans. Der Vollständigkeit halber ist der Prozess der Rohbiogaserzeugung, in dem CO_2 entsteht, im Anlagenschema enthalten. Der eigentliche Fermentationsprozess der Rohbiogaserzeugung ist in Abschnitt 5.3.3 beschrieben.

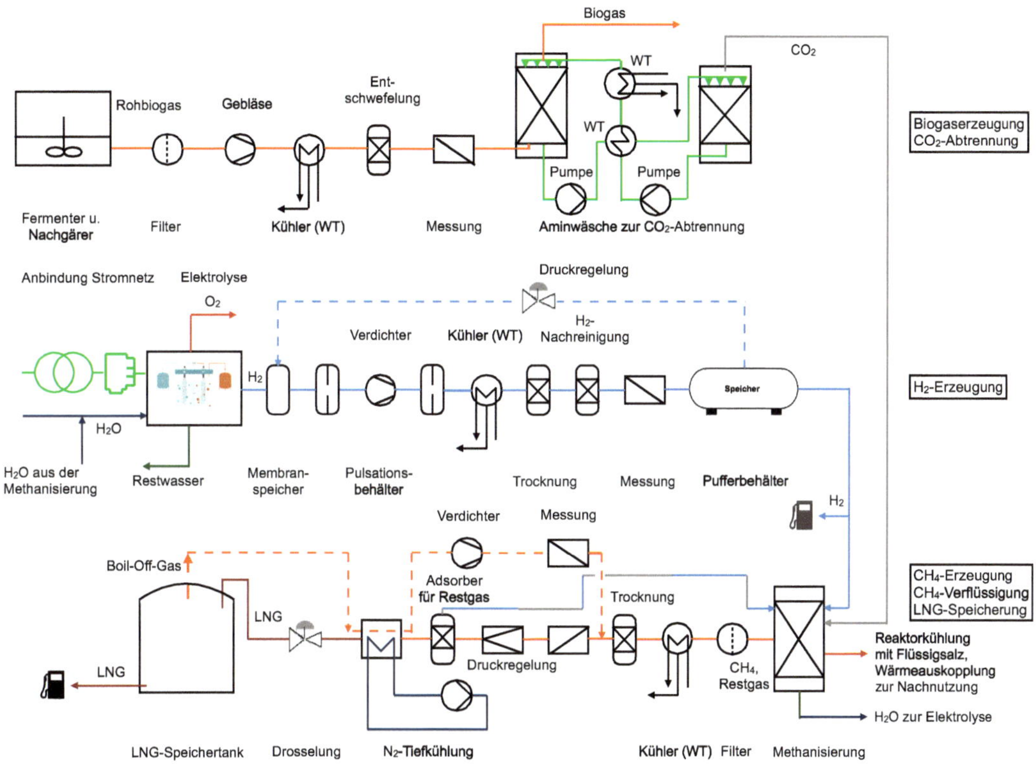

Bild 10.19 Verfahrenstechnisches Schema zur Erzeugung von synthetischem Methan und LNG aus Wasserstoff und Kohlendioxid

Die Entfernung von unerwünschten Begleitstoffen aus dem Rohbiogas

Um das regenerativ erzeugte Biogas nutzen zu können, muss neben CO_2 auch das im Rohbiogas mit einer Konzentration von bis zu $\beta = 10\ \mathrm{g/m^3}$ enthaltene H_2S entfernt werden. Zu den zur Entschwefelung eingesetzten Verfahren zählen biologische, absorptive, chemische und adsorptive Prozesse. Weitere Unterscheidungsmerkmale sind die Grob- und Feinentschwefelung. Ziel ist die Herabsetzung der Schwefellast des Rohbiogases auf einen Wert kleiner $\beta = 5\ \mathrm{mg/m^3}$. Für die Entschwefelung von Rohbiogas können Aktivkohlen mit verschiedenen Imprägnierstoffen angewendet werden. Hierbei wird der an der Aktivkohleoberfläche adsorbierte Schwefelwasserstoff katalytisch oxidiert.

Die Entschwefelung über Aktivkohle, die mit Kaliumjodid imprägniert ist, kann bei Temperaturen von $50\ °\mathrm{C} \leq \vartheta \leq 70\ °\mathrm{C}$ und einem Betriebsdruck von bis zu $p_{ü} = 8\ \mathrm{bar}_{ü}$ erreicht werden. Für diesen Prozess ist jedoch Sauerstoff und Wasser erforderlich. Empfohlen wird eine relative Feuchte des zu reinigenden Gases von ca. 60 %. Die beladene Aktivkohle kann unter hohem energetischen Aufwand mit Heißgas oder Heißdampf mit einer Temperatur von $\vartheta > 450\ °\mathrm{C}$ regeneriert werden.

Eine mit Massenanteilen von $0{,}1 \leq w \leq 0{,}2$ Kaliumcarbonat imprägnierte Aktivkohle erreicht bei Betriebstemperaturen $\vartheta > 50\,°C$ und Umgebungsdruck p_0 ebenfalls eine Feinentschwefelung bei Anwesenheit von Wasser und Sauerstoff. Eine Regenerierung der beladenen Aktivkohle ist mit einer Wasserwäsche und anschließender Nachimprägnierung möglich.

Aktivkohle, die mit Kaliumpermanganat imprägniert ist, kann bei geringen Schwefellasten ebenfalls zur Feinentschwefelung eingesetzt werden. Hierbei wirkt das Kaliumpermanganat nicht als Katalysator, sondern als Oxidationsmittel. Für dieses Verfahren ist kein Sauerstoff oder Wasser erforderlich. Der Betriebszustand dieses Verfahrens liegt bei Temperaturen von $20\,°C \leq \vartheta \leq 100\,°C$ und einem atmosphärischen Druck p_0.

Die bei der Rohbiogasaufbereitung zur Abscheidung des Kohlendioxids in der Mehrzahl aller Fälle eingesetzten Verfahren sind die Druckwechseladsorption (Abschnitt 5.1.1) und die Aminwäsche. In diesem Verfahren wird das Kohlendioxid mithilfe der Waschflüssigkeit Monoethanolamin C_2H_7NO in einer Kolonne chemisch als Amincarbonat gebunden. In einem nachgeschalteten Desorber wird die Flüssigkeit regeneriert und das vom CO_2 befreite C_2H_7NO wieder zurückgeführt. Heraus kommt ein Biogas mit einem Methananteil von $0{,}95 \leq y \leq 0{,}97$ und einer entsprechenden Restmenge an Kohlendioxid. ■

Ergänzend sei erwähnt, dass bei der Biogaserzeugung, der H_2-Elektrolyse und der Methanisierung im Ausgang die entstandenen Gasvolumina in einem Kondensator entfeuchtet und bei der H_2-Elektrolyse und der Methanisierung zusätzlich getrocknet werden. Die Trocknung erfolgt beispielsweise mithilfe von Silikagel. Dieses seit Jahrzehnten in der Technik der Trocknung von feuchten Stoffen eingesetzte Siliciumdioxid SiO_2 ist auch aufgrund seiner spezifisch großen Oberfläche im ausreichenden Maße hydroskopisch.

Einzelne Prozessschritte sind bereits in anderen Abschnitten behandelt worden. So wird z. B. die Wasserstoffelektrolyse in Abschnitt 5.2 und die Kompression von Wasserstoff in Abschnitt 7.1 beschrieben. Es sei hier bemerkt, dass der Verdichter im Ausgang der Elektrolyseanlage einen minimalen Vordruck benötigt. Sollte beispielsweise eine alkalische Elektrolyseanlage mit einem Ausgangsdruck von $p_{ü} = 0{,}05\ bar_{ü}$ eingesetzt werden, so kann über einen Membranspeicher dieser Druck als Eingangsdruck für den Verdichter vorgehalten werden. Die erforderlichen minimalen Wasserstoffmengen im Membranspeicher werden mithilfe einer Rückführungsleitung mit Druckregelung auch über den im Verdichterausgang befindlichen Pufferspeicher gewährleistet.

In Abschnitt 5.2.3 wird dargelegt, dass der höchste System-Wirkungsgrad der Elektrolyseanlage im Teillastbetrieb erreicht wird. So zeigt ein PEM-Elektrolyseur mit einer elektrischen Leistung von $P_{el} = 1\,\text{MW}$ heute bei einer Teillast von 40 % bis 60 % einen System-Wirkungsgrad von $\eta_{EL} = 0{,}74$. Dieser fällt bei höherer und geringerer Auslastung - wie Bild 5.27 qualitativ zeigt - ab. Es ist daher zweckmäßig, die gesamte erforderliche Elektrolyseleistung auf zwei oder drei Elektrolyseure mit entsprechend geringerer Leistung zu verteilen und diese parallel zu betreiben. Die vorgeschlagene Aufteilung der Gesamtleistung auf mehrere Elektrolyseure hat den Vorteil, dass infolge geplanter Betriebsunterbrechungen für Wartung und Instandhaltung und aufgrund unerwarteter betrieblich bedingter Ausfälle nicht die gesamte Wasserstofferzeugung ausfällt und die notwendige Elektrolyseleistung jederzeit verfügbar ist.

Der Wasserstoff wird in einer Reaktionskolonne exotherm mit Kohlendioxid zu synthetischem Methan reagieren. Diese Reaktion wurde bereits 1902 von Paul Sabatier entwickelt.

Die Reaktionsgleichung ist

$$CO_2 + 4H_2 \rightarrow CH_4 + 2H_2O \tag{10.9}$$

Es empfiehlt sich die Bearbeitung von Aufgabe 51 im Buch *Wasserstofftechnik. Aufgaben und Lösungen*.

Die bei der exothermen Reaktion freiwerdende Standardreaktionsenthalpie ist nach dem Ergebnis von Aufgabe 51 im Buch *Wasserstofftechnik. Aufgaben und Lösungen*

$$\Delta_R h^\Theta = -164{,}94\,\frac{\text{kJ}}{\text{mol}}$$

Der Reaktor wird beispielsweise in einer Anlage im norddeutschen Werlte (Bild 10.20) mit flüssigem Salz gekühlt. Die alternative Kühlung mit Wasser hätte aufgrund des dann sich einstellenden Dampfvolumens eine erheblich größere Anlage zur Folge. Die dem Reaktor entzogene Wärme steht anderen Prozessen zur Verfügung.

Neben dem synthetischen Methan ist Wasserdampf ein weiteres Produkt des Sabatier-Prozesses. Die Wasserdampfmengen werden in kondensierter Form der alkalischen Elektrolyse oder einer PEM-Elektrolyse übergeben und decken einen Teil der für den Elektrolyseprozess erforderlichen Wassermengen ab. In dampfförmigem Zustand kann das Wasser einer Hochtemperaturelektrolyse zugeführt werden.

Bild 10.20 Beispiel eines Reaktors in Werlte der ela Industriegas GmbH zur Erzeugung von Methan aus Wasserstoff und Kohlendioxid (© ela Industriegas GmbH und Timo Lutz Werbefotografie)

Der letzte Prozessschritt ist die Verflüssigung des Methans als LNG mithilfe von flüssigem Stickstoff N_2. Bild 10.21 zeigt den LNG-Tank und den Behälter für den flüssigen Stickstoff. Da in der industriellen Praxis die chemische Umsetzung im Reaktor nicht vollständig ist, ist das Ausgangsprodukt für die nachgeschaltete Verflüssigung eine Mischung aus synthetischem Methan ($y \sim 0{,}93$), Wasserstoff ($y \sim 0{,}07$) und Kohlendioxid ($y \sim 0{,}0005$). Dieses Restgas aus Wasserstoff und Kohlendioxid wird gemeinsam mit dem CH_4 über eine Druckreduzierung geführt und in einer nachgeschalteten Adsorptionskolonne aus dem Mischgas entfernt. Danach erfolgt die Rückführung in den Eingang des Reaktors. Die Tiefkühlung und Verflüssigung des Methans auf eine Temperatur von $\vartheta = -161\,°\text{C}$ erfolgt mithilfe eines Kühlkreislaufes mit flüssigem Stickstoff, dessen Siedepunkt bei $\vartheta = -195{,}85\,°\text{C}$ liegt, und über eine nachgeschaltete isenthalpe Drosselung. Das LNG wird in einem isolierten Behälter gespeichert. Die Isolierung kann die Teilverdampfung des LNG nicht verhindern. Das verdampfte Methan wird als Boil-Off-Gas über den Kühlkreislauf in den Vorlauf der Tiefkühlung zurückgeführt. Nach einem Bericht der Thyssengas GmbH (1997) über die Flüssigerdgasanlage Nievenheim ist mit einer täglichen Boil-Off-Rate von etwa 0,1 Vol-% ($\varphi = 0{,}001$) des Tankinhaltes zu rechnen. Der LNG-Tank und der Behälter für den flüssigen Stickstoff stehen in einer Betonwanne, die im Fall eines Lecks den gesamten Tankinhalt aufnehmen kann.

Es empfiehlt sich die Bearbeitung von Aufgabe 52 im Buch *Wasserstofftechnik. Aufgaben und Lösungen*.

Bild 10.21
LNG-Speichertank (rechts) mit Behälter für flüssigen Stickstoff (Mitte) und liegendem H_2-Puffertank (links) in einer Anlage der ela Industriegas GmbH in Werlte (© ela Industriegas GmbH und Timo Lutz Werbefotografie)

Es empfiehlt sich die Bearbeitung von Aufgabe 53 im Buch *Wasserstofftechnik. Aufgaben und Lösungen*.

10.5 Wasserstoff in lokalen Netzen

Die Verwendung von Wasserstoff in lokalen Netzen, sogenannten Microgrids, kann zukünftig die gesamten Wertschöpfungsketten der Wasserstoffwirtschaft von der Erzeugung bis zum Verbrauch von grünem Wasserstoff verbinden. Derzeit werden an verschiedenen Standorten in Deutschland lokale H_2-Inselnetze geplant. So berichten J. Heinen et al. (2021) über ein Wasserstoffsystem im rheinland-pfälzischen Kaisersesch.

Wasserstoff-Microgrid und Wasserstoff-Inselnetz

Wasserstoffsysteme in Städten und Gemeinden, die über einen Elektrolyseur mit Wasserstoff versorgt werden und über die eine begrenzte Anzahl von Kunden mit Wasserstoff beliefert werden, bezeichnet man als Wasserstoff-Microgrids. Ein H_2-Microgrid kann auch über eine Transportleitung an ein größeres H_2-Versorgungssystem angeschlossen sein. Die Speicherfunktion kann dann ein im Salzgebirge angelegter Kavernenspeicher übernehmen (Abschnitt 9.1). Wenn die Anbindung an ein überregionales System nicht vorhanden ist, soll das H_2-Microgrid auch als H_2-Inselnetz bezeichnet werden.

In lokalen Netzen ohne Anbindung an regionale oder überregionale Transportsysteme werden Anlagen zur elektrolytischen Erzeugung des Wasserstoffs sowie Leitungen in unterschiedlichen Werkstoffen und Druckstufen zur örtlichen Verteilung des Gases betrieben. Hinzu kommen bei Bedarf Vorrichtungen zur Druckerhöhung, zur Druckreduzierung, zur Odorierung und zur Gasmessung. Weitere Bestandteile des Systems sind die Möglichkeit zur Speicherung und die Anbindung verschiedener technischer Einrichtungen wie beispielsweise Brennstoffzellen zum Verbrauch des Wasserstoffs.

Einen Überblick über den Aufbau der Infrastruktur bietet Bild 10.22. Der Wasserstoff ist das zentrale Kopplungselement mit einer Speicheroption zur Verbindung von Stromnetz, Verkehrssektor mit BZ angetriebenen Fahrzeugen, Wärmenetz und Industrie. Im Zentrum befindet sich die Elektrolyseanlage. Diese führt den Wasserstoff getrocknet mit einer hohen Reinheit und auf den erforderlichen Leitungsdruck komprimiert einer Wasserstoffpipeline aus Stahl zu, die auch als Pufferspeicher für das Gesamtsystem dient. Über diese Hochdruckleitung und über nachgeschaltete Rohrleitungen werden Industrieanlagen, BHKWs und Brennstoffzellen für die Stromversorgung mit Anbindung an Wärmenetze und über Wasserstofftankstellen der Verkehrssektor versorgt.

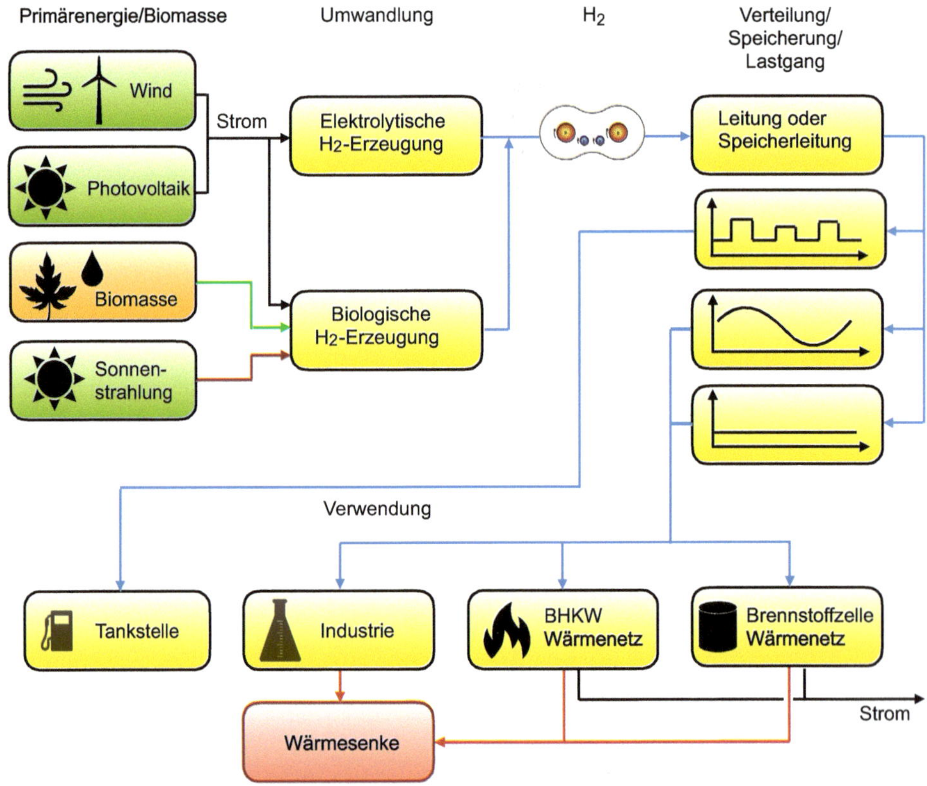

Bild 10.22 Wasserstoff in lokalen Netzen als zentrales Element der Sektorkopplung

Bild 10.23 zeigt eine anlagentechnische Umsetzung des Microgrid-Konzeptes. Die Aufspeisung der Hochdruckleitung mit dem in der Elektrolyseanlage erzeugten Wasserstoff geschieht über die Verdichtereinheit. Der Ausgangsdruck p hinter der Trocknungseinheit der Elektrolyseanlage beträgt beispielsweise bei der PEM-Elektrolyse derzeit bis zu 30 $bar_{ü}$. Für den Betriebsfall der Inbetriebnahme des Systems und im Fall, dass der Betriebsdruck der HD-Leitung unter diesen Druck fällt, erfolgt die Befüllung der HD-Leitung über die Bypassarmatur. Hierfür bietet sich ein kombiniertes Regel- und Schnellverschlussventil an. Die zentrale Leitung aus Stahl soll molchbar sein. Zu diesem Zweck werden auf beiden Seiten der Leitung Vorrichtungen zur Einschleusung und Ausschleusung eines Betriebsinspektionsmolches (Abschnitt 2.5.1) vorgesehen. Industriekunden wie Tankstellen, die einen hohen Druck im Wasserstoffsystem benötigen, können dann im Anschluss direkt aus der HD-Leitung beliefert werden. Abnehmer des Wasserstoffs, die einen Mindestversorgungsdruck benötigen, der nicht geringer sein darf als der Betriebsdruck im Ausgang der Elektrolyseanlage, können auch über einen Pufferspeicher versorgt werden.

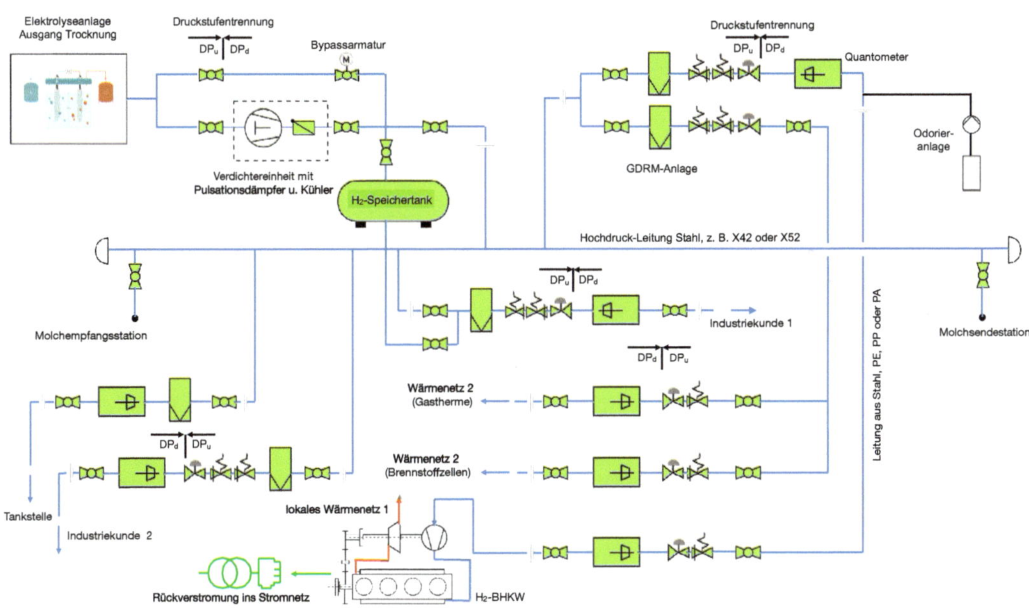

Bild 10.23 Anlagentechnisches Schema eines Wasserstoff-Inselnetzes

Die Einspeisung in nachgeschaltete Leitungen, die mit niedrigem Druck betrieben werden, erfolgt über eine zentrale zweischienige Regel- und Messanlage. Die Zudosierung des Odorierstoffes erfolgt hier in Abhängigkeit von der Wasserstoffmenge, die über eine Messung im eingesetzten Quantometer ermittelt wird (Abschnitt 6.7). Das Wasserstoffgas wird dann weiter über Regel- und Messschienen auf Kraft-Wärme-Kopplungsanlagen und Brennstoffzellen verteilt.

Mit der Planung der vorgestellten Wasserstoffversorgung über ein lokales Rohrnetz sind verschiedene Fragestellungen verbunden, von denen im Weiteren beispielhaft

1. die Wasserstoffversprödung des Stahlwerkstoffes der HD-Leitung,
2. die Beeinträchtigung der H_2-Reinheit durch die Odorierung und
3. die Feststellung der Speicherfähigkeit der Hochdruckleitung

behandelt werden sollen.

10.5.1 Beurteilung der Wasserstoffversprödung

Wie in Abschnitt 2.5 dargelegt, kann Wasserstoff in metallischen Werkstoffen Rissbildung erzeugen, die unter zyklischen Betriebsbedingungen zur Zerstörung des Anlagenteiles und zur Freisetzung von Wasserstoff in die Atmosphäre führt. Dieser Vorgang wird als Sprödbruch unter Wasserstoffeinfluss bezeichnet. Die Betriebsfahrweise ist nach Bild 2.39 in Abschnitt 2.5.1 schwellend.

In einem aktuellen Entwurf von DVGW-Arbeitsblatt G 463 (2021a) für die Errichtung von Hochdruckleitungen aus Stahlrohren wird für einen Auslegungsdruck von mehr als 16 bar bei Leitungsbefüllung mit Wasserstoff folgerichtig eine bruchmechanische Bewertung der Leitung erwartet. Das Ziel ist der Nachweis, dass für die Leitung unter den prognostizierten Betriebsbedingungen eine hinreichende Sicherheit gegen Sprödbruch gegeben ist. Die bruchmechanische Bewertung ist nach 10 Jahren anhand der realen Betriebsbedingungen zu aktualisieren. Die Grundlagen werden in Abschnitt 2.5 behandelt.

Bild 10.24 zeigt einen Ausschnitt aus der Rohrwand mit folgenden Größen:

- T_{min} nach Formel 2.90 als rechnerische Wandstärke oder Mindestwandstärke nach DIN EN 1594 (2013) mit einem Ausnutzungsgrad von $f_0 = 0{,}625$
- s als tatsächliche Wandstärke nach DVGW-Arbeitsblatt G 463 (2021a); im Arbeitsblatt wird s als Nennwanddicke bezeichnet
- a_k als maximal zulässige Risslänge oder auch kritische Risslänge (eine Vergrößerung eines Risses über a_k hinaus sollte eine Neubewertung des maximal zulässigen Betriebsdruckes zur Folge haben)
- a_a als rechnerisch unterstellte Ausgangsrisslänge

Für die kritische Risslänge gilt nach Bild 10.24

$$a_k = s - T_{min} \tag{10.10}$$

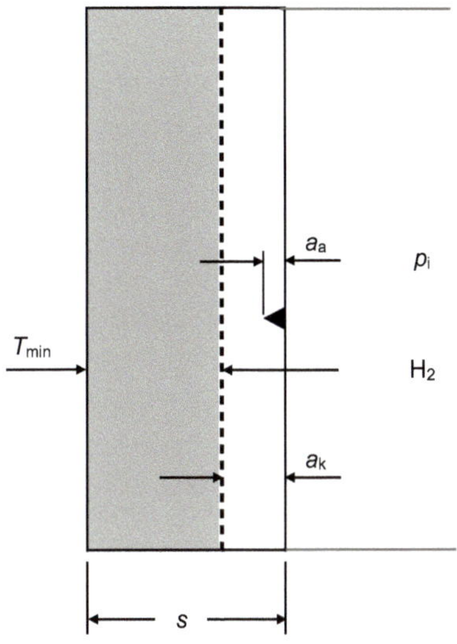

Bild 10.24
Ausgangsrisslänge a_a und maximal zulässige Risslänge a_k in der Rohrwand unter Wasserstoffeinfluss und einem schwellenden Rohrinnendruck p_i

Der weitere Dauerfestigkeitsnachweis folgt auch den normativen Vorgaben aus dem Entwurf von DVGW-Arbeitsblatt G 463 (2021a). Um beispielsweise für die HD-Leitung mit dem Rohrwerkstoff X52 die Bewertung gegen Sprödbruch durchzuführen, wird ein Anfangsriss a_a mit einer Risslänge $2c$ angenommen. Der konservative Wert von a_a entspricht 10 % der tatsächlichen Wandstärke des Rohres. Für die Rissänderungsrate da/dN mit N als Anzahl der Lastwechsel wird nach ASME B 31.12 (2020) der Polynomansatz in Formel 2.147 in Abschnitt 2.5.3.8 verwendet. Die Koeffizienten der Gleichung sind Tabelle 2.24 in Abschnitt 2.5.3.8 entnommen.

Dauerfestigkeitsberechnung nach ASME B 31.12 (2020)

Für eine mit Wasserstoff unter zyklischen Bedingungen betriebene Stahlleitung DN 360 aus dem Werkstoff StE360 (L360N oder X52) soll nach den Grundsätzen der ASME B 31.12 (2020) für 6 unterschiedliche Fälle jeweils ein Dauerfestigkeitsnachweis geführt werden.

Folgende Auslegungs- und Betriebsdaten liegen vor:

Bezeichnung	Symbol	Einheit	Wert
Länge	L	m	1000
Außendurchmesser	d_a	mm	323,9
Wandstärke (Fall 1, 2, 4 und 5)	s	mm	6,3
Wandstärke (Fall 3 und 6)	s	mm	8
Auslegungsdruck	DP	MPa	7
maximaler Betriebsdruck 1)	p_{max}	MPa	7
erforderliche Wandstärke	T_{min}	mm	5,04

Anmerkungen: 1) Im Fall 1 soll der tatsächliche Betriebsdruck 0,1 MPa nicht überschreiten.

Es sollen zwei unterschiedliche Rissarten 1 und 2 untersucht werden:

- Rissgeometrie 1: Innenriss in halbelliptischer Form in Umfangsrichtung (Fall 1 bis 4) nach Bild A.5; Rissart e) mit den Formeln aus Tabelle A.6 in Anhang A
- Rissgeometrie 2: einseitiger Außenriss an einer endlichen, ebenen Platte (Fall 5 und 6) nach Bild 2.47; Rissart b) mit den Formeln aus Tabelle 2.20 in Abschnitt 2.5.3.3: Für den Fall $a_\mathrm{i} \ll W$ folgt für den Geometriefaktor für den einseitigen Außenriss an einer endlichen, ebenen Platte $\beta = 1{,}12$.

Für beide Rissgeometrien und für die Betriebsfälle 1 bis 6 wird die Anzahl der kritischen Lastwechsel N_k bestimmt, bis die kritische Risslänge a_k nach Formel 10.10 erreicht ist. In den Fällen 3 und 5 wird eine größere Wandstärke s angenommen, um den Einfluss von s auf die Anzahl der Lastwechsel bis zum Erreichen der kritischen Risslänge darzustellen. Im Fall 4 wird ein größerer Anfangsriss a_a angenommen.

Hieraus kann folgende Programmierung entwickelt werden:

Data: Initialer Rissfortschritt a_a, rohrspezifische Parameter A, B, s, a, c und β sowie Druckunterschied Δp

$i \leftarrow 0$

$a \leftarrow a_\mathrm{a}$

while $a < a_\mathrm{k}$ **do**

Änderung des Spannungsintensitätsfaktors berechnen:

$$\Delta K = \mathrm{ComputeDeltaK}\left(\Delta p, r_\mathrm{m}, s, a, c, \beta\right)$$

Rissfortschritt berechnen:

$$\delta a = \mathrm{ComputeDeltaA}\left(\Delta K, A, B\right)$$

$i \leftarrow i + 1$

$a \leftarrow a + \delta a$

end

Function $\mathrm{ComputeDeltaK}\left(\Delta p, r_\mathrm{m}, s, a, c, \beta\right)$

begin

Formspezifische Funktion f auswählen:

$$\Delta K = f\left(\Delta p, r_\mathrm{m}, s, a, c, \beta\right)$$

return ΔK

end

Function $\mathrm{ComputeDeltaA}\left(\Delta K, A, B\right)$

begin

$$\delta a = \mathrm{A}_1 \Delta K^{\mathrm{B}_1} + \left(\frac{1}{\mathrm{A}_2 \Delta K^{\mathrm{B}_2}} + \frac{1}{\mathrm{A}_3 \Delta K^{\mathrm{B}_3}}\right)^{-1}$$

return δa

end

Die nachfolgende Tabelle zeigt die Parameter der Berechnung und das Ergebnis.

Bezeichnung	Symbol (Einheit)	Fall 1	Fall 2	Fall 3	Fall 4	Fall 5	Fall 6
		Umfangriss Rohrgeometrie				einseitiger Außenriss, endliche ebene Platte	
Radius	r_m (mm)	158,8	158,8	157,9	158,8	158,8	157,9
Wandstärke	s (mm)	6,3	6,3	8	6,3	6,3	8
Anfangsriss	a_a (mm)	0,6	0,6	0,8	0,7	0,6	0,8
kritische Risslänge	a_k (mm)	1,26	1,26	2,96	1,26	1,26	2,96
Risslänge	c (mm)	25	25	25	25	25	25
Druckschwankungen	Δp (bar)	1	7	7	7	7	7
Zahl der kritischen Lastwechsel	N_k	$15 \cdot 10^6$	1461	7757	1027	6992	29.748
Fazit		1)			2)		

Anmerkungen: 1) vernachlässigbar; 2) Extremfall

Aus den Ergebnissen des vorangehend genannten Beispiels können folgende allgemeine Erkenntnisse gezogen werden:

1. Betriebsabläufe mit geringen Innendruckänderungen wie $\Delta p < 10$ bar haben keine relevante Auswirkung auf die Dauerfestigkeit der HD-Leitung. Eine nennenswerte Vertiefung eines angenommenen Anfangsrisses ist nicht zu erwarten.
2. Der ingenieurtechnisch schlechteste Fall ist die vollständige Entleerung der HD-Leitung. Durch die Entleerung werden Innendruckänderungen von bis zu $\Delta p = p_{max}$ erzeugt. Die Anfangsrisslänge vergrößert sich, bis die kritische Risslänge von a_k erreicht ist. Dies muss danach eine Überprüfung des zulässigen Betriebsdruckes zur Folge haben.
3. Werden für die Bemessung der HD-Leitung statt der Nennwanddicke erhöhte Wandstärken s vorgesehen, so erhöht sich die Anzahl der kritischen Lastwechsel N_k um das Mehrfache. Die Wandstärke s hat im Zusammenhang mit Wasserstoff einen erheblichen Einfluss auf die Dauerfestigkeit von Stahlleitungen.
4. Auch die Anfangsrisslänge a_a ist von Bedeutung und beeinflusst erwartungsgemäß die Höhe der kritischen Lastwechsel N_k.

10.5.2 Einfluss der Odorierung auf die Wasserstoffreinheit

In Abschnitt 2.3 wird die Klassifizierung des Wasserstoffs mithilfe des Qualitätsmerkmals Reinheit beschrieben. Aus Sicherheitsgründen wird dem Wasserstoff in lokalen Wasserstoffnetzen ein Odoriermittel beigemischt. In Abschnitt 6.7 ist das Grundprinzip der Odorierung dargestellt. Die Beimischung eines schwefelfreien Wirkstoffes wie Gasodor S-Free zum Wasserstoffstrom hat gegenüber Geruchsstoffen auf der Basis von Schwefelverbindungen den Vorteil, dass auf eine nachgeschaltete Deodorierung verzichtet werden kann, um die für viele H_2-Verwendungspfade unerwünschten Schwefelverbindungen auszuschließen. In Bild 10.25 ist der Zustrom des Odoriermittels zum Wasserstoff dargestellt.

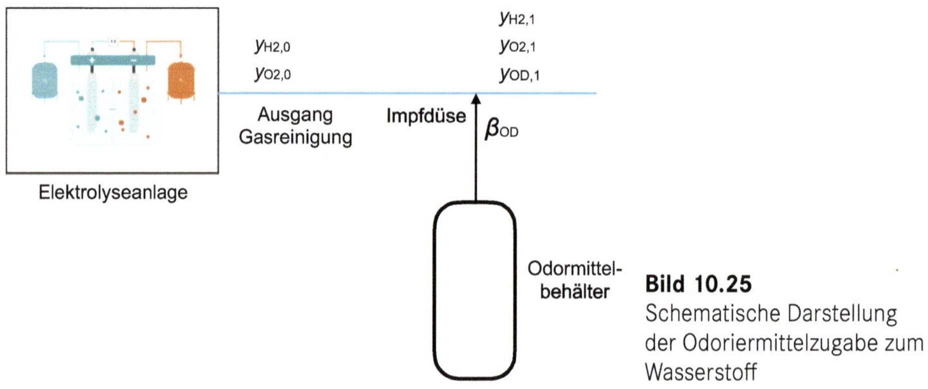

Bild 10.25
Schematische Darstellung der Odoriermittelzugabe zum Wasserstoff

Direkt hinter der Gasreinigung gilt für die Masse m_0 aus Wasserstoff und Sauerstoff

$$m_0 = m_{H_2} + m_{O_2} \tag{10.11}$$

Die Reinheit des Wasserstoffs spiegelt sich in den Stoffmengenanteilen $y_{H_2,0}$ und $y_{O_2,0}$. Die Umrechnung auf die Massen- und Volumenanteile erfolgt mithilfe von Tabelle 2.9 in Abschnitt 2.2.12. Dann kann die Masse für Wasserstoff und Sauerstoff bestimmt werden:

$$m_{H_2} = V_n \left(\varphi_0 \varrho_n\right)_{H_2} \tag{10.12}$$

$$m_{O_2} = V_n \left(\varphi_0 \varrho_n\right)_{O_2} \tag{10.13}$$

Nach Zugabe des Odoriermittels (OD) ändert sich die Massenbilanz:

$$m_1 = m_{H_2} + m_{O_2} + m_{OD} \tag{10.14}$$

Das hat Auswirkungen auf die Massenanteile:

$$w_{H_2,1} = \frac{m_{H_2}}{m_1};\, w_{O_2,1} = \frac{m_{O_2}}{m_1};\, w_{OD} = \frac{m_{OD}}{m_1} \tag{10.15}$$

Die Reinheit des Wasserstoffs nach der Odorierung kann mithilfe von Formel 10.14, den molaren Massen für Wasserstoff und Sauerstoff nach Tabelle 2.1 in Abschnitt 2.1 und im Fall des Odoriermittels Gasodor S-Free nach Tabelle 6.5 in Abschnitt 6.6 und den Formeln in Tabelle 2.9 in Abschnitt 2.2.12 überprüft werden.

Durch den Massenzutritt des Odoriermittels wird die molare Zusammensetzung und damit die Reinheit des Wasserstoffgases beeinflusst.

Es empfiehlt sich die Bearbeitung von Aufgabe 54, Aufgabe 55 und Aufgabe 56 im Buch *Wasserstofftechnik. Aufgaben und Lösungen.*

So ändert sich in Folge der Odorierung mit Gasodor S-Free bei einer spezifischen Zudosiermenge von 20 mg/(m^3H_2) eine Wasserstoffreinheit von ursprünglich odormittelfrei 5.0 auf jetzt odoriert 4.8 hinter der Impfdüse.

10.5.3 Rohrnetze als Energiespeicher für Wasserstoff

Um für ein Wasserstoffprojekt zu prüfen, ob ein lokales Netz auch die Aufgabe der Wasserstoffspeicherung in ausreichendem Maße übernehmen kann, muss auf die Verbrauchsdaten der am System angeschlossenen Abnehmer zugegriffen werden. Für das in Bild 10.23 dargestellte Wasserstoffinselsystem werden die Lastprofile aller Verbraucher, die am lokalen Netz angebunden sind, als bekannt vorausgesetzt. So wird beispielhaft für die Wasserstoffabnahme des Industriekunden 2 eine kontinuierliche Abnahme des Wasserstoffs angenommen.

Die Betrachtung beginnt dort, wo der Wasserstoff erzeugt wird. Tabelle 10.5 gibt Auskunft über die wesentlichen technischen Daten der Elektrolyseanlage. Über den qualitativen Verlauf des System-Wirkungsgrades wird in Abschnitt 5.2.3 berichtet. Dieser folgt hier beispielhaft einem Polynomansatz in Formel 10.15, der qualitativ der Aussage in Bild 5.27 entspricht.

$$\eta = \sum_{i=1}^{5} C_i \left(\frac{\dot{V}_n}{\dot{V}_{n(max)}} \right)^{5-i} \tag{10.16}$$

Tabelle 10.5 Daten der Elektrolyseanlage in einem Wasserstoff-Inselnetz

Bezeichnung	Symbol	Einheit	Wert
Ausgangsdruck	$p_{EL,d}$	$bar_ü$	30
maximale elektrische Leistung	P_{el}	MW	2
maximaler Volumenstrom	$\dot{V}_{n(max)}$	m^3/h	400
minimaler Volumenstrom	$\dot{V}_{n(min)}$	m^3/h	40
Koeffizienten für Formel 10.16	C_1	-	-1,83
	C_2	-	5
	C_3	-	-5
	C_4	-	2,13
	C_5	-	0,42

Das Wasserstoff-Inselnetz soll folgende Verbraucher mit Wasserstoff versorgen:

- Wärmenetz 1 zur Wärmeversorgung eines anliegenden Wohngebietes
- Wärmenetz 2 zur Wärmeversorgung von öffentlichen Gebäuden und Gewerbeflächen
- Industriekunde 1 zur Deckung des elektrischen Energiebedarfes mittels einer Brennstoffzelle
- Industriekunde 2 für die Verwendung des Wasserstoffs als Rohstoff (aus technischen Gründen benötigt dieser Kunde einen minimalen Übergabedruck von p_{min})
- eine Wasserstoff-Tankstelle

Nach Abschnitt 10.2 wird die Wasserstoffversorgung zukünftig auch im Verkehrssektor, insbesondere im Transportbereich, eine entscheidende Rolle einnehmen. Hierfür kann aber nicht auf bekannte Abnahmeprofile aus der Vergangenheit zurückgegriffen werden. Es bietet sich daher an, die Tankstellenabnahme ausgehend von Abnahmeprofilen konventioneller Tankstellen mit fossilen Brennstoffen zu simulieren. Außerdem sollten verschiedene Verbrauchsszenarien berechnet werden, um die mögliche Entwicklung des Wasserstoffeinsatzes praxisnah darstellen zu können. Daher werden unterschiedliche betriebliche Varianten für die zukünftigen Verbrauchsmengen in der H_2-Tankstelle den Berechnungen zugrunde gelegt:

1. Variante T0

   Es wird keine H_2-Tankstelle realisiert. Die durchschnittliche Abnahme der Tankstelle liegt bei $\dot{m} = 0\ \text{kg}\ H_2/\text{d}$.

2. Variante T100

   Die prognostizierte H_2-Abnahme an der Tankstelle setzt sich aus Auto- und Busbetankungen zusammen, sodass die Tankstelle insgesamt eine tägliche Masse von durchschnittlich $\dot{m} = 100\ \text{kg}\ H_2/\text{d}$ aus dem vorgelagerten Rohrnetz abnimmt.

3. Variante T200

   Zusätzlich zur Pkw- und Busbetankung wird die Versorgung einer Bahnlinie mit Wasserstoff simuliert (Abschnitt 10.2.2). Dabei wird der Wasserstoff vom Nutzer zwischengespeichert. Die stündliche Abnahme liegt kontinuierlich bei $\dot{m} = 4{,}2\ \text{kg}\ H_2/\text{d}$. Die tägliche Nachfrage nach Wasserstoff ist dann durchschnittlich $\dot{m} = 200\ \text{kg}\ H_2/\text{d}$.

4. Variante T400

   Dieses Szenario stellt den Extremfall dar. Die Anzahl der Auto-Betankungen pro Jahr steigt und neben der Buslinie werden weitere Fahrzeuge der öffentlichen Infrastruktur wie etwa Müllfahrzeuge mit Wasserstoff versorgt. Die kontinuierliche Versorgung von Brennstoffzellenzügen liegt bei stündlich $\dot{m} = 8{,}3\ \text{kg}\ H_2/\text{h}$. Die Summe der Nachfrage ist $\dot{m} = 400\ \text{kg}\ H_2/\text{d}$.

Auf der Grundlage der vorgestellten betrieblichen Varianten wird zunächst die Wasserstoffabnahme über ein Verbrauchsjahr kalkuliert. Der dabei entstandene Lastgang für das Wasserstoff-Inselnetz mit der betrieblichen Variante T200 ist in Bild 10.26 dargestellt. Bei der Betrachtung des Lastganges fällt auf, dass die größten Schwankungen der Volumenströme auf die Tankstelle zurückzuführen sind. Um diese Schwankungen ausgleichen zu können, muss ein Speicher eingeplant werden.

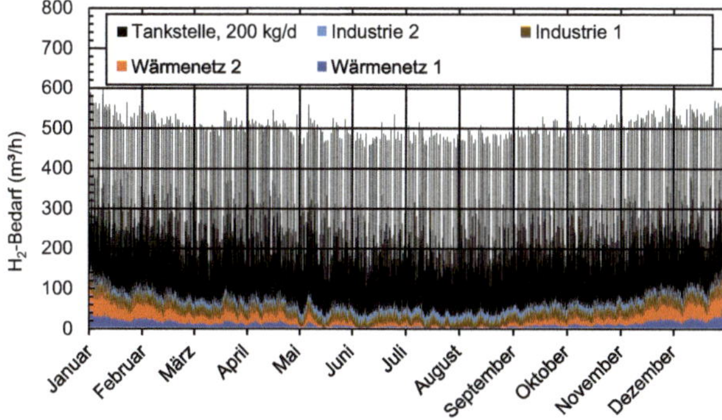

Bild 10.26 Simulierter Wasserstoffbedarf für das Wasserstoff-Inselnetz mit der betrieblichen Variante T200

Für die Auslegung der Netzstruktur soll angenommen werden, dass die Wasserstoffbereitstellung durch den Elektrolyseur der Nachfrage folgt. Der maximale Volumenstrom an Wasserstoff, den die Elektrolyseanlage bereitstellen kann, ist nach Tabelle 10.5 $\dot{V}_{n(max)} = 400\ \text{m}^3/\text{h}$. Die Überprüfung der Versorgungssituation hat zum Ergebnis, dass für die Szenarien T100 bis T400 der maximal nachgefragte Volumenstrom den maximalen Volumenstrom, den die Elektrolyseanlage bereitstellen kann, übersteigt. Daher muss der Wasserstoff zwischengespeichert werden, um auch höhere Nachfragen bedienen zu können.

Als Speicher dient die HD-Leitung des Versorgungssystems in Bild 10.23. Für diese Leitung werden die Werte aus Tabelle 10.6 unterstellt.

Tabelle 10.6 Parameter einer HD-Leitung DN 300 zur Speicherung von Wasserstoff

Bezeichnung	Symbol	Einheit	Wert
minimaler Betriebsdruck	p_{min}	$bar_{ü}$	30
maximaler Betriebsdruck	p_{max}	$bar_{ü}$	70
mittlere Gastemperatur	ϑ	°C	10
minimaler Inhalt	$V_{n(min)}$	m^3	2203
maximaler Inhalt	$V_{n(max)}$	m^3	4932
Arbeitsgasvolumen	$V_{n,AGV}$	m^3	2729

Der minimale Leitungsdruck resultiert aus den Betriebsbedingungen beim Industriekunden 2, für den ein Übergabedruck von $p_{ü} = 30\,bar_{ü}$ erforderlich ist. Der Solldruck der Speicherleitung wurde auf $p_{ü} = 55\,bar_{ü}$ festgelegt. Die Speicherkapazität der HD-Leitung wird dadurch zu etwa 63 % ausgenutzt.

Im Wasserstoffversorgungskonzept wird im ersten Schritt der Druckverlauf der Speicherleitung überprüft, wenn die Wasserstoffbedarfe in den entsprechenden Szenarien nachgefragt werden.

Für die Regelung des Elektrolyseurs wurden folgende Annahmen getroffen:

- Die Elektrolyseanlage bedient die Wasserstoffnachfrage so weit wie möglich direkt. Wird ein größerer Volumenstrom als 200 m^3/h nachgefragt, sinkt der Druck in der Leitung. Die Elektrolyseanlage produziert dann in den darauffolgenden Stunden weiterhin Wasserstoff mit der maximalen Leistung, bis der Druck wiederhergestellt ist.
- Wird ein Volumenstrom kleiner als 120 m^3/h nachgefragt, wird die Elektrolyseanlage ausgestellt.

Die Elektrolyseanlage kann zwar noch kleinere Volumenströme bereitstellen, die Begrenzung auf eine minimale Leistung von etwa 30 % der Maximalleistung hat allerdings zwei Vorteile:

1. Es können bessere Wirkungsgrade erzielt werden, da in den Lastbereichen unter dieser Grenze die Wirkungsgrade schlechter werden, und
2. die Betriebsstunden können so stark reduziert werden. Auch in diesem Fall sinkt der Druck in der Leitung ab. Dies wird in den darauffolgenden Stunden wieder ausgeglichen, indem die Elektrolyseanlage Wasserstoff mit der maximalen Leistung produziert, bis der Solldruck erreicht ist.

Unter Beachtung all dieser Annahmen ergibt sich für die betriebliche Variante T200 der in Bild 10.27 dargestellte Druckverlauf.

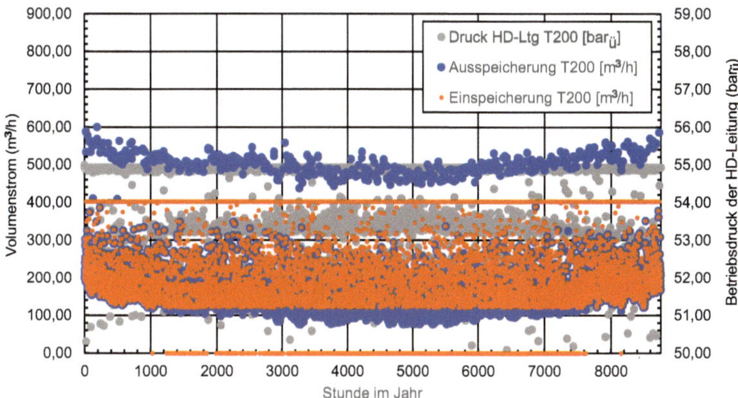

Bild 10.27 Druckverlauf in der HD-Speicherleitung über ein Jahr mit der betrieblichen Variante T200

Die Einhaltung des erforderlichen Betriebsdrucks zwischen $p_{ü} = 30\ bar_{ü}$ und $p_{ü} = 70\ bar_{ü}$ kann im Szenario T200 gewährleistet werden. Tabelle 10.7 zeigt für alle Varianten die Konsequenzen für den Verlauf des Betriebsdruckes in der Speicherleitung, für den Energieaufwand der Wasserstofferzeugung und für die Einspeisung in die Speicherleitung über den in Bild 10.23 dargestellten Verdichter.

Tabelle 10.7 Betriebliche Daten der Speicherleitung, der Elektrolyse und des Verdichters

Bezeichnung	Symbol	Einheit	Betriebliche Varianten			
			T0	T100	T200	T400
maximaler Betriebsdruck	p	$bar_ü$	55,00	55,00	55,00	55,00
minimaler Betriebsdruck	p	$bar_ü$	53,17	50,68	49,51	38,81
maximaler stündlicher Druckanstieg	Δp	$bar_ü$	1,69	3,95	3,98	3,98
maximaler stündlicher Druckabfall	Δp	$bar_ü$	-1,72	-2,22	-2,90	-3,77
Volllaststunden	b_h	h/a	1864	2863	3871	5840
Betriebsstunden	b_{ha}	h/a	4484	5688	7610	8760
Jahresarbeit des Elektrolyseurs	W	MWh	3728	5725	7742	11680
Jahresarbeit des Verdichters	W	MWh	37,63	49,62	59,24	92,88

Das Versorgungssystem aus Elektrolyseur und Speicherleitung kann die Abnahmen der Verbraucher decken. Dabei sind die Volllaststunden und ihre Verteilung über das Jahr als Betriebsstunden insbesondere für die Szenarien T100 bis T400 hoch. Es soll daher geprüft werden, wie lange die Speicherleitung die Versorgung aller Verbraucher sicherstellen kann, wenn

1. der Elektrolyseur aus betrieblichen Gründen ausfällt oder
2. eine geplante Revision im Rahmen von Wartung und Instandhaltung für den Elektrolyseur ansteht. Dabei wird von einer halbjährlichen Revision mit einer Dauer von jeweils 48 h ausgegangen.

Der Unterschied zwischen den Fällen besteht darin, dass bei einem plötzlichen Betriebsausfall des Elektrolyseurs der aktuelle Füllstand der Leitung in der Berechnung berücksichtigt werden muss. Im zweiten Fall der planmäßigen Revision wird die Speicherleitung vor Beginn der Wartungsarbeiten maximal gefüllt. Der Druck in der Leitung ist dann p_{max} nach Tabelle 10.6.

Die jeweiligen Unterbrechungszeiten, die über die Speicherleitung ohne Elektrolyseleistung unter Aufrechterhaltung der Versorgung der angeschlossenen Abnehmer überbrückt werden können, sind für den betrieblichen Ausfall in Bild 10.28 dargestellt. Die mögliche Überbrückungsdauer auf der Ordinate (y-Achse) ist über den Zeitpunkten des Ausfalls aufgetragen. In Tabelle 10.8 ist für diesen Fall für das Sommerhalbjahr und für das Winterhalbjahr je nach Zeitpunkt des Ausfalls der Elektrolyseanlage die Größenordnung der stündlichen Dauer der Überbrückung in Zahlen angegeben.

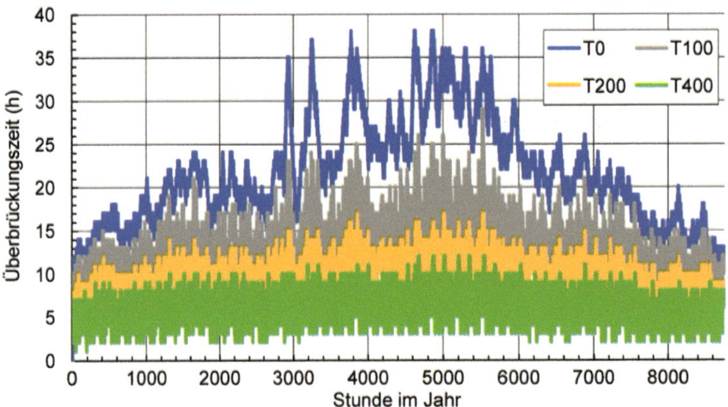

Bild 10.28 Dauer der möglichen Überbrückung durch die Speicherleitung nach einem betrieblich bedingten Ausfall der Elektrolyseanlage

Tabelle 10.8 Größenordnung der Dauer der Überbrückung eines betrieblich bedingten Ausfalls der Elektrolyseanlage durch die Speicherleitung

Bezeichnung	Symbol	Einheit	Betriebliche Varianten			
			T0	T100	T200	T400
Sommerhalbjahr	b_h	h	29	17	12	8
Winterhalbjahr	b_h	h	16	11	9	6

Anmerkungen: korrespondiert mit Bild 10.28

Abschaltbare Kunden oder Switchkunden

Aus der Praxis der Erdgasversorgung ist die vertragliche Bindung von Gaskunden als abschaltbare Kunden bekannt. Man bezeichnet sie auch als Switchkunden. Ab einer vertraglich festgelegten Tagesmitteltemperatur werden diese Industrie- oder Gewerbekunden nicht mehr mit Gas versorgt. Sie müssen sich im Unterbrechungsfall mit einer alternativen Energieform versorgen. Der Vorteil für den Switchkunden ist ein angepasster Gaspreis. Der Vorteil für den Versorger ist, dass für die Switchkunden kein teurer Speicherraum vorzusehen ist. Diese Regelung kann auch auf den Wasserstoffmarkt übertragen werden. Da die Wärmeversorgung eine Daseinsvorsorge des Menschen ist, soll die Abschaltung dieser Wasserstoffabnehmer in Versorgungsnotfällen ausgeschlossen sein. ■

Um die Versorgungssicherheit aller Verbraucher sicherstellen zu können, muss gewährleistet sein, dass etwaige Mängel je nach Szenario innerhalb einer Zeitdauer von maximal 6 bis 16 Stunden behoben werden können. Alternativ muss der Versorger nach Vertragslage entscheiden, ob Switchkunden abgeschaltet werden. Tabelle 10.9 gibt einen Überblick darüber, welche stündliche Auswirkung die Abschaltung von unterbrechbaren Kunden über eine Stunde hat.

Tabelle 10.9 Auswirkung der Abschaltung von unterbrechbaren Kunden über eine Stunde auf die stündliche Verfügbarkeit der Inselversorgung

Verbraucher	Bezeichnung	Symbol	Einheit	Betriebliche Varianten			
				T0	T100	T200	T400
Wärmenetz 1	Winterhalbjahr	b_h	min/h	+12	+10	+7	+5
	Sommerhalbjahr	b_h	min/h	+2	+2	+1	+1
Wärmenetz 2	Winterhalbjahr	b_h	min/h	+24	+19	+14	+10
	Sommerhalbjahr	b_h	min/h	+9	+7	+4	+3
Industrie 1	Winterhalbjahr	b_h	min/h	+12	+10	+7	+5
	Sommerhalbjahr	b_h	min/h	+24	+18	+11	+7
Industrie 2	Winterhalbjahr	b_h	min/h	+12	+10	+7	+5
	Sommerhalbjahr	b_h	min/h	+24	+17	+10	+6

Anmerkungen: Eine Abschaltung der Tankstelle führt zum Szenario T0. Die Tankstelle ist daher nicht als Switchkunde aufgeführt.

Die Auswertung der Abschaltvorgänge macht deutlich, dass der Effekt stark von der Jahreszeit und den damit einhergehenden Temperaturunterschieden abhängt. Ein zusätzlicher Zeitpuffer kann erreicht werden, wenn der Industriekunde 2 nicht versorgt werden muss, da dessen Wasserstoffbelieferung die Einhaltung der unteren Druckgrenze von $p_{\text{min}} = 30\ \text{bar}_{\ddot{u}}$ in der HD-Leitung erfordert.

Kann die Versorgung ohne den Industriekunden 2 kurzzeitig eingestellt werden, darf der Druck in der Leitung bis auf einen sehr niedrigen Betriebsdruck heruntergefahren werden. So steht bei einem angenommenen Betriebsdruck in der Speicherleitung von $p_{ü} = 4\,\text{bar}_{ü}$ ein zusätzliches Wasserstoffvolumen von etwa $V_n = 1840\,\text{m}^3$ für Versorgungsaufgaben zur Verfügung. Die so entstehenden zusätzlichen Zeitpuffer sind in Tabelle 10.10 für die verschiedenen betrieblichen Varianten und Jahreszeiten zusammengefasst.

Tabelle 10.10 Auswirkung der zusätzlichen Abschaltung des Industriekunden 2 und Absenkung des Betriebsdruckes von Wasserstoff bis auf $p_{ü} = 4\,\text{bar}_{ü}$ auf die zeitliche Verfügbarkeit der Inselversorgung

Bezeichnung	Symbol	Einheit	Betriebliche Varianten			
			T0	T100	T200	T400
Winterhalbjahr	b_h	h	+25	+15	+11	+7
Sommerhalbjahr	b_h	h	+68	+27	+16	+9

Für die betrieblichen Varianten T100 bis T400 ist die abendliche Betankung der Busse die größte Herausforderung, da dies sehr große Wasserstoffvolumina erfordert. Wenn die Möglichkeit besteht, die Tankstellenversorgung in kritischen Zeiten einzustellen, würde die Überbrückungsdauer durch die Speicherleitung merklich erhöht. Als Kompensation ist allerdings ein zusätzlicher Speicherbehälter auf dem Tankstellengelände für die Tankstelle vorzusehen, damit die Versorgung der Verkehrsinfrastruktur, insbesondere für den Busverkehr, auch bei Unterbrechung der Wasserstoffabgabe aus der Speicherleitung heraus gewährleistet ist.

Eine naturgemäß hohe, kontinuierliche Wasserstoffnachfrage für die Betankung der Brennstoffzellenzüge sorgt bei Ausfall der Elektrolyseanlage grundsätzlich für eine geringe Überbrückungsdauer aus der Speicherleitung. Rechnerisch können beim Ausfall der Elektrolyseanlage durch einen Verzicht auf die Betankung der Brennstoffzellenzüge die in Tabelle 10.8 bis Tabelle 10.10 verzeichneten Pufferzeiten im Winterhalbjahr um weitere 3 Stunden erhöht werden. Die Überbrückungsdauer im Fall der planbaren Revision der Elektrolyseanlage zeigt Bild 10.29.

Eine Revision der Elektrolyseanlage, die erfahrungsgemäß 48 Stunden in Anspruch nimmt, ist ohne eine Abschaltung von Verbrauchern lediglich im Sommer für das Szenario T0 umsetzbar. Daher muss in jedem Fall die Möglichkeit gegeben sein, Switchkunden abzuschalten. Das dadurch entstehende Potenzial an Pufferzeiten ist in Tabelle 10.9 aufgeführt. Zusätzlich vorhandene Pufferzeiten durch weitere Maßnahmen sind in Tabelle 10.10 beschrieben.

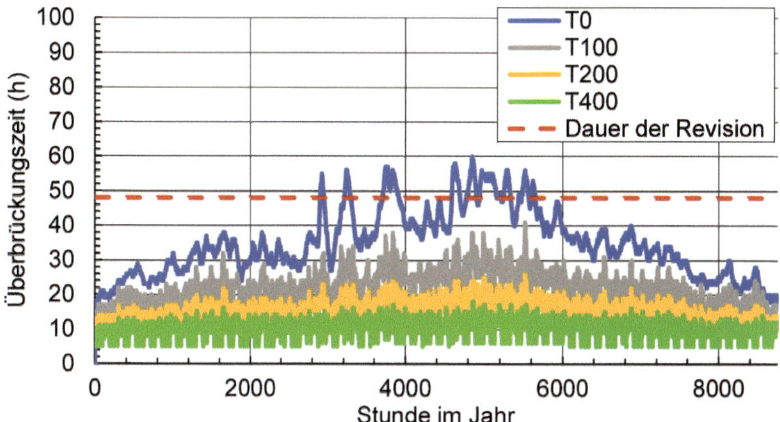

Bild 10.29 Dauer der möglichen Überbrückung der Versorgung durch die Speicherleitung bei planmäßiger Revision der Elektrolyseanlage

Darüber hinaus kann eine erste Revision Mitte Februar (etwa Stunde 1100) und eine zweite Revision Mitte August (etwa Stunde 5500) durchgeführt werden. Bei einer Abschaltung der Tankstellenversorgung muss nur noch die Kurve des Szenarios T0 beachtet werden. Hier werden in der Regel im August Pufferzeiten von über 50 Stunden erreicht. Anfang Februar muss allerdings eine zusätzliche Überbrückungsdauer von etwa 20 Stunden sichergestellt werden. Dieser Zeitraum kann erreicht werden, wenn die Versorgung des Industriekunden 2 abgeschaltet werden kann. Denn dadurch wird ein zusätzliches Zeitfenster von mindestens 25 Stunden erreicht.

10.6 Wasserstoff im Wärmemarkt

Dampf- und Wärmeerzeuger, wie in Bild 10.30 in einem isländischen Projekt der Robert Bosch GmbH zu sehen, können mit bis zu 100 % grünem Wasserstoff, Ökostrom oder Bio-Brennstoffen betrieben werden. Nach Aussage von Bosch sind viele Bestandsanlagen bereits für ein Upgrade auf die regenerativen Energieträger vorbereitet. Eine weitere zukunftsweisende Technik sind hybride Kesselsysteme. Durch ihr Design mit elektrischem Heizelement und Brenner sind verschiedene Energieträger gleichzeitig nutzbar, wie zum Beispiel Ökostrom und Wasserstoff.

Bild 10.30 Dampf- und Wärmeerzeugung mit Wasserstoff (© Robert Bosch GmbH)

Literaturverzeichnis

Ade, H. (2021). Dekarbonisierung der Stahlverarbeitung in NRW. Vortrag im Rahmen einer Online-Veranstaltung des BDEW, VKU und DVGW zum Wasserstoff in NRW am 10. Juni 2021. nicht veröffentlicht.

Adolf, J., Balzer, C. H., Louis, J. & Schabla, U. (2017). Shell Wasserstoff-Studie. Energie Der Zukunft? Nachhaltige Mobilität durch Brennstoffzelle und H2. Shell Deutschland, Hamburg/Wuppertal Institut, Wuppertal. *https://www.shell.de/medien/shell-publikationen/shell-hydrogen-study.html*. Zugegriffen am 27. 11. 2019

Anderson, T. L. (1995). Bruchmechanik, Grundlagen und Anwendungen (2nd ed.). CRC Press., Boca Raton

Ansari, D., Grinschgl, J., & Pepe, J. M. (2022). Elektrolyseure für die Wasserstoffrevolution (58). Stiftung Wissenschaft und Politik, Deutsches Institut für internationale Politik und Sicherheit.

Ant, E. & Kunststoffrohrverband (Hrsg.). (2000). Kunststoffrohr Handbuch: Rohrleitungssysteme für die Ver- und Entsorgung sowie weitere Anwendungsgebiete (4. Aufl.). Vulkan-Verlag, Essen

Arango, M. C. (2020). Technische Analyse über die Umstellung einer Erdgashochdruckleitung für den Transport von Druckwasserstoff [Masterarbeit]. FH Münster

Arango, M. C. (2023). Versprödungsrechnung unter Wasserstoffeinfluss. FH Münster. nicht veröffentlicht

Arlt, W., Obermeier, J., Schuster, K., Oberle, L., Krieger, C., Müller, K., Schneider, M., Melcher, B., Schumacher, M., Sohn, C., Wensing, M. & Wasserscheid, P. (2017). Wasserstoff und Speicherung im Schwerlastverkehr [Machbarkeitsstudie]. Lehrstuhl für Thermische Verfahrenstechnik Friedrich-Alexander-Universität Erlangen-Nürnberg

ASME B 31.12, (2020). Hydrogen Piping and Pipelines. American Society of Mechanical Engineers (ASME). Beuth Verlag GmbH, Berlin

ASTM E 399:2017, (2017). Standard Test Method for Linear-Elastic Plane-Strain Fracture Toughness KIc of Metallic Materials. Beuth Verlag GmbH, Berlin. *https://www.beuth.de/de/norm/astm-e-399/286509009*. Zugegriffen am 29. 08. 2019

Atkins, P. & de Paula, J. (Hrsg.). (2008). Kurzlehrbuch Physikalische Chemie (4. Aufl.). Wiley-VCH, Weinheim

Aurora Energy Research. (2023). Renewable Hydrogen Imports could compete with EU-Production by 2030. *https://auroraer.com/media/renewable-hydrogen-imports-could-compete-with-eu-production-by-2030/#*. Zugegriffen am 09.01.2024

Bargel, H.-J. & Schulze, G. (Hrsg.). (2000). Werkstoffkunde [Mit 204 Tabellen] (7., überarb. Aufl.). Springer, Berlin

Bauer, S., Lubenau, U., Makaruk, A., Pichler, M. & Rockmann, R. (2017). Wasserstoffverträglichkeit in Porenspeichern. Abschlussbericht DVGW-Förderkennzeichen G 201306 (G 2/02/13). DVGW Deutscher Verein des Gas- und Wasserfaches e. V., Bonn

Bergverordnung für Tiefbohrungen, Untergrundspeicher und für die Gewinnung von Bodenschätzen durch Bohrungen im Land Niedersachsen (Tiefbohrverordnung-BVOT). (2022). Landesamt für Bergbau, Energie und Geologie, Clausthal-Zellerfeld

Bianco, E., Blanco, H., & Jinks, B. (2022). Accelerating hydrogen deployment in the G7: Recommendations for the Hydrogen Action Pact. IRENA

BMWK. (2022). Fortschrittsbericht zur Umsetzung der Nationalen Wasserstoffstrategie. *https://www.bmwk.de*

BMWK. (2023). Fortschreibung der Nationalen Wasserstoffstrategie. Bundesministerium für Wirtschaft und Klimaschutz. www.bmwk.de

Bünger, B., Köder, L., Lünenbürger, B., Matthey, A. & Osiek, D. (2017). Daten und Fakten zu Braun- und Steinkohlen. Umweltbundesamt, Dessau. *www.umweltbundesamt.de/publikationen*. Zugegriffen am 07.01.2020

Bürgel, R. (2005a). Lehr- und Übungsbuch Festigkeitslehre [Mit 10 Tabellen, mit 114 Aufgaben und 63 Seiten Lösungen] (1. Aufl.). Vieweg Verlag, Wiesbaden

Bürgel, R. (2005b). Werkstoffe sicher beurteilen und richtig einsetzen [Mit 26 Tabellen] (1. Aufl.). Vieweg Verlag, Wiesbaden

Bürgel, R., Richard, H. A. & Riemer, A. (2014). Werkstoffmechanik: Bauteile sicher beurteilen und Werkstoffe richtig einsetzen (2., überarb. Aufl.). Springer Vieweg, Wiesbaden

Büro für Technikfolgeabschätzungen des Deutschen Bundestages. (1992). Risiken bei einem verstärkten Wasserstoffeinsatz. TAB-Arbeitsbericht Nr. 13 – Langfassung. Deutscher Bundestag.

Caglayan, D., Ganbold, A. (2023). Renewable Hydrogen imports could compete with EU-Production by 2030. Aurora Energy Research. *https://auroraer.com/media/renewable-hydrogen-imports-could-compete-with-eu-production-by-2030/#*

Capelle J. (2008). Hydrogen Effect on Fatique and Fracture of Pipe Steels. École Nationale d'Ingénieurs de Metz (ENIM), Metz, Frankreich

Castano Rivera, P., Bruzzoni, P., Bolmaro, P. & De Vincentis, N. (2013). Relationship between Dislocation Density and Hydrogen Trapping in a Cold Worked API 5L X60 Steel

Cerbe, G., Lendt, B., Brüggemann, K., Dehli, M., Gröschl, F., Heikrodt, K., Kleiber, T., Kuck, J., Mischner, J., Schmidt, T., Seemann, A. & Thielen, W. (Hrsg.). (2017). Grundlagen der Gastechnik: Gasbeschaffung – Gasverteilung – Gasverwendung (8., vollständig überarbeitete Auflage). Hanser, München

Cialone, H. J. & Holbrook, J. H. (1985). Effects of gaseous hydrogen on fatigue crack growth in pipeline steel. Metallurgical Transactions A, 16(1), pp. 115 –122. *https://doi.org/10.1007/BF02656719*

DECHEMA, BAM & PTB. (2019). CHEMSAFE – Datenbank für sicherheitstechnische Kenngrößen im Explosionsschutz. *https://www.chemsafe.ptb.de/de.html*. Zugegriffen am 12.09.2019

Deerberg, G., Oles, M. & Schlögl, R. (2018). The Project Carbon2Chem®. Chemie Ingenieur Technik, 90(10), pp. 1365 –1368. *https://doi.org/10.1002/cite.201800060*

Dehnen, M. (2019). Hofer Membranverdichter – Werksschrift [Technische Beschreibung]. Andreas Hofer Hochdrucktechnik GmbH, Mülheim a. d. Ruhr

Dierks, S. (2019). BASF setzt in der Wasserstoffherstellung auf Pyrolyse. *https://www.energate-messenger.de/news/196410/basf-setzt-in-der-wasserstoffherstellung-auf-pyrolyse*. Zugegriffen am 15.02.2020

DIN 1310:1984-02. (1984). Zusammensetzung von Mischphasen (Gasgemische, Lösungen, Mischkristalle); Begriffe, Formelzeichen. Beuth Verlag, Berlin. *https://doi.org/10.31030/1082186*

DIN 8074:2011-12. (2011). Rohre aus Polyethylen (PE) – PE 80, PE 100 – Maße; Text Deutsch und Englisch. Beuth Verlag, Berlin. *https://doi.org/10.31030/1821596*

DIN EN 12007-3:2015-07. (2015). Gasinfrastruktur – Rohrleitungen mit einem maximal zulässigen Betriebsdruck bis einschließlich 16 bar – Teil 3: Besondere funktionale Anforderungen für Stahl; Deutsche Fassung EN 12007-3:2015. Beuth Verlag, Berlin. *https://doi.org/10.31030/2267435*

DIN EN 13237:2013-01. (2013). Explosionsgefährdete Bereiche – Begriffe für Geräte und Schutzsysteme zur Verwendung in explosionsgefährdeten Bereichen; Deutsche Fassung EN 13237:2012. Beuth Verlag, Berlin. *https://doi.org/10.31030/1892636*

DIN EN 1594:2013-12. (2013). Gasinfrastruktur- Rohrleitungen für einen maximal zulässigen Betriebsdruck über 16 bar – Funktionale Anforderungen; Deutsche Fassung EN 1594:2013. Beuth Verlag, Berlin. *https://dx.doi.org/10.31030/2061209*

DIN EN 1839:2017-04. (2017). Bestimmung der Explosionsgrenzen von Gasen und Dämpfen und Bestimmung der Sauerstoffgrenzkonzentration (SGK) für brennbare Gase und Dämpfe; Deutsche Fassung EN 1839:2017. Beuth Verlag, Berlin. *https://doi.org/10.31030/2534064*

DIN EN ISO 3183:2018-12. (2018). Erdöl- und Erdgasindustrie – Stahlrohre für Rohrleitungstransportsysteme (ISO/DIS 3183:2018); Deutsche und Englische Fassung prEN ISO 3183:2018. Beuth Verlag, Berlin. *https://doi.org/10.31030/2893475*

Directive 2009/31/EC of the European Parliament and of the Council of 23 April 2009 on the geological storage of carbon dioxide and amending Council Directive 85/337/EEC, European Parliament and Council Directives 2000/60/EC, 2001/80/EC, 2004/35/EC, 2006/12/EC, 2008/1/EC and Regulation (EC) No 1013/2006. Zugegriffen am 18.09.2019

Dubbel, H., Grote, K.-H., Feldhusen, J. & Fischer, C. (Hrsg.). (2011). Wandlung von Primärenergie in Nutzenergie im Taschenbuch für den Maschinenbau [Mit Tabellen] (23., neu bearb. und erw. Aufl.). Springer, Berlin

DVGW (Hrsg.). (2015a). DVGW-Arbeitsblatt G 459-2. Gas-Druckregelungen mit Eingangsdrücken bis 5 bar und Auslegungsdurchflüssen bis 200 m^3/h im Normzustand in Netzanschlüssen; Funktionale Anforderungen. DVGW Deutscher Verein des Gas- und Wasserfaches e. V., Bonn

DVGW (Hrsg.). (2015b). DVGW-Merkblatt G 442. Explosionsgefährdete Bereiche an Ausblaseöffnungen von Leitungen zur Atmosphäre an Gasanlagen. Deutscher Verein des Gas- und Wasserfaches e. V. (DVGW), Bonn

DVGW. (2010). DVGW-Arbeitsblatt G 491. Gas-Druckregelanlagen für Eingangsdrücke bis einschließlich 100 bar; Planung, Fertigung, Errichtung, Prüfung, Inbetriebnahme und Betrieb. Deutscher Verein des Gas- und Wasserfaches e. V. (DVGW), Bonn

DVGW. (2018a). DVGW-Arbeitsblatt G 280. Odorierung. Deutscher Verein des Gas- und Wasserfaches e. V. (DVGW), Bonn

DVGW. (2018b). DVGW-Arbeitsblatt G 600. Technische Regel für Gasinstallationen (DVGW-TRGI). Deutscher Verein des Gas- und Wasserfaches e. V. (DVGW), Bonn

DVGW. (2018c). DVGW-Merkblatt G 440-B1. Explosionsschutzdokument für Anlagen zur leitungsgebundenen Versorgung der Allgemeinheit mit Gas; 1. Beiblatt: Neufassung des Musterdokuments für Gas-Druckregel- und Messanlagen. Deutscher Verein des Gas- und Wasserfaches e. V. (DVGW), Bonn

DVGW. (2019). DVGW-Arbeitsblatt G 472. Gasleitungen aus Kunststoffrohren bis 16 bar Betriebsdruck – Errichtung. Deutscher Verein des Gas- und Wasserfaches e. V. (DVGW), Bonn

DVGW. (2021a). DVGW-Arbeitsblatt G 463. Gashochdruckleitungen aus Stahlrohren mit einem Auslegungsdruck von mehr als 16 bar; Planung und Errichtung. Deutscher Verein des Gas- und Wasserfaches e. V. (DVGW), Bonn

DVGW. (2021b). DVGW-Arbeitsblatt G 463 (A). Gashochdruckleitungen aus Stahlrohren für einen Auslegungsdruck von mehr als 16 bar – Errichtung. Deutscher Verein des Gas- und Wasserfaches e. V. (DVGW), Bonn

DVGW. (2022a). DVGW-Arbeitsblatt C 260. Eigenschaften von Kohlendioxid und Kohlendioxidströmen. Deutscher Verein des Gas- und Wasserfaches e. V. (DVGW), Bonn

DVGW. (2022b). DVGW-Arbeitsblatt C 463. Kohlenstoffdioxidleitungen aus Stahlrohren. Planung und Errichtung. DVGW Deutscher Verein des Gas- und Wasserfaches e. V., Bonn

DVGW. (2022c). DVGW-Arbeitsblatt C 491. Anlagen in CO2 Transportsystemen. Deutscher Verein des Gas- und Wasserfaches e. V. (DVGW), Bonn

DVGW. (2023). DVGW-Merkblatt DVGW G 464. Bruchmechanisches Bewertungskonzept für Gasleitungen mit einem Auslegungsdruck von mehr als 16 bar für den Transport von Wasserstoff. Deutscher Verein des Gas- und Wasserfaches e. V. (DVGW), Bonn

Eichlseder, H. & Klell, M. (2012). Wasserstoff in der Fahrzeugtechnik: Erzeugung, Speicherung, Anwendung [Mit 26 Tabellen] (3., überarb. Aufl.). Springer Vieweg, Wiesbaden

ENCON.Europe GmbH & Ludwig-Bölkow-Systemtechnik GmbH. (2018). Potentialatlas für Wasserstoff: Analyse des Marktpotentials für Wasserstoff, der mit erneuerbarem Strom hergestellt wird, im Raffineriesektor und im zukünftigen Mobilitätssektor [Studie]. Ottobrunn

Flassak, T., Gregel, R., Hackbusch, T., Hellhammer, J., Jablonski, D., Kalusch, O., Limperich-Menzel, S., Müller, W. J., Pattantyus-Abraham, M., Schalau, B., Schlösinger, W., Söllenböhmer, F., Westphal, F. & Ziegenfuß, P. (2019). VDI 3783 Blatt 1 (Entwurf): Umweltmeteorologie – Ausbreitung von störungsbedingten Freisetzungen. Beuth Verlag, Berlin

Förster, S. & Köckritz, V. (1980). Aufschluss und Gewinnung flüssiger und gasförmiger Rohstoffe. Wissenschaftliches Informationszentrum der Bergakademie Freiberg

Frahm, C. (23. 03. 2020). Was dem Wunderantrieb Wasserstoff zum Durchbruch fehlt. Der Spiegel, Hamburg

Franke, D., Blumenberg, M., & Pein, M. (2020). Wasserstoffvorkommen im geologischen Untergrund. Bundesanstalt für Geowissenschaften und Rohstoffe

Fraunhofer-Institut für Fertigungstechnik und Angewandte Materialforschung (IFAM). (2019). Powerpaste for off-grid power supply. Dresden. Veröffentlicht unter *https://www.ifam.fraunhofer.de/content/dam/ifam/en/documents/dd/Infoblätter/White_paper_POWERPASTE_final.pdf.* Zugegriffen am 24. 09. 2021

Freund, S., Koord, J., van de Kamp, B., & Delisle, D. (2023). Flüssigwasserstofftanks aus CFK für die Luftfahrt. Deutsches Zentrum für Luft- und Raumfahrt e. V. (DLR). Maschinenbau 1/2023, S. 32 – 35. Springer Professional

Fuß, O. (2004). Ermittlung und Berechnung der Sauerstoffgrenzkonzentration von brennbaren Gasen [Dissertation]. Universität Duisburg-Essen

Geißler, T. G. & Verlag Dr. Hut. (2017). Methanpyrolyse in einem Flüssigmetall-Blasensäulenreaktor [Dissertation]. Karlsruher Institut für Technologie (KIT)

Geres, R., Kohn, A., Geres, P., Hoffmann, M., Pacher, C. & Scholz, D. (2018). Metastudie: Transformationspfade für die Chemische Industrie in Deutschland [Zusammenfassende Studie]. *https://www.innovationsforum-energiewende.de/fileadmin/user_upload/VCI-Metastudie_Endfassung_2018-09-18.pdf.* Zugegriffen am 04. 04. 2020

Gerhard, D. (2007). Zur Auswahl und Entwicklung ionischer Flüssigkeiten für spezielle Anwendungen der Energieerzeugung, Energiespeicherung und zur Nutzung in energieeffizienten Trenn- und Kompressionsverfahren [Dissertation]. Friedrich-Alexander-Universität Erlangen-Nürnberg

Gielen, D., Taibi, E. & Miranda, R. (2019). IRENA (2019). Hydrogen: A renewable energy perspective, International Renewable Energy Agency [Bericht], Abu Dhabi

Goschin, M., Kuhrmann, H. & Rawe, R. (2003). Schwefelreduzierte Odorierung durch Odoriermittelgemische. gwf-Gas/Erdgas 144 (2003) Nr. 10, S. 570 – 576

Grewe, F. (2019). Wasserstoff-BHKW der SW Haßfurt in Betrieb genommen [Presseinformation der 2G Energy AG]. Heek

Griffith, A. A. (1921). The phenomena of rupture and flow in solids, Phil.Trans. Roy. Soc., London A 221, S. 1632 – 198

Gross, D. & Seelig, T. (2016). Bruchmechanik: Mit einer Einführung in die Mikromechanik (6., erweiterte Auflage). Springer Vieweg, Wiesbaden

Günther, D. (2023). Emissionsübersichten nach Sektoren des Bundesklimaschutzgesetzes. Umweltbundesamt. *https://www.umweltbundesamt.de/themen/klima-energie/treibhausgas-emissionen*

Haßelkus, F. (28.11.2019). Besonderheiten echometrischer Hohlraumvermessungen in gasförmigen Medien wie CH4, Luft, N2, He und H2 [Vortrag] (eigene Mitschrift), Giesen

Hausen, H. & Linde, H. (1985). Tieftemperaturtechnik: Erzeugung sehr tiefer Temperaturen, Gasverflüssigung u. Zerlegung von Gasgemischen (2., völlig neubearb. Aufl.). Springer, Berlin/Heidelberg

Hawkins, E. (2019). Farbgrafik von Jahresdurchschnittstemperaturen in Streifenmustern. University of Reading

Heim, A. (2015). Einsatzoptimierung elektrischer Tagesspeicher mit Hilfe Genetischer Algorithmen [Dissertation]. Universität Duisburg-Essen

Heinen, J. & Stollenwerk, S., Wiggering, M. (2021). Wasserstoff aus Verteilnetzsicht – Beimischung oder 100 %. gwf Gas + Energie (2021) Nr. 3, S. 22 – 34

Herde, W. (1979). Sonderdruck der Ullmanns Enzyclopädie der technischen Chemie: Entstehen und Vorkommen der Salzlagerstätten [4. Auflage, Band 17]. Verlag Chemie GmbH, Weinheim

Herwig, H. & Kautz, Ch. H. (2007). Technische Thermodynamik. Pearson Studium, München

Heubner, F., Röntzsch, L. & Kieback, B. (2021). Solid Hydrogen Carriers. Advanced metal hydride technology for hydrogen storage and compression applications. Fraunhofer-Institut für Fertigungstechnik und Angewandte Materialforschung (IFAM), Dresden. Veröffentlicht unter *https://www.ifam.fraunhofer.de/de/Institutsprofil/Standorte/Dresden/Wasserstofftechnologie/Download_Whitepaper1.html*. Zugegriffen 24. 09. 2021

Hoeller Electrolyzer GmbH. (2023). Mitteilung zum Messeauftritt bei der Hannover Messe 2023

Hoeveler, D. (2022). Wasserstoffprojekt GET H2 Nucleus [Seminarvortrag, nicht veröffentlicht]. Netzingenieurqualifikation Wasserstoff, Steinfurt

Hölling, M., Weng, M. & Gellert, S. (2017). Bewertung der Herstellung von Eisenschwamm unter Verwendung von Wasserstoff. Stahl und Eisen 137 (2017) Nr. 6, S. 47 – 53

Holst, M., Aschbrenner, S., Smolinka, T., Voglstätter, C. & Grimm, G. (2021). Cost Forecast for Low-Temperature Electrolysis – Technology Driven Bottum-Up Prognosis for Pem and Alkaline Water Electrolysis Systems. Fraunhofer Institute for Solar Energy Systems (ISE)

Hupka, F. (2018). Die Klippen der Odorierung clever umschiffen. energie-wasser-praxis (Heft 9)

IGC Doc 121/14. Hydrogen Pipeline Systems. (2014). European Industrial Gases Association (EIGA)

Irwin, G. R. (1958). Fracture. In: Flügge, S.: Handbuch der Physik. Bd. 6. S. 551 – 590. Berlin

ISO 27913. (2016). Carbon Dioxide Capture, Transportation and Geological Storage – Pipeline Transportation Systems. Beuth Verlag, Berlin

ISO 14687. (2019). Hydrogen fuel quality – Product specification. Beuth Verlag, Berlin

Jeerh, G., Zhang, M. & Tao, S. (2021). Recent progress in ammonia fuel cells and their potential applications. Journal of Materials Chemistry A, 9(2), pp. 22 – 34. *https://doi.org/10.1039/D0TA08810B*

Kaltschmitt, M., Hartmann, H. & Hofbauer, H. (Hrsg.). (2016). Energie aus Biomasse. Springer, Berlin/Heidelberg. *https://doi.org/10.1007/978-3-662-47438-9*

Kemfert, C. (2020). Wasserstoff ist der Champagner unter den Energieträgern. *https://www.rnz.de/politik/hintergrund_artikel,-energiewende-wasserstoff-ist-der-champagner-unter-den-energietraegern-_arid,520151.html*. Zugegriffen am 19. 09. 2021

Kölling, M. (27. 09. 2019). Japan will die Wasserstoffmacht der Welt werden. Neue Züricher Zeitung, Zürich

Köppel, W., Grewe, F. & Heneka, M. (2019). Gasbusse im ÖSPNV – eine bezahlbare Alternative. DVGW Jahresrevue2019 – Energie-Wasser-Praxis, 12 (2019). wvgw Verlag, Bonn

Kraume, M. (2004). Blasensäulen. In: M. Kraume. Transportvorgänge in der Verfahrenstechnik. S. 571 – 604. Springer, Berlin/Heidelberg. *https://doi.org/10.1007/978-3-642-18936-4_19*

Krieg, D. (2012). Konzept und Kosten eines Pipelinesystems zur Versorgung des deutschen Straßenverkehrs mit Wasserstoff [Dissertation]. Forschungszentrum Jülich

Kuckshinrichs, W. & Hake, J.-F. (Hrsg). (2013). CO2-Abscheidung, -Speicherung und -Nutzung: Technische, wirtschaftliche, umweltseitige und gesellschaftliche Perspektive. Forschungszentrum Jülich

Kurzweil, P. & Dietlmeier, O. (2018). Elektrochemische Speicher: Superkondensatoren, Batterien, Elektrolyse-Wasserstoff, rechtliche Rahmenbedingungen (2., aktualisierte und erweiterte Auflage). Springer Vieweg, Wiesbaden

LBEG. (2023). Untertage Gasspeicherung in Deutschland. Landesamt für Bergbau, Energie und Geologie. *https://www.lbeg.niedersachsen.de/startseite*

Lemmon, E.W., Bell, I.H., Huber, M.L. & McLinden, M.O. (2018). Refprop, Reference Fluid Thermodynamic and Transport Properties (Version 10.0) [Computer software]. National Institute of Standards and Technology (NIST), Boulder (USA). *https://www.nist.gov/srd.* Zugegriffen am 31.07.2019

Lettenmeier, P. (2018). Entwicklung und Integration neuartiger Komponenten für Polymerelektrolytmembran- (PEM) Elektrolyseure [Dissertation]. Universität Stuttgart

Lettenmeier, P. (2019). Efficiency – Electrolysis White Paper. Siemens Corporate Technology Strategy & Business Development. *https://assets.new.siemens.com/siemens/assets/api/uuid:139de890-44e1-453b-8176-c3d45c905178/version:1558704999/white-paper-efficiency-en.pdf.* Zugegriffen am 01.02.2020

Lidl, A. (2017). VW Golf 1.5 TSI ACT BlueMotion Highline DSG. ADAC Autotest. München. *https://www.adac.de/_ext/itr/tests/Autotest/AT5661_VW_Golf_1.5_TSI_ACT_BlueMotion_Highline_DSG_7-Gang_/VW_Golf_1.5_TSI_ACT_BlueMotion_Highline_DSG_7-Gang_.pdf*

Lidl, A. (2019). VW Golf 1.6 TDI SCR Comfortline. ADAC Autotest. München

Lüke, L. & Zschocke, A. (2020). Alkaline Water Electrolysis: Efficient Bridge to CO_2-Emission-Free Economy. Chemie Ingenieur Technik, 92 (1–2), S.70–73. *https://doi.org/10.1002/cite.201900110*

Machhammer, O., Bode, A. & Hormuth, W. (2015). Ökonomisch/ökologische Betrachtung zur Herstellung von Wasserstoff in Großanlagen. Chemie Ingenieur Technik, 87 (4), S.409–418. *https://doi.org/10.1002/cite.201400151*

Markus, D. & Maas, U. (2004). Die Berechnung von Explosionsgrenzen mit detaillierter Reaktionskinetik. Chemie Ingenieur Technik, 76 (3), S.289–292. *https://doi.org/10.1002/cite.200403339*

Millenbach, P., & Givon, M. (1983). Permeation of Hydrogen throughTitanium and Titanium Hydrite. 92, 2; Journal of Less Common Materials, pp. 339–342

Mirande, R., Taibi, E., Vanhoudt, W., Winkel, T., Lanoix, J.-C. & Barth, F. (2018). IRENA (2018). Hydrogen from renewable power: Technology outlook for the energy transition, International Renewable Energy Agency [Bericht], Abu Dhabi

Mischner, J. (2021). Zur Frage der Strömungsgeschwindigkeiten in Gasleitungen. gwf Gas + Energie (Heft 5), S.44–63

Möllenbeck, S. (2018). Auswirkung von Power-to-Gas-Einspeisung auf Erdgastransportnetze [Masterarbeit]. Institut für Elektrische Anlagen und Energiewirtschaft, RWTH Aachen

Müller-Jung, J. (26.06.2019). Maßlos überhitzt: Der Plot, der die Weltklimakrise besser begreifen lässt als jede Zahl. Das Fieber steigt – unaufhaltsam? Frankfurter Allgemeine Zeitung, Frankfurt, Ausgabenteil N1

Murugan, A., Bartlett, S., Hesketh, J., Becker, H. & Hinds, G.: (2020). Project closure report: Hydrogen Odorant and Leak Detection Part 1, Hydrogen Odorant. Study of SGN (GB)

NEDO (New Energy and Industrial Technology Development Organisation). (2015). Weißbuch für die Wasserstofftechnik (Japan) [Bericht]. Tokio

NEDO (New Energy and Industrial Technology Development Organisation), Bundesministerium für Umwelt, Naturschutz und nukleare Sicherheit & Bundesministerium für Wirtschaft und Energie. (2018). 9. Deutsch-Japanisches Umwelt- und Energiedialogforum: Emissionsarme Transportsysteme und Möglichkeiten zur effektiven Nutzung erneuerbarer Energien im Verkehrssektor [Conference-Paper]. *https://www.ecos-consult.com/downloads/Tagungsbericht_UEDF9.pdf.* Zugegriffen am 21.11.2019

Nelson, H. G. & Stein, E. (1973). Gas-Phase Hydrogen Permeation through Alpha Iron, 4130 Steel and 304 Stainless Steel from less than 100 °C to near 6000 °C. NASA. *https://ntrs.nasa.gov/citations/19730012715*

Peschka, W. (1984). Flüssiger Wasserstoff als Energieträger: Technologie und Anwendungen. Springer, Wien

Pfennig, A. (2004). Thermodynamik der Gemische. Springer, Berlin/Heidelberg. *http://www.springerlink.com/content/978-3-642-18923-4*

Pohl, M. (2014). Hydrogen in Metals: A Systematic Overview. Practical Metallography, 51(4), pp. 291 - 305. *https://doi.org/10.3139/147.110295*

PSI Gas and Oil. (2011). PSIganesi. PSI Software AG Business Unit Gas & Oil, Berlin

Raskeev, S. N. & Glaszoff, M. V. (2012). Atomic-Scale Mechanism of Oxygen Electrode Delamination in Solid Oxide Electrolyzer Cells. International Journal of Hydrogen Energy, Nr. 37

Rehkamp, M. (2023). Einsatzmöglichkeiten von grünem Ammoniak in der Energieversorgung [Projektarbeit, nicht veröffentlicht]. FH Münster

Reich, G. & Reppich, M. (2018). Regenerative Energietechnik: Überblick über ausgewählte Technologien zur nachhaltigen Energieversorgung (2. Auflage). Springer Vieweg, Wiesbaden

Richard, H. A. (1990). Grundlagen und Anwendungen der Bruchmechanik. Technische Mechanik, 11 (Heft 2), S. 69 - 80. *http://www.uni-magdeburg.de/ifme/zeitschrift_tm/1990_Heft2/Richard.pdf*. Zugegriffen 23. 08. 2019

Richtlinie 2014/34/EU zur Harmonisierung der Rechtsvorschriften der Mitgliedstaaten für Geräte und Schutzsysteme zur bestimmungsgemäßen Verwendung in explosionsgefährdeten Bereichen. (2014). *https://eur-lex.europa.eu/legal-content/DE/TXT/?uri=uriserv:OJ.L_.2014.096.01.0309.01.DEU*. Zugegriffen am 18. 09. 2019

Rieken, Th., Socher, M. (1992). Risiken eines verstärkten Wasserstoffeinsatzes. Bericht des Büros für Technikfolgen-Abschätzung des Deutschen Bundestages

Robert Bosch GmbH. (2023). Die Herstellung von grünem Wasserstoff skalieren: Bosch Elektrolyse-Technologie und -Services machen es möglich. Robert Bosch GmbH. *https://www.bosch-hydrogen-energy.com/de/elektrolyse/?gclid=CjwKCAjwgZCoBhBnEiwAz35RwtcOXZumdUVBpaHXT9xOjwmiP3nrAv_brmFFCpPd1x8TJl5sdsesdBoCxr8QAvD_BwE*

Roos, E. & Maile, K. (2005). Werkstoffkunde für Ingenieure: Grundlagen, Anwendung, Prüfung [Mit 50 Tabellen] (2., neu bearb. Aufl.). Springer, Berlin

Roser, M. (2024). Levelized cost of energy by technology. *https://ourworldindata.org/grapher*. Zugegriffen am 05.05.2024

Ruhdorfer, M. (2018). Fiat Panda 1.2 8 V LPG Easy (Autogasbetrieb). ADAC Autotest. München. *https://www.adac.de/infotestrat/autodatenbank/autokatalog/detail.aspx?mid=292342&show=autotest*. Zugegriffen am 10. 08. 2019

Russel, J., Nuttal, L. & Fickett, A. (1973). Hydrogen generation by solid polymer electrolyte water electrolysis. Am. Chem. Soc. Div. Fuel Chem. Prepr. [18], pp. 24 - 30

Saarstahl (Hrsg.). (2019). Werkstoff-Datenblatt, Saarstahl - C22E (Ck22) - C22R (Cm22). Saarstahl, Saarbrücken

SAE J 2601:2016-12-06. (2016). Fueling Protocols for Light Duty Gaseous Hydrogen Surface Vehicles. Beuth Verlag, Berlin

Saitoh, H., Iiiyima, Y. & Tanaka, H. (1994). Hydrogen Diffusivity in Aluminium Measured by a glow Discharge Permeation Method. Acta Metallurgica Et Materialia, 42, pp. 2493 - 2498

Salzgitter AG (2022). GrInHy2.0 - Wasserstoff für eine CO2-arme Stahlproduktion [Pressemitteilung]. Salzgitter

San Marchi, C., & Somerday, B. P. (2012). Sandia Report: SAND2012-7321. Technical Reference for Hydrogen Compatibility of Materials. *https://www.sandia.gov/matlsTechRef*. Zugegriffen am 30. 07. 2019

Savakis, S. (1985). Einfluss von Druckwasserstoff auf die mechanischen Eigenschaften dynamisch belasteter Vergütungsstähle unter Berücksichtigung der Wasserstoffreinheit [Dissertation]. RWTH Aachen

Schäfer, Ch. (2010). Diffusionseigenschaften bestimmter Metalle bei der Hochtemperatur-Wasserstoffabtrennung [Dissertation]. Technische Universität München

Schefold, J. & Brisse, A. (2018). Long-term Fast Current/Power Cycling at Solid-Oxide Electrolyse Cells. European Institute for Energy research, Karlsruher Institut für Technologie (KIT)

Schmeja, T., Purr, K., Seel, O. & op de Hipt, K. (2016). Klimaschutzplan 2050 der Bundesregierung Diskussionsbeitrag des Umweltbundesamtes, S. 67. Umweltbundesamt. *https://www.umweltbundesamt.de/publikationen/klima schutzplan-2050-der-bundesregierung.* Zugegriffen 19. 11. 2019

Schmidt, T. (1994). Erdgas als Blanket zur Aussolung von Gasspeicherkavernen am Beispiel einer Xantener Kaverne der Thyssengas GmbH [Vortrag und Inhalt im Tagungsband]. Internationales Kolloquium „20 Jahre Untergrundspeicher Bernburg“, TU Bergakademie Freiberg

Schreckenberg, W., Baumer, D. & et al. (1989). Gase-Handbuch (3. Aufl.). Messer-Griesheim, Frankfurt

Schubert, C., Zaboji, N. (23. 09. 2021). Mit Wasserstoff abheben. Frankfurter Allgemeine Zeitung, S. 26

Sherif, S. A., Goswami, D. Y., Stefanakos, E. K. & Steinfeld, A. (Hrsg.). (2015). Handbook of Hydrogen Energy. CRC Press/Taylor & Francis Group, Boca Raton

Sicius, H. (2016). Wasserstoff und Alkalimetalle: Elemente der ersten Hauptgruppe. Eine Reise durch das Periodensystem. Springer Spektrum, Wiesbaden

Siemens Energy. (2023). Silyzer 300 [Informationsbroschüre mit technischen Daten]. *https://assets.siemens-energy.com/siemens/assets/api/uuid:a193b68f-7ab4-4536-abe2-c23e01d0b526/datasheet-silyzer300.pdf*

Skerra, B. (Hrsg.). (2000). Handbuch Molchtechnik. Vulkan Verlag, Essen

Smolinka, T., Wiebe, N., Sterchele, P., Palzer, A., Lehner, F., Jansen, M., Kiemel, S., Miehe, R., Wahren, S. & Zimmermann, F. (2018). Studie IndWEDe: Industrialisierung der Wasserelektrolyse in Deutschland. Chancen und Herausforderungen für nachhaltigen Wasserstoff für Verkehr, Strom und Wärme. NOW GmbH, Becker Büttner Held, Ludwig-Bölkow-Systemtechnik GmbH, Fraunhofer-Institut für Solare Energiesysteme (ISE), Institut für Klimaschutz, Energie und Mobilität e. V., Berlin

Spiegel, C. (2007). Designing and building fuel cells. McGraw-Hill, New York

Städtische Betriebe Haßfurth GmbH. (2019). Wasserstoff-BHKW in Betrieb [Pressemitteilung]. Städtische Betriebe Haßfurt GmbH

Staffell, I., Scamman, D., Velazquez Abad, A., Balcombe, P., Dodds, P. E., Ekins, P., Shah, N. & Ward, K. R. (2019). The role of hydrogen and fuel cells in the global energy system. Energy & Environmental Science, 12(2), pp. 463 – 491. *https://doi.org/10.1039/C8EE01157E*

Stahl, C.-H. (2019). Wasserstoffanlage wird „BHKW des Jahres 2019“. Energie & Management vom Bundesverband Kraft-Wärme-Kopplung e. V., Berlin

Steiner, M., Marewski, U. & Silcher, H. (2023). DVGW-Projekt SyWeSt H2. Deutscher Verein des Gas- und Wasserfaches e. V. (DVGW)

Störfall-Verordnung (2017). Zwölfte Verordnung zur Durchführung des Bundesimmissionsschutzgesetzes (Störfall-Verordnung – 12. BImSchV)

Stricker, H. (2020). Turboverdichter. In: K.-H. Grote & J. Feldhusen (Hrsg.). Dubbel. S. 1315 – 1327. Springer, Berlin/Heidelberg

Styczynski, Z. A., Stötzer, M. & Lombardi, P. A. (2014). Wandlung von Primärenergie in Nutzenergie. In: K.-H. Grote & J. Feldhusen (Hrsg.). Dubbel. S. 796 – 811. Springer, Berlin/Heidelberg. *https://doi.org/10.1007/978-3-642-38891-0_75*

Th. Geyer Ingredients GmbH & Co. KG. (2020). Sicherheitsdatenblatt gemäß 1907/2006/EG, Artikel 31. *https://www.gasodor-s-free.com/fileadmin/user_upload/Ingredients/GASODOR/TG900901_GASODOR_S-FREE_-_SICHERHEITSDATENBLATT.pdf.* Zugegriffen am 06. 09. 2021

The, D.-N. (2015). Identifizierung, Charakterisierung und Interpretation der Zelldegradation von Hochtemperatur-Elektrolysezellen im Langzeitbetrieb [Dissertation]. RWTH Aachen

Thienel, K.-Ch. (2016). Bauchemie und Werkstoffe des Bauwesens Holz [Vorlesungsskript an der Universität der Bundeswehr, München]. Selbstverlag, München

Thomas, G., Parks, G. (2006). Potential Roles of Ammonia in a Hydrogen Economy. U.S. Department of Energy, Washington

Thyssengas GmbH (1997). Flüssigerdgasanlage Nievenheim und Mobile Flüssigerdgaseinheit [Informationsschrift des Unternehmens]

Tjarks, G. (2017). PEM-Elektrolyse-Systeme zur Anwendung in Power-to-Gas-Anlagen [Dissertation]. RWTH Aachen

Töpler, J., Lehmann, J. & Weizsäcker, E. U. von (Hrsg.). (2017). Wasserstoff und Brennstoffzelle: Technologien und Marktperspektiven (2., aktualisierte und erweiterte Auflage). Springer Vieweg, Wiesbaden

TRGS 721. (2020). Technische Regeln für Gefahrstoffe. Bundesanstalt für Arbeitsschutz und Arbeitsmedizin, Dortmund

TRGS 727. (2016). Vermeidung von Zündgefahren infolge elektrostatischer Aufladungen Bundesanstalt für Arbeitsschutz und Arbeitsmedizin, Dortmund

Tschöke, H. & Hölz, H. (2020). Kompressoren, Verdichter. In: K.-H. Grote & J. Feldhusen (Hrsg.). Dubbel. S. 1061 - 1081. Springer, Berlin/Heidelberg

Verein Deutscher Ingenieure, Kabelac, S. & VDI-Gesellschaft Verfahrenstechnik und Chemieingenieurwesen (Hrsg.). (2006). VDI-Wärmeatlas: Berechnungsunterlagen für Druckverlust, Wärme- und Stoffübergang (10., bearb. und erw. Aufl.). Springer, Berlin

Vincent, I., Kruger, A., & Bessarabov, D. (2018). Hydrogen Production by water Electrolysis with an Ultrathin Anion-exchange membrane (AEM). International Journal of Electrochemical Science, 13(12), pp. 11347 - 11358. *https://doi.org/10.20964/2018.12.84*

Virkar, A. V. (2010). Mechanism of Oxygen Electrode Delamination in Solid Oxide Electrolysis Cells. International Journal of Hydrogen Energy, Nr. 35

Wagner, E. (2023). Das System Brennstoffzelle: Wasserstoffanwendungen ganzheitlich entwickeln. Hanser, München

Wagner, W. (2007). Software zur Erdgas-Zustandsgleichung GERG-2004. Institut für Energie-, System-, Material- und Umwelttechnik an der Ruhruniversität Bochum.

Walter, U. (2016). Im schwarzen Loch ist der Teufel los: Astronaut Ulrich Walter erklärt das Weltall (Originalausgabe). Komplett-Media, München

Warnatz, J., Maas, U. & Dibble, R. W. (2001). Verbrennung: Physikalisch-Chemische Grundlagen, Modellierung und Simulation, Experimente, Schadstoffentstehung (3., aktualisierte und erweiterte Auflage). Springer, Berlin

Weide, T., Brügging, E., Wetter, C., Ierardi, A. & Wichern, M. (2019). Use of organic waste for biohydrogen production and volatile fatty acids via dark fermentation and further processing to methane. International Journal of Hydrogen Energy, 44 (44), pp. 24110 - 24125. *https://doi.org/10.1016/j.ijhydene.2019.07.140*

Wezel, R. & Baron, S. C. (2019). Europe with „Renewable Gas-Ready" Turbines. *https://www.euturbines.eu/cms/upload/publictaions/Europe_with_renewable_gas-ready_turbines.pdf.* Zugegriffen am 04. 03. 2020

Wilson, K. G. (1975). The renormalization group: Critical phenomena and the Kondo problem. Reviews of Modern Physics, 47 (4), pp. 773 - 840. *https://doi.org/10.1103/RevModPhys.47.773*

Winter, C.-J. & Nitsch, J. (2014). Wasserstoff als Energieträger: Technik, Systeme, Wirtschaft. Springer, Berlin

Wirtschaftsvereinigung Stahl. (2023). Statistik zur deutschen Stahlindustrie [Online]. Wirtschaftsvereinigung Stahl. *https://www.stahl-online.de/startseite/stahl-in-deutschland/*

Wissenschaftlicher Dienst (WD8) des Deutschen Bundestages (2018). Erkenntnisse aus der Erprobung von Technologien zur CO_2-Abscheidung und CO_2-Speicherung (CCS) in Deutschland. Aktenzeichen WD 8-3000-055/18

Xu, L., Liu, O. & Chen, W. (1994). Hydrogen Permeation Behavior in INC718 and GH761 Superalloys

Yaktiti, A. (2022). Hydrogen Porosity Interaction in a Low Alloy Cast Steel. Université de Lyon

Zabor, N. (2021). Wichtige Wasserstoff-Allianz wackelt. *https://www.faz.net/aktuell/wirtschaft/klima-energie-und-umwelt/wichtige-wasserstoff-kooperation-mit-marokko-wackelt-17356427.html.* Zugegriffen am 19.09.2021

Zgonnik, V., Beaumont, V., Larin, N., Pillot, D. & Deville, E. (2019). Diffused flow of molecular hydrogen through the Western Hajar mountains, Northern Oman. Arabian Journal of Geosciences, 12(3), p. 71. *https://doi.org/10.1007/s12517-019-4242-2*

Anhang A

1 Stoffdaten des n-Wasserstoffs

Die folgenden Diagramme und Tabellen ergänzen die Angaben im Buch. Ihre Reihenfolge orientiert sich an der Abfolge der Kapitel.

1.1 *T,s*-Diagramm

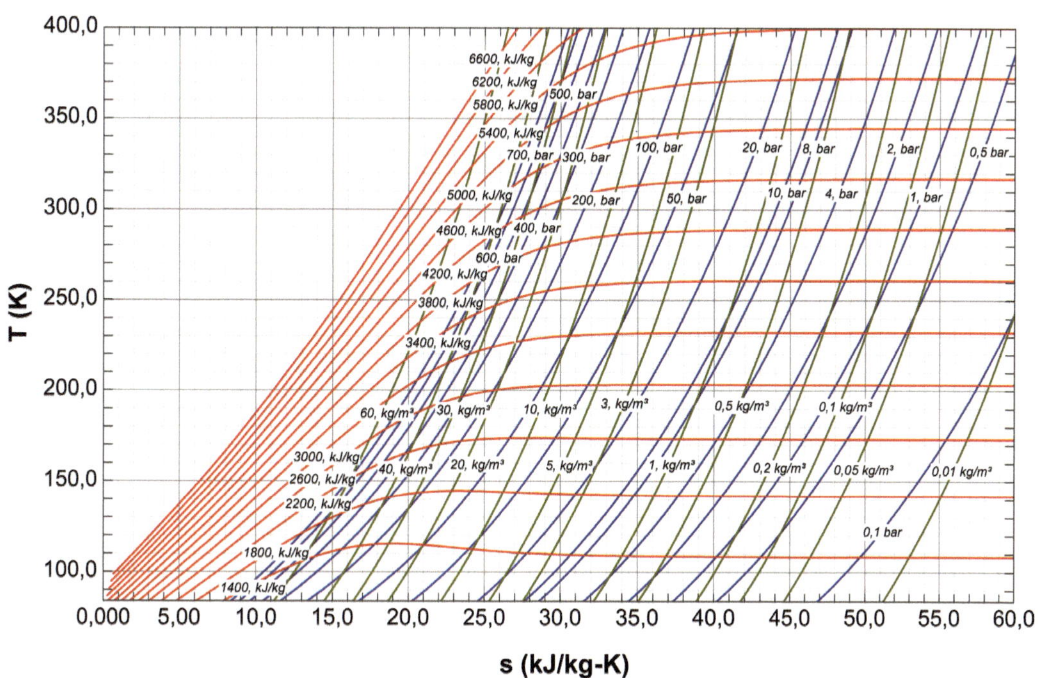

Bild A.1 *T,s*-Diagramm des n-Wasserstoffs ($84\,\mathrm{K} \leq T \leq 400\,\mathrm{K}$)

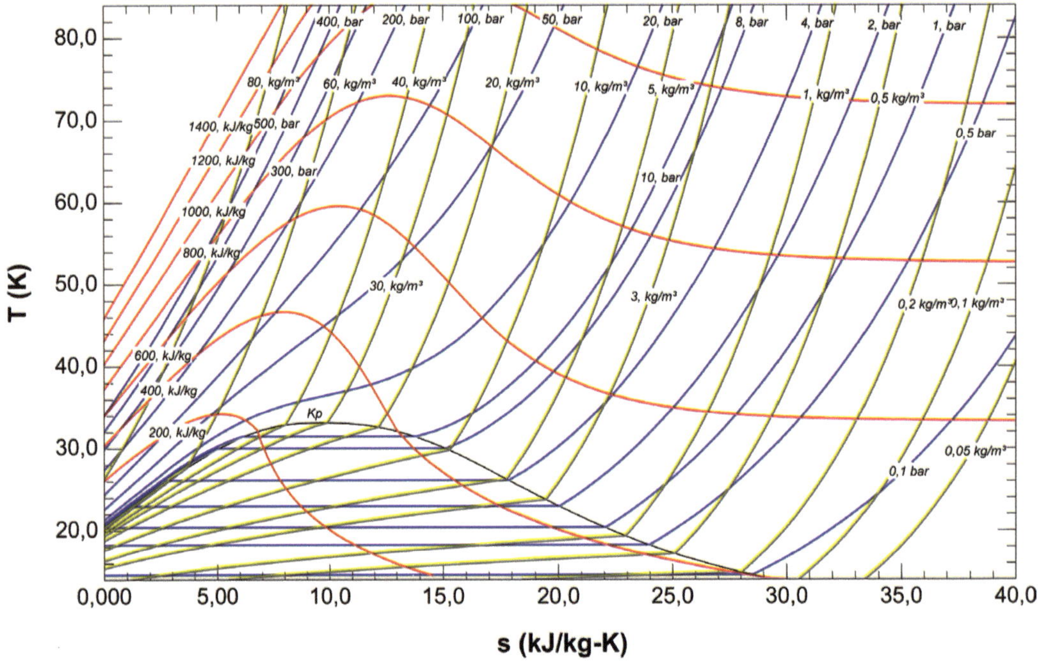

Bild A.2 *T,s*-Diagramm des n-Wasserstoffs ($14\ \mathrm{K} \leq T \leq 84\ \mathrm{K}$)

1.2 Realgaszahlen des n-Wasserstoffs

Tabelle A.1 Realgaszahlen z des n-Wasserstoffs

Stoff	(reales Gasverhalten) $p = 1\ \mathrm{bar_a}$					(reales Gasverhalten) $p = 10\ \mathrm{bar_a}$				
T/K	250	273	298	350	400	250	273	298	350	400
n-H_2	1,0006	1,0006	1,0006	1,0005	1,0005	1,0064	1,0062	1,0059	1,0053	1,0048
Stoff	(reales Gasverhalten) $p = 100\ \mathrm{bar_a}$					(reales Gasverhalten) $p = 350\ \mathrm{bar_a}$				
T/K	250	273	298	350	400	250	273	298	350	400
n-H_2	1,0673	1,0638	1,0601	1,0534	1,0479	1,2564	1,2381	1,2208	1,1916	1,1697
Stoff	(reales Gasverhalten) $p = 700\ \mathrm{bar_a}$ 1)					(reales Gasverhalten) $p = 900\ \mathrm{bar_a}$ 1)				
T/K	273	298	350	400	500	273	298	350	400	500
n-H_2	1,4907	1,4515	1,3870	1,3401	1,2728	1,6333	1,5815	1,4970	1,4357	1,3487

Anmerkung: 1) Dieses Druckniveau wird bei der Betankung von Fahrzeugen und beim Betrieb von Wasserstofftankstellen technisch genutzt.

1.3 Spezifische Wärmekapazität

Tabelle A.2 Spezifische Wärmekapazität $c_p/\text{kJ}/(\text{kg K})$ des n-Wasserstoffs

Stoff	(reales Gasverhalten) $p = 1\ \text{bar}_a$					(reales Gasverhalten) $p = 10\ \text{bar}_a$				
T/K	250	273	298	350	400	250	273	298	350	400
n-H_2	14,054	14,197	14,306	14,431	14,479	14,091	14,227	14,331	14,448	14,492
Stoff	(reales Gasverhalten) $p = 100\ \text{bar}_a$					(reales Gasverhalten) $p = 350\ \text{bar}_a$				
T/K	250	273	298	350	400	250	273	298	350	400
n-H_2	14,401	14,485	14,544	14,598	14,602	14,821	14,855	14,868	14,845	14,797
Stoff	(reales Gasverhalten) $p = 700\ \text{bar}_a$ 1)					(reales Gasverhalten) $p = 900\ \text{bar}_a$ 1)				
T/K	273	298	350	400	500	273	298	350	400	500
n-H_2	15,02	15,032	14,994	14,926	14,836	15,052	15,069	15,036	14,967	14,836

Anmerkung: 1) Dieses Druckniveau wird bei der Betankung von Fahrzeugen und beim Betrieb von Wasserstofftankstellen technisch genutzt.

1.4 Isentropenexponent

Tabelle A.3 Isentropenexponent κ des n-Wasserstoffs

Stoff	(reales Gasverhalten) $p = 1\ \text{bar}_a$					(reales Gasverhalten) $p = 10\ \text{bar}_a$				
T/K	250	273	298	350	400	250	273	298	350	400
n-H_2	1,4158	1,4098	1,4054	1,4004	1,3984	1,4183	1,4117	1,4068	1,4012	1,3889
Stoff	(reales Gasverhalten) $p = 100\ \text{bar}_a$					(reales Gasverhalten) $p = 350\ \text{bar}_a$				
T/K	250	273	298	350	400	250	273	298	350	400
n-H_2	1,4367	1,4258	1,4175	1,4072	1,4022	1,4451	1,4323	1,4220	1,4086	1,4014
Stoff	(reales Gasverhalten) $p = 700\ \text{bar}_a$ 1)					(reales Gasverhalten) $p = 900\ \text{bar}_a$ 1)				
T/K	273	298	350	400	500	273	298	350	400	500
n-H_2	1,4123	1,4050	1,3949	1,3894	1,3835	1,3977	1,3923	1,3849	1,3808	1,3765

Anmerkung: 1) Dieses Druckniveau wird bei der Betankung von Fahrzeugen und beim Betrieb von Wasserstofftankstellen technisch genutzt.

1.5 *h,s*-Diagramm

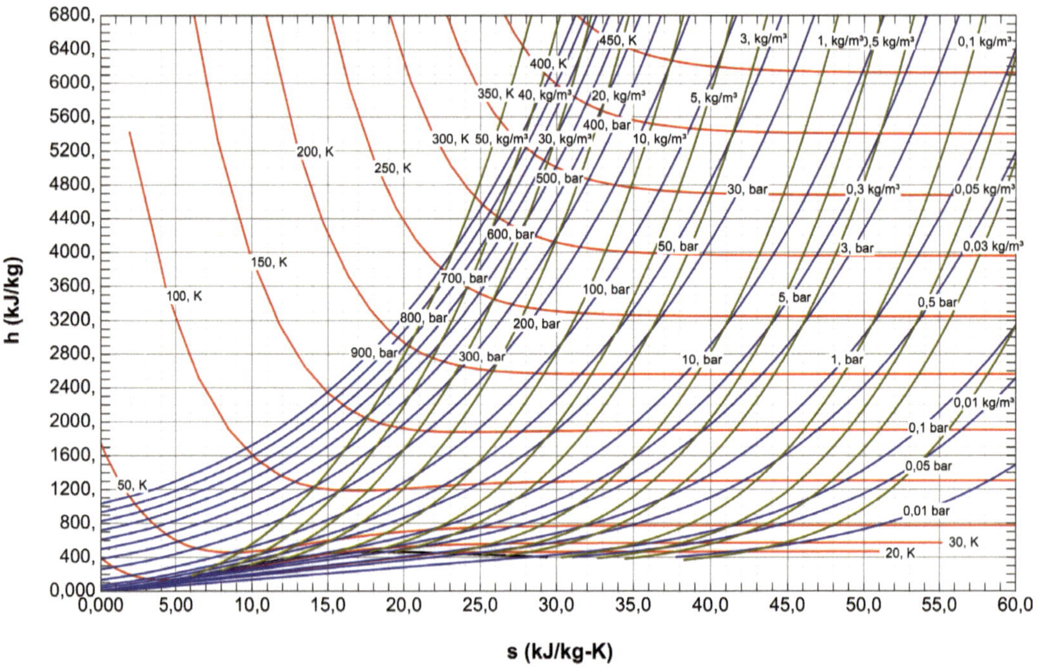

Bild A.3 *h,s*-Diagramm des n-Wasserstoffs

1.6 Wärmeleitfähigkeit des n-Wasserstoffs

Tabelle A.4 Wärmeleitfähigkeit $\lambda/\mathrm{mW}/(\mathrm{mK})$ des n-Wasserstoffs

Stoff	(reales Gasverhalten) $p = 1\ \mathrm{bar_a}$					(reales Gasverhalten) $p = 10\ \mathrm{bar_a}$				
T/K	250	273	298	350	400	250	273	298	350	400
n-H_2	161,4	174,6	185,7	209,7	231,1	162,7	174,6	186,9	210,7	232,1
Stoff	**(reales Gasverhalten) $p = 100\ \mathrm{bar_a}$**					**(reales Gasverhalten) $p = 350\ \mathrm{bar_a}$**				
T/K	250	273	298	350	400	250	273	298	350	400
n-H_2	171,5	182,9	194,7	217,8	238,7	194,8	203,8	219,4	233,1	251,51
Stoff	**(reales Gasverhalten) $p = 700\ \mathrm{bar_a}$ 1)**					**(reales Gasverhalten) $p = 900\ \mathrm{bar_a}$ 1)**				
T/K	273	298	350	400	500	273	298	350	400	500
n-H_2	241,6	248,5	263,5	278,2	308,2	266,8	271,5	283,4	296,0	323,2

Anmerkung: 1) Dieses Druckniveau wird bei der Betankung von Fahrzeugen und beim Betrieb von Wasserstofftankstellen technisch genutzt.

2 Bruchmechanische Werkstoffkennwerte

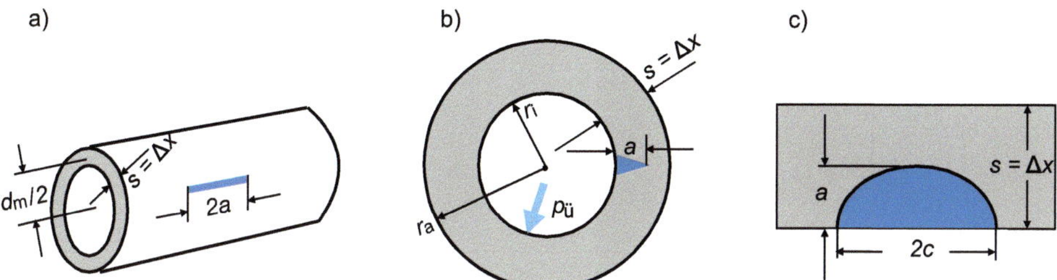

Bild A.4 Rissarten a) bis c) von zylindrischen Druckbehältern im Belastungsfall Mode I bei Beanspruchung durch Innendruck

Tabelle A.5 Spannungsintensitätsfaktor von zylindrischen Druckbehältern im Belastungsfall Mode I bei Beanspruchung durch Innendruck nach Bild A.4

Fall	Spannungsintensitätsfaktor $K_I/\mathrm{MPa}\sqrt{\mathrm{m}}$
a)	Voraussetzung: $d_m \gg 2s$ mit $d_m = r_a + r_i$ $K_I = \sigma_\Phi \sqrt{\pi a}\sqrt{1+0{,}52X+1{,}29X^2-0{,}074X^3}$ $\sigma_\Phi = \frac{p_{ü} d_m}{2s}$ $X = \frac{a}{\sqrt{0{,}5 s d_m}}$
b)	Voraussetzungen: $5 \ll d_m / 2s \ll 20$ und $a/s \le 0{,}75$ $K_I = \frac{2 p_{ü} r_a^2}{r_a^2 - r_i^2}\sqrt{\pi a C_1}$ $C_1 = 1{,}1 + C_2\left(4{,}951\left(\frac{a}{s}\right)^2 + 1{,}092\left(\frac{a}{s}\right)^4\right)$ Für $5 \le r_i / s \le 10$: $C_2 = \left(0{,}125\frac{r_i}{s} - 0{,}25\right)^{0{,}25}$ Ansonsten: $C_2 = \left(0{,}2\frac{r_i}{s} - 1\right)^{0{,}25}$

Tabelle A.5 Spannungsintensitätsfaktor von zylindrischen Druckbehältern im Belastungsfall Mode I bei Beanspruchung durch Innendruck nach Bild A.4 *(Fortsetzung)*

Fall	Spannungsintensitätsfaktor $K_{\text{I}}/\text{MPa}\sqrt{\text{m}}$
c)	Voraussetzungen: $5 \ll \frac{d_{\text{m}}}{2s} \ll 20$; $2c/a \le 12$ und $a/s \le 0{,}8$; K_{I} wirkt am Scheitelpunkt des Risses $K_{\text{I}} = \sigma_{\Phi}\sqrt{\frac{\pi a}{Q}}C_3$ $\sigma_{\Phi} = \frac{p_{\ddot{\text{u}}}d_{\text{m}}}{2s}$ $C_3 = 1{,}12 + 0{,}053\xi + 0{,}0055\xi^2 + \left(1 + 0{,}02\xi + 0{,}0191\xi^2\right)\frac{\left(20 - \frac{d_{\text{m}}}{2s}\right)^2}{1400}$ $\xi = \frac{2c}{s}$ $Q = 1 + 1{,}464\left(\frac{a}{c}\right)^{1{,}65}$

Anmerkungen: a) Längsriss auf der Außenseite eines zylindrischen Druckbehälters; b) Innenriss in einem Druckbehälter in radialer Richtung; c) Außenriss an einem Druckbehälter in halbelliptischer Form und axialer Ausrichtung

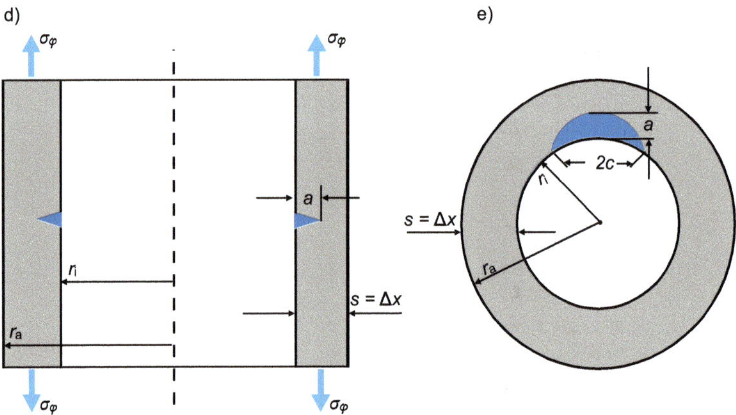

Bild A.5 Rissarten d) und e) von zylindrischen Druckbehältern im Belastungsfall Mode I bei Beanspruchung durch Innendruck

Tabelle A.6 Spannungsintensitätsfaktor von zylindrischen Druckbehältern im Belastungsfall Mode I bei Beanspruchung durch Innendruck nach Bild A.5

Fall	Spannungsintensitätsfaktor K_I / $\mathrm{MPa}\sqrt{\mathrm{m}}$
d)	$K_I = \sigma\sqrt{\pi a}C_4$ $C_4 = 1{,}1 + C_5\left(1{,}948\left(\frac{a}{s}\right)^{1,5} + 0{,}3342\left(\frac{a}{s}\right)^{4,2}\right)$ Für $5 \le r_i / s \le 10$: $C_5 = \left(0{,}125\frac{r_i}{s} - 0{,}25\right)^{0,25}$ Für $10 \le r_i / s \le 20$: $C_5 = \left(0{,}4\frac{r_i}{s} - 3\right)^{0,25}$
e)	$K_I = \sigma_\Phi\sqrt{\frac{\pi a}{Q}}C_6$ $C_6 = 1 + \left[0{,}02 + \xi(0{,}0103 + 0{,}00617\xi) + 0{,}0035(1 + 0{,}07\xi)\left(\frac{d_m}{2s} - 5\right)^{0,7}\right]Q^2$ $\xi = \frac{2c}{s}$ $Q = 1 + 1{,}464\left(\frac{a}{c}\right)^{1,65}$

Anmerkungen: d) axialsymmetrischer Innenriss in einem Druckbehälter in radialer Richtung; e) Innenriss in einem Druckbehälter in halbelliptischer Form

3 Explosionsschutz

Tabelle A.7 Auszug aus Technische Regeln für Betriebssicherheit (TRBS) und Technische Regeln für Gefahrstoffe (TRGS) sowie ATEX-Richtlinien der EU

Technische Regeln	Gefährdungsbeurteilung	Stand
TRBS 1111	Gefährdungsbeurteilung	3/2018
TRBS 1112	Instandhaltung	3/2019
TRBS 1112, Teil 1	Explosionsgefährdungen bei und durch Instandhaltungsarbeiten - Beurteilungen und Schutzmaßnahmen	3/2010

Tabelle A.7 Auszug aus Technische Regeln für Betriebssicherheit (TRBS) und Technische Regeln für Gefahrstoffe (TRGS) sowie ATEX-Richtlinien der EU *(Fortsetzung)*

Technische Regeln	Gefährdungsbeurteilung	Stand
TRBS 1123	Prüfpflichtige Änderungen von Anlagen in explosionsgefährdeten Bereichen - Ermittlung der Prüfnotwendigkeit gemäß § 15 Absatz 1 BetrSichV	7/2018
TRBS 1151	Gefährdungen an der Schnittstelle Mensch - Arbeitsmittel - Ergonomische und menschliche Faktoren, Arbeitssystem	3/2015
TRBS 1201	Prüfungen und Kontrollen von Arbeitsmitteln und überwachungsbedürftigen Anlagen	3/2019
TRBS 1201, Teil 1	Prüfung von Anlagen in explosionsgefährdeten Bereichen	3/2019
TRBS 1201, Teil 3	Instandsetzung an Geräten, Schutzsystemen, Sicherheits-, Kontroll- und Regelvorrichtungen im Sinne der Richtlinie 2014/34/EU	1/2018
TRBS 1203	Zur Prüfung befähigte Personen	3/2019
TRGS 720	Gefährliche explosionsfähige Atmosphäre - Allgemeines	7/2020
TRGS 721	Gefährliche explosionsfähige Atmosphäre - Beurteilung der Explosionsgefährdung	10/2020
TRGS 722	Vermeidung oder Einschränkung gefährlicher explosionsfähiger Atmosphäre	2/2021
TRGS 723	Gefährliche explosionsfähige Gemische - Vermeidung der Entzündung gefährlicher explosionsfähiger Gemische	7/2019
TRGS 724	Gefährliche explosionsfähige Gemische - Maßnahmen des konstruktiven Explosionsschutzes, welche die Auswirkung einer Explosion auf ein unbedenkliches Maß beschränken	7/2019
TRGS 725	Gefährliche explosionsfähige Atmosphäre - Mess-, Steuer- und Regeleinrichtungen im Rahmen von Explosionsschutzmaßnahmen	31/2023
TRGS 727	Vermeidung von Zündgefahren infolge elektrostatischer Aufladungen	1/2016
TRGS 745/TRBS 3145	Ortsbewegliche Druckgasbehälter - Füllen, Bereithalten, innerbetriebliche Beförderung, Entleeren	2/2016
TRGS 746/TRBS 3146	Ortsfeste Druckanlagen für Gase	10/2016
TRGS 751/TRBS 3151	Vermeidung von Brand-, Explosions- und Druckgefährdungen an Tankstellen und Gasfüllanlagen zur Befüllung von Landfahrzeugen	9/2019
TRGS 800	Brandschutzmaßnahmen	12/2010
ATEX 137	ATEX-Produktrichtlinie 2014/34/EU	2020
ATEX 95	ATEX-Betriebsrichtlinie 1999/92/EG	2004

Anmerkungen: Die Buchstaben ATEX stehen für die Abkürzung des französischen „ATmosphère EXplosibles“ (in der deutschen Übersetzung „Explosionsfähige Atmosphären“).

4 Verbrennung von Wasserstoff

Tabelle A.8 Thermodynamische Daten chemischer Stoffe und Verbindungen

Stoff	M	$\Delta_B h^\ominus$	$\Delta_B g^\ominus$	$S_m^\ominus$	$c_{p,m}^\ominus$	$\Delta_{Verb} h^\ominus$
	kg kmol^{-1}	kJ mol^{-1}	kJ mol^{-1}	J mol^{-1} K^{-1}	J mol^{-1} K^{-1}	kJ mol^{-1}
H_2(g)	2,0158	0	0	130,684	28,824	-286
O_2(g)	31,999	0	0	205,138	29,355	
H_2O(g)	18,015	-241,82	-228,57	188,83	33,58	
H_2O(l)	18,015	-285,83	-237,13	69,91	75,291	
CH_4(g)	16,043	-74,81	-50,72	186,26	35,31	-890
C_3H_8(g)	44,10	-103,85	-23,49	269,91	73,5	-2220
C_4H_{10}(g)	58,13	-126,15	-17,03	310,23	97,45	-3537
CO(g)	28,011	-110,53	-137,17	197,67	29,14	
CO_2(g)	44,01	-393,51	-394,36	213,74	37,11	
N_2(g)	28,013	0	0	191,61	29,125	
NH_3(g)	17,03	-46,11	-16,45	192,45	35,06	
NO(g)	30,01	+90,25	+86,55	210,76	29,844	

Anmerkungen: 1) für den Standardzustand; 2) nach P. Atkin und J. de Paula (2008, S. 1079 – 1087); (g) gasförmig; (l) flüssig

Tabelle A.9 Sättigungsdruck des Wasserdampfes

θ/°C	p_s/bar	θ/°C	p_s/bar	θ/°C	p_s/bar	θ/°C	p_s/bar
0	0,006112	15	0,017057	30	0,042467	60	0,199458
1	0,006571	16	0,018188	32	0,047592	62	0,218664
2	0,007060	17	0,019383	34	0,053247	64	0,239421
3	0,007581	18	0,020647	36	0,059475	66	0,261827
4	0,008135	19	0,021982	38	0,066324	68	0,285986
5	0,008726	20	0,023392	40	0,073844	70	0,312006
6	0,009354	21	0,024881	42	0,082090	72	0,340001
7	0,010021	22	0,026452	44	0,091118	74	0,370088
8	0,010730	23	0,028109	46	0,100988	76	0,402389
9	0,011483	24	0,029856	48	0,111764	78	0,437031
10	0,012282	25	0,031697	50	0,123513	80	0,474147
11	0,013129	26	0,033637	52	0,136305	90	0,701824
12	0,014028	27	0,035679	54	0,150215	100	1,014180
13	0,014981	28	0,037828	56	0,165322		
14	0,015989	29	0,040089	58	0,181704		

Anmerkung: nach G. Cerbe et al. (2017, S. 55)

5 Spezifische Energiekosten in der Pkw-Mobilität

Tabelle A.10 Spezifische Daten zur Bestimmung der Energiekosten der Pkw-Mobilität (Stand: 20. Juli 2023)

Antrieb	Verbrauch		Preis		Energiekosten 1)		Anmerkung
BEV	0,1988	kWh/km	0,60	€/kWh	0,119	€/km	2)
FCEV	0,0083	kg/km	13,85	€/kg	0,115	€/km	3)
Super	0,06	L/km	1,90	€/L	0,110	€/km	4)
Diesel	0,05	L/km	1,70	€/L	0,082	€/km	5)
NGV	0,044	kg/km	1,40	€/kg	0,062	€/km	6)
LPGV	0,083	L/km	1,16	€/kg	0,096	€/km	7)

Anmerkungen: 1) Energiekosten = Verbrauch · Preis; 2) Durchschnitt der ADAC-Verbrauchsmessungen bei Elektroautos von VW, BMW, Mercedes, Fiat (2023); 3) H2-Mobility; 4) nach Angaben von A. Lidl in der Rubrik ADAC-Autotest (2017, S. 11); 5) nach Angaben von A. Lidl in der Rubrik ADAC-Autotest (2019, S. 11); 6) nach meinen eigenen Recherchen; 7) nach Angaben von M. Ruhdorfer in der Rubrik ADAC-Autotest (2018, S. 11)

6 Entwicklungsszenarien des Wasserstoffeinsatzes in Deutschland und in anderen Ländern

Tabelle A.11 Ausbau der Wasserstofferzeugung bis 2030

Art	Einheit	Erzeugung in Deutschland			Importe in Deutschland		
		2023	2030		2023	2030	
			von	bis		von	bis
grauer Wasserstoff	TWh	55					
Elektrolyseleistung	GW			10			
grüner und grauer Wasserstoff	TWh		40	50			
grüner und blauer Wasserstoff	TWh					45	90

Anmerkung: Fortschreibung der Nationalen Wasserstoffstrategie nach BMWK (2023)

Tabelle A.12 Die Zukunft der Wasserstoffwirtschaft in verschiedenen Ländern

Land	Stand	Schwerpunkt	Erzeugungsmethode
Deutschland	Roadmap 2020, 2023	Eigenversorgung, Import	grün
Australien	Strategie, 2019	Export, Eigenversorgung	grün, blau
Brasilien	in Vorbereitung	Export	noch offen
Chile	Strategie, 2020	Export, Eigenversorgung	grün
EU	Strategie, 2020	abhängig von Mitgliedstaaten	grün, blau
Frankreich	Strategie, 2020	Export	grün, blau, rot
Japan	Strategie, 2017	Import	blau
Kanada	Strategie, 2020	Export, Eigenversorgung	grün, blau, rot, türkis
Marokko	Strategie, 2021	Export	grün
Russland	Roadmap, 2020	Export	grün, blau, rot
USA	Roadmap, 2020	Export	grün, blau

Anmerkungen: nach Fortschrittsbericht zur Umsetzung der Nationalen Wasserstoffstrategie vom BMWK (2022)

Tabelle A.13 Prognostizierte Grenzübergangspreise von Wasserstoff nach Deutschland

Art	Einheit	Deutschland	Marokko	Spanien	Australien	Chile	VAR
Erzeugung als grauer H_2 in 2023	€/kg	4,19					
Erzeugung vor Ort in 2030	€/kg	4,45	3,2	3,1	3,2	3,2	3,6
inklusive Schiffs-transport als LH_2 in 2030	€/kg		4,58	4,35			
inklusive Schiffs-transport als LOHC in 2030	€/kg		4,68	4,57			
inklusive Schiffs-transport als NH_3 in 2030	€/kg		4,72	4,56	4,84	4,86	5,36
inklusive Pipeline-transport als CGH_2 in 2030	€/kg		3,72	3,46			

Anmerkungen: nach Aurora Energy Research (2023)

7 Daten zur Elektrolyse

Tabelle A.14 Zersetzungsspannungen und thermodynamische Daten der Hochtemperaturelektrolyse

Aggregatzustand	$\Delta_R h$	$\Delta_R g$	$T\Delta_R s$	U_0	U_{th}
	kJ/mol	kJ/mol	kJ/mol	V	V
$H_2O(l)$; $\vartheta = 25°C$	285,83	237,13	48,70	1,23	1,48
$H_2O(l)$; $\vartheta = 100°C$	283,45	222,49	60,95	1,15	1,47
$H_2O(g)$; $\vartheta = 100°C$	241,82	225,24	16,58	1,17	1,25
$H_2O(g)$; $\vartheta = 1000°C$	249,40	176,33	56,56	0,91	1,29

Anmerkungen: unter konstantem Druck p_n

8 Zur Verflüssigung von Wasserstoff

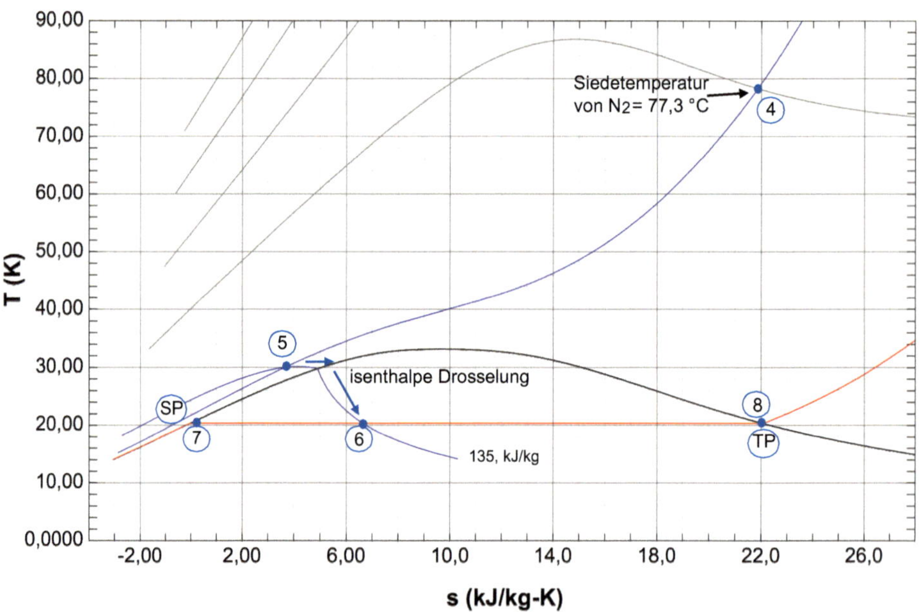

Bild A.6 *T,s*-Diagramm eines einstufigen Linde-Hampson-Prozesses zur Wasserstoffverflüssigung mit Vorkühlung über flüssigen Stickstoff; $T_1 = 298{,}15\ \text{K}$, $p_1 = 1\ \text{bar}_a$ und $p_2 = 30\ \text{bar}_a$

Tabelle A.15 Betriebsparameter eines Verdichters in einer Anlage zur Wasserstoffverflüssigung nach dem einstufigen Linde-Hampson-Prozess

Größe	Verdichter	Anmerkung
Anzahl der Stufen J	4	1)
Stufendruckverhältnis π_J	2,34	Formel 7.3
isentroper Wirkungsgrad η_{is}	0,7	
mechanischer Wirkungsgrad η_m	0,9	
Motorwirkungsgrad η_M	0,96	
Generatorwirkungsgrad η_G	0,96	
Gesamtwirkungsgrad η	0,6048	Formel 2.49

Anmerkung: Grundlage ist Bild 8.5 in Abschnitt 8.2; 1) Kolbenverdichter

Tabelle A.16 Energiebedarf des vierstufigen Kolbenverdichters einer Wasserstoffverflüssigungsanlage nach dem einstufigen Linde-Hampson-Prozess

J	p_{J_1}	T_{J_1}	z_{J_1}	$c_{p_{J_1}}$	k_{J_1}	p_{J_2}	$T^*_{J_2}$	T_{J_2}	$c_{p_{J_2}}$	k_{J_2}	$\bar{k}_J$	$\bar{c}_{p_J}$	w_J	q_J
	bar_a	K	-	kJ/kg K	-	bar_a	K	K	kJ/kg K	-	-	kJ/kg K	MJ/kg	MJ/kg
1	1	298	1,00	14,3	1,41	2,34	544	298	14,5	1,40	1,40	14,4	1,96	3,55
2	2,34	298	1,00	14,3	1,41	5,48	544	298	14,5	1,40	1,40	14,4	1,96	3,55
3	5,48	298	1,00	14,3	1,41	12,81	544	298	14,5	1,40	1,40	14,4	1,96	3,55
4	12,81	298	1,01	14,3	1,41	30	545	298	14,5	1,40	1,40	14,4	1,98	3,56
Σ													7,86	14,21

Anmerkungen: Grundlage ist Bild 8.5 in Abschnitt 8.2; Berechnungen erfolgten mit REFPROP; alle Werte gerundet; $q_{KWS} = \sum q_J$; $w_V = \sum w_J$

Tabelle A.17 Abkühlung des Wasserstoffs in der Verflüssigungsanlage nach dem einstufigen Linde-Hampson-Prozess

Zustandspunkt i	T_i	p_i	h_i	s_i	c_{Pi}	q_{24}/q_{45}
	K	bar_a	kJ/kg	kJ/(kg K)	kJ/(kg K)	MJ/kg
2	298,15	30	3944	39,4	14,4	
4	77,3	30	988	21,7	12,4	2,96
5	30	30	136	3,7	14,2	0,85
Σ						3,81

Anmerkungen: Grundlage ist Bild 8.5 in Abschnitt 8.2; Berechnungen erfolgten mit REFPROP; alle Werte gerundet, $q_{24} = h_2 - h_4$; $q_{45} = h_4 - h_5$

9 Zur Speicherung von Wasserstoff

Tabelle A.18 Energiedichte ausgewählter Energieträger

Energieträger	Zustand	Anmerkung	$w_{g,s}$	$w_{g,i}$	$w_{v,s}$	$w_{v,i}$
			MJ/kg	MJ/kg	MJ/l	MJ/l
Wasserstoff	Normzustand	n-H_2	141,8	120,0	0,01	0,01
Wasserstoff	$p = 200\ \text{bar}_ü$	CGH_2 1)	141,8	120,0	2,1	1,8
Wasserstoff	$p = 350\ \text{bar}_ü$	CGH_2 1)	141,8	120,0	3,4	2,9
Wasserstoff	$p = 700\ \text{bar}_ü$	CGH_2 1)	141,8	120,0	5,7	4,8
Wasserstoff	flüssig	LH_2 2)	141,8	120,0	10,0	8,5
Erdgas H	Normzustand		52,8	47,7	0,04	0,03
Erdgas H	$p = 200\ \text{bar}_ü$	CNG 1)	52,8	47,7	9,8	8,9
Erdgas H	flüssig	LNG 2)	52,8	47,7	23,9	21,6
Methan	Normzustand		55,5	50,0	0,04	0,03
Methan	flüssig	LNG 2)	55,5	50,0	0,04	0,03
Propan/Butan	$p = 8\ \text{bar}_ü$	LPG 1)	50,7	46,8	28,0	25,8
Benzin	flüssig		47,0	43,6	33,8	31,4
Diesel	flüssig		45,6	42,3	37,4	34,7
Kerosin	flüssig		45,0	43,0	36,0	34,4
Bioethanol	flüssig		32,4	28,9	25,4	22,7
LOHC (DBT)	flüssig	H_{18}-DBT	8,1	6,9	7,5	6,3
Ammoniak	flüssig	NH_3	22,5	18,6	15,4	11,8
Li-Batterie					0,7	2,4

Anmerkungen: 1) $T = 288\ \text{K}$; 2) am Siedepunkt; alle Werte gerundet

10 Grüner Ammoniak

Tabelle A.19 Eigenschaften von Ammoniak

Größe	Einheit	Wert	Größe	Einheit	Wert
molare Masse	kg/kmol	17,03	H_2-Massenanteil	-	0,177
untere Explosionsgrenze y_{zu}	mol-%	16	Obere Explosionsgrenze y_{zo}	mol-%	25
Volumenkonzentration NH_3 in Luft σ_{NH_3} mit Auswirkung 1); 2)	ppmv	20 - 50	Volumenkonzentration NH_3 in Luft σ_{NH_3} mit Auswirkung 1); 3)	ppmv	≤ 100
Volumenkonzentration NH_3 in Luft σ_{NH_3} mit Auswirkung 1); 4)	ppmv	150 - 700	Volumenkonzentration NH_3 in Luft σ_{NH_3} mit Auswirkung 1); 5)	ppmv	≥ 2000
Gasphase					
Dichte im Normzustand ϱ_n	kg/m³	0,7715	Dichte im Standardzustand $\varrho^{\ominus}$	kg/m3	0,6942
Flüssigphase					
Siedetemperatur ϑ_S bei 1 bar	°C	-34	Dichte ϱ_S bei Siedetemperatur und 1 bar	kg/m³	682,48

Anmerkungen: 1) nach G. Thomas und G. Parks (2006); 2) leicht wahrnehmbarer Geruch; 3) gesundheitlich unbedenklich; 4) allgemeines Unbehagen, Augentränen bis zu starken gesundheitlichen Beschwerden, keine bleibenden Schäden bei kurzzeitiger Einwirkung; 5) lebensbedrohende bis unmittelbar tödliche Auswirkungen

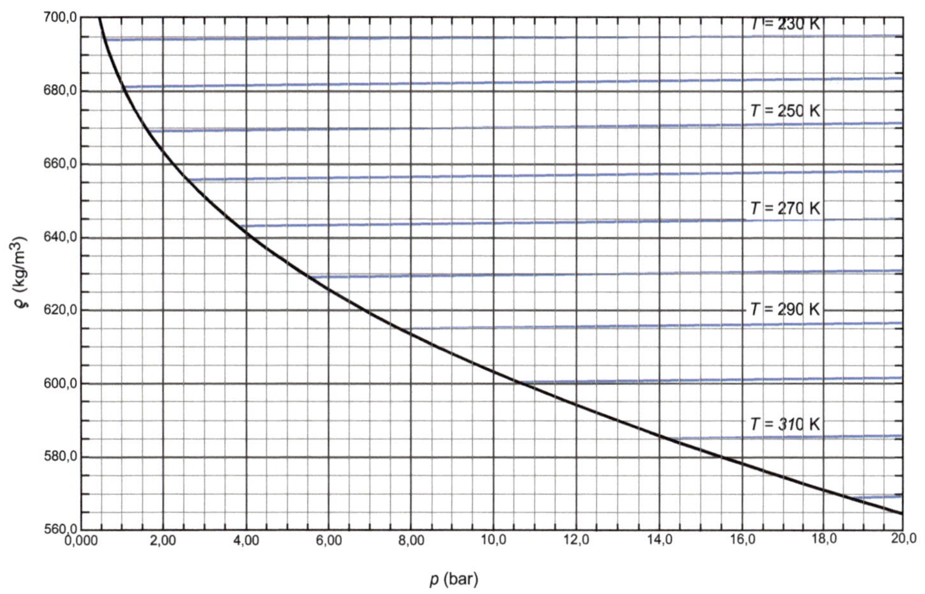

Bild A.7 Dampfdruckkurve von Ammoniak

Tabelle A.20 Werkstoffverträglichkeit mit Ammoniak nach M. Rehkamp (2023)

Werkstoff	Einordnung	Werkstoff	Einordnung	Werkstoff	Einordnung
C-Stahl	2	Graphitkohlenstoff	1	Silikon	3
Edelstahl 304	1	Buna N (NBR)	2	EPDM	1
Edelstahl 316	1	Nylon	1	Fluorkautschuk	4
Hastelloy-C®	2	Polyethylen LDPE	2	Naturkautschuk	4
Carpenter 20	1	Chemraz® FFKM	2	Viton/FKM	4
Gusseisen	1	Polypropylen PP	1	Epoxidharz	1
Aluminium	1	Polyurethan	4	Hytrel®/TPC	4
Titan	3	PVC	1	Kalrez®	1
Kupfer	4	PVDF	1	PCTFE (Kel-F®)	1
Messing	4	PEEK	1	Noryl	2
Bronze	4	PTFE	1	Neopren	1

Anmerkungen: Zur Einordnung: 1 sehr gut; 2 gut mit geringen Auswirkungen, geringfügige Korrosion, Verfärbungen; 3 nicht für die dauerhafte Verwendung empfohlen, es kann zur Aufweichung kommen, Auswirkung auf die Festigkeit möglich, Material kann aufquellen; 4 nicht geeignet

Anhang B: Einheiten und deren Umrechnungen

SI-Einheiten	alternative Einheiten	Umrechnung
Länge		
m	1 inch (in) = 1"	0,0254 m
	1 ft	0,305 m
	1 km	1000 m
	1 Tkm	1000 km
Temperatur		
K	T/K	ϑ/°C+273,15
	T/°F	1,8 ϑ/°C+32
	ϑ/°C	5/9(T/°F−32)
	ΔT = 1 K = 1 °C	1,8 T/°F
	32 °F	0 °C = 273,15 K
Dichte		
kg/m^3	1 g/cm^2	10^3 kg/m^3
	1 lb/m^2	2,77 · 10^4 kg/m^3
	1 lb/ft	16,02 kg/m^3
Kraft		
1 N = 1 kgm/s^2	1 kp = 1 kgf	9,807 N
	1 dyn = 1 gcm/s^2	10^5 N
	1 lbf	4,45 N
Spannung, Druck		
1 Pa = 1 N/m^2	1 N/mm^2	1 Mpa
1 MPa = 1 MN/m^2	1 kp/mm^2	9,807 Mpa
	1 psi = 1 lbf/in^2	6,89 kPa
	1 ksi = 10^3 psi	6,89 Mpa
	1 bar	10^5 Pa = 0,1 Mpa
	1 at = 1 kp/cm^2 = 10 mWS	0,09807 Mpa
	1 Torr = 1 mmHg	0,133 kPa = 1,33 hPa
	1 atm = 760 Torr = 1,013 bar	0,1013 MPa

SI-Einheiten	alternative Einheiten	Umrechnung
Energie, Arbeit, Wärmemenge		
	1 cal	4,186 J
1 J = 1 Nm = 1 Ws	1 kp m	9,807 J
1 MPa = 1 MN/m^2	1 kWh	3,6 MJ
	1 TWh	3,6 PJ
	1000 TWh	3,6 EJ
	1 eV	$1{,}602 \cdot 10^{-19}$ J
	1 Btu	1,055 kJ
	1 ft lbf	1,36 W
	1 ft tonf	3,037 kJ
	1 in lbf	0,113 J
Leistung		
1 W = 1 J/s = 1 Nm/s	1 cal/s	4,187 W
1 W = 1 kg m^2/s^3	1 ft lbf/s	1,36 W
	1 in lbf/s	0,113 W
	1 PS	0,7355 W
	1 hp	0,7457 kW
	1 BTu/h	0,233 W
Spannungsintensität		
$\mathrm{MN\,m^{-3/2}} = \mathrm{MPa}\sqrt{\mathrm{m}}$	$1\,\mathrm{ksi}\sqrt{\mathrm{m}} = 10^3\ \mathrm{psi}\sqrt{\mathrm{m}}$	$1{,}1\,\mathrm{MN\,m^{3/2}} = 1{,}1\,\mathrm{MPa}\sqrt{\mathrm{m}}$
Masse		
kg	1 t	1000 kg
Elektrische Stromstärke		
1 A		
Ladung		
1 C = As		
Stromdichte		
1 A/m^2		
Spannung		
1 V = 1 J/C		
Widerstand		
1 V/A = 1 Ω		
Elektrische Leistung		
W	VA	1 W = 1 VA
Zeit		
s	h	3600 s = 1 h
		1000 h = 1 kh

Anmerkungen:
at = technische Atmosphäre
atm = physikalische Atmosphäre
BTu = British Thermal unit
eV = Elektronenvolt
ft = foot
ft lbf = foot pound-force
ft tonf = foot ton-force
Hg = Quecksilbersäule
hp = horse power
in lbf = inch pound-force
k = Kilo
kgf = kilogramm-force
kh = kilo-hour
ksi = kilopounds per square inch
lb = pound (mass); 1 lb = 0,454 kg
lbf = pound-force
lbf/in2 = pound-force per square inch
psi = pounds per square inch
WS = Wassersäule
1 Pico = 10–12
1 Nano = 10–9
1 Mikro = 10–6
1 Milli = 10–3
1 Kilo = 103
1 Mega = 106
1 Giga = 109
1 Tera = 1012
1 Peta = 1015
1 Exa = 1018
1 ppmV = 0,0001 Vol-%

Anhang C: Formelzeichen und Einheiten

Formelzeichen		
Symbol	Einheit	Bezeichnung
A	m^2	Fläche
AfA	€	Abschreibung auf das Anlagevermögen
a	m/s	Schallgeschwindigkeit
a	m	Risslänge
a_a	m	Ausgangsrisslänge
a_c	m	kritische Risslänge
a_k	m	maximal zulässige Risslänge
a_r	m	tatsächliche Risslänge
a_0	m	Mindestrisslänge
$a(T)$	$m^5/(s^2\ kg)$	Parameter der PR-Gleichung
a_c	$m^5/(s^2\ kg)$	Parameter der PR-Gleichung
b	m^3/kg	Parameter der PR-Gleichung
b_h	h, h/a	Stunde
b_{ha}	h/a	Betriebsstunden im Jahr
C	F	elektrische Kapazität
C_0	€	Kapitalwert oder Nettobarwert
c	m/s	Geschwindigkeit
c	J/(kgK)	spezifische Wärmekapazität
c_i	mol/m^3	Stoffmengenkonzentration
c_v	J/(kgK)	spezifische, isochore Wärmekapazität
c_p	J/(kgK)	spezifische, isobare Wärmekapazität
$c^{\Theta}_{p,m}$	J/(mol K)	molare, isobare Wärmekapazität im Standardzustand
$\Delta_R c^{\Theta}_p$	J/(mol K)	molare, isobare Standardwärmekapazität
D	m^2/s	Diffusionskoeffizient
D_0	m^2/s	Diffusionskonstante
D_L	m^2/s	Diffusionskoeffizient in Luft

Formelzeichen		
Symbol	Einheit	Bezeichnung
d	m	minimaler Löschabstand
d	m	Durchmesser
d_a	m	Außendurchmesser
d_i	m	Innendurchmesser
d_n	–	relative Dichte
E	J, Ws	Energie
E	MPa	Elastizitätsmodul
E	€	Erlös
E_{H_2}	€/kg	Grenzerlös für Wasserstoff
E_{Φ}	kJ/mol	spezifische Aktivierungsenergie bei Metallen
E_S	kJ/mol	spezifische Aktivierungsenergie bei Metallen
E_D	kJ/mol	spezifische Aktivierungsenergie
E_{zu}	J	Mindestzündenergie
E_0	V	elektrochemische reversible Spannung (Nernstspannung)
e	%/a	jährliche Inflationsrate, jährliche Eskalationsrate
e	J/kg	spezifische Energie, spezifische Arbeit
F	–	Anzahl von Freiheitsgraden
F	C/mol = As/mol	Faraday-Konstante
F_n	N	Kraft in Axialrichtung
F_{ij}	–	Parameter zur Anwendung von Mischungsregeln
f_o	–	Ausnutzungsgrad
G	J	freie Enthalpie
G	bar/m	maximaler Gasdruckgradient
G_{vSt}	€	Gewinn vor Steuern
G_{nSt}	€	Gewinn nach Steuern
g	J/kg	spezifische freie Enthalpie
$\Delta_R g^{\ominus}$	kJ/mol	molare freie Standardreaktionsenthalpie
H	J	Enthalpie
H_i	kWh/m^3, MJ/m^3	Heizwert
$H_{i,n}$	kWh/m^3, MJ/m^3	Heizwert im Normzustand
H_s	kWh/m^3, MJ/m^3	Brennwert
$H_{s,n}$	kWh/m^3, MJ/m^3	Brennwert im Normzustand
h	m	Teufe
h	m	Höhe
h_{RS}	m	Rohrschuhteufe
Δh_v	J/kg	spezifische Verdampfungsenthalpie

Formelzeichen		
Symbol	Einheit	Bezeichnung
h_m^Θ	kJ/mol	molare Standardenthalpie
$\Delta_B h^\Theta$	kJ/mol	molare Standardbildungsenthalpie
$\Delta_R h^\Theta$	kJ/mol	molare Standardreaktionsenthalpie
$\Delta_{Verb} h^\Theta$	kJ/mol	molare Standardverbrennungsenthalpie
h_Φ	kJ/mol	spezifische Aktivierungsenergie bei Kunststoffen
I	€	Investitionszahlung
I	A	elektrischer Strom
i	%	Kapitalzinsfuß
i	A/cm^2	elektrische Stromdichte
$\dot{j}_{H_2}$	kg/s	Wasserstoffmassenstrom
K	-	Kompressibilitätszahl
K	J	konvektiver Energietransport
K	€	Kosten
K_F	€	Finanzierungskosten, Fremdkapitalzinsen
K_I	$MPa\sqrt{m}$	Spannungsintensitätsfaktor
K_{IC}	$MPa\sqrt{m}$	Bruchzähigkeit
K_{IH}	$MPa\sqrt{m}$	Bruchzähigkeit unter einer Wasserstoffatmosphäre
K_m	-	integraler Mittelwert einer Anzahl von Kompressibilitätszahlen
k	mm	integrale Rohrrauigkeit
L	m	Leitungslänge
L	-	Stoffmengenanteil der Luft bei der Verbrennung
l	-	Massenanteil der Luft bei der Verbrennung
l_{min}	-	Mindestluftbedarf bei der Verbrennung
M	kg/kmol	molare Masse
m	kg	Masse
m	-	Parameter der PR-Gleichung
N	-	Anzahl von Elementen
N_C	-	kritische Lastzahl
NCF	€	Netto-Cash-Flow
n	mol	Stoffmenge
n	a	Anzahl der Jahre
n_N	1/s	Nenndrehzahl im Auslegungsfall
P	W	Leistung
P_e	Ct/kWh	Strombezugspreis

Formelzeichen		
Symbol	Einheit	Bezeichnung
P_{el}	Wh	elektrische Leistung
p	bar, Pa, MPa	Druck
p	bar_a	Absolutdruck
p_c	bar, Pa, MPa	kritischer Druck
p_d	bar, Pa, MPa	Detonationsdruck
p_i	bar, Pa, MPa	Partialdruck
p_m	bar	integraler Mittelwert der Drücke über einer Leitungslänge
p_{max}	bar, Pa, MPa	maximal zulässiger Speicherdruck
p_N	$bar_ü$	Nenndruck im Auslegungsfall
p_n	bar	Druck im Normzustand
p_0	bar	Umgebungsdruck
$p_ü$	$bar_ü$	Überdruck, Betriebsdruck
p_r	–	reduzierter Druck
p_S	bar, Pa, MPa	Sättigungsdruck des Wasserdampfes
$p^{\ominus}$	bar, Pa, MPa	Druck im Standardzustand
Q	J	Wärme
Q	C	elektrische Ladung
Q_F	C	Faraday'sche Ladungsmenge
$\dot{q}$	W/kg	spezifischer Wärmestrom
q	J/kg	spezifische Wärme
q_{KWS}	J/kg	spezifische Arbeit zur Kühlung von Verdichterzylindern
$q_{KÜ}$	J/kg	spezifische Arbeit zur Luftkühlung komprimierter Gase
R	J/(kgK)	spezielle Gaskonstante
R	–	Verhältnis von σ_o zu σ_u (Bruchmechanik)
R	$V/A = \Omega$	elektrischer Widerstand
Re	–	Reynoldszahl
R_e	MPa	Streckgrenze
R_{eL}	MPa	minimale Streckgrenze
R_m	J/(mol K)	universelle Gaskonstante
R_m	MPa	Geometriefaktor
$R_{t0,5}$	MPa	Mindeststreckgrenze
r	m	Radius
r	–	Verhältnis von Sauerstoff zu Kohlenstoff (ATR-Verfahren)
S	J/K	Entropie
S	$\mathrm{mol}/\left(\mathrm{m}^3\sqrt{\mathrm{MPa}}\right)$	Löslichkeit
S	–	Sicherheitsbeiwert in der Gebirgsmechanik

Formelzeichen		
Symbol	Einheit	Bezeichnung
S_0	$\mathrm{mol}/\left(\mathrm{m}^3\sqrt{\mathrm{MPa}}\right)$	Löslichkeitskonstante
S_F	–	Sicherheitsbeiwert
St	€	Steuerzahlung
s	J/(kgK)	spezifische Entropie
s	m	Wandstärke
s	–	Parameter in Druckverlustrechnung in senkrechten Rohren
s_m^Θ	J/(mol K)	molare Standardentropie
$\Delta_R s^\Theta$	J/(mol K)	molare Standardreaktionsentropie
T	K	Temperatur
T_c	K	kritische Temperatur
T_h	K	„heiße“ Temperatur im Carnot-Prozess
T_k	K	„kalte“ Temperatur im Carnot-Prozess
T_{min}	m	Mindestwandstärke
T_n	K	Temperatur im Normzustand
T_r	–	reduzierte Temperatur
T_{sch}	K	Schmelztemperatur (metallische Werkstoffe)
T_z	K	Zündtemperatur
T^Θ	K	Temperatur im Standardzustand
t	s (h) (a)	Zeit
t_B	a	Jahr der Inbetriebnahme einer technischen Anlage
U	J	innere Energie
U	V, J/C	elektrisches Potenzial, elektrische Spannung
U_0	V, J/C	theoretische Zellspannung (Elektrolyse)
U_{th}	V, J/C	thermoneutrale Zellspannung (Elektrolyse)
U_z	V, J/C	Zellspannung (Elektrolyse)
u	m/s	Geschwindigkeitskomponente
u	J/kg	spezifische innere Energie
V	m^3	Volumen
$\dot{V}$	m^3/s	Volumenstrom
$\dot{V}_b$	m^3/s	Volumenstrom im Betriebszustand
$\dot{V}_{B,n}$	m^3/s	Brennstoffvolumenstrom im Normzustand
V_{geom}	m^3	geometrisches Volumen einer Speicherkaverne
$\dot{V}_N$	m^3/s	Nenn-Volumenstrom im Auslegungsfall
$\dot{V}_n$	m^3/s	Volumenstrom im Normzustand

Formelzeichen		
Symbol	Einheit	Bezeichnung
$V_{n,AGV}$	m^3	Arbeitsgasvolumen
$\dot{V}_{n,aus}$	m^3/h	Ausspeicherrate
$V_{n,KGV}$	m^3	Kissengasvolumen
$V_{n(max)}$	m^3	maximaler Speicherinhalt
v	m^3/kg	spezifisches Volumen
v	m/s	Geschwindigkeitskomponente
v	m/s	Verbrennungsgeschwindigkeit
v_f^A	m^3 fA/m^3 B	Mindestabgasmenge feucht bei der Verbrennung
v_{tr}^A	m^3 tA/m^3 B	Mindestabgasmenge trocken bei der Verbrennung
v_d	km/s	Detonationsgeschwindigkeit in Luft
v_m	m^3/mol	molares Volumen
W	J, Wh	Arbeit
W	m	Bauteilbreite
W_{el}	Wh	elektrische Arbeit
W_v	J	Volumenänderungsarbeit
w	m/s	Geschwindigkeitskomponente
w	J/kg	spezifische Arbeit
$w_{g,i}$	kWh/kg	gravimetrische Energiedichte bezogen auf den Heizwert
$w_{g,s}$	kWh/kg	gravimetrische Energiedichte bezogen auf den Brennwert
w_i	–, Gew-%	Massenanteil
w_i^B	–, Gew-%	Massenanteil des Verbrennungsproduktes
w_K	J/kg	Energieaufwand für ortho-para-Wasserstoffumwandlung
w_t	J/kg	spezifische technische Arbeit
$w_{v,i}$	kWh/m^3	volumetrische Energiedichte bezogen auf den Heizwert
$w_{v,s}$	kWh/m^3	volumetrische Energiedichte bezogen auf den Brennwert
w_v	J/kg	spezifische Volumenänderungsarbeit
x_i	–, mol-%	Stoffmengenanteil in flüssigem Fluid
Δx	m	Schichtdicke
x_p	m	Ausbreitung einer plastischen Zone
y_d	–, mol-%	Detonationsgrenzen in Luft
y_i	–, mol-%	Stoffmengenanteil in gas- oder dampfförmigem Fluid
y_i^B	–, mol-%	Stoffmengenanteil des Verbrennungsproduktes
y_i^A	–, mol-%	Stoffmengenanteil im Abgas bei der Verbrennung
y_{LGK}	–, mol-%	Luftgrenzkonzentration
y_{SGK}	–, mol-%	Sauerstoffgrenzkonzentration

Formelzeichen		
Symbol	Einheit	Bezeichnung
y_{zu}	–, mol-%	untere Zündgrenze
y_{zo}	–, mol-%	obere Zündgrenze
z	–	Realgaszahl
z_n	–	Realgaszahl im Normzustand
z	m	Höhenkoordinate
z	–	Anzahl freier Ladungsträger

Griechische Formelzeichen		
Symbol	Einheit	Bezeichnung
$\alpha(T)$	–	Parameter der PR-Gleichung
β	–	Geometriefaktor
β_i	mg/m³	Massenkonzentration
ε	–, %	Dehnung
ε_x	–, %	Dehnung in Richtung *x* (analog für andere Richtungen)
δ	%/a	Degradationsrate von Elektrolysezelle und Brennstoffzelle
ϱ	kg/m³	Dichte
ϱ_b	kg/m³	Dichte im Betriebszustand
ϱ_n	kg/m³	Dichte im Normzustand
ϱ_s	kg/m³	Dichte im Siedepunkt
ϑ	°C	Temperatur
ϑ_T	°C	Taupunkttemperatur
κ	–	Isentropenexponent
λ	W/(mK)	Wärmeleitfähigkeit
λ	–	Luftverhältnis bei der Verbrennung
λ	–	Rohrreibungszahl
η	kg/(ms)	dynamische Viskosität
η	–, %	Wirkungsgrad, Effizienzgrad
η_C	–, %	Carnot-Faktor
η_{EL}	–, %	Wirkungsgrad des gesamten Elektrolysesystems
η_F	–, %	Faraday-Wirkungsgrad (Elektrolyse)
η_{DC}	–, %	Stack-Wirkungsgrad (Elektrolyse)
η_G	–, %	Generatorwirkungsgrad (Expansionsanlage)
η_i	–, %	innerer Wirkungsgrad
η_{is}	–, %	isentroper Wirkungsgrad
η_K	–, %	Kupplungswirkungsgrad
η_M	–, %	Motorwirkungsgrad

Griechische Formelzeichen		
Symbol	Einheit	Bezeichnung
η_m	–, %	mechanischer Wirkungsgrad
η_V	–, %	Spannungs-Wirkungsgrad (Elektrolyse)
ω	–	azentrischer Faktor
φ	J/kg	spezifische, dissipierte Energie
φ	m^3H_2O/m^3Luft	Feuchtegehalt der Luft
φ_i	–, Vol-%	Volumenanteil
π	–	Verhältnis von Ausgangs- zu Eingangsdruck bei der Verdichtung
π_j	–	Stufendruckverhältnis bei mehrstufiger Verdichtung
π	–	Anzahl von Phasen
μ	K/bar, °C/bar	Thomson-Joule-Koeffizient
μ	–	Querkontraktionszahl
μ	kJ/kmol	chemisches Potenzial
σ_i	l/m^3, ppmv	Volumenkonzentration
σ	MPa	Spannung
σ_B	MPa	Bruchspannung
σ_o	MPa	Oberspannung
σ_n	MPa	Nennspannung
σ_r	MPa	Radialspannung
σ_u	MPa	Unterspannung
σ_v	MPa	Vergleichsspannung
σ_x	MPa	Normalspannung in Richtung *x* (analog für andere Richtungen)
σ_φ	MPa	Spannung in Umfangsrichtung
σ_1	MPa	größte relative Hauptnormalspannung
σ_2	MPa	mittlere relative Hauptnormalspannung
σ_3	MPa	kleinste relative Hauptnormalspannung
ϕ	$\mathrm{mol}/\left(\mathrm{ms}\sqrt{\mathrm{MPa}}\right)$	Permeationsrate bei metallischen Werkstoffen
ϕ	mol/(m s MPa)	Permeationsrate bei Kunststoffen
ϕ_0	$\mathrm{mol}/\left(\mathrm{ms}\sqrt{\mathrm{MPa}}\right)$	Permeationskonstante bei metallischen Werkstoffen
ϕ_0	mol/(m s MPa)	Permeationskonstante bei Kunststoffen
T	MPa	Schubspannung
θ	Pa^2s^2/m^6	Beiwert in Druckverlustrechnung in senkrechten Rohren
$\mathcal{G}_c$	kJ/m^2	Bruchenergie
v	–	stöchiometrischer Koeffizient

Anhang D: Abkürzungen und Eigennamen

AEL	alkalische Elektrolyse (engl. Alkaline Electrolysis)
AEM	Anionaustauschmembran-Elektrolyse
AFC	alkalische Brennstoffzelle (engl. Alkaline Fuel Cell)
AFP	automatisiertes Ablegen von Fasern (engl. Automated Fiber Placement)
AGV	Arbeitsgasvolumen
AK	Abhitzekessel
ASME	American Society of Mechanical Engineers
ATR	autotherme Reformierung (engl. Autothermal Reforming)
BDF	Bundesverband des Deutschen Güterfernverkehrs
BECCS	Bioenergie mit Kohlendioxidabscheidung und Speicherung (engl. Bioenergy with Capture and Storage)
BEV	batterieelektrisch angetriebenes Fahrzeug (engl. Battery Electric Vehicle)
BHKW	Blockheizkraftwerk
BGL	British Gas-Lurgi (Festbettvergaser)
BKW	Braunkohlekraftwerk
BMVI	Bundesministerium für Verkehr und digitale Infrastruktur
BMWK	Bundesministerium für Wirtschaft und Klimaschutz
BVOT	Bergverordnung für Tiefbohrungen, Untergrundspeicher und für die Gewinnung von Bodenschätzen
BZ	Brennstoffzelle
CAES	Druckluftspeicherung (engl. Compressed Air Energy Storage)
CAPEX	Investitionskosten (engl. Capital Expenditure)
CFK	kohlenstofffaserverstärkter/carbonfaserverstärkter Kunststoff
COP	UN-Klimakonferenz (engl. Conference of Parties)
CPOX oder CPO	katalytische partielle Oxidation (engl. Catalytic Partial Oxidation)
CCS	Kohlendioxidspeicherung im Untergrund (engl. Carbon Capture and Storage)
CCU	Abscheidung und Verwendung von Kohlendioxid (Carbon Capture and Utilization)

CGH_2	komprimierter gasförmiger Wasserstoff (engl. Compressed Hydrogen)
$CcGH_2$	abgekühlter komprimierter gasförmiger Wasserstoff (engl. Cryo-compressed Hydrogen)
C2C	Projekt Carbon2Chem „grüner Stahl“ von thyssenkrupp Steel Europe AG
DACCS	aus der Luft abgeschiedenes und gespeichertes Kohlendioxid (engl. Direct Air Capture and Carbon Storage)
DK	Destillationskolonne
DMU	Dieseltriebzüge
DRI	Direktreduktionsanlagen zur Stahlherstellung (engl. Direct Reduced Iron)
DSO	Verteilnetzbetreiber (engl. Distribution System Operator)
DVGW	Deutscher Verein des Gas- und Wasserfaches e. V.
EAF	Elektrolichtbogenofen bei der Stahlherstellung (engl. Electric Arc Furnaces)
EDF	Steinkohlenkraftwerk mit Wirbelschichtfeuerung
EnEV	Energieeinsparverordnung
EnWG	Energiewirtschaftsgesetz
ETS	Energie tragender Stoff
EVB	Eisenbahnen und Verkehrsbetriebe Weser-Elbe GmbH
EnMS	Energiemanagementsystem
FCV	Mengenregelventil (engl. Flow Control Valve)
FFC	Brennstoffzelle für den Luftverkehr (engl. Flying Fuel Cell)
FNB	Vereinigung der Fernnetzbetreiber Gas e. V.
g	gasförmig (Bezeichnung des Aggregatzustandes)
GasHDrLtgV	Gashochdruckleitungsverordnung
GDL	Gasdiffusionsschicht (engl. Gas Diffusion Layer)
GDR	Gasdruckregelgerät
GT	Gasturbine
GuD	Gas- und Dampfkraftwerk
HBI	bricketierter Eisenschwamm (engl. Hot Briquetted Iron)
HD	Hochdruck
HOV	Hand betätigtes Absperrventil (engl. Hand Operated Valve)
HTR	Hochtemperaturreaktor
IL	ionische Flüssigkeit (engl. Ionic Liquids)
KGV	Kissengasvolumen
KKS	kathodischer Korrosionsschutz
KSG	Klimaschutzgesetz
KWK	Kraftwärmekopplung
l	flüssig (engl. liquid) (Bezeichnung des Aggregatzustandes)

LH_2	flüssiger Wasserstoff (engl. Liquid Hydrogen)
LNG	flüssiges Erdgas (engl. Liquid Natural Gas)
LNVG	Landesnahverkehrsgesellschaft Niedersachsen
LOHC	Liquid Organic Hydrogen Carrier
LPG	Flüssiggas aus Propan und/oder Butan (engl. Liquified Petroleum Gas)
LPGV	mit Flüssiggas angetriebener Pkw (engl. Liquified Petroleum Gas Vehicle)
LWR	Leichtwasserreaktor (Kernkraftwerk)
MCFC	Karbonat-Schmelze Brennstoffzelle (engl. Molton Carbonate Fuel Cell)
MD	Mitteldruck
MEA	Membran-Elektroden-Einheit (engl. Membrane Electrode Assembly)
MEC	mikrobielle Elektrolyse (engl. Microbial Electrolysis Cell)
MOV	motorisch angetriebenes Absperrventil (engl. Motor Operated Valve)
ND	Niederdruck
NEDO	New Energy and Industrial Technology Development Organization in Japan
NGV	Erdgasfahrzeug (engl. Natural Gas Vehicle)
OPEX	Betriebskosten (engl. Operational Expenditure)
ÖPNV	öffentlicher Personennahverkehr
PAFC	phosphorsaure Brennstoffzelle (engl. Phosphoric Acid Fuel Cell)
PEM	Polymerelektrolytmembran-Elektrolyse (engl. Proton-Exchange-Membran)
PFAS	Per- und Polyfluoralkylsubstanzen
PFSA	perfluorierte Sulfonsäuren
NT-PEMFC	Niedertemperatur-Polymerelektrolytmembran-Brennstoffzelle
HT-PEMFC	Hochtemperatur-Polymerelektrolytmembran-Brennstoffzelle
PA	Polyamid
PE	Polyethylen
PEV	Primärenergieverbrauch
PGC	Prozessgaschromatographie
POX	partielle Oxidation (engl. Partial Oxidation)
PSA	Druckwechseladsorption (engl. Pressure Swing Adsorption)
PTB	Physikalisch-Technische Bundesanstalt in Braunschweig
PtG	Power-to-Gas
PV	Photovoltaik
RK	Rektifikationskolonne
RK	Rückschlagklappe
RS	Rohrschuh (unteres Ende einer Verrohrung)
RohrFLtgV	Rohrfernleitungsrichtlinie

s	fest (engl. solid) (Bezeichnung des Aggregatzustandes)
SAV	Sicherheitsabsperrventil
SBV	Sicherheitsabblaseventil
SH_2	fester Wasserstoff (engl. Slush Hydrogen)
SR	Dampfreformierung (engl. Steam Reforming)
SNG	synthetisches Methan (engl. Synthetic Natural Gas)
SOEC	Hochtemperatur-Elektrolyse (engl. Solid Oxide Electrolysis Cell)
SOFC	oxidkeramische Brennstoffzelle (engl. Solid Oxide Fuel Cell)
SPE	Solid Polymer Electrolyte (Elektrolyse)
TCO	Total Cost of Ownership
THG	Treibhausgas
TRL	technische Entwicklungsstufe (engl. Technology Readiness Level)
TVD	vertikale Teufe (engl. Vertical True Depth)
UBA	Umweltbundesamt
USD	Währung der Vereinigten Staaten von Amerika
USV	unterbrechungsfreie Stromversorgung
VCI	Verband der Chemischen Industrie e. V.
VE-Wasser	vollentsalztes Wasser (Elektrolyse)
WGS	Wassergasreaktion bei der Reformierung (engl. Water Gas Shift)
WKM	Wärmekraftmaschine
WT	Wärmetauscher
YSZ	Yttrium-stabilisiertes Zirkoniumoxid (Chemie)
ZBT	Zentrum für Brennstoffzellentechnik der Universität Duisburg-Essen

Index

D

E

F

G

H

I

K

L

M

N

O

P